Unternehmerisches Handeln
in der Wald- und Holzwirtschaft

Unternehmerisches Handeln in der Wald- und Holzwirtschaft

2., aktualisierte und erweiterte Auflage

Betriebswirtschaftliche Grundlagen und Managementprozesse

Franz SCHMITHÜSEN
Bastian KAISER
Albin SCHMIDHAUSER
Stephan MELLINGHOFF
Alfred W. KAMMERHOFER

Deutscher Betriebswirte-Verlag GmbH

Bibliografische Information der Deutschen Bibiothek
Die Deutsche Bibliothek verzeichnet diese Publikation in der
Deutschen Nationalbibliografie; detaillierte bibliografische Daten
sind im Internet über http://dnb.ddb.de abrufbar.

© 2003 by Deutscher Betriebswirte-Verlag GmbH, Gernsbach
2., aktualisierte und erweiterte Auflage 2009
Satz: Claudia Wild, Stuttgart
Druck: Messedruck Leipzig GmbH, Leipzig
ISBN: 978-3-88640-099-7

Zur zweiten Auflage

Liebe Leserinnen, liebe Leser,

vor Ihnen liegt die zweite aktualisierte und ergänzte Auflage unseres gemeinsamen Werkes, mit dem wir 2003 erstmals versucht haben, der Wald- und Holzwirtschaft einen neuen Impuls zu geben: Wir wollten ein Buch vorlegen, das dazu beiträgt, die Grenzen und Hürden zwischen der Wald- und der Holzwirtschaft im gemeinsamen Interesse zu überwinden. Ziel war es, einen Text zu erarbeiten, der als Lehrbuch ebenso geeignet ist wie als Fachbuch und Nachschlagewerk. Er sollte aktuelle Hinweise auf vertiefende und weiterführende Literatur enthalten und von einer breiten Leserschaft benutzt werden können. Es hat sich gezeigt, dass sich unser Engagement und die Initiative des Verlages gelohnt haben. Die erste Auflage ist vergriffen, die Nachfrage ist stetig gestiegen und besteht fort. Auch im Ausland trifft unser Buch auf ein spürbares Interesse. Inzwischen wurde es in vier weitere Sprachen übersetzt.

Wir haben das Buch in den vergangenen fünf Jahren nie aus der Hand gelegt und arbeiten ständig damit. Für die Bearbeitung der zweiten Auflage war es hilfreich, dass sich der Text in unserem eigenen Arbeits- und Lehralltag bewähren musste und dass wir selbst und durch andere Nutzer Erkenntnisse zu möglichen Verbesserungen gewinnen konnten. Auch aus unserer Arbeit mit den Übersetzern in andere Sprachen haben wir viel gelernt. Wir haben uns nicht gescheut, den Text zu korrigieren; dies im Sinne des lebenslangen Lernens, das wir unterstützen und dem wir uns selbst verpflichtet fühlen. Allen, die uns fachliche Hinweise gegeben haben, danken wir herzlich.

Die zweite Auflage ist grundlegend überarbeitet und aktualisiert. Circa 50 % der in der ersten Auflage zitierten Grundlagenliteratur ist in neuen Auflagen erschienen oder konnte durch neue Fachliteratur ersetzt werden. Literaturverzeichnisse, Textzitierung und Stichwortverzeichnis sind nachgeführt. Die empirischen Daten zur Wald- und Holzwirtschaft und ihren weltweiten Verflechtungen (Kapitel 1) wurden auf den Stand 2005 gebracht und weitere Themen vertieft oder neu eingeführt. Dies betrifft u. a. die stoffliche und energetische Wertschöpfungskette Holz (Kapitel 2), die Kunden- und Geschäftsbeziehungen innerhalb Wald- und Holzwirtschaft sowie Produktdifferenzierung und Zertifizierung (Kapitel 3), die Beteiligung der Mitarbeiter an unternehmerischen Entscheidungsprozessen, sowie die Bedeutung neuer Ansätze der Institutionenökonomie für die Organisationsgestaltung (Kapitel 4). Weitere Schwerpunkte der Aktualisierung sind die geltenden internationalen Standards für Bilanzierung und Bewertungsgrundsätze (Kapitel 5), unternehmerische und finanztechnische Gesichtspunkte beim Leasing (Kapitel 6), Logistik der stofflichen und energetischen Holznutzung (Kapitel 7), und die Optimierung der forstbetrieblichen Leistung sowie die Erstellung von Businessplänen als Voraussetzung von Geschäfts-Gründungen und neuen unternehmerischen Projekten (Kapitel 8).

Wir sind nach wie vor vom Ansatz und Konzept dieses Buches überzeugt, sodass die 2. Auflage für Kontinuität und Aktualität steht. Gleichwohl machen die Unterschiede zwischen der zweiten und ersten Auflage deutlich, wie dynamisch die Entwicklungen in den vermeintlich tradierten Bereichen Wald- und Holzwirtschaft derzeit sind. Denken Sie nur an die wachsende Bedeutung der energetischen Nutzung von Holz und anderer Bioenergie, an die zum Teil grundlegenden Reformen der öffentlichen Forstverwaltungsstrukturen, an den beeindruckenden Strukturwandel der Holzindustrie sowie die sich ständig verändernde Marktsituation.

Insgesamt ist die 2. Auflage Ausdruck unseres Bestrebens, den Käuferinnen und Käufern weiterhin ein im Rahmen unserer Möglichkeiten „optimiertes und aktuelles Buch" anzubieten. Wir sind der Überzeugung, dass es nach wie vor in Lehre und Forschung gebraucht wird und den Fachkollegen in der Praxis Impulse geben kann. Für Leser, die sich ganz allgemein für den Wald und die vielseitige Verwendung von Holz interessieren, sowie für kommunale und staatliche Entscheidungsträger, die mit der Lösung konkreter wald- und holzwirtschaftlicher Probleme befasst sind, bietet das Buch einen umfassenden Überblick zu grundlegenden Fragen der Walderhaltung und der Holznutzung.

Zürich, Rottenburg am Neckar, Zug, Wiesbaden, Salzburg/Wien im Oktober 2008

Franz Schmithüsen
Bastian Kaiser
Albin Schmidhauser
Stephan Mellinghoff
Alfred W. Kammerhofer

Vorwort zur ersten Auflage

Wälder sind erneuerbare natürliche Ressourcen, deren vielseitige Nutzungsmöglichkeiten durch die vorgegebenen Standortbedingungen und die Entwicklungsdynamik der Waldvegetation bestimmt werden. Die Nutzungsmöglichkeiten, aber auch die vom Wald ausgehenden positiven externen Effekte auf Klima, Boden und Wasserhaushalt sind nicht unbegrenzt verfügbar. Die Waldwirtschaft Europas zeigt, dass eine nachhaltige Ressourcennutzung an konkrete wirtschaftliche und technologische Entwicklungen gebunden ist. Sie basiert auf langfristigen Planungen, pfleglichen Nutzungsformen sowie auf Investitionen in Verjüngung und Bestandespflege. Die Verarbeitung des vielseitig nutzbaren Rohstoffes Holz in modernen holzwirtschaftlichen Unternehmen liefert Produkte aus Vollholz, Holzwerkstoffen sowie Zellulose und Papier. Wald- und Holzwirtschaft sind wichtige Bereiche der volkswirtschaftlichen Wertschöpfung.

Wie alle Unternehmen, die heute im Wettbewerb um Absatzmärkte und Ressourcen stehen, agieren die Unternehmen der Wald- und Holzwirtschaft in einem dynamischen und in vielen Aspekten nur schwer einschätzbaren gesamtwirtschaftlichen Umfeld. Technologische Innovationen, der Wertewandel in unseren modernen Gesellschaften sowie eine sich ständig verändernde Nachfrage nach Gütern und Dienstleistungen sind wichtige Einflussfaktoren. Gleiches gilt für eine vergrößerte Aufmerksamkeit der Öffentlichkeit gegenüber dem Umgang mit unseren natürlichen Lebensgrundlagen, für Veränderungen in der Steuer-, Abgaben- und Subventionspolitik, oder in Bezug auf die Erweiterung der Europäischen Union, internationale Krisen sowie kurz- und langfristig zu erwartende Veränderungen des Klimas. Derartige Aspekte und Einflüsse wirken sich auf die Geschäftstätigkeit von Unternehmen aus und bringen Chancen und Risiken für deren Zukunft mit sich.

Die Anforderungen an das ökonomische und betriebswirtschaftliche Wissen der Fuhrungskräfte in der Wald- und Holzwirtschaft sind enorm gestiegen. Zu den komplexen Managementprozessen, die heute von der Unternehmensleitung und den Mitarbeitern bewältigt werden müssen, gehören ein wettbewerbsorientiertes Marketing, die Entwicklung der Beziehungen von Unternehmen zu ihrem wirtschaftlichen und sozialen Umfeld, eine zweckmäßige Organisation, die Steuerung von wertschöpfenden Prozessen und die Bewertung wirtschaftlicher Ergebnisse. Zentral sind ebenfalls eine zielgerichtete und menschliche Führung von einzelnen Mitarbeitern und Mitarbeiterteams sowie eine weitsichtige Personalentwicklung.

Unternehmen sind in vielfach verzweigten Prozessen der Wertschöpfung miteinander verbunden. Sie hängen voneinander und zusammen von den Endabsatzmärkten ab. Dabei handelt es sich einerseits um die sehr heterogenen Märkte für Holzprodukte, anderenseits um eine ganze Reihe gesellschaftlich relevanter Leistungen, für die zum Teil Märkte bestehen oder erst entwickelt werden können. Die Ansprüche an die Unternehmen der Wald- und Holzwirtschaft sind daher sehr unterschiedlich. Die Kunden des Holzgewerbes und der Industrie, Erholungssuchende, Jäger und Naturschützer haben legitime Interessen und Zielsetzungen, die sich in ihrer Gesamtheit nicht immer synergetisch verbinden lassen.

Ohne fundiertes Wissen über ihre Zwischen- und Endabsatzmärkte sind Unternehmen der Wald- und Holzwirtschaft heute nicht steuerbar. Dieses Wissen ist die Basis jeden unternehmerischen Erfolgs, der letztlich allein von den Kunden abhängt. Es ist zentraler Aspekt unternehmerischen Handelns, Veränderungen an den Märkten als Herausforderung für die Unternehmensentwicklung und nicht als Bedrohung des Status Quo zu begreifen. Das Verständnis der notwendigen Prozesse zur Erzeugung und Vermarktung von Wirtschaftsgütern, der bestehenden Schnittstellen in unternehmensübergreifenden Wertschöpfungsketten, aber auch der alternativen Möglichkeiten zur Gestaltung solcher Ketten ist entscheidend für den Erfolg von Unternehmen und Betrieben.

Die Waldwirtschaft ist stark von rechtlichen und politischen Gegebenheiten beeinflusst. Dies gilt für private Waldeigentümer, die eine Reihe von forstrechtlichen Regelungen bei der Waldbewirtschaftung zu berücksichtigen haben. Es gilt aber auch für öffentliche Verwaltungen, die einen erheblichen Anteil der Waldfläche betreuen und bewirtschaften. Hoheitliche und gesellschaftliche Aufgaben sind eng mit wirtschaftlichen Zielsetzungen verzahnt. Führungskräfte werden hier vielfach als Verwalter wahrgenommen, Betriebe als Behörden und nicht als wirtschaftliche Unternehmen. Sie sind jedoch Teil einer komplexen und hochmodernen Wirtschaftsbranche und stehen mit anderen Unternehmen auf Beschaffungs- und Absatzmärkten im Wettbewerb.

Die Darstellung unternehmerischen Handelns im Rahmen übergreifender Wertschöpfungsprozesse und unterschiedlicher Kundeninteressen schafft eine veränderte Sicht auf die Wald- und Holzwirtschaft. Sie löst willkürlich gezogene Grenzen zwischen den Branchen auf und hilft, bestehende Informationsdefizite zwischen den verschiedenen Akteuren abzubauen. Und sie ist die Basis für erfolgreiches Wirtschaften zwischen Holzproduzenten, Holzverarbeitern und Endverbrauchern. Sie führt zu Effizienzsteigerungen und Kosteneinsparungen, ermöglicht die Generierung eines vermehrten Kundennutzens und bringt zusätzliche Wettbewerbsvorteile, die Marktchancen beim Absatz von Holz und Holzprodukten erhöht.

Das vorliegende Lehr- und Fachbuch für Hochschulen und die Praxis der Wald- und Holzwirtschaft trägt diesen Anforderungen Rechnung, indem Grundlagen und methodische Hilfsmittel betriebswirtschaftlichen Handelns in ihrer Breite und Vielfalt dargestellt werden. Ausgangspunkt ist ein prozess- und akteurbezogener Ansatz, der die gesamte Wertschöpfungskette der Wald- und Holzwirtschaft umfasst. Die einzelnen

Kapitel stehen in einem klaren Bezug zueinander und werden durch detaillierte Teil-gliederungen erschlossen. Gleichzeitig ermöglichen Aufbau und Struktur des Textes sowie ein umfangreiches Schlagwortregister auch eine gezielte, selektive Lektüre zu spezifischen Themen. Eine Vertiefung einzelner Sachgebiete kann an Hand der umfang-reichen Hinweise zu betriebswirtschaftlichen Grundlagentexten bzw. zur Spezialliteratur erfolgen.

Ganz bewusst haben wir für den Titel dieses Buches den Begriff ‚unternehmerisches Handeln‘ gewählt. Damit stellen wir die Initiative, die Innovationskraft und auch die Risiko- und Veränderungsbereitschaft einzelner Menschen in der Wald- und Holzwirt-schaft in den Vordergrund. Denn es sind letztlich die vielen ‚Unternehmer‘, d. h. die vielen einzelnen Persönlichkeiten in den Unternehmen und Betrieben der Wald- und Holzwirtschaft, die Veränderungen vorantreiben und deren Tätigkeit und Engagement den Erfolg und die weitere Existenz im Wettbewerb bestimmen.

Der fachliche Inhalt basiert auf den unterschiedlichen Kenntnissen und Erfahrungen der fünf Autoren. Sie haben in unterschiedlicher Weise wissenschaftliches Know-how, Erfahrungen in Forschung und Lehre an Universitäten und Fachhochschulen, Erfah-rungen mit der Waldwirtschaft Deutschlands, Österreichs und der Schweiz, sowie internationale Beratungserfahrung und Industriepraxis in und außerhalb der Wald- und Holzwirtschaft eingebracht. In zum Teil kontroversen, aber stets fruchtbaren Diskussi-onen in Zürich und Rottenburg wurden die Grundlinien des Vorhabens und die Inhalte der einzelnen Kapitel bestimmt. Nur so war es möglich, ein konsistentes und umfas-sendes Lehr- und Fachbuch für den Bereich der Wald- und Holzwirtschaft gemeinsam zu erarbeiten.

Eine Vielzahl von Personen hat uns bei der Arbeit an diesem Buch unterstützt und zum Gelingen des ambitionierten Projektes beigetragen. Unser Dank gilt insbeson-dere dem Deutschen Betriebswirte-Verlag (dbv) in Gernsbach, Herrn Dr. Kasimir Katz und Frau Regina Meier. Sie haben uns von Anfang an ermutigt, dieses Buch zu schreiben und dabei über den Tellerrand einzelner Disziplinen hinauszublicken. Wir hoffen, dass das Ergebnis ihr Vertrauen rechtfertigt. In einem frühen Stadium haben wir zudem die Hilfe von einer Reihe von Kolleginnen und Kollegen in Anspruch nehmen dürfen, die den Entwurf gelesen und mit ihrer konstruktiven Kritik die Wei-terentwicklung des Buches ganz erheblich beeinflusst haben. Allen diesen kritischen Lesern aus der Wald- und Holzwirtschaft, aus Berufs- und Hochschulen, aus dem Privatwaldbesitz und selbständigen Unternehmen gilt unser herzlicher Dank. Unser Dank gilt ebenfalls weiteren Mitarbeitern und Freunden, die uns bei der Arbeit gehol-fen haben.

In Zeiten schneller Veränderungen, hoher beruflicher Belastung und schwieriger werdenden wirtschaftlichen Rahmenbedingungen war es für jeden von uns eine Her-ausforderung, ein solches Projekt zum Abschluss zu bringen. Dies geschah mit viel zusätzlicher Arbeitszeit und auch zu Lasten unserer Freunde und Familien. Für deren Verständnis, Geduld und Ermutigung sind wir sehr dankbar.

Zürich, Rottenburg a. N., Zug, München, im Juli 2003

Prof. Dr. Franz Schmithüsen
Prof. Dr. Bastian Kaiser
Dr. Albin Schmidhauser
Stephan Mellinghoff
Alfred W. Kammerhofer

Inhaltsübersicht

Inhaltsverzeichnis

19

Abbildungs- und Tabellenverzeichnis

Abkürzungsverzeichnis

ATFS	American Tree Farm System	i. d. R.	in der Regel
BAB	Betriebsabrechnungsbogen	i. R.	in Rinde
BSC	Balanced Scorecard	IAS	International Accounting Standards
ca.	circa		
CF	Cash Flow	ISO	International Standard Organization
CI	Corporate Identity		
d. h.	das heißt	JIT	Just in Time
dHGB	deutsches Handelsgesetzbuch	KD	Kommunikationsdifferenz
ECE	Economic Commission of Europe	kg	Kilogramm
		KMU	Klein- und Mittelunternehmen
Ed.	Editor (dt.: Herausgeber)		
ERP	Enterprise Resource Planning	LD	Leistungsdifferenz
et al.	und andere (lat.: et alii)	m´	Laufmeter
f.	und folgende Seite	m²	Quadratmeter
ff.	und folgende Seiten	m³	Kubikmeter
Fr.	Schweizer Franken	MbE	Management by Exceptions
FAO	Food and Agriculture Organization of the United Nations	MbO	Management by Objectives
		MDF	Medium Density Fiberboard (Holzspanplatte)
F&E	Forschung und Entwicklung		
IFRS	International Financial Reporting Standards	Mgmt.	Management
		mt	metric tons
FSC	Forest Stewardship Council	MwSt	Mehrwertsteuer (Umsatzsteuer)
GIS	Geographisches Informations-System		
		NaiS	Nachhaltigkeit im Schutzwald
GPS	Geographisches Positions-System	NPM	New Public Management
		NUV	Netto-Umlauf-Vermögen
GUS	Gemeinschaft Unabhängiger Staaten	o.R.	ohne Rinde
		OSB	Oriented Structural/Strand Board (Holzspanplatte)
GuV	Gewinn- und Verlustrechnung (G+V)		
GWA	Gemeinkosten-Wertanalyse	OR	Obligationenrecht (Handelsrecht der Schweiz)
HDF	High Density Fiberboard (Holzspanplatte)		
		PAT	Profit after Tax (Gewinn nach Steuern)
HGB	Handelsgesetzbuch		
HKS	Handelsklassensortierung	PEFC	Pan-European Forest Certification/Programme for Endorsement of Forest Certification Schemes
HPB	Holzproduktionsbereich		
HRM	Human Resources Management		
Hrsg.	Herausgeber		

PIMS	Profit Impact of Market Strategies (Auswirkungen von Marktstrategien auf die Rentabilität)	sog.	so genannt(e)
		Std.	Stunde(n)
		SWOT	Strengths (Stärken), Weaknesses (Schwächen), Opportunities (Chancen), Threats (Gefahren)
pp.	pages (dt.: Seiten)		
PPS	Produktionsplanung und Steuerung		
		t_{atro}	Tonne absolut trocken
ROA	Return on Assets (Gesamtkapitalrentabilität)	t_{lutro}	Tonne lufttrocken
		u.a.m.	und andere mehr
ROE	Return on Equity (Eigenkapitalrentabilität)	u. U.	unter Umständen
		UNECE	Europäische Wirtschaftskommission der Vereinten Nationen
ROCE	Return on Capital Employed (Rendite für investiertes Kapital)		
		USP	Unique Selling Proposition (Leistungsdifferenz)
ROI	Return on Investment (Gesamtkapitalrentabilität, Rentabilität eines Unternehmens)	US-GAAP	US-General Accepted Accounting Principles
PR	Publicrelations	USt	Umsatzsteuer
(r)	Rundholzäquivalent	v. Chr.	vor Christi Geburt
SCM	Supply Chain Management	VGR	Volkswirtschaftliche Gesamtrechnung
SEP	Strategische Erfolgsplanung		
SGE	Strategische Geschäftseinheiten	WTO	World Trade Organization
		z. T.	zum Teil
SGF	Strategische Geschäftsfelder	ZMP	Zentrale Markt- und Preisberichtsstelle
sm³	Schnitzel-Kubikmeter		

1. Kapitel

Wald- und Holzwirtschaft

1 Wald- und Holzwirtschaft

1.1 Waldverteilung und Waldentwicklung

1.1.1 Gesamtwaldfläche und regionale Gliederung

Der Wald ist ein Teil der Biosphäre. Er erstreckt sich in vielen Regionen der Erde über ausgedehnte Gebiete. Seine Vegetationsformen (Flora) werden durch Bäume und mehrjährige Sträucher geprägt. Wälder umfassen sehr unterschiedliche Ökosysteme, das heißt räumlich abgrenzbare Ausschnitte der Landschaft mit einem komplexen Beziehungsgefüge zwischen abiotischen Standortsfaktoren und den dort lebenden Pflanzen, Tieren und Mikroorganismen (Barnes *et al.* 1998; Kimmins 2004; Otto 1994: 17 ff.). Die wichtigste Grundlage zur Beurteilung der weltweiten Waldverbreitung und Waldflächengliederung nach Kontinenten und Ländern sind die periodischen Erhebungen und publizierten Angaben zum Umfang der globalen forstlichen Ressourcen (Global Forest Resources Assessment) der Welternährungsorganisation der Vereinten Nationen (FAO 2006). Ergänzt werden diese durch die Datenbasis FAOSTAT sowie durch Übersichten der alle 2 Jahre erscheinenden FAO-Berichte zum Zustand des Waldes in der Welt (FAO 2007a).

Nach den derzeit verfügbaren Erhebungen werden circa 5,3 Milliarden Hektar der festen Landoberfläche der Erde (circa 13 Milliarden Hektar) als Wälder oder als mit Bäumen und Sträuchern bestockte Flächen ausgewiesen (Tabelle 1-1). Hiervon sind nach FAO-

	Bevölker-ung	Land-fläche	Wald und andere bestockte Flächen	Wald-fläche	Bewald-ung	Anteil Wald-fläche je Einwohner	Holzvorrat	Biomasse	Kohlen-stoff in Biomasse
	Mio.	Mio. ha	Mio. ha	Mio. ha	%	ha	m^3 / ha	Tonnen / ha	Tonnen / ha
Afrika	868	2'963	1'041	635	21	0.7	102	191	95
Asien	3'838	3'097	763	572	19	0.1	82	115	57
Europa	723	2'260	1'102	1'001	44	1.4	107	88	44
Nordamerika	429	2'070	795	678	33	1.6	111	125	62
Zentralamerika und Karibik	79	74	34	28	38	0.4	117	187	92
Südamerika	365	1'754	961	832	48	2.3	155	225	110
Ozeanien	33	849	636	206	24	6.2	36	114	51
Welt:	6'335	13'067	5'332	3'952	30	0.6	110	145	72

Tabelle 1-1: Basisdaten Bevölkerung, Land- und Waldfläche, Holz-, Biomassen- und Kohlenstoffvorrat nach Kontinenten – Welt (Eigene Zusammenstellung nach FAO 2007a: 102 ff., 109 ff. und 116 ff.; FAO 2006: 190 ff. für Wald und andere bestockte Flächen)

Statistik nahezu 4 Milliarden Hektar Wald im eigentlichen Sinn. Der durchschnittliche Flächenanteil des Waldes (Bewaldungsprozent) liegt damit weltweit bei circa 30 %. Die mittleren Hektarwerte für Holzvorrat, Biomasse bzw. Kohlenstoff der Biomasse zeigen erhebliche regionale Unterschiede. Im Mittel liegen sie bei 110 m³ je Hektar für

Bevölkerungsverteilung

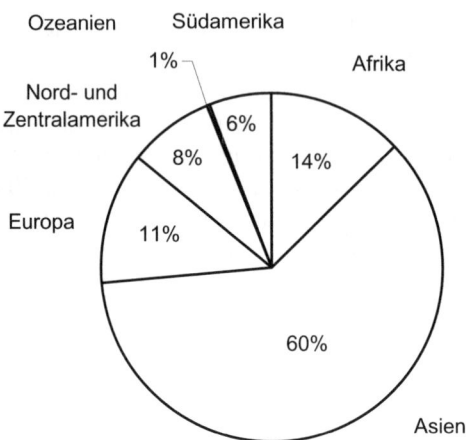

Waldverteilung

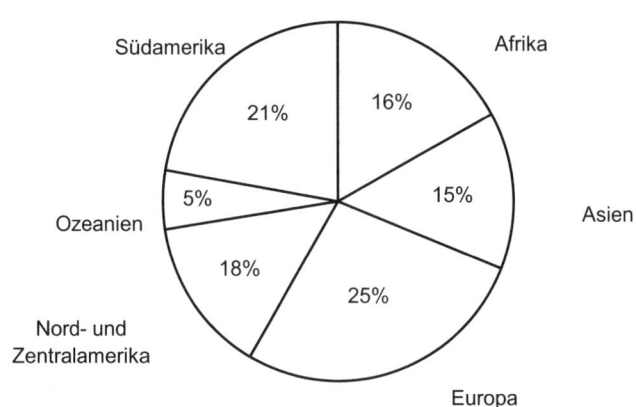

Abbildung 1-1:   Bevölkerung und Waldfläche nach Kontinenten (Eigene Darstellung nach FAO 2007a: 102 ff., 109 ff.)

den Holzvorrat und bei 145 bzw. 72 Tonnen je Hektar für Biomasse und Kohlenstoff. Nahezu die Hälfte aller Wälder befindet sich in der tropischen Region, jeweils circa 10 % in den subtropischen bzw. den gemäßigten Breiten und ein Drittel in der borealen Zone. Etwas mehr als die Hälfte der Gesamtwaldfläche liegt in Entwicklungsregionen und etwas weniger als die Hälfte in den industrialisierten Regionen. Zwei Drittel aller Wälder der Welt gehören zum Gebiet von 10 Staaten: Russland (Russische Föderation), Brasilien, Kanada, Vereinigte Staaten, China, Australien, Demokratische Republik Kongo, Indonesien, Angola und Peru.

Beim Vergleich zwischen Bevölkerungsverteilung und Verteilung der Waldfläche nach Kontinenten werden beachtliche Gegensätze erkennbar (Abbildung 1-1). Während 60 % der Weltbevölkerung in Asien leben, beträgt der Anteil dieses Kontinents an der Gesamtwaldfläche nur 15 %. Dagegen verfügt Europa einschließlich der Russischen Föderation über 25 % der Waldgebiete, während der Anteil an der Weltbevölkerung bei nur 11 % liegt. In Nord- und Zentralamerika (inklusive Karibik) mit einem Waldanteil von 18 % leben 8 % der Bevölkerung. Bemerkenswert ist der Anteil der Bevölkerung (6 %) im Vergleich zum Waldflächenanteil (21 %) auf dem südamerikanischen Kontinent. In Afrika ist das Verhältnis von Bevölkerung (14 %) und Wald (16 %) ausgeglichener. Auch andere Basisdaten zeigen große Unterschiede zwischen den Kontinenten (Tabelle 1-1). Dies betrifft die Bevölkerungsdichte, das Bewaldungsprozent und vor allem die für jeden Bewohner verfügbare Waldfläche. Letztere reicht je Bewohner von knapp 0,1 Hektar in Asien über 1,4 Hektar in Europa, 1,6 Hektar in Nordamerika, 2,3 Hektar in Südamerika bis zu 6,2 Hektar in Ozeanien.

1.1.2   Europäische Waldfläche

Angaben zur Bedeutung der Waldressourcen in Europa finden sich im Bericht der Europäischen Wirtschaftskommission der Vereinten Nationen in Genf (UNECE/FAO 2000) sowie in der laufend ergänzten statistischen Datensammlung (UNECE/FAO Timber Database). Wälder und andere mit Bäumen bestockte Flächen erstrecken sich über 1,1 Milliarden Hektar oder 49 % der europäischen Landfläche inklusive der Russischen Föderation. Die eigentliche Waldfläche wird derzeit mit rund einer Milliarde Hektar bzw. mit 44 % der Landfläche ausgewiesen (Tabelle 1-2). 809 Millionen Hektar Wald oder circa das Vierfache der Waldfläche in den übrigen europäischen Ländern befinden sich in der Russischen Föderation. In West-, Mittel- und Osteuropa ohne Russland beträgt die Gesamtfläche der Wälder knapp 200 Millionen Hektar.

Bei einer Gesamtbevölkerung von derzeit 723 Millionen beträgt die Waldfläche je Einwohner im europäischen Mittel 1,4 Hektar. Wichtiger als dieser Mittelwert ist die Spanne von 0,3 Hektar Waldfläche je Bewohner im Mittel der europäischen Länder zu 5,7 Hektar je Bewohner in Russland. Die europäischen Mittelwerte für den stehenden Holzvorrat liegen bei 107 m³ je Hektar, die für Biomasse und Kohlenstoff in

	Bevölker-ung	Land-fläche	Wald und andere bestockte Flächen	Wald-fläche	Bewald-ung	Anteilt Waldfläche je Einwohner	Holzvorrat	Biomasse	Kohlen-stoff in Biomasse
	Mio.	Mio. ha	Mio. ha	Mio. ha	%	ha	m³ / ha	Tonnen / ha	Tonnen / ha
Europa ohne Russ. Föderation	580	571	219	192	34%	0,3	134	120	59
Russische Föderation	143	1.689	883	809	48%	5,7	100	80	40
Europa:	723	2.260	1.102	1.001	44%	1,4	107	88	44

Tabelle 1-2:   Basisdaten Bevölkerung, Land- und Waldflächen, Holz-, Biomassen- und Kohlenstoffvorräte – Europa (Eigene Zusammenstellung nach FAO 2007a; FAO 2006 für Wald und andere bestockte Flächen)

der Biomasse bei 88 Tonnen bzw. 44 Tonnen je Hektar. Zu beachten ist auch hier der Unterschied zwischen Russland und dem Mittelwert der anderen europäischen Länder. Sowohl nach absoluten Beträgen wie nach Waldanteil je Einwohner ergibt sich eine große Vielfalt in den verschiedenen europäischen Regionen.

Drei Viertel der europäischen Wälder, ohne die Waldfläche der Russischen Föderation, befinden sich in den 27 Mitgliedsländern der Europäischen Union. Von der gesamten Landfläche der EU 27 (420 Millionen Hektar) werden 177 Millionen Hektar (42 %) als Wald und andere bestockte Flächen ausgewiesen. Hiervon sind 156 Millionen Hektar Wald im engeren Sinne. Der durchschnittliche Flächenanteil der Bewaldung in der EU liegt damit bei 37 % (European Commission 2007). Eine Übersicht über Umfang und Gliederung der Wälder in den einzelnen Ländern zeigt Tabelle 1-3. Je nach Waldöko-systemen und Standortsvoraussetzungen, Bevölkerungsdichte und Nutzungsansprü-chen haben die Waldformationen in den einzelnen Ländern eine vielfältige und sehr unterschiedliche Bedeutung für die Bevölkerung (CE 1994: Tome 1: 532 ff.).

1.1.3   Holzzuwachs und Holznutzung

Untersuchungen zum Nettozuwachs im Vergleich zu der jährlichen Nutzungsmenge liegen für wichtige europäische Forstregionen für das Jahr 2000 vor (UNECE/FAO 2000: 144; Angaben in m³ in Rinde). Insgesamt wird der jährliche Nettoholzzuwachs der europäischen Wälder auf circa 1,8 Milliarden m³ geschätzt. Hiervon entfallen etwa zwei Drittel, das sind circa 1,2 Milliarden m³, auf den Zuwachs in Nadelholzbestän-den. 58 % des europäischen Produktionspotenzials (1.037 Millionen m³) mit einem Anteil von 68 % Nadelholz werden der Gemeinschaft Unabhängiger Staaten (GUS) zugerechnet. 42 % (748 Millionen m³) des Nettoholzzuwachses mit einem Anteil von 63 % Nadelholz erfolgen in anderen europäischen Gebieten. Bemerkenswert sind die massiven Unterschiede des flächenbezogenen Nettozuwachses nach Ländern bzw. Teil-

	Bevölker-ung	Landfläche	Wald und andere bestockte Flächen	Waldfläche	Bewald-ung	Anteil Wald-fläche je Einwohner	Holz-vorrat	Bio-masse	Kohlen-stoff in Biomasse
	Mio.	Mio. ha	Mio. ha	Mio. ha	%	ha	m³ / ha	Tonnen / ha	Tonnen / ha
Albanien	3'188	2'740	1'055	794	29%	0.2	98	130	65
Belarus (Weissrussland)	9'832	20'748	8'808	7'894	38%	0.8	179	137	68
Belgien	10'405	3'028	694	667	22%	0.1	258	195	97
Bosnien u. Herzegowina	3'836	5'120	2'734	2'185	43%	0.6	179	161	81
Bulgarien	7'780	11'063	3'652	3'625	33%	0.5	157	145	73
Dänemark	5'397	4'243	636	500	12%	0.1	152	104	52
Deutschland	82'631	34'895	11'076	11'076	32%	0.1	n.a.	235	118
Estland	1'345	4'239	2'366	2'284	54%	1.7	196	146	74
Finnland	5'215	30'459	23'302	22'500	74%	4.3	96	73	36
Frankreich	59'991	55'010	17'262	15'554	28%	0.3	159	158	75
Griechenland	11'075	12'890	6'532	3'752	29%	0.3	47	31	16
Großbritannien	59'405	24'088	2'865	2'845	12%	0.0	120	79	39
Irland	4'019	6'889	710	669	10%	0.2	97	60	28
Island	290	10'025	150	46	1%	0.2	65	n.a.	n.a.
Italien	57'573	29'411	11'026	9'979	34%	0.2	145	128	64
Kroatien	4'508	5'592	2'481	2'135	38%	0.5	165	180	90
Lettland	2'303	6'205	3'056	2'941	47%	1.3	204	157	78
Liechtenstein	34	16	7	7	43%	0.2	286	n.a.	n.a.
Litauen	3'439	6'288	2'176	2'099	34%	0.6	204	157	78
Luxemburg	450	259	88	87	34%	0.2	299	218	103
Malta	401	32	0	n.a.	1%	n.a.	n.a.	n.a.	n.a.
Mazedonien	2'062	2'543	988	906	36%	0.4	70	45	22
Niederlande	16'250	3'388	365	365	11%	0.0	178	143	68
Norwegen	4'582	30'625	12'000	9'387	31%	2.0	92	74	37
Österreich	8'115	8'273	3'980	3'862	47%	0.5	300	n.a.	n.a.
Polen	38'160	30'629	9'129	9'129	30%	0.2	203	195	97
Portugal	10'436	9'150	3'867	3'783	41%	0.4	93	60	30
Rumänien	21'858	22'987	6'628	6'370	28%	0.3	212	178	89
Schweden	8'985	41'162	30'785	27'528	67%	3.1	115	85	43
Schweiz	7'382	3'955	1'288	1'221	31%	0.2	368	252	126
Serbien u. Montenegro	8'152	10'200	3'502	2'694	26%	0.3	121	116	58
Slowakei	5'390	4'808	-	1'929	40%	0.4	256	211	105
Slowenien	1'995	2'012	1'308	1'264	63%	0.6	282	233	116
Spanien	41'286	49'944	28'214	17'915	36%	0.4	50	49	22
Tschechien	10'183	7'728	0	2'648	34%	0.3	278	274	123
Ukraine	48'008	57'935	9'616	9'575	17%	0.2	221	156	78
Ungarn	10'072	9'210	0	1'976	22%	0.2	171	172	88
Zypern	776	924	388	174	19%	0.2	46	29	17
Europa ohne Russ. Föd.	576'809	568'713	212'734	192'365	35%	0.3	-	-	-
Russische Föderation	142'814	1'688'850	882'975	808'790	48%	5.7	-	-	-
Europa	719'623	2'257'563	1'095'709	1'001'155	44%	1.4	-	-	-

Tabelle 1-3: Basisdaten Bevölkerung, Land- und Waldflächen, Holz-, Biomas-sen- und Kohlenstoffvorräte – Ausgewählte europäische Länder (Eigene Zusammenstellung nach FAO 2007a; FAO 2006 für Wald und andere bestockte Flächen)

regionen. In Deutschland, Österreich und der Schweiz liegen die Schätzungen für den Nettozuwachs im oberen Drittel, d. h. zwischen 7 und 8 m³ je Jahr und Hektar. In den südeuropäischen Gebieten wird er mit 3 bis 5 m³ je Hektar angegeben. In der Rus-sischen Föderation bzw. der GUS wird der Nettojahreszuwachs an Holz auf 1,2 m³ je Hektar geschätzt.

Von speziellem Interesse für eine Beurteilung der wirtschaftlichen Möglichkeiten ist der Zuwachs bzw. das Nutzungspotenzial in den für die Bewirtschaftung und Holznutzung zur Verfügung stehenden regionalen Waldgebieten (Tabelle 1-4). Die entsprechenden Angaben beziehen sich auf Rohholz, gemessen in Kubikmeter in Rinde (m^3 in Rinde). Einen hohen jährlichen Nettozuwachs weisen die west- und nordwesteuropäische Region (219 Millionen m^3) und die skandinavischen Staaten (180 Millionen m^3) auf. Im zentralen Osteuropa und in Süd- und Südosteuropa liegen die jährlichen Nettozuwächse bei 109 bzw. 124 Millionen m^3. Erheblich niedriger sind die Nettozuwächse im Baltikum und auf der Iberischen Halbinsel.

Der Vergleich von jährlichem Nettozuwachs und Jahresnutzung weist darauf hin, dass nur ein Teil des Produktionspotenzials genutzt wird. In mehreren Regionen bewegt sich der für das Jahr 2000 geschätzte Nutzungsgrad zwischen 50 % und 60 %. Nur in den skandinavischen Ländern liegt er bei über 70 %. Ein entscheidender Faktor ist hier vermutlich die Preisentwicklung für Rohholz und Holzprodukte (UNECE/FAO 1996a). Weitere Gründe für das nicht genutzte Produktionspotenzial sind ein zu hohes Kostenniveau bei der Bereitstellung von Rundholz, nicht ausreichende Erschließung, ungenügende Verarbeitungskapazitäten, fehlende Marktnachfrage für bestimmte Holzsortimente oder auch ungenügende Logistik. Da das Verhältnis von potenziellem Rohholzaufkommen und wirtschaftlicher Erschließbarkeit je nach Land bzw. Region unterschiedlich ist, sind weitergehende Analysen auf Länderebene zu den Ursachen im Einzelnen notwendig.

Regionen	Jährlicher Nettozuwachs	Jährliche Holznutzung	Nutzung zu Nettozuwachs
	Mio. m^3 i.R.	Mio. m^3 i.R.	%
Skandinavien	180	129	72%
Baltische Staaten	27	14	52%
Zentrales West- und Nordwesteuropa	219	137	63%
Zentrales Osteuropa	109	62	57%
Iberische Halbinsel	42	22	52%
Süd- und Südosteuropa	124	53	43%
Russische Föderation	742	117	16%
Europa - Total:	1.443	534	37%

Tabelle 1-4:   Nettozuwachs und Holznutzung in den für die Nutzung zur Verfügung stehenden Wäldern Europas (Eigene Zusammenstellung nach UNECE/FAO 2000: 149)

Der Unterschied zwischen Nutzungspotenzial und jährlicher Holznutzung ist besonders markant in der Russischen Föderation bzw. in der Gemeinschaft Unabhängiger Staaten (GUS). Hier wird der jährliche Nettozuwachs auf 793 Millionen m³ geschätzt, davon über 90 % in der Russischen Föderation. Der Nutzungsgrad liegt jedoch nur bei 17 % bzw. 16 % des jährlichen Nettozuwachses. Maßgebend hierfür sind eine Reihe struktureller Faktoren der Wald- und Holzwirtschaft dieser Länder. Ein spezieller Grund ist aber vor allem auch der Zusammenbruch der Produktion, gefolgt von einer Restrukturierung des Wirtschafts- und Marktsystems nach der Auflösung der Sowjetunion (World Bank 1997: 41 ff.; 185 ff.). So ging z. B. die statistisch ausgewiesene Produktion von Rundholz Russlands im Zeitraum von 1991 bis 1996 drastisch von circa 300 Millionen m³ auf circa 100 Millionen m³ zurück. Nach einer Phase der Stabilisierung hat sich die Rundholzproduktion Russlands schrittweise erholt und ist kontinuierlich angestiegen, zunächst auf 143 Millionen m³ (1999), dann auf 191 Millionen m³ (2006).

1.1.4 Waldvegetation und Baumarten

Nach der von der FAO verwendeten globalen ökologischen Zonierung wird die Waldvegetation Europas im Wesentlichen von gemäßigt ozeanisch bzw. kontinentalen Waldformationen sowie von borealen Nadelwäldern und Buschwäldern der Tundra gebildet. Von Bedeutung sind ferner die Gebirgswälder der gemäßigten wie borealen Klimazonen. Im südlichen Teil Europas sind mediterrane und zum Teil subtropische Trocken- und Bergwälder verbreitet. Es können fünf große europäische Vegetationszonen unterschieden werden (Ellenberg 1996: 23 ff.):

– die arktische und alpine Zone mit baumloser Zwergstrauch-, Rasen- und Hochstaudenvegetation

– die boreale Zone mit immergrünen Nadelwäldern

– die temperierte Zone mit sommergrünen Laubwäldern

– die Vegetation im Bereich des Mittelmeers mit immergrünen Hartlaubwäldern

– die pannonisch-pontisch-anatolische Zone mit Waldsteppen, Steppen und Halbwüsten.

Die Zone der sommergrünen Laubwälder erstreckt sich über West-, Mittel- und Osteuropa. Sie schließt zum Teil auch Gebirgswälder in Südeuropa ein. Eichenmischwälder sind in den atlantischen und subatlantischen Tieflagen auf den Britischen Inseln und auf dem Kontinent von Nordwestspanien bis Dänemark und Südskandinavien verbreitet. Sie kommen auch im subkontinentalen und kontinentalen Tieflagenbereich Mittel- und Osteuropas vor. Rotbuchen- und Tannenmischwälder finden sich im westlichen und nördlichen Mitteleuropa in Tieflagen, im südlichen Teil Mitteleuropas und in nach Süden angrenzenden Gebieten. In der montanen Stufe kommt die Tanne häufig in Mischbeständen vor. Auf der iberischen Halbinsel sind wärmeliebende Eichenmischwälder verbreitet, die von einer Reihe sommergrüner Eichenarten gebildet werden.

Die verschiedenen Baum- und Straucharten besiedeln unterschiedliche Areale und haben in den Waldgesellschaften jeweils eine spezielle ökologische Bedeutung. Zu den häufigen und großflächige Bestände bildenden Arten (Pott 1993: 104 ff.) gehören Buche (Fagus sylvatica), Fichte (Picea abies), Tanne (Abies alba), Kiefer (Pinus sylvestris), Stieleiche (Quercus robur) und Traubeneiche (Quercus petraea), Hainbuche (Carpinus betulus), Weiss- oder Sandbirke (Betula pendula) und Schwarzerle (Alnus glutinosa).

Zu den ebenfalls häufigen aber eher lokal dominierenden Arten zählen Esche (Fraxinus excelsior), Berg- und Feldahorn (Acer pseudoplatanus und Acer campestre), Ebere-sche (Sorbus aucuparia), Zitterpappel (Populus tremula), Vogelkirsche (Prunus avium), Moorbirke (Betula pubescens), Bruchweide (Salix fragilis) und in Gebirgslagen die Lärche (Larix decidua) sowie die Arve oder Zirbe (Pinus cembra). Seltenere oder kleinräumig lokal auftretende Arten sind u. a. Bergulme (Ulmus glabra), Flatterulme (Ulmus laevis) und Feldulme (Ulmus minor), Spitzahorn (Acer platanoides), Som-mer- und Winterlinde (Tilia platyphyllos, Tilia cordata), Silberweide (Salix alba) sowie die Schwarzpappel (Populus nigra). Auch Wildapfel (Malus silvestris) und Wildbirne (Pyrus pyraster), Els- und Mehlbeere (Sorbus torminalis, Sorbus aria), Eibe (Taxus bac-cata) sowie Legföhre (Pinus mugo), Spirke (Pinus rotundata) und Bergkiefer (Pinus uncinata) sind dieser Gruppe zuzuordnen.

1.1.5   Entwicklung der Waldvegetation

In Mitteleuropa bilden die Wälder ein viel gegliedertes Landschaftsmosaik, in dem naturnahe Waldgesellschaften mit vom Menschen intensiv umgestalteten Beständen abwechseln (Ellenberg 1996: 38 ff., 111 ff.). Die Verbreitung der Waldgesellschaften wird durch Wuchskraft und Standortansprüche der Baumarten sowie durch die vom Klima vorgegebenen Zonen und Höhenstufen der Vegetation bestimmt. Wichtige Fak-toren sind Geologie und Morphologie, die mittlere Jahrestemperatur während der Vege-tationsperiode, Kälte-, Nässe- und Trockengrenzen, sowie Nährstoffangebot und Was-serhaushalt der Böden. Auch unterschiedliche Formen der Nutzung beeinflussen ganz erheblich die Verbreitung, Artenvielfalt und Naturnähe der Waldgesellschaften.

Die heutige Gliederung der Waldvegetation Europas geht in ihren Grundzügen auf die Auswirkungen der Eiszeit und die anschließende Rückwanderung und Wiederbesied-lungsprozesse durch Flora und Fauna zurück (Lang 1994: 14 ff.). Das Pleistozän oder Diluvium – ein Abschnitt der Erdgeschichte, der vor circa 2 Millionen Jahren begann – war durch große klimatische Schwankungen gekennzeichnet. Kaltzeiten (Glaziale oder Kryomere) und Warmzeiten (Interglaziale oder Thermomere) wechselten einander ab. Während der als Eiszeiten bezeichneten kalten Perioden kam es zu großflächigen Vergletscherungen, die als nordische Inlandvereisung vor allem Fennoskandien und die Britischen Inseln bedeckten. Die Gletscher breiteten sich auch in den Pyrenäen, Alpen und Karpaten sowie in den Mittelgebirgen aus. Die maximale Eismächtigkeit der Gletscherdecke erreichte zum Teil zwischen 2.000 und 3.000 m.

Die Klimaschwankungen mit einer Folge von Eis- und Zwischeneiszeiten führten zu tiefgreifenden Veränderungen der Vegetation (Lang 1994: 16 ff.). Mittel- und Nordeuropa waren nahezu vollständig vom Gletschereis und in den Zwischeneiszeiten von baumlosen Tundren und Steppen bedeckt. Die Wälder wurden auf Gebiete im Süden und Südosten des Kontinents zurückgedrängt. Nur ein Teil der artenreichen Gehölzflora, die vor Einsetzen der Vereisung in Europa verbreitet war, konnte den Verdrängungsprozess überleben und nach Rückgang der Gletscher in die früheren Verbreitungsgebiete zurückwandern. Dies führte zu einer Verringerung der Zahl der Baumarten. Verloren gingen verschiedene immergrüne Laubholzgattungen, und unter den Nadelbaumarten verschwanden beispielsweise Douglasie (Pseudotsuga), Hemlock oder Schierlingstanne (Tsuga) und der Mammutbaum (Sequoia).

Die Wiederausbreitung der Baumarten nach der Eiszeit führt schrittweise zur Herausbildung der heutigen Vegetationsgliederung. Betrachtet man die Entwicklung von baumlosen Tundren und Steppen bis zur heutigen Vegetation, so können typische Phasen unterschieden werden (Mantel 1990: 41 ff.; Küster 2003: 56 ff.). Am Ende der Eiszeit (Spät- und Postglazial) zwischen 12000 und 8000 v. Chr. zeigen die Ergebnisse der Pollenanalysen in Mitteleuropa das Auftreten von Wacholder- und Weidenarten und eine allmähliche Zunahme von Kiefer und Birke (Mantel 1990: 41 ff.). Die Bezeichnung Arktikum für diese Periode weist auf eine Wald- und Gebüschvegetation hin, die der im Bereich der heutigen Waldgrenze in Norwegen, Schweden und Finnland ähnlich ist. Danach entwickeln sich Birken- und Kiefernwälder verbunden mit der Ausbreitung der Hasel (8000 bis 6000 v. Chr.). Es folgt eine Entwicklung in Richtung der heutigen Nadel- und Laubbaumarten sowie von Eichenmischwäldern (6000 bis 400 v. Chr.). Insgesamt charakterisieren die verschiedenen Etappen dieser Vegetationsentwicklung (Boreal, Atlantikum und Subboreal) den Wechsel von einem eher trocken-kontinentalen Klima zu wärmeren und später feucht-warmen Klimaverhältnissen. Ab 400 v. Chr. zeigen die Pollenanalysen eine Entwicklung zu Buchen-, Tannen- und Fichtenwäldern in unterschiedlicher Mischung.

1.1.6 Einfluss der Siedlungsentwicklung

Die natürlichen Entwicklungsbedingungen der Vegetation machen deutlich, dass ohne Nutzungen und gestaltende Eingriffe des Menschen weite Gebiete West- und Mitteleuropas von Laubwäldern bedeckt wären. Dies entspricht den von Natur aus gegebenen klimatischen Bedingungen, den Boden- und Standortvoraussetzungen sowie der Baumartenverteilung, die sich nach der Eiszeit entwickelt hat. Hierbei zeigt die Buche, mit Ausnahme extremer Feucht- und Trockenstandorte, in den subatlantischen Klimaregionen die größte Wuchskraft. Nach Osten nimmt die Verbreitung von Hainbuche und Eichenarten zu. In den Gebirgen sind Fichte, Tanne und andere Nadelbaumarten verbreitet. Von großer Bedeutung für die Waldvegetation in der Kulturlandschaft sind die Folgen lang andauernder und intensiver Einwirkungen des Menschen (Konold 1996). Zu bestimmten Zeiten sind diese auf eine konsequente Zurückdrängung des Waldes ausgerichtet. In anderen Zeitabschnitten begünstigen Veränderungen in der Intensität der Bodennutzung die Freisetzung landwirtschaftlich genutzter Flächen und damit die Wiederbewaldung. Die heutige Verteilung von Wäldern und offenen Gebieten ist das Ergebnis von Zeiten, in denen die Rodung expandierte, und von Zeiten, in denen die Waldvegetation sich wieder ausbreiten konnte.

Die z. T. gegenläufigen Einwirkungen der Menschen auf die Waldvegetation werden durch wirtschaftliche und soziale Veränderungen ausgelöst. Nicht zu übersehen ist hierbei die Bedeutung der von Natur gegebenen Voraussetzungen wie Klima, Topographie und Bodengüte. Die Wälder werden auf Standorten gerodet, die günstige Siedlungs- und Entwicklungsbedingungen bieten. Die Rückkehr der Waldvegetation setzt dort ein, wo die landwirtschaftlichen Nutzungsmöglichkeiten wenig vorteilhaft sind. Im Verlauf der Siedlungsgeschichte werden Waldgebiete in Acker- und Weideland umgewandelt, aber auch besiedelte Gebiete wieder aufgegeben. Die in Wäldern sichtbaren Spuren früherer Siedlungen und aufgegebener landwirtschaftlicher Flächen oder auch von Wiederaufforstungen bestätigen diese Dynamik der Bodennutzung. Es entstehen Landschaften, die teils noch sehr deutlich, teils nur noch indirekt die von Natur aus gegebene Vegetationsgliederung erkennen lassen. Ein wichtiger Hinweis, inwieweit heutige Waldbestände der natürlichen Vegetation entsprechen, ist der Entwicklungszustand der Waldböden und die Bodenflora.

Für die Verteilung von offener Flur und Wäldern sind die verschiedenen Etappen der mittelalterlichen Rodungen von entscheidender Bedeutung (Mantel 1990: 52 ff.; Hasel und Schwarz 2006: 41 ff.). Nach der Völkerwanderung erfolgt eine Ausdehnung der schon vorher bestehenden alten Siedlungsgebiete. Die großen Rodungsperioden des Mittelalters setzen im 8. und 9. Jahrhundert ein und erreichen einen Höhepunkt im 12. und 13. Jahrhundert. Nach Abschluss der mittelalterlichen Rodungsperioden und den darauf folgenden Rückzugsprozessen der Bevölkerung zum Beispiel in Pestzeiten bleibt die Verteilung von Wald und Feld bis zum Beginn der Neuzeit im Wesentlichen unverändert (Mantel 1990: 65 ff.). Die Bevölkerungsverluste durch Kriege, insbesondere während des Dreißigjährigen Krieges, führen nochmals zu einem verminderten Bedarf an landwirtschaftlicher Produktionsfläche. Dagegen ist Ende des 18. Jahrhunderts eine erneute Rodungswelle zu verzeichnen, die durch die Liberalisierung der Bodennutzung und staatliche Landverkäufe begünstigt wird. Nahezu gleichzeitig beginnt jedoch auch die Zeit, in der landwirtschaftliche Flächen in größerem Umfang freigesetzt und aufgeforstet werden. Zu Beginn des 19. Jahrhunderts führen die Einführung der Stallfütterung und etwas später die sinkende Rentabilität der Schafzucht durch den Import von Wolle zur Aufgabe von Produktionsflächen. In der zweiten Jahrhunderthälfte geht mit der zunehmenden Einfuhr von Getreide die Rentabilität der Bewirtschaftung von Grenzertragsböden zurück, so dass diese aufgeforstet oder der natürlichen Sukzession überlassen werden.

Mit Unterbrechungen, vor allem zu Zeiten der Weltkriege, hält diese Entwicklung bis heute an. Die Konzentration der landwirtschaftlichen Nutzung auf für sie günstige und rentable Produktionsstandorte und die dadurch ausgelöste Zunahme des Waldes auf Hanglagen und in den Bergregionen haben sich in den letzten Jahrzehnten verstärkt. Produktionssteigerungen der Landwirtschaft, offene Agrarmärkte und die Nutzung von Wettbewerbsvorteilen in einem großen Wirtschaftsraum führen sowohl in der Bundesrepublik Deutschland wie in anderen Gebieten der Europäischen Union dazu, dass die Waldfläche im langjährigen Durchschnitt zunimmt. In bestimmten Landschaftsräumen ist eine rasche Waldzunahme festzustellen, die zu einem deutlich erkennbaren Wandel in der Verteilung von Wald und offener Flur führt.

Der mehrfache Wechsel von Rodungsvorstößen und Wiederbewaldungsprozessen hat im Verlauf der Siedlungsgeschichte die Grenzen zwischen Wäldern und offenen Flächen bestimmt und zur Entstehung sehr unterschiedlicher Landschaften geführt (Küster 1999). In landwirtschaftlich intensiv genutzten Regionen wie auch im Bereich der großen Städte und der weiterhin wachsenden Verdichtungsräume nimmt der Wald heute nur noch einen kleinen Teil seiner ursprünglichen Fläche ein. In den Mittelgebirgen und in den Alpen ist der Wald dagegen ein gestaltendes Element des Raumes geblieben. Hier kann noch von eigentlichen Waldlandschaften gesprochen werden.

1.2 Waldwirtschaft

1.2.1 Nutzung erneuerbarer Ressourcen

Wälder sind wie Boden, Wasser, Flora und Fauna erneuerbare natürliche Ressourcen (Deegen 1997; Endres und Querner 2000; Neher 1999). Diese zeichnen sich durch die Fähigkeit zur Selbstorganisation, durch Vernetzung und Anpassungsfähigkeit an sich verändernde Umweltbedingungen, durch komplexe Organisationsstrukturen sowie durch ihre funktionale Gestaltungsfähigkeit aus (Newman 2000). Die Nutzungsmöglichkeiten der Wälder werden durch die vorgegebenen Standortbedingungen und die Entwicklungsdynamik der Waldvegetation bestimmt (Dengler *et al.* 1990, 1992; Ott *et al.* 1997). Von Bedeutung sind die räumliche Differenzierung der Wälder, ihre Vielfalt an Pflanzen und Tieren sowie ihre Fähigkeit zur Erneuerung und Selbstregulierung in einer sich verändernden Umwelt. Die Inanspruchnahme des natürlichen Potenzials des Waldes durch den Menschen macht wirtschaftliche und kulturelle Entwicklungen möglich, die ihrerseits die Wälder in großem Maß beeinflussen.

Insgesamt zeigt die Entwicklung, dass Wälder in unterschiedlicher Weise Bedeutung für die Bevölkerung haben. Ihre Nutzung ist ein wichtiger Wirtschaftsfaktor. Eine über Generationen reichende Bewirtschaftung ist nur unter der Voraussetzung möglich, dass Art und Umfang der Eingriffe das von der Natur vorgegebene Potenzial und den Ressourcenbestand nicht gefährden. Dagegen haben Eingriffe ohne Rücksicht auf das zur Verfügung stehende Ressourcenpotenzial schwerwiegende negative Folgen und stellen zukünftige Nutzungen in Frage. Es ist daher zutreffend, in Bezug auf den Wald von einer bedingt erneuerbaren natürlichen Ressource zu sprechen.

Die Waldwirtschaft ist ein eindrückliches Beispiel dafür, wie sich ein nachhaltiges Nutzungsregime in langen Zeiträumen entwickelt hat. Die Erfahrungen der Waldwirtschaft zeigen, dass eine nachhaltige Ressourcennutzung an konkrete wirtschaftliche und technologische Bedingungen gebunden ist. Pflegliche Nutzungsformen, Investitionen in Verjüngung und Bestandespflege sowie langfristig geplante Produktionsprozesse bedürfen grundlegender menschlicher Einsichten und sozialer Normen. Nachhaltig kann nur gesichert werden, was Waldeigentümer und Waldnutzer verantwortlich gestalten. Und pfleglich wird nur das bewirtschaftet, was den Beteiligten aus ihrer jeweiligen Sichtweise von Wert ist. Diese Erfahrungen sind auch bei der Erhaltung und Bewirtschaftung anderer natürlicher Ressourcen von Bedeutung. Die Wahrnehmung, dass Nutzung und natürliche Gegebenheiten sich gegenseitig bedingen und dass heutige Produktionsprozesse auf zukünftige Bedürfnisse Rücksicht zu nehmen haben, ist die entscheidende Voraussetzung für eine nachhaltige Bewirtschaftung. Gerade dort, wo Besiedlung und Bodennutzung in intensiver Weise erfolgen, ist eine langfristige Regelung durch nachhaltige Produktionsverfahren, soziale Normen und politische Entscheidungen vordringlich (Schmithüsen 2008).

Die Nutzung von Wäldern ist keine beliebige und kostenlose Mobilisierung von Produktionsmitteln und Konsumnutzen. Eine nachhaltige Waldwirtschaft verlangt Investitionen zur Erhaltung der Produktivität und Anpassung der Nutzungsintensität an das von der Natur vorgegebene Potenzial. Hierfür sind politische und ökonomische Rahmenbedingungen zu schaffen, die einen Ausgleich unterschiedlicher Nutzungsinteressen ermöglichen. Im Bereich der Bodennutzung ist unmittelbar erfahrbar, ob Nutzungen auf Dauer die Entwicklungsmöglichkeiten der Menschen fördern oder einschränken. Für die Bewirtschafter von Ackerland, Weide und Wald ist es offensichtlich, dass nachhaltig immer nur so viel produziert und konsumiert werden kann, wie es das vorgegebene Ressourcenpotenzial zulässt. Die Pflege des Bodens, der Bäume und der Wälder sowie Investitionen zur Erhöhung der Produktivität sind Voraussetzungen einer nachhaltigen Entwicklung und gestaltende Kräfte in der Kulturlandschaft.

Das Prinzip der Nachhaltigkeit, das die Waldwirtschaft Mitteleuropas bestimmt, ist die entscheidende Dimension bei der Nutzung der erneuerbaren Ressource Wald. Es setzt voraus, dass das Maß des heutigen Ressourcenverbrauchs ebenso wie Freiräume und Optionen künftiger Handlungsmöglichkeiten konsequent die Entscheidungen der

Waldbewirtschaftung mitbestimmen. Das, was im konkreten Fall als nachhaltig gilt, muss im Spannungsfeld unterschiedlicher gesellschaftlicher Bedürfnisse und Werte immer wieder definiert werden. Worin die zu verwirklichenden und die offen zu haltenden Optionen der Nutzung und Bewirtschaftung bestehen, folgt aus den sich verändernden Erwartungen und Handlungsmöglichkeiten, die von den aufeinander folgenden Generationen unterschiedlich beurteilt werden. Maßgebend für die Beurteilung gesellschaftlichen Fortschritts ist die Perspektive einer gemeinsamen Welt heutiger und zukünftiger Generationen. Konkrete Schritte auf dem Weg zu einer nachhaltigen Entwicklung sind Teil eines umfassenden Prozesses, der 1992 in der Umweltkonferenz der Vereinten Nationen in Rio de Janeiro für die Weltöffentlichkeit sichtbar wurde. Er soll dazu führen, dass Vorsorge und pfleglicher Umgang mit den zur Verfügung stehenden Ressourcen zu einem Grundelement des Handelns und vermehrt zu einem unserer Kultur eigenen Wert werden. Produktion und Konsum können nicht von der Verantwortung für deren Wirkungen und Folgen getrennt werden. Die ökonomische Bewertung zukünftiger Nutzen beziehungsweise Belastungen kann nicht systematisch auf den Maßstab der Gegenwart verkürzt werden.

1.2.2 Lokale Waldnutzungen

Über lange Zeiträume der mitteleuropäischen Nutzungsgeschichte war der Wald in erster Linie eine lokale Ressource, die der gesamten Bevölkerung zur Verfügung stand (Mantel 1990: 89 ff.; Hasel und Schwarz 2006: 152 ff.). Die Waldnutzung war eine elementare Voraussetzung zur Deckung vieler Bedürfnisse des täglichen Lebens, eine wichtige Grundlage der Ernährung und ein unverzichtbarer Teil der bäuerlichen Wirtschaftsweise. Sie stellte eine Erweiterung und Absicherung der landwirtschaftlichen Produktion dar und brachte beachtliche Einnahmen aus dem Handel mit den erzeugten Produkten. Darüber hinaus spielte immer auch die energetische Nutzung des Holzes eine wichtige Rolle. Die Nutzung des Waldes für die Versorgung der Bevölkerung hat die mitteleuropäischen Kulturlandschaften in vielfältiger Weise über lange Zeiträume geprägt. Sie hat die Erhaltung von Laubwäldern, vor allem von Buchen- und Eichenbeständen sowie von Mischwäldern in der Nähe von Dörfern und im Einzugsgebiet der Städte, begünstigt. Die Wälder waren infolge der intensiven Nutzung wesentlich lichter. Fruchtbäume und Baumarten mit speziellen Nutzungsmöglichkeiten wurden durch lokale Bräuche und Regeln oder durch die grundherrliche Nutzungsordnung geschützt.

Die Auswirkungen früherer Nutzungsarten sind in vielen Waldgebieten zu sehen. Wälder mit noch deutlich erkennbaren Spuren historischer Waldnutzungsformen wie Mittel- und Niederwälder, Hude- und Schneitelwälder, Eichenschälwälder, Streunutzungen und Waldweiden erscheinen uns häufig als besonders urwüchsig und typisch für natürliche Verhältnisse. Hierbei handelt es sich jedoch um eine Waldvegetation, die vom Menschen über lange Zeit intensiv beeinflusst wurde und deren Baumarten, Bestandesaufbau und Bodenverhältnisse verändert sind. Gerade diese Wälder wie auch die Bestände, die an ihrer Stelle inzwischen entstanden sind, spiegeln in besonderem Maß soziale und wirtschaftliche Entwicklungen der Vergangenheit wider. Die Trennung von land- und forstwirtschaftlichen Produktionssystemen erfolgt schrittweise zu Beginn der Neuzeit. Sie entspricht den Bestrebungen der Agrarreformer, die schon im 18. Jahrhundert versuchten, durch eine Intensivierung der Nutzung von Acker- und Weideflächen höhere Erträge in der landwirtschaftlichen Produktion zu erreichen. Auch von Seiten der Forstwirtschaft wurde diese Entwicklung gefördert. Man war bestrebt, die für die Waldentwicklung schädlichen Einwirkungen zu begrenzen und bessere Voraussetzungen für eine Erhöhung der Holzproduktion zu schaffen.

In beiden Fällen hatte dies erhebliche Konsequenzen für die Landschaftsgliederung und die Artenvielfalt. Vor allem im Bereich der landwirtschaftlichen Wirtschaftsfläche, aber auch im Wald sind Biotope, die unter dem Einfluss kombinierter und weniger intensiver Nutzungssysteme entstanden, verschwunden oder flächenmäßig zurückgegangen. Insgesamt ist die Trennung von Ackerflächen, Weiden und Wäldern einer der wichtigsten Faktoren für Veränderungen in unseren Kulturlandschaften. In den Berggebieten und insbesondere im Alpenraum gibt es noch größere Gebiete, in denen Weide und offene Wälder ineinander übergehen. Die Waldweide führt zu offenen Wäldern und zu Weideflächen mit Baumgruppen und Einzelbäumen. Die in den Alpen sichtbare Waldgrenze liegt infolge der Jahrhunderte langen Beweidung an vielen Stellen wesentlich tiefer als dies unter natürlichen Entwicklungsbedingungen der Fall wäre. In vielen Waldgebieten führt die Beweidung zu Bodenverdichtungen und zu einer sich langfristig auswirkenden Veränderung der Waldstandorte.

Veränderungen der Nutzung sind ein Hinweis auf sich wandelnde Bedürfnisse und Werthaltungen wie auch auf Veränderungen der wirtschaftlichen und politischen Realität. Intensität und Dauer der Einwirkungen sind allerdings oft nur schwer abzuschätzen. Manche Veränderungen spielen sich in kurzen Zeiträumen ab, und ihre Konsequenzen für die Waldvegetation sind rasch festzustellen. Andere und vielfach die schwerwiegenderen Eingriffe können nur innerhalb längerer Zeiträume beurteilt werden. Die Ergebnisse der Forschung zur Waldgeschichte aber auch viele noch heute in der Landschaft zu sehende Einwirkungen früherer Zeiten zeigen uns, welche Bedeutung der Wald in der Vergangenheit für die Bevölkerung hatte und in welcher Weise sie ihn genutzt hat.

1.2.3 Gewerbliche und frühindustrielle Holznutzungen

Wälder, die vom Menschen seit langer Zeit genutzt und bewirtschaftet werden, sind Zeugnis sozialer Entwicklungsprozesse und unterschiedlicher Nutzungsinteressen. Auf die Nutzung des wirtschaftlichen Potenzials, das die Wälder in den verschiedenen Regionen haben, nehmen im Verlauf der vergangenen Jahrhunderte unterschiedliche Gruppen mit häufig konträren Interessen Einfluss. Der wohl wichtigste Interessengegensatz besteht zwischen den lokalen Nutzungsbedürfnissen der Bevölkerung und den

Bestrebungen von Grundherren und den Landesherren, die den Wald für gewerbliche Zwecke beanspruchen. Er manifestiert sich schon im ausgehenden Mittelalter und dann bis ins 19. Jahrhundert in langwierigen und zähen Auseinandersetzungen über Nutzungs- und Eigentumsrechte. Eine massive Nutzungskonkurrenz besteht zwischen der Verwendung von Holz zur Energieerzeugung in Salinen oder im Montanwesen und dem Bedarf des holzverarbeitenden Gewerbes, der Städte und des Fernhandels, für die Nutzholz ein wertvoller Bau- und Werkstoff darstellt.

Für die gewerbliche und industrielle Nutzung war entscheidend, ob und auf welche Weise der Wald erschlossen werden konnte. Harznutzung, Produktion von Pottasche und Köhlerei waren Nutzungen, die in fernen und abgelegenen Gegenden erfolgen konnten. Örtlich vorgegeben war dagegen der Bedarf von Glashütten, Salinen, Bergwerken und Hüttenwerken, die Holz und Holzkohle für die Energiegewinnung, als Reduktionsmittel und als Konstruktionsmaterial benötigten. Die Holzversorgung derartiger Anlagen setzte eine zumindest rudimentäre Walderschließung voraus. Dasselbe galt für die Lieferung großer Mengen an Bau- und Nutzholz für den Ausbau der Städte und Siedlungen sowie für den Bedarf von Handwerkern und großgewerblichen Betrieben. Die Wettbewerbsfähigkeit der verschiedenen Waldnutzungen wurde durch unterschiedliche Produktions- und Transportkosten, durch die Höhe der Wertschöpfung bei den erzeugten Produkten und durch die Möglichkeiten der Flößerei beeinflusst.

Der ständig wachsende Holzbedarf von Gewerbe und frühindustriellen Anlagen führt zu einer immer intensiveren Prospektion nach nutzbaren Wäldern und zu einer systematischen Exploitation der Waldbestände (Mantel 1990: 209 ff.). Sie werden auch an Steilhängen und auf Standorten genutzt, an denen die Bewirtschaftung inzwischen wieder aufgegeben ist. Vor allem der konzentrierte Holzbedarf der Salinen und des Montanwesens bringt eine Veränderung der Waldvegetation auf großer Fläche mit sich. Im Harz, wie in anderen Mittelgebirgen, erfolgen ein Rückgang von Laub- und Mischwäldern und eine Verdrängung der Buche durch die Fichte. Auch die Verbreitungsgebiete anderer Baumarten wie Eiche, Kiefer und Tanne werden ganz erheblich beeinflusst. Kahlschläge und mangelnde Wiederaufforstung haben massive Auswirkungen auf den Waldzustand. Die Reaktionen unbeteiligter Beobachter, zahlreiche Vorstöße der Bevölkerung sowie Stellungnahmen und Waldbeschreibungen der Nutzer, die über kahlgeschlagene Flächen und übernutzte Wälder berichten, geben hierüber Auskunft. Der großflächige Holzeinschlag verändert nicht nur die genutzten Gebiete. Er hat auch Folgen für Struktur und Aufbau der Waldbestände, die auf den aufgeforsteten Flächen entstehen oder sich durch natürliche Verjüngung entwickeln.

1.2.4   Entstehen der nachhaltigen Waldbewirtschaftung

Sehr früh schon finden sich örtliche Nutzungsweisen und Regelungen, welche die Erhaltung des Waldes als lokale Ressource zum Ziel haben (Mantel 1990: 151 ff., 164 ff.).

Zum Beispiel enthält der Frankenspiegel, in dem um 1330 geltendes Gewohnheitsrecht aufgezeichnet wurde, den Grundsatz, dass im Wald bescheiden und ohne Verwüstung gehauen werden soll. Ähnliche Forderungen werden von den Waldordnungen der Dörfer und Markgenossenschaften oder der Klöster und Städte aufgestellt. Später werden sie dann auch von Forstordnungen der Landesherren übernommen. Konkrete Maßnahmen der Nutzungsregelung beziehen sich auf das Verbot, fruchttragende Bäume und Baumarten zu hauen, die für die örtliche Versorgung wichtig sind. Wälder in Siedlungsnähe werden der örtlichen Holzversorgung vorbehalten und in jährlich zu nutzende Schläge unterteilt. Nach der Nutzung sind die Flächen vor der Beweidung zu schützen, bis ihre Verjüngung gesichert ist. Eine typische Form der Brennholzwirtschaft ist der Ausschlag- oder Niederwald. Die Bewirtschaftung von Mittelwäldern ermöglicht gleichzeitig die Schweinemast und die Produktion von Bau- und Brennholz. Berichte aus dem 14. bis 16. Jahrhundert zeigen, dass Pflanzungen vor allem mit Eichen erfolgen und später auch erste Nadelholzsaaten durchgeführt werden.

Forst- und Holzwirtschaft sind von Anfang an eng miteinander verbunden, sodass der Übergang zur nachhaltigen Holzproduktion ohne Kenntnis der Bedeutung des Rohstoffes Holz und der Holzverarbeitung nicht zu verstehen ist. Die Notwendigkeit einer nachhaltigen Waldbewirtschaftung wird in Mitteleuropa durch eine sich laufend erhöhende Nachfrage nach Holz und einer zumindest regional spürbar werdenden Holzverknappung ausgelöst. Schon im 17. Jahrhundert wird deutlich, dass der Bedarf von Salinen und Montanindustrie nicht durch eine weitere Expansion in bisher nicht genutzte Waldgebiete gedeckt werden kann. Das etwas später folgende rasche Wachstum des regionalen und internationalen Handels mit Rund- und Schnittholz bringt einen Nachfrageschub und höhere Holzpreise, die sich in vielen mitteleuropäischen Waldgebieten auswirken.

Die nachhaltige Waldwirtschaft, wie wir sie heute kennen, geht damit im Wesentlichen auf die Bedeutung des Holzes als Energieträger und Rohstoff der gewerblichen und industriellen Entwicklung zurück (Mantel 1990: 322 ff.; Hasel und Schwarz 2006: 187 ff.). Das Bestreben, den Bedarf der Bergbau- und Hüttenindustrie zu decken und die Lieferung von Bau- und Brennholz zu sichern, führt zur Einführung von Waldinventuren und zu effizienteren Nutzungsverfahren. Sie orientieren sich sowohl am örtlichen Bedarf der Bevölkerung wie am regionalen und nationalen Bedarf von Handwerk und Industrie. Im 17. und 18. Jahrhundert werden in Deutschland, den Alpenländern und vor allem auch in Frankreich Voraussetzungen für eine langfristige Sicherung der Holznutzung geschaffen. Die sich im 19. Jahrhundert rasch ausbreitende Verwendung der Steinkohle auf breiter Front bietet neue Möglichkeiten der Energieversorgung. Dadurch verringert sich die Bedeutung von Holz als Energieträger und es verändern sich die Rahmenbedingungen der Bewirtschaftung der Wälder. Hiermit verbunden ist in den meisten Waldgebieten der definitive Übergang zu einer nachhaltigen Waldbewirtschaftung. Es werden wissenschaftlich fundierte Modelle der Holzproduktion ausgearbeitet, welche die Nutzungsintensität dem langfristigen Produktionsvermögen der Waldbestände anpassen.

Wichtige Verfahren der Nachhaltsregelung sind z. B. Flächenfachwerke, die eine Aufteilung des Waldes in Jahresnutzungen nach Fläche vorsehen. Um unterschiedliche Bestandes- und Vorratsverhältnisse auszugleichen, wird zum Massenfachwerk übergegangen. Hierbei wird der nutzbare Gesamtvorrat entsprechend der vorgesehenen Umtriebszeit aufgeteilt. Wesentlich moderner sind die später folgenden Nutzungsregelungen, die sich am Zuwachs der Waldbestände orientieren und Verfahren wie die Kontrollmethode, deren Nachhaltsregelung auf periodischen Vorratsaufnahmen beruht. Insgesamt ist für den Übergang von lokalen Regelungen der Nutzung zu einer nachhaltigen Waldbewirtschaftung auf großen Flächen die Erkenntnis entscheidend, dass die Waldgebiete als erneuerbare Ressourcen für den Aufbau eines leistungsfähigen gewerblichen oder industriellen Sektors der Volkswirtschaft auf Dauer genutzt werden können. Mit der langfristigen Sicherung des Rohstoffangebots und der Produktion hochwertiger Holzsortimente beginnt die industrielle Erfolgsgeschichte der modernen Wald- und Holzwirtschaft. Sie zeigt, wie Probleme zu lösen sind, die sich heute auch bei der Bewirtschaftung anderer erneuerbarer Ressourcen stellen.

1.2.5 Waldeigentümer und Nutzungsrechte

Wälder sind eindeutig definiertes und räumlich abgegrenztes Grundeigentum. In dieser Beziehung sind Waldboden und Waldbestände Produktionsfaktoren, über welche die Waldeigentümer innerhalb der bestehenden gesetzlichen Regelungen frei verfügen können. Entsprechend der verfassungsmäßig gegebenen Eigentumsgarantie und den Prinzipien der Marktwirtschaft liegt das Recht der Nutzung des Waldes und die Verantwortung für seine Erhaltung und Bewirtschaftung primär bei den Grundeigentümern. Sie entscheiden über Art und Umfang der Nutzung sowie über die Ziele der Waldbewirtschaftung (Kapitel 4.3.1). Die Waldeigentümer können Nutzung und Bewirtschaftung selbst durchführen oder diese auf der Basis vertraglicher Regelungen z. B. durch Waldnutzungs- und Bewirtschaftungsverträge vornehmen lassen.

Die aktuelle Verteilung des Waldeigentums ist das Ergebnis lang andauernder Entwicklungen, die durch unterschiedliche soziale, wirtschaftliche und politische Faktoren bestimmt werden (Schmithüsen 2004). Von speziellem Interesse ist der Unterschied zwischen Privatwald (Wald privater Grundeigentümer und privatrechtlicher Körperschaften) und öffentlichem Wald (Waldflächen im Eigentum öffentlich-rechtlicher Körperschaften und des Staates). Beide Formen des Waldeigentums können erhebliche und zum Teil recht verschiedene Auswirkungen auf die konkreten Ziele der Waldbewirtschaftung haben. Generell haben private Waldeigentümer ein Interesse an Erträgen der Holzproduktion und an der Nutzung für die Selbstversorgung. Auch im öffentlichen Wald sind die Erträge aus der Holzproduktion ein wesentliches Ziel der Waldwirtschaft. Zusätzlich gibt es jedoch weitere sehr ausgeprägte Interessen öffentlicher und privater Waldeigentümer in Bezug auf Schutzleistungen der Infrastruktur, Erholungs- und Freizeitnutzungen sowie Biotopschutz, Naturschutz und Landschaftspflege (Ecosystem

Services). Der eigentumsrechtliche Status von Waldflächen ist ein wichtiges Merkmal bei der Beurteilung der Handlungsmöglichkeiten der Waldwirtschaft.

Die Beispiele in Tabelle 1-5 zeigen an Hand von im Jahr 2000 verfügbaren Daten charakteristische Unterschiede in der Verteilung des Waldeigentums. In West- und Mitteleuropa überwiegt der Privatwald. Dagegen wurde für die Länder der Gemeinschaft Unabhängiger Staaten (GUS) nur öffentlicher Waldbesitz ausgewiesen, wobei die weitere Entwicklung bei der Eigentumsverteilung noch abzuwarten ist. Der Vergleich innerhalb Nordamerikas macht deutlich, dass hier sehr unterschiedliche Verhältnisse vorliegen. Während in den USA privates Waldeigentum eindeutig überwiegt (67 %), gehört in Kanada der weitaus größte Teil (90 %) öffentlichen Eigentümern. Auch in Ländern wie Australien, Japan und Neuseeland gibt es deutliche Unterschiede in Bezug auf die Eigentumsverteilung an Waldflächen.

In Europa erfolgte die Fixierung der Eigentumsrechte am Wald im modernen Sinne im Wesentlichen im Verlauf des 19. Jahrhunderts durch Waldvermessung, Kartierung und Eintragung in das Grundbuch. Die Eigentumsverteilung hat sich danach einerseits durch Waldverkäufe, Neuaufforstungen und Waldrodungen, andererseits durch politische Entscheide und verfassungsrechtliche Änderungen ganz erheblich verändert. Auf nationaler Ebene bestehen große Unterschiede in der Entstehung und heutigen Verteilung des Waldeigentums sowie in der Regelung der Nutzungsrechte. In einigen Regionen überwiegt der Privatwald im Besitz von Landwirten und anderen Grundeigentümern oder von großen industriellen Unternehmen der Wald- und Holzwirtschaft. In anderen Gebieten ist der Wald vorwiegend kommunales Eigentum, d. h. im Besitz von Städten, ländlichen Gemeinden oder anderen öffentlichen Körperschaften. In manchen Ländern gehört ein erheblicher Teil der Waldfläche dem Staat bzw. regionalen staatli-

Regionen - Länder	Öffentlicher Wald	Privatwald
Europa ohne Russ. Föder.	45%	55%
Russische Föderation	100%	0%
Nordamerika	63%	37%
Kanada	90%	10%
USA	33%	67%
Australien	73%	27%
Japan	41%	59%
Neuseeland	69%	31%

Tabelle 1-5:   Waldeigentum Europa und andere Regionen – Beispiele (Eigene Zusammenstellung nach UNECE/FAO 2000: 111)

chen Einheiten. Charakteristisch in Europa ist eine Mischung der Eigentumsformen mit unterschiedlichen Anteilen an Privat-, Körperschafts- und Staatswald.

In einer Reihe von Ländern Mittel- und Osteuropas haben sich seit 1990 durch Rückgabe (Restitution) des nach dem Zweiten Weltkrieg verstaatlichten Waldeigentums an die früheren Grundeigentümer umfangreiche Eigentumsveränderungen ergeben. Restitution bzw. Reprivatisierung haben dort wieder zu einem beachtlichen Anteil des Privatwaldes geführt (Bouriaud und Schmithüsen 2005). Ebenso sind neue Waldflächen im Eigentum von Gemeinden und anderen öffentlich-rechtlichen Körperschaften entstanden. In verschiedenen Ländern ist dieser Prozess noch nicht abgeschlossen, so dass mit weiteren Veränderungen zu rechnen ist.

Tabelle 1-6 zeigt für eine Reihe europäischer Länder, anhand der Daten einer neuen Privatwaldumfrage, die derzeitige Verteilung von privatem und öffentlichem Wald. Länder mit hohem Privatwaldanteil sind z. B. die skandinavischen Staaten oder auch Portugal, Österreich, Frankreich, Spanien, Großbritannien und Italien. Zu den Ländern mit einer eher ausgeglichenen Verteilung beider Eigentumskategorien gehören u. a. Belgien, Serbien, die Niederlande, Deutschland, die Slowakei und Ungarn. In Ländern wie der Schweiz, Tschechien, Griechenland, Rumänien, Polen und Bulgarien überwiegen eindeutig öffentlich-rechtliche Eigentumsformen. Ein spezielles Beispiel ist die Türkei, in der statistisch praktisch die gesamte Waldfläche als im öffentlichen Eigentum befindlich ausgewiesen ist. Bezogen auf die Gesamtwaldfläche der in Tabelle 1-6 angeführten Ländern ist zu sagen, dass circa 58 % der Fläche dem Privatwald und 42 % der Fläche dem öffentlichen Wald zugeordnet sind. Das Verhältnis von nahezu 60 % Privatwald zu 40 % öffentlichem Wald gilt auch für die EU 27 (European Commission 2007).

1.2.6 Nachhaltige Holzproduktion

Die Waldwirtschaft ist ein moderner Wirtschaftszweig, in dem die Nachhaltigkeit der Holzproduktion ein zentrales wirtschaftliches Prinzip unternehmerischen Handelns darstellt (Speidel 1984: 43 ff.). Nachhaltige Holzproduktion bedeutet hier ganz generell die Festlegung der jährlichen Nutzungsmengen im Verhältnis zum Ertragsvermögen der Bestände, d. h. insbesondere in Abhängigkeit von Zuwachs, Holzvorrat, Baumartenmischung und Altersstruktur. Nachhaltige Holzproduktion beruht auf ausreichenden Maßnahmen der Waldverjüngung und Waldpflege, auf der Erhaltung der Bodenfruchtbarkeit sowie auf der Beachtung der natürlichen Entwicklungsbedingungen der Wälder. Für Waldeigentümer und Forstbetriebe sind Arbeitseinkommen und Gewinn, finanzielles Gleichgewicht sowie Substanzerhaltung des Betriebsvermögens zentrale Steuerungsgrößen. Wichtig sind vor allem Mengen- und Wertnachhaltigkeit des Vorrats, Sicherung der Baumartenvielfalt und der Bestandesstabilität sowie ganz allgemein die Erhaltung zukünftiger Optionen der Bewirtschaftung. Aus volkswirtschaftlicher Sicht sind insbesondere Arbeitsplätze, Wertschöpfung, Exporterlöse und die Sicherung von Infrastruktur von Bedeutung.

Land	Waldfläche Total	Privatwald		Öffentlicher Wald	
	1.000 ha	%	1.000 ha	%	1.000 ha
Portugal	3'583	93%	3'321	7%	262
Norwegen	9'387	86%	8'081	14%	1'306
Österreich	3'862	82%	3'166	18%	696
Schweden	27'474	80%	21'979	20%	5'495
Frankreich	15'351	74%	11'362	26%	3'989
Slovenien	1'239	72%	892	28%	347
Dänemark	486	72%	348	28%	138
Finnland	22'130	69%	15'352	31%	6'778
Spanien [1]	16'436	68%	11'160	30%	4'931
Großbritannien	2'845	65%	1'862	35%	983
Italien	9'447	65%	6'141	35%	3'306
Belgien	667	57%	380	43%	290
Island	43	56%	24	44%	19
Serbien	1'813	55%	1'002	45%	811
Luxemburg	87	54%	47	46%	40
Niederlande	365	49%	180	51%	185
Lettland	3'035	46%	1'389	54%	1'645
Deutschland [2]	10'568	44%	4'663	52%	5'521
Slovakei [2]	1'921	43%	830	52%	1'007
Irland	668	42%	278	58%	390
Ungarn	1'948	41%	804	59%	1'142
Zypern	174	38%	67	62%	107
Schweiz	1'199	32%	384	68%	815
Tschechien	2'647	24%	645	76%	2'002
Litauen	2'121	34%	721	66%	1'400
Griechenland	3'601	23%	810	78%	2'791
Rumänien	6'233	21%	1'282	79%	4'951
Polen	9'200	17%	1'590	83%	7'610
Bulgarien	3'655	11%	402	89%	3'253
Liechtenstein	7	7%	1	93%	6
Türkei	10'052	0.1%	10	99.9%	10'042

[1] zusätzlich ca. 2% andere Flächen
[2] zusätzlich ca. 4% andere Flächen

Tabelle 1-6: Waldeigentum ausgewählter europäischer Länder (Eigene Zusammenstellung nach UNECE/FAO 2006/2007 Database for Private Forest Ownership in Europe; ergänzt mit Angaben aus FAO 2006)

Im Verlauf der letzten vier Jahrzehnte ist die in internationalen Statistiken erfasste Holzproduktion weltweit von 2,5 Milliarden m³ Rohholz auf 3,5 Milliarden m³, d. h. um ca. 40 %, gestiegen (Abbildung 1-2). In Europa, einschließlich Russland bzw. ehemalige Sowjetunion, verlief die Entwicklung der jährlichen Rundholzproduktion weniger dynamisch. Sie erhöhte sich um knapp 90 Millionen m³ (Europa inklusiv ehemalige Sowjetunion) von 1964 (692 Millionen m³) bis 1990 (778 Millionen m³) d. h. um circa 10 %. Mit dem Zusammenbruch der Planwirtschaft in Mittel- und Osteuropa erfolgte ein abrupter Einbruch auf unter 500 Millionen m³. Inzwischen bewegt sich der Trend in Richtung des früheren Produktionsniveaus. Für 2005 wurde die Rundholzproduktion (Europa inklusive Russland) mit 682 Millionen m³ ausgewiesen. Der Anteil der Europäischen Union (EU 27) beträgt 426 Millionen m³ (62 %).

Die verfügbaren Trendschätzungen zeigen, dass mittel- wie langfristig in Europa mit einer beachtlich zunehmenden Nachfrage nach Holz und Holzprodukten zu rechnen ist (UNECE/FAO 1996b; UNECE/FAO 2005). Im Vergleich zu den westeuropäischen Ländern, in denen von jährlichen Zuwächsen im bisherigen Umfang auszugehen ist, wird mit einer wesentlichen Erhöhung der Nachfrage für Rundholz und Holzprodukte in Osteuropa, insbesondere in der Russischen Föderation gerechnet. Infolge des Baus von Großsägewerken und neuen Holzwerkstoffanlagen sowie der rasch zunehmenden energetischen Nutzung zeichnet sich insgesamt ein verstärkter Wettbewerb um die wirtschaftlich nutzbaren Holzressourcen ab.

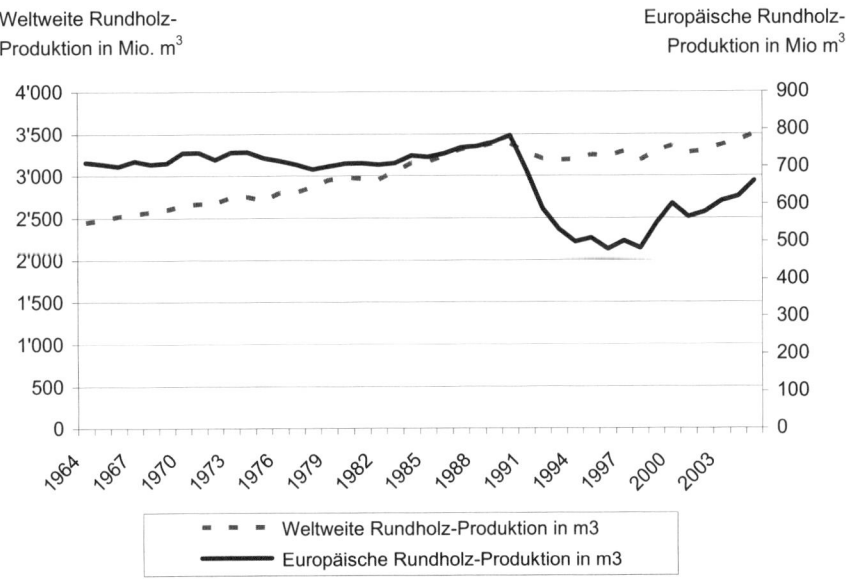

Abbildung 1-2   Entwicklung der Rundholzproduktion 1964-2005 (FAOSTAT 2007; UNECE/FAO Timber Database 2007)

Die Nachhaltigkeit der Holzproduktion, d. h. die Nutzung einer erneuerbaren natürliche Ressource mit einem bezüglich CO_2-Emissionen weitgehend neutralen Produktions- und Verwendungszyklus, ist ein konkreter und wichtiger Beitrag zur Vermeidung von Umweltbelastungen. Die energetische Nutzung von Holz hat gegenüber anderen (fossilen) Energieträgern den Vorteil, dass beim Verwertungsprozess immer nur so viel CO_2 freigesetzt wird wie zuvor in relativ kurzen Zeiträumen in der Holzsubstanz durch Assimilation gebunden wurde. Man spricht deshalb von einer CO_2-neutralen Verwertung. Hinzu kommt die Möglichkeit, durch eine Erhöhung der Umtriebszeit bzw. der Durchschnittsvorräte über längere Perioden eine Bindung von CO_2 aus der Atmosphäre in Form von Holzsubstanz zu erreichen, die zu einer zusätzlichen Kohlenstoffspeicherung führt. In Wäldern mit hohem Holzvorrat sind zusätzliche Speichermöglichkeiten allerdings nur noch begrenzt möglich. Hier ist entscheidend, dass Vorrat und Zuwachs nachhaltig genutzt werden, da Holz als Bau- und Werkstoff eine hohe Substitutionswirkung gegenüber fossilen Rohstoffen und herkömmlichen Baustoffen (z. B. Stahlbeton) hat und im verbauten Zustand CO_2 über beträchtliche Zeit gespeichert bleibt.

Als Produktionssystem, das auf weitgehend geschlossenen Energie- und Stoffkreisläufen beruht, ist die nachhaltige Holzproduktion daher nicht nur unter sektoralen Aspekten, sondern vor allem auch unter umwelt- und ressourcenpolitischen Gesichtspunkten zu beurteilen. Vor dem Hintergrund der weltweiten wie auch der europäischen Entwicklungen ist die Produktion von Holz aus nachhaltig bewirtschafteten Wäldern schon heute und vermehrt noch in Zukunft ein beachtenswerter und konkreter Beitrag zur nachhaltigen Entwicklung (Söderlund und Pottinger 2001).

Dank einer hoch entwickelten und leistungsfähigen Waldwirtschaft haben sich in Europa nach einer langen Periode der Übernutzung bis circa 1800 die Holzvorräte und der jährliche Zuwachs der Wälder ständig erhöht. Im Vergleich mit noch vor hundert Jahren kann heute ein Mehrfaches an Holzvolumen jährlich auf nachhaltige Weise genutzt werden. Vor allem die mitteleuropäische Waldwirtschaft zeichnet sich durch eine verhältnismäßig kleinflächige und naturnahe Waldbewirtschaftung aus. Ihre Ziele und Maßnahmen berücksichtigen die Gegebenheiten des Standorts, das Potenzial der einheimischen Baumarten und den Aufbau der vorhandenen Waldbestände. Diese Art der Bewirtschaftung erhält naturnahe und vielfältige Wälder und bietet langfristige und flexible Möglichkeiten der Holzproduktion. In Bezug auf die Vermarktung von nachhaltig erzeugtem Holz und den daraus gefertigten Holzprodukten hat die mitteleuropäische Waldwirtschaft Wettbewerbschancen. Gleichzeitig ist allerdings auch zu beachten, dass die Nachfrage nach Rohholz durch technologische Wettbewerbsfähigkeit und Preiskonkurrenz auf nationalen und internationalen Märkten bestimmt wird. Entscheidende Faktoren dafür, dass Holz als hochwertiger und wettbewerbsfähiger Werkstoff von der europäischen Wald- und Holzwirtschaft auf nationalen und internationalen Märkten vermehrt abgesetzt werden kann, sind unternehmerische Innovationen, Rationalisierung, Diversifikation der Produkte sowie Entwicklung neuer Verwendungsmöglichkeiten.

56

1.2.7 Multifunktionale Waldbewirtschaftung

Wegweisend für ein umfassendes Verständnis des Prinzips von Multifunktionalität und Nachhaltigkeit ist die 1994 in Helsinki von der Europäischen Ministerkonferenz zum Schutz der Wälder verabschiedete Definition zur nachhaltigen Waldbewirtschaftung. Entsprechend dieser Formulierung verlangt eine nachhaltige Waldbewirtschaftung, die Wälder als großflächige Ökosysteme zu erhalten und so zu nutzen, dass sie wichtige soziale, wirtschaftliche und kulturelle Bedürfnisse der Menschen auf Dauer erfüllen können. Sicherung der Biodiversität, d. h. der Artenvielfalt an Pflanzen und Tieren, Erhaltung und Erhöhung der Produktivität der Waldbestände, ausreichende Verjüngung und Erhaltung der Vitalität der Wälder werden damit zu verpflichtenden Zielen der Waldwirtschaft in allen europäischen Ländern.

Das heutige dynamische Verständnis der Nachhaltigkeit in der Waldbewirtschaftung ist multifunktional, d. h. es bezieht sich nicht nur auf die Holzproduktion, sondern auf alle Nutzungen und deren Einwirkungen auf die Waldökosysteme. Hierzu gehören, neben der Holzproduktion als nach wie vor zentralem Handlungsfeld die Waldbewirtschaftung, die Sicherung von Schutzwirkungen für Siedlungen und Verkehrswege im Gebirge, die Nutzung und Bewirtschaftung des Waldes im Bereich Erholung, Freizeit und Tourismus, die Erhaltung und Förderung der Biodiversität, der Bodenschutz sowie Bewirtschaftungsmaßnahmen zum Schutz von Grundwasser und Wassereinzugsgebieten. In den meisten Fällen überlagern sich mehrere wichtige Nutzungsansprüche auf derselben Fläche. Charakteristisch ist hier eine multifunktionale, d. h. mehreren Zielsetzungen gerecht werdende Bewirtschaftung der Wälder. Zu beachten ist, dass die Multifunktionalität der Bewirtschaftung nicht auf beliebig kleinen Flächen umsetzbar ist, sondern in größeren räumlichen Zusammenhängen geplant werden muss.

Ein wesentliches Merkmal der multifunktionalen Waldbewirtschaftung ist das Prinzip der Vielfachnutzungen (multiple uses), dessen Realisierung hohe Anforderungen an Waldeigentümer und Waldbewirtschafter stellt. Es beinhaltet einen Ausgleich unterschiedlicher Interessen innerhalb bestimmter ökonomischer und ökologischer Grenzen und vielfältige Kombinationen zwischen Güterproduktion und Dienstleistungen. Die Waldwirtschaft kann sich damit flexibel an unterschiedliche gesellschaftliche Präferenzen anpassen, die durch Veränderungen der Nachfrage, durch neue Bedürfnisse und Werthaltungen sowie durch den Wandel der wirtschaftlichen und technologischen Rahmenbedingungen bedingt sind (Kohm und Franklin 1997).

Als Konkretisierung ist das Konzept der Vorrangfunktion zu sehen. Es besagt, dass z. B. auf Bestandesstufe, Betriebseinheit oder für klar umschriebene Landschaftsteile einem der speziellen Nutzungsinteressen Vorrang in der Bewirtschaftung zu geben ist. Dadurch kann eine Priorisierung von Maßnahmen, z. B. bei der Art und Weise von Waldpflegeeingriffen oder bei notwendigen Einschränkungen anderer Nutzungen, vorgenommen werden. Gleichzeitig ermöglicht dies einen transparenten Nachweis der erbrachten Leistung bei der Erhaltung der Stabilität von Schutzwäldern (Frehner *et al.* 2005), bei der Erbringung von Erholungs- und Freizeitleistungen oder bei der Nutzung von Grundwasser und beim Schutz von Wassereinzugsgebieten. Die Ausscheidung von Vorrangfunktionen ist dort notwendig, wo mehrere wichtige Nutzungsinteressen sich überlagern und in der Folge Zielkonflikte bei der Nutzung und Bewirtschaftung der Ressource Wald entstehen. Vorrangfunktionen beziehen sich zumeist auf größere geographisch abgegrenzte Gebiete wie Geländekammern, Gerinneeinhänge oder Talschaften.

Eine moderne forstbetriebliche Leistungserstellung beruht auf der Optimierung von Rohstoffproduktion und Dienstleistungsangeboten im Rahmen einer multifunktionalen Waldbewirtschaftung unter Berücksichtigung unterschiedlicher Zeithorizonte. Möglich sind vielfältige Kombinationen zwischen der Produktion von Holz und anderen Waldprodukten einerseits, und der Erbringung von Dienstleistungen andererseits. Charakteristisch für die forstliche Produktion ist hierbei, dass ganz unterschiedliche Zeiträume berücksichtigt werden müssen. So wird die natürliche Dynamik der Wälder weitgehend durch langfristige Entwicklungsprozesse beeinflusst. Andererseits besteht die Notwendigkeit, rasch auf Veränderungen der Nachfrageentwicklung und neuer Kundenwünsche mit unternehmerischen Entscheiden zu reagieren.

Die Nutzung des Waldes sowie die Waldbewirtschaftung erfolgen in einem komplexen Spannungsfeld zwischen dem Potenzial der heutigen Waldbestände und den sich verändernden Ansprüchen und Bedürfnissen der Waldeigentümer und durch das Nachfrageverhalten anderer gesellschaftlicher Gruppen (Kant und Berry 2005a; Kant *et al.* 2008). Diese Dynamik, zusammen mit neuen wirtschaftlichen und technologischen Rahmenbedingungen, beeinflusst die waldwirtschaftlichen Zielsetzungen der Grundeigentümer, aber auch andere private und öffentliche Interessen an der Nutzung des Waldes. Zu unterscheiden sind Interessen an den Wäldern als wirtschaftliche Ressourcen, als erneuerbare Ressourcen der Produktion von Holz und anderen Waldprodukten, als Umweltressourcen, als Natur- und Landschaftsressourcen sowie als kulturelle Ressourcen (Abbildung 1-3). Mit zum Teil gegensätzlichen Erwartungen und Forderungen und mit unterschiedlichen Bewertungen ihres gesellschaftlichen Nutzens nehmen eine Reihe von Interessengruppen oder Stakeholder auf die Waldbewirtschaftung Einfluss (Kapitel 4.3.1). Für Waldeigentümer, Gewerbe und Industrie wie für die Bewohner ländlicher Regionen sind Holzproduktion, wirtschaftliche Erträge und Arbeitsplätze wichtig. Im örtlichen Bereich liegt der Schwerpunkt auf einer Nutzung des Waldes als für alle verfügbare lokale Ressource. Auf nationaler Ebene sind Produktionsleistung und Wettbewerbsfähigkeit der Wald- und Holzwirtschaft entscheidend. Für die Bevölkerung der Berggebiete bedeutet der Wald vor allem Schutz vor den Auswirkungen von Naturgefahren (Risikoreduktion) oder auch ein Entwicklungspotenzial für den Tourismus. Für die Bewohner der Städte sind Wälder heute in erster Linie freie Räume für Erholung, Freizeitgestaltung und Entspannung.

Ressourcengliederung		Art der Interessen	Beispiele
Ökonomische Ressource	• Betriebswirtschaftliche und/oder einzelwirtschaftliche Einkommensaspekte	• *Produktion von*: Holz, anderen Rohstoffen, Nahrungs- und agroforstlichen Produkten • *Produktion für*: gewerbliche Verwendung, industrielle Entwicklung und den Eigenbedarf	Roh-, Schnitt-, Furnierholz, Möbelerzeugung, Christbäume, Reisig, Gerbstoffe, Waldfrüchte, Saatgut
	• Direkte und indirekte volkswirtschaftliche Aspekte	• *Direkt*: Arbeitsplätze, Wertschöpfung aus der Holzproduktion und anderen absatzorientierten Bereichen, Auswirkung auf die Devisenbilanz • *Indirekt:* Sicherung der Infrastruktur, Erholung und Tourismus, Beitrag zur Regionalentwicklung	Sektoren, Branchen, Unternehmen, Betriebe Verkehrsachsen, Gebirgsregionen, Gewerbe, Handel
Umweltressource	• Schutz: vor Erosionen und Elementargefahren • Regulator für Wasser, Luft und Klima	• Boden-, Wasser-, Lawinenschutz • CO_2-Speicherung, CO_2-Akkumulation, CO_2-neutrale Produktion	Verbauungen gegen Lawinen und Murgänge, Schutzwaldaufforstungen, Wildbachverbauungen, Wasserschutzgebiete
Natur- und Landschaftsressource	• Natur- und Landschaftsschutz • Biodiversität • Erholungsraum und Freizeitnutzung	• Schutz von Biotopen und Artenvielfalt, Erhaltung natürlicher und naturnaher Landschaften, Schaffung ökologischer Ausgleichsflächen • Raum für Naherholung, Fernerholung und Tourismus	naturnahe Waldbewirtschaftung, Schutzgebiete, Waldreservate, Wanderwege, Aussichtspunkte, Feuerstellen, Vita-Parcours
Kulturelle und soziale Ressource	• Heimat • Kulturelle Zeugen • Geschichte und Geschichten • Persönliche und soziale Identität	• Wohlbefinden, Orientierung, Erinnerung und Verbundenheit • Erlebniswelt, Freiraum, Rückzugsgebiet und Reflektion • soziale Integration, persönliche Identifikation und Tradition	Waldfeste, historische Wege, Siedlungsspuren, Bodendenkmäler, Spuren früherer Waldnutzungen, Waldschulen, Waldführungen, Erhaltung und Pflege der Kulturlandschaft

Abbildung 1-3: Private und öffentliche Interessen an der Walderhaltung und Waldnutzung (Eigene Zusammenstellung)

Abschließend ist festzustellen, dass sich der Inhalt dessen, was im Einzelnen unter nachhaltiger und pfleglicher Waldbewirtschaftung zu verstehen ist, im Laufe der Zeit gewandelt und ausgeweitet hat. Heute bedeutet nachhaltige Waldwirtschaft eine Nutzungsweise, die vielfältigen und sich verändernden Bedürfnissen gerecht wird, die naturnahe, stabile und produktive Wälder erhält und die Schutzleistungen, Holzproduktion und Erholungs- und Freizeitnutzung in unterschiedlichen Kombinationen ermöglicht. Bewirtschaftungsformen, welche die Erhaltung der Biodiversität und der genetischen Ressourcen gewährleisten, sind elementare Voraussetzungen für eine Anpassungsfähigkeit der Wälder an veränderte Umweltbedingungen und für einen wirksamen Natur- und Landschaftsschutz.

1.3 Holzwirtschaft

1.3.1 Branchengliederung und Verbrauchsentwicklung

Weltweit werden circa 800 bis 1000 Baumarten gewerblich und industriell genutzt, wobei sich die Zahl der häufig verwendeten Nutzhölzer auf 30 bis 50 Baumarten beschränkt (Begemann 1994; Sell 1997). Die Produktion und Verarbeitung umfasst eine Vielzahl unterschiedlicher Produkte aus Vollholz, aus Holzwerkstoffen (technisch homogene Werkstoffe) und Produkte wie Zellulose und Papier, die durch thermische und chemische Transformationsprozesse erzeugt werden (Bodig und Jayne 1993; Niemz 1993, 2008; Lohmann *et al.* 2007; Wagenführ 1999; Wagenführ und Scholz 2008; Walker *et al.* 1993). Die Verarbeitung des vielseitig nutzbaren Rohstoffes Holz in modernen holzwirtschaftlichen Unternehmen ist ein wichtiger Bereich der Volkswirtschaft. Insgesamt umfasst die Holzwirtschaft eine Vielfalt unterschiedlicher Produktionsbereiche, Branchen und Unternehmen.

Eine Gliederung der holzwirtschaftlichen Branchen kann nach Stufen des Materialflusses bzw. der Wertschöpfungskette der Wald- und Holzwirtschaft erfolgen:

– Die Rohstoffgewinnung erfolgt durch Forstbetriebe, Forstunternehmen und Forstservicegesellschaften sowie zunehmend auch durch Recyclingunternehmen, die Sammlung und Sortierung von Material zur Wiederverwertung organisieren.

– Die erste Verarbeitungsstufe von Rohholz umfasst die Verarbeitung durch Sägewerke, Holzplattenwerke, sowie die Erzeuger von Holzstoff und Zellstoff.

– Zur zweiten Verarbeitungsstufe gehören Hobel- und Imprägnierwerke, die Hersteller von Bauelementen, die Produzenten von Brettschichtholz, die Parkettfabrikation und die Hersteller von Fenstern und Türen.

– Zu den Branchen, die Produkte für den Endverbrauch erzeugen, gehören die Produzenten von Papier und Karton, von Möbeln, von Holzverpackungen und Paletten, die Holzwarenhersteller, Küchenbauer, Schreinereien, Unternehmen im Innenausbau, die Zimmereien und Holzelementbauer, die Parkettverleger und Dachdeckerunternehmen.

Abbildung 1-4 zeigt die Gliederung der Holzwirtschaft und ihre Verflechtungen mit den Endabsatzmärkten einerseits und mit Märkten für Rohholz andererseits. Von großer

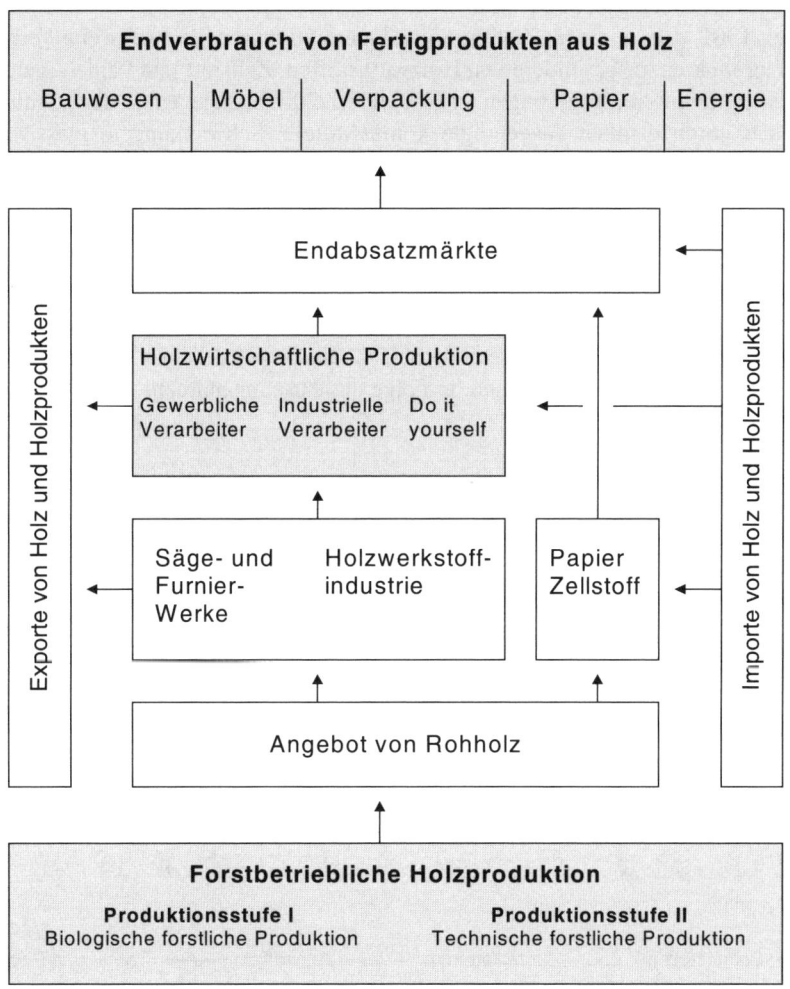

Abbildung 1-4:   Gliederung und Verflechtungen der Holzwirtschaft (Eigene Darstellung)

Bedeutung sind ferner die internationalen Handelsströme durch Exporte bzw. Importe von Holz und verarbeiteten Holzprodukten. Sowohl in Bezug auf die Produktion als auch im Außenhandel und im Verbrauch bestehen markante Unterschiede zwischen den einzelnen europäischen Staaten.

Maßgebende Faktoren für die Entwicklung von Nachfrage und Angebot sind Bevölkerungsentwicklung, Einkommensentwicklung, Entwicklung der Preise, technologische Neuerungen sowie Veränderungen der politischen und infrastrukturellen Rahmenbedingungen (UNECE/FAO 2005). Der unterschiedliche Verlauf der Nachfrageentwicklung bei den Produktgruppen ist bemerkenswert. Die verfügbaren Datenserien zeigen, dass seit 1961, d.h. in einem Zeitraum von knapp 50 Jahren, der weltweite Verbrauch an Holzprodukten, insbesondere von Holzwerkstoffen, Zellstoff und Papier, mehr oder weniger kontinuierlich angestiegen ist (FAOSTAT 2007). Dagegen ist der Schnittholzverbrauch durch deutlich ausgeprägte konjunkturelle Schwankungen, massive Produktionseinbrüche ab 1990 und insgesamt geringeres Wachstum gekennzeichnet. Die Dynamik der wesentlichen holzwirtschaftlichen Produktionsbereiche bzw. Branchen wird in Abbildung 1-5 ersichtlich.

Der weltweite Schnittholzverbrauch hat sich von 324 Millionen m³ (1961) auf 473 Millionen m³ (1990) um knapp 50 % erhöht. Der dann folgende massive Einbruch auf knapp 400 Millionen m³ (1992-2003) ist im Wesentlichen auf die wirtschaftlichen Schwierigkeiten in Osteuropa, insbesondere in Russland, in Folge des Zusammenbruchs der Planwirtschaft

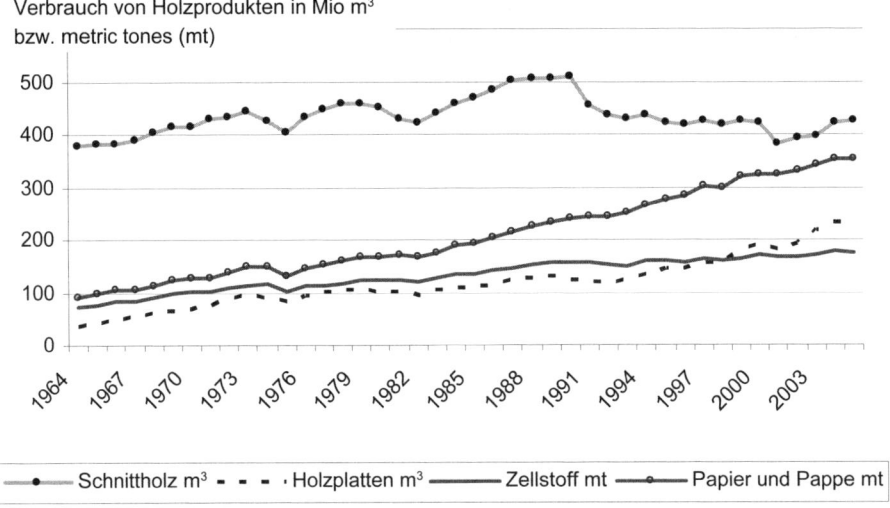

Abbildung 1-5:   Entwicklung des Verbrauchs von Holzprodukten 1964-2005: Welt (FAOSTAT 2007)

zurückzuführen. Inzwischen ist der Schnittholzverbrauch wieder leicht auf 426 Millionen m³ (2005) angestiegen. Bei den Holzwerkstoffen (Wood-based Panels) hat sich der Verbrauch auf das Neunfache von 26 Millionen m³ (1961) auf 236 Millionen m³ (2005) erhöht. Bei Zellulose (Wood Pulp) erfolgte zwischen 1961 und 2005 eine Zunahme im Verbrauch von 61 Millionen mt (metric tons) auf 175 Millionen mt. Dynamisch und in Bezug auf den Anstieg des Gesamtvolumens beachtenswert ist die Entwicklung des Konsums von Papier und Pappe/Karton (Paper and Paperboard). Der Verbrauch erhöhte sich von 77 Millionen mt (1961) auf 352 Millionen mt (2005) um mehr als das Vierfache. Bei der Beurteilung des Rohstoffbedarfs an Holz ist die rasch ansteigende Verwendung von Altpapier (Recycling) in diesem Produktionsbereich zu berücksichtigen.

1.3.2   Europäische Holzwirtschaft

In Europa verläuft die Nachfrageentwicklung analog zur weltweiten Dynamik (UNECE/FAO 2005). Allerdings sind die jährlichen Wachstumsraten in einzelnen Bereichen geringer als im weltweiten Durchschnitt. Zu berücksichtigen ist hierbei die Ausgangsbasis der Kontinente im Jahr 1960 in Bezug auf Höhe des Bruttosozialproduktes bzw. Pro-Kopf-Einkommens. Bemerkenswert ist auch hier die unterschiedliche Entwicklung der Nachfragekurven bei den Produktionsbereichen (Abbildung 1-6).

Mit verhältnismäßig geringen Schwankungen bewegte sich der europäische Schnittholzverbrauch von 1964 (191 Millionen m³) bis 1990 (203 Millionen m³) über nahezu 30 Jahre auf gleichem Niveau. Infolge massiver Einbrüche in Osteuropa ging der statistisch erfasste Verbrauch dann innerhalb weniger Jahre auf das Niveau von im Mittel 120 bis 130 Millionen m³ zurück. Der Bedarf an Holzplatten erhöhte sich dagegen kontinuierlich von 17 Millionen m³ (1964) auf 75 Millionen m³ (2005), d. h. er vervierfachte sich. Die Nachfrage nach Zellulose hat sich von 23 Millionen mt (metric tons) im Jahr 1964 auf 55 Millionen mt (2005) mehr als verdoppelt. Bei Papier und Karton ist eine Verbrauchssteigerung auf das mehr als Fünffache von 17 Millionen mt (1964) auf 100 Millionen mt (2005) festzustellen.

Mit knapp 500 Millionen Einwohnern (2005) ist die Europäische Union der größte und dynamischste europäische Markt (European Commission 2007). Die verfügbaren Daten weisen für das Jahr 2005 eine EU 27 Schnittholzproduktion von 110 Millionen m³ bzw. einen Anteil von 77 % von 143 Millionen m³ aus. Bei der Holzplattenproduktion liegen die entsprechenden Zahlen bei 63 Millionen m³ von 75 Millionen m³ bzw. 84 %. Bei Papier und Karton beträgt das Produktionsvolumen der EU 27 im Jahr 2005 98 Millionen mt bzw. 88 % der gesamteuropäischen Produktion (111 Millionen mt). Insgesamt ist die Handelsbilanz der Holzwirtschaft in der EU 27 mengenmäßig weitgehend ausgeglichen. Im Jahr 2005 ergab sich ein Importüberschuss von 5 Millionen m³ bei Schnittholz und von 6 Millionen mt bei Zellulose. Bei Holzplatten wurde ein Exportüberschuss von 0,5 Millionen m³, bei Papier und Karton von 6 Millionen mt erreicht.

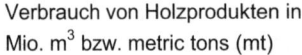

Verbrauch von Holzprodukten in
Mio. m^3 bzw. metric tons (mt)

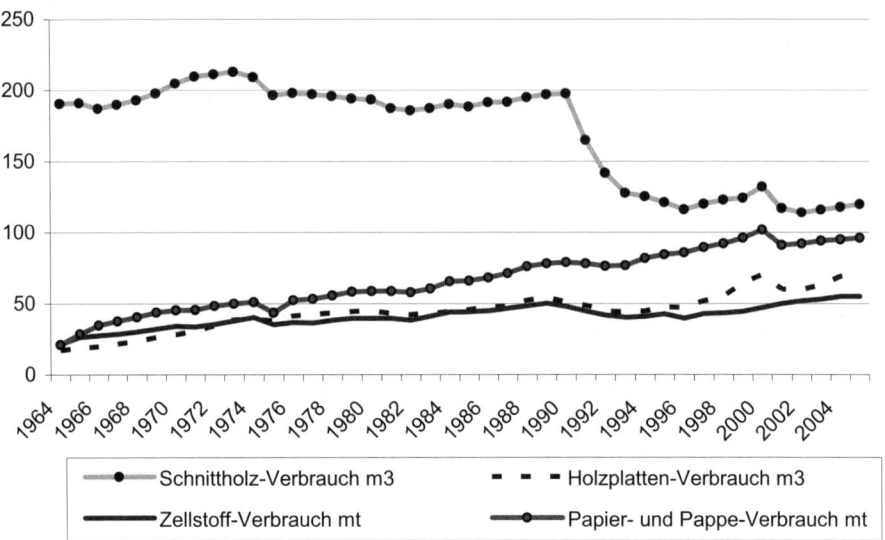

Abbildung 1-6:   Entwicklung des Verbrauchs von Holzprodukten 1964-2005:
Europa (UNECE/FAO Timber Database 2007)

Der statistisch erfasste Bereich der Wald- und Holzwirtschaft (Forest-Based and Rela-
ted Industries, F-BRI) gliedert sich in der EU in die Sektoren der holzverarbeitenden
Industrie, Produktion von Zellulose, Papier- und Kartonindustrie sowie des Verlags- und
Druckereiwesens (European Commission 2000: 3, 13 ff.). Holzverarbeitende Industrie
und Papiererzeugung sind in der EU einer der großen industriellen Sektoren mit circa
2,3 Millionen Beschäftigten. Er besteht aus circa 200.000 überwiegend kleineren und
mittelständischen Unternehmen. Andererseits finden sich in den Bereichen Holzwerkstoffe, Sägewerkstechnik sowie Zellstoff- und Papierproduktion sehr große Unternehmen mit Konzernstruktur, die im europäischen Raum oder weltweit verflochten sind
und an mehreren Standorten produzieren.

Innerhalb der Energiewirtschaft hat sich eine auf Holzenergie basierende Sparte mit
bemerkenswertem Wachstumspotenzial entwickelt. Es geht hier um den Einsatz effizienter und umweltverträglicher Technologien, die durch Verwendung von Energieholz
einen Beitrag zur Nutzung erneuerbarer Energieressourcen leisten. Inzwischen bestehen in einer Reihe von Ländern spezielle Programme zur Förderung der Verwendung
erneuerbarer Energieressourcen einschließlich der Förderung der Holzenergienutzung
(Pelkonen *et al.* 2001). Sie haben zu einer beachtlichen Entwicklungsdynamik in diesem Bereich geführt. Eine rasche Verbreitung finden Hackschnitzel beschickte Feue-

rungsanlagen als Energiequelle lokaler Wärmenetze vor allem in öffentlichen Bauten wie Schulhäuser, Kommunalbauten und Sportanlagen. Derzeit setzt sich bei der Neuinstallation bzw. dem Ersatz von Heizungsanlagen in Ein- und Mehrfamilienhäusern oder auch in öffentlichen Gebäuden die energetische Holznutzung in Form von Holzpellets durch.

1.3.3   Sägeindustrie

Die Sägeindustrie verarbeitet Rohholz zu Schnittholz und vermarktet es an nachgelagerte Branchen der Holzwirtschaft. Sie produziert aus Stammholz mittlerer und stärkerer Dimension, vermehrt auch aus schwachem Stammholz, eine Vielfalt von Holzsortimenten (Lohmann *et al.* 2007). Diese werden in der Bauwirtschaft, in der Möbelherstellung, im modernen Industrie- und Wohnbau, in der Fertighausindustrie und auch im traditionellen Holzhandwerk verwendet. Struktur und Produktionsgrößen der Unternehmen und Betriebe weisen in den verschiedenen Ländern beachtliche Unterschiede auf. Der Standort der Sägewerke zeigt zum Teil noch die Orientierung am Rohstoff und an der Wasserkraft. Jüngere Unternehmensgründungen orientieren ihre Standortsuche ebenfalls an logistischen Standortsvorteilen, vor allem an den Möglichkeiten der Ferntransporte. Zusätzlich haben wirtschaftspolitische Rahmenbedingungen und aktuelle Standortvorteile, z. B. bei Lohn- und Arbeitskosten, bei Gründung und Erweiterung holzwirtschaftlicher Unternehmen, Bedeutung.

Der *Einschnitt von Nadelholz* erfolgt durch Langholzsägewerke oder in Sägewerken, die Standardlängen verarbeiten. Neuere Anlagen sind inzwischen mit Profilzerspanern ausgerüstet. Langholzsägewerke mit Einschnittslängen von 6 bis 12 m produzieren vor allem Listenbauholz und Spezialerzeugnisse für die industrielle Weiterverarbeitung. Sägewerke, die Standardlängen (4 m) einschneiden, befinden sich vor allem in Skandinavien. Infolge neuer Verleimtechniken (Keilzinken, Breitflächenverklebung, Herstellung von verklebten Profilen) nimmt die Verarbeitung von Standardlängen zu. Eine weitere Differenzierung der Verarbeitung erfolgt nach sogenannten Schwach- und Starkholzlinien. Erstere werden zur Erzeugung von Kanthölzern, Latten und Schmalware, letztere zur Erzeugung von Dielen, Brettern, Blockware und Listenbauholz verwendet. Bei den *Laubholzsägewerken* ist vor allem nach verarbeiteten Holzarten zu unterscheiden. So gibt es Werke, die sich z. B. im Einschnitt auf Buche und Eiche, auf andere einheimische Laubbaumarten oder auf Tropenhölzer spezialisiert haben. Viele Werke verarbeiten allerdings je nach Saison mehrere Holzarten. Unterschiede bestehen in der Produktion von unbesäumter und besäumter Ware, wobei der Anteil letzterer zunimmt. Ein Teil der Produktion vor allem bei Buche und Eiche wird zu Massivholzplatten weiterverarbeitet.

Zusammen mit der Sägeindustrie werden auch die Hobelwerke zur holzbearbeitenden Industrie gerechnet. Sie sind z. T. Anfang des 20. Jahrhunderts als Importhobelwerke im

Küstenbereich entstanden, da zu dieser Zeit auf Hobelwaren Schutzzölle erhoben wurden. Infolge der logistischen Verbesserungen im Transportwesen, die eine regelmäßige Belieferung gewährleisten, wird Hobelware heute in Skandinavien erzeugt und direkt an Holzhändler und Baumärkte in anderen west- und mitteleuropäischen Gebieten geliefert. Eine Erhöhung der Wertschöpfung durch Integration weiterer Verarbeitungsstufen und Veredelungsprozesse erfolgt in der Sägeindustrie im Bereich der Trocknung, Tränkung sowie der Erzeugung von Hobelware und von Massivholzplatten.

Die Daten der Tabelle 1-7 zeigen für das Jahr 2005 wichtige Kenngrößen der Produktion und des Verbrauchs von Nadelschnittholz. Im Vergleich der Kontinente sind Europa und Nord- und Zentralamerika die großen Akteure im Nadelschnittholzmarkt. Auf sie entfallen zusammen 257 Millionen m³ der weltweiten Produktion (79 %) und 238 Millionen m³ des

Regionen / Kontinente	Produktion 1.000 m³	Importe		Exporte		Verbrauch 1.000 m³
		1.000 m³	1.000 US $	1.000 m³	1.000 US $	
Europa ohne Russ. Föderation	106'655	38'868	8'216'887	48'819	9'973'497	96'704
Russische Föderation	19'770	5	1'005	14'590	1'840'555	5'185
Europa - Gesamt	126'425	38'873	8'217'892	63'409	11'814'052	101'889
Nord- und Zentral-Amerika	130'720	46'450	8'989'028	41'483	8'737'467	135'686
Asien	38'855	16'546	3'575'629	695	176'139	54'706
Südamerika	18'523	150	28'088	4'618	812'655	14'055
Ozeanien (incl. Australien)	7'756	813	345'349	2'040	576'974	6'529
Afrika	3'477	4'130	737'461	159	31'230	7'448
Welt - gesamt	325'754	106'962	21'893'447	112'405	22'148'517	320'312
Deutschland	21'038	3'621	809'006	5'732	1'222'352	18'927
Österreich	10'884	1'286	263'698	7'111	1'396'930	5'059
Schweiz	1'501	334	115'892	189	35'041	1'646
Summe:	33'423	5'241	1'188'596	13'032	2'654'323	25'632
Schweden	17'840	193	51'602	11'887	2'839'769	6'146
Finnland	12'190	448	78'212	7'649	1'608'730	4'990
Norwegen	2'300	986	281'846	441	93'548	2'845
Dänemark	175	2'025	481'711	88	19'577	2'111
Summe:	32'505	3'652	893'371	20'065	4'561'624	16'092
Frankreich	7'950	3'364	807'168	967	168'140	10'348
Großbritannien	2'808	7'559	1'684'018	412	83'093	9'955
Spanien	2'750	2'391	507'670	58	20'612	5'083
Italien	790	6'178	1'214'030	50	17'767	6'918
Niederlande	176	2'481	502'660	361	83'511	2'296
Summe:	14'474	21'973	4'715'546	1'848	373'123	34'600
Tschechien	3'730	380	67'297	1'710	310'043	2'400
Polen	3'250	372	71'135	479	88'618	3'143
Rumänien	2'584	12	2'789	1'612	276'704	984
Ungarn	82	922	137'395	49	11'706	955
Summe:	9'646	1'686	278'616	3'850	687'071	7'482
Insgesamt:	90'048	32'552	7'076'129	38'795	8'276'141	83'806

Tabelle 1-7:   Basisdaten Nadelschnittholz 2005: Kontinente und ausgewählte europäische Länder (Eigene Zusammenstellung nach FAO 2007b: 82 ff.)

Regionen / Kontinente	Produktion 1.000 m³	Importe		Exporte		Verbrauch 1.000 m³
		1.000 m³	1.000 US $	1.000 m³	1.000 US $	
Europa ohne Russ. Föderation	13'876	8'100	4'259'880	5'834	2'371'244	16'143
Russische Föderation	2'730	8	4'625	810	62'347	1'928
Europa - Gesamt	16'606	8'108	4'264'505	6'644	2'433'591	18'071
Asien	30'566	11'158	3'391'884	7'775	2'322'055	33'949
Nord- und Zentral-Amerika	29'559	5'379	1'791'467	4'909	2'165'464	30'029
Südamerika	18'710	260	86'359	2'404	686'373	16'566
Afrika	5'801	1'286	380'309	1'623	900'258	5'464
Ozeanien (incl. Australien)	1'463	173	139'061	80	49'069	1'556
Welt - gesamt	102'705	26'366	10'053'585	23'435	8'556'810	105'635
Deutschland	1'083	608	324'359	713	387'667	978
Österreich	190	214	125'699	170	88'928	234
Schweiz	91	65	59'473	31	10'207	124
Summe:	1'364	887	509'531	914	486'802	1'336
Schweden	160	155	130'948	11	7'315	304
Finnland	79	63	49'989	15	7'696	127
Norwegen	31	56	49'237	4	883	83
Dänemark	21	176	110'684	55	35'292	142
Summe:	291	450	340'858	85	51'186	656
Frankreich	2'000	620	371'972	492	215'982	2'128
Spanien	910	999	511'345	38	28'920	1'871
Italien	800	1'550	696'409	111	108'186	2'239
Niederlande	103	619	406'933	127	115'663	594
Großbritannien	54	668	406'456	21	26'928	700
Summe:	3'867	4'456	2'393'115	789	495'679	7'532
Rumänien	1'737	17	7'863	698	229'234	1'056
Polen	680	297	96'182	177	87'918	799
Tschechien	273	155	55'099	48	19'132	380
Ungarn	133	63	21'471	138	55'823	58
Summe:	2'823	532	180'615	1'061	392'107	2'293
Insgesamt:	8'345	6'325	3'424'119	2'849	1'425'774	11'817

Tabelle 1-8:   Basisdaten Laubschnittholz 2005: Kontinente und ausgewählte europäische Länder (Eigene Zusammenstellung nach FAO 2007b: 89 ff.)

Gesamtverbrauchs (74 %) an Nadelschnittholz. Bemerkenswert ist für Europa insgesamt, dass im Vergleich zu früheren Jahren die Handelsbilanz 2005 bei Schnittholz inzwischen sowohl nach Menge wie Wert Exportüberschüsse zeigt. Zu den klassischen Nadelschnitt-holzexporteuren gehören Schweden, Finnland, Österreich und die Tschechische Repu-blik. Deutschland wies 2005 ebenfalls einen Exportüberschuss von circa 2 Millionen m³ Nadelschnittholz aus. Traditionelle Nadelschnittholzimporteure sind Großbritannien und Italien, gefolgt von Frankreich, den Niederlanden und Spanien.

Große Produzenten von Laubschnittholz (Tabelle 1-8) mit einer Jahresproduktion 2005 von rund 31 Millionen m³ gibt es in Asien, wobei 20 Millionen m³ (65 %) auf die Län-der China, Indien, Indonesien und Malaysia entfallen. Von ähnlicher Bedeutung ist die Produktion von Laubschnittholz in Nord- und Zentralamerika (30 Millionen m³) und in Südamerika (19 Millionen m³). Beachtenswerte Laubholzexporteure sind Malaysia

(3,2 Millionen m³), Indonesien (1,9 Millionen m³) und Thailand (1,4 Millionen m³) in Asien, sowie USA (3,5 Millionen m³), Brasilien (1,9 Millionen m³) und Kanada (1,3 Millionen m³). Europa insgesamt gehört, wie übrigens Asien auch, zu den Nettoimporteuren. Unter den europäischen Ländern sind Frankreich, Deutschland, Italien und Spanien sowie Polen und Rumänien bedeutende Produzenten von Laubschnittholz. Wichtige Nettoimportländer sind Spanien, Italien, die Niederlande, Großbritannien, Schweden, Dänemark, Polen und Tschechien.

Ein Vergleich der Basisdaten für Nadel- bzw. Laubschnittholz zeigt, dass sich Produktion bzw. Verbrauch weltweit im Verhältnis 3 zu 1 bewegen. Regional sind die Verhältnisse allerdings unterschiedlich. So beträgt z. B. in Europa der Anteil von Nadelschnittholz über 80 % des gesamten Schnittholzverbrauchs. Dagegen liegt der Anteil von Laubschnittholz am Gesamtschnittholzverbrauch in Asien bei circa 40 % und in Südamerika bei über 50 %.

1.3.4 Strukturwandel in der Sägeindustrie

Ab 1970 setzen sich vor allem im Bereich der Nadelholzsägewerke grundlegende Veränderungen in der Sägetechnologie durch und beschleunigen den Strukturwandel der Branche (Fronius 1989). Stammholz wird heute nicht nur gesägt (Gatter-, Band- und Kreissägen), sondern häufig in einem ersten Arbeitsschritt gefräst. Die früher grundsätzlich zum Schnittholz zählende Seitenware wird zerkleinert und ist Teil des immer bedeutender werdenden Segments der Resthölzer oder Nebenprodukte. Auf diese Weise fallen keine sperrigen Reststücke mehr an, die gesondert aus der Anlage heraus befördert werden müssen (Spreißel, Schwarten etc.). Der eigentliche Sägevorgang folgt dem vorbereitenden Fräsen unmittelbar, in der Regel im selben Durchgang des Rundholzes durch die Anlage. Die Ergebnisse des so beschleunigten Arbeitsganges sind sogenannte Modeln oder Kanthölzer als Hauptprodukte und Späne oder Schnitzel als leicht zu trennende und einfach zu fördernde Nebenprodukte (Abbildung 1-7).

Eine andere Variante derselben Grundidee ist die Profiliertechnik. Dabei bereiten mindestens vier Aggregate den Stamm für den darauf folgenden Schnitt vor, indem aus dem Stammprofil an jeder Ecke ein rechter Winkel herausgefräst wird. Auch hier geht es im Grunde darum, runde Profile des Stammholzes eckig zu machen, störende, sperrige Nebenprodukte zu vermeiden, den Prozess zu beschleunigen und den eigentlichen Sägeschnitt durch die Reduzierung des Verschnitts effizienter zu machen. Bei hochwertigen Anlagen sind die horizontalen und vertikalen Abstände zwischen den Fräsaggregaten variabel zu verstellen und erlauben so bei minimalen Umrüstzeiten eine optimale Ausnutzung gegebener Stammquerschnitte.

Kennzeichnend für den Technologiewandel und die damit verbundene Erhöhung der Arbeitsproduktivität ist z. B. die Entwicklung der Vorschubgeschwindigkeit, d. h. der

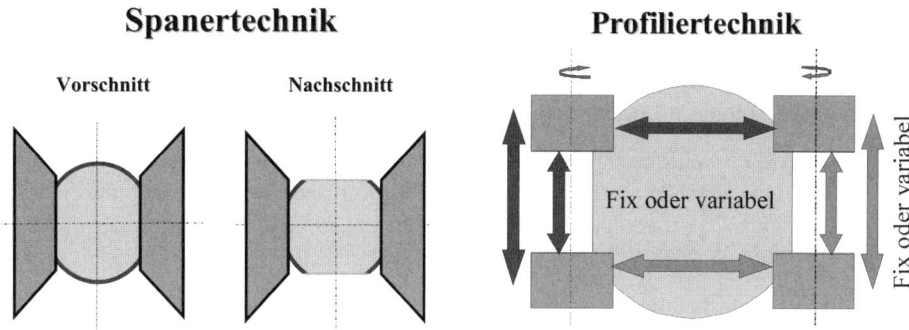

Abbildung 1-7:   Schematische Darstellung der Spaner- und Profiliertechnik (EWD 2000)

Durchlaufgeschwindigkeit des Holzes durch das Sägeaggregat. Seit 1970 hat sich z. B. die Vorschubgeschwindigkeiten in der Spanertechnik wie folgt entwickelt (EWD 2000):

– 1970:   25/50   m/min

– 1980:   37,5/75   m/min

– 1990:   stufenlos bis 160 m/min

– 2000:   stufenlos bis 200 m/min

Die technischen Innovationen in der Sägeindustrie betreffen vor allem die Verarbeitung von Nadelholz und führen zu einer Reihe von Entwicklungen:

– Das Nachfrageverhalten der Holzindustrie tendiert in den vergangenen Jahrzehnten eindeutig zu schwächeren Dimensionen. Dies gilt insbesondere für die Verarbeitung von Nadelhölzern und hat einen wichtigen technischen Grund: Der maximale Durchlass der meisten Spaner- und Profilieraggregate liegt bei 45 cm.

– Für die Verarbeitung von Stammholz stärkerer Dimensionen, das die Waldwirtschaft vor allem in Gebirgslagen in erheblichen Mengen anbietet, werden spezialisierte, vorwiegend mit Bandsägen ausgerüstete Produktionsanlagen notwendig, die neue technologisch und ökonomisch effiziente Möglichkeiten der Verarbeitung von Starkholz bieten.

– Sowohl Aufkommen als auch Nachfrage bei Säge-Resthölzern haben sich verändert und zu einer neuen Wertschätzung geführt. Um die Resthölzer ist ein Nachfragewettbewerb innerhalb der Plattenindustrie, der Papier- und Zellstoffindustrie, aber auch mit Unternehmen der Energiewirtschaft entstanden.

- Es ist der Holzindustrie durch den Einsatz neuer Technologien gelungen, die Arbeitsproduktivität in den vergangenen 20 Jahren in einem vorher nicht gekannten Ausmaß zu steigern, und das, obwohl die Ausbeute am Hauptprodukt von früher über 60 % bei Gattertechnologie auf heute rund 40 % bei Profilzerspanern gesunken ist.

- Die hohen Investitionen in neue Sägetechniken führen zu einer Ausweitung der Produktionskapazitäten pro Werk und zu einer Konzentration innerhalb der Sägereiwirtschaft. Damit verändert sich die Abnehmer- und Kundenstruktur der mitteleuropäischen Waldwirtschaft.

Der Strukturwandel hat die Einschnittsleistung der Sägewerke wesentlich erhöht. Dagegen hat sich die Zahl der Unternehmen und Werke deutlich verringert. Waren noch in den 70er Jahren des 20. Jahrhunderts Unternehmen mit einem jährlichen Einschnittvolumen von durchschnittlich 5.000 bis 20.000 m³ Rundholz am Markt vorherrschend, so haben seither Unternehmen mit Kapazitäten von über 50.000 m³ Rundholzeinschnitt deutlich zugenommen. Inzwischen werden vor allem bei der Produktion von Nadelschnittholz in Deutschland, Österreich und in der Schweiz Größenordnungen von mehreren 100.000 m³ bis zu über einer Million m³ Jahreseinschnitt erreicht. Dies sind industrielle Größenordnungen, die mit den Produktionsstrukturen in Skandinavien oder auch in Nordamerika durchaus vergleichbar sind.

Eine weitere Entwicklungsdynamik zeigt sich hinsichtlich der Eroberung neuer Märkte durch die Weiterveredelung im Sägewerk. Der erste Schritt ist die Trocknung, die überwiegend technisch in Trockenkammern erfolgt. Weitere Produktionseinheiten z. B. Hobelwerke oder Anlagen zum Imprägnieren und zur Herstellung von Brettschichtholz werden angegliedert oder neu aufgebaut. Kundenspezifische Fertigung von Listenholz für das Bauwesen sowie zum Leimen und Keilverzinken sind weitere Wertschöpfungsstufen, auf die sich die Sägewerke zunehmend stützen. Hierbei entstehen Unternehmen, die in Bezug auf Größenordnung und Fertigungstiefe neue Dimensionen am Markt einnehmen. Ein typisches Unternehmen dieser Art hat einen Jahreseinschnitt von circa 200.000 m³ Nadel- und Laubholz, verfügt über Gatter, Profilzerspaner, Trockner und Imprägnieranlage, hat ein Hobelwerk und produziert Schnittholz, Hobelware, Brettschichtholz, Massivholzplatten und Fertighauselemente.

Die wirtschaftlichen und technologischen Entwicklungen führen zu Veränderungen in der Kundenstruktur und im Nachfrageverhalten der Sägeindustrie mit entsprechenden Rückwirkungen auf die Betriebe der Waldwirtschaft, denen vor allem bei Standardsortimenten größere und mächtigere Nachfrager gegenüber stehen. Sie stellen größere Anforderungen in Bezug auf Beschaffungslogistik und Lagerhaltung, z. B. bei Just in Time-Lieferungen, die von kleinen und mittleren Einheiten der Waldwirtschaft immer schwieriger zu erfüllen sind (Abschnitt 7.1.3). Hier werden neue Formen der Kooperation und des Angebotsverhaltens notwendig. Gleichzeitig sind in Mitteleuropa vertikale Integrationsprozesse im Gange, bei denen die Holzindustrie ihre Aktivitäten in den Bereich der Holzernte ausdehnt.

1.3.5   Holzwerkstoffindustrie

Zur Holzwerkstoffindustrie zählen die Hersteller von Platten auf Holzbasis (d.h. Furnier- und Sperrholzwerke) sowie die Hersteller anderer moderner Holzverbindungen (Deppe und Ernst 2002; Dunky und Niemz 2002; Paulitsch 1998; Soiné 1995; Meloney 1993). Wichtige Absatzmärkte dieser Sparten sind vor allem die Bauwirtschaft, die Möbelindustrie sowie Heimwerkermärkte (do it your self). Die Holzwerkstoffindustrie ist einer der am weitesten automatisierten Bereiche der Holzwirtschaft. Die Kapazität neuer Anlagen liegt zwischen 1.000 und 2.000 m³ pro Tag (häufig im oberen Bereich). Im Bereich der Holzwerkstoffindustrie agieren international tätige Konzerne. Insgesamt handelt es sich hier um einen sehr dynamischen Bereich des holzwirtschaftlichen Sektors.

Furnier- und Sperrholzwerke: Messerfurniere werden verwendet als Deckfurniere für die Möbelindustrie, im Innenausbau sowie in der Weiterverarbeitung durch Paneel- und Türenhersteller. Verarbeitet werden in größerem Umfang einheimische Laubbaumarten wie Eiche, Buche, Birke, Esche und Buntlaubhölzer, aber auch Nadelbaumarten wie Fichte, Tanne und Kiefer. Auch nordamerikanische und tropische, insbesondere afrikanische Baumarten werden für die Herstellung von Deckfurnieren verwendet. Schälfurniere dienen im Wesentlichen als Ausgangsmaterial für die Sperrholzproduktion. Hierfür werden Laubbaumarten wie Buche und Birke sowie tropische Arten aus Afrika wie Okoumé und Limba oder aus Asien wie Meranti und Lauan genutzt. Auch europäische Nadelbaumarten sowie Arten aus Nordamerika oder Südamerika werden für die Sperrholzproduktion genutzt. Bedeutung gewinnt die Produktion von Furnierschichtholz aus Nadelholz für Verwendungen im Bauwesen. In Südamerika wurden in den letzten Jahren mehrere Großanlagen für Sperrholz mit einer Jahreskapazität von jeweils 500 000 m³ errichtet.

Spanplatten: Spanplatten werden aus verleimten Spänen schichtweise überlagert in meist kontinuierlichen Pressen erzeugt. Üblich sind Dreischichtenplatten (häufig stufenlos gestreut), wobei sich in der Mittelschicht gröbere Späne und in den beiden Deckschichten feinere Späne befinden. Spanplatten werden vor allem in der Möbelherstellung sowie im Innenausbau verwendet. Eine Weiterentwicklung sind OSB Platten (Oriented Structural Board). Diese bestehen aus längeren Spänen (circa 70 mm), mit einer senkrecht orientierten Mittellage und mit waagrecht orientierten Spänen in den Decklagen. Sie werden überwiegend aus Waldholz hergestellt. Im Vergleich mit den üblichen Spanplatten haben OSB Platten eine größere Festigkeit und können im Bauwesen, vor allem im Fertighausbau, oder auch im Verpackungsbereich eingesetzt werden. Für konventionelle Spanplatten wird zunehmend auch Altholz (Recyclingholz) verwertet.

Faserplatten: Faserplatten werden aus Holzfasern erzeugt. Als Rohstoff dienen Hackschnitzel, die unter Einwirkung von Wärme und Druck in speziellen Anlagen (Defibratoren) mechanisch zerfasert werden. Anschließend werden die Fasern analog zur Spanplattentechnologie verpresst. Faserplatten werden im Nassverfahren (Hartfaserplatten und Faserdämmplatten) bzw. im Trockenverfahren (Medium Density Fibreboard, MDF und High Density Fibreboard, HDF) gefertigt. MDF Platten weisen ein homogeneres Rohdichteprofil als Spanplatten auf und können daher gut profiliert und gestrichen werden. Damit kann die MDF Platte, im Gegensatz zu Spanplatten, profiliert und in Möbelfronten verarbeitet werden. An Bedeutung im Bauwesen gewinnen großformatige Massivholzplatten und geklebte Verbundelemente aus Massivholz, die eine hohe Vorfertigung ermöglichen. Ebenso nimmt die Verwendung leichter Verbundplatten z. T. mit Wabenmittellagen insbesondere in der Möbelindustrie zu.

Weltweit entfallen über 90 % der Produktion bzw. des Verbrauchs an Holzwerkstoffen auf Europa, Asien, Nord- und Zentralamerika (Tabelle 1-9). In Europa gehören zu den großen Produzentenländern Deutschland, Österreich, Frankreich, Italien, Spanien,

Kontinente	Produktion 1.000 m³	Importe 1.000 m³	Importe 1.000 US $	Exporte 1.000 m³	Exporte 1.000 US $	Verbrauch 1.000 m³
Europa ohne Russ. Föderation	66'761	29'720	11'771'979	31'994	11'925'853	64'487
Russ. Föderation	8'103	1'096	271'814	2'191	693'431	7'008
Europa - Gesamt	74'864	30'816	12'043'793	34'185	12'619'284	71'495
Asien	77'961	22'184	6'666'148	21'033	6'695'487	79'112
Nord- und Zentral-Amerika	61'631	26'011	8'572'116	16'488	5'344'269	71'154
Südamerika	13'474	586	175'641	6'038	1'731'915	8'021
Ozeanien (incl. Australien)	4'183	459	197'993	1'701	566'509	2'942
Afrika	2'700	1'260	371'640	1'083	581'979	2'877
Welt - gesamt	234'813	81'316	28'027'331	80'529	27'539'443	235'601
Deutschland	16'979	4'655	1'492'999	7'266	2'639'850	14'368
Österreich	3'453	772	382'759	2'747	1'155'630	1'478
Schweiz	965	605	363'428	862	306'607	709
Summe:	21'397	6'032	2'239'186	10'875	4'102'087	16'555
Finnland	1'985	313	149'356	1'556	876'279	742
Schweden	748	961	430'791	189	80'787	1'519
Norwegen	582	273	195'225	254	98'252	601
Dänemark	345	1'592	408'911	161	73'889	1'775
Summe:	3'660	3'139	1'184'283	2'160	1'129'207	4'637
Frankreich	6'398	1'975	971'242	3'501	1'072'490	4'872
Italien	5'611	2'092	967'438	872	582'960	6'831
Spanien	4'844	1'652	725'897	1'702	665'852	4'794
Großbritannien	3'398	3'531	1'523'921	520	186'871	6'409
Niederlande	11	1'643	693'211	327	134'987	1'326
Summe:	20'262	10'893	4'881'709	6'922	2'643'160	24'232
Polen	6'737	1'524	489'167	2'382	763'923	5'878
Tschechien	1'492	583	208'199	777	252'020	1'298
Rumänien	1'011	698	298'089	704	244'052	1'005
Ungarn	674	474	173'993	487	156'385	661
Summe:	9'914	3'279	1'169'448	4'350	1'416'380	8'842
Insgesamt:	55'233	23'343	9'474'626	24'307	9'290'834	54'266

Tabelle 1-9: Basisdaten Holzplatten 2005: Kontinente und ausgewählte europäische Länder (Eigene Zusammenstellung nach FAO 2007b: 98 ff.)

Großbritannien und Polen. Zu den großen Nettoimporteuren im Jahr 2005 gehören Dänemark, Italien, Großbritannien und die Niederlande. Wichtige Nettoexporteure im Plattenbereich sind Deutschland, Österreich, Finnland, Frankreich und Polen.

1.3.6   Holzverarbeitende Branchen

Zur Holzverarbeitungsindustrie gehört eine Vielzahl von Unternehmen unterschiedlicher Größe von Gewerbebetrieben im örtlichen Bereich bis zu Großunternehmen mit internationalen Verflechtungen. Bemerkenswert ist, dass der Welthandel mit weiterverarbeiteten Holzprodukten in den letzten Jahren stärker als der Handel mit Rundholz, Schnittholz, Holzplatten sowie Zellulose und Papier gewachsen ist.

Holzhandwerk: Zu den Holzhandwerksberufen zählen die Möbelschreiner, Restaurateure und auch die Zimmerleute, die ihre Kompetenz nicht nur im Bau von Holz-Dachstühlen haben, sondern sie beim Bau moderner Wohn- und Industriebauten unter Beweis stellen. Die Holzhandwerksbetriebe organisieren sich zunehmend zu Einkaufsgenossenschaften oder versorgen sich bei solchen. Die bisher eher mittelständischen, familiären Unternehmensstrukturen gehen allmählich in größere Einheiten des produzierenden Gewerbes über und nehmen industrielle Konturen an. Die Sparte kann ihre Wertschöpfung nur aus einer gleich bleibend hohen Qualität des Rohstoffes ziehen, die im Verbund mit handwerklichem Können und Individualität die Basis des Unternehmenserfolges bildet.

Fertigbau-Industrie: Durch die Anpassung einschlägiger Bauvorschriften an die statischen Eigenschaften moderner Holzwerkstoffe fokussieren Fertighaushersteller inzwischen sehr stark auf das Angebot konsequenter Holzhäuser im Ein- und Zweifamilienhausbau sowie bei ein- bis zweistöckigen funktionalen Industriebauten. Einige dieser Unternehmer kommen aus der Holzbranche und verfügen über eigene Sägewerke, andere ergänzen den Sektor durch ihre Materialauswahl erst seit kürzerer Zeit. Zunehmend wird auch mehrgeschossig mit Holz gebaut (Kolb 2008).

Fensterindustrie: Dies ist in mehrerer Hinsicht eine Sparte, die gegen den allgemeinen Entwicklungstrend steht. Sie scheint sich durch Innovationen im Kunststoffbereich wegen sich verändernder Qualitäten am europäischen Rundholzmarkt und wegen der vor allem diese Industrie treffenden, anhaltenden Diskussion über die Nutzung tropischer Hölzer eher vom Rohstoff Holz zu entfernen. Vor dem Hintergrund der erwarteten Zunahme des Holzhausbaus ist aber anzunehmen, dass Holzfenster auch zukünftig einen gewissen Marktanteil behaupten werden. Trotz technischer und produktpolitischer Innovationen ist die Sparte in hohem Masse auf die hohe Qualität des Rohstoffes angewiesen. Mehr als andere Sparten der Holzindustrie wird ihre Entwicklung von den Bautätigkeiten beeinflusst. Ob und in welchem Ausmaß die Fensterindustrie vom zu erwartenden Sanierungsbedarf im Wohnraumbereich profitiert, hängt maßgeblich von Förderprogrammen und Auflagen ab, durch welche die Hauseigentümer zu Ersatzinvestition in neue Fenster veranlasst werden.

Parkettindustrie: Ähnliche Charakteristika hinsichtlich ihrer weiteren Entwicklung gelten auch für die Parkettindustrie. Auch sie hängt von der Baukonjunktur und den Sanierungsaufwendungen der Hauseigentümer ab. Erzeugt wird Parkett aus Massivholz, das aus Eiche, Buche oder auch anderen Baumarten gefertigt wird und im Wohnungsbau wie in öffentlichen Gebäuden verlegt wird. Zunehmend wird heute auch Parkett verlegt, das mehrschichtig aufgebaut ist, um feuchtebedingte Formänderungen zu reduzieren. Produkte, die aus dünnen Spanplatten bzw. aus HDF Platten bestehen und mit mehreren Lagen Kunstharzfolien beschichtet sind, werden in erster Linie in Konkurrenz zu textilen Fußbodenbelägen vermarktet.

Dämmstoffindustrie: Hier handelt es sich um Unternehmen, die sich auf die Herstellung von holzbasierten Dämmungsmaterialien (Faserstoffe) für den Hausbau konzentrieren. Es werden im Nassverfahren produzierte Platten sowie Dämmstoffe im Trockenverfahren, unter Verwendung thermoplastischer Fasern als Bindemittel, hergestellt. Infolge der ausgeprägten regionalen Marktstruktur ist das Angebot in diesem Segment nicht mehr überschaubar. Vor dem Hintergrund der steigenden Verwendung von Holz im Bauwesen, vor allem im Neubau von Ein- und Zweifamilienhäusern, und der Zunahme von Renovierungs- und Sanierungsvorhaben ist mit einer weiteren positiven Entwicklung dieser Sparte zu rechnen. Diese Entwicklung wird durch energiepolitische Notwendigkeiten gestützt, die vermehrt Altbausanierungen mit besserer Isolierung verlangen.

Verpackungs- und Palettenherstellung: Durch technische Innovationen der Sägetechnik begünstigt, hat sich die mit dem Rohstoff Holz produzierende Verpackungsindustrie dynamisch entwickelt. Noch in den 80er Jahren des 20. Jahrhunderts waren lediglich einige Werke der Palettenherstellung sowie Spezialisten, die in Nischenmärkten Spezialverpackungen für Sondertransporte herstellten, zu dieser Sparte zu zählen.

Möbelindustrie: Gemessen an ihrem Umsatz ist die Möbelindustrie eine sehr wichtige Branche. Allerdings ist ihr Umsatz nur zum Teil der Wertschöpfungskette Holz zuzurechnen, da vielfach auch andere Materialien wie Metall, Textilien und Leder verarbeitet werden. Dennoch handelt es sich bei den industriellen Möbelherstellern um wichtige Kunden der Sägeindustrie und damit indirekt auch des Waldbesitzes. Aufgrund der in der industriellen Möbelherstellung benötigten eher schwächeren Holzdimensionen und deren relativ guten Transportfähigkeit kann sich die Möbelindustrie rasch auf veränderte Bedingungen auf ihren Beschaffungsmärkten einstellen. Der Standort der Möbelindustrie liegt in den meisten Fällen nicht in der Nähe der Rohstoffe und Energiequellen, sondern in der Nähe der Kunden. So hat z. B. das bevölkerungsreichste Bundesland der Bundesrepublik Deutschland, Nordrhein-Westfalen, einen ausgesprochenen Schwerpunkt in der Möbelindustrie.

Eine Vorstellung von der Vielfalt und kommerziellen Bedeutung verarbeiteter Produkte aus Holz vermittelt die Handelsstatistik der Europäischen Wirtschaftskommission (Economic Commission for Europe, ECE), die den gesamten europäischen Wirtschaftsraum, aber auch Länder wie USA und Kanada, bearbeitet. Sie weist in ihrer Handelsstatistik unter verarbeiteten Holzprodukten folgende Verwendungszwecke bzw. Produktgruppen aus: Fenster, Türen und Parkett-Paneele; Parkett-Friese und Massiv-Profile für Möbel; Verpackungsmaterial und Paletten; furnierte Holzwaren, Schmuck und Kunstgegenstände; Rahmen für Bilder und Spiegel; Holzwaren für den Küchen- und Essbedarf; Fässer und andere Behältnisse aus Holz; Geräte, Handwerkzeuge und Holzgriffe; andere Waren aus Holz oder in Kombination mit anderen Werkstoffen. Zur Produktion von Holzmöbeln zählen Polstermöbel, Stühle, Büromöbel, Kücheneinrichtungen, Schlaf- und Wohnzimmereinrichtungen sowie andere Holzmöbel.

1.3.7 Zellstoff- und Papierindustrie

Zellstoffproduktion: Die Herstellung von Zellstoff erfolgt überwiegend im Sulfatverfahren; Werke, die mit dem Sulfitverfahren produzieren, sind in Europa noch die Ausnahme, gewinnen aber an Bedeutung. Langfaserzellstoff wird aus Nadelbaumarten gewonnen, wobei die wichtigen Produzenten sich in Skandinavien, in Kanada, USA sowie in Chile, Neuseeland und Australien befinden. Kurzfaserzellstoff wird aus Baumarten wie Birke, Eukalyptus und „mixed hardwoods" erzeugt. Die Produktionskapazität neuer Werke liegt heute bei über 500.000 Tonnen pro Jahr. Bei einer Ausbeute von circa 50 % bedeutet dies, dass ein modernes Zellstoffwerk einen jährlichen Rohstoffbedarf von circa 2 Millionen m³ Waldholz hat. Ein wichtiger Aspekt dieses Produktionsbereiches ist die verbreitete vertikale Integration zwischen Waldbesitz und industrieller Verarbeitung, vor allem in Skandinavien und Nordamerika.

Papierindustrie: Die Erzeugung von Papier basiert auf einer hoch entwickelten Technologie, die sich in einem dynamischen Wandel befindet (Göttsching 2000). In dieser Branche ist längst vollzogen, was sich auch in anderen Bereichen der Holzwirtschaft abzeichnet. Den Markt teilen sich einige wenige, sehr große, international organisierte und als Kapitalgesellschaften strukturierte Konzerne. In der europäischen Region haben einige von ihnen ihren Stammsitz in Skandinavien. Von dort aus haben die Papierkonzerne seit den 1980er Jahren auf Fusionen und Übernahmen von Produktionseinheiten in anderen europäischen Ländern hingearbeitet. Beschaffungs- und Absatzmärkte wie auch die Eigentümerstrukturen sind international verflochten.

Die Basisdaten 2005 für Produktion, Import und Export sowie Verbrauch von Papier und Pappe sind in Tabelle 1-10 zusammengefasst. Der weitaus größte Teil (94 %) des weltweiten Verbrauchs an Papier und Pappe von 352 Millionen mt (metric tons) entfällt auf drei Regionen, d. h. in Asien (36 %), Nord- und Zentralamerika (30 %) und Europa (27 %). An der Gesamtproduktion haben diese drei Regionen einen Anteil von über 90 %. Bei den

Importen (111 Millionen mt) entfallen auf Europa 49 % und jeweils 22 % auf Asien bzw. Nord- und Zentralamerika. Die Bedeutung des europäischen Außenhandels an Papier und Pappe wird besonders bei den Exporten deutlich. Über 60 % des Handelswertes der weltweiten Exporte (88,9 Milliarden US Dollar) werden von Europa geleistet. Mit 35,8 Milliarden US Dollar tragen fünf Länder, d. h. Deutschland, Finnland, Frankreich, Österreich und Schweden 63 % zum Handelswert der europäischen Exporte und 41 % zum Handelswert der weltweiten Exporte von Papier und Pappe bei.

Für die Beurteilung des Rohstoffbedarfs der Zellstoff- und Papierindustrie ist von besonderem Interesse, wie sich Aufkommen und Verbrauch des im Produktionsprozess eingesetzten Recycling-Materials (Altpapier) entwickelt. Von 2001 bis 2005 stieg das

Kontinente	Produktion 1.000 mt	Importe 1.000 mt	Importe 1.000 US $	Exporte 1.000 mt	Exporte 1.000 US $	Verbrauch 1.000 mt
Europa ohne Russ. Föderation	103'508	53'111	45'242'196	65'611	55'252'415	91'008
Russ. Föderation	7'024	1'100	1'093'342	2'750	1'353'198	5'374
Europa - Gesamt	110'532	54'211	46'335'538	68'361	56'605'613	96'382
Asien	115'157	23'929	16'597'900	14'103	10'220'617	124'984
Nord- und Zentral-Amerika	106'315	24'583	17'350'992	25'706	17'886'269	105'192
Südamerika	12'988	3'212	2'552'000	2'565	1'875'152	13'634
Afrika	4'900	3'246	2'365'473	1'069	579'543	7'077
Ozeanien (incl. Australien)	4'199	2'173	1'816'745	1'418	756'371	4'954
Welt - gesamt	354'091	111'354	87'018'648	113'222	87'923'565	352'223
Deutschland	21'679	9'681	8'344'825	12'205	11'155'480	19'155
Österreich	4'950	1'240	1'131'587	3'922	3'030'683	2'268
Schweiz	1'751	1'147	1'370'932	1'364	1'402'838	1'534
Summe:	28'380	12'068	10'847'344	17'491	15'589'001	22'957
Finnland	12'391	470	423'916	11'155	8'458'905	1'706
Schweden	11'736	846	706'287	10'593	8'169'548	1'989
Norwegen	2'223	476	454'960	1'911	1'242'623	788
Dänemark	423	1'208	999'956	308	234'735	1'323
Summe:	26'773	3'000	2'585'119	23'967	18'105'811	5'806
Frankreich	10'332	6'058	5'157'521	5'578	5'028'990	10'812
Italien	9'999	4'383	3'325'005	2'432	2'445'928	11'951
Großbritannien	6'235	7'265	6'139'997	1'495	1'812'481	12'005
Spanien	5'697	3'858	3'319'808	2'249	2'013'271	7'306
Niederlande	3'471	3'386	2'948'107	3'151	2'687'358	3'706
Summe:	35'734	24'950	20'890'438	14'905	13'988'028	45'780
Polen	2'732	2'158	1'693'060	1'407	1'091'025	3'483
Tschechien	969	1'270	850'718	828	601'289	1'411
Ungarn	571	545	613'019	308	390'872	808
Rumänien	371	351	298'184	130	74'433	592
Summe:	4'643	4'324	3'454'981	2'673	2'157'619	6'294
Insgesamt:	95'530	44'342	37'777'882	59'036	49'840'459	80'837

mt ... metric tons

Tabelle 1-10:   Basisdaten Papier und Pappe/Karton 2005: Kontinente und ausgewählte europäische Länder (Eigene Zusammenstellung nach FAO 2007b: 186 ff.)

weltweite Aufkommen von 142 Millionen mt (metric tons) auf 164 Millionen mt, d. h. um 16 %. Der Handelswert der weltweiten Importe erhöhte sich von 3,1 Milliarden auf 5,8 Milliarden US Dollar d. h. um über 80 % (FAO 2007b 180 ff.). Europa, Asien, Nord- und Zentralamerika haben zusammen einen Anteil von circa 95 % des weltweiten Aufkommens und Gesamtverbrauchs von Altpapier. Europa bzw. Nord- und Zentralamerika sind Nettoexporteure, Asien dagegen weist einen beachtlichen Importüberschuss von 20,4 Millionen mt und 3,1 Milliarden US Dollar auf (Tabelle 1-11).

Kontinente	Produktion 1.000 mt	Importe 1.000 mt	Importe 1.000 US $	Exporte 1.000 mt	Exporte 1.000 US $	Verbrauch 1.000 mt
Europa ohne Russ. Föderation	52'875	11'799	1'380'510	18'588	2'163'950	46'086
Russ. Föderation	1'900	3	300	180	23'400	1'723
Europa - Gesamt	54'775	11'802	1'380'810	18'768	2'187'350	47'809
Asien	52'078	24'976	3'630'449	4'567	549'762	72'487
Nord- und Zentral-Amerika	47'807	4'403	637'579	16'021	1'879'879	36'189
Südamerika	4'868	414	97'189	69	8'203	5'213
Ozeanien (incl. Australien)	2'642	60	3'986	1'032	119'475	1'670
Afrika	1'517	132	16'584	76	8'486	1'572
Welt - gesamt	163'686	41'788	5'766'597	40'533	4'753'155	164'941

mt ... metric tons

Tabelle 1-11: Basisdaten Altpapier 2005: Kontinente (Eigene Zusammenstellung nach FAO 2007b: 180 ff.)

Länder	Produktion in 1.000 mt	Importe in 1.000 mt	Importe in 1.000 US $	Exporte in 1.000 mt	Exporte in 1.000 US $	Verbrauch in 1.000 mt
Deutschland	14'413	2'816	365'992	3'525	347'899	13'704
Österreich	1'421	1'088	133'288	234	28'573	2'275
Schweiz	1'243	136	15'350	441	44'926	938
Summe:	17'077	4'040	514'630	4'200	421'398	16'917
Schweden	1'568	819	77'028	205	35'209	2'182
Finnland	599	31	5'439	167	24'820	463
Norwegen	441	52	6'586	232	25'941	261
Dänemark	435	95	10'631	530	54'345	0
Summe:	3'043	997	99'684	1'134	140'315	2'906
Großbritannien	7'758	78	9'122	3'336	505'633	4'500
Frankreich	5'953	1'196	124'301	1'835	201'315	5'314
Italien	5'488	445	97'072	749	82'539	5'185
Spanien	4'323	808	85'138	512	60'946	4'619
Niederlande	2'462	2'475	246'367	2'863	330'480	2'074
Summe:	25'984	5'002	562'000	9'295	1'180'913	21'692
Polen	1'200	10	2'682	231	28'126	978
Tschechien	480	35	5'932	209	19'926	306
Ungarn	368	3	3'024	69	6'676	302
Rumänien	298	8	1'064	5	n.a.	301
Summe:	2'346	56	12'702	514	54'728	1'887
Insgesamt:	48'450	10'095	1'189'016	15'143	1'797'354	43'402

mt ... metric tons

Tabelle 1-12: Basisdaten Altpapier 2005: Ausgewählte europäische Länder (Eigene Zusammenstellung nach FAO 2007b: 180 ff.)

77

Einen Überblick über Aufkommen und Verwertung sowie Im- und Exporte am Alt-papiermarkt ausgewählter europäischer Länder gibt Tabelle 1-12. Es bestehen große Unterschiede, die durch Faktoren wie Bevölkerung, Bruttosozialprodukt, Intensität der Altpapiererfassung sowie Standort und technologische Entwicklung der Zellulose- und Papierindustrie zu erklären sind. Ein hohes Aufkommen bzw. ein beachtlicher Ver-brauch von Altpapier im Verhältnis zur Bevölkerung sind z. B. in Deutschland, Öster-reich, in der Schweiz und in den skandinavischen Ländern festzustellen. Ähnliches gilt für Großbritannien, Frankreich, Italien, Spanien, die Niederlande und Polen. Typische Nettoimporteure sind Österreich, Schweden und Spanien. Dagegen gehören eine Reihe der übrigen Länder zu den Nettoexporteuren.

1.3.8   Internationale Verflechtung der Holzwirtschaft

Wald- und Holzwirtschaft sind durch die Wertschöpfungskette Holz sehr stark mit dem Ausland verflochten (Peck 2001). Die internationalen Handelsbeziehungen sind so weit fortgeschritten, dass von einem nahezu ungehinderten weltweiten Handelsaustausch im Rohstoffbereich sowie in den Bereichen der Holzbearbeitung und Holzverarbei-tung gesprochen werden kann. Zunehmend gilt dies auch für die Endabsatzmärkte von Investitions- und Konsumgütern. Dimensionen und Dynamik der weltweiten Handels-verflechtungen der Wertschöpfungskette Holz werden aus Tabelle 1-13 ersichtlich.

Der Wert der weltweiten Importe an Holz und Holzprodukten ist um mehr als ein Drittel (36 %) von 142,2 Milliarden US Dollar im Jahr 2001 auf 193,4 US Dollar im Jahr 2005 gestiegen. Der Handelswert der Exporte hat sich im gleichen Zeitraum um mehr als ein Drittel (42 %) von 130,5 Milliarden US Dollar auf 185,7 Milliarden US Dollar erhöht. Die Differenz zwischen den weltweiten Importen und Exporten von 11,7 bzw. 7,7 Milliarden US Dollar erklärt sich aus der unterschiedlichen zollstatistischen Erfassung, die dem FAO Jahrbuch für Holz und Holzprodukte zu Grunde liegt. Bei den Importwerten wird der

Kontinente	Handelsbilanz 2001			Handelsbilanz 2005		
	Importe Mrd. US $	Exporte Mrd. US $	Saldo Mrd. US $	Importe Mrd. US $	Exporte Mrd. US $	Saldo Mrd. US $
Europa	64.2	65.2	1.0	88.9	99.2	10.3
Nord- und Zentralamerika	31.3	38.8	7.5	42.1	46.9	4.8
Asien	39.4	16.4	-23.0	52.1	22.9	-29.2
Südamerika	2.9	4.9	2.0	3.4	9.2	5.8
Afrika	2.8	2.8	0.0	4.2	3.8	-0.4
Ozeanien	1.6	2.4	0.8	2.7	3.7	1.0
Welt:	142.2	130.5	-11.7	193.4	185.7	-7.7

Tabelle 1-13:   Basisdaten Handelsbilanz von Holz und Holzprodukten 2001 und 2005 – Weltweit (Eigene Zusammenstellung nach FAO 2007b: 226 ff.)

Warenwert einschließlich internationaler Transport- und Versicherungskosten angegeben. Bei den Exporten wird nur der Warenwert frei Verladehafen statistisch erfasst.

Mit Importen von 64,2 (2001) bzw. von 88,9 (2005) Milliarden US Dollar sowie Exporten von 65,2 (2001) bzw. von 99,2 (2005) Milliarden US Dollar ist Europa im holzwirtschaftlichen Sektor die führende Region. Der Anteil der europäischen Importe lag 2001 bei 45 % und 2005 bei 46 % des Welthandels mit Holz und Holzprodukten. Der Anteil des europäischen Exports von Holz und Holzprodukten an den weltweiten Exporten ist zwischen 2001 und 2005 von 50 % auf 54 % gestiegen. Die positive Handelsbilanz des holzwirtschaftlichen Sektors in Europa nahm von 1,0 Milliarden US Dollar (2001) auf 10,3 Milliarden US Dollar (2005) zu. Im Vergleich hierzu hat sich das Ergebnis der Region Nord- und Zentralamerika von 7,5 (2001) auf 4,8 (2005) Milliarden US Dollar verringert. Asien ist derzeit der große Nettoimporteur. Das Handelsdefizit mit Holz und Holzprodukten hat von 23 (2001) auf 29 (2005) Milliarden US Dollar um über ein Viertel zugenommen.

Tabelle 1-14 enthält Angaben für den Handelswert der Importe und Exporte für eine Reihe ausgewählter europäischer Länder ebenfalls für die Jahre 2001 und 2005. Ausge-

	Handelsbilanz 2001			Handelsbilanz 2005		
	Importe Mrd. US $	Exporte Mrd. US $	Saldo Mrd. US $	Importe Mrd. US $	Exporte Mrd. US $	Saldo Mrd. US $
Deutschland	11.5	10.1	-1.4	14.4	16.7	2.3
Oesterreich	2.2	3.9	1.7	3.1	6.0	2.9
Schweiz	1.6	1.4	-0.2	2.2	2.0	-0.2
Summe:	15.3	15.4	0.1	19.7	24.7	5.0
Finnland	1.0	10.1	9.1	1.8	12.1	10.3
Schweden	1.6	8.7	7.1	2.3	13.2	10.9
Norwegen	0.9	1.6	0.7	1.3	1.9	0.6
Dänemark	1.6	0.3	-1.3	2.2	0.5	-1.7
Summe:	5.1	20.7	15.6	7.6	27.7	20.1
Frankreich	6.9	5.2	-1.7	9.0	7.3	-1.7
Italien	6.9	2.3	-4.6	8.9	3.2	-5.7
Großbritannien	9.0	1.9	-7.1	10.9	2.7	-8.2
Spanien	4.3	2.3	-2.0	5.9	3.4	-2.5
Niederlande	4.2	2.5	-1.7	5.8	3.7	-2.1
Summe:	31.3	14.2	-17.1	40.5	20.3	-20.2
Polen	1.4	1.0	-0.4	2.7	2.2	-0.5
Tschechien	0.7	0.9	0.2	1.2	1.6	0.4
Ungarn	0.7	0.4	-0.3	1.1	0.7	-0.4
Rumänien	0.2	0.5	0.3	0.6	0.9	0.3
Summe:	3.0	2.8	-0.2	5.6	5.4	-0.2
Insgesamt:	54.7	53.1	-1.6	73.4	78.1	4.7

Tabelle 1-14:   Basisdaten Handelsbilanz von Holz und Holzprodukten 2001 und 2005 – Ausgewählte europäische Länder (Eigene Darstellung nach FAO 2007b: 226 ff.)

prägt ist die Exportorientierung von Schweden und Finnland oder z. B. von Österreich. Auch Deutschland ist im Jahr 2005 von einem traditionellen Nettoimporteur zu einem Exportland von Holzprodukten geworden. Zu den großen Importländern zählen Länder wie Großbritannien, Italien, Spanien, Frankreich, die Niederlande oder Dänemark. Ein Vergleich der Basisdaten 2001 und 2005 lässt zum Teil beachtliche Unterschiede in der Dynamik der holzwirtschaftlichen Entwicklung zwischen den Ländern erkennen.

Zusammenfassend ist festzustellen, dass sich der Welthandel mit Holz und Holzprodukten zum größten Teil innerhalb und zwischen Europa, Nord- und Zentralamerika und Asien bewegt (Abbildung 1-8). Dem Wert nach entfallen 46 % der Importe im Jahr 2005 auf Europa, 27 % auf Asien, 22 % auf Nord- und Zentralamerika. An den weltweiten Exporten 2005 hat Europa einen wertmäßigen Anteil von 54 %, Nord- und Zentralamerika von 25 % und Asien von 12 %. Die übrigen Regionen sind derzeit am Welthandel mit einem Anteil von 5 % (Importe) bzw. 9 % (Exporte) beteiligt.

Informationen zur Struktur der internationalen Handelsbeziehungen in der Holzwirtschaft ergeben sich aus einer Untersuchung über die regionalen Verflechtungen der Holzmärkte (Ollmann 2003). Ausgangspunkt sind Matrixdarstellungen der FAO für die wichtigsten 15 Export- und die wichtigsten 25 Importländer ergänzt mit weiteren Länderdaten. Bezogen auf den Weltholzhandel deckt der Anteil dieser Länder in den wichtigsten Produktgruppen mindestens 70 % des gesamten Import- bzw. Exportvolumens ab. Für das Jahr 1999 wurde berechnet, dass 57 % der mengenmäßigen Gesamtproduktion als Rohholz oder als be- und verarbeitete Produkte die Ländergrenzen überschritten und international gehandelt wurden.

Wie dynamisch die internationale holzwirtschaftliche Entwicklung verlaufen ist, zeigt ein Blick auf den Trend der letzten 40 Jahre. 1963 lag der Anteil des international gehandelten industriellen Holzaufkommens bei knapp 20 %, 1973 bei 29 %, 1983 bei rund 30 % und 1996 bei knapp 50 % (Ollmann 2003: 4). Etwas mehr als die Hälfte des gesamten Weltholzhandels den Mengen nach (56 %) entfielen auf den Austausch innerhalb der Regionen (INTRA-Regionen-Handel), während sich der Austausch zwischen den verschiedenen Regionen (INTER-Regionen-Handel) auf 44 % beläuft. 28 % des mengenmäßigen Weltholzhandels werden innerhalb Westeuropas und weitere 18 % innerhalb Nordamerikas abgewickelt. Ein besonderes Gewicht hat hierbei die Produktgruppe Papier und Pappe, auf die circa 36 % des Weltholzhandels der Menge nach und 47,5 % dem Wert nach entfallen.

Ein weiteres beachtenswertes Ergebnis der Untersuchung von Ollmann, ergänzt mit den Zahlen für 2005, sind Angaben über langfristige Entwicklungen nach Produktgruppen der internationalen Handelsströme. Hier zeigen sich z. B. auf der Importseite im Verlauf der letzten 40 Jahre bei den wichtigen Produktgruppen beachtliche Verschiebungen (Tabelle 1-15). So hat sich im Zeitraum von 1963 bis 2005 der wertmäßige Importanteil von Rohholz halbiert und liegt derzeit bei 7 % des Gesamtwertes der Importe. Ein erheblicher

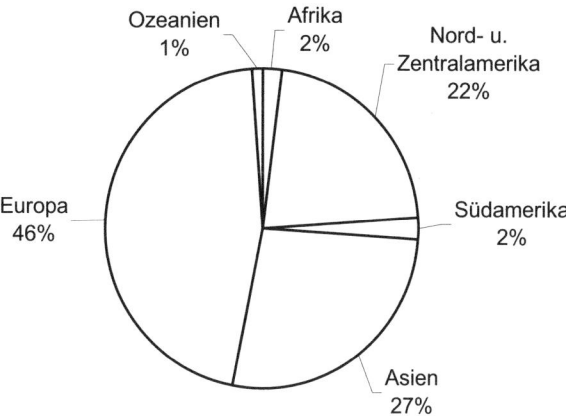

Import von Holz und Holzprodukten 2005
(Wertbasis 193.4 Milliarden US $)

Ozeanien 1%
Afrika 2%
Nord- u. Zentralamerika 22%
Südamerika 2%
Asien 27%
Europa 46%

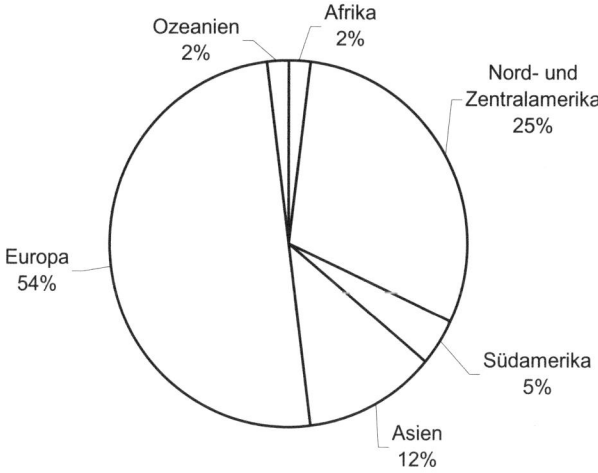

Export von Holz und Holzprodukten 2005
(Wertbasis 185.7 Milliarden US $)

Ozeanien 2%
Afrika 2%
Nord- und Zentralamerika 25%
Südamerika 5%
Asien 12%
Europa 54%

Abbildung 1-8:   Import- und Exportwerte 2005 nach Kontinenten (Eigene Darstel-
                  lung nach FAO 2007b: 226 f.)

Rückgang zeigt sich auch bei Schnittholz und Schwellen (26,3 % 1963; 17,5 % 2005)
sowie Holz- und Zellstoff (19,7 % 1963; 12,7 % 2005). Dagegen ist der Anteil der Holzwerkstoffe beachtlich von 7,4 % (1963) auf nahezu 15,3 % (2005) gestiegen. Noch dyna-

mischer verlief die Entwicklung im Bereich Papier und Pappe. Hier hat sich der Importanteil von 32,1 % (1963) auf 47,5 % (2005) erhöht. Damit entfällt nahezu die Hälfte des Handelswertes der weltweiten Importe auf die Papierwirtschaft.

Produktgruppe Berechnungsbasis Importwerte in US $	1963 %	1973 %	1983 %	1996 %	1999 %	2005 %
Rohholz	14.5	22.2	15.2	9.5	8,5	7.0
Schnittholz inkl. Schwellen	26.3	24.8	22.3	18.7	17,9	17.5
davon Nadelschnittholz	*22.1*	*19.7*	*16.7*	*13.3*	*12,9*	*12.0*
davon Laubschnittholz	*4.2*	*5.1*	*5.6*	*5.4*	*5,0*	*5.5*
Holzwerkstoffe (Platten)	7.4	10.4	9.0	11.6	12.3	15.3
Holz- und Zellstoff	19.7	13.7	15.3	14.1	13,8	12.7
Papier und Pappe	32.1	28.9	38.2	46.1	47,5	47.6
Zeitungsdruckpapier	*13.5*	*8.6*	*10.6*	*8.3*	*6,9*	*5.6*
Druck- und Schreibpapier	*3.6*	*6.0*	*10.3*	*15.3*	*19,5*	*21.3*
and. Papier und Pappe	*15.0*	*14.3*	*17.3*	*22.5*	*21,0*	*20.6*
Gesamt	100.0	100.0	100.0	100.0	100.0	100.0

Tabelle 1-15:   Entwicklung des wertmäßigen Importanteils wichtiger Produktgruppen am Weltholzhandel (Eigene Zusammenstellung nach Ollmann 2001 und 2003 für Angaben 1963 – 1999; FAO 2007b: 226 ff. für 2005)

1.4   Literatur

Barnes, B.V.; Zak, D.R.; Denton, S.R.; Spurr, S.H. (1998): Forest Ecology. Wiley, New York. 571 pp.

Begemann, H.F. (1994): Das große Lexikon der Nutzhölzer. Deutscher Betriebswirte-Verlag (dbv), Gernsbach. 12 Bände.

Bodig, J.; Jayne, A. (1993): Mechanics of Wood and Wood Composites. Kriger, Florida. 712 pp.

Bouriaud, L.; Schmithüsen, F. 2005: Allocation of Property Rights on Forests through Ownership Reform and Forest Policies in Central and Eastern European Countries. Schweiz. Z. Forstwes. 156 (2005) 8: 297-305.

CE (1994): L'Europe et la forêt. Tomes 1 et 2. Office des publications officielles des Communautés européennes, Communautés européennes – Parlement européen, Luxembourg. 1528 p.

Deegen, P. (1997): Forstökonomie kennenlernen: Eine Einführung in die Ressourcenökonomie für das Ökosystem Wald. Harald Taupitz, Bogenschützen-Verlag, Dresden. 165 S.

Dengler, A.; Röhrig, E.; Bartsch, N. (1992): Waldbau auf ökologischer Grundlage: Der Wald als Vegetationsform und seine Bedeutung für den Menschen. 1. Band. 6., völlig neu bearb. Auflage. Paul Parey, Hamburg und Berlin. 350 S.

Dengler, A.; Röhrig, E.; Gussone, H.A. (1990): Waldbau auf ökologischer Grundlage: Baumartenwahl, Bestandesbegründung und Bestandespflege. 2. Band. 6., völlig neu bearb. Auflage. Paul Parey, Hamburg und Berlin. 314 S.

Deppe, H.J.; Ernst, K. (2002): Taschenbuch der Spanplattentechnik. DRW Verlag, Stuttgart. 480 S.

Dunky, M.; Niemz, P. (2002): Holzwerkstoffe und Leime: Technologie und Einflussfaktoren. Springer, Berlin. 954 S.

Ellenberg, H. (1996): Vegetation Mitteleuropas mit den Alpen. 5. Auflage. Ulmer, Stuttgart. 1096 S.

Endres, A.; Querner, I. (2000): Die Ökonomie natürlicher Ressourcen. W. Kohlhammer. Stuttgart, Berlin, Köln. 227 S.

European Commission (2000): Competitiveness of the European Union Woodworking Industries – Summary Report. Office for Official Publications of the European Communities, Luxembourg. 72 pp.

European Commission (2007): Eurostat Pocketbooks 2007: Forestry Statistics. Brussels. 97 pp.

EWD (2000): Sägetechnik. Unterlagen der Firma Esterer WD (CD-Rom), Rottenburg.

FAO (2006): Global Forest Resources Assessment 2005 – Progress towards Sustainable Forest Management. FAO Forestry Paper 147. Food and Agriculture Organization of the United Nations, Rome. 320 pp.

FAO (2007a): State of the World's Forests 2007. Food and Agriculture Organization of the United Nations, Rome. 153 pp.

FAO (2007b): Yearbook Forest Products Statistics 2001 – 2005. Food and Agriculture Organization of the United Nations, Rome. 243 pp.

FAOSTAT 2007: Forest Products Database, FAO, Rome.

Frehner, M.; Wasser, B.; Schwitter, R. (2005): Nachhaltigkeit und Erfolgskontrolle im Schutzwald (NaiS) – Wegleitung für Pflegemassnahmen in Wäldern mit Schutzfunktion. Bundesamt für Umwelt (BAFU), Bern. 564 S.

Fronius, K. (1989): Arbeiten und Anlagen im Sägewerk. Band 2. Spaner, Kreissägen, Bandsägen. DRW Verlag, Stuttgart. 300 S.

Göttsching, L., Hrsg. (2000): Papier-Lexikon. Deutscher Betriebswirte-Verlag, Gernsbach. 1 CD-Rom.

Hasel, K.; Schwarz, E.; (2006): Forstgeschichte: Ein Grundriss für Studium und Praxis. 3., erw. und verb. Auflage. Hamburg, Berlin, Parey. 258 S.

Kant, S.; Berry, R.A.; Ed. (2005a): Economics, Sustainability and Natural Resources: Economics of Sustainable Forest Management. Springer, Dordrecht Netherlands. 272 pp.

Kant, S.; Tzschupke, W.; Peyron, J.-L.; Jöbstl, H.A. (2008): Management Economics and Accounting in an Evolving Paradigm of Forest Management. Schriftenreihe der Hochschule für Forstwirtschaft Rottenburg, Deutschland. Band Nr. 22. 376 pp.

Kimmins, J.P., ed. (2004): Forest Ecology: A Foundation for Sustainable Forest Management and Environmental Ethics in Forestry. 3rd Ed., Benjamin/Cummings, San Francisco. 720 pp.

Kohm, K.A.; Franklin, J.F., eds. (1997): Creating a Forestry for the 21st Century: The Science of Ecosystem Management. Island Press, Washington, D.C. 475 pp.

Kolb, J. (2008): Holzbau mit System: Tragkonstruktion und Schichtaufbau der Bauteile. 2., aktual. Auflage. Birkhäuser Verlag, Basel, Boston, Berlin. 319 S.

Konold, W., Hrsg. (1996): Naturlandschaft – Kulturlandschaft: Die Veränderung der Landschaften nach der Nutzbarmachung durch den Menschen. Landsberg. 322 S.

Küster, H-J. (1999): Geschichte der Landschaft in Mitteleuropa: Von der Eiszeit bis zur Gegenwart. Sonderausgabe. Beck, München. 423 S.

Küster, H.-J. (2003): Geschichte des Waldes: Von der Urzeit bis zur Gegenwart. Sonderausgabe. Beck, München. 266 S.

Lang, G. (1994): Quartäre Vegetationsgeschichte Europas. Fischer, Jena. 462 S.

Lohmann, U.; Ermschel, D.; Annies, Th. (2007): Holz Handbuch. 6., völlig überarb. und erw. Auflage. DRW Verlag, Leinfelden-Echterdingen. 352 S.

Mantel, K. (1990): Wald und Forst in der Geschichte: Ein Lehr- und Handbuch. Mit einem Vorwort von Helmut Brandl. Nach dem Tode des Verfassers für den Druck bearbeitet von Dorothea Hauff. Alfeld-Hannover, Schaper. 518 S.

Meloney, T. (1993): Modern Particle Board and Dry Process Fiberboard Manufacturing. Miller Freemann, San Francisco.

Neher, Ph.A. (1999): Natural Resource Economics: Conservation and Exploitation. Cambridge University Press, Cambridge. 360 pp.

Newman, E.I. (2000): Applied Ecology and Environmental Management. 2. ed. Blackwell, Oxford. 396 S.

Niemz, P. (1993): Physik des Holzes und der Holzwerkstoffe. DRW-Verlag, Stuttgart. 243 S.

Niemz, P. (2008): Physik des Holzes; Werkstoffe aus Holz. In: Wagenführ, A.; Scholz, F., Hrsg. (2008): Taschenbuch der Holztechnik. Fachbuchverlag Leipzig im Carl Hanser Verlag, München. S. 75-259.

Ollmann, H. (2001): Struktur des Weltholzhandels 1996: Handelsströme. Arbeitsbericht des Instituts für Ökonomie 2001/2; Bundesforschungsanstalt für Forst- und Holzwirtschaft, Hamburg. 10 S.

Ollmann, H. (2003): Struktur des Weltholzhandels – Handelsströme. Arbeitsbericht des Instituts für Ökonomie/; Bundesforschungsanstalt für Forst- und Holzwirtschaft, Hamburg. 10 S. 10 S.

Ott, E.; Frehner, M.; Frey, H.U.; Lüscher, P. (1997): Gebirgsnadelwälder: Ein praxisorientierter Leitfaden für eine standortgerechte Waldbehandlung. Haupt, Bern. 287 S.

Otto, H.-J. (1994): Waldökologie. Ulmer, Stuttgart. 391 S.

Paulitsch, M. (1998): Moderne Holzwerkstoffe. Springer, Berlin. 173 S.

Peck, T. (2001): The International Timber Trade. Woodhead Publishing Ltd., Cambridge, England. 325 pp.

Pelkonen, P.; Hakkila, P.; Karjalainen, T.; Schlamadinger, B. (2001): Woody Biomass as an Energy Source – Challenges in Europe. Proceedings No. 39, European Forest Institute (EFI), ed., Joensuu. 171 pp.

Pott, R. (1993): Farbatlas Waldlandschaften: Ausgewählte Waldtypen und Waldgesellschaften unter dem Einfluss des Menschen. Stuttgart, Ulmer. 224 S.

Schmithüsen, F., (2004): Role of Land Owners in New Forest Legislation. In: Legal Aspects of European Sustainable Development. Proceedings of the 5th International Symposium Zidlochovice, Czech Republic, 46-56. Forestry and Game Management Research Institute Jiloviste – Strnady.

Schmithüsen, F., (2008): European Forests – Heritage of the Past and Options for the Future. In: V. Alaric Sample and Steven Anderson, Eds., 2007: Common Goals for Sustainable Forest Management – Divergence and Reconvergence of Ameri-

85

can and European Forestry, pp. 216-248. Durham 27701, North Carolina, Forest History Society.

Sell, J. (1997): Eigenschaften und Kenngrößen von Holzarten. Baufachverlag und Lignum, Zürich. 87 S.

Söderlund, M.; Pottinger, A., eds. (2001): Policy, Practice and Progress Towards Sustainable Management. Commonwealthe Forestry Association, Oxford, U.K. 310 pp.

Soiné, H.G. (1995): Holzwerkstoffe – Herstellung und Verarbeitung: Platten, Beschichtungsstoffe, Formteile, Türen, Möbel. DRW, Leinfelden-Echterdingen. 368 S.

Solberg, B.; Brooks, D.; Pajuoja, H.; Peck, T.J.; Wardle, P.A. (1996): Long-term Trends and Prospects in World Supply and Demand for Wood and Implications for Sustainable Forest Management – A Synthesis. European Forest Institute (EFI), ed., Joensuu. 32 pp.

Speidel, G. (1984): Forstliche Betriebswirtschaftslehre. 2., völlig neuüberarb. Auflage. Paul Parey, Hamburg, Berlin. 226 S.

UNECE/FAO (1996a): Price Trends for Forest Products, 1964-1991. Timber and Forest Discussion Papers, Nr. 9. United Nations, New York and Geneva.

UNECE/FAO (1996b): European Timber Trends and Prospects (ETTS V). United Nations, New York and Geneva.

UNECE/FAO (2000): Forest Resources of Europe, CIS, North America, Japan and New Zealand – Main Report. United Nations, New York and Geneva. 445 pp.

UNECE/FAO (2005): European Forest Sector Outlook Study 1960-2000-2020, Main Report. United Nations; Geneva. 234 pp.

UNECE/FAO 2006/2007: Database for Private Forest Ownership in Europe.

UNECE/FAO Timber Database 2007.

UNECE/FAO/ILO (2000): Multiple Use Forestry. Geneva Timber and Forest Discussion Papers ECE/TIM/DP/18. United Nations, Geneva. 38 pp.

Wagenführ, R. (1999): Anatomie des Holzes: Strukturanalyse, Identifizierung, Nomenklatur, Mikrotechnologie. DRW, Leinfelden-Echterdingen. 188 S.

Wagenführ, A.; Scholz, F., Hrsg. (2008): Taschenbuch der Holztechnik. Fachbuchverlag Leipzig im Carl Hanser Verlag, München. 568 S.

Walker, J. C. F.; Butterfield, B. B.; Langrish T. A. G.; Harris, J. M.; Uprichard, J. M. (1993): Primary Wood Processing. Chapman and Hall, London, New York. 595 S.

World Bank (1997): Russia – Forest Policy during Transition. Washington D.C. 279 pp.

2. Kapitel

Wertschöpfung
in Unternehmen und Betrieben

2 Wertschöpfung in Unternehmen und Betrieben

2.1 Wertschöpfungsprozesse

2.1.1 Gütererzeugung

Menschliche Bedürfnisse und die Knappheit verfügbarer Ressourcen sind die eigentlichen Triebfedern des Wirtschaftens. Menschen haben sehr verschiedene Bedürfnisse, die sich teils auf Dinge des täglichen Lebens, teils auf andere Güter beziehen. Für ihre Befriedigung stehen aber nur begrenzte Mittel zur Verfügung. Daher sind Entscheidungen über den Einsatz der zur Verfügung stehenden Ressourcen und Mittel notwendig. Solche Entscheidungen basieren immer auf Einschätzungen des Wertes von Gütern für die Befriedigung unterschiedlicher Bedürfnisse. Dieses ökonomische Grundproblem betrifft alle Wirtschaftseinheiten. Als Wirtschaftseinheit oder Wirtschaftssubjekt wird eine natürliche oder juristische Person bezeichnet, die wirtschaftliche Entscheidungen fällt und wirtschaftliche Wahlhandlungen vornimmt (Behrens 2004: 9).

Wirtschaftseinheiten oder Wirtschaftssubjekte sind einzelne Personen und private Haushalte, Unternehmen und Betriebe des privaten Sektors oder auch staatliche Einheiten, d. h. die Haushalte öffentlicher Gemeinwesen. Die für die Bedürfnisbefriedigung notwendigen Güter werden in einem marktwirtschaftlichen System in arbeitsteiligen Prozessen erzeugt. Einzelne Wirtschaftseinheiten spezialisieren sich auf die Produktion bestimmter Güter, die sie an Märkten gegen andere Güter eintauschen. Geld dient als universelles Tauschmittel und ist die Grundlage wirtschaftlicher Transaktionen. Durch den Tausch der produzierten Güter gegen Geld erzielen die Wirtschaftssubjekte ein Einkommen, das sie anschließend für die Befriedigung ihrer Bedürfnisse oder für den Aufbau von Vermögen verwenden. Geld als Tauschmittel ermöglicht auch den direkten Vergleich der Werte verschiedener Güter und ist damit der Wertstandard für die meisten wirtschaftlichen Überlegungen (Spahn 1999: 26).

Die Austauschprozesse von Geld gegen Güter lassen sich stark vereinfacht in einem Modell des wirtschaftlichen Kreislaufs darstellen (Abbildung 2-1). Es veranschaulicht die wechselseitigen Zusammenhänge der Nachfrage nach bzw. der Produktion von Gütern und Dienstleistungen sowie die Möglichkeiten der Einkommensentstehung und der Einkommensverwendung. Das Modell zeigt auch die beteiligten Wirtschaftssubjekte in einer geschlossenen Volkswirtschaft, d. h. Unternehmen und Betriebe, den Staat sowie die privaten Haushalte. Von ihnen geht die Nachfrage nach Gütern und Dienstleistungen aus. In einer offenen Volkswirtschaft, die heute zum Teil in hohem Maß die wirtschaftliche Realität bestimmt, haben die Nachfrage und das Angebot aus dem

Ausland einen großen und weiter wachsenden Einfluss auf das Wirtschaftsgeschehen eines Landes. Die internationalen Wirtschaftsbeziehungen werden über Importe und Exporte abgewickelt.

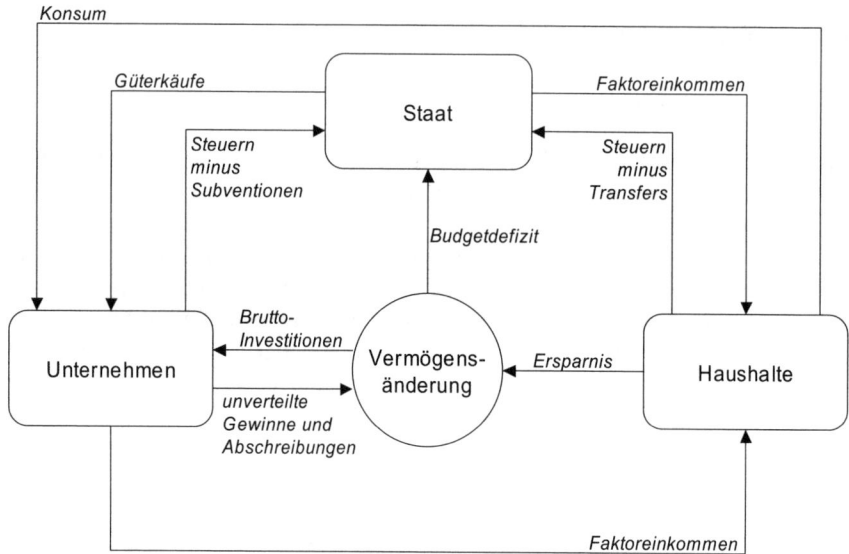

Abbildung 2-1:   Einkommenskreislauf einer Volkswirtschaft (Spahn 1999: 24)

Die Unternehmen reagieren auf Nachfrage seitens der Haushalte und des Staates, indem sie Güter und Dienstleitungen produzieren und auf den Märkten verkaufen. Mit Hilfe der hieraus resultierenden Gelderträge beschaffen sie die für die Produktion notwendigen Ressourcen. Die erforderlichen Arbeitsleistungen, das notwendige Wissen und die Fachkenntnisse erwerben die Unternehmen gegen Geld vor allem von den Haushalten. Diese erzielen dadurch ein Einkommen, mit dem sie die von ihnen benötigten Güter und Dienstleistungen erwerben. Der Staat tritt als Nachfrager und als Produzent von Gütern auf. Die notwendigen Finanzmittel erhält er über Steuereinnahmen, Abgaben und Gebühren. Bei den vom Staat produzierten Gütern handelt es sich um Leistungen für die Bürger und für öffentliche Gemeinwesen. Viele der vom Staat produzierten Güter werden jedoch nicht auf Märkten gehandelt. Das Einkommen der verschiedenen Wirtschaftseinheiten wird zur Erfüllung von Bedürfnissen, d. h. für den unmittelbaren Konsum, aber auch zum Aufbau von Vermögen verwendet. Umgekehrt kann die Beschaffung von Investitions- oder Konsumgütern nicht nur durch Einkommen, sondern auch aus Vermögen realisiert werden.

Das Modell des wirtschaftlichen Kreislaufs zeigt in vereinfachter Form die grundlegenden Beziehungen zwischen Unternehmen, Haushalten und Staat. Beim konkreten

Geschehen in einer Volkswirtschaft handelt es sich allerdings um komplexe Prozesse und um ein weit verzweigtes Netz von Beziehungen zwischen einer Vielzahl von Wirtschaftssubjekten. Diese treten gleichzeitig als Produzenten und als Nachfrager von Gütern und Dienstleistungen auf. In einem marktwirtschaftlichen System organisieren sich solche Netze, indem die Wirtschaftssubjekte ihre Präferenzen für nachgefragte Güter und Dienstleistungen offen legen bzw. auf Grund bestehender oder angenommener Präferenzen diese produzieren. Der Austausch von Gütern und Dienstleistungen zwischen den Wirtschaftssubjekten erfolgt auf Märkten (Kapitel 3.1.1).

In der Volkswirtschaftlichen Gesamtrechnung (VGR) werden die Unternehmen entsprechend ihrer Hauptbetätigung einem der drei Wirtschaftssektoren und einer bestimmten Wirtschaftsbranche zugewiesen (Abbildung 2-2). Die Waldwirtschaft wird in dieser Gliederung dem primären Sektor, die Unternehmen der holzbe- und verarbeitenden Industrie dem sekundären Sektor und die Handelsunternehmen dem Dienstleistungssektor (tertiären Sektor) zugeordnet. Die Zuordnung von Unternehmen zu Wirtschafts-

Primärer Sektor	Land- und Forstwirtschaft, Tierhaltung, Fischerei, Bergbau
Sekundärer Sektor	Energiewirtschaft, Wasserversorgung, Verarbeitendes Gewerbe, Baugewerbe
Tertiärer Sektor	Handel Verkehr und Nachrichtenübermittlung Kreditinstitute und Versicherungsgewerbe Dienstleistungen von Unternehmen und freien Berufen Organisation ohne Erwerbscharakter und private Haushalte Gebietskörperschaften und Sozialversicherung

Abbildung 2-2:   Zuordnung der Branchen zu den drei Wirtschaftssektoren (Meffert und Bruhn 1999: 10)

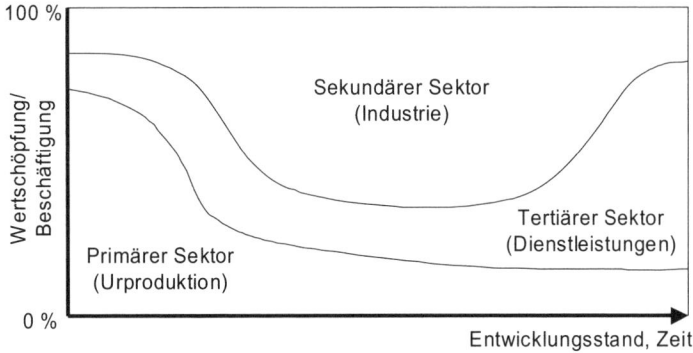

Abbildung 2-3:   Entwicklungspfad einer Volkswirtschaft (Frey 1997: 74, verändert)

93

sektoren basiert auf der modellhaften Vorstellung, dass in Volkswirtschaften eine Verlagerung der Wertschöpfung und der Beschäftigung von der Urproduktion im primären Sektor über die industrielle Produktion hin zu Dienstleistungen stattfindet (Abbildung 2-3). Zumindest die institutionelle Abgrenzung des tertiären Sektors in der VGR wird jedoch der wirtschaftlichen Realität nicht voll gerecht: Auch im primären und sekundären Sektor werden eine Vielzahl von Dienstleistungen produziert und vermarktet (Meffert und Bruhn 1999: 10).

2.1.2 Wertschöpfung in Unternehmen

Wirtschaftliche Überlegungen hinsichtlich der Güter und Dienstleistungen, die entsprechend einer gegebenen Nachfrage produziert werden sollen, orientieren sich im Prinzip an zwei Größen. Dies sind die erzielbaren Preise, durch die ein Einkommen entsteht, und die Kosten der Produktion, für die das Einkommen verwendet wird. Der Anreiz zur Produktion von Gütern besteht darin, dass hierbei ein Gewinn erzielt wird. Dies ist immer dann der Fall, wenn das Ergebnis der Kombination von Produktionsfaktoren auf den entsprechenden Märkten mehr wert ist als der Betrag der hierfür eingesetzten Produktionsfaktoren. Die Erhöhung des Werts von Gütern durch die betriebliche Produktion wird als *Wertschöpfung* bezeichnet.

Am Produktionskonto eines Unternehmens lassen sich die verschiedenen Aggregate der Wertschöpfung erläutern (Abbildung 2-4). Der *Bruttoproduktionswert* ergibt sich aus dem Marktwert aller produzierten Anlagen, Güter und Dienstleistungen. Der Abzug der Vorleistungen anderer Unternehmen ergibt den *Nettoproduktionswert*. Er entspricht der *Bruttowertschöpfung* eines Unternehmens. Vereinfachend wird hierbei davon ausgegangen, dass für alle durch Betriebe produzierten Leistungen ein Marktwert existiert und ermittelt werden kann. In der betrieblichen Realität ergeben sich allerdings vielfach Probleme, z. B. bei der Bewertung von Eigenleistungen oder Lagerbeständen.

Die Addition der Bruttowertschöpfung aller produzierenden Wirtschafseinheiten einer Volkswirtschaft ergibt das *Bruttoinlandprodukt* zu Marktpreisen (BIP). Es ist ein wichtiger Indikator für die Wirtschaftskraft eines Landes. Das *Nettoinlandprodukt* zu Marktpreisen ergibt sich, wenn die Vermögensänderungen im Zuge der Produktion aus der Rechnung eliminiert werden. Bereinigt man die Rechnung noch um die staatlichen Einflüsse auf die Marktpreise der Produktionsfaktoren, d. h. um indirekte Steuern wie die Mineralölsteuer und um produktionsbezogene Subventionen, so erhält man das *Nettoinlandprodukt* zu Faktorpreisen bzw. die *Nettowertschöpfung* einer Volkswirtschaft. Diese Größe entspricht im wirtschaftlichen Kreislaufmodell gleichzeitig dem Vermögens- und Arbeitseinkommen der Haushalte.

Grundlage für die Berechnung der *betrieblichen Wertschöpfung* ist der tatsächlich realisierte Umsatz. Die Wertschöpfung bezieht sich hier auf die von Unternehmen und

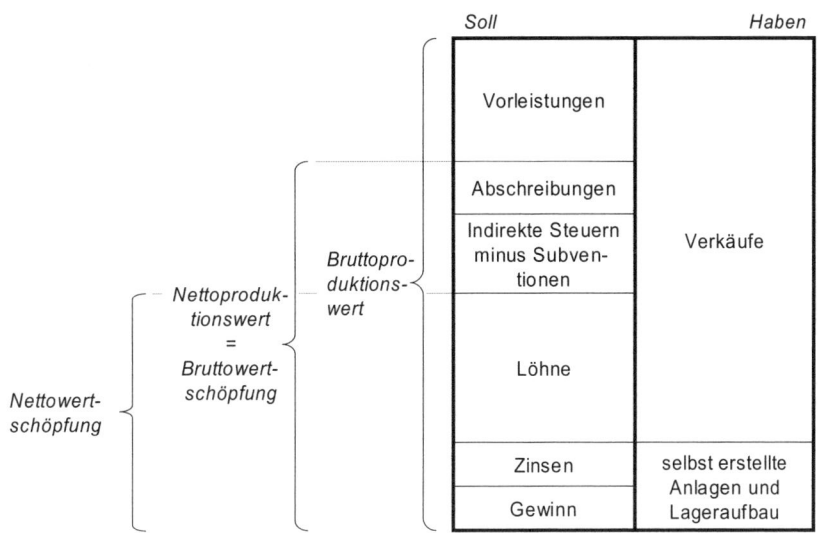

Abbildung 2-4:   Aggregate der Wertschöpfung (Spahn 1999: 14, verändert)

Betrieben durch Produktion von Gütern, durch deren Bearbeitung oder durch das Erbringen von Dienstleistungen geschaffenen Werte (Thommen und Achleitner 2006: 849; Thommen 2008: 669). Sie errechnet sich als Differenz aus Umsatz und zuge-kauften Waren und Leistungen (Seiler 2003). Betriebliche Aktivitäten, die zu einer Wertschöpfung führen, können in ihrer logischen Abfolge als *Wertschöpfungskette* dargestellt werden. Hierbei ist zwischen primären und unterstützenden Aktivitäten zu unterscheiden. Die *primären Aktivitäten* sind die eigentlichen Träger der betrieblichen Wertschöpfung. Sie laufen jedoch nicht eigenständig ab, sondern werden durch *unter-stützende Aktivitäten* ermöglicht und koordiniert. Diese Aktivitäten tragen nicht direkt zur Wertschöpfung bei, sondern verursachen Kosten, welche von der mit primären Aktivitäten erzielten Wertschöpfung mitgetragen werden.

Das *Modell der Wertkette* nach Porter (2002) beschreibt die Wertschöpfung innerhalb eines Unternehmens (Abbildung 2-5). Vergleichbare Darstellungen sind in der Betriebs-wirtschaftslehre und in der betrieblichen Praxis weit verbreitet. Sie können inhaltlich den jeweiligen Erfordernissen und Inhalten flexibel angepasst werden. Die Übertra-gung dieses Modells ist insbesondere auf größere oder kleinere wertschöpfende Ein-heiten möglich. So lässt sich z. B. die Produktion eines Betriebes als logische Abfolge von Prozessen darstellen, die entweder direkt zur Wertschöpfung beitragen oder die Wertschöpfung unterstützen. Gleiches gilt für Logistik, Marketing oder Kundendienst.

Der Bezugsrahmen für die Darstellung der Wertschöpfung lässt sich erweitern. So kann der gesamte Prozess von der Bestandesverjüngung bzw. der Aufforstung über die

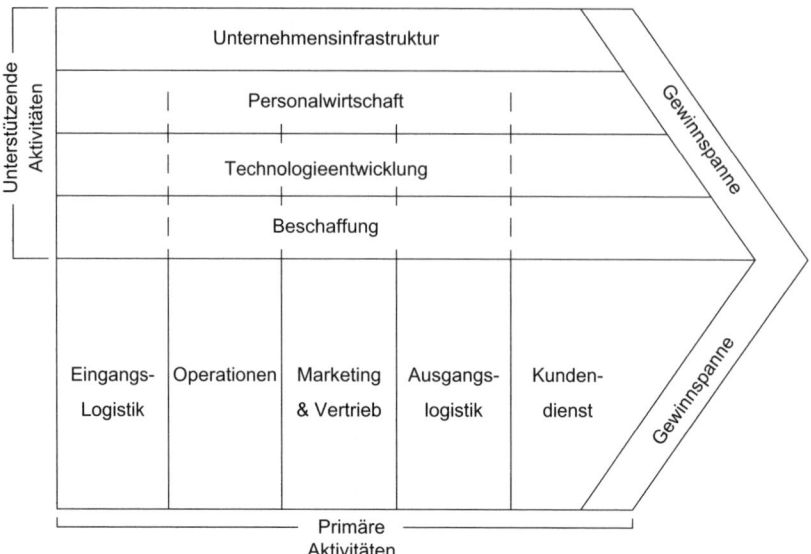

Abbildung 2-5:   Das Modell einer Wertkette (Porter 2002: 66)

Holzernte, die Holzbearbeitung bis zur Verarbeitung zum Endprodukt als Abfolge von wertschöpfenden und unterstützenden Prozessen dargestellt werden. Sofern an diesem Prozess mehrere Unternehmen beteiligt sind, lassen sich ineinandergreifende einzelbetriebliche Wertschöpfungsketten definieren. Generell lässt sich damit das gesamte Netz der Wirtschaftsbeziehungen in einer Volkswirtschaft als Abfolge betrieblicher Wertschöpfungsketten beschreiben.

Je nach Betrachtungsebene und Detaillierungsgrad werden bei dieser Darstellung Berührungspunkte bzw. Schnittstellen zwischen den einzelnen Teilen der gesamten Wertschöpfungskette deutlich. Solche Schnittstellen lassen sich in Wertschöpfungsprozessen nicht vermeiden. Sie hängen sehr wesentlich von der gewählten Organisation der einzelnen Teile der Wertschöpfungskette ab. Ihre Existenz führt dazu, dass Wertschöpfungsprozesse gestaltet und gesteuert werden müssen. Je besser dies den Verantwortlichen in Betrieben und Unternehmen gelingt, desto geringer werden die in Wertschöpfungsprozessen entstehenden Kosten und desto effizienter ist die eigentliche betriebliche Wertschöpfung. Generell gilt, dass dies umso einfacher ist, je enger die Teilprozesse organisatorisch miteinander verknüpft sind. Bei einer engen organisatorischen Verknüpfung wird insbesondere der für die Koordination von Schnittstellen notwendige Austausch von Informationen erleichtert.

Das *Modell der Wertschöpfungskette* leistet einen wichtigen Beitrag zum Verständnis des Problems betrieblicher und überbetrieblicher Effizienz. In der Realität bestehende

Probleme sind dabei bestimmt durch die gegebene Organisation, die verwendeten Hilfsmittel und die Bereitschaft der Akteure, durch Kommunikation zu einer effizienten Steuerung komplexer Wertschöpfungsketten bzw. -systeme beizutragen. Die Verbesserung des Status quo kann daher durch Veränderungen in unterschiedlichen Bereichen angestoßen werden. Sie ist eine der zentralen unternehmerischen Herausforderungen, weil sie eine Distanzierung von den jeweiligen Gegebenheiten erfordert, die oft gegen innere und äußere Widerstände durchgesetzt werden muss. In den folgenden Abschnitten wird diese Problematik für die Wald- und Holzwirtschaft aus einer überbetrieblichen Sicht erläutert.

2.1.3   Wertschöpfungskette Holz

Mit der Produktion und Verarbeitung des nachwachsenden Rohstoffes Holz leisten Wald- und Holzwirtschaft einen substanziellen Beitrag zur Umsetzung von Zielen der nachhaltigen Entwicklung. Waldbewirtschaftung und Holzproduktion erfolgen dezentral unter standörtlich vorgegebenen Bedingungen, die sich von denen anderer gewerblicher und industrieller Aktivitäten in einigen Punkten unterscheiden (Kapitel 4.1.4, 4.1.5). Insgesamt erfolgt die monetär realisierbare Wertschöpfung der Produktion und Verarbeitung von Holz in komplexen und stark verflochtenen Leistungs- und Austauschprozessen zwischen Wald- und Holzwirtschaft.

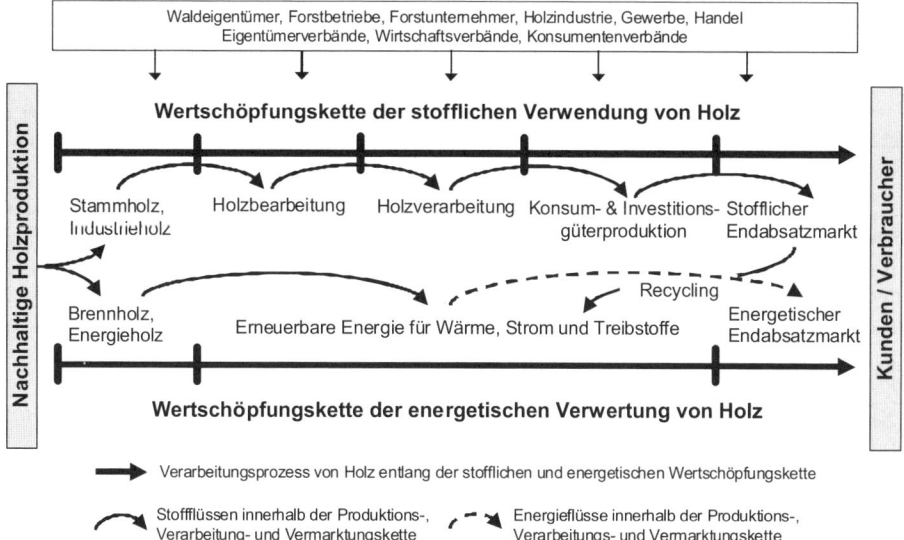

Abbildung 2-6:   Wertschöpfungskette der Wald- und Holzwirtschaft (Eigene Darstellung)

97

Ein Modell der stofflichen und energetischen Wertschöpfungskette Holz ist in Abbildung 2-6 dargestellt. Sie beginnt mit der nachhaltigen Bewirtschaftung der Waldbestände und führt über die Be- und Verarbeitung von Rohholz zur Produktion von Investitions- und Konsumgütern, die von den Endkonsumenten nachgefragt werden. Die Primärproduktion der Waldwirtschaft bildet den Ausgangspunkt der Kette. Hieran reihen sich die Wertschöpfungsprozesse der verschiedenen Branchen der Holzwirtschaft. Je nach Art der Verarbeitung handelt es sich um Zwischenglieder, z. B. Holzwerkstoffindustrie, oder um Endpole der Wertschöpfung, wie im Fall der Möbelindustrie.

Gesteuert werden die verschiedenen Wertschöpfungsprozesse durch Nachfrage und Angebot von Gütern und Dienstleistungen auf den Endabsatzmärkten. Eine auf die Nachfrage der Endverbraucher ausgerichtete wettbewerbsfähige Produktion, kundenorientierte Absatzgestaltung und Marketing sowie eine leistungsfähige Logistik entscheiden über den wirtschaftlichen Erfolg der Unternehmen und über die Höhe der Wertschöpfung insgesamt.

Ein wesentlicher Gesichtspunkt bei der Beurteilung der Effizienz der Wertschöpfung ist die Vernetzung zwischen Waldeigentum, Unternehmen der Waldwirtschaft und Unternehmen der Holzwirtschaft. Hier bestehen im Ländervergleich wie regional und lokal große Strukturunterschiede. Auf der einen Seite finden sich mehrfach gebrochene Produktionsketten, die mit organisatorischen Schnittstellenproblemen und zusätzlichen

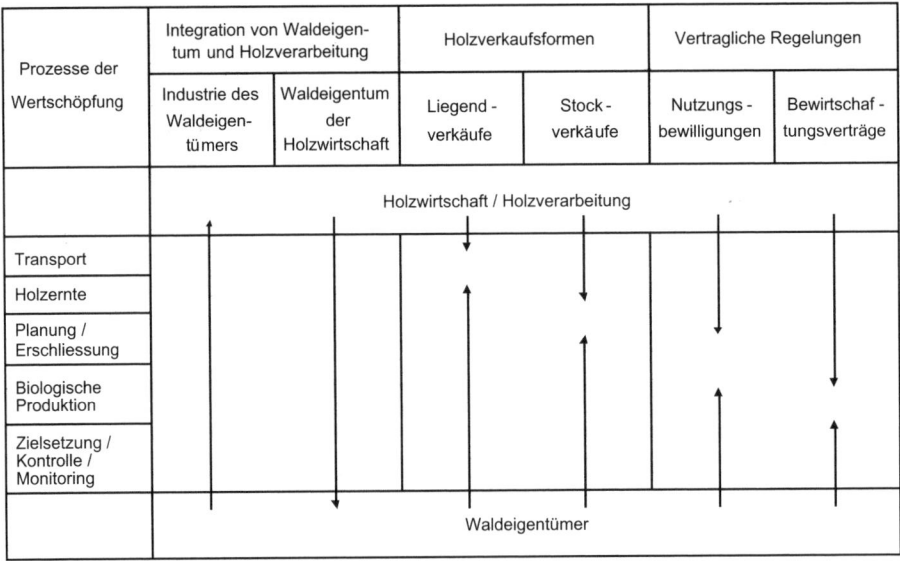

Abbildung 2-7:   Integrationsmöglichkeiten an der Nahtstelle Wald- und Holzwirtschaft (Eigene Darstellung)

Kosten verbunden sind. Auf der anderen Seite stehen voll integrierte Unternehmensgruppen, bei denen Waldwirtschaft, Holzbe- und -verarbeitung, Herstellung von Konsum- und Investitionsgütern sowie Absatz und Marketing eng verflochten sind.

Die Verbesserung der Produktions- und Vermarktungsstrukturen an der Nahtstelle zwischen Holzproduktion und Holzverarbeitung ist eine unternehmerische Herausforderung. Eine weitgehende vertikale Integration der Wertschöpfungskette ist sowohl bei holzwirtschaftlichen Unternehmen im Besitz von Waldeigentümern als auch beim Erwerb von Waldflächen durch große Unternehmensgruppen der Holzwirtschaft gegeben. Sie kann auch dadurch erreicht werden, dass vertragliche Vereinbarungen über die Waldnutzung zwischen Waldeigentümern und Holzwirtschaft getroffen werden. Hierbei bleiben die Eigentumsverhältnisse an Waldflächen und holzwirtschaftlichen Unternehmen unverändert (Abbildung 2-7).

2.1.4 Netzwerke der Wald- und Holzwirtschaft

Das wirtschaftliche Umfeld der Wald- und Holzwirtschaft wird durch Internationalisierung und Kapazitätskonzentrationen, sowie durch neue Produktentwicklungen und technologische Verbesserungen der Produktion bestimmt. Die damit verbundene Rationalisierung führt zur Fokussierung auf unternehmerische Kernkompetenzen und zu einer Verlängerung der Wertschöpfungskette einzelner Unternehmen bzw. Branchen. Gefördert wird diese Entwicklung durch technische Innovationen, wie am Beispiel der industriellen Holztrocknung besonders deutlich wird. Die technische Trocknung des Schnittholzes auf ca. 18 % Restfeuchte bei Bauholz und bis zu 12 % bei anderen Erzeugnissen ist heute eine selbstverständliche Anforderung an Sägereien und nicht mehr wie früher ein Zeit- und Lagerfaktor, der vom Schnittholzkunden selbstverständlich in Kauf genommen wurde.

Diese Dynamik, die in der Holzwirtschaft zu vielen Prozessen der Strukturveränderung führt, hat für Unternehmen und Betriebe das mehrheitlich statische Beziehungsgeflecht zwischen Holzproduktion und Holzverarbeitung verändert. Aus einer mehr oder weniger linearen Prozesskette wird ein umfassendes Netzwerk von Wertschöpfungsknoten. Das Netzwerk der Wald- und Holzwirtschaft mit seinen wichtigsten Akteursbeziehungen ist in Abbildung 2-8 als Modell dargestellt. Die wirtschaftlichen Verflechtungen zwischen den verschiedenen Produktionsbereichen bzw. Branchen können mit Input-Output-Tabellen oder Input-Output-Wirkungsmodellen dargestellt werden (Eder 2000; Peter *et al.* 2001).

Seit einigen Jahren werden umfangreiche Cluster-Analysen durchgeführt, bei denen die Vernetzungen der Kettenakteure gezeigt werden können. So reicht z. B. das „Cluster Wald und Holz" vom Waldbesitzer bis zur Papierindustrie; es könnte aber auch Druckereien und Verlage mit einschließen (Mrosek *et al.* 2005). Der Begriff Cluster konkurriert zum Teil mit dem Denken in Branchen und Wertschöpfungsketten.

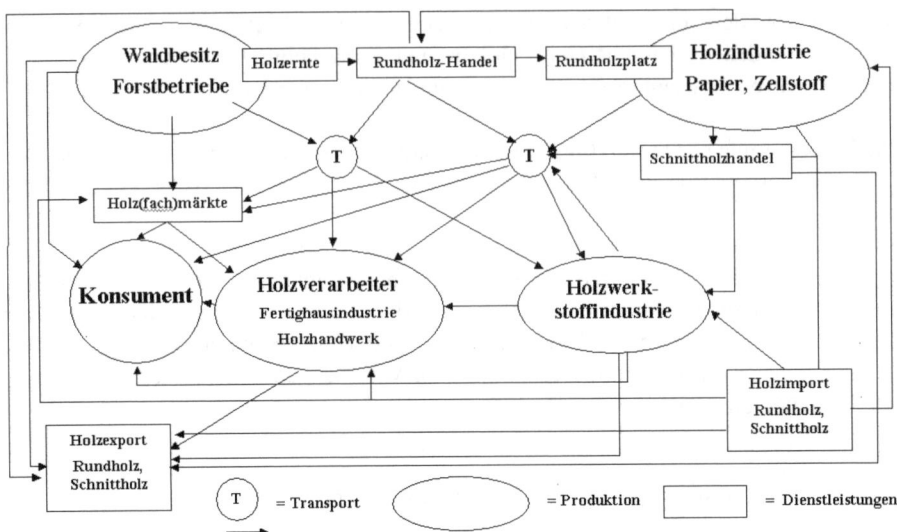

Abbildung 2-8: Akteursbeziehungen der Wald- und Holzwirtschaft (Eigene Darstellung)

Vor dem Hintergrund der notwendigen Kostenreduktion nehmen Bemühungen zur Minimierung des Ressourceneinsatzes deutlich zu. Durch technische Innovationen und durch die Ausdehnung der Beschaffungs- und Absatzbereiche erfolgt eine vertikale und horizontale Integration bei Beschaffung, Produktion und Distribution von Gütern. Der Informationsfluss wird durch moderne Informationstechnologie zum zentralen Element von Wertschöpfungsprozessen. Ähnliches lässt sich für den Faktor Zeit feststellen. Früher selbstverständlich eng mit dem Zeitfaktor verbundene Reifeprozesse und z. B. jahreszeitlich bedingte Unterbrechungen in der Holzanlieferung sind mit zusätzlichen Kosten und Ertragseinbußen verbunden und nicht mehr toleriert. Der Einsatz moderner Logistik und Prozessoptimierung ist vor allem im Rahmen der Just in Time-Produktion unverzichtbar (Kapitel 7.1.3).

Während die Anfangs- und Endpunkte der Wertschöpfungskette Holz (Waldwirtschaft und Endkunde) dieselben geblieben sind, führen die Dehnungs- und Spannungsprozesse im Netzwerk zu Lücken, die durch neue spezialisierte Akteure ausgefüllt werden oder zu völlig neuen Herausforderungen und Anforderungen an die bisherigen Akteure führen. Hierzu folgende Beispiele:

–   Die Bereitstellung und Vermessung von Rohholz an der Waldstrasse wird durch die elektronische Vermessung am Werkseingang, die sich in modernen Sägewerken durchgesetzt hat, und durch Innovationen in der Holzerntetechnik (Harvester) ersetzt.

– Der auf lokaler Ebene stattfindende und persönlich gepflegte Kontakt zwischen Lieferant (Waldwirtschaft) und Kunde (Holzwirtschaft) hat sich z. T. auf internationale Beziehungen ausgeweitet. Dies erfordert neue Kommunikationsstrukturen.

– Die gegenseitige Abhängigkeit zwischen lokalen und regionalen Betrieben der Wald- und Holzwirtschaft verliert infolge der Aufbereitung standardisierter Rundholzsortimente an Bedeutung. Standardisierte und effiziente Einkaufsverfahren treten an ihre Stelle.

– Die Wertschöpfung in der Holzernte und Holzbringung durch moderne Arbeitsverfahren, Prozessoren und Rückeaggregate erfordert im Segment standardisierter Schwachholzsortimente höhere Anfangsinvestitionen. Dies führt wiederum zu einer veränderten Kostenstruktur mit höheren Fixkosten und fördert die Bildung größerer Unternehmenseinheiten.

– Verbunden damit ist die Entwicklung einer eigenen Gruppe von Unternehmen zwischen Forst- und Holzwirtschaft, die als Forstservice-Unternehmen bezeichnet werden.

– Holzverkäufe auf dem Stock mit nachfolgender Holzernte durch die Abnehmer oder durch Forstservice-Unternehmen, die in deren Auftrag handeln, gewinnen an Bedeutung.

– Rundholztransport, früher eine Angelegenheit, die in der Gestaltung der Lieferanten-Kunden-Beziehung eher eine untergeordnete Rolle spielte, ist zu einem hochspezialisierten Segment in der Prozesskette geworden. In der Folge ist aus diesem Wertschöpfungsschritt eine eigenständige Branche hervorgegangen.

– Die übliche Lufttrocknung von Rundholz und Schnittholz, die erhebliche Zeit benötigt und Kapital bindet, wird heute durch die technische Trocknung am Ende des Einschnittprozesses ersetzt.

– Neue Lagerhaltungsstrategien mit rascheren Durchlaufzeiten und geringerem Lagerbestand führen zu einer effizienteren Gestaltung der Nahtstelle zwischen Wald- und Holzwirtschaft.

– Bestimmte Rundholzsortimente und Sägeresthölzer werden von mehreren Sparten der Holzwirtschaft nachgefragt. Dies betrifft z. B. die Holzplattenindustrie, die Zellstoffindustrie wie die energetische Nutzung des Rohstoffes. Entsprechende Marktstrategien sind zu erarbeiten.

2.1.5   Wertschöpfung in einer multifunktionalen Waldwirtschaft

Parallel zur Wertschöpfung des Wirtschaftsgutes Holz verlaufen, von der Waldbewirtschaftung ausgehend, weitere Wertschöpfungsketten anderer Wirtschaftsgüter, die zum Teil mit der Holzkette verbunden sind und sich teilweise von dieser trennen (Abbildung 2-9). So lassen sich z. B. für Schutzleistungen oder für Erholungsleistungen weitere Wertschöpfungsketten darstellen. Das Beziehungsgeflecht einer multifunktionalen Waldwirtschaft zwischen verschiedenen Arten der Produktion von Gütern und Dienstleistungen bedingt zwangsläufig, dass die Straffung eines Stranges in der Regel zu Veränderungen des gesamten Netzwerkes der forstbetrieblichen Wertschöpfung führen.

Spezielle Bereiche der Wertschöpfung einer pfleglichen und nachhaltigen Waldwirtschaft sind Dienstleistungen in den Bereichen Infrastruktur, Erholungsnutzung und Tourismus. Ähnliches gilt für die Durchführung von Maßnahmen des Natur- und Landschaftsschutzes. Insgesamt handelt es sich bei den genannten Möglichkeiten der Wertschöpfung im Natur- und Landschaftsmanagement um Leistungsbereiche, deren Bedeutung in den letzten Jahrzehnten ständig zugenommen hat. Vor allem in Berggebieten erbringt die Waldwirtschaft durch gezielte Verjüngungsmaßnahmen und eine auf Stabilität ausgerichtete Bestandspflege Dienstleistungen für die Sicherung von Siedlungen und Verkehrswegen sowie den Schutz vor Naturgefahren (Schmithüsen *et al.* 2000). Mit einer ständig intensiveren und sich flächenmäßig ausweitenden Nutzung dieser Gebiete hat die Notwendigkeit eines gezielten Risikomanagements zugenommen (Wilhelm 1997).

In Wäldern, die im Einzugsgebiet von Städten oder großen Ferien- und Erholungsregionen liegen, erfolgt die Waldbewirtschaftung nach speziellen Zielsetzungen und daraus abgeleiteten Maßnahmen. Vor allem im Bereich der Wälder von Kommunen und anderen öffentlichen Körperschaften sind umfangreiche Dienstleistungen für Erholungs- und

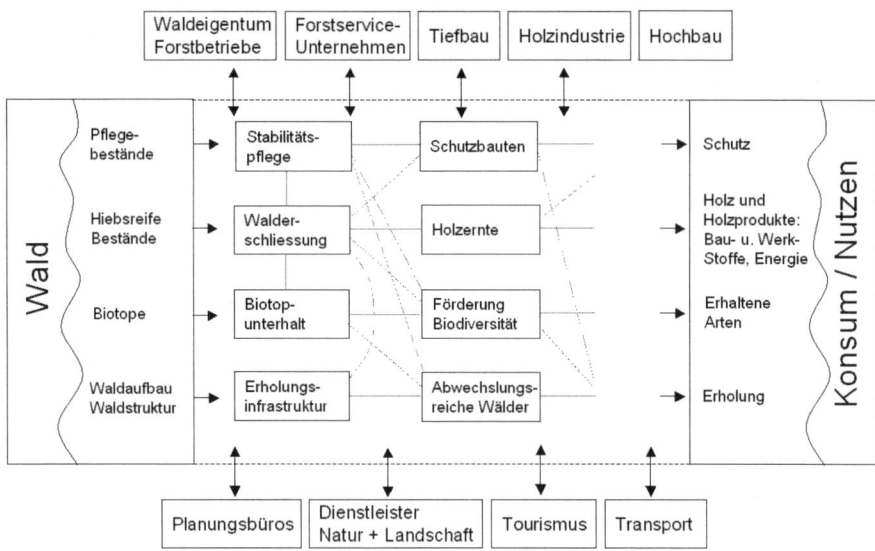

Abbildung 2-9:   Wertschöpfung in einer multifunktionalen Waldwirtschaft (Eigene Darstellung)

Freizeitnutzung zu einem wichtigen Ziel der Waldbewirtschaftung geworden. Infolge des wachsenden Interesses der Bevölkerung an Natur und Landschaft werden zudem vermehrt wald- und umweltpädagogische Aktivitäten für Erwachsene und Jugendliche von den Kommunen oder privaten Organisatoren angeboten.

Die Nachfrage nach Dienstleistungen zeichnet sich ebenfalls beim Naturschutz und bei der Landschaftspflege ab. Leistungen dieser Art werden zum Teil in erheblichem Umfang im Rahmen einer naturnahen Holzproduktion oder auch nach speziellen Zielsetzungen der Waldeigentümer für Schutzgebiete und Pflegeflächen erbracht. In wachsendem Maße handelt es sich jedoch auch um spezielle Schutz- und Pflegemaßnahmen oder um umfangreiche Rekultivierungsprojekte, die der Erhaltung der Biodiversität, der Sicherung naturnaher Gebiete oder auch der Pflege charakteristischer Kulturlandschaften dienen. Sie werden von öffentlichen und privaten Organisationen geplant und finanziert. Soweit die Durchführung derartiger Maßnahmen und Projekte an Dritte vergeben wird, stehen forstliche Unternehmen in Konkurrenz mit anderen Branchen.

Quantitative und qualitative sozialempirische Befragungen zeigen, dass die Bedeutung des Waldes und der Beitrag der Waldwirtschaft von der Bevölkerung als positiver Beitrag für die Erhaltung der Lebensqualität der Bürger gesehen und beurteilt werden (BUWAL 1999; Wild-Eck 2002). Die Einstellung der Waldeigentümer hat sich ebenfalls in Bezug auf die Bedeutung ihrer Waldflächen und die Art der Bewirtschaftung erheblich verändert und differenziert. Die bisher verfügbaren quantitativen Kennzahlen wie das Bruttoinlandprodukt (BIP) sind jedoch kaum geeignet, die Bedeutung solcher Aspekte von Lebensqualität und Umwelterhaltung bzw. den Beitrag einzelner Branchen zu bewerten. Sie ignorieren Entwicklungen, die in einer veränderten, von den Menschen (Wirtschaftssubjekten) empfundenen Lebensqualität zum Ausdruck kommen. Die Beurteilung der gesellschaftlichen Bedeutung der Waldwirtschaft allein an Hand einer monetär belegten Wertschöpfung der Holzproduktion greift deshalb zu kurz.

Die Realisierung einer aussagekräftigen, monetären Gesamtbewertung von Infrastrukturleistungen im Rahmen der VGR ist mit großen Schwierigkeiten verbunden. Eine praxisnahe Realisierung erscheint derzeit kaum möglich. Aber auch eine partielle Einordnung positiver oder negativer externer Effekte, etwa von Schutzwirkungen bzw. von Umweltschäden, ist aufgrund der methodischen Schwierigkeiten nicht ohne weiteres realisierbar (Sekot 2000: 51). Eine Darstellung der volkswirtschaftlichen Theorie der Bewertung öffentlicher Güter, praktikabler Bewertungsmethoden und von Beispielen einer monetären Bewertung von Schutz- und Erholungsleistungen findet sich bei Bergen *et al.* (2002).

2.1.6   Optimierung von Prozessabläufen

Die Anwendung des ökonomischen Prinzips (Kapitel 4.3.6) auf die Organisation betrieblicher und überbetrieblicher Wertschöpfungsketten führt zur Notwendigkeit ständiger Optimierung der zugrunde liegenden Prozesse und der eingesetzten Ressourcen Zeit, Personal, Kapital, Technologie und Information. Dabei ist es das grundsätzliche Bestreben, einem Optimum in der Kombination der zur Verfügung stehenden bzw. eingesetzten Ressourcen möglichst nahe zu kommen. Optimiert wird dabei immer auf bestimmte Ziel- und Bezugsgrößen hin. Es handelt sich dabei um messbare betriebswirtschaftliche Parameter (Formalziele) wie Produktivität, Wirtschaftlichkeit, Gewinn und Rentabilität oder um Einflussfaktoren dieser Größen. Ziel und Zweck von Optimierungen sind in normativen Entscheidungsprozessen festzulegen. Dabei erfolgt in der Regel eine Reduktion des Gesamtproblems auf eine oder zwei Dimensionen.

Verschiedene Methoden unterstützen das Management von Unternehmen und Betrieben bei der Optimierung von Prozessabläufen. Quantitativ gut zugängliche Problemstellungen, wie optimale Auslastung von Produktionskapazitäten, optimale Terminierung von Aufträgen oder die optimale Ausbeute bei eingesetzten Rohstoffen lassen sich mit Methoden der linearen Programmierung oder des Operations Research lösen (Schierenbeck 2000: 156 ff.). Hierbei werden die relevanten Entscheidungsparameter in Rechenmodellen abgebildet. Auch Ungewissheit lässt sich in solche Modelle integrieren, indem Eintrittswahrscheinlichkeiten verschiedener möglicher Zustände der relevanten Parameter verwendet werden. Ein wichtiger Gesichtspunkt ist hierbei, mit welchen Entscheidungsregeln bzw. Kriterien bei Ungewissheit eine Situation als optimal beurteilt werden soll. Beim Minimax-Kriterium ist die Alternative zu wählen, deren minimales Ergebnis größer ist als das minimale Ergebnis anderer möglicher Alternativen. Beim Minimax-Risiko-Kriterium wird eine Alternative gewählt, bei der die Enttäuschung, nicht die beste Alternative gewählt zu haben, am geringsten ist. Beim Kriterium der höchsten Wahrscheinlichkeit ist es die Alternative, die das höchste Ergebnis von allen wahrscheinlichkeitsgewichteten Ergebnissen aufweist. Beim Kriterium des maximalen Erwartungswertes wird die Alternative vorgezogen, deren wahrscheinlichkeitsgewichtete Ergebnissumme am größten ist. Diese Modelle haben ihren Anwendungsschwerpunkt im Bereich des operativen Managements (Kapitel 4.2.2).

Im Fall der Optimierung sehr komplexer Prozesse, die sich aus verschiedenen, ebenfalls komplexen Teilprozessen zusammensetzen, ergeben sich dagegen erhebliche Schwierigkeiten. Die Optimierung der einzelnen Teilprozesse nach jeweils spezifischen Kriterien führt mit hoher Wahrscheinlichkeit dazu, dass kein Gesamtoptimum erreicht wird. Ursache ist, dass die ausgewählten Kriterien aus einer übergeordneten Sichtweise unter Umständen nicht relevant oder nicht entscheidend sind und dass die Veränderung einzelner Teilprozesse immer auch den Rahmen für die Optimierung der übrigen Prozessschritte beeinflusst. Am Modell der Wertschöpfungskette wird auf jeden Fall deutlich, dass die Summe einzelner Erfolge auf den verschiedenen Wertschöpfungsstufen nicht unbedingt einem für die gesamte Wertschöpfung möglichen Optimum entspricht. Aufgabe eines effizienten Managements in einem Unternehmen, das auf mehreren Wertschöpfungsstufen Leistungen erbringt, ist hier, durch Koordination, gemeinsame Zielsetzungen und Steuerung aller betrieblicher Prozesse ein für das Unternehmen als

Ganzes zu definierendes Optimum anzustreben. Ähnliches gilt für die Kooperation zwischen verschiedenen Unternehmen in dem Bestreben, eine Erhöhung des Gesamtergebnisses der Wertschöpfungskette Holz zu erreichen.

Instrumente und Maßnahmen, um erfolgreich auf neue Anforderungen zu reagieren und die Zusammenarbeit aller Beteiligten zu optimieren, werden unter den Begriffen Logistik oder Prozessoptimierung zusammengefasst (Kapitel 7.1.1). Der Ansatz eines modernen Logistiksystems liegt in einem geplanten und kontrollierten Vorgehen, bei dem verschiedene Arbeitsschritte und Wertschöpfungsstufen miteinander verbunden werden. Ziel ist hierbei, Verlustquellen zu reduzieren und Wertsteigerungen am Markt zu erreichen. Je nach Einzelfall kann dies sowohl durch externe Akteure wie durch die beteiligten Wirtschaftssubjekte geleistet werden. Insgesamt führt eine Optimierung des Informations- und Güterstroms zwischen Wald- und Holzwirtschaft zu einer impliziten Sicherung des Nachhaltigkeitsprinzips, zu einer Erhöhung der Absatzsicherheit auf der einen und der Liefersicherheit auf der anderen Seite. Deutliche Kosteneinsparung und damit eine erhöhte Konkurrenzfähigkeit der Wald- und Holzwirtschaft sind zu erreichen.

In einem von Außeneinflüssen störungsfreien Ablauf lässt sich z.B. die Holzernte direkt mit den Kundenwünschen in Beziehung setzen. Der Bedarf von Kunden kann dann in einem vorher zu bestimmenden regionalen Radius direkt bei der Nutzung eingeplant und in der Folge zu einem zeitlich optimal abgestimmten Wertschöpfungsprozess führen. In einer Datenbank kann der Bedarf eines Kunden nach Menge, Baumart, Qualitätsanforderungen und Zeitpunkt der Lieferung gespeichert werden und mit dem Bedarf anderer Kunden sowie mit den Basisdaten von Nutzungsmöglichkeiten z.B. in Form einer Holzaufkommensprognose nach Sortimenten und Zeitpunkt der Liefermöglichkeiten abgeglichen werden. Das Informationssystem kann anschließend den für eine bestimmte Kundenlieferung günstigsten Hiebsort ermitteln und die weiteren Veredelungsstufen kalkulieren. Dabei spielen z.B. Faktoren wie Auslastung bzw. die Engpasskapazität des Harvesters, beim Stammholztransport und die Verfügbarkeit von Trockenkammern im Sägewerk eine wichtige Rolle. Insgesamt werden die Unternehmen der verschiedenen Wertschöpfungsstufen von einer solchen logistischen Feinabstimmung profitieren. Unnötige Warte- und Lagerzeiten werden vermieden, Risiken verringert und Bewirtschaftungsstrategien optimiert. Geografische Positionssysteme (GPS) und Informationssysteme (GIS) erhöhen die Qualität und den Nutzen forstbetrieblicher Planungen und bieten bessere Orientierungsmöglichkeiten für nicht ortskundige Beteiligte. Dies ist vor dem Hintergrund der immer größer werdenden Einsatzradien sowohl der Erntemaschinen als auch der Holztransporter ein wichtiger Gesichtspunkt.

Die realen Möglichkeiten der Optimierung komplexer Prozessabläufe stoßen bisher allerdings regelmäßig an bestimmte Grenzen. Im Einzelnen sind zu nennen:

–   Die große Zahl der beteiligten Akteure und die Vielfalt häufig auch gegensätzlicher Interessen.

– Besonders deutlich wird dieses Problem im Bereich des kleinen Privatwaldbesitzes, der in vielen Ländern Mitteleuropas eine vorherrschende Besitzart mit hohen Nutzungspotenzialen darstellt.

– Die zum Teil noch fehlenden Voraussetzungen für den flächendeckenden Einsatz der nahezu praxisreifen Technologie. So fehlen z.B. in vielen Gebieten digitalisierte Kartengrundlagen zum Einsatz eines funktionierenden und bezahlbaren GIS und GPS.

– Die unterschiedlichen Datendesigns entlang der Wertschöpfungskette, z.B. unterschiedliche Sortierkriterien der Wald- und der Holzwirtschaft.

2.2 Unternehmen und Betriebe

2.2.1 Wirtschaftseinheiten

Der Prozess zur Erstellung von Gütern und der Bereitstellung von Dienstleistungen, der Absatz von Gütern und Leistungen und ihr Verbrauch erfolgen in Wirtschaftseinheiten, d.h. in Unternehmen, Betrieben und privaten Haushalten (Peters *et al.* 2005: 6 ff., 17 ff.; 2000: 22 ff.). Gemeinsame Merkmale von Unternehmen und Betrieben als gewinnorientierte Wirtschaftseinheiten sind:

– Organisatorische Einheit

– Faktorkombination von Kapital, Arbeit, Betriebsmittel, Information

– Leistungserstellung zur Deckung von Fremdbedarf

– Verbindung zu Märkten und zur sozialen Umwelt

– Produktion von Gütern und Dienstleistungen unter Beachtung des ökonomischen Prinzips

– Gewinnorientierung

– Finanzielles Gleichgewicht zur Erhaltung der Liquidität.

Bei *Unternehmen* handelt es sich um autonome, nach dem erwerbswirtschaftlichen Prinzip arbeitende Wirtschaftseinheiten. Unter marktwirtschaftlichen Bedingungen sind Unternehmungen gekennzeichnet durch Selbstbestimmung des Wirtschaftsplanes (Autonomieprinzip), durch das erwerbswirtschaftliche Prinzip (Gewinnmaximierung) und durch das Prinzip des Privateigentums. Auch der Staat und andere öffentliche Körperschaften, z.B. die Gemeinden, können Eigentümer oder Beteiligte an Unternehmen sein. Diese unterscheiden sich in ihren Strukturmerkmalen und Entscheidungsprozessen generell nicht von Unternehmen in privatem Besitz. Soweit öffentliche Körperschaften

106

unternehmerisch tätig sind, steht allerdings häufig die Erbringung gemeinwirtschaftlicher Leistungen im Vordergrund. Dies hat Auswirkungen auf die Unternehmensziele und kann zu einer Einschränkung des erwerbswirtschaftlichen Prinzips (Gewinnmaximierung) zugunsten des Prinzips der Deckung aller anfallenden Kosten führen.

Mit dem Begriff *Betrieb* werden unterschiedliche Bedeutungsinhalte verbunden. So wird z. B. der Ausdruck Betrieb als Oberbegriff für produzierende Wirtschaftseinheiten verwendet, einschließlich solcher, die primär für den Eigenbedarf produzieren. Im betriebswirtschaftlichen Sinn handelt es sich dagegen bei Betrieben um für den Absatz am Markt produzierende Wirtschaftseinheiten. Offen bleibt hierbei, ob diese in unternehmerischen Entscheiden autonom handeln oder Bestandteil eines Unternehmens sind. Im Zusammenhang mit Technik bezieht sich der Ausdruck Betrieb speziell auf produzierende Bereiche und Anlagen.

Die Begriffe Unternehmen, Unternehmung und Betrieb werden je nach konkretem Sachverhalt zum Teil synonym, zum Teil auch alternativ verwendet. Wichtig ist im Zusammenhang mit der Begriffsabgrenzung, dass unternehmerisches Denken und Handeln in allen für den Markt produzierenden Wirtschaftseinheiten die zwingende Voraussetzung für eine effiziente und konkurrenzfähige Leistungserstellung ist. In den Ausführungen der folgenden Kapitel wird generell der Begriff Unternehmen für rechtlich und ökonomisch autonome Wirtschaftseinheiten verwendet. Der Begriff Betrieb bezeichnet dagegen abgegrenzte Produktions- und Dienstleistungseinheiten, die Teil eines selbstständigen Unternehmens oder auch einer öffentlichen Gebietskörperschaft sind (Abbildung 2-10). So ist z. B. die Bewirtschaftung von Gemeindewäldern in vielen Fällen durch Forstbetriebe mit forstlichem Fachpersonal organisiert. Eigentümer sind die Bürgerinnen und Bürger, die durch ihre Gemeindeorgane vertreten werden.

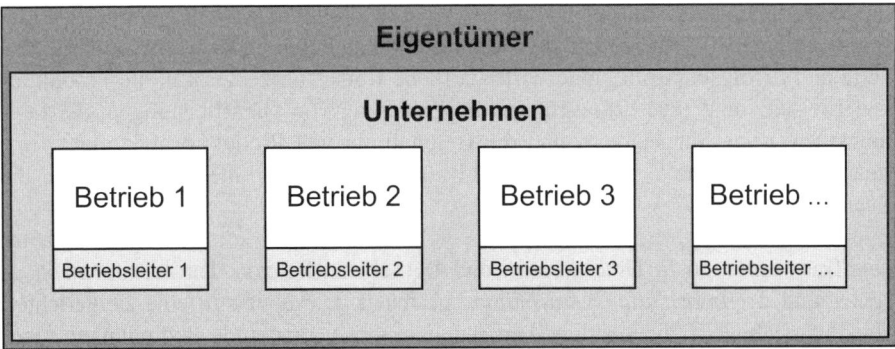

Abbildung 2-10:   Abgrenzung von Unternehmen/Unternehmungen und Betrieben (Eigene Darstellung)

Diese Art, Unternehmen und Betriebe zu unterscheiden, ist besonders sinnvoll mit Blick auf entsprechende Abgrenzungen im Rechnungswesen (Kapitel 5.7.3) sowie bei der Beurteilung wichtiger Kennzahlen und von Leistungsvergleichen (Kapitel 8.7.3, 8.7.4). Begriffe wie Betriebsaufwand, betriebliche Kosten und Leistungen oder Betriebsbuchhaltung beziehen sich auf den unmittelbaren, d. h. zentralen produktiven Zweck des Unternehmens bzw. auf den Leistungsauftrag der Bewirtschaftungseinheit des öffentlichen Gemeinwesens. Dagegen wird Aufwand, der zwar geleistet wird, aber nicht dem eigentlichen Betriebszweck dient, als neutraler Aufwand bezeichnet. Er wird für die Kalkulation des Verkaufspreises der hergestellten Produkte oder der erbrachten Dienstleistungen als nicht kostenwirksam betrachtet und ihnen nicht unmittelbar zugerechnet. Dem Unternehmen oder dem öffentlichen Gemeinwesen insgesamt wird jedoch der betriebsneutrale Aufwand belastet.

Deutlich wird der Unterschied zwischen den Begriffen Unternehmen und Betrieb auch bei der Ermittlung des Betriebsergebnisses. Hierbei wird das Bruttoergebnis – man kann dieses auch als Unternehmensergebnis bezeichnen – durch den Abzug von Gemeinkosten und Abschreibungen auf den eigentlichen betrieblichen Produktionsprozess fokussiert und bereinigt. Man erhält so eine Aussage darüber, ob die Wirtschaftseinheit in ihrem Kerngeschäft – d. h. dem eigentlichen Produktionsbetrieb – erfolgreich ist.

2.2.2 Transformationsprozesse und Systemstrukturen

Unternehmen und Betriebe beziehen aus ihrer Umwelt Leistungen und geben diese nach einer entsprechenden Umwandlung in Form anderer Leistungen wieder an diese ab. Generell kann somit von einer Transformation im Rahmen eines Input-Output-Systems gesprochen werden (Peters *et al.* 2005: 119 ff.; Thommen 2007: 57, 425, 1000). Die unternehmerische Transformation umfasst sowohl materielle wie informationelle Prozesse, die einander funktional zugeordnet sind (Abbildung 2-11). Zu unterscheiden sind Managementprozesse, d. h. die Gesamtsteuerung durch Unternehmenspolitik, Planung und Erfolgskontrolle; güterwirtschaftliche Umsatzprozesse, d. h. die Produktion von Konsum- und Investitionsgütern, die Erstellung von Dienstleistungen, die Leistungsverwertung auf Märkten und die Beschaffung von Produktionsfaktoren, sowie finanzwirtschaftliche Umsatzprozesse d. h. die Finanzierung, die Investition und das Rechnungswesen.

Die Transformation in Unternehmen und Betrieben wird von den *Managementprozessen* und der *Informationsverarbeitung* gesteuert. Diese sichern eine zielgerichtete Handlungsfähigkeit, die ständige Anpassung an sich verändernde Bedingungen sowie eine aufgabenorientierte innerbetriebliche Kommunikation. Managementaufgaben stellen sich besonders in folgenden Bereichen:

– Langfristige Sicherung der unternehmerischen Handlungsfähigkeit (Unternehmenspolitik und Betriebspolitik)

– Festlegung konkreter betrieblicher Zielsetzungen und Umsetzung durch geeignete Planungs-, Entscheidungs- und Controllinginstrumente

– Gestaltung personeller und organisatorischer Voraussetzungen für die Zusammenarbeit durch Personalführung und Betriebsorganisation

– Sicherung einer ausreichenden und raschen Kommunikation nach innen und nach außen durch effiziente Informationsverarbeitung

– Sicherung des finanziellen Gleichgewichts und des betrieblichen Erfolgs durch Rechnungswesen und Betriebsanalyse.

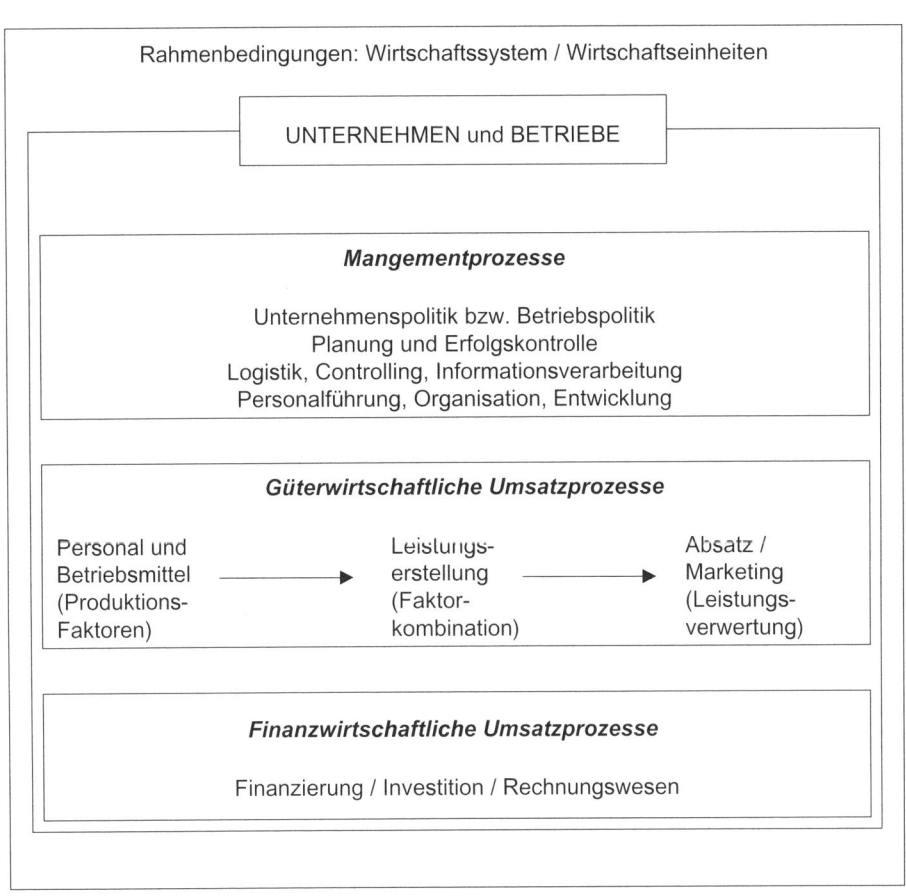

Abbildung 2-11:   Management- und Umsatzprozesse (Eigene Darstellung)

Die *güter- und finanzwirtschaftlichen Umsatzprozesse* laufen in einem komplexen System von Handlungsabläufen gleichzeitig und nebeneinander ab. Ausgehend von der Unternehmensgründung bzw. der Organisation neuer Produktionslinien ergibt sich eine Transformationskette, die von der Beschaffung von Investitionsmitteln, Personal und Anlagen zur Leistungserstellung durch Kombination der Produktionsfaktoren, zur anschließenden Verwertung der erzeugten Produkte und Dienstleistungen und dann zu einem Rückfluss finanzieller Mittel führt. Am Beispiel der Holzproduktion werden die verschiedenen Etappen solcher güter- und finanzwirtschaftlicher Umsatzprozesse kurz charakterisiert:

– Die Beschaffung umfasst insbesondere die Beschäftigung von Arbeitskräften, Fremdleistungen, Material und Anlagegütern und die Erstellung der Infrastruktur (Planungsgrundlagen, Erschließung, Verwaltung).

– Zur Leistungserstellung gehören Holzproduktion, Leistungen zur Sicherung und Förderung der Schutz- und Erholungswirkungen, Leistungen im Bereich der Landespflege und des Biotopschutzes, forstliche bzw. nichtforstliche Nebenbetriebe, Leistungen in Kooperation mit anderen Forstbetrieben, Leistungen für nichtforstliche Betriebs- oder Unternehmensbereiche.

– Der Absatz erzeugter Leistungen bezieht sich auf das Marketing von Holz und anderen forstlichen Produkten; auf Leistungen, z. B. für den Erosionsschutz und im Lawinenschutz, auf Auftragsleistungen, z. B. für den Bau von Erholungseinrichtungen, auf die Betreuung anderer Waldflächen, auf Produkte aus Nebenbetrieben oder auch auf betriebliche Leistungen für Dritte, z. B. beim Unterhalt von Straßen oder der Schneeräumung.

– Die Finanzierung erfolgt durch Erträge aus den vermarkteten Leistungen und durch Beschaffung von Eigen- und Fremdkapital. Sie gewährleistet die Liquidität bzw. Zahlungsfähigkeit des Unternehmens.

Unter *Systemstruktur* ist die Anordnung verschiedener Elemente eines Systems zu verstehen, durch die sein inneres Gefüge bestimmt wird. Wichtige Strukturelemente produzierender Wirtschaftseinheiten sind die Mitarbeiter, die durch ihr Wissen, Verhalten und Motivation die Leistungsfähigkeit eines Unternehmens entscheidend bestimmen. Zu den Strukturelementen gehören ebenfalls Produktionsanlagen, technologische Verfahren und Nutzungsrechte sowie Informations- und Planungssysteme. Die Beziehungen zwischen den Elementen einer Unternehmensstruktur ergeben sich im Wesentlichen durch Stoffkreisläufe, Energieflüsse und Informationsaustausch. Sie umfassen die Zusammenarbeit der verschiedenen Mitarbeiter, die Wechselbeziehungen zwischen Mitarbeitern und Produktionsmitteln sowie die Kombination von Produktionsanlagen und Verfahrenstechnologie.

Die Charakterisierung von Wirtschaftseinheiten kann mit Hilfe verschiedener *Strukturmerkmale* vorgenommen werden (Thommen und Achleitner 2006: 63 ff.; Schierenbeck 2000: 27; Peters *et al.* 2005: 39 ff.). Abbildung 2-12 zeigt die konstitutiven und branchenspezifischen Merkmale:

– Zu den konstitutiven Merkmalen gehören Rechtsform, betrieblicher Standort und Unternehmensverbindungen.

– Zu den branchenspezifischen Merkmalen gehören Betriebsgröße, technisch-ökonomischen Struktur und Art der Betriebsausstattung.

Rechtsform	Privatrechtliche Unternehmensformen Betriebe öffentlicher Körperschaften Betriebe privatrechtlicher Verwaltungsträger
Wirtschaftlicher Standort	Aktionsbereich und Standort der Betriebsanlagen Räumlich: lokal, regional, national, international, multinational Zentraler bzw. dezentrale Betriebsstandorte Absatzorientierter Standort bzw. Orientierung nach bestimmten Produktionsfaktoren
Unternehmensverbindungen	Kooperation Horizontale oder vertikale Integration Konzentration
Nach Größe: Beschäftigungs- zahl, Bilanzsumme, Umsatz	Kleinbetriebe Mittelständische Betriebe Großbetriebe und Konzerne
Technisch-ökonomische Struktur	Vorherrschende Technologie/ Produktionsfaktoren nach Art der Leistungserstellung: Einzel-/Mehrfach-/Serienfertigung nach Fertigungsverfahren: Werkstatt-/ Fließbandfertigung/Baustellenprinzip
Betriebsausstattung	Arbeitskräfte Betriebseinrichtungen Betriebsmittel

Abbildung 2-12:   Strukturelle Merkmale von Unternehmen und Betrieben (Eigene Darstellung)

2.2.3   Strukturmerkmale von Forstbetrieben

Forstbetriebe sind Wirtschaftseinheiten von Waldeigentümern oder von Nutzungsberechtigten, in denen im Rahmen einer planmäßigen Nutzung und Bewirtschaftung des Waldes eine wirtschaftliche Leistungserstellung erfolgt. Es handelt sich um organisatorische Einheiten mit spezifischen betrieblichen Zielsetzungen, in denen Güter und Dienstleistungen durch die Kombination der Produktionsfaktoren Waldboden und Waldbestand, Arbeit und Betriebsmittel sowie Kapital produziert werden. Bei der Bewirtschaftung kleinerer forstwirtschaftlicher Flächen, insbesondere im bäuerlichen Privatwald, handelt es sich häufig um Teilbetriebe von land- und forstwirtschaftlichen Wirtschaftseinheiten.

Forstliche Unternehmen sind nach erwerbswirtschaftlichen Grundsätzen arbeitende, ökonomisch autonome Wirtschaftseinheiten mit eigener Rechtspersönlichkeit. Ihr Unternehmenszweck ist die Nutzung und Bewirtschaftung von Wäldern. Von großer Bedeutung sind waldbewirtschaftende Unternehmen, z. B. in Skandinavien und Nordamerika. Auch in Deutschland und Österreich wird ein Teil des Großprivatwaldes durch Unternehmen bewirtschaftet. Ein prominentes Beispiel für die Bewirtschaftung des Staatswaldes durch Unternehmen mit eigener Rechtspersönlichkeit sind die als Aktiengesellschaft organisierten Österreichischen Bundesforste (ÖBf AG), bei der die Republik Österreich der alleinige Aktionär ist. Dagegen sind in der Schweiz forstwirtschaftliche Unternehmen infolge des hohen Anteils an öffentlichem Wald und der kleinflächigen Struktur des Privatwalds selten. Die Nutzung und Bewirtschaftung des Waldes erfolgt überwiegend durch Forstbetriebe öffentlicher Waldeigentümer bzw. in gemischten land- und forstwirtschaftlichen Betrieben.

Zu den Unternehmen im Bereich der Waldwirtschaft gehören auch gewerbliche Firmen in den Bereichen forstliche Pflanzenproduktion, Holzernte und Rücken sowie spezialisierte Unternehmen, die im Holztransport und der Erschließung tätig sind. Diese ergänzen z. B. in Deutschland die Arbeit der überwiegend staatlichen, in Länderhoheit organisierten Forstämter, die parallel hoheitliche und erwerbswirtschaftliche Aufgaben wahrzunehmen haben. Auch hier konkurrieren zunehmend neuere Organisationsformen (z. B. Hessen Forst und Bayerische Staatsforstbetriebe) mit dem lange üblichen und unangefochtenen System des Einheitsforstamtes. Darunter versteht man die zusammenfassende Zuständigkeit staatlicher Forstämter auch für die Bewirtschaftung und Beratung kommunaler und kleiner Privatwälder. Von zunehmender Bedeutung sind Unternehmen auf dem Gebiet der forstlichen Beratung.

Als wirtschaftliche Einheiten des primären wie teilweise auch des tertiären Sektors weisen Forstbetriebe und forstwirtschaftliche Unternehmen branchentypische Strukturmerkmale auf. Diese ergeben sich insbesondere aus dem rechtlichen Status des Waldeigentümers, dem Standort als Produktionsfaktor, der Produktionsdauer, der Struktur der Waldbestände sowie aus unterschiedlichen Kombinationen der Wirtschaftsziele im Rahmen einer multifunktionalen Waldbewirtschaftung. Ausgehend von den generellen Strukturmerkmalen, die für alle Unternehmen und Betriebe von Bedeutung sind, enthält Abbildung 2-13 einen Überblick über branchentypische Kriterien zur Typisierung waldwirtschaftlicher Wirtschaftseinheiten.

Strukturmerkmal	Ausprägung des Merkmals
Waldeigentümer	Private Waldeigentümer, öffentliche Waldeigentümer
Rechtsform	Forstbetriebe mit privatrechtlichen Unternehmensformen, Forstbetriebe öffentlichrechtlicher Körperschaften, Forstbetriebe mit speziellen Rechtsformen des Forstrechts
Horizontale und vertikale Kooperation	Zwischen- und überbetrieblich Kooperationsbereiche, Art und Intensität
Betriebsgröße	Forstliche Betriebsfläche, jährliches Nutzungsvolumen
Standort als forstlicher Produktionsfaktor	Geographische Lage, Geologie und Bodenverhältnisse, Morphologie und Topographie, Klima und Vegetation, wirtschaftliche, forstpolitische und soziale Rahmenbedingungen
Betriebliche Struktur der Waldbestände	Waldaufbau und Baumarten, Altersgliederung und räumliche Ordnung, mittel- und langfristiges Produktionspotenzial, Biodiversität und ökologische Stabilität
Forstbetriebliche Zielsetzungen	Generelle Zielsetzungen, Leistungsbereich Rohholzproduktion, Leistungsbereich Infrastruktur, andere Leistungsbereiche
Betriebliche Organisation	Betriebsführung, territoriale Unterteilung
Betriebliche Ausstattung	Erschließung, Arbeitskräfte, Betriebsmittel, betriebliche Einrichtungen
Entwicklungsmöglichkeiten	Entwicklungschancen, Problembereiche
Finanzielle Aspekte	Aufwandstruktur der Leistungsbereiche, Ertragsstruktur der Leistungsbereiche, Kapitalintensität der Produktion, Finanzierungsbedarf und Liquidität

Abbildung 2-13:   Strukturmerkmale von Forstbetrieben (Eigene Zusammenstellung)

Insgesamt umfassen Forstbetriebe bzw. Unternehmen der Waldwirtschaft sehr unterschiedliche Wirtschaftseinheiten, die sich in Bezug auf Zielsetzungen, Betriebsgröße, standörtliche Voraussetzungen und Waldbestände sowie auf das wirtschaftliche und soziale Umfeld ganz erheblich unterscheiden. Es ist daher zweckmäßig, das jeweilige Profil eines bestimmten Forstbetriebs zu erfassen und zu beurteilen. Aussagekräftige

Profile forstlicher Wirtschaftseinheiten können unter anderem für folgende Zwecke verwendet werden:

- Zur Charakterisierung der Produktionsbedingungen und der wirtschaftlichen Gegebenheiten

- Als Grundlage für die Beurteilung der Effizienz der Produktion und des Managements

- Als Voraussetzung für die Analyse von Stärken und Schwächen des Unternehmens

- Als Ansatzpunkt für Leistungssteigerung, betriebliche Innovation und Nutzung von Entwicklungschancen.

2.2.4 Strukturmerkmale holzwirtschaftlicher Betriebe

Im Zusammenhang mit der industriellen Produktion der Holzwirtschaft sind technisch-ökonomische Charakteristika sowie unterschiedliche Arten der Produktionsorganisation von Bedeutung. Abbildung 2-14 zeigt im Überblick wichtige Strukturmerkmale holzwirtschaftlicher Unternehmen.

Technisch-ökonomische Merkmale werden zur Charakterisierung unterschiedlicher Formen der Leistungserstellung verwendet (Schierenbeck 2000: 38 ff.). Wichtig sind hierbei die Stellung im Leistungsprozess, die Art der verwendeten Technologien, die jeweils eingesetzten Produktionsfaktoren, die konkreten Produktionsprogramme und Sortimente, die Art der Marktbeziehungen, das Ausmaß der Spezialisierung sowie die Merkmale von Fertigungsabläufen. Von Bedeutung sind ebenfalls die verschiedenen Formen der Leistungserstellung, d. h. die Produktionsarten, die Produktionstypen und die Produktionsformen.

Die *Organisationstypen der Produktion* lassen sich nach folgenden Gesichtspunkten gliedern (Thommen und Achleitner 2006: 355 ff.):

- Bei der *Baustellenproduktion* werden die betrieblichen Kapazitäten zu verschiedenen Zeitpunkten an wechselnden Produktionsstandorten eingesetzt. Dieses Produktionsverfahren ist z. B. in der Baubranche oder auch im Anlagenbau vorzufinden.

- *Insel- oder Gruppenproduktion* liegt vor, wenn die gesamte Produktion in fertigungstechnische Einheiten untergliedert wird und diese jeweils einzelnen Gruppen oder Fertigungsinseln zugeordnet werden.

- *Werkstattproduktion* ist dadurch gekennzeichnet, dass Maschinen und Arbeitsplätze mit gleichartigen Arbeitsverrichtungen räumlich zu einer Werkstatt zusammenge-

114

fasst werden (funktionale Spezialisierung). Die zu bearbeitenden Produkte werden entsprechend des Produktionsablaufes von Werkstatt zu Werkstatt transportiert.

– In der *Straßenproduktion* werden die für die Fertigung notwendigen Maschinen und Arbeitsplätze so angeordnet, dass sie der Reihenfolge der Bearbeitung entsprechen. Im Vergleich zur Werkstattproduktion wird bei dieser Anordnung dem Flussprinzip Rechnung getragen.

– In der räumlichen Anordnung von Maschinen und Arbeitsplätzen entspricht die *Fliessproduktion* der Straßenproduktion. Es werden jedoch zeitliche Vorgaben für die Dauer der einzelnen Arbeitsgänge gemacht. Die einzelnen Arbeitsschritte sind zeitlich aufeinander abgestimmt.

Die holzwirtschaftlichen Unternehmen stehen in einem mehr oder weniger engen Beziehungsgeflecht zueinander. Teilweise konkurrieren sie um denselben Rohstoff wie z. B. Holzenergiewirtschaft und Holzwerkstoffindustrie um das Sägerestholz. Oder sie bearbeiten denselben Absatzmarkt, z. B. klassische Bauholzsäger und Unternehmen der Holzwerkstoffindustrie. Ebenso bestehen mehr oder weniger intensive Beziehungen als Zulieferer bzw. Kunden, z. B. zwischen der Sägeindustrie und der Bauwirtschaft oder zwischen der Furnierindustrie und der Möbelproduktion. Typisch für die Entwicklung der Holzwirtschaft ist, dass die Unternehmen der jüngeren Branchen (z. B. Holzwerkstoffindustrie, Holzenergiewirtschaft) häufig aus älteren Wirtschaftseinheiten (z. B. Sägewerken) hervorgegangen sind. Vertikale Unternehmensstrukturen sind keine Seltenheit. Gemeinsam ist allen Akteuren der Holzindustrie Mitteleuropas der Wettbewerbsdruck in direkter Konkurrenz mit Unternehmen anderer Regionen, die kostengünstig auf ihren Beschaffungsmärkten einkaufen. Erheblicher Wettbewerbsdruck geht auch von den Produzenten anderer Roh- und Werkstoffe aus. Der Zwang zur wirtschaftlichen Konzentration von Bearbeitungskapazitäten führt zu einer Zunahme des Fusionsgeschehens innerhalb der Branche, zu Unternehmensübernahmen und zur Schließung unwirtschaftlicher Einheiten.

Dennoch sind bestimmte Bereiche der Holzwirtschaft, wie die Sägewirtschaft oder der Innenausbau, nach wie vor von kleineren und mittleren Unternehmen geprägt. Diese verarbeiten zwar nicht mehr den größeren Teil des Rohholzes und der Holzprodukte, stellen aber numerisch die Mehrheit der Unternehmen der Branche dar. Sowohl das Holzhandwerk als auch die Sägewirtschaft bestehen zu einem großen Teil aus mittelständischen Familienunternehmen und sind eher als personalintensive denn als kapitalintensive Unternehmen zu bezeichnen. Kapitalintensiv sind sie im Unterschied zu den großen Einheiten der Zellstoff- und Papierindustrie deshalb nicht, weil sie mit einer begrenzten Maschinenausstattung oder auf handwerklicher Basis arbeiten. Beides, die familiäre Struktur und der vergleichsweise geringe Anteil der Kapitalkosten, erlauben es diesen Unternehmen, flexibler auf Marktschwankungen zu reagieren als große Produktionseinheiten, die wegen ihrer hohen Fixkostenbelastung zu einer hohen und kontinuierlichen Auslastung gezwungen sind.

Strukturmerkmal	Ausprägung des Merkmals
Sektoren- und Branchenzugehörigkeit	Produzierendes Gewerbe (2. Sektor), Holz-wirtschaft und ihre Gruppierungen
Rechtsform	Häufig aus Personengesellschaft hervorge-gangene Kommanditgesellschaften (KG), in größeren Unternehmen überwiegen Kapitalgesellschaften, rechtlich selbststän-dig oder unselbstständig
Unternehmensverbindungen	Beteiligungen, Verbindungen, Zusammen-schlüsse, Fusionierungen
Betriebsgröße	Mitarbeiterzahl, Umsatz, Bilanzsumme, Produktionsmenge, häufig verarbeitete Rohholzmenge (in m³ oder fm)
Standort	Geographische Lage, Verkehrsanbindung, wirtschaftliche, politische und soziale Rahmenbedingungen
Betriebliche Struktur	Gewachsenes Unternehmen oder Neu-gründung, an einem Ort konzentriert oder geographisch verteilt
Betriebliche Ausstattung	Arbeitskräfte, Betriebsmittel, betriebliche Einrichtungen
Technisch-ökonomische Merkmale	Die Produktionsfaktoren sind: materialintensiv, kapitalintensiv, personal-intensiv, energieintensiv, umweltintensiv
Priorität der strategischen Zielsetzung	Marktführer, Kostenführer, Gewinn-maximierer, Nischenspezialist, etc.
Sortimentsstruktur	Mehrere Wertschöpfungsschritte in der Herstellung, Konzentration auf ganz bestimmte Veredelungsschritte, Standard-sortimente oder Spezialanfertigung
Ziel- und Beschaffungsmärkte sowie deren Struktur	Lokale, regionale, nationale, internationale Konsumgütermärkte, Investitionsgüter-märkte, Dienstleistungsmärkte, Monopolist, Oligopol, Polypol
Finanzielle Aspekte	Aufwandstruktur der Leistungsbereiche, Ertragsstruktur der Leistungsbereiche, Kapitalintensität der Produktion, Finanzie-rungsbedarf und Liquidität

Abbildung 2-14:   Strukturmerkmale von holzwirtschaftlichen Unternehmen (Eigene Zusammenstellung)

Ein weiteres Merkmal der Holzwirtschaft ist, dass mit Ausnahme des Holzhandwerks alle Bereiche auf Absatzmärkten agieren, die unter internationalen Einflüssen stehen. Der Aktionsradius auf den Beschaffungsmärkten hängt dagegen weitgehend von der Manipulierbarkeit des Rohstoffes ab. Je größer und schwerer der Rohstoff und je spezialisierter die Qualitätsanforderungen an das Rohholz sind, desto kleiner ist in der Regel der Einkaufsbereich der Firmen. Gerade die Segmente der Holzwirtschaft, die sich in ihrer Wertschöpfung auf schwächere Holzdimensionen stützen, weisen dagegen längst internationale Besitzverhältnisse und Unternehmensverflechtungen auf. Dies gilt in ganz besonderem Maße für die Zellstoff- und Papierindustrie.

2.2.5   Forstservice-Unternehmen

Die Kontaktstellen zwischen Wald- und Holzwirtschaft werden häufig von spezialisierten Unternehmen besetzt. Solche meist auf die Holzernte und Holzbringung spezialisierten Wirtschaftseinheiten haben vor dem Hintergrund jüngerer Entwicklungen an Bedeutung gewonnen. Sie sind Vermittler zwischen Waldwirtschaft und Holzwirtschaft, und sie spielen eine entscheidende Rolle bei allen Bemühungen zu einer effizienteren Gestaltung des Güterstroms entlang der Wertschöpfungskette. Von gleicher Bedeutung ist der Gegenstrom an Informationen und Finanzmitteln, bei dem sich ebenfalls ein erhebliches Rationalisierungspotenzial ergibt. Die Analyse beider Ströme ist die Grundlage für Überlegungen zur Optimierung der Holzlogistik (Kapitel 7.1.5) und der Prozessoptimierung insgesamt.

In jüngster Zeit entwickelt sich zwischen der Waldwirtschaft einerseits und der Holzwirtschaft, beginnend bei der Sägeindustrie, andererseits eine eigenständige Sparte, deren Betriebe üblicherweise als Forstservice-Unternehmen bezeichnet werden. Sie bieten Dienstleistungen an, welche die Waldbesitzer infolge der kapitalintensiven Holzernte- und Rückeverfahren in konkurrenzfähiger Weise zum Teil nicht mehr selbst leisten. Dies gilt z. B. für den Fall, dass sich die Waldbesitzer nicht selbst neue Kooperationsstrukturen aufbauen, um die Bewirtschaftung gemeinsam mit moderner Technik durchzuführen.

Ebenso haben große Unternehmen der Holzindustrie die Dienstleistungslücke auch für sich entdeckt. Sie nutzen eigene Kooperationen und Unternehmensgründungen, um insbesondere Privatwaldbesitzern umfassende Pflege- und Nutzungsangebote zu machen. Sie investieren in Maschinen und bieten entsprechendes Know-how am Markt an. Die Entwicklung führt derzeit zu einem Nebeneinander von Forstservice-Unternehmen verschiedener Größen und Leistungsangebote, Besitz- und Eigentumsverhältnisse und Aktionsradien. Die meisten Unternehmen ähneln sich jedoch hinsichtlich ihres Angebotsspektrums. Dieses reicht i. d. R. von der Feinerschließung der Bestände über die Holzernte und die Holzbringung bis hin zur Zwischenlagerung, dem Transport und der Vermarktung.

2.2.6   Rechtsformen

Die Rechtsform einer Unternehmung oder des Trägers eines Betriebes definiert den rechtlichen Status nach außen. Sie hat ebenfalls Auswirkungen auf die Gestaltung der innerbetrieblichen Strukturen. Die inhaltlichen und formalen Regelungen werden nach Landesrecht bzw. EU-Recht bestimmt. Die Auswirkungen der jeweiligen Rechtsform beziehen sich besonders auf die folgenden Punkte:

- Rechtliche Vertretung des Unternehmens

- Regelung von Mitspracherechten und Kontrollpflichten

- Auswirkungen der Haftung

- Möglichkeiten der Kapitalbeschaffung

- Vorschriften zur Buchführungspflicht

- Regelung der Unternehmensbesteuerung

- Vorschriften im Fall einer Liquidation.

Die Rechtsformen privater Unternehmen gliedern sich in Personengesellschaften, Kapitalgesellschaften, Mischformen und Zweckgemeinschaften bzw. Genossenschaften (Abbildung 2-15). Es gilt grundsätzlich das Landesrecht mit den aus den jeweiligen nationalen Vorschriften sich ergebenden Konsequenzen. In Bezug auf die landesrechtlichen Rechtsvorschriften über Personen- und Kapitalgesellschaften und ihre Bedeutung für die Unternehmensorganisation und für die rechtlichen und wirtschaftlichen Handlungsmöglichkeiten wird auf die generelle Fachliteratur verwiesen (für Deutschland z. B. Thommen und Achleitner 2006: 63 ff.; Schierenbeck 2000: 28 ff. sowie Peters *et al.* 2005: 39 ff.; für Österreich z. B. Lechner *et al.* 2006: 171 ff., 354; für die Schweiz z. B. Thommen 2007: 71 ff.).

Die rechtlichen Handlungsmöglichkeiten privater Grundeigentümer werden durch privatrechtliche Unternehmensformen bestimmt (Abbildung 2-15). Im kleineren und mittleren Privatwald überwiegen Einzelunternehmen bzw. Personengesellschaften. Für den großen Privatwald sind auch andere privatrechtliche Rechtsformen wie Kommanditgesellschaften (KG) und Aktiengesellschaften (AG) möglich. Im Einzelfall können privatrechtliche Genossenschaften, Vereine und Stiftungen Waldeigentümer und damit Träger von Forstbetrieben sein.

Öffentlich-rechtliche Anstalten, Körperschaften oder auch Stiftungen sind in bestimmten Fällen Träger von Regie- oder Eigenbetrieben, die Leistungen für ihren Träger, für die Allgemeinheit oder auch am Markt absetzbare Leistungen erbringen. Derartige Betriebe verfügen in den meisten Fällen über keine eigene Rechtspersönlichkeit. Unternehmerisch und rechtlich handlungsfähig ist das öffentliche Gemeinwesen, zu dem die

Einzelunternehmungen	Kaufmann, Kaufleute
Personengesellschaften	Gesellschaft bürgerlichen Rechtes (GbR) Offene Handelsgesellschaft (OHG) Kommanditgesellschaft (KG) Eingetragene Erwerbsgesellschaft (EEG) Offene Erwerbsgesellschaft (OEG) Kommandit-Erwerbsgesellschaft (KEG) Stille Gesellschaft
Kapitalgesellschaften	Aktiengesellschaft (AG) Gesellschaft mit beschränkter Haftung (GmbH) Englische Limited Company (Ltd.)
Mischformen	GmbH & Co. KG AG & Co. KG Kommanditgesellschaft auf Aktien (KGaA) Doppelgesellschaften
Zweckgemeinschaften	Genossenschaften Genossenschaft mit beschränkter Haftung (GenmbH) Vereine Versicherungsvereine auf Gegenseitigkeit (VVaG) Stiftungen

Abbildung 2-15:   Rechtsformen privatrechtlicher Unternehmungen (Eigene Zusammenstellung)

Formen ohne eigene Rechtspersönlichkeit	Regiebetriebe Eigenbetriebe Sondervermögen Unselbstständig öffentlich-rechtliche Anstalten
Formen mit eigener Rechtspersönlichkeit	Selbstständig öffentlich-rechtliche Körperschaften Gebietskörperschaften Personalkörperschaften Realkörperschaften Selbstständig öffentlich-rechtliche Anstalten Selbstständig öffentlich-rechtliche Stiftungen

Abbildung 2-16:   Rechtsformen öffentlich-rechtlicher Anstalten und Körperschaften (Eigene Zusammenstellung)

Wirtschaftseinheit gehört. Maßgebend sind die öffentlich-rechtlichen Regelungen des jeweiligen Landesrechts (Abbildung 2-16).

Bei den öffentlichen Waldeigentümern handelt es sich überwiegend um Gebietskör-perschaften des Staates und der Gemeinden. Soweit diese als Grundeigentümer ihre Waldflächen durch eigene Forstbetriebe bewirtschaften, ist für deren rechtliche Ver-tretung und wirtschaftliche Handlungsmöglichkeiten der Status der öffentlich-recht-lichen Körperschaft maßgebend. Öffentliche Körperschaften mit großem Waldbesitz können jedoch auch privatrechtliche Unternehmensformen für die Organisation ihres Forstbetriebes wählen. Ebenso kommen Realkörperschaften als Eigentümer forstlicher Grundstücke vor. In Einzelfällen sind öffentlich-rechtliche Stiftungen und Anstalten Waldbesitzer. Die Rechtsform derartiger Forstbetriebe richtet sich auch hier, im Rah-men des jeweiligen Landesrechtes, nach der des Grundeigentümers.

2.2.7 Unternehmens- und Betriebsgröße

Unternehmens- und Betriebsgrößen sind in mehrfacher Hinsicht von betriebswirtschaft-licher Bedeutung. So haben sie einen direkten Einfluss auf die Handlungsmöglichkeiten der Wirtschaftseinheiten sowie auf die betriebliche Ausstattung, die Personalführung und die Organisation (Peters *et al* 2005: 61 ff.; Schierenbeck 2000: 34 ff.; Thommen und Achleitner 2006: 65 ff., 401 f.; Lechner *et al.* 2006: 43 ff., 441). Unternehmens-und Betriebsgrößen sind mehrdimensional, d. h. sie werden mit mehreren Parametern charakterisiert. Ziel ist, die Vergleichbarkeit zwischen verschiedenen Branchen oder auch zwischen verschiedenen Unternehmen zu gewährleisten. Gleichzeitig müssen betriebs- und branchenspezifische Besonderheiten ausreichend berücksichtigt wer-den. Wichtige Einzelkriterien sind die Beschäftigtenzahl, der jährliche Umsatz und die Bilanzsumme.

Die Untergliederung der Größenklassen erfolgt in Groß-, Mittel- und Kleinbetriebe bzw. -unternehmen. Als Größenmerkmale für Kapitalgesellschaften nennt z. B. das deutsche Handelsgesetzbuch (dHGB) im § 267 für kleine Kapitalgesellschaften eine Bilanzsumme bis 4.015 Mio. €, Umsatzerlöse bis 8.030 Mio. € und bis zu 50 Beschäf-tigte im Jahresdurchschnitt. Mittelgroße Kapitelgesellschaften sind solche mit einer Bilanzsumme bis 16.060 Mio. €, mit Umsatzerlösen bis 32.120 Mio. € und mit bis zu 250 Beschäftigten im Jahresdurchschnitt. Als große Kapitalgesellschaften gelten jene, die mindestens zwei dieser drei Merkmale überschreiten oder deren Aktien an einer Börse gehandelt werden. Unter der Bezeichnung KMU werden die auch als Mittelstand bezeichneten kleinen und mittleren Unternehmen zusammengefasst.

Die Größe eines Unternehmens ist unter anderem mit Blick auf nationale und internatio-nale handelsrechtliche Bestimmungen von Bedeutung. So sind die quantitativen Krite-rien Bilanzsumme, Umsatz und Arbeitnehmeranzahl für Kapitalgesellschaften wichtig, weil die jeweiligen nationalstaatlichen Handelsgesetzbücher (HGB; in der Schweiz: Obligationenrecht OR) Vorschriften enthalten, die den Jahresabschluss (Bilanz, Gewinn- und Verlustrechnung bzw. Erfolgsrechnung, Anhang), den Lagebericht, die obligatorische Prüfung des Jahresabschlusses durch einen Wirtschaftsprüfer sowie die Offenlegungspflicht (Veröffentlichung des Jahresabschlusses) betreffen (Schierenbeck 2000: 508 ff.; Lechner *et al.* 2006: 560 ff.).

Zusätzlich zu den Potenzialgrößen Beschäftigtenzahl, Umsatz und Bilanzsumme sind in der Waldwirtschaft die jährliche Nutzungsmenge und die bewirtschaftete Fläche, gegliedert nach Gesamtbetriebsfläche, Holzbodenfläche oder bestockte Fläche und anderen Flächen, wichtige Kriterien für einen Größenvergleich. Die Flächengröße ist ein zentraler Faktor, der erhebliche Auswirkungen auf den Waldaufbau, die Bestandesstruktur, die nachhaltige Nutzungsplanung und vor allem auf die Rationalisierungsmöglichkeiten bei Holzernte, Vermarktung sowie bei der Walderschließung hat. Im Kleinprivatwald führt Parzellierung der Betriebsfläche zu Erschwerungen bei der Bewirtschaftung und muss bei Strukturvergleichen entsprechend berücksichtigt werden. Die bewirtschaftete Waldfläche liegt in vielen mitteleuropäischen Forstbetrieben weitgehend fest und kann nur in Ausnahmefällen z. B. durch Ankauf vergrößert werden. Veränderungen der Produktionsverhältnisse, die von der Flächengröße abhängen, sind möglich durch Kooperation und gemeinsame Bewirtschaftung von Forstbetrieben oder durch Waldzusammenlegungen. Dagegen unterliegen die Unternehmensgrößen in der Holzindustrie einer stärkeren Veränderung. So hat der anhaltende Strukturwandel in vielen Sektoren der Holzwirtschaft durch Produktionssteigerungen, Übernahmen und Ausgliederungen einen direkten Einfluss auf die Unternehmensgröße.

2.2.8 Betrieblicher Standort

Der Begriff Standort wird zur Charakterisierung der wirtschaftlichen Faktoren verwendet, die für den geografischen Ort bzw. den räumlichen Tätigkeitsbereich von Unternehmen und Betrieben wichtig sind (Peters *et al.* 2005: 55 ff.; Thommen und Achleitner 2006: 96 ff., 813). Unter Standort ist somit die Lokalisierung von Unternehmen und Betrieben zu verstehen, an dem die Produktionsfaktoren eingesetzt werden. Unternehmen und Betriebe können an mehreren Standorten lokalisiert sein und dort ihre Geschäftstätigkeit ausüben. Die Standortbindung bzw. die Wahlmöglichkeiten unter verschiedenen Standorten sind ein wichtiges konstitutives Merkmal von Unternehmen und Betrieben. Betriebe und Unternehmen mit weitgehend vorgegebenen Standorten finden sich vor allem im Bereich der Urproduktion, z. B. im Bergbau und in der Agrarproduktion und in der Waldwirtschaft.

Standortwahl: Verarbeitungsbetriebe, Handelsbetriebe und andere Dienstleistungsbetriebe können ihren Betriebsstandort nach bestimmten Gesichtspunkten auswählen. Die Entscheidung der Standortwahl erfolgt bei der Gründung oder der Erweiterung eines Unternehmens. Je nach den spezifischen Anforderungen kann eine absatzorientierte, eine rohstofforientierte oder eine energieorientierte Standortwahl getroffen werden. Voraussetzung für eine entsprechende unternehmerische Entscheidung ist eine umfassende Standortanalyse, bei der gegenwärtige und zukünftige Voraussetzungen der zur Auswahl stehenden möglichen Standorte beurteilt und gegeneinander abgewogen werden. Die Gegenüberstellung verschiedener Standortbedingungen bzw. unterschiedlicher Anforderungen an die Standortwahl kann mit Investitionsrechnungen und Nutzwertanalysen abgesichert werden.

Faktoren, die bei der Wahl eines Standorts maßgeblich zu berücksichtigen sind, sind insbesondere:

- Arbeitsbezogene Standortfaktoren, z. B. Arbeitskräfteangebot, Kosten des Einsatzes von Arbeitskräften, Qualifikation und Leistung der Arbeitskräfte

- Materialbezogene Standortfaktoren, z. B. Transportkosten, Zuliefersicherheit, produktspezifische Anforderungen

- Absatzbezogene Standortfaktoren, z. B. Kundennähe, Konkurrenz anderer Anbieter, potenzielle Nachfrage, produktspezifische Anforderungen

- Infrastrukturbezogene Standortfaktoren, z. B. Verkehrsinfrastruktur, Lehr- und Forschungseinrichtungen, soziale und kulturelle Einrichtungen, ökologische Rahmenbedingungen

- Fiskalische Standortfaktoren, z. B. Belastungen durch Gebühren, Beiträge und Steuern oder auch Förderungsprogramme und finanzielle Zuschüsse bei Neugründungen sowie Wechselkurseinflüsse auf währungsübergreifende Handels- und Geschäftsbeziehungen.

Ein wichtiger Aspekt bei der Beurteilung des wirtschaftlichen Standorts eines Unternehmens ist die räumliche Ausdehnung des Tätigkeitsbereichs und besonders seines Vertriebsnetzes. Zu unterscheiden sind:

- Lokaler Tätigkeitsbereich: Die betriebliche Tätigkeit ist im Wesentlichen auf den Bereich einer oder mehrerer Gemeinden beschränkt

- Regionaler Tätigkeitsbereich: Betrieb und Unternehmung sind in einer bestimmten Region eines Landes tätig

- Nationaler Tätigkeitsbereich: Die wirtschaftliche Tätigkeit bezieht sich im Wesentlichen auf den Bereich eines Landes

- Internationaler Tätigkeitsbereich: Die Produktion erfolgt im Inland, wird aber zu einem erheblichen Teil exportiert

- Multinationaler Tätigkeitsbereich: Das Unternehmen ist in mehreren Ländern oder weltweit tätig, wobei es in den einzelnen Ländern zumeist über Standorte von Tochtergesellschaften verfügt.

Wirtschaftlicher Standort von Forstbetrieben: Wie in anderen Bereichen der Bodenproduktion ist der Standort von Forstbetrieben durch die Lage der zu bewirtschaftenden Waldflächen vorgegeben. Die Standortgebundenheit der Waldwirtschaft ist das Ergebnis langfristiger Entwicklungen der Bodennutzung und von Eigentums- und Nutzungsrechten. Von einem konstitutiven Merkmal im Sinne einer frei festlegbaren Standortwahl kann nur dann gesprochen werden, wenn Forstbetriebe angekauft werden oder wenn Flächen für die Neuaufforstung und die Bewirtschaftung zur Verfügung stehen. Zu beachten ist, dass im Zusammenhang mit der Waldbewirtschaftung der Begriff Standort nicht nur im Sinne des Unternehmensstandortes, sondern auch zur Charakterisierung des biologischen Produktionspotenzials von Waldböden und Waldökosystemen verwendet wird.

Wirtschaftlicher Standort von holzwirtschaftlichen Branchen: Neuere interessante Ergebnisse liegen für Deutschland vor (Mantau 2003; Mantau und Weimar 2003; Mantau *et al.* 2003a; Mantau *et al.* 2003b). Während die Unternehmen der Holzwirtschaft ihren Standort früher vor allem nach dem Vorhandensein des Rohstoffes Holz und dem Betriebsmittel Wasser (Transport und Energiegewinnung) gewählt haben, orientierten sich die den Endkonsumenten näher stehenden Segmente der holzverarbeitenden Industrie heute vermehrt an der Attraktivität der Absatzmärkte. Diese ist durch eine hohe Bevölkerungsdichte und eine sich positiv entwickelnde Kaufkraft gekennzeichnet. So ist es z. B. zu erklären, dass einer der Schwerpunkte der Sägeindustrie im Schwarzwald liegt, während die Möbelindustrie ihre größte Konzentration in Nordrhein-Westfalen hat. Mit der zunehmenden Unabhängigkeit von diesen Standortfaktoren durch moderne Energieversorgungs-, Binnentransport- und Kommunikationsmittel sowie der steigenden Attraktivität internationaler Absatzmärkte treten andere Faktoren stärker in den Vordergrund der Standortswahl.

Die Verfügbarkeit potentieller Entwicklungsflächen für die Unternehmensexpansion, die Nähe strategischer Partner und Weiterverarbeiter sowie Wettbewerbvorteile durch Steuervergünstigungen, andere Förderungsmaßnahmen und Fernlogistik (Bahn- oder Hafenanschluss) führen zu einer geographischen Schwerpunktverlagerung (Clusterbildung holzwirtschaftlicher Unternehmen). Die Holzwerkstoffindustrie als wichtigstes Segment zwischen der Säge- und der Möbelindustrie wählt ihre Standorte auffallend oft in der Nähe ihrer Zulieferer, also der Sägeunternehmen. Dies hat damit zu tun, dass im Sägewerk i. d. R. erst das Schnittholz getrocknet wird und deshalb das Sägerestholz als Rohstoff für die Weiterverarbeitung zumeist feucht anfällt. Ein längerer Transport dieses Materials mit hohem Wassergehalt verbietet sich aus Gewichts- und Kostengründen. Hinzu kommt, dass es sich bei den meisten namhaften Holzwerkstoffherstellern (mit Ausnahme der Spanplattenindustrie) um „Ausgründungen" von Sägewerken handelt, die aus betriebsinternen Veredelungsstufen hervorgegangen sind.

2.2.9 Horizontale und vertikale Kooperation

Unternehmensverbindungen ermöglichen es verschiedenen Unternehmungen, in bestimmten Bereichen zusammenzuarbeiten bzw. sich zu größeren Wirtschaftseinheiten zusammenzuschließen (Peters *et al.* 2005: 51 ff.; Schierenbeck 2000: 49 ff.; Thommen und Achleitner 2006: 83 ff., 311, 960). Von horizontalen Verbindungen wird gesprochen, wenn diese auf der gleichen Produktionsstufe oder für Wirtschaftseinheiten derselben Branche erfolgen. Vertikale Unternehmensverbindungen fassen Wirtschaftseinheiten vor- und nachgelagerter Wertschöpfungsstufen zusammen. Diagonale Unternehmensverbindungen beziehen sich auf Wirtschaftseinheiten verschiedener Branchen.

Die Zielsetzungen von Unternehmensverbindungen sind vielfältig und beziehen sich auf alle wirtschaftlichen Prozesse und betrieblichen Organisationsbereiche. Im Folgenden hierzu Beispiele:

– Beschaffungsbereich: Günstigere Lieferkonditionen durch gemeinsamen Einkauf; Sicherung einer regelmäßigen Belieferung; Sicherung der Versorgung mit Rohstoffen und Zwischenprodukten

– Produktionsbereich: Bessere Auslastung vorhandener Kapazitäten; Verbesserung der Arbeitsteilung durch Spezialisierung; Rationalisierung von Produktionsverfahren und Vereinheitlichung der hergestellten Produkte; Kostendegression durch Erhöhung der erzeugten Stückzahlen; gemeinsame Entwicklung neuer Produktionsverfahren

– Absatzbereich: Erweiterung des Marktprogramms; Risikominderung durch diversifiziertes Angebot; Kostensenkung durch gemeinsame Verkaufsorganisation; Effizienzsteigerung durch gemeinsame Werbung; Abgrenzung bzw. Aufteilung von Absatzmärkten

– Forschungs- und Entwicklungsbereich: Ausnützung von Synergien bzw. Vermeidung von Doppelspurigkeit; Aufteilung der Forschungs- und Entwicklungskosten

– Finanzierungsbereich: Gemeinsame Beteiligung bei Großprojekten; Verbesserung des Zugangs zu Kapitalmärkten

– Verwaltungs- und Organisationsbereiche: Rationalisierung, Vereinfachung, Effizienzsteigerung.

Formen der Kooperation sind Arbeitsgemeinschaften, Kartelle, Joint Ventures und Unternehmensverbände. Sie sind dadurch gekennzeichnet, dass die beteiligten Unternehmen ihre rechtliche und unternehmerische Selbständigkeit beibehalten. Arbeitsgemeinschaften eignen sich für eine Vielzahl von kooperativen Aufgaben. Bei Einkaufs- oder Verkaufsgemeinschaften treten Unternehmen gemeinsam gegenüber ihren Marktpartnern auf, behalten aber ihre rechtliche und unternehmerische Selbständigkeit. Kartelle dienen der Beeinflussung des Marktes durch Beschränkungen des Wettbewerbs. Sie können sich bilden, wenn wenige große Unternehmen den Markt beherrschen (Oligopol, Kapitel 3.1.3). Die getroffenen Absprachen beziehen sich z. B. auf Preise, auf Rabatte, auf Produktnormen oder Produktionsquoten (Schneck 2006). Von einem Joint Venture wird gesprochen, wenn Unternehmen für die geplante Kooperation eine dritte Gesellschaft gründen, an der sich die kooperierenden Unternehmen gemeinsam beteiligen. Unternehmensverbände haben den Zweck, gemeinsame überbetriebliche Interessen gegenüber anderen Institutionen insbesondere im politischen Raum zu vertreten.

Joint Ventures werden z. B. bei geplanten Expansionen in neue Märkte gegründet. Hierbei stellt das eine Unternehmen z. B. Produkte und Technologie zur Verfügung, während das andere Standort, Personal und Marktkenntnis einbringt. Der Vorteil dieser Kooperationsform liegt in der gemeinsamen Übernahme des unternehmerischen Risikos. Eine weitere Form der Kooperation sind strategische Allianzen. Hierbei versuchen Unternehmen, gegenseitige Schwächen durch selektive Tauschgeschäfte, z. B. hinsichtlich Technologien oder Marketingstärken zu beseitigen. Strategische Allianzen können auch der Durchsetzung einheitlicher Produktnormen am Markt dienen. Der Begriff unterstreicht vor allem die Bedeutung der Zusammenarbeit für die zukünftige Wettbewerbsfähigkeit der beteiligten Unternehmen.

Anders als bei der Kooperation verlieren bei einer Fusion (Verschmelzung) die beteiligten Unternehmen ihre rechtliche und unternehmerische Selbständigkeit. Das Ergebnis einer Fusion ist entweder die vollständige Integration einer Unternehmung in eine andere oder eine völlig neue Gesellschaft, die aus den fusionierenden Unternehmen entsteht. Der Vorteil von Fusionen liegt vor allem in der hohen Geschwindigkeit, mit der neue Märkte erschlossen, neue Technologien oder auch wettbewerbskräftige Marken erworben werden können. Dadurch können Unternehmen viel schneller wachsen, als dies organisch durch Reinvestition der erzielten Gewinne möglich wäre. Fusionsprozesse in der Wald- und Holzwirtschaft sind vor allem bei nordamerikanischen und skandinavischen Unternehmen weit fortgeschritten. Sie gewinnen derzeit auch in Mitteleuropa an Bedeutung. Hierbei geht es sowohl um horizontale Integrationsprozesse wie um vertikale Verflechtungen, vor allem im Bereich Holzwirtschaft.

In der mitteleuropäischen Waldwirtschaft ist die zwischenbetriebliche und z. T. auch überbetriebliche Zusammenarbeit, bei der die Waldeigentümer ihre rechtliche und wirtschaftliche Selbstständigkeit behalten, von Bedeutung (eigentumsübergreifende Zusammenarbeit). Dies gilt für den Privatwald, insbesondere für den weit verbreiteten Kleinprivatwald. In der Europäischen Union bzw. in West-, Mittel- und Südosteuropa gehören über 50 % der Waldfläche privaten Eigentümern (Schmithüsen und Hirsch 2008). Im Fall von kleinstrukturiertem Kommunalwald ist ebenfalls eine eigentumsübergreifende Zusammenarbeit erforderlich. Der Schwerpunkt der derzeitigen Entwicklungen liegt bei der horizontalen Kooperation von Forstbetrieben, etwa im Rahmen von Einkaufs-, Vertriebs- oder Produktionsgemeinschaften. Eine vertikale

Zusammenarbeit zwischen den Betrieben der Wald- und Holzwirtschaft ist durch einen Ausbau der Kooperation im Absatzbereich von Rohholz möglich.

Ziel solcher Kooperationen ist es, die Wettbewerbsfähigkeit zu erhöhen. Kostensenkungen spielen dabei eine entscheidende Rolle. Diese können z. B. in Einkaufsgemeinschaften dadurch erzielt werden, dass größere Volumina gemeinsam beschafft und die Einkaufskonditionen verbessert werden. Durch die bessere Auslastung von Maschinen kann in Produktionsgemeinschaften der Anteil der Fixkosten an den Gesamtkosten gesenkt werden. Von großer Bedeutung ist immer die Vermeidung doppelter betrieblicher Aktivitäten und Verantwortungsbereiche. Dies führt unter Umständen zu erheblichen Reibungsverlusten und zu einer Erhöhung der Kosten. Hingegen bietet die Eliminierung doppelter Kapazitäten und Prozesse erhebliche Potenziale zur Rationalisierung und Kostensenkung. Sie führt in der Regel aber zur Reduktion der benötigten Anzahl Mitarbeiter. Sie kann daher in der unternehmerischen Praxis meist nur sehr vorsichtig und behutsam realisiert werden.

Der Waldbesitz in Deutschland ist zunehmend in Kooperationen mit definierten Rechtsformen organisiert. Dabei wählen die Eigentümer großer Waldbesitze (> ca. 200 ha) Rechtsformen der Personengesellschaften (vor allem OHG und KG) oder in Einzelfällen der Kapitalgesellschaften (GmbH und AG). Kleinprivatwaldbesitzer sind überwiegend in genossenschaftlichen oder Vereinsstrukturen organisiert. Diese können privatrechtlicher oder öffentlich-rechtlicher Art sein, die gesamte Waldbewirtschaftung umfassen oder nur Teilaspekte daraus. Genossenschaften mit rein forstlichen Zielsetzungen werden je nach Bundesland als Forstbetriebsgemeinschaften oder Waldbesitzervereinigungen bezeichnet. Vor dem Hintergrund des strukturellen Wandels in der Holzwirtschaft tendiert in jüngster Zeit auch der Waldbesitz zu größeren Strukturen, die wegen der mitunter komplizierten Besitzverhältnissen aufgrund von Erbfällen etc. fast ausschließlich über Kooperationen und nur sehr selten über Zukauf angestrebt werden. Dabei wechselt die Rechtsform vom Einzelunternehmen zu verschiedenen Varianten der Gesellschaft. Ein weiterer Bereich betrieblicher Kooperation sind Holzhandelsportale im Internet. Auch Verbände sind eine wichtige Form der Kooperation zwischen Waldbesitzern. Gleiches gilt für die Tätigkeit des Deutschen Forstwirtschaftsrats, in dem alle Waldbesitzarten vertreten sind.

2.3 Unternehmerisches Handeln

2.3.1 Veränderung der Rahmenbedingungen

Das Umfeld der Wald- und Holzwirtschaft wird durch generelle Entwicklungen, wie Bevölkerungswachstum, Wirtschaftswachstum, Handelsliberalisierung und weltweite Trends der Konjunkturentwicklung beeinflusst. Wichtige Faktoren sind ferner Änderungen des Energiepreisniveaus und Maßnahmen der Energie- und Umweltpolitik. Der

Abbau von Handelshemmnissen im Rahmen der Welthandelsorganisation (World Trade Organization, WTO) beschleunigt regionale und globale Marktverflechtungen, internationale Technologieentwicklungen und das Entstehen weltweit operierender Unternehmensstrukturen. Dies begünstigt vermehrt Direktinvestitionen in Ländern, die über politische Stabilität, eine leistungsfähige Infrastruktur, hohe Ausbildungsstandards und innovative Forschungseinrichtungen verfügen (IIASA 2007).

Die fortschreitende wirtschaftliche und politische Integration in Europa führt zu neuen Dimensionen der Märkte, großen Unternehmensgruppen und zu einer Konzentration der Produktionsstrukturen der Wald- und Holzwirtschaft. In den mittel- und osteuropäischen Ländern bieten der Übergang zur Marktwirtschaft, die in einer Reihe von Ländern schon weitgehend erfolgte Privatisierung der Holzwirtschaft sowie die Wiederherstellung früher bestehender privater und kommunaler Eigentumsverhältnisse neue Chancen unternehmerischen Handelns.

Das Potenzial der großen Waldregionen der nördlichen Hemisphäre, deren Stellung im globalen Marktgeschehen sowie der Klimawandel und die damit indizierten Veränderungen (z. B. Baumartenwahl) beeinflussen den zukünftigen Wettbewerb auf der Angebotsseite. Die von kapitalkräftigen Industriegruppen vorangetriebene Entwicklung neuer Werkstoffe und Systemlösungen, großflächige Einheiten der Waldnutzung mit intensiven Produktionsverfahren sowie die weiterhin zunehmende Integration der Holzverarbeitung sind substantielle Wettbewerbsfaktoren dieser Regionen. Ähnliches gilt für Länder mit intensiver Plantagenwirtschaft in den Tropen und Subtropen.

Forderungen und auch konkrete Maßnahmen in den Bereichen Energienutzung und Umweltschutz mit dem Ziel, eine nachhaltige Entwicklung zu fördern, beeinflussen zunehmend die Einstellung und die Akzeptanz der Verbraucher, d. h. der Nachfrageseite. Sie haben entsprechende Konsequenzen für das Angebot der Wald- und Holzwirtschaft. Sparsamere Ressourcennutzung, nachhaltige und pflegliche Nutzung der erneuerbaren Ressourcen, Effizienzsteigerung des Energie- und Materialeinsatzes sowie geschlossene Prozesse der Produktion, des Konsums und der Entsorgung sind notwendige Voraussetzungen, um dem weltweiten Ziel einer nachhaltigen Entwicklung näher zu kommen. Sowohl in Europa wie in Nordamerika sind in diesem Zusammenhang wichtige Veränderungen im Bereich öffentlicher Politiken und der Gesetzgebung vor allem in Bezug auf Umweltschutz, nachhaltige Ressourcennutzung und Forstpolitik festzustellen.

Ein weiterer Entwicklungstrend ergibt sich aus der Forderung nach vermehrter Partizipation und Mitbestimmung der Bevölkerung und direkt betroffener Gruppen (Stakeholder), auf die Gestaltung ihrer Lebensbedingungen, den Schutz der Umwelt und die Nutzung und Erhaltung von Wald und Landschaft unmittelbar Einfluss zu nehmen. Die Analyse von Wertetypen, Motivationsstrukturen und Zielgruppen der Waldeigentümer, der Unternehmer in der Holzwirtschaft, der Kunden und Konsumenten sowie anderer Stakeholder ist hier von speziellem Interesse (Kammerhofer 2006). Die Notwendigkeit von Maßnahmen zur Erhaltung von Biodiversität und seltenen Biotopen führt zu vermehrten Forderungen nach Flächen- und Nutzungsbeschränkungen aus Gründen des Natur- und Landschaftsschutzes. Wenn sich auch hier derzeit unterschiedliche regionale und länderspezifische Entwicklungen abzeichnen, so ist doch ersichtlich, dass die Einflussnahme der Öffentlichkeit und des Gesetzgebers auf Art und Intensität der Waldbewirtschaftung beachtlich zugenommen hat (Wagner 1996).

Strukturelle Verschiebungen der Bodennutzung sind ebenfalls ein Faktor, der das Umfeld der Europäischen Wald- und Holzwirtschaft beeinflusst. Mit der fortschreitenden Freisetzung landwirtschaftlicher Flächen in klimatisch und strukturell benachteiligten Regionen ergeben sich Möglichkeiten zur Neubegründung von Wäldern durch Aufforstung und für spezielle Programme zur Produktion und Verwertung von Biomasse. Hier sind vor allem in den mittel- und osteuropäischen Ländern im Übergang zur Marktwirtschaft sowie in Südeuropa bedeutende Veränderungen zu erwarten. Die dabei ablaufenden Prozesse der Strukturanpassung beeinflussen die waldwirtschaftliche Produktion und bringen Veränderungen im Rohholzangebot an die Holzwirtschaft mit sich.

In Bezug auf die nachhaltige Waldbewirtschaftung lassen sich mit Blick auf diese Entwicklungen folgende Annahmen machen:

– Die Waldfläche insgesamt wird in beschränktem Umfang weiter zunehmen. Die für eine wirtschaftlich effiziente Holzproduktion verfügbaren Flächen werden sich dagegen kaum erhöhen.

– Unter der Annahme, dass die Ausweisung von Schutzgebieten, in denen nur eine beschränkte oder keine Holznutzung möglich ist, weiterhin anhält, ist mit einer insgesamt gleich bleibenden Gesamtfläche für die Holzproduktion zu rechnen.

– Die Anforderungen an eine naturnahe und pflegliche Waldbewirtschaftung von Seiten der Öffentlichkeit werden in allen europäischen Regionen weiterhin steigen.

– Im Zusammenhang mit der internationalen Klimadebatte und den Umsetzungsmöglichkeiten des Kyoto-Protokolls erhalten nachhaltige Holzproduktion und Verwendung von Holz als hochwertiger Rohstoff und Energiequelle neue umweltpolitische und energiepolitische Dimensionen.

– Der derzeit bestehende Trend einer Erhöhung des Nettozuwachses an Holz dürfte sich mit dem Älterwerden der Bestände und Veränderungen der Bestandesstruktur, zumindest in bestimmten Ländern, deutlich abflachen.

– Der Trend wachsender Gesamtvorräte wird bis auf weiteres anhalten. Der maßgebliche Faktor ist hier die Höhe der laufenden Jahresnutzungen. Diese wird in erster Linie von der Nachfrageentwicklung und vom Preisniveau für Rohholz und Holzprodukte beeinflusst.

– Andere Waldnutzungen und Dienstleistungen der Waldwirtschaft werden überdurchschnittlich an Bedeutung gewinnen.

2.3.2 Auswirkungen auf die Wald- und Holzwirtschaft

Bestimmungsgründe zur Charakterisierung des Umfeldes von Unternehmen und Betrieben sind (Porter 1992):

– Rahmenbedingungen, die sich aus staatlichen Regelungen und Rechtsnormen ergeben (Institutionen und Politikbereiche)

– Quantitative und qualitative Veränderungen der Absatzmärkte (Nachfrageentwicklung)

– Verfügbarkeit von Ressourcen für die Produktion bzw. Veränderungen der Ange-
botspalette und der Kostenrelation auf Beschaffungsmärkten (Produktionsgrund-
lagen)

– Chancen bzw. Hemmnisse für den Markteintritt neuer Unternehmen (Marktzugang
und Wettbewerbsfähigkeit)

– Entwicklung neuer Technologien sowie Strukturanpassungen bei Produktions- und
Vermarktungsprozessen (Substitutionsprozesse).

Für eine Beurteilung der Entwicklungschancen von Unternehmen der Wald- und Holzwirtschaft sind die in der folgenden Matrix (Abbildung 2-17) zusammengefassten
Punkte relevant:

– Aktivitäten großer regionaler und internationaler Unternehmensgruppen, die zu
einem verstärkten Wettbewerbsdruck führen

– Globalisierung der Märkte, Standardisierung der angebotenen Produkte und
Dienstleistungen und integrierte Handels- und Vermarktungssysteme, sowie eine
starke Stellung der Kunden insbesondere der Endkonsumenten

– Konkurrenz durch andere Roh- und Werkstoffe, die traditionelle Verwendungszwecke von Holz in Frage stellt, andererseits neue Einsatzmöglichkeiten und die Produktion kombinierter Werkstoffe ermöglicht

– Zunehmende Nachfrage nach spezialisierten und technologisch hochwertigen Produkten auf etablierten Märkten sowie das Entstehen neuer Märkte für standardisierte Produkte, welche Chancen für die Holzverwendung bieten

– Globale und regionale Handelsabkommen, welche die Markteintrittschancen für
europäische Unternehmen der Holzwirtschaft verbessern.

129

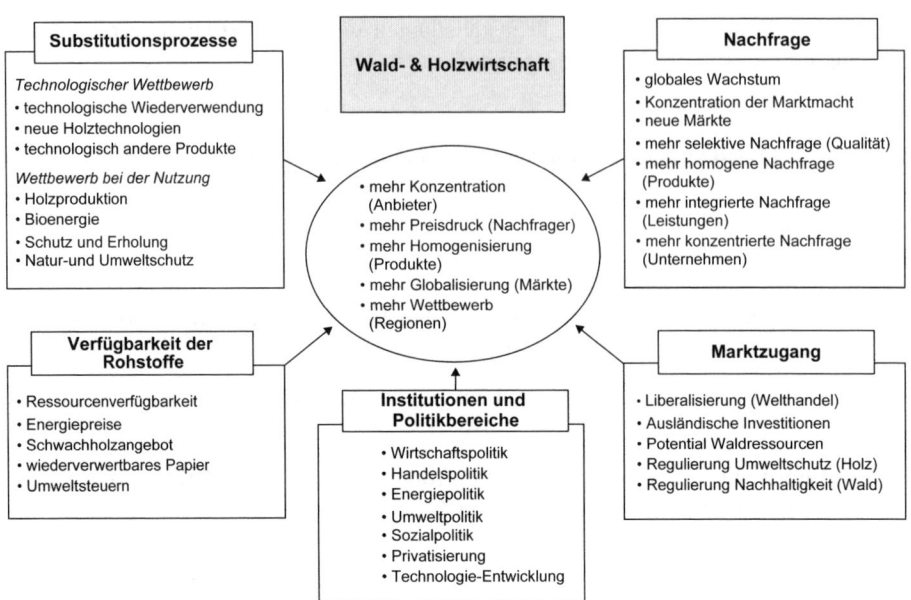

Abbildung 2-17:   Umfeldbedingungen der Wald- und Holzwirtschaft (Schmithüsen 1997: 21, verändert)

In Bezug auf die Umfeldbedingungen der Waldbewirtschaftung und die möglichen mittelfristigen Auswirkungen auf die Holzproduktion zeigen sich derzeit folgende Trends (Abbildung 2-18):

–   Der zunehmende Wettbewerbsdruck auf die Produzenten von Rohholz von Seiten der holzverarbeitenden Industrie zwingt zu Strukturveränderungen, zur Kostenreduktion durch Rationalisierung und zur vermehrten Kooperation und Spezialisierung im Angebotsverhalten.

–   Die Konkurrenzierung des Rohholzangebots durch Technologien der Wiederverwendung, insbesondere von Altpapier und der Restholzverwertung, nimmt zu.

–   Die ungünstige Entwicklung des Austauschwertes von Holz in Relation zur Einkommensentwicklung führt zu einem weiteren Kostendruck und in bestimmten Fällen zur Extensivierung der Waldbewirtschaftung.

–   Die vermehrte Produktion von Biomasse und Rohstoffen im Rahmen der landwirtschaftlichen Produktion stellt ebenfalls eine Konkurrenzierung der Holzproduktion dar.

–   Andererseits ist mit einer vermehrten Nachfrage nach qualitativ hochwertigen Stammholzsortimenten und nach bestimmten Baumarten zu rechnen, die bei begrenztem Angebot zu vermehrten Chancen eines Qualitätsangebotes führt.

– Bei Massensortimenten ist eine vermehrte Bündelung des Angebots der Forstbetriebe, eine konsequente Standardsortierung sowie Flexibilität in der Belieferung der holzwirtschaftlichen Kunden notwendig.

– Der steigende Flächenbedarf für andere Nutzungen bzw. Schutzgebiete sowie Einschränkungen in Bezug auf die Bewirtschaftung naturnaher Waldgebiete und Altbestände kann zumindest örtlich zu einer Verringerung des Holzangebots aus gut erschlossenen und qualitativ guten Beständen führen.

– Mit Verschiebungen auf der Angebotsseite durch wachsende Exportanteile anderer Waldregionen der nördlichen Hemisphäre bzw. aus tropischen und subtropischen Gebieten mit umfangreichen Aufforstungsprogrammen ist zu rechnen.

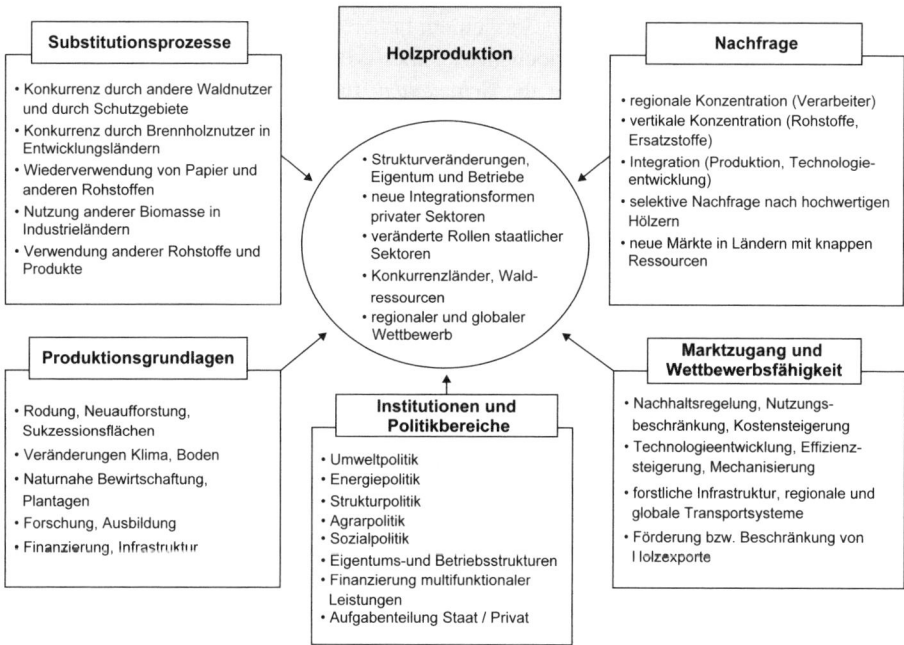

Abbildung 2-18:   Umfeldbedingungen der Holzproduktion (Schmithüsen 1997: 22, verändert)

2.3.3   Handlungsmöglichkeiten

Wichtige Hinweise für mögliche Ansatzpunkte unternehmerischen Handelns, das auf die Verbesserung der Wettbewerbsfähigkeit wald- und holzwirtschaftlicher Unternehmen ausgerichtet ist, gibt die Analyse von *Stärken, Schwächen, Chancen und*

Gefahren (SWOT-Analyse; Kapitel 8.4.6). Entsprechende Analysen basieren sowohl auf quantitativen, als auch auf qualitativen Größen, die hinsichtlich ihrer Bedeutung für die Wettbewerbsfähigkeit von Unternehmen oder Branchen untersucht werden (Abbildung 2-19). Die Analyse der Wettbewerbsfähigkeit der europäischen Holzindustrie zeigt, dass die Mehrheit der Produktbereiche in *qualitativer* Hinsicht global wettbewerbsfähig ist (European Commission 2000: 40 ff.). Die Qualität der angebotenen Produkte entspricht den Kundenanforderungen und kann im internationalen Vergleich mit den Konkurrenten mithalten bzw. sie übertreffen. In Bezug auf *quantitative* Parameter ist jedoch festzustellen, dass die *Produktionskosten* im internationalen Vergleich hoch sind. Dies zieht erhebliche Wettbewerbsnachteile im globalen Vergleich mit Konkurrenten nach sich.

Die *Stärken* der europäischen Industrie liegen in einer weiter expandierenden Rohstoffbasis, der nachhaltigen Holzproduktion, einem hohen Technologie- und Ausbildungsniveau, der Nähe zu großen und hochentwickelten Märkten sowie der differenzierten Produktionsstruktur. In Bezug auf die *Schwächen*, für deren Beseitigung innovative Massnahmen der Unternehmen und holzwirtschaftlichen Branchen erforderlich sind, zeigt die SWOT-Analyse, dass diese in erster Linie in hohen Rohstoff- und Arbeitskos-

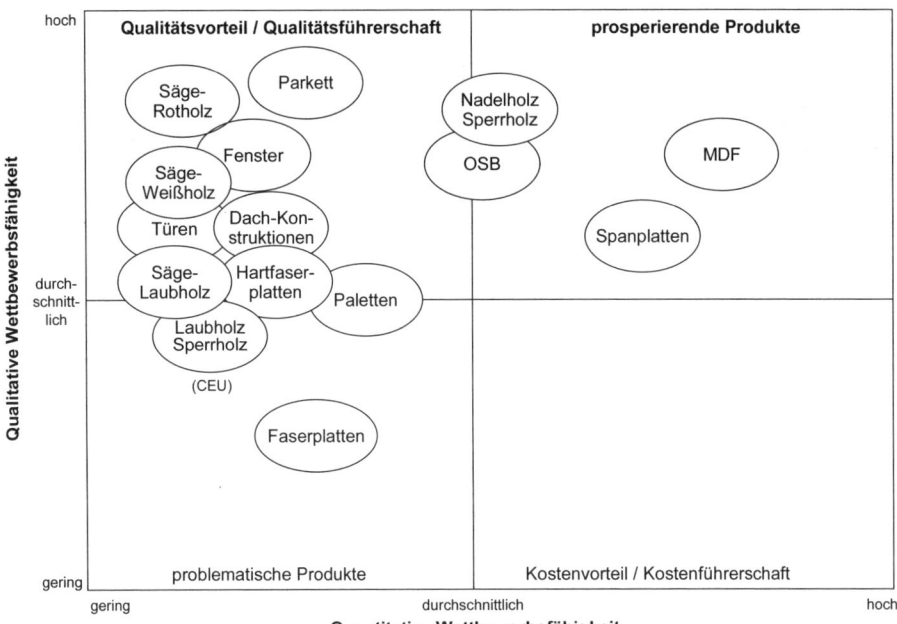

Abbildung 2-19: Wettbewerbsfähigkeit der Holzindustrie in der EU (European Commission 2000: 44, übersetzt)

ten, in einer zu geringen Kapitalrentabilität, die zu ungenügenden Investitionen für Forschung, Entwicklung und Rationalisierung führen, sowie in einer wenig ausgeprägten Kultur der Verwendung von Holz, verbunden mit zu geringer Produktinnovation, liegen (Abbildung 2-20).

Chancen ergeben sich durch die Erhöhung von hochwertigen und aufeinander abgestimmten Produkt-Service-Angeboten für die Endkonsumenten, beim Ausbau der Verflechtung zwischen verschiedenen Branchen und Teilmärkten, in einer effizienten und wertsteigernden Nutzung der Rohstoffbasis sowie bei vermehrter Kooperation mit Regionen, in denen Versorgungsketten mit einer kostengünstigen Produktionsstruktur bestehen. *Gefahren* werden vor allem gesehen in dem zunehmenden Wettbewerb von Seiten Osteuropas und Russlands, aber auch Lateinamerikas und Südostasiens. Erheb-

Strengths / Stärken	Weaknesses / Schwächen
→ nachhaltige und expandierende Rohstoffbasis → leistungsfähige Technologie, gutes Know-how und Fachwissen → Nähe und Zugang zu den größten und anspruchsvollsten Märkten der Welt → hohe Industriedichte (Clusterbildung) und Nutzung der heimischen Standortsvorteile	→ wenig Kultur in der Verwendung von Holz im täglichen Gebrauch sowie größerer Wettbewerb in neuen Märkten → hohe Rohstoff-Kosten (speziell bei Holz) → hohe Arbeits-Kosten → geringe Rentabilität und daher verringerte Möglichkeiten für Reinvestitionen, F&E-Aktivitäten, Umstrukturierung und Rationalisierung
Opportunities / Chancen	**Threats / Gefahren**
→ Erhöhung der Holzverwendung: -Holz als Lifestyle-Produkt -Erweiterung der Angebotspalette -integrierte Problemlösungen für Konstruktionen → weitere Möglichkeiten zur Nutzung und zum Ausbau der Industriecluster → vermehrte Nutzung von Synergien, z.B. geographisch, technologisch, infrastrukurell, Know-how, Zulieferer → vermehrte Nutzung des expandierenden Potenzials der Waldressourcen → Beteiligung an Wertschöpfungsketten in kostenwettbewerbsfähigen Regionen	→ Konkurrenz / Wettbewerb mit Osteuropa, Russland, Südostasien und Lateinamerika → zu geringe Produkterneuerungen und Problemlösungsinnovationen im Wettbewerbmit Substituten (anderen Materialien) → mangelnde Kapitalisierung des Umweltwertes

Abbildung 2-20:   SWOT-Analyse der Holzindustrie in der EU (European Commission 2000: 44, übersetzt)

liche Gefahren werden auch identifiziert in Bezug auf Produkt- und Verfahrensentwicklungen bei Rohstoffen, Werkstoffen und Materialien, die Holz und Holzprodukte substituieren.

Die Schlussfolgerungen aus der SWOT-Analyse für die Holzindustrie liegen auf der Hand. Der ökonomische und technologische Wettbewerb in der Wald- und Holzwirtschaft wird über Preis und Qualität der angebotenen Produkte und Leistungen auf den verschiedenen Produktionsstufen und auf den Endabsatzmärkten geführt. Basis der Wettbewerbsposition europäischer Unternehmen der Holzindustrie ist die Qualität der angebotenen Produkte. Sie muss weiter entwickelt und ausgebaut werden. Gleichzeitig ist eine Erhöhung der Wertschöpfung durch Reduktion von Kosten notwendig. Voraussetzungen sind eine effiziente Gestaltung der gesamten Produktionskette, die Entwicklung hochwertiger Materialien und Fertigungsverfahren sowie Angebote für integrierte Technologie- und Beratungsleistungen. Ebenfalls von Bedeutung ist der Aufbau leistungsfähiger Logistik- und Distributionssysteme, die auf die Belieferung regionaler und weltweiter Märkte ausgerichtet sind. Dies bedingt Strukturanpassungen, eine enge Verzahnung zwischen Primärproduktion und industrieller Verarbeitung sowie wirtschaftlich effizienten Systemlösungen für die Produktion und die Vermarktung von Investitions- und Verbrauchsgütern. Forschung und Technologieentwicklung und eine flexible Anpassung an Veränderungen der Nachfrageentwicklung sind entscheidende Wettbewerbsfaktoren.

Die Waldwirtschaft Europas hat ebenfalls eindeutige Stärken und Chancen im Wettbewerb mit anderen Regionen (MCPFE 2007). Sie ist auf lange Produktionszeiträume ausgerichtet und ihre Zielsetzungen orientieren sich an den Gegebenheiten des Standorts, dem Potenzial der einheimischen Baumarten und am Aufbau der vorhandenen Waldbestände. Sie beruht weitgehend auf einer multifunktionalen naturnahen Bewirtschaftung, die eine Vielfalt unterschiedlicher Bedürfnisse und Forderungen der Nutzergruppen bei unternehmerischen Produktionsentscheiden berücksichtigen kann. Sie ist im Vergleich mit anderen Ländern und vor allem mit außereuropäischen Regionen ein fortschrittliches Beispiel, wie unterschiedliche private und öffentliche Interessen entsprechend den lokalen Gegebenheiten einbezogen werden. Die Waldeigentümer können mit ihrer Art der Bewirtschaftung auf gesellschaftliche Veränderungen flexibel reagieren. Eine multifunktionale naturnahe Waldbewirtschaftung wird dem Prinzip nachhaltiger Entwicklung in hohem Maße gerecht. Sie ist im internationalen Vergleich als ein wesentlicher und langfristig wirkender Wettbewerbsvorteil anzusehen.

Ein entscheidender Punkt im weltweiten Wettbewerb sind die Rohstoffkosten. Eine Verringerung des Produktionsaufwandes durch Rationalisierung, die Erhöhung der Wertschöpfung auf der Stufe Rohholz durch eine effiziente Sortierung und die Konzentration der Produktion auf wirtschaftlich rentable Gebiete und Waldbestände sind Voraussetzungen einer ökonomisch tragfähigen und wettbewerbsfähigen Holzproduktion. Es geht um Produktivitätssteigerungen in der Waldbewirtschaftung und um Kostensenkungen im Angebot von Rohholz. Vermehrter Technologieeinsatz und fortschreitende Mechanisierung werden auch weiterhin die Produktionsprozesse der Waldbewirtschaftung prägen. Ein branchenübergreifender Ansatz ist Voraussetzung dafür, dass die in der heutigen Praxis noch ausgeprägte Trennlinie zwischen Holzernte und Bereitstellung von Rohholz für die gewerbliche und industrielle Verwertung überwunden wird.

Gleichzeitig ergeben sich weitere Chancen und Herausforderungen in Bezug auf eine multifunktionale Bewirtschaftung der Wälder, die heute für die Bevölkerung eine weit über die Holzproduktion hinausgehende Bedeutung haben. Wälder und Bäume repräsentieren für die Bevölkerung heute in hohem Maß Vorstellungen der Natur, die dem Betrachter in einem im Vergleich zu anderen Bereichen der Landschaft weniger vom Menschen beeinflussten Zustand erscheint (Seeland 1993). Sie unterscheiden sich damit von Siedlungsflächen und intensiv genutzten landwirtschaftlichen Gebieten. In dieser Wertschätzung spiegeln sich neue Bedürfnisse der Bevölkerung, die zu einem großen Teil in städtisch geprägten Räumen lebt. Waldgebiete sind zudem von großer Bedeutung für die Erhaltung der Biodiversität und den modernen Natur- und Landschaftsschutz.

Die zunehmende Sensibilität der öffentlichen Meinung gegenüber Kahlschlägen und intensiven Erschließungssystemen hat Konsequenzen für die Akzeptanz der Bevölkerung in Bezug auf die Art der Waldbewirtschaftung und vor allem die Möglichkeiten und Grenzen der Rationalisierung in der Holzproduktion. In Gebieten mit einem hohen Bewaldungsanteil und geringer Bevölkerungsdichte, z. B. in Skandinavien und Nordamerika, können wichtige Forderungen des Naturschutzes und der entsprechenden Interessengruppen durch eine flächenhafte Trennung von Schutzgebieten und Wirtschaftswäldern erfüllt werden. Dies ist dagegen in Mitteleuropa nur beschränkt der Fall, da hier die unterschiedlichen Interessen sich mehrfach und häufig kleinflächig überlagern.

2.3.4   Innovation

Innovationen sind die Grundlage von Veränderungen und Anpassungsprozessen im Wettbewerb. Ohne innovatives Denken und Handeln sind Weiterentwicklung, Wachstum oder Vorwärtskommen nicht möglich (Leder 1990; Berndt 2000). Durch Innovationen können vorhandene Knappheiten und Engpässe behoben, aber auch neue Bedürfnisse geweckt bzw. erschlossen werden. Technologische Entwicklungen sind häufig die Ursache für neu sich bietende Chancen aber auch für unerwartete Herausforderungen im Wettbewerb. So haben z. B. in der Informations- und Kommunikationsindustrie Forschung und Entwicklung eine Vielzahl neuer Bedürfnisse, Produkte und Märkte entstehen lassen, welche die Wettbewerbssituation anderer Branchen massiv beeinflussen. Ausmaß und Geschwindigkeit der Innovation sind in doppelter Hinsicht für die Unternehmen von Bedeutung. Innovation durch Forschung und Entwicklung sind primäre Elemente für die Neugestaltung von Prozessen der Wertschöpfung und damit ein wichtiger Aspekt unternehmerischer Tätigkeit (Abbildung 2-21). Gleichzeitig führen Innovationen zu vermehrtem Wettbewerb und verlangen unternehmerische Reaktionen und Anpassungen. Es geht darum, Chancen zu nutzen und Gefahren zu umgehen.

Innovative Unternehmen begeben sich auf neues Terrain und verlassen zumindest in Teilbereichen bekannte und oft auch bewährte Handlungsmuster. Die Reaktionen der an Innovationen Beteiligten, wie die des Umfelds, lassen sich nicht genau vorhersagen. Durch Innovationen verursachte Veränderungen sind nur mit engagierten Mitarbeitern zu erreichen. Durch systematisches Innovationsmanagement muss ein für die Entwicklung und Umsetzung von Neuerungen günstiges Klima geschaffen werden (Kapitel 4.2.7). Kommunikation und Überzeugungsarbeit sind Voraussetzungen dafür, dass in der betrieblichen Praxis wirksame Veränderungen überhaupt möglich werden. Sie stellen hohe Ansprüche an die Führungsqualitäten unternehmerischer Persönlichkeiten.

In der Holzwirtschaft zeigt sich die Bedeutung von Innovationen an vielen Beispielen. Automatische Datenverarbeitung und mobile Kommunikation bieten neue Möglichkeiten zur Organisation übergreifender Wertschöpfungsketten. Der Einsatz moderner Technik mit Profilzerspanern hat zu einer massiven Steigerung der Produktivität in der Sägeindustrie geführt. Durch neue Produktionsverfahren werden früher als Nebenprodukte angesehene Materialien zu hochwertigen Holzwerkstoffen verarbeitet. Die Entwicklung EDV-gesteuerter, programmierbarer Fertigungsmaschinen in der Möbelindustrie begünstigt bei niedrigen Umrüstzeiten die Fertigung einer hohen Zahl von Produktvarianten sowie die Optimierung der Materialausbeute. Wichtige Innovationen erfolgen durch Anpassungen der Betriebsstruktur, im Eingehen von strategischen Kooperationen und bei Veränderungen der Firmenkultur unter Beachtung der sozialen Nachhaltigkeit.

In der Waldwirtschaft werden innovative Veränderungen in erster Linie auf die Prozessorganisation der Holzproduktion bezogen. Hierzu gehören z. B. neue Erntetechniken oder der Einsatz leistungsfähiger und rationell arbeitender Spezialmaschinen. Weniger Beachtung hat bisher gefunden, dass auch bei der Waldbewirtschaftung für Erholung, Wohlfahrt und Schutz beachtliche Innovationen erfolgt sind und dass weitere Fortschritte gemacht werden können. Innovation sind insbesondere bei der Entwicklung von Produkten notwendig, die es ermöglichen, spezielle Dienstleistungen im Infrastrukturbereich neu auf dem Markt anzubieten. So können Waldeigentümer im Umfeld der Städte und Verdichtungsräume mit den Produkten Erholungsnutzung und Pflege von Biotopen kommerzielle Beziehungen zu den Nutzern aufbauen und damit neue Kunden gewinnen. Es geht hierbei um Leistungsangebote zu definierten Preisen, wobei die Konsumenten bzw. ihre politischen Vertreter entscheiden, ob sie gewillt sind, diese zu finanzieren. Innovationsmöglichkeiten in Forstbetrieben liegen z. B. auch in der Nutzung neuer Formen des Verwaltungshandelns (Kapitel 4.6.8).

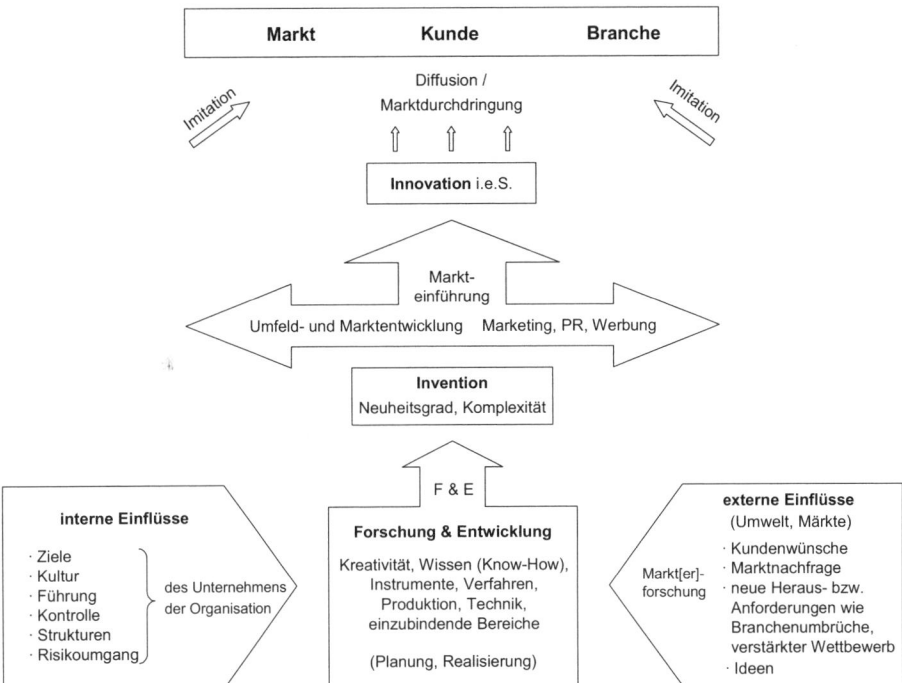

Abbildung 2-21:   Innovation in Unternehmen und Betrieben (Eigene Darstellung)

2.3.5   Unternehmerische Herausforderungen

Die Wettbewerbsstärke von Unternehmen wird von ihrer Fähigkeit bestimmt, auf Veränderungen der Märkte, des politischen und gesellschaftlichen Umfeldes und der natürlichen Rahmenbedingungen rasch, flexibel und effizient zu reagieren (Porter 2002). Zentral ist dabei der Zugang zu den relevanten lokalen und globalen Märkten. Ebenso wichtig ist die Fähigkeit, Güter und Leistungen zu wettbewerbsfähigen Preisen anbieten zu können. Der Wettbewerb, in dem sich die Unternehmen der Wald- und Holzwirtschaft befinden, wird auf allen Stufen der Wertschöpfungskette geführt. Unternehmerische Zielsetzungen, Strategieentwicklung, operatives Vorgehen und Organisation der Wertschöpfung unterliegen damit einem ständigen Wandel. Von diesem Phänomen sind alle Branchen und Wirtschaftssektoren betroffen. In der Waldwirtschaft ist z.B. die Entwicklung der heutigen Waldnutzungsformen von der Nieder- und Mittelwaldwirtschaft zur Bewirtschaftung von Hochwäldern als Reaktion auf neue wirtschaftliche Gegebenheiten zu verstehen. Ebenso ist der Strukturwandel in der Sägeindustrie der vergangenen 20 Jahre auf massive Veränderungen im unternehmerischen Umfeld zurückführen. Gleiches gilt für das Entstehen eines Dienstleistungssektors in der Waldwirtschaft, der zunehmend durch Forstservice-Unternehmen ausgefüllt wird.

Die Zunahme des internationalen Wettbewerbs, verbunden mit einer Spezialisierung der Nachfrage, bringt für die Wald- und Holzwirtschaft der Industrieländer Marktchancen wie auch eine vermehrte Konkurrenz. Von Bedeutung sind der globale und regionale Strukturwandel der Wirtschaft, Veränderungen der Nachfrage und neue technologische Produktionsverfahren. Die Konkurrenz zwischen Holz und anderen Werkstoffen und Materialien ist ein wichtiger Faktor im Wettbewerb um Absatzmärkte. Fundierte Marktinformationen und eine eingehende Kenntnis regionaler und weltweiter Entwicklungen der Holzproduktion sind unabdingbar bei der Beurteilung möglicher Verschiebungen und Konkurrenzvorteile auf internationalen Märkten. Eine zentrale Voraussetzung der Wettbewerbsfähigkeit ist eine größere Wirtschaftlichkeit in allen Bereichen der Produktion, verbunden mit einer hohen Wertschöpfung auf allen Stufen der Holzverarbeitung. Die Vermarktung von Dienstleistungen im Infrastrukturbereich, die Erhöhung der Effizienz der gesamten Leistungserstellung und eine konsequente Rationalisierung sind auf Seiten der Forstbetriebe unerlässlich. Hiermit sind komplexe Investitionsentscheidungen zur Erhaltung und Erhöhung des Produktionsvermögens der Waldbestände verbunden (Deegen 2001).

Die Wettbewerbsdynamik und die Verfügbarkeit neuer, kapitalintensiver Produktionstechnologien führen in weiten Bereichen der Holzwirtschaft zu einer Konzentration in der Nachfrage nach Rohstoffen und zu veränderten Anforderungen in der Beschaffung. Demgegenüber ist die Waldbewirtschaftung in Mitteleuropa heute häufig noch von traditionellen, vielfach dezentralen Strukturen geprägt. In der Verringerung der hohen Transaktionskosten bei der Rohstoffbeschaffung liegen erhebliche Wertpotenziale und damit Chancen für die Wald und Holzwirtschaft. Der konsequente Einsatz moderner Technologie in den Bereichen Data Management, Information und Kommunikation bietet neue Möglichkeiten für eine stärkere Integration dezentraler Angebote in die Wertschöpfungsprozesse der Holzwirtschaft.

Berücksichtigt man, dass in Mitteleuropa nahezu zwei Drittel der Bevölkerung in Städten und Verdichtungsräumen leben, so wird deutlich, dass die Bedeutung der multifunktionalen Waldbewirtschaftung auch in Zukunft weiter wachsen wird. Vor allem bei Waldbesitzern im Verdichtungsraum oder auch im Berggebiet ist festzustellen, dass Leistungen für Infrastruktur, Erholungsnutzung und Natur- und Landschaftsschutz vermehrt zu eigenständigen Zielen der Bewirtschaftung werden. Die Umsetzung multifunktionaler Zielsetzungen in der Waldwirtschaft setzt allerdings voraus, dass die unmittelbaren Nutzer, d. h. private Interessenten und öffentliche Gemeinwesen, vermehrt im Wege vertraglicher oder gesetzlicher Regelungen an der Finanzierung von Kosten bzw. Aufwand solcher konkret nachgefragter Leistungen beteiligt sind. Hier liegt die Herausforderung vor allem in der Schaffung einer vermehrten Transparenz über Kosten und Nutzen. Ohne sie ist die objektbezogene Finanzierung konkret definierter unternehmerischer Leistungsangebote nicht zu erreichen. Gleichzeitig ist eine vermehrte Internalisierung bisher für selbstverständlich gehaltener positiver externer Effekte der Waldwirtschaft notwendig.

138

Eine multifunktionale Waldwirtschaft beruht auf der Bestimmung von Leistungen, für die eine konkrete Nachfrage besteht, und der Sicherung der hierfür notwendigen Finanzierung. Die Gestaltung effizienter, auf die unternehmerischen Ziele abgestimmter Wertschöpfungsprozesse erfordert, dass die Dynamik der Nachfrageentwicklung und die hieraus folgende betriebsspezifische Differenzierung zur Grundlage der gesamten Leistungserstellung gemacht werden. Im konkreten Fall kann sich eine weitgehend holzwirtschaftlich orientierte Produktionswaldwirtschaft als zweckmäßig und wettbewerbsfähig erweisen. Vor allem in dichtbesiedelten Regionen und entlang von Transitachsen entwickeln sich dagegen die Nutzungs- und Bewirtschaftungsformen sehr viel mehr in Richtung einer multifunktionalen Dienstleistungswaldwirtschaft.

Unternehmerische Herausforderungen einer innovativen Waldwirtschaft liegen in einem kostenbewussten und integrativen Management, das ökonomische Effizienz, die Erfüllung sozialer Bedürfnisse und die Beachtung ökologischer Anforderungen sinnvoll verbindet. Die Weiterentwicklung standortgerechter Bewirtschaftungs- und Nutzungsverfahren, welche die Vitalität der Wälder und die Erhaltung von Flora und Fauna sichern, ist hierzu ein wichtiger Schritt (Burschel und Huss 2003). Die intensive und weiter zunehmende Nutzung von Landschaft und Wäldern als Erholungsgebiete in den Verdichtungsräumen, verbunden mit einer ebenfalls wachsenden touristischen Nutzung in Fernerholungsgebieten, stellt hohe Anforderungen an eine naturnahe Waldbewirtschaftung. In den Berggebieten wächst die Bedeutung der Bewirtschaftung von Schutzwäldern, der Stabilitätspflege und ergänzender Maßnahmen, um Siedlungsgebiete, touristische Anlagen sowie Verkehrs- und Kommunikationslinien vor den Einwirkungen von Naturgefahren zu sichern. Hieraus folgt, dass die Bedeutung forstbetrieblicher Dienstleistungen weiterhin zunehmen wird. Eine konsequente Orientierung an den Kundenwünschen öffentlicher und privater Nachfrager und an den zur Finanzierung forstbetrieblicher Maßnahmen zur Verfügung stehenden Mittel ist hier die maßgebliche Voraussetzung für eine nachhaltige und wirtschaftlich erfolgreiche Waldwirtschaft.

Insgesamt verlangt das sich dynamisch verändernde Umfeld der Wald- und Holzwirtschaft nicht nur Reaktionen auf bestehende Trends, sondern vor allem aktives unternehmerisches Handeln, mit dem bestehende Grenzen gezielt überschritten und neue Geschäftsfelder frühzeitig besetzt werden. In anderen Fällen ist es notwendig, auf bisherige Geschäftsbereiche zugunsten der Konzentration auf Kernaufgaben zu verzichten. Gemeinsame Herausforderung für Waldeigentümer und Unternehmen der Holzwirtschaft ist hierbei, die Kooperationen innerhalb der gesamten Wertschöpfungskette auszubauen und die Bedürfnisse der Kunden in ihre Überlegungen systematisch einzubeziehen. Ein periodisches Monitoring innerhalb und außerhalb des Unternehmens ist notwendig, um frühzeitig innovative Handlungsoptionen zu entwickeln, die geeigneten auszuwählen und sie umzusetzen. Erst dann kann man in der Tat im Sinn der Wortbedeutung von eigenständigen Akteuren und von unternehmerischem Handeln sprechen.

2.4 Literatur

Behrens, C.-U. (2004): Makroökonomie Wirtschaftspolitik: Managementwissen für Studium und Praxis. R. Oldenbourg, München, Wien. 463 S.

Bergen, V.; Löwenstein, W.; Olschewski, R. (2002): Forstökonomie. Volkswirtschaftliche Grundlagen. Franz Vahlen, München. 469 S.

Berndt, R., Hrsg. (2000): Innovatives Management: Herausforderungen an das Management. Band 7. Springer, Berlin. 363 S.

Burschel, P.; Huss, J. (2003): Grundriss des Waldbaus – Ein Leitfaden für Studium und Praxis. 3. unveränderte Auflage, Ulmer, Stuttgart. 487 S.

BUWAL (1999): Gesellschaftliche Ansprüche an den Schweizer Wald: Ergebnisse einer repräsentativen Meinungsumfrage des Projektes Wald-Monitoring. Schriftenreihe Umwelt, Band 309. Bundesamt für Umwelt, Wald und Landschaft (BUWAL), Bern. 151 S.

Deegen, P. (2001): Aufforstung und Holzeinschlag als Investitionsprobleme in einer statischen Welt. Institut für Forstökonomie und Forsteinrichtung, Technische Universität Dresden, Dresden. 181 S.

Eder, A.H. (2000): Holzströme in der österreichischen Volkswirtschaft. Untersuchung der Verflechtung der österreichischen Forst- und Holzwirtschaft an Hand von Input-Output-Tabellen. Schriftenreihe des Instituts für Sozioökonomik der Forst- und Holzwirtschaft, Band 41. Universität für Bodenkultur (BOKU), Wien. 86 S.

European Commission (2000): Competitiveness of the European Union Woodworking Industries – Summary Report. Office for Official Publications of the European Communities, Luxembourg. 72 pp.

Frey, R.L. (1997): Wirtschaft, Staat und Wohlfahrt: Eine Einführung in die Nationalökonomie. 10 Auflage. Helbing und Lichtenhahn, Basel. 269 S.

IIASA (2007): Study of the Effects of Globalization on the Economic Viability of EU Forestry. Final Report December 2007. Intern. Institut for Applied Systems Analysis, Laxenburg/Austria. 185 pp. and 111 pp. Annex

Kammerhofer A.W. (2006): Wertetypen, Motivationsstrukturen und Zielgruppen in Verbindung mit der Property-Rights-Theorie. Schw. z. Forstwes. (2006). 157. Jg., 3-4/06. S. 82-83.

Lechner, K.; Egger, A.; Schauer, R. (2006): Einführung in die allgemeine Betriebswirtschaftslehre. 23., überarb. Auflage. Linde, Wien. 989 S.

Leder M. (1990): Innovationsmanagement – Ein Überblick. S. 1-54. In: Albach, H., Hrsg.: Innovationsmanagement: Theorie und Praxis im Kulturvergleich. Gabler, Wiesbaden. 237 S.

140

Mantau, U. (2003): Standorterfassung in der Holzindustrie. Vorgehensweise und Methode der umfassenden Studie der Universität Hamburg zu regionalen Produktionskapazitäten, in: Holz-Zentralblatt, 2003, v. 129(97), S. 1406-1407.

Mantau, U.; Weimar, H. (2003): Struktur der Sägeindustrie in Deutschland. Teil 3 der Studie der Universität Hamburg über die „Standorte der Holzwirtschaft", in: Holz-Zentralblatt, 2003, v. 129(32), S. 488, 490.

Mantau, U..; Weimer, H.; Laber, J. (2003a): Aufkommen und Vertrieb von Sägenebenprodukten. Teil 5 der umfassenden Studie der Universität Hamburg zu regionalen Produktionskapazitäten und Rohstoffeinsatz, in: Holz-Zentralblatt, ISSN 0018-3792, Germany, 2003, v. 129(97), S. 1405-1406.

Mantau, U.; Wierling, R.; Weimar, H. (2003b): Holzschliff- und Zellstoffindustrie in Deutschland. T.2 zu der umfassenden Studie der Universität Hamburg „Standorte der Holzwirtschaft", in: Holz-Zentralblatt, 2003, v. 129(29), S. 449-450.

MCPFE (2007): State of Europe's Forests 2007: The MCPFE Report on Sustainable Forest Management in Europe. Jointly prepared by the Liaison Unit of the Ministerial Conference on the Protection of Forest in Europe (MCPFE), UNECE and FAO, Warsaw. 247 pp.

Meffert, H.; Bruhn, M. (2006): Dienstleistungsmarketing: Grundlagen, Konzepte, Methoden – mit Fallstudien. 5., überarb. und erw. Auflage. Gabler, Wiesbaden. 980 S.

Mrosek, T.; Kies, U.; Schulte, A, (2005): Clusterstudie Forst und Holz Deutschland. AFZ – Der Wald 22/2005, S. 1-8.

Peter, M.; Iten, R.; Hofer, P. (2001): Ökonomische Branchenstudie der Wald- und Holzwirtschaft. Umwelt-Materialien Nr. 138; Bundesamt für Umwelt, Wald und Landschaft (BUWAL), Bern. 109 S.

Peters, S.; fortgef. von: Bruehl, R.; Stelling, J.N. (2005): Betriebswirtschaftslehre: Einführung. Oldenbourgs Lehr- und Handbücher der Wirtschafts- und Sozialwissenschaften. 12. durchges. Auflage. Oldenbourg, München, Wien. 263 S.

Porter, M.E. (1992): Strategic Choices and Competition: Technical Analysis of Sectors and Competition in Industry. Economia, Paris.

Porter, M.E. (2002): Wettbewerbsvorteile: Spitzenleistungen erreichen und behalten (Competitive Advantage). 6 Auflage. Campus, Frankfurt, u. a. 688 S.

Schierenbeck, H. (2000): Grundzüge der Betriebswirtschaftslehre. 15. überarb. u. erw. Auflage. Oldenbourg: München, Wien. 735 S.

Schmithüsen, F. (1997): Wald und Waldbewirtschaftung in einem sich verändernden gesellschaftlichen Umfeld: Forstwirtschaft im Konfliktfeld Ökologie – Ökonomie. Verlag Dr. F. Pfeil, München. S. 17-27.

Schmithüsen, F.; Hirsch, F. (2008): Private Forest Ownership in Europe. Geneva Timber and Forest Discussion Papers ECE/TIM/DP/49, United Nations, Geneva.

Schmithüsen, F.; Wild-Eck, St.; Zimmermann, W. (2000): Einstellungen und Zukunftsperspektiven der Bevölkerung des Berggebietes zum Wald und zur Forstwirtschaft. Beiheft 89, Schweiz. Zeitschrift für Forstwesen, Zürich. 197 S.

Schneck, O., (2006): Lexikon der Betriebswirtschaft: 3500 Begriffe mit allen wichtigen Wirtschaftsgesetzen. Franz Vahlen, München. CD Rom Version 4.0.

Schwarzbauer, P. (2005): Die österreichischen Holzmärkte: Größenordungen, Strukturen, Veränderungen. Vorlesungsunterlagen. Universität für Bodenkultur (BOKU), Wien. 91 S.

Seeland, K. (1993): Der Wald als Kulturphänomen: Von der Mythologie zum Wirtschaftsobjekt. Geographica Helvetica 2. S. 61-66.

Seiler, A. (2003): Financial Management: BWL in der Praxis. Band 2. 3. überarb. Auflage. Orell Füssli, Zürich. 528 S.

Sekot, W. (2000): Grundriss einer (wohlfahrts-)ökonomischen Gesamtbetrachtung der Waldschäden vor dem Hintergrund aktueller Entwicklungen in der Volkswirtschaftlichen Gesamtrechnung. Centr.bl. ges. Forstwes., 117, 1: 27-66.

Spahn, H.-P. (1999): Makroökonomie: Theoretische Grundlagen und stabilitätspolitische Strategien. 2. überarb. u. erw. Auflage. Springer, Berlin, u. a. 349 S.

Thommen, J.-P. (2007): Betriebswirtschaftslehre. 7., überarb. Auflage. Versus Verlag, Zürich. 1309 S.

Thommen, J.-P. (2008): Lexikon der Betriebswirtschaft: Managementkompetenz von A bis Z. 4., überarb. u. erw. Auflage. Versus, Zürich. 700 S.

Thommen, J.-P.; Achleitner, A.-K. (2006): Allgemeine Betriebswirtschaftslehre: Umfassende Einführung aus managementorientierter Sicht. 5., überarb. u. erw. Auflage. Gabler, Wiesbaden. 1103 S.

Wagner, St. (1996): Naturschutzrechtliche Anforderungen an die Forstwirtschaft. Riwa Verlag, Augsburg. 363 S.

Wild-Eck, St. (2002): Statt Wald – Lebensqualität in der Stadt – Die Bedeutung naturräumlicher Elemente am Beispiel der Stadt Zürich. Seismo-Verlag, Zürich. 454 S.

Wilhelm, Ch. (1997): Wirtschaftlichkeit im Lawinenschutz – Methodik und Erhebungen zur Beurteilung von Schutzmassnahmen mittels quantitativer Risikoanalyse und ökonomischer Bewertung. Mitteilungen Nr. 54, Eidgenössisches Institut für Schnee- und Lawinenforschung, Davos. 309 S.

3. Kapitel

Märkte
und Marketing

3 Märkte und Marketing

3.1 Märkte

3.1.1 Angebot und Nachfrage

Der Begriff Markt bezeichnet generell einen Ort, an dem Anbieter und Nachfrager zusammenkommen, um Wirtschaftsgüter zu tauschen. Vor der Einführung von Zahlungsmitteln erfolgte dies überwiegend in Form des Realtausches, d. h. es wurden Güter und Dienstleistungen direkt gegeneinander ausgetauscht. Die meisten Austauschprozesse erfolgen heute allerdings nicht mehr auf Märkten im ursprünglichen Sinn des Wortes. Moderne Kommunikationsmöglichkeiten führen dazu, dass Angebot und Nachfrage getrennt erfolgen können. Die einzelnen Schritte beim Austausch von Wirtschaftsgütern sind dann komplex und zeitlich wie räumlich von einander abgekoppelt. Geld spielt als universelles Zahlungs- und Tauschmittel die entscheidende Rolle für die Funktion von Märkten. Es ist der dominierende Wertmaßstab für wirtschaftliche Transaktionen und dient als Wertaufbewahrungsmittel.

Alle Markttransaktionen basieren auf demselben grundlegenden Mechanismus von Angebot und Nachfrage (Hardes und Uhly 2007: 34 ff.; Varian 2007: 7 ff.). Das *Angebot* einer bestimmten Menge und Qualität an Wirtschaftsgütern zu einem bestimmten Preis trifft auf eine bestimmte *Nachfrage* und eine damit verbundene *Zahlungsbereitschaft*. Eine Transaktion kommt zustande, wenn die Zahlungsbereitschaft des Nachfragers mindestens dem geforderten *Preis des Anbieters* entspricht (Altmann 2003: 262 ff.). Die Zahlungsbereitschaft des Nachfragers hängt von den *individuellen Präferenzen* ab.

Der *Grenznutzen eines Gutes* ist der Nutzen, der durch den Konsum der jeweils letzten Einheit des Gutes gestiftet wird. Vor allem für Güter des täglichen Bedarfs lässt sich dies einfach veranschaulichen. Der Nutzen, der für eine durstige Person mit dem ersten Getränk verbunden ist, ist sicherlich hoch. Das Konsumieren weiterer Getränke wird den Durst verkleinern und dadurch den Nutzen zusätzlicher Getränke immer weiter reduzieren, bis der Nutzen bei Null angelangt ist. Die Person ist in diesem Fall nicht mehr bereit, für weitere Getränke einen Preis zu entrichten. Das diesem Sachverhalt zu Grunde liegende Prinzip wird als abnehmender Grenznutzen bezeichnet.

Der Zusammenhang zwischen konsumierter Menge und Zahlungsbereitschaft lässt sich in Form einer Nachfragekurve N grafisch darstellen (Abbildung 3-1). Der Verlauf dieser Kurve ist von der Art des Gutes und den Präferenzen der Nachfrager abhängig. Reagieren Nachfrager sensibel auf Änderungen des Preises, spricht man von einer hohen Preiselastizität der Nachfrage. Die Nachfragekurve zeigt dann eher einen flachen Verlauf (Altmann 2003: 264f., 295ff.).

Der Umfang des *Angebots* hängt von den *erzielbaren Preisen* ab. Sofern die Kosten zur Produktion von Gütern niedriger sind als die erzielbaren Preise besteht für Unternehmen ein Anreiz, weitere Einheiten dieser Güter zu produzieren, da sie einen Gewinn erwirtschaften können. Unternehmen werden so lange Güter einer bestimmen Art produzieren, solange die *Grenzkosten* niedriger sind als die aktuellen Preise. Unter Grenzkosten sind jene Kosten zu verstehen, welche bei Erhöhung der Produktion um eine Einheit eines Gutes zusätzlich entstehen (Altmann 2003: 319f., 325).

Der Zusammenhang zwischen produzierter Menge und den marginalen Kosten der Produktion lässt sich analog zur Nachfragekurve als Angebotskurve A darstellen (Abbildung 3-1). Die Sensibilität, mit der die Anbieter auf Preisschwankungen reagieren, wird als *Angebotselastizität* bezeichnet. Diese wird vor allem von den variablen und fixen Kosten der Gütererzeugung bestimmt. Der Verlauf der Angebotskurve hängt daher von der *Kostenfunktion* der produzierenden Unternehmen ab (Kapitel 7.4.4, 7.4 8).

Der Schnittpunkt von Nachfrage- und Angebotskurve wird in einem von Verzerrungen unbeeinflussten Markt als *Gleichgewichtspreis* P_1, die dazugehörige Menge als *Gleichgewichtsmenge* X_1 bezeichnet. Stellen sich Gleichgewichtspreis und Gleichgewichtsmenge in Bezug auf Nachfrage und Angebot ein, wird von einem *Marktgleichgewicht* P_1/X_1 gesprochen. Im Marktgleichgewicht werden die Anbieter keine zusätzliche Einheit eines Gutes produzieren, weil die erzielbaren Preise die marginalen Kosten nicht

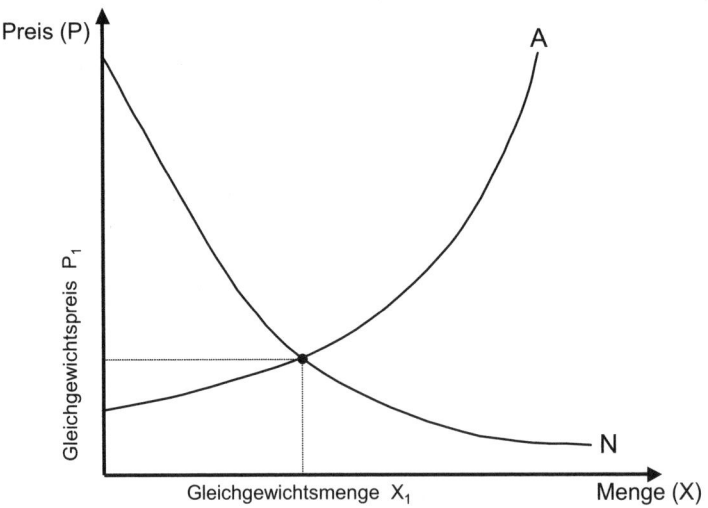

Abbildung 3-1:   Nachfragekurve, Angebotskurve und Marktgleichgewicht

mehr decken und somit ein Verlust entsteht. Die Konsumenten werden höhere Preise nicht akzeptieren, weil ihr marginaler Nutzen niedriger ist als der geforderte Preis.

Ein bestehendes Marktgleichgewicht ist im Zeitablauf nicht stabil. Es verändert sich entsprechend der jeweilig wechselnden Präferenzen der Nachfrager und der jeweils aktuellen Produktionskosten der Anbieter. Eine Veränderung beider Größen führt zu einem temporären Marktungleichgewicht. Eine deutliche Belebung der Aktivitäten in der Bauwirtschaft kann z. B. den Bedarf und damit die Zahlungsbereitschaft der Nachfrager für Schnittholz erhöhen. Dadurch verschiebt sich die Nachfragekurve N_0 nach N_1 (Abbildung 3-2, links). Bei gleich bleibender Produktionsmenge X_0 wird sich der Preis für Schnittholz auf P_x erhöhen. Da der Marktpreis nun über den Grenzkosten der Produktion liegt, werden die Anbieter die Produktion von Schnittholz erhöhen. Entsprechend der veränderten Angebotsmengen wird sich der Marktpreis entlang der Nachfragekurve so lange verändern, bis sich das neue Marktgleichgewicht P_1/X_1 eingestellt hat. Eine Erhöhung der Nachfrage führt sowohl zu einer Veränderung des Marktpreises als auch zu einer Anpassung der Produktionsmenge.

Analog wirkt sich auch eine Veränderung der Angebotskurve auf Preise und Mengen aus (Abbildung 3-2, rechts). So führt z. B. die Erhöhung der Schnittholzproduktion zu einer Verringerung der fixen Kosten und damit zu einer Verschiebung der Angebotskurve A_0 nach A_1. Da der aktuelle Marktpreis jetzt über den Grenzkosten der Produktion liegt, vergrößern die Schnittholzproduzenten die angebotene Menge. Ohne Veränderung des Preises P_0 würden sie dies bis zur Menge X_p tun. Die Ausdehnung des Angebots führt jedoch zu einer Verringerung der Preise entlang der Nachfragekurve, bis sich das neue Marktgleichgewicht im Punkt P_1/X_1 einstellt.

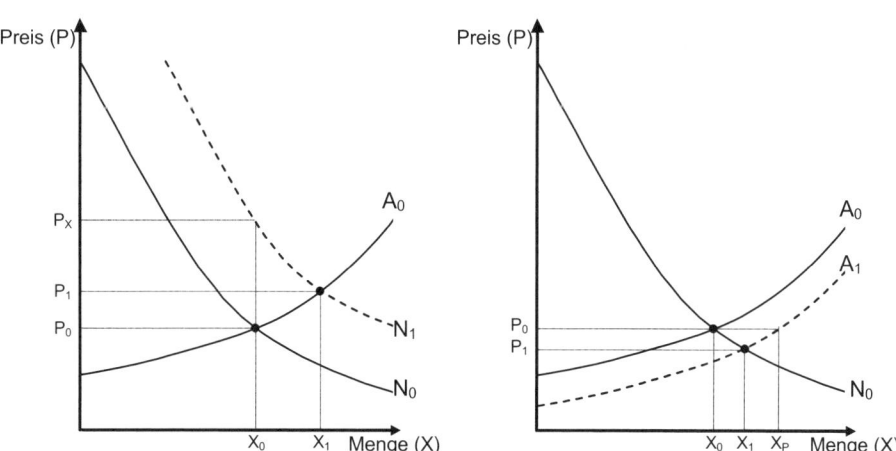

Abbildung 3-2:   Veränderung der Nachfrage- und Angebotskurve

Wie schnell sich ein neues Marktgleichgewicht bildet, hängt wesentlich davon ab, mit welcher Geschwindigkeit die Unternehmen auf eine Veränderung der Nachfrage reagieren und ihre Produktionskapazitäten anpassen können. Die Bildung eines neuen Marktgleichgewichtes hängt ebenfalls davon ab, wie schnell die Nachfrager auf veränderte Produktionsmengen reagieren. Die Realität ist also von ständigen Verschiebungen sowohl der Nachfrage- als auch der Angebotskurven bestimmt.

Der gesamte Prozess zur Steuerung der Produktion von Gütern wird als *Marktmechanismus* bezeichnet. Der Marktmechanismus führt zu ständigen Veränderungen der aktuellen Preise und der produzierten Mengen. So ist z. B. die Nachfrage nach Rohstoffen in hohem Maße konjunkturabhängig. In Phasen starken Wirtschaftswachstums kommt es zu einer deutlich erhöhten Nachfrage. Angebot und Nachfrage können jedoch i. d. R. nicht sofort aufeinander abgestimmt werden. Die Anbieter orientieren sich hinsichtlich der angebotenen Mengen an den von ihnen erwarteten Marktpreisen. Die Nachfrage entscheidet dann darüber, zu welchem Preis dieses Angebot angenommen wird.

Eine Erhöhung der Nachfrage führt bei gleichbleibendem Angebot zunächst zu einem Preisanstieg. Auf diesen reagieren die Anbieter mit einer Erhöhung der Produktionsmenge und zwar entsprechend ihrer aktuellen Grenzkosten. In der Folge entsteht ein Überangebot, das wieder sinkende Preise mit sich bringt (Abbildung 3-3). Das neue Marktgleichgewicht P_n/X_n, das der veränderten Nachfrage- und Angebotskurve entspricht, wird über einen iterativen Prozess von Preis- und Mengenanpassungen erreicht. Es entsteht ein Muster, das an ein Spinnennetz erinnert. Der beschriebene Zusammenhang wird als ‚Cobweb-Theorem‘ (Spinngewebe-Theorem) bezeichnet (Altmann 2003: 361 ff.; Bergen *et al.* 2002: 64 ff.). Das Ergebnis sind mehr oder

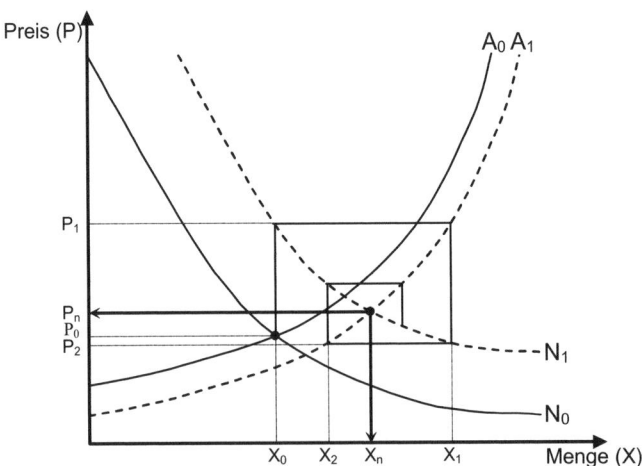

Abbildung 3-3:   Preis- und Mengenanpassungen im Cobweb-Modell

weniger stark oszillierende Mengen und Preise, wie sie z. B. an den internationalen Rohstoffmärkten beobachtet werden können.

Voraussetzung für die Funktionsfähigkeit des Marktmechanismus ist der ungehinderte Zugang zu Marktinformationen sowohl auf Seiten der Nachfrager wie der Anbieter. Seine Funktionsfähigkeit wird eingeschränkt, wenn Nachfrager ihre tatsächliche Zahlungsbereitschaft nicht offen legen. Der Marktmechanismus funktioniert ebenfalls nicht effizient, wenn eine asymmetrische Verteilung von Marktinformationen vorliegt. Dies ist z. B. der Fall, wenn die Nachfrager die gängigen Marktpreise nicht kennen und auf Grund ihrer Präferenzen höhere Preise bezahlen. Andererseits können Anbieter in einer starken Marktposition versuchen, das Angebot bewusst zu verknappen, um dadurch die Preise anzuheben. Dies gilt insbesondere bei Angebotsmonopolen.

Die Geschwindigkeit, mit der Nachfrager und Anbieter auf Mengen- bzw. Preisänderungen reagieren, beeinflusst die Effizienz des Marktmechanismus. Auch hängt die Bildung von Marktpreisen von der Häufigkeit ab, mit der ein bestimmtes Gut gehandelt wird. Bei der Transaktion einmaliger Tauschobjekte müssen die Preise in oft langwierigen Verhandlungen zwischen Anbieter und Nachfrager ausgehandelt werden. Dies lässt sich im Falle von Unternehmensverkäufen beobachten, bei denen die Vorstellungen von Anbieter und Nachfrager über den Wert des Wirtschaftsgutes oder des Tauschobjektes vielfach weit auseinander liegen. Die Preisvorstellungen werden sowohl durch die Bewertung wirtschaftlicher Daten wie durch strategische Optionen der zukünftigen Unternehmensentwicklung bestimmt.

3.1.2   Marktfähigkeit von Gütern

Das Funktionieren des Marktmechanismus setzt in Bezug auf die angebotenen Leistungen bestimmte Gütereigenschaften voraus, die durch das Ausschlussprinzip und eine Rivalität im Konsum bestimmt sind (Blankart 2008: 52 ff.):

–   Das *Ausschlussprinzip* besagt, dass bestimmte Personen oder Institutionen von der Inanspruchnahme einer Leistung ausgeschlossen werden können. Ist dies nicht gegeben, kann der Nachfrager die entsprechende Leistung auch ohne Entrichtung eines Entgelts nutzen. So kann ein Waldeigentümer auf Grund seines Eigentumsrechtes jeden Nachfrager von der Nutzung der von ihm produzierten Holzsortimente ausschließen. Ein Sägewerk kann das benötigte Rohholz nur erwerben, wenn es bereit ist, den geforderten Preis zu bezahlen. Ein Beispiel für das Fehlen des Ausschlussprinzips ist ein gesetzlich verbürgtes Betretungsrecht von Wäldern zum Zweck der Erholung, wie es in vielen Ländern besteht. In diesem Fall sind Spaziergänger und Wanderer generell nicht gezwungen, für ihren Nutzen einen Preis zu entrichten. Allerdings sind freiwillige Beiträge auf Grund persönlicher Präferenzen, z. B. für die Unterhaltung der Spazierwege, möglich.

– *Rivalität im Konsum* bedeutet, dass die Nutzung eines Gutes durch eine Person die Nutzung desselben Gutes durch eine andere Person beeinträchtigt. Zwischen verschiedenen Interessenten herrscht somit Wettbewerb um die Nutzung bzw. den Erwerb des Gutes. Rivalität im Konsum besteht bei knappen Gütern, an denen mehrere Nachfrager interessiert sind. Dies gilt für alle Wirtschaftsgüter, die auf Märkten gehandelt werden. Bei öffentlichen Gütern, d. h. Gütern die der Allgemeinheit oder zumindest einem bestimmten Kreis von Berechtigten generell zu Verfügung stehen, ist dagegen eine Rivalität im Konsum nicht oder nur unter bestimmten Voraussetzungen gegeben. Als Beispiel kann auf Sicherungsmaßnahmen zum Schutz vor Lawinen und Steinschlag verwiesen werden, die allen Anwohnern im gesicherten Gebiet in gleicher Weise zugute kommen.

Die Gegenüberstellung der beiden Kriterien Ausschlussprinzip und Rivalität ergibt eine Matrix mit vier verschiedenen Güterkategorien (Abbildung 3-4). Bei *privaten Gütern* sind beide, Ausschlussprinzip und Rivalität im Konsum, gegeben. Sie führen dazu, dass die Nachfrager bereit sind, für die Nutzung einen Preis zu bezahlen. Private Güter lassen sich ohne Einschränkung auf organisierten Märkten austauschen. Bei *Mautgütern* ist das Ausschlussprinzip anwendbar, es herrscht aber keine Rivalität im Konsum. Ein Beispiel hierfür ist das Internet oder das Kabelfernsehen, dessen Nutzung, zumindest im Bereich der gegebenen Kapazitätsgrenzen, durch eine Person die Nutzung einer anderen Person nicht beeinträchtigt. Die Vermarktung solcher Güter erfolgt vielfach über die Vergabe von individuellen Zugangsrechten wie feste Entgelte und Eintrittsgebühren.

Öffentliche Güter zeichnen sich dadurch aus, dass weder das Ausschlussprinzip anwendbar noch Konsumrivalität gegeben ist. Solche Güter sind in marktwirtschaftlichen Sys-

Abbildung 3-4:   Güterkategorien (Blankart 2008: 60, verändert)

temen nicht handelbar, da kein rational handelnder Konsument bereit sein wird, für die Nutzung einen Preis zu entrichten. Ist das Gut vorhanden, können Personen und Organisationen als ‚Free Rider', d.h. als Trittbrettfahrer, solche öffentlichen Güter ohne Einschränkung nutzen. Für gewinnorientierte Betriebe besteht daher auch kein Anreiz, öffentliche Güter zu produzieren.

Bei der vierten Güterkategorie, den *Allmendgütern*, ist zwar das Ausschlussprinzip nicht anwendbar, doch besteht Rivalität im Konsum. Auch hier gibt es keine Möglichkeit, gegenüber den Nutzern des Gutes eine Bezahlung eines Entgeltes durchzusetzen. Die Konsumenten können wie bei öffentlichen Gütern als Free Rider agieren. Solche Konstellationen finden sich häufig im Zusammenhang mit der Nutzung und Bewirtschaftung erneuerbarer natürlicher Ressourcen. Bei nicht ausreichend geregelten Eigentumsrechten und der damit fehlenden Möglichkeit, bestimmte Konsumenten von der Nutzung auszuschließen, fehlt der Anreiz, diese Güter nachhaltig zu bewirtschaften. Da gleichzeitig Rivalität im Konsum herrscht, ist es aus Sicht gewinnmaximierender Individuen sinnvoll, einen möglichst großen Anteil eines solchen Gutes zu nutzen bzw. zu konsumieren. Die Folge ist eine fortschreitende Übernutzung der Ressourcen.

Eine Reihe von mit der Ressource Wald zusammenhängenden Nutzungsmöglichkeiten und Leistungen haben den Charakter öffentlicher Güter oder von Allmendgütern. Der Grund hierfür kann sowohl in den Gütereigenschaften als auch in gegebenen rechtlichen Rahmenbedingungen liegen. So sind z.B. positive Effekte auf Umwelt und Stoffhaushalt wie die CO_2-Bindung, die Regulierung des Wasserhaushaltes, der Schutz vor Bodenerosion oder lokale Einflüsse auf das Mikroklima im Rahmen einer nachhaltigen Waldbewirtschaftung durchaus gegeben. Zum Teil sind sie einfach dadurch vorhanden, dass die Waldfläche erhalten wird. Die im öffentlichen Interesse begründete strenge Walderhaltungspolitik vieler Länder macht damit Waldflächen zumindest teilweise zu beschränkt öffentlichen Gütern oder zu Allmendgütern. Dies hat zur Folge, dass die Grundeigentümer die Art der Bodennutzung nicht oder nur sehr bedingt verändern können. Ähnliches gilt für den Erholungsbereich. Wenn das freie Betretungsrecht des Waldes gesetzlich festgeschrieben ist, kann der Besuch von Wäldern zu Erholungszwecken von den Waldeigentümern nicht durch Erhebung von Eintrittsgebühren oder Abgaben zur Erstattung anfallender Kosten wirtschaftlich genutzt werden.

3.1.3 Marktformen

Je nach der Zahl der Anbieter und Nachfrager, die auf Märkten auftreten, sind verschiedene Marktformen zu unterscheiden (Abbildung 3-5). Bei Märkten, auf denen durch den Austausch zwischen vielen Anbietern und vielen Nachfragern ein Gleichgewichtspreis zustande kommt, wird von einem *Polypol* gesprochen. Charakteristisch ist in diesem Fall, dass keiner der Akteure auf der Nachfrage- oder Angebotsseite in der Lage ist, die Marktverhältnisse maßgeblich zu beeinflussen. Die angebotenen und nachgefragten

	ein großer Nachfrager	wenige mittlere Nachfrager	viele kleine Nachfrager
ein großer Anbieter	bilaterales Monopol	beschränktes Angebotsmonopol	Angebotsmonopol
wenige mittlere Anbieter	beschränktes Nachfragemonopol	bilaterales Oligopol	Angebotsoligopol
viele kleine Anbieter	Nachfragemonopol	Nachfrageoligopol	vollständige Konkurrenz (Polypol)

Abbildung 3-5:   Marktformen (Peters *et al.* 2005: 144)

Mengen werden über den Marktpreis gesteuert. Ein typisches Beispiel für die Marktform des Polypols ist, zumindest in Mitteleuropa, der Markt für Sägerundholz oder auch für Schnittholz. Einer großen Zahl von Waldeigentümern als Anbietern stehen viele Nachfrager auf Seiten der Sägereiwirtschaft gegenüber. Die Produktion von Schnittholz erfolgt durch viele Sägereien, die ihrerseits an viele, z. T. sehr unterschiedliche Kunden liefern.

Stehen viele Konsumenten als Nachfrager nur wenigen Anbietern gegenüber, handelt es sich um ein *Anbieteroligopol*. In diesem Fall sind die Anbieter u. U. in der Lage, durch gezielte Marktstrategien wie einer Veränderung der produzierten Menge den Marktpreis zu beeinflussen. Beispiele sind im Telekommunikationsbereich oder in der Mineralölwirtschaft zu finden. Sie bestehen auch in der zivilen Luftfahrtindustrie, wo bei großen Passagierflugzeugen der Markt von nur zwei Unternehmen (Airbus und Boeing) beliefert wird. Generell fördern Konzentrationsprozesse in einer Branche die Entstehung von Anbieteroligopolen. Sie bringen die Gefahr impliziter oder bewusster Preisabsprachen mit sich, die den Marktmechanismus unterlaufen. Implizite Preisabsprachen werden z. B. dadurch begünstigt, dass keines der beteiligten Unternehmen deutliche Kostenvorteile gegenüber seinen Konkurrenten hat. In einem solchen Fall ist es für alle Konkurrenten von Vorteil, ein hohes Preisniveau zu erhalten. Dies kann zur Einschränkung des Wettbewerbs, zu geringeren Effizienzsteigerungen und zu einer reduzierten Technologieentwicklung führen.

Ein *Angebotsmonopol* liegt vor, wenn ein einzelner Anbieter vielen Nachfragern gegenübersteht und auf Grund seiner marktbeherrschenden Stellung über eine erhebliche Marktmacht verfügt. Ein solcher Anbieter hat die Möglichkeit, durch Regulierung der Produktionsmenge auf die Marktpreise Einfluss zu nehmen. Monopole der Anbieter entstehen zumindest zeitweise z. B. durch die Existenz von Patenten, die es potenziellen Konkurrenten unmöglich machen, die geschützten Produkte ebenfalls herzustellen.

Auch staatliche Regelungen können durch administrierte Preisfestsetzungen zu Monopolen führen. Dies gilt z. B. bei der Produktion und Vermarktung von Gütern, die als notwendig zur Deckung des Grundbedarfs angesehen werden, oder bei Gütern, bei denen befürchtet wird, dass auf Grund hoher Entwicklungskosten eine Versorgung nicht in ausreichender Menge erfolgt. Beispiele finden sich bei der Energieversorgung, der Aufrechterhaltung von öffentlichen Verkehrssystemen oder bei Kommunikationsdienstleistungen (Versorgungsmonopole). Angebotsmonopole sind insofern problematisch, als sie Innovation und Serviceleistungen auf Dauer eher beschränken als fördern.

Nicht weniger problematisch sind *Nachfragemonopole*. Marktbeherrschende Positionen der Nachfrager können zu schwerwiegenden Abhängigkeiten der Zulieferer führen mit der Folge, dass deren wirtschaftliche Position weitgehend durch die konzentrierte Marktmacht des Nachfragers bestimmt wird. Nachfragemonopole entstehen auch dann, wenn große Produzenten Teilbereiche ihrer spezialisierten Produktion auslagern (Outsourcing). In den meisten Ländern und im Bereich der Europäischen Union bestehen Regelungen zur Verhinderung oder zumindest zur Kontrolle wirtschaftlicher Monopole. Dabei zeigt sich vor allem die Tendenz, im Zuge von Maßnahmen der Deregulierung die durch staatliche Vorschriften begründeten Monopolstrukturen im öffentlichen Bereich zu reduzieren oder abzuschaffen.

3.1.4 Käufer- und Verkäufermärkte

Ein wichtiges Merkmal von Märkten ist die generelle Position von Anbietern und Nachfragern und ihr Einfluss auf den Austausch von Wirtschaftsgütern. Um einen *Käufermarkt* handelt es sich, wenn die Nachfrager über die stärkere Position am Markt verfügen und diese gegenüber den Produzenten und Lieferanten auch nutzen. Aufgrund eines reichhaltigen Angebots an Gütern und Dienstleistungen und aufgrund eines harten Wettbewerbs unter den Anbietern haben sie einen großen Einfluss auf das Marktgeschehen. Sie verlangen vorteilhafte Preise, Produktinnovation, hohe Produktqualität, Flexibilität in der Lieferung und vermehrt umfangreiche Serviceleistungen. Auf *Verkäufermärkten* stehen Art und Menge des Angebots und die zu handelnden Produkte im Vordergrund. Typisch sind wenige Produktvarianten, eine eher niedrige Preissensibilität der Nachfrager und eher beschränkte Anforderungen von Seiten der Kunden hinsichtlich Qualität der Produkte und der Serviceleistungen.

In den letzten Jahrzehnten ist eine dynamische Entwicklung weg von den Verkäufermärkten hin zu ausgeprägten Käufermärkten zu verzeichnen. Kennzeichnend für die Ausgangslage nach dem Zweiten Weltkrieg war eine weit verbreitete Knappheit an Gütern mit der Folge, dass die Produzenten über eine starke Stellung gegenüber ihren Kunden verfügten. Mit der wachsenden Vielfalt des Güterangebots nach Menge und Qualität, dem intensiven Wettbewerb in der Marktwirtschaft und dem weltweit unbehinderten Güteraustausch sind heute alle wichtigen Märkte eindeutig Käufermärkte.

Hier stehen die Bemühungen der Anbieter um den Absatz ihrer Produkte durch intensives Marketing und Kundenwerbung an erster Stelle.

Für Unternehmen und Betriebe als Anbieter hat das Bestehen von Käufer- und Verkäufermärkten ganz unterschiedliche Konsequenzen (Abbildung 3-6). Auf Verkäufermärkten sind infolge der Knappheitssituation Bedingungen gegeben, welche die Anbieter begünstigen. Dagegen verlangen Käufermärkte von den Unternehmen wegen des sich ständig erweiternden Angebots an Gütern und Dienstleistungen umfangreiche und andauernde Anstrengungen im Bereich des Marketings, bei der Entwicklung neuer Märkte und in der Marktforschung. Eine erfolgreiche Verwertung der von Unternehmen und Betrieben erstellten Leistungen ohne aktive und systematische Bemühungen um den Absatz und sogar um einzelne Kunden ist nicht mehr möglich. Die Aussage ‚der Kunde ist König' ist nicht nur eine geläufige Redensart, sondern Realität unternehmerischen Handelns. Es geht darum, auf vielseitigen und zum Teil hochspezialisierten Märkten zusätzliche Nachfrage zu schaffen und die Präferenzen der Kunden auf die eigenen Angebote zu lenken.

Der dynamische Wandel zu Käufermärkten gilt auch für die Wald- und Holzwirtschaft. Rohholz war in früheren Zeiten ein gesuchter und zum Teil auch knapper Rohstoff, den die Anbieter ohne große Schwierigkeiten auf aufnahmefähigen Märkten absetzen

Merkmal	Verkäufermarkt	Käufermarkt
Wirtschaftliches Entwicklungsstadium	Knappheitswirtschaft	Überflussgesellschaft
Verhältnis des Angebots zur Nachfrage	Nachfrage > Angebot (Nachfrageüberhang) Nachfrager aktiver als Anbieter	Nachfrage < Angebot (Angebotsüberhang) Anbieter aktiver als Nachfrager
Engpassbereich des Unternehmens	Beschaffung und/oder Produktion (Leistungserstellung)	Absatz (Leistungsverwertung)
Primäre Anstrengungen des Unternehmens	Rationelle Erweiterung der Beschaffungs- und Produktionskapazität	Weckung von Nachfrage und Schaffung von Präferenzen für eigenes Angebot
Langfristige Gewichtung der betrieblichen Grundfunktionen	Primat der Beschaffung/ Produktion	Primat des Absatzes

Abbildung 3-6:   Merkmale von Verkäufer- und Käufermärkten (Peters *et al.* 2005: 138)

konnten. Spätestens seit Beginn der 60er Jahre des letzten Jahrhunderts hat jedoch der Wettbewerb um Absatzmöglichkeiten in der Waldwirtschaft enorm zugenommen. Ein erfolgreicher Absatz des erzeugten Rohholzes ist heute ohne gezielte Anstrengung im Marketing und ohne genaue Kenntnisse der Bedürfnisse der Kunden nicht mehr vorstellbar. Gleiches gilt für die Branchen der Holzwirtschaft, in denen ebenfalls ein intensiver Wettbewerb um schon vorhandene, vor allem aber auch um neue Kunden herrscht. Die intensive Konkurrenz zwischen Holzprodukten und Werkstoffen oder Konsumgütern aus anderen technologisch hochwertigen Materialien bringt einen harten Wettbewerb um Absatzmöglichkeiten mit sich. Zudem verlangen die rasch wachsenden europäischen und weltweiten Handelsverflechtungen auf den Märkten für Rohholz und verarbeitete Holzprodukte eine konsequente Orientierung der Anbieter auf die Bedürfnisse der Zwischenmärkte und vor allem auf die sich verändernde Nachfrage der Endabsatzmärkte (Kapitel 1.3.1 ff.).

3.1.5 Investitions- und Konsumgütermärkte

Entsprechend den wirtschaftlichen Rahmenbedingungen und der aktuellen Nachfrage ist unternehmerisches Handeln in der Wald- und Holzwirtschaft auf viele verschiedene Märkte ausgerichtet. Eine Differenzierung nach Investitions- und Konsumgütermärkten ist von Bedeutung, weil unterschiedliche Überlegungen die Kaufentscheidung bestimmen. Maßgebend ist die Art der Bedürfnisse und nicht bestimmte Produkteigenschaften (Seiler 2004: 51 ff.). Aufgrund der unterschiedlichen Präferenzen und Kundenstrukturen sind die Voraussetzungen für ein erfolgreiches Marketing und eine wirksame Absatzgestaltung bei Investitionsgütern und Konsumgütern verschieden. Das gleichzeitige Agieren auf Märkten für Investitions- und Konsumgüter ist eine anspruchsvolle unternehmerische Aufgabe.

Investitionsgüter werden von produzierenden Unternehmen in Gewerbe und Industrie beschafft, um mit diesen Produktionsmitteln eigene Leistungen zu erstellen und hierbei Gewinn zu erzielen. Nachfrager von Investitionsgütern fällen ihre Kaufentscheide konsequent nach rationalen Kriterien des Nutzens für die Produktion, der ökonomischen Wirksamkeit und der betrieblichen Flexibilität. Für sie kommt es darauf an, Güter zu erwerben, die ihnen bei niedrigen Beschaffungskosten die Erzeugung hochwertiger eigener Produkte ermöglicht. Bei Investitionsgütern sind neben dem Preis auch Qualität und Nutzungsdauer, flexible Einsatzmöglichkeiten, technische Innovation und Leistungsfähigkeit, Lieferbedingungen und Service wichtige Faktoren im Marketing.

Ein großer Teil des von der Waldwirtschaft produzierten Holzes wird für die Erstellung von Investitionsgütern der holzbe- und verarbeitenden Branchen eingekauft. Sägewerke, Furnierhersteller oder die Produzenten von Platten und Holzwerkstoffen beschaffen Rohholz, um daraus Produkte herzustellen, die anderen Unternehmen als Werkstoffe für nachfolgende Prozesse der Wertschöpfung dienen. Diese erstellen Investitionsgüter wie z. B. Wohn- und Industriebauten. Oder sie erzeugen, wie Schreinereien und Möbelhersteller, Konsumgüter für Endkonsumenten. Gleiches gilt für die Wertschöpfungskette der Papierindustrie, die Rohholz, Resthölzer aus anderen holzwirtschaftlichen Branchen und große Mengen Altpapier für ihre Produktionsprozesse einsetzt, um eine Vielzahl an Produkten für Weiterverarbeiter und Endkonsumenten zu produzieren.

Konsumgüter werden von Endverbrauchern für den eigenen Bedarf gekauft. Bei Kaufentscheidungen auf Konsumgütermärkten stehen ebenfalls rationale Kriterien wie Preis und Qualität, Tauglichkeit eines Gutes zur Befriedigung des Kundenbedürfnisses, Verhältnis von Preis und Leistung sowie Service und Reparaturmöglichkeiten im Vordergrund. Daneben gibt es jedoch weitere Kriterien, welche die Kaufentscheidung der Endkonsumenten entscheidend mitbestimmen können. Im konkreten Fall sind z. B. das mit einem bestimmten Produkt verbundene Image oder die Marke, ein neues Design oder eine modische Farbe von gleicher oder sogar von größerer Bedeutung bei der Kaufentscheidung. Hierbei ist zu differenzieren, ob Konsumgüter sporadisch und in kleinen Mengen, regelmäßig als Grundbedarf, weitgehend aus Gewohnheit und Tradition, wegen ihrer Neuheit oder spontan aus einem Impuls heraus gekauft werden.

Insgesamt ermöglichen die Waldbewirtschaftung und die Nutzung von Waldflächen eine große Vielfalt von Leistungen und Angeboten am Markt, mit denen Bedürfnisse von unterschiedlichen Nachfragern befriedigt werden können. Erfolgreiches und den verschiedenen Situationen angepasstes Marketing erfordert ein hohes Maß an unternehmerischer Flexibilität. So können im Rahmen einer multifunktionalen Waldwirtschaft eine Reihe von Wirtschaftsgütern für ganz verschiedene Kundengruppen produziert und vermarktet werden. Dies betrifft insbesondere Dienstleistungen für Dritte durch den Einsatz betriebseigener Arbeitskräfte und Maschinen, Beratungsleistungen von Spezialisten oder Leistungen von Forstservice-Unternehmen. Es betrifft ebenfalls betriebliche Dienstleistungen im Zusammenhang mit der Erholungsnutzung, Pflegemaßnahmen im Natur- und Landschaftsschutz oder im Zusammenhang mit Schutzmaßnahmen gegen die Auswirkungen von Naturgefahren. Daneben gibt es weitere Marketingaktivitäten und Kundenangebote von Waldeigentümern. Sie lassen sich als forstliche Spezialmärkte zusammenfassen und spielen unter Umständen für einzelne Betriebe eine bedeutende Rolle. Hierzu zählt z. B. der Absatz von Waldprodukten wie Pilzen, Honig, Saatgut, Weihnachtsbäumen oder Baumrinde (Coleman Brantschen 1997). Von Bedeutung sind ferner die Verpachtung von Jagdflächen und Fischwassern, die Erteilung von Begehungsscheinen und der Verkauf des Wildbrets. Einzelne Waldeigentümer erwirtschaften zusätzliche Erträge durch die Nutzung ihrer Grundflächen für Kiesgruben, Steinbrüche, Anlagen von Zeltplätzen oder für andere Zwecke.

3.1.6   Lebenszyklen von Märkten

Die für Unternehmen und Betriebe relevanten Märkte sind dynamisch und verändern sich im Zeitablauf. Die Dynamik zeigt sich im Wandel der Art, der Anzahl und der Bedürfnisse der Marktteilnehmer. Das Modell des Marktlebenszyklus veranschaulicht charakteristische Entwicklungsstufen von Märkten und die sich hierbei ergebenden wirtschaftlichen Veränderungen (Meffert *et al.* 2008: 67 ff.; Abbildung 3-7). In der *Einführungsphase* ist das Marktvolumen noch gering, hat aber eine zunehmende Tendenz. Der Markt wird nur von einem oder wenigen Anbietern bearbeitet. Produkte gibt es nur in wenigen Varianten, sie sind technisch oft neu und unter Umständen noch nicht ausgereift. Wegen der Neuheit der Produkte und des noch geringen Bekanntheitsgrades besteht eine Erwartungshaltung der Käufer, zum Teil aber auch ein gewisser Widerstand, neue Produkte zu verwenden. Die Kunden haben eine geringe Produktkenntnis, werden jedoch durch Werbemaßnahmen zunehmend über die Vorteile und Anwendungsmöglichkeiten informiert.

In der *Wachstumsphase* steigt das Marktvolumen deutlich an. Möglich sind nun Schwierigkeiten in der Belieferung infolge knapper Kapazitäten bei Produktion und Logistik. Die Produkte finden verhältnismäßig leicht eine wachsende Käuferschaft: Es besteht ein Verkäufermarkt, in dem die Unternehmensgewinne steigen. Auf Seiten der Kunden beginnen sich die Bedürfnisse auszudifferenzieren, es bilden sich differenzierte Teilmärkte. Die angebotenen Produkte sind technisch mehr und mehr ausgereift. Die Anzahl der Produktvarianten nimmt zu. Wegen der steigenden Gewinne besteht in der Wachstumsphase ein hoher Anreiz für neue Anbieter, in neue Produkte bzw. in neue Märkte zu investieren. Die Zahl der Anbieter und damit auch der Wettbewerb um die Käufer nehmen zu.

In der *Reifephase* gehen die Wachstumsraten des Marktvolumens zurück. Die steigende Zahl von Anbietern führt zu größeren Kapazitäten, die Gewinne pro Produkteinheit nehmen ab. Es erfolgt der Umschwung von einem Verkäufermarkt zu einem Käufer-

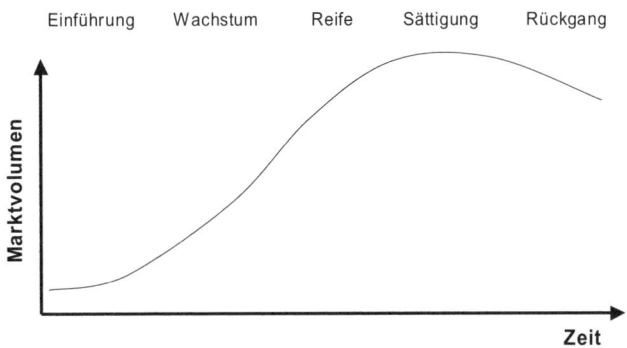

Abbildung 3-7:   Modell des Marktlebenszyklus

markt. Die Anzahl der Produktvarianten steigt weiter an, die Unterschiede zwischen den Varianten werden jedoch geringer. Die Unternehmen greifen zu weiteren Strategien der Produktdifferenzierung. Hierzu gehören neues Design und vermehrte Produktpräsentationen sowie spezielle Produktbezeichnungen und Unternehmenslogos (Branding). Die Intensität des Wettbewerbs zwischen den Anbietern nimmt zu. In der *Sättigungsphase* wächst das Marktvolumen nicht mehr, eventuell geht es sogar zurück. Im Allgemeinen kommt es zur Strukturbereinigung zwischen einzelnen Unternehmen oder innerhalb der gesamten Branche. Die Unternehmen machen massive Anstrengungen, durch technologische Neuerungen und Innovation einen Zusatznutzen für die Kunden zu schaffen, um einen erneuten Aufschwung im Marktzyklus zu erreichen. Falls dies nicht gelingt, geht das Marktvolumen weiter zurück, bis schließlich bestimmte Produkte vollständig vom Markt verschwinden.

Das Konzept des Marktlebenszyklus hat in erster Linie empirische Bedeutung und beruht auf Erfahrungen der Praxis. Es bietet eine Typologie strategisch relevanter Situationen, die den Blick auf wichtige Probleme aber auch auf Chancen konkreter Maßnahmen des Marketings lenken (Meffert *et al.* 2008: 272 ff.). Es ermöglicht, den Ist-Zustand der Absatzentwicklung bestimmter Produkte mit Hilfe eines Modells zu analysieren. Bezogen auf die verschiedenen Entwicklungsphasen können Strategien entwickelt werden, die gezielte Maßnahmen des Marketings, z. B. in der Phase des Aufschwungs oder bei einer sich abzeichnenden Sättigungsphase, definieren. Nicht zu übersehen ist allerdings, dass die Abgrenzung der einzelnen Phasen oft nicht eindeutig möglich ist. Auch ist der Verlauf solcher Zyklen im Einzelnen nur schwierig nachzuweisen. Weder die genaue Reihenfolge der Phasen noch ihre Dauer lässt sich für bestimmte Teilmärkte oder einzelne Produkte vorhersagen. Manche Märkte sind z. B. zyklisch, d. h. Wachstumsphasen und Rückgangsphasen wechseln sich ab. Andererseits kann auf eine Reifephase durchaus wieder ein Wachstumsschub folgen, bevor erneut Reife und Sättigung eintreten.

3.1.7 Märkte für Holzprodukte

Durch den Verkauf von Rohholz, das je nach Baumart, Dimension und Qualität der genutzten Stämme zu unterschiedlichen Holzsortimenten aufgearbeitet wird, erzielt die Waldwirtschaft den überwiegenden Teil ihres Umsatzes und ihrer Erträge. Die wirtschaftliche Existenz von Unternehmen und Betrieben der Waldwirtschaft hängt in hohem Maß vom unternehmerischen Erfolg auf den Holzmärkten ab. Insgesamt ist Holz ein Naturprodukt, das sich durch eine große Vielfalt in Struktur und äußeren Merkmalen, durch unterschiedliche technologische Eigenschaften sowie durch eine breite und flexible Palette von Verwendungsmöglichkeiten auszeichnet (Jöbstl 1994). Die große Zahl an Baumarten und Holzsortimenten ermöglicht die Produktion einer Fülle verschiedener Produkte, deren besondere Eigenschaften bei Produktion und Vermarktung gezielt zu berücksichtigen und in Wert zu setzen sind.

Zu den Merkmalen von Holz und Holzprodukten, die mit Blick auf die Befriedigung von Kundenbedürfnissen, auf die Bearbeitung spezieller Holzmärkte und bei der Wahl geeigneter Marketingstrategien von Bedeutung sind, gehören:

–   Holz wird sowohl zum Zwecke des Endverbrauchs als auch zur Weiterverarbeitung verwendet. Es ist Konsumgut und Investitionsgut.

–   Es werden unterschiedliche Produkte aus Holz erzeugt, die zum Teil alternativ, komplementär oder in Konkurrenz zueinander verarbeitet und verwendet werden.

–   Holz und Holzprodukte stehen mit zahlreichen anderen Materialien in direkter und in vielen Fällen auch indirekter Konkurrenz. Die Kunden haben in vielen Fällen die Möglichkeit, für bestimmte Bedürfnisse zwischen Holzprodukten und einer Reihe anderer, ebenfalls geeigneter Materialien zu wählen.

–   Holz ist ein vielseitiges Produkt, dessen Qualität und technologischen Eigenschaften erheblich variieren. Die Variabilität von Massivholz und verarbeiteten Holzprodukten ist in vielen Fällen ein charakteristisches Merkmal und ein Mehrwert für die Kunden.

–   Andererseits bringt die Variabilität von Holz als Werkstoff typische Probleme bei der Fertigung und Verwendung mit sich. Diese sind technologisch lösbar, erfordern allerdings besondere Aufmerksamkeit sowie gezielte und sachgerechte Information und Beratung der Kunden.

–   Holz ist ein moderner, flexibler und vielseitig einsetzbarer Werkstoff. Die moderne Holztechnologie hat insbesondere im Baubereich neue Verwendungsbereiche erschließen können. Für technisch definierte Verwendungsarten müssen Mindestanforderungen an Dimension, Qualität und andere Merkmale erfüllt und dem Kunden nachgewiesen werden.

–   Die Verwendung von Holz ist ein wichtiger Beitrag zur nachhaltigen Entwicklung. Gleiches gilt in Bezug auf die Umwelt für den weitgehend CO_2-neutralen Verwendungszyklus. Im Zusammenhang mit der Nutzung und Verwendung erneuerbarer Ressourcen haben Holz und Holzprodukte einen beachtlichen Mehrwert für Produzenten und Kunden.

–   Massivholz und eine Reihe von verarbeiteten Holzprodukten sind empfindlich gegenüber klimatischen Einwirkungen und können nur unter definierten Bedingungen im Außenbereich verwendet werden. Maßnahmen, die eine dauerhafte Verwendung sichern, sind unerlässlich.

Abbildung 3-8 zeigt wichtige Produkte und Verwendungsbereiche. Sie konkretisiert aus der Sicht der Märkte und des Marketings den Wertschöpfungsprozess der Wald- und Holzwirtschaft (Kapitel 2.1.3 ff.). Beteiligt sind verschiedene Wertschöpfungsketten, die von der Vermarktung von Rohholzsortimenten über die Stufen der gewerblichen und industriellen Verarbeitung zu den erzeugten Endprodukten reichen. Am Ende der

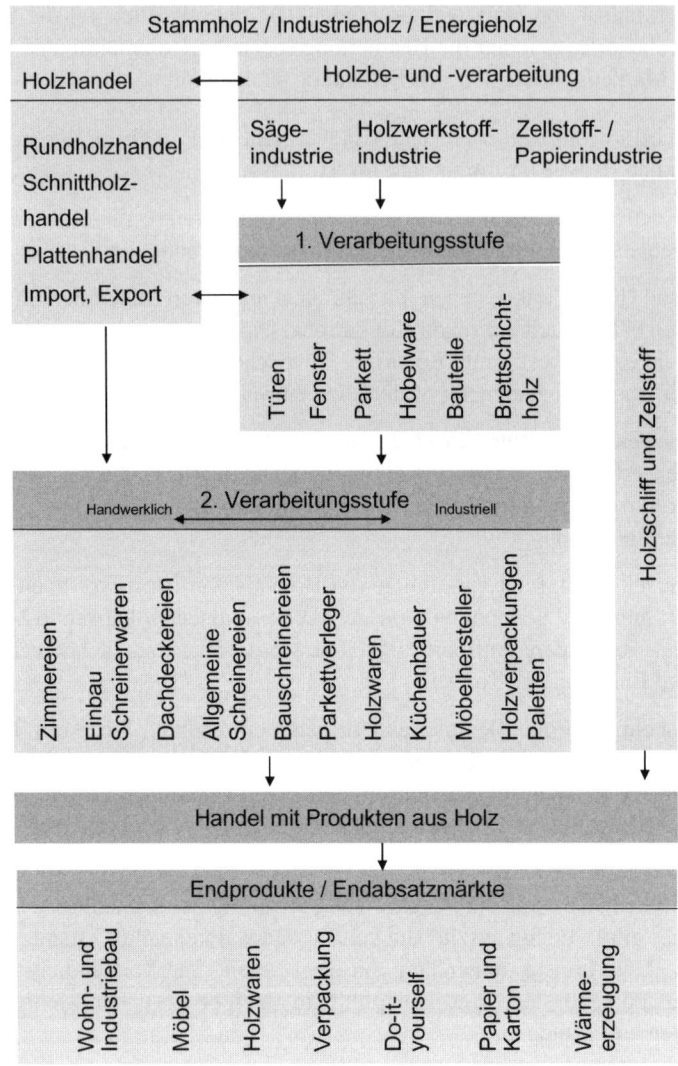

Abbildung 3-8:   Überblick Holzprodukte und Verwendungsbereiche (Eigene Darstellung)

Wertschöpfungsprozesse der Wald- und Holzwirtschaft steht die große Zahl der Kunden von Konsum- und Investitionsgütern, die auf der Grundlage von Holzfasern erzeugt werden. Die Bedürfnisse und Wünsche der Endkonsumenten unterliegen erheblich schnelleren und stärker schwankenden Veränderungen als die der Zwischenglieder der Kette (Meffert *et al.* 2008: 3 f.).

Die brancheninternen Veränderungen zeigen, dass in allen Bereichen ein deutlicher Wandel von Verkäufermärkten zu Käufermärkten erfolgt ist (Schwarzbauer 1994). Heute und vermehrt noch in der Zukunft gilt, dass die Dynamik der Vermarktung von Rohholz und die der Holzwirtschaft durch Veränderungen der Nachfrageentwicklung und wechselnde Ansprüche der Kunden als Endverbraucher bestimmt werden. Die entscheidenden Differenzierungs- und Entwicklungspotenziale der Absatzmärkte der Wald- und Holzwirtschaft liegen daher in der konsequenten Anpassung an die Bedürfnisse der Kunden. Die gängigen Kriterien der Rohholzsortierung stellen dabei einen Standard dar, der von Wald- und Holzwirtschaft akzeptiert ist und der die wirtschaftlichen Austauschbeziehungen vereinfacht. Veränderungen in der Holzwirtschaft, z. T. durch technologische Innovationen angeregt, bieten den Unternehmen der Waldwirtschaft immer wieder Möglichkeiten, ihr Angebot konsequent auf die Anforderungen der Kunden der Holzwirtschaft auszurichten und damit über die bestehenden Standards der Holzsortierung hinauszugehen.

3.1.8 Kunden der Wald- und Holzwirtschaft

Holzmärkte sind heterogen und können nach Produkten, nach Regionen und nach Kundenprofilen untergliedert werden (Meffert *et al.* 2008: 46 ff.). Im Folgenden werden die Bedürfnisse wichtiger Kundengruppen von Forstbetrieben kurz skizziert. Die meisten von ihnen be- und verarbeiten den Rohstoff zu neuen Produkten, die sie wiederum an ihre Kunden absetzen. Ergänzend wird auf die Ausführungen zur Branchenstruktur der Holzwirtschaft und zur Bedeutung der verschiedenen Branchen verwiesen (Kapitel 1.3). Abbildung 3-9 zeigt Kunden und Geschäftsbeziehungen, die in der Wald- und Holzwirtschaft bestehen.

Sägeindustrie: Die Sägeindustrie gehört zu den wichtigsten Kunden der Forstbetriebe. Der Rohholzverbrauch der Sägewerke in Deutschland belief sich im Jahr 2004 auf 33,4 Millionen m^3 (Mantau und Sörgel 2006). Hinsichtlich der erzeugten Schnittholzsortimente und der nachgefragten Rundholzsortimente ist die Sägeindustrie verhältnismäßig homogen. Dies führt zu einem ausgeprägten Wettbewerb zwischen den Unternehmen (Weber 2001: 161 f.). Dagegen unterscheiden sich die Strukturen der Sägereiwirtschaft hinsichtlich Größe, Verarbeitungskapazität und eingesetzter Technologie erheblich. Vor allem die Größenunterschiede sind auffallend. Sehr große Werke verarbeiten jährlich 500.00 m³ bis über eine Million m³ Rundholz. Mittlere Unternehmen liegen im Bereich von 30.000 m³ bis 200.000 m³ Jahreseinschnitt. Kleine Betriebseinheiten schneiden unter 5.000 m³ Rundholz jährlich ein. Wenigen großen Betrieben stehen viele kleine und mittlere Betriebe gegenüber. Bei der Gestaltung der Kunden-Lieferanten-Beziehungen sind derartige Unterschiede zu berücksichtigen.

Laub- und Nadelholzsägewerke unterscheiden sich in Beschaffung, Produktion und Absatz. Je nach Größe, Zielmärkten, verfügbarer Technologie, Sortimentsbreite und

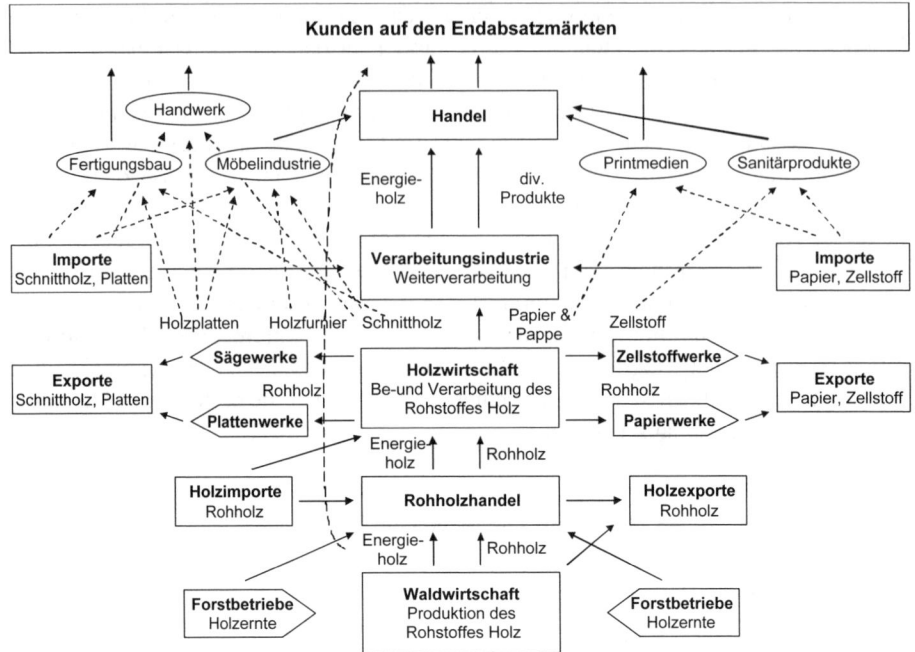

Abbildung 3-9:   Kunden- und Geschäftsbeziehungen der Wald- und Holzwirtschaft
                   (Eigene Darstellung)

Verflechtung mit weiterverarbeitenden Kunden ergeben sich unterschiedliche Bedürfnisse hinsichtlich der Nachfrage nach Rohholz und der Belieferung. Dies betrifft die
Art der Aushaltung von Sortimenten, die Art der Verkaufsverfahren, die Flexibilität
in der betrieblichen Disposition sowie Kontinuität, Zeitpunkt und Regelmäßigkeit der
Belieferung (Weber 2001: 231 ff.). Ein am Kunden orientiertes Marketing hat die spezifischen Kundenbedürfnisse als maßgebliche Parameter des eigenen unternehmerischen
Angebots zu berücksichtigen.

Holzwerkstoffindustrie: Zur Holzwerkstoffindustrie gehören die Hersteller von Span-
und Faserplatten, die in wenigen großen industriellen Fertigungsanlagen hergestellt
werden. Das nachgefragte Rundholz ist überwiegend Industrieholz. Gleichzeitig werden in erheblichem Umfang Industrieresthölzer verarbeitet.

Spanplattenindustrie: Für die Spanplattenindustrie sind Industrieholzsortimente der
Forstbetriebe, Waldhackschnitzel und Sägenebenprodukte Rohstoffe für die Erzeugung ihrer Produkte. Zwischen den Anbietern von Waldholzsortimenten und Indus-
trierestholz besteht somit eine Konkurrenzbeziehung. Bei zunehmendem Einsatz von

Profilzerspanern und einem erhöhten Angebot an Sägenebenprodukten verringert sich tendenziell der Markt für Waldholz. Umgekehrt führt eine Ausweitung des Rohstoffbedarfs der Plattenwerke zu einem vermehrten Wettbewerb bei der Rohstoffbeschaffung.

Furnier- und Sperrholzindustrie: Furnier- und Sperrholzindustrie sind eng miteinander und mit der Möbelindustrie verbunden. Auch hier konzentriert sich die Produktion auf wenige große Werkeinheiten und Unternehmen. Beide Industriezweige sind Abnehmer für qualitativ hochwertige Rundhölzer, aus denen Furniere für die Sperrholzerzeugung und Deckfurniere für hochwertige Furnierplatten und für die Möbelproduktion hergestellt werden. Die Nachfrage nach den verarbeiteten einheimischen Laubbaumarten wie Buche, Eiche, Esche oder Ahorn unterliegt wechselnden Trends, die durch die Möbelindustrie bestimmt werden.

Zellstoff- und Papierindustrie: Die Zellstoff- und Papierindustrie ist ein wichtiger Abnehmer für Laub- und Nadelindustrieholz. Sie hat in den vergangenen Jahrzehnten einen Konzentrationsprozess durchgemacht. Heute ist die Nachfrage nach Rohstoffen auf wenige Unternehmen konzentriert. Die Papierindustrie kauft i. d. R. frisches Nadelrundholz schwächerer Dimensionen und steht damit in direkter Beschaffungskonkurrenz zu Unternehmen der Holzwerkstoffindustrie. Waldholz steht bei der Papiererzeugung in Konkurrenz mit Resthölzern aus der Sägeindustrie und, mit steigender Tendenz, mit Alt- oder Recyclingpapier. Aus technischen Gründen kann die Papierindustrie jedoch nicht vollständig auf den Einsatz frischer Holzfasern verzichten.

Energieerzeugung: Ein weiterer wichtiger Bereich ist die energetische Verwertung von Holz. Ein beachtlicher Anteil des von Forstbetrieben erzeugten Energieholzes wird von privaten Haushalten in ländlichen Gebieten bezogen. Übliche Sortimente sind Brennholz und Hackschnitzel, wobei der Handel die Funktion eines Absatzvermittlers übernimmt. Auch die holzverarbeitende Industrie deckt ihren Energiebedarf teilweise mit Holz. So sichern z. B. Sägewerke mit Sägenebenprodukten den Energiebedarf der Holztrocknungsanlagen. Sie werden dadurch von anderen Energieträgern unabhängiger und verwerten den von ihnen beschafften Rohstoff integriert im eigenen Betrieb, sofern die Kostenrelationen dies als vorteilhaft erscheinen lassen. Ein expandierender Bereich mit einem beachtlichen Wachstumspotenzial ist die Energieerzeugung unter Einsatz effizienter und umweltverträglicher Technologie in Holzfeuerungsanlagen, die vor allem in öffentlichen Bauten und Gemeinschaftsanlagen eingesetzt werden (Kapitel 1.3.2).

Bauwirtschaft: Im Bereich der Bauwirtschaft finden Holzprodukte vielfältigen Einsatz, vor allem als konstruktive Elemente, im Innenausbau, als Bauhilfsstoffe für Verschalungen oder als Bauzäune und im Gerüstbau. Konjunkturbedingte Nachfrageschwankungen nach Holzprodukten im Baubereich sind in der Regel ein wichtiger Faktor für Preisschwankungen beim Absatz entsprechender Holzsortimente. Dem Volumen nach haben Schnitt- und Brettschichtholz den größten Anteil an der Nachfrage. Die Leimbindertechnik hat die Einsatzmöglichkeiten von Holz im Baubereich erheblich erweitert. Das Zusammenfügen von Bauteilen in großen Dimensionen mit statisch und technisch normierten Eigenschaften ermöglicht die Verwendung von Holz als tragende Elemente im modernen Industriebau und bei der Errichtung beeindruckender und im Design attraktiver öffentlicher Gebäude wie Schulen und Hochschulbauten, Sportanlagen und kommunalen Mehrzweckgebäuden.

Möbelproduktion: Die Möbelindustrie spielt eine wichtige Rolle für die Nachfrage nach hochwertigen Rundholzsortimenten. Dies gilt insbesondere für die gewerbliche und industrielle Produktion hochwertiger Möbel aus Massivholz, aber auch für die Kombination von Platten und Massivteilen in der Möbelproduktion. Besonders große Anforderungen werden an Holz für die Herstellung von Möbeldeckfurnieren gestellt, dabei ist eine hohe Wertschöpfung bei entsprechenden Preisen möglich. Die Nachfrage nach Holzsortimenten für die Möbelerzeugung ist stark von den wechselnden Trends der Endabsatzmärkte für Konsumgüter abhängig. Dies betrifft sowohl die Nachfrage nach bestimmten Baumarten als auch nach Holz als Werkstoff insgesamt. Von Bedeutung ist hier vor allem, dass Holz in der Möbelproduktion mit anderen Materialien wie Metall, Textilien, Leder und Kunststoffen konkurriert.

Bestimmende Faktoren des Holzangebots: Von Seiten der Waldwirtschaft ist das Holzangebot für die verschiedenen Kundengruppen primär durch die aktuellen Nutzungsmöglichkeiten der Waldbestände bestimmt. Maßgebend sind insbesondere das langfristig nutzbare Volumen nach Baumarten, Holzsortimenten und Qualitätsstufen. Von Einfluss sind aber auch unvorhersehbare Holznutzungen, die durch Sturmwurf, Schneebruch oder durch andere naturbedingte Ereignisse anfallen. Betriebliche Zielsetzungen der Produktion wie Umtriebszeit oder Zielstärkendurchmesser, die betriebswirtschaftlich gegeben sind, stellen ebenfalls wichtige Rahmenbedingungen für Struktur und Menge des Marktangebotes dar.

Insgesamt wird das Marktangebot zu einem erheblichen Teil durch waldbauliche Entscheidungen bestimmt, die zur Sicherung leistungsfähiger, standortsgerechter und naturnaher Waldbestände erforderlich sind. So führt z. B. die Steuerung der Bestandesentwicklung durch gezielte Maßnahmen der Waldpflege häufig zum Anfall schwächerer Holzsortimente, die am Markt angeboten werden. Vermarktungsentscheidungen können also nicht ausschließlich nach aktueller Marktnachfrage getroffen werden. Sie müssen vielmehr auch Risiken der Bewirtschaftung und zukünftige Produktionsmöglichkeiten berücksichtigen. Andererseits ist festzustellen, dass außer bei großen Zwangsanfällen durch Naturkatastrophen in den meisten Forstbetrieben beachtliche Möglichkeiten bestehen, flexibel auf Kundenwünsche und konjunkturelle Veränderungen der Nachfrage auf bestimmten Teilmärkten zu reagieren.

3.1.9 Märkte für Dienstleistungen

Von einer modernen multifunktionalen Waldwirtschaft wird ein beachtliches Spektrum an Dienstleistungen erbracht (Abbildung 3-10). Einen großen Umfang nehmen Leistungen für Dritte ein, wie sie von den Forstbetrieben selbst sowie von Forstservice-Unternehmen, Ingenieurbüros oder von öffentlichen und privaten Forstverwaltungen erbracht werden. Zu den entsprechenden Leistungen gehören z. B. der Einsatz von Arbeitskräften und Maschinen in anderen Forstbetrieben sowie die Beratung, Betreuung oder Betriebsleitung. Weiterhin sind hierzu Infrastrukturleistungen und Leistungen im Bereich der Landschaftspflege zu rechnen. Dies betrifft z. B. Maßnahmen zum Schutz vor Naturgefahren, des Naturschutzes und der Landschaftsgestaltung, des Gewässer- und Klimaschutzes und vor allem Aktivitäten im Bereich der Erholungsnutzung. Hierbei geht es um Gruppen von Gütern, die sich weiter in Einzelleistungen untergliedern lassen (Burrows *et al.* 1999; BUWAL 1998; Langner 1998; Mantau *et al.* 2007; Mertens 2000). Im Einzugsgebiet der Städte, in Verdichtungsräumen oder auch in Gebirgsregionen erbringen Forstbetriebe neben der Holzproduktion einen wachsenden Anteil ihrer Aktivitäten im Dienstleistungsbereich.

Der Absatz von *Leistungen für Dritte* basiert auf der Vermarktung von betrieblichem Know-how und Ressourcen, die von anderen Wirtschaftseinheiten zur Befriedigung bestimmter Bedürfnisse nachgefragt werden. Es handelt sich um Leistungsaufträge, die im Auftrag Dritter durchgeführt werden und zu bestimmten Produktionsergebnissen führen (Rück 2007; Wilhelm 1997). Dementsprechend lassen sich Arbeitsleistungen als marktfähige Produkte definieren. Um solche Dienstleistungen anbieten zu können, müssen entsprechende Ressourcen in den Betrieben vorhanden sein. Neben den Ressourcen Personal, Maschinen und Betriebsmittel spielt die fachliche Kompetenz eine zentrale Rolle. Die Möglichkeiten der Vermarktung betrieblicher Leistungen für Dritte

Forstliche Dienstleistungen: Leistungen für/im Rahmen von	– Erholung
	– Naturschutz
	– Objektschutz
	– Landschaftsgestaltung
	– Beeinflussung des Stoffhaushalts der Umwelt
	– Bildung
	– Leistungen für Dritte
Forstliche (Sach-)Güter:	– Holz
	– andere Sachgüter (z. B. Wald-Hackschnitzel, Reisig, Rinde)
	– Nutzungsrechte

Abbildung 3-10:   Abgrenzung forstbetrieblicher Dienstleistungen (Mellinghoff 2000: 219)

167

sind in der Waldwirtschaft genauso vielfältig wie die vorhandenen Potenziale (Bergen *et al.* 1995; Welcker 2001). Das Know-how in der Steuerung von Waldökosystemen, aber auch in der ökonomischen Beratung anderer Wirtschaftseinheiten der Waldwirtschaft ermöglicht Aktivitäten in so unterschiedlichen Bereichen wie Holzproduktion, Naturschutz oder ganz generell im Bereich der Weiterbildung. Schwerpunkte sind z. B. die Betreuung des Körperschafts- und Privatwaldes durch die Forstverwaltungen und Arbeiten im Rahmen der Waldpflege und Holzernte sowie planerische Aufgaben, die von forstlichen Ingenieurbüros ausgeführt werden. Ein wichtiger Teil solcher Dienstleistungen werden von Forstunternehmen in der Holzproduktion angeboten.

Nachfrager für *forstliche Infrastrukturleistungen* ist in vielen Fällen die Öffentlichkeit, deren Wertschätzung für bestimmte Güter durch Befragungen belegt werden kann (BUWAL 1999). Auf der Basis dieser Wertschätzung finanziert die öffentliche Hand die Produktion bestimmter Güter durch verschiedene Formen von Beiträgen. Die Beiträge dienen insbesondere der Finanzierung von Maßnahmen der Waldpflege mit dem Ziel stabiler Bestände in Gebirgswäldern. Sie ermöglichen die Bewirtschaftung von Waldgebieten, deren Bedeutung für die Erhaltung von Infrastruktur und Siedlungsmöglichkeiten vorrangig ist. Die Öffentlichkeit ist als Nachfrager von Infrastrukturleistungen jedoch nicht homogen. Vielfach fragen einzelne Interessengruppen ganz bestimmte Leistungen nach. Für die Segmentierung dieser Kunden spielen sozialdemographische und regionale Abgrenzungskriterien eine wichtige Rolle. Im Erholungsbereich bestehen z. B. unterschiedliche Anforderungen der Nutzergruppen an die Erholungsinfrastruktur. Naturschutzorganisationen stellen ihrerseits sehr spezielle Anforderungen bezüglich Schutz und Bewirtschaftung von Wäldern (Schmidhauser 1997). Am Schutz vor Naturereignissen in einer bestimmten Region sind nicht alle Einwohner eines größeren Gebiets gleichmäßig interessiert.

Die Beispiele zeigen, wie differenziert die Nachfrage nach Dienstleistungen sein kann. Entsprechend aufwändig ist die Abgrenzung einzelner Produkte und Marktbereiche im Rahmen des einzelbetrieblichen Marketings. Gleichzeitig ergeben sich erhebliche gestalterische Spielräume in der Vermarktung weitgehend individuell zugeschnittener Leistungsangebote. Bei der Befriedigung spezieller Bedürfnisse ist aus unternehmerischer Sicht stets zu fragen, wer die Leistungserstellung finanziert. Hierbei ergeben sich im Wesentlichen zwei Möglichkeiten:

– Für spezielle Bedürfnisse gut abgrenzbarer Gruppen von Nachfragern wie Vereinen oder Clubs lassen sich Leistungspakete zusammenstellen, die durch Beiträge dieser Nutzergruppen finanziert werden.

– Leistungen mit erheblicher Bedeutung für die Allgemeinheit werden von öffentlichen Gemeinwesen durch Finanzierungsbeiträge ermöglicht. Je nach regionaler Abgrenzung können dies einzelne Gemeinden, aber auch Regionen oder der Staat insgesamt sein.

Voraussetzung für eine erfolgreiche Vermarktung von Leistungen ist, dass für den Kunden ein kausaler Zusammenhang zwischen Produktionsprozess und Produktionsergebnis erkennbar ist (Mellinghoff 2000: 228). In der Waldwirtschaft ist die eindeutige Zuordnung von Prozessen zu Produktionsergebnissen auf Grund der häufig gegebenen multifunktionalen Zielsetzungen in vielen Fällen nur schwer möglich. Im Rahmen unternehmerischer Entscheidungen sind Prioritäten über die zu erzeugenden Produkte zu setzen, die eine Ausrichtung der Prozesse auf konkrete Produktziele und auf die Vermarktung entsprechender Arbeitsleistungen zulassen. In dieser Hinsicht hat die Vermarktung von Arbeitsleistungen gewisse Parallelen zu modernen Konzepten des Managements in Betrieben öffentlicher Körperschaften, wie sie z. B. das New Public Management kennzeichnet (Kapitel 4.6.8).

3.2   Marketing

3.2.1   Aufgaben und Bedeutung

Marketing lässt sich ganz allgemein als ein Prozess im Wirtschafts- und Sozialgefüge beschreiben, „durch den Einzelpersonen und Gruppen ihre Bedürfnisse und Wünsche befriedigen, indem sie Produkte und andere Austauschobjekte von Wert erzeugen, anbieten und miteinander tauschen" (Kotler *et al.* 2007: 14). Die konkreten Bedürfnisse und Wünsche äußern sich in der Nachfrage der Kunden nach Produkten und in ihrer Bereitschaft, hierfür einen entsprechenden Preis zu bezahlen. Als Produkt wird alles bezeichnet, was Personen oder Gruppen angeboten wird, um Bedürfnisse oder Wünsche zu befriedigen. Dies gilt für materielle Güter wie z. B. Rohholz oder Hobelware, aber auch für Dienstleistungen wie Beratung oder für Nutzungsrechte von Wirtschaftsgütern. Der Austausch von Produkten erfolgt auf Märkten, wobei der Begriff Markt im Zusammenhang mit Marketing in einem speziellen Sinn definiert wird. Als Markt werden die Nachfrager verstanden, die ihre Bedürfnisse durch Austauschprozesse befriedigen wollen und können. Es ist daher nicht so sehr der Ort bzw. der Güteraustausch selbst, sondern es sind die aktuellen und potenziellen Kunden von Unternehmen, die als der eigentliche Markt verstanden werden.

Marketing ist die Teildisziplin der Betriebswirtschaftslehre, oder eben die Art und Weise unternehmerischen Denkens und Handelns, die sich mit der zielgerichteten Bearbeitung von Märkten sowie mit der Ausrichtung eines Unternehmens und seiner Produkte auf die Nachfrage befasst. Als betriebliche Managementaufgabe umfasst Marketing die Gestaltung und Steuerung der Austauschbeziehungen zwischen Unternehmen und ihren Märkten mit dem Ziel, die Kunden zufrieden zu stellen. In der Literatur werden für den Begriff Marketingmanagement auch die Begriffe Leistungsverwertung (Peters *et al* 2005: 136 ff.) und Absatz (Schierenbeck 2000: 253) gebraucht. Für die organisatorischen Unternehmenseinheiten, die für Leistungsverwertung und Absatz verantwortlich sind, wird auch das Begriffspaar Vertrieb und Verkauf verwendet.

3.2.2 Marketingkonzepte

Marketing in Unternehmen und Betrieben wird von einer bestimmten Grundeinstellung gegenüber den Kunden bzw. den Märkten geprägt. Deren Bandbreite lässt sich vier grundlegenden Marketingkonzepten zuordnen (Kotler *et al.* 2007: 5).

Im *Produktionskonzept* wird davon ausgegangen, dass die Kunden jene Produkte bevorzugen, die allgemein verfügbar und kostengünstig sind. Das Marketing konzentriert sich auf niedrige Preise durch effiziente Produktion und auf eine möglichst flächendeckende Distribution. Das Produktionskonzept ist schlüssig, wenn die Nachfrage nach einem Produkt das Angebot übersteigt. Durch eine leistungsfähige Produktion kann ein vorhandener Markt schnell erschlossen werden. Das Konzept greift auch, wenn bei den Kunden der Preis das dominierende Kaufkriterium ist. Dies ist bei vielen Standardprodukten der Fall. Niedrige Kosten in der Produktion bieten Betrieben die Möglichkeit, ihre Produkte kostengünstiger als andere Produzenten anzubieten oder eine höhere Gewinnspanne zu realisieren. Beides ergibt einen wichtigen Wettbewerbsvorteil gegenüber den Konkurrenten.

Das *Produktkonzept* beruht auf der Überlegung, dass die Kunden Produkte bevorzugen, die ihnen ein Höchstmaß an Bedürfnisbefriedigung bieten. Sie sind bereit, für hohe Qualität und eine Vielzahl von Produkteigenschaften höhere Preise zu bezahlen. Marketing ist hier in erster Linie auf die Herstellung guter Produkte und auf ständige Produktverbesserung ausgerichtet. Die Konzentration auf die eigenen Produkte und ihre Eigenschaften kann allerdings dazu führen, dass man die tatsächlichen Bedürfnisse der Kunden aus den Augen verliert. So lehnten z. B. die Verantwortlichen der Filmindustrie in Hollywood ein Engagement im sich entwickelnden TV-Geschäft ab, weil sie ihr eigenes Produkt für überlegen hielten (Seiler 2004: 25 ff.). Stehen die Eigenschaften der erzeugten Produkte im Vordergrund, besteht die Gefahr, hochwertige und technisch innovative Produkte an den Kundenbedürfnissen vorbei zu erzeugen. Produktorientierung ist als Marketingkonzept dann sachgerecht, wenn die Produkte sich an konkreten Kundenwünschen orientieren und auf eine genügend große Nachfrage treffen.

Zentraler Punkt eines *Verkaufskonzeptes* ist die Annahme, dass Kunden nicht von sich aus und ohne spezielle Maßnahmen des Produzenten die angebotenen Produkte in der angebotenen Menge kaufen. Es besteht die Notwendigkeit, den Absatz mit zum Teil aggressiven Verkaufstechniken zu fördern und den Kunden vom angebotenen Produkt zu überzeugen. Ein solches Verkaufskonzept wird von Unternehmen vielfach angewendet, wenn sie Überkapazitäten haben. Es geht dann vor allem darum, die hergestellten Produkte so rasch wie möglich am Markt abzusetzen. Die Zufriedenheit des Kunden

170

nach dem Kauf spielt hingegen eine eher geringe Rolle. Hier liegt das eigentliche Problem eines solchen Vorgehens. Unzufriedene Kunden neigen dazu, das Produkt in Zukunft zu meiden, sie geben ihre schlechten Erfahrungen an andere potenzielle Interessenten weiter. Ein allein auf dem Verkaufskonzept basierendes Marketing ist riskant und auf Dauer nicht erfolgreich.

Das *Marketingkonzept* stellt die Bedürfnisse der Kunden in das Zentrum betrieblicher Aktivitäten. Es grenzt sich deutlich vom Verkaufskonzept ab, bei dem die Bedürfnisse des Verkäufers im Vordergrund stehen. Insgesamt basiert das Marketingkonzept auf vier Säulen:

– *Fokussierung am Markt*: Kein Betrieb ist in der Lage, gleichzeitig auf allen Märkten erfolgreich zu operieren. Es ist sinnvoller, sich auf bestimmte, aussichtsreiche und eindeutig definierte Märkte zu konzentrieren. Die Abgrenzung muss sorgfältig überlegt und durch empirische Erfahrungen abgestützt werden.

– *Orientierung am Kunden*: Kunden erwerben Produkte, weil sie damit bestimmte Bedürfnisse befriedigen wollen. Der Weg zu guten Produkten führt über die Kenntnis der Kundenbedürfnisse. Unternehmen und Betriebe gewinnen solche Kenntnisse durch die intensive Kommunikation mit Kunden und mit Hilfe der Marktforschung.

– *Ganzheitliches Marketing*: Ein erfolgreiches Marketing koordiniert Verkauf, Werbung und Marktforschung und passt sie konsequent den Kundenbedürfnissen an. Gleichzeitig sind Aktivitäten in anderen Unternehmensbereichen, etwa in der Produktion, der Logistik oder im Personalmanagement auf die Befriedigung von Kundenbedürfnissen auszurichten.

– *Erfolg durch zufriedene Kunden*: Unternehmen brauchen auf Dauer zufriedene Kunden. Die Kundenzufriedenheit ist eine wesentliche Voraussetzung für unternehmerischen Erfolg. Es ist eine zentrale Aufgabe des Marketingmanagements, Erfolg versprechende Zielmärkte auf denen die Kundenbedürfnisse auf Dauer befriedigt werden, zu identifizieren und zu bearbeiten.

Die Grundsätze der verschiedenen Marketingkonzepte haben für alle Arten von Unternehmen und Betrieben Gültigkeit. Auch im öffentlichen Sektor gewinnt die Orientierung an konkreten Kundenbedürfnissen an Bedeutung (Raffée *et al.* 1994: 43 ff.; Schedler 1996: 13). Hier werden die Leistungsprozesse der Verwaltung und ihre Beziehungen zu den Kunden durch politische Akteure definiert. In demokratischen Systemen entscheiden die legitimierten Vertreter der Leistungsempfänger über Art und Umfang der zu erbringenden Leistungen sowie über die personellen und finanziellen Ressourcen, die zur Verfügung gestellt werden. Moderne Konzepte des Managements in Verwaltungen und Betrieben öffentlicher Körperschaften stellen die Kundenbedürfnisse in das Zentrum der Steuerungs- und Organisationsprozesse (Kapitel 4.6.8). Die Austauschprozesse im öffentlichen Bereich oder auch im Non-Profit-Sektor unterscheiden sich allerdings in vielen Punkten von Geschäftsbeziehungen des privaten Sektors. Aus diesem Grund hat sich eine spezielle Teildisziplin im Marketing etabliert. Man spricht vom Marketing für öffentliche Betriebe und vom Marketing für Non-Profit-Organisationen (Purtschert 2001; Kotler und Andreasen 2008).

Für die Waldwirtschaft sind diese Entwicklungen z. B. im Zusammenhang mit Infrastrukturleistungen von Bedeutung, die vor allem von Betrieben öffentlicher Waldeigentümer zielgerichtet erstellt werden. Die öffentlichen Gemeinwesen stellen finanzielle Ressourcen, welche die Erbringung der geforderten Leistungen in ausreichender Menge und in der geforderten Qualität ermöglichen, für die Erfüllung dieser Aufgaben zur Verfügung. Häufig haben allerdings die unmittelbaren Leistungsempfänger bzw. Konsumenten nur einen indirekten Einfluss auf die konkreten Zielsetzungen und die Bewilligung der für die Realisierung notwendigen Mittel. Die Entscheidungen erfolgen durch die politischen Gremien der öffentlichen Körperschaften. Derartige indirekte Austauschbeziehungen spielen für die Ausgestaltung des Marketings im Bereich öffentlicher Entscheidungsträger und Verwaltungen eine zentrale Rolle. Ähnliches gilt für Non-Profit-Organisationen. Auch bei ihnen stehen die Bedürfnisse ihrer Kunden, d. h. der direkten und indirekten Leistungsempfänger im Mittelpunkt unternehmerischen Handelns. Nur bei einer hohen Kundenzufriedenheit können sie langfristig die notwendige Finanzierung zur Erstellung ihrer Leistungen sicherstellen.

3.2.3   Produkte und Kundennutzen

Im allgemeinen Sprachgebrauch bezieht sich der Begriff Produkt in erster Linie auf materielle Güter wie z. B. auf Fahrzeuge, Maschinen und Handelswaren. Im Marketing ist dagegen der Produktbegriff wesentlich weiter gefasst. Auch Arbeitsleistungen, z. B. Beratungsleistungen, werden als Produkte bezeichnet und können als solche vermarktet werden. Der Produktbegriff des Marketings kann sich ferner auf Leistungen, die in der Forschung und Entwicklung erbracht werden, auf qualitative Merkmale bestimmter Orte oder auch auf nutzbare oder attraktive Ideen beziehen. Entscheidend für ein Produkt ist, dass ein vermarktbarer Kundennutzen mit ihm verbunden ist.

Die Bedeutung des Kundennutzens geht über die Art und Qualität des konkret nachgefragten Produkts hinaus. Die folgenden Beispiele zeigen, dass die Überlegungen über den Nutzen eines Produkts durchaus vielschichtig sein können. Ein Sägewerk fragt nicht einfach Rohholz einer bestimmten Menge und mit gewissen Spezifikationen nach. Es benötigt diesen Rohstoff, weil ein Markt für Schnittholz besteht, der mit geeigneten Produkten beliefert werden kann. Hierin liegt der eigentliche Nutzen des Rohholzes für das Sägewerk. Der Nutzen für den Kunden besteht wiederum in der Eignung von Schnittholz für einen bestimmten Zweck, aber unter Umständen auch in der besonderen Wertschätzung, die er mit dem Naturprodukt Holz verbindet. Der Bedarf für Brennholz liegt zunächst in der Möglichkeit der Energiegewinnung. Im Vergleich zu fossilen Energieträgern besteht der Nutzen für den Kunden heute aber zunehmend auch in der damit verbundenen Zufriedenheit, einen persönlichen Beitrag zur Verringerung der Umweltbelastung zu leisten. Er handelt bei seiner Verwendungsentscheidung in dem Wissen, dass die Energieverwertung von Holz weitgehend CO_2-neutral erfolgt und damit die Umwelt weniger belastet. Die hohe Energieausbeute in modernen Kraftwerken mit Kraft-Wärme-Kopplung ist nicht nur effizienter, sondern verursacht auch eine geringere Umweltbelastung und ermöglicht eine größere Unabhängigkeit von anderen Energieträgern.

Ausgehend von der unterschiedlichen Einschätzung des Kundennutzens von Produkten können verschiedene Nutzenebenen unterschieden werden (Kotler *et al.* 2007: 493 f.). Diese bauen aufeinander auf, wobei die jeweils höhere Ebene eine zusätzliche Wertsteigerung für den Kunden mit sich bringt (Abbildung 3-11). Im Zentrum der Marketingüberlegungen steht der *Kernnutzen* eines Produktes. Er steht für die primären Bedürfnisse der Nachfrager. Der vom Kunden nachgefragte Kernnutzen wird in ein *Basisprodukt* umgesetzt. Hierbei handelt es sich um die Grundversion eines Produkts, mit dem elementare Anforderungen von Kunden erfüllt werden können. Bei Investitionsgütern sind dies z. B. technologische Qualitäten und Leistungsmengen. Bei Konsumgütern sind es die Zweckmäßigkeit und Eignung eines Erzeugnisses für die Deckung des unmittelbaren Bedarfs. Die Ebene des *erwarteten Produkts* bezieht sich auf Anforderungen, die vom Kunden als selbstverständlich vorausgesetzt werden. Sie müssen von einem Produkt erfüllt werden, damit es vom Kunden überhaupt nachgefragt wird. Auf der Ebene des *augmentierten Produkts,* d. h. eines Produktes mit einem angereicherten Kundennutzen, geht es darum, dem Produkt Attribute hinzuzufügen, die

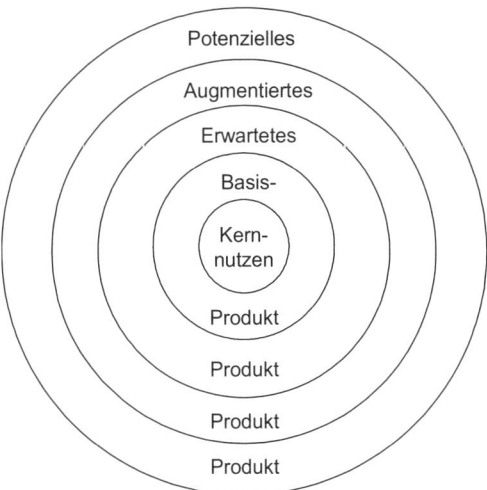

Abbildung 3-11:   Konzeptionsebenen eines Produkts (Kotler *et al.* 2007: 493)

173

es für den Markt besonders attraktiv machen. Es handelt sich um Eigenschaften, die der Kunde üblicherweise nicht erwartet, die ihn aber aufmerksam werden lassen und für ihn einen zusätzlichen Wert darstellen. Auf der fünften Stufe findet sich das *potenzielle Produkt*. Es zeichnet sich durch Attribute und Eigenschaften aus, die in Zukunft von Bedeutung sein werden. Diese Ebene befasst sich vor allem mit technisch möglichen und von Seiten der Kunden erwünschten Produktentwicklungen.

In den meisten Branchen findet der Wettbewerb sowohl bei Investitions- wie Konsumgütern auf der Ebene augmentierter Produkte statt. Ansatzpunkte für ihre Gestaltung ergeben sich durch Analyse des gesamten Problemlösungsverhaltens oder durch umfassende Befriedigung unterschiedlicher Bedürfnisse von Kunden. So können z. B. mit dem Stammholzkäufer zusätzliche Vereinbarungen über eine regelmäßige Lieferung bestimmter Mengen und zu bestimmten Zeiten vereinbart werden. Bei Konsumgütern werden Bedürfnisse beispielsweise durch ein attraktives Design, vielseitige Verwendungsmöglichkeiten oder leicht verständliche Bedienungsanweisungen befriedigt. Bei augmentierten Produkten, d. h. bei einer weiteren Erhöhung des Kundennutzens, spielen Dienstleistungen eine wichtige Rolle. Eine mit zusätzlichen Dienstleistungen verbundene Werterhöhung führt allerdings bei den Anbietern unter Umständen auch zu höheren Kosten. In diesem Fall ist zu prüfen, inwieweit Kunden bereit sind, den Zusatznutzen zu bezahlen. Alternativ ist zu prüfen, ob Einsparungen in anderen betrieblichen Bereichen möglich sind. Zu berücksichtigen ist, dass der mit dem Produkt verbundene Zusatznutzen mit der Zeit zu einem als selbstverständlich erwarteten Nutzen für die Nachfrager wird. Das ‚Überraschungsmoment‘ beim Kunden geht verloren und muss mit neuen Produkteigenschaften wieder erreicht werden.

Die ständige Weiterentwicklung von Produkten macht sie zu *komplexen Absatzobjekten*, die sich aus einer Kombination materieller Güter und Dienstleistungen zusammensetzen. Die Vermarktung ihrer Eigenschaften und vielfältigen Verwendungsmöglichkeiten ist die eigentliche Herausforderung, die in einem modernen und effizienten Marketing zu bewältigen ist. Das Marketing von Konsumgütern des täglichen Bedarfs unterscheidet sich ganz erheblich vom Marketing für Beratungsleistungen, die von spezialisierten Ingenieurbüros angeboten werden. Die Verschiedenartigkeit der Produkte in Bezug auf den konkreten Kundennutzen bedingt eine differenzierte Absatzgestaltung und eine Spezialisierung beim Sach- bzw. Dienstleistungsmarketing (Meffert und Bruhn 2006: 50 ff.). Dazwischen liegen eine Vielzahl von individuellen Marketingkonzepten, die sich aus den jeweiligen Eigenschaften der angebotenen Produkte und der zu erreichenden Zielgruppen von Kunden ergeben (Abbildung 3-12).

Wie in anderen industriellen und gewerblichen Bereichen ist in der Holzwirtschaft der zusätzliche Kundennutzen (augmentiertes Produkt) ein entscheidender Wettbewerbsvorteil. Dies zeigt sich bei erfolgreichen Marketingstrategien, die auf umfassende Angebote komplexer Problemlösungen ausgerichtet sind. Dies gilt z. B. für die Sägereiwirtschaft, die zunehmend spezielle Produktsortimente für ihre industriellen Kun-

174

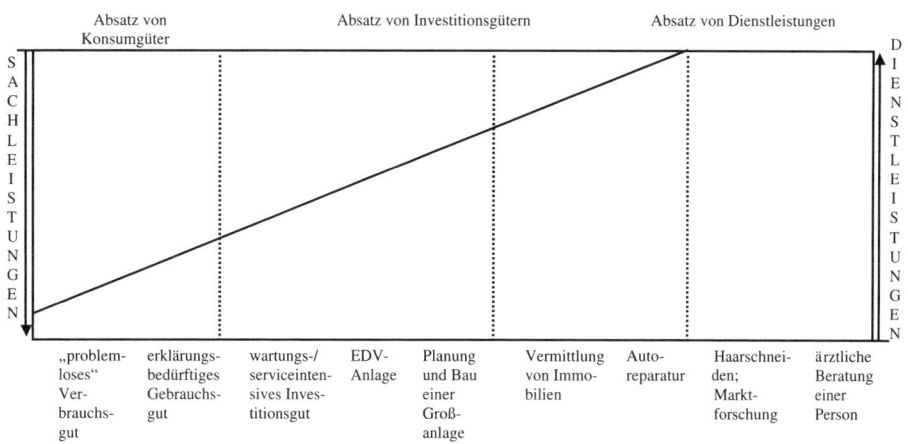

Abbildung 3-12: Marketing-Verbund-Kasten (Hilke 1989: 8)

den aber auch für private Anwender erzeugt, die ihren Bedarf in Heimwerkermärkten decken. Dies gilt auch für die Holzwerkstoffindustrie, die mit hochwertigen Platten und Verbundwerkstoffen der Bauwirtschaft und dem Innenausbau neue technologische und kostengünstigere Problemlösungen anbietet. Auch in Gewerbebetrieben wie Schreinereien und Zimmereien oder beim Verlegen von Parkett ist die Kombination hochwertiger Materialien mit technologischem Know-how und kompetenten Beratungsleistungen die Grundlage für einen konkurrenzfähigen Absatz unternehmerischer Leistungen.

In der Waldwirtschaft hat Marketing durch Zusatznutzen für die Kunden, d. h. durch augmentierte Produkte, sowohl in der Holzvermarktung wie im Bereich von Dienstleistungen eine vermehrte Bedeutung. Dies lässt sich im Dienstleistungsbereich an der Gestaltung der Erholungsnutzung in Wäldern exemplarisch zeigen (Mantau 1994: 314 ff.). Der Kernnutzen eines Spaziergängers im Wald wird durch begehbare Waldwege grundsätzlich befriedigt. Die Erholung im Wald umfasst für einen heutigen Spaziergänger aber vielfach nicht nur die Nutzung von Wegtrassen, sondern auf der Ebene des erwarteten Produkts eine differenzierte und naturnahe Form der Waldwirtschaft. Auch erwartet er bestimmte Einrichtungen für Erholungsaktivitäten und besonders gestaltete Aussichtspunkte. Der Nutzen von Spaziergängern im Stadtbereich oder auch von Touristen in Wandergebieten kann mit solchen Einrichtungen oder mit weiteren Angeboten wie speziellen Waldführungen erhöht werden. Insgesamt wird damit das Produkt Erholung in Waldgebieten die Grundlage für attraktive Naherholungsgebiete und touristische Angebote. In Städten und Verdichtungsräumen ermöglicht es die Nutzung von Wäldern und Grünbereichen durch die Bevölkerung. In Nah- und Fernerholungsgebieten leistet es einen beachtlichen Beitrag zur Förderung des Fremdenverkehrs und trägt zur wirtschaftlichen Entwicklung einer Gemeinde oder einer Region bei.

3.2.4　Marktforschung

Die Wahl geeigneter Marketingmaßnahmen beruht auf fundierten und empirisch abgesicherten Grundlagen. Aufgabe der Marktforschung ist die systematische Sammlung, Auswertung und Interpretation von Informationen, die über aktuelle und zukünftige Marktsituationen Auskunft geben (Peters *et al.* 2005: 137 ff.; Thommen und Achleitner 2006: 137 ff.). Marktforschung wird mit sozialwissenschaftlichen Methoden systematisch in einem laufenden Prozess von Fachleuten durchgeführt (Meffert *et al.* 2008: 94 ff.). In vielen Fällen sind es spezialisierte Marktforschungsinstitute, die im Auftrag einzelner Unternehmen oder ganzer Branchen derartige Untersuchungen durchführen.

Bei der *Primärmarktforschung* werden Informationen durch direkte Erhebungen bei Kunden oder potenziellen Interessenten gewonnen (Feldforschung). Es handelt sich überwiegend um quantitative Umfragen, bei denen mit Hilfe soziodemographischer Daten und typischer Verhaltensmerkmale repräsentative Stichproben von Befragten ausgewählt werden. Die Erhebungen erfolgen mit vorformulierten offenen oder geschlossenen Fragen. Bei geschlossenen Fragen liegt das Antwortraster fest und kann standardisiert ausgewertet werden. Bei offenen Fragen können auch frei formulierte Aussagen gemacht werden. Eine weitere Form von Erhebungen sind qualitative Umfragen mit geschulten Interviewern. Auf diese Weise können vertiefte Erkenntnisse gewonnen werden über Einstellungen, Meinungen, Wissen und Verhaltensmerkmale von Kunden und sozialen Gruppen, die als Nachfrager am Markt auftreten. Bei Mehrthemenbefragungen (Omnibusumfragen) werden quantitative und qualitative Erhebungselemente kombiniert. Sie umfassen im Allgemeinen ein breites Spektrum von Themen und sind im Vergleich zu Spezialerhebungen kostengünstiger. Primärforschung im Marketingbereich kann auch durch unmittelbare Beobachtung des Kundenverhaltens und durch Testbefragungen erfolgen. Solche Untersuchungen können mit experimentellen Verkaufssituationen, in denen unterschiedliches Kaufverhalten zu beobachten ist, kombiniert werden.

Bei der *Sekundärmarktforschung* werden schon vorhandene Informationen und Unterlagen für die vorgegebene Problemstellung gezielt ausgewertet. Hierfür werden in erster Linie innerbetriebliche Informationsquellen wie Absatzstatistiken, Berichte über Kundenreaktionen und Auswertungen von Messebesuchen genutzt. Von Bedeutung sind ebenfalls externe Datenbestände und Untersuchungsergebnisse. Nützliche Datenquellen sind z. B. statistische Angaben staatlicher Ämter mit generellen wirtschaftlichen und planerischen Daten sowie Veröffentlichungen und Auskünfte von Verbänden und Marktforschungsinstituten. Fachzeitschriften und Forschungsberichte, Pressematerialien und Informationen über Unternehmen der eigenen oder anderer Branchen sind weitere nützliche Informationsquellen.

Die Marktforschungsaktivitäten in der Wald- und Holzwirtschaft konzentrieren sich bisher auf wichtige Investitionsgütermärkte. Die Ziele und Methoden solcher Studien sind vielseitig und richten sich nach Art und Umfang der gesuchten Informationen. Wesentliche Trends der Konzentration und Diversifikation in der Sägeindustrie wurden von Weber (2001) im Rahmen einer Primärerhebung analysiert. Aussagekräftige Untersuchungen über das Marketing von Holzprodukten auf Endverbrauchermärkten sind dagegen selten. Hier besteht ein erheblicher Bedarf an Information, der in der Marktforschung der Wald- und Holzwirtschaft vermehrt zu berücksichtigen ist.

3.2.5 Produktpolitik

Ein Marktangebot attraktiver Produkte ist in hohem Maße für den betrieblichen Erfolg ausschlaggebend (Meffert *et al.* 2008: 397 ff.). Insofern stellt die Produktpolitik, d. h. die Gestaltung und Erstellung zweckdienlicher, ansprechender und wettbewerbsfähiger Produkte, einen wichtigen Bereich der Leistungserstellung und des Marketings dar. Grundlage fundierter produktpolitischer Entscheidungen sind zunächst direkte Erfahrungen aus Kundenkontakten und aus der Beobachtung des Kaufverhaltens. Von gleicher Bedeutung sind detaillierte Analysen der aktuellen Produktprogramme, die z. B. mit Methoden der Lebenszyklusanalyse, der Portfolioanalyse oder der Stärken und Schwächenanalyse, SWOT, erfolgen können (Kapitel 8.4). Zentrale Elemente der Produktpolitik sind

- Produktgestaltung

- Produktdifferenzierung

- Produktinnovation

- Elimination von Produkten aus dem Produktionsprogramm.

Produktgestaltung: Bei der Produktgestaltung geht es um die Festlegung von Produkteigenschaften, mit denen die Nachfrage anderer Unternehmen und Endkonsumenten befriedigt werden kann. Notwendig ist die Auseinandersetzung mit den vielschichtigen Bedürfnissen schon vorhandener und potenzieller Kunden. Ausgehend von den in einem Unternehmen schon bestehenden Marktangeboten kann die Produktpalette nach Tiefe und Breite des Angebots verändert werden (Peters *et al.* 2005: 147 ff.). Anforderungen, die von den Zielkunden an ein Produkt gestellt werden, lassen sich dann strukturiert zusammenfassen und als Vorgabe für die Gestaltung von Produkten nutzen, die auf die Kundenbedürfnisse abgestimmt sind. Die wichtigen Merkmale werden in einem Pflichtenheft dokumentiert, das als Grundlage für die Produktentwicklung und Produktgestaltung entsprechend den definierten Marktanforderungen dient.

Produktdifferenzierung: Es ist ein Charakteristikum von reifen Märkten, dass die Nachfrager von Gütern immer speziellere und im Detail unterschiedliche Anforderungen an die gewünschten Produkte stellen (Kapitel 3.1.6). Für die Anbieter ergibt sich die Notwendigkeit, auf diese Bedürfnisse zu reagieren, indem sie Varianten bereits vorhandener Produkte produzieren und vermarkten. Auf diese Weise können sie ein vielseitiges Angebot positionieren, das der stärkeren Marktsegmentierung gerecht wird. Die Variantenbildung erfolgt in erster Linie über physische Produktmerkmale und Produkteigenschaften wie Farbe, Form und Funktionalität. Aspekte der Produktqualität wie Verarbeitungsqualität, Dauerhaftigkeit, Verwendung hochwertiger Materialien oder Nutzung umweltverträglicher Rohstoffe sind gleichfalls von großer Bedeutung. Die kundengerechte Differenzierung von Produkten kann auch auf einer psychologischen Ebene vorgenommen werden. Unternehmen etablieren für ihre Produkte Marken oder Gebrauchsmuster und verankern dadurch bestimmte reale und ideelle Eigenschaften ihrer Marken im Bewusstsein der Kunden. Ein eindrückliches Beispiel eines stark differenzierten Angebotes ist der Markt für Personenwagen mit einer Vielzahl von Modellen und Fahrzeugtypen. Hier bestehen nicht nur Unterschiede hinsichtlich technischer Merkmale wie Größe und Leistung, sondern auch eine weitgehende Differenzierung innerhalb einzelner Fahrzeugklassen z. B. hinsichtlich Aussehen, Ausrüstung und Qualität. Häufig operieren die Automobilkonzerne dabei mit mehreren Marken, um eine möglichst vollständige Marktdurchdringung zu erreichen.

Eine wichtige Möglichkeit der Produktdifferenzierung sind *werterhöhende Teilleistungen*, die dem Basisprodukt einen konkreten Zusatznutzen geben (Borowski 1996: 106). Es handelt sich dabei typischerweise um Teilprozesse der Wertschöpfung, die der Optimierung der gesamten Produktions- bzw. Logistikkette dienen (Kapitel 7.1.2). Dies kann dadurch geschehen, dass vom Produzenten Arbeitsvorgänge oder Dienstleistungen übernommen werden, die für die Abnehmer umständlich und mit zusätzlichen Kosten verbunden sind. Andererseits kann eine höhere Effizienz der gesamten Wertschöpfung auch dadurch erreicht werden, dass Produktionsvorgänge, die traditionell vom Lieferanten geleistet werden, vom Weiterverarbeiter oder Anwender übernommen werden. Vorteilhaft sind solche Verlagerungsprozesse innerhalb von Wertschöpfungsketten immer dann, wenn sich eine größere Flexibilität in der Produktion und Vermarktung, eine höhere Ausbeute der eingesetzten Rohstoffe und vor allem Kosteneinsparungen infolge rationellerer Arbeitsverfahren realisieren lassen.

Produktinnovationen: Produktinnovationen lassen sich generell als neue Ideen, die in Markterfolg umgesetzt werden, definieren (Meffert *et al.* 2008: 408 ff.). Für die Entwicklung von Unternehmen sind sie von großer Bedeutung, weil sie die Chance bieten, neue Märkte zu erschließen und zum Unternehmenswachstum entscheidend beizutragen. Produktinnovationen können nach folgenden Kriterien gegliedert werden (Kotler *et al.* 2007: 1128):

- Innovativ sind *kostengünstigere* Produkte, die bei niedrigeren Kosten vergleichbare Leistungen erbringen.

- Innovativ sind *repositionierte* Produkte, d. h. Produkte, die bereits existieren, jedoch auf neuen Märkten oder Marktsegmenten angeboten werden können.

- Innovativ sind *verbesserte bzw. weiterentwickelte* Produkte, die einen größeren Nutzen für den Kunden haben.

- Innovativ sind *Ergänzungen von Produktlinien*, die einer schon existierenden Produktpalette weitere Angebote hinzufügen.

- Innovativ sind *neue Produktlinien*, die einem Unternehmen den Zugang zu einem bereits bestehenden Markt erschließen.

- *Weltneuheiten* sind neue Produkte für Märkte, die noch nicht existieren.

Die Auflistung zeigt, dass viele Möglichkeiten für Innovationen im Produktbereich bestehen. Eine große Zahl von evolutionären Weiterentwicklungen mit kleinen, aber regelmäßigen Schritten kann dabei für ein Unternehmen genauso wertvoll sein wie eine einzelne revolutionäre Innovation. Voraussetzung für den Erfolg ist immer, dass durch neue oder verbesserte Produktangebote schon identifizierte oder latent vorhandene Kundenbedürfnisse befriedigt werden. Eine ständige Auseinandersetzung mit den Kundenbedürfnissen mit Blick auf die Entwicklung neuer, besserer und kostengünstiger Marktangebote ist das zentrale Element des Innovationsmanagements bei der Produktentwicklung.

Auf den Märkten der Wald- und Holzwirtschaft bieten Forschung und Entwicklung, verbunden mit einer effizienteren Prozessgestaltung, vielfältige Möglichkeiten der Produktinnovation auf allen Ebenen der Wertschöpfungskette Holz. Hierbei geht es sowohl um technologische Produktinnovation wie um Innovation auf der Ebene des augmentierten Produkts, d. h. des Produkts mit einem zusätzlichen und nicht erwarteten Kundennutzen. Möglichkeiten der Produktinnovation bestehen in einer multifunktionalen Waldwirtschaft insbesondere im Bereich der Dienstleistungen für Dritte und in der Erbringung zusätzlicher Infrastrukturleistungen. Die Verschiedenartigkeit möglicher Produktgestaltung im Umwelt- und Erholungsbereich (Mantau *et al.* 2001) zeigt, dass hier die unternehmerische Herausforderung des Marketings im Suchen, Ausnutzen und Ausweiten von Handlungsspielräumen besteht.

Die *Elimination von Produkten* aus dem Angebotsprogramm ist eine weitere wichtige produktpolitische Entscheidung. Mögliche Gründe hierfür sind:

- Die Produkte können nicht gewinnbringend vermarktet werden.

- Die Produkte sind veraltet und müssen durch neue Versionen ersetzt werden.

- Infolge knapper Produktionskapazitäten ist es zweckmäßig, auf die Herstellung rentablerer Produkte umzustellen.

Maßgebend für die Entscheidung der Beibehaltung oder Entfernung von Produkten aus dem Angebot sind strategische Überlegungen zum Produktionsprogramm insgesamt, die Auslastung vorhandener betrieblicher Ressourcen, Auswirkungen auf bestehende Kundenbindungen oder Konsequenzen für das Image des Unternehmens. Eine wichtige Entscheidungsgrundlage sind betriebswirtschaftliche Überlegungen auf der Basis der Deckungsbeitragsrechnung (Kapitel 7.5.2 ff.). Mit der Errechnung von Deckungsbeiträgen lässt sich für einzelne Produkte und Teilprozesse der Wertschöpfung ermitteln, ob diese für das Unternehmen wirtschaftlich sind oder ob sie wegen mangelnder Wirtschaftlichkeit aus dem Produktionsprogramm entfernt werden sollen. So ist es z. B. bei der Produktion und Vermarktung von Rohholz nur sinnvoll, Sortimente anzubieten, die zumindest einen positiven Deckungsbeitrag auf der Stufe Holzernte bzw. auf der Stufe Verkauf liefern (Kapitel 7.5.7). Bei einer solchen Entscheidung sind in den meisten Fällen auch andere Gesichtspunkte der Waldbewirtschaftung, etwa des Forstschutzes, zu beachten und in die Entscheidung über das jeweilige Produktprogramm einzubeziehen.

3.2.6 Preispolitik

Die Preispolitik von Unternehmen bezieht sich auf Vereinbarungen zwischen Anbietern und Kunden in Bezug auf Preise, Rabatte, Zuschläge sowie Liefer-, Zahlungs- und Kreditbedingungen. Diese Vereinbarungen sind bedeutsam, weil sie sich auf die absetzbaren Mengen, auf den Marktwert der Produkte und vor allem auf die Unternehmensgewinne auswirken. Preispolitische Maßnahmen sind ein entscheidender Faktor, der die Erfüllung von Marketingzielen wie generell die Erreichung der Unternehmensziele maßgeblich beeinflusst. Aufgabe der Preispolitik ist es, alternative Preisforderungen gegenüber potenziellen Kunden zu vergleichen und bei ihrer Durchsetzung den bestehenden Entscheidungsspielraum auszuschöpfen (Meffert *et al.* 2008: 478 ff.). Für die Beurteilung des vorhandenen Entscheidungsspielraums sind externe und interne Einflussfaktoren von Bedeutung (Abbildung 3-13).

Es sind die Bedingungen des Marktes, die den Handlungsspielraum der Unternehmen bei der Festlegung ihrer Angebotspreise bestimmen. In den meisten Fällen ist die Preispolitik von der gegebenen Marktsituation und den strategischen Marketingzielen weit-

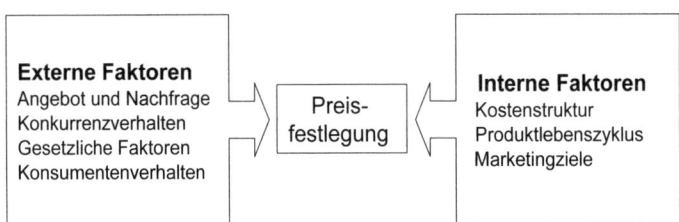

Abbildung 3-13: Einflussfaktoren auf preispolitische Entscheidungen (Seiler 2004: 262)

gehend vorgegeben (Seiler 2004: 278 ff.). So haben einzelne Unternehmen und Betriebe bei weit verbreiteten Standardprodukten kaum die Möglichkeit, in Verhandlungen die Verkaufspreise wesentlich zu beeinflussen. Anders ist die Situation bei Einzelanfertigung hochwertiger und innovativer Erzeugnisse, bei spezialisierten Dienstleistungen oder bei zusätzlichen Serviceleistungen. Zu berücksichtigen ist auch, dass bestimmte Unternehmen auf Grund ihrer starken Stellung am Markt durchaus Möglichkeiten haben, eine aktive Preispolitik zu gestalten. Insgesamt lassen sich vier verschiedene Stoßrichtungen unterscheiden, die von Unternehmen bei der Gestaltung der Preispolitik verfolgt werden (Meffert *et al.* 2008: 524 ff.). Es sind die kostenorientierte Preispolitik, die nutzenorientierte Preispolitik, die nachfrageorientierte Preispolitik und die konkurrenzorientierte Preispolitik.

Unternehmen, die eine *kostenorientierte Preispolitik* verfolgen, richten sich primär nach den Herstellungskosten zuzüglich eines Gewinnzuschlags. Diese Art der Preisbildung ist in der Regel einfach zu realisieren und gut nachvollziehbar. Sie basiert auf gesicherten Kostendaten und kann auf zusätzliche aufwändige Marktuntersuchungen verzichten. Die kostenorientierte Preispolitik ist jedoch unflexibel, weil sie sich an den eigenen Kosten und nicht an den Möglichkeiten der Märkte orientiert (Seiler 2004: 279 f.). Verbreitet ist ihre Anwendung für komplexe, einmalige Leistungen, die nach individuellen Bedürfnissen der Nachfrager erstellt werden. Da hier keine Vergleichspreise als Orientierungshilfe existieren, ist der Anbieter bestrebt, über seine Produktionskosten und seine Gewinnerwartung zu einem für ihn interessanten Preis zu gelangen. Für öffentliche Aufträge, z.B. im Bereich der Erstellung von Infrastrukturleistungen, ist sie eine gängige Art der Ermittlung von Angebotspreisen.

Die *nutzenorientierte Preispolitik* ist bestrebt, reale Kaufentscheidungen der Kunden nachzubilden und diese als Grundlage der Preisforderung zu verwenden. Sie ist ein Ansatz, der an den Bedürfnissen der Nachfrager anknüpft und den Wert der Produkte für die Kunden beurteilt. Eine nutzenorientierte Preispolitik ermöglicht in Fällen, in denen noch keine Referenzpreise bestehen, eine Annäherung an mögliche Preisvorstellungen der Kunden. Ausgehend von diesen Überlegungen versucht der Anbieter, den preispolitischen Spielraum zu nutzen. Die Umsetzung einer solchen Politik ist jedoch häufig nicht einfach. Kaufentscheidungen sind vielfach mit komplexen Abwägungen beim Kunden verbunden, die in aufwändigen empirischen Analysen in Erfahrung gebracht werden müssen. Dies ist vor allem dann kaum möglich, wenn Spezialprodukte vermarktet werden und wenn die Nachfrager ihre Präferenzen nicht offen legen.

Eine *nachfrageorientierte Preispolitik* (Meffert *et al.* 2008: 531 ff.) wird von Unternehmen verfolgt, die eine bedeutende oder marktbeherrschende Position einnehmen und vielen Nachfragern gegenüberstehen (Oligopol bzw. Monopol). Sie haben die Möglichkeit, über Preisentscheidungen die Nachfragemenge des Gesamtmarkts zu beeinflussen. Bei Kenntnis der Nachfragekurve des Produkts können sie Preise festlegen, die ihren Gewinn maximieren. Stehen mehrere mittelgroße Anbieter vielen Nachfragern gegenüber (Angebotsoligopol), so ist eine *konkurrenzorientierte Preispolitik* möglich (Meffert *et al.* 2008: 528 ff.). Mengenreaktionen des Marktes auf Preisänderungen wirken sich hier spürbar auf die Absatzmengen der Konkurrenten aus und führen dort zu Preisreaktionen. Die Anbieter sind bestrebt, durch eine aggressive Preispolitik Wettbewerber aus dem Markt zu drängen. Es kann aber auch zu einem Koalitionsverhalten kommen, bei dem die Konkurrenten sich gemeinsam an einer weitgehend einheitlichen Preispolitik orientieren.

Eine andere preispolitische Option ist die *Preisdifferenzierung*. Hier sollen zusätzliche Marktsegmente erschlossen werden, indem je nach den gegebenen Absatzmöglichkeiten individuelle Preise mit den Abnehmern ausgehandelt werden (Meffert *et al.* 2008: 511 ff.). Preise können nach zeitlichen und räumlichen Kriterien oder nach bisher verkauften Mengen differenziert werden. Preisdifferenzierungen lassen sich mit anderen Marketinginstrumenten kombinieren, z. B. mit der Bildung von Produktvarianten. Eine differenzierte Preispolitik wird von vielen Anbietern verfolgt. So werden z. B. Preise in zeitlicher Hinsicht (z. B. nach Vor-, Haupt- und Nachsaison), nach Personengruppen (z. B. nach Schülern, Studierenden, Senioren) oder nach räumlicher Lage (z. B. nach Innenstadt, Randbezirk) differenziert.

Ein weiteres Instrument der Preispolitik ist die *Gewährung von Rabatten*. Hierbei handelt es sich um Preisnachlässe aufgrund bestimmter Verkaufsbedingungen. Es wird zwischen Funktionsrabatten, Mengenrabatten, Zeitrabatten und Treuerabatten unterschieden (Meffert *et al.* 2008: 544 ff.). Von Bedeutung ist auch die Ausgestaltung von Liefer- und Zahlungsbedingungen. Mit den *Lieferbedingungen* wird festgelegt, welche Verpflichtungen der Lieferant im Rahmen eines Kaufvertrags zeitlich und örtlich zu erfüllen hat. Sie beziehen sich z. B. auf Liefertermine, Übernahme des Transportrisikos oder auf die vertragliche Regelung von Konventionalstrafen, sofern der Lieferant die vertraglichen Regelungen nicht einhält. *Zahlungsverpflichtungen* legen sowohl die Zahlungsmittel (Bargeld, Überweisung etc.) als auch den Zeitpunkt der Zahlung fest. Bei umfangreichen Lieferungen, die sich über längere Zeiträume erstrecken, werden vielfach Teilzahlungen zu im Voraus festgesetzten Zeitpunkten vereinbart. Das zeitliche Auseinanderfallen von Leistung und Gegenleistung bedeutet hier, dass man einem der Vertragspartner einen zeitlich befristeten Kredit einräumt.

3.2.7 Distributionspolitik

Die Distributionspolitik befasst sich mit der Verteilung der Produkte von den produzierenden Unternehmen zu den Kunden. Die Distribution stellt sicher, dass die Kunden die gewünschten Produkte mit den dazugehörenden Serviceleistungen zur richtigen Zeit, in der richtigen Menge und Qualität, und am richtigen Ort zu ihrer Verfügung haben (Seiler 2004: 303). Zentrale Bereiche der Distributionspolitik sind die Auswahl der Absatzkanäle und die Gestaltung der Distributionslogistik (Meffert *et al.* 2008:

560 ff.). Der Zugang zu den Zielmärkten ist für Unternehmen immer ein kritischer Erfolgsfaktor. Unternehmen können ihre Produkte entweder direkt oder mithilfe von Absatzmittlern, d. h. dem Handel, an ihre Kunden vermarkten. Die Wahl des Absatzkanals ist ein wichtiger Faktor bei der Differenzierung von Unternehmen im Wettbewerb. So vertreiben z. B. bestimmte Hersteller von Baumaschinen oder Nutzfahrzeugen im professionellen Einsatz ihre Produkte über eigene Netze von Verkaufsstellen, während andere Konkurrenten den Großhandel nutzen.

Ein *direkter Absatzkanal* ist zweckmäßig, wenn die Anzahl der Kunden gering ist oder wenn regelmäßige Beziehungen zu den Kunden bestehen. In diesem Fall lohnen sich Aufbau und Unterhalt eigener Verkaufsorganisationen. Der direkte Kontakt zu den Kunden bringt wertvolle Informationen über deren Bedürfnisse und über die Möglichkeiten, neue und innovative Produkte zu entwickeln und anzubieten. Ein weiterer Vorteil ist, dass die gesamte Gewinnmarge dem Unternehmen zur Verfügung steht. In der Waldwirtschaft ist zumindest in Mitteleuropa die Direktvermarktung von Standardsortimenten an die Rohholzabnehmer der verschiedenen holzwirtschaftlichen Branchen üblich. Vielfach bestehen gut funktionierende lokale Beziehungen zwischen Forstbetrieben und ihren Holzkäufern. Von Bedeutung beim Verkauf von Rohholz sind Kooperation bzw. Zusammenschlüsse in Form von Holzverkaufsorganisationen. Auf Seiten der Holzwirtschaft erfolgt der Einkauf durch einzelne Unternehmen. Kooperation findet sich beim gemeinsamen Einkauf von Unternehmensgruppen.

Bei der *indirekten Distribution* sind eine oder mehrere Handelsstufen bei der Verteilung der Produkte an die Endkonsumenten dazwischengeschaltet. Beispiele für Absatzmittler sind Fachgeschäfte, Einzel- und Großhandel, Makler oder Agenten. Die Aufgabe der Absatzmittler besteht vor allem darin, einen Ausgleich zwischen einem in großen Mengen produzierten Angebot und den von den Endabnehmern in Kleinmengen gekauften Produkten herzustellen. Die Hersteller können dadurch ihre Verkaufslogistik auf die Geschäftsbeziehungen mit einer begrenzten Zahl von Verkaufsmittlern beschränken (Thommen und Achleitner 2006: 195 ff.). Absatzmittler können aber auch ein verstreutes Angebot bündeln und wenigen großen Abnehmern anbieten. Die Beziehung der Akteure in indirekten Absatzkanälen ist in der Regel durch professionelles Denken und Verhalten auf beiden Seiten geprägt.

Die *Distributionslogistik* befasst sich mit der Steuerung der materiellen Warenströme. Nur jene Produkte können verkauft werden, die auch den Weg zum Kunden finden. Die erzeugten Produkte werden vom Ort der Herstellung zu den Nachfragern transportiert, wobei die Bedürfnisse der Kunden bezüglich Mengen und Terminen maßgebend sind. Vor allem in rasch wachsenden Märkten ist die Beherrschung der Distributionslogistik für das Erreichen eines großen Marktanteils und damit für den unternehmerischen Erfolg entscheidend. Im derzeitigen wirtschaftlichen Umfeld besteht bei industriellen Kunden ein ausgeprägter Trend, den Aufbau eigener Lager nach Möglichkeit zu vermeiden. Die Zuverlässigkeit der Distributionslogistik wird damit zu einer entscheidenden Voraussetzung im Wettbewerb. Die logistische Steuerung der Distribution ist eine komplexe Aufgabe, die Spezialisten erfordert und die als Teil der gesamten Wertschöpfungskette zu optimieren ist (Kapitel 2.1.6, 7.3).

Unterschiede in der Distributionslogistik bestehen vor allem hinsichtlich der Zwischenhandelsstufen und der Organisation des Vertriebs. Auf Konsumgütermärkten spielen Zwischenhändler eine große Rolle, während ihre Bedeutung bei der Vermarktung von Dienstleistungen eher beschränkt und selektiv ist. Ein Erzeuger hochwertiger Massivholzmöbel wird einen Distributionskanal wählen, der den Zugang zu zahlungskräftigen Kunden mit entsprechenden Qualitätsvorstellungen ermöglicht. Er wird seine Produkte daher in erster Linie über den Facheinzelhandel vertreiben. Wichtige Informationen zur Beurteilung einer geeigneten Distributionslogistik sind:

– Absatzvolumen bzw. Marktanteil des Unternehmens

– Bedürfnisse, Einkaufskriterien und Kaufverhalten der Kunden

– Potenzial der direkten und indirekten Absatzkanäle

– Besonderheiten des Marketing-Mix

– Konkurrenzsituation mit anderen Unternehmen und Branchen in Bezug auf die Nutzung bestehender Distributionssysteme.

3.2.8   Kommunikationspolitik

Unternehmen sind in komplexe wirtschaftliche und soziale Beziehungen eingebunden, in denen sie mit ihren Kunden als den eigentlichen Marktpartnern aber auch mit Konkurrenten und verschiedenen gesellschaftlichen Gruppen (Stakeholder) Informationen austauschen. Es ist die Aufgabe der Kommunikationspolitik, mit geeigneten Instrumenten den Absatz der Produkte zu fördern, Kunden zu gewinnen und ein positives Image im Umfeld des Unternehmens aufzubauen. Es genügt auf keinen Fall, gute Produkte anzubieten, dafür einen attraktiven Preis festzulegen und geeignete Absatzkanäle auszuwählen. All dies muss den Kunden ausreichend und überzeugend kommuniziert werden. Die Instrumente der Kommunikationspolitik werden in der Marketingliteratur unterschiedlich aufgegliedert. Kotler *et al.* (2007: 653) unterscheiden fünf Typen der Kommunikation, wobei die verfügbaren Instrumente in verschiedenen Marketingbereichen eingesetzt werden können:

– Unter *Werbung* wird eine, zielgerichtete Kommunikation verstanden, mit der die Verbreitung von Ideen sowie der Absatz von Waren und Dienstleistungen gefördert wird. Die Möglichkeiten der Massenkommunikation spielen eine wichtige Rolle.

- *Direct Marketing* beruht auf persönlichen Mitteln der Kommunikation, wobei hier gezielt ausgesuchte Adressaten angesprochen werden.

- Die *Verkaufsförderung* gibt kurzfristige Anreize zum Kauf von Produkten. Sie unterstützt die Instrumente der Produkt-, Preis- und Distributionspolitik.

- *Public Relations* bzw. *Öffentlichkeitsarbeit* befassen sich mit den Möglichkeiten, auf das Image von Unternehmen oder Branchen, oder auch von Produktionsverfahren und verwendeten Rohstoffen, in der Öffentlichkeit Einfluss zu nehmen. Ziel ist hier, durch sachgerechte Information und Kommentierung Bewusstsein, Kenntnisse oder Verhalten bezüglich der angebotenen Produkte im Sinne der Unternehmensziele zu verändern.

- Der *persönliche Verkauf* beinhaltet eine gezielte und direkte Kommunikation mit Kunden und ist auf eine unmittelbare Kaufentscheidung ausgerichtet.

Die Wahl der richtigen Instrumente der Kommunikationspolitik muss den Erfordernissen der Produkte und den Bedürfnissen der verschiedenen Kundengruppen angepasst sein. Bei der Entwicklung konkreter Marketingstrategien ist festzulegen, welche Ziele zu erreichen sind und welche Zielgruppen mit welchen Instrumenten der Kommunikation angesprochen werden sollen. Spezialisten, d. h. im jeweiligen Kommunikationsbereich geschulte Anbieter von Dienstleistungen, sind dann in der Lage, effiziente Marketingaktionen zu entwickeln und durchzuführen. Sie stützen sich hierbei auf wissenschaftliche Grundlagen der Kommunikation (Meffert *et al.* 2008: 632 ff.). Für Unternehmen der Wald- und Holzwirtschaft, die eine Vielzahl unterschiedlicher Produkte vermarkten, ergeben sich hohe Anforderungen in der Ausgestaltung einer wirksamen und in der Praxis erfolgreichen Kommunikation. Es geht um die Balance zwischen verschiedenen Kaufmotiven und Bedürfnissen der Kunden. Notwendig sind eine intensive Auseinandersetzung mit den unternehmerischen Gegebenheiten, eine grundlegende Beurteilung der für verschiedene Kundensegmente relevanten Information und der zweckmäßigsten Art und Weise, wie diese zu vermitteln ist. Dies erfordert, einen geeigneten Mix an Instrumenten der Kommunikation einzusetzen.

Wichtig ist hier vor allem zu differenzieren. Die Kommunikation mit Kunden auf Investitionsgütermärkten erfordert andere Argumente und Instrumente als die im Bereich der Endkonsumenten. Die Kommunikation mit Unternehmensgruppen der Holzwirtschaft beruht auf anderen Überlegungen als die mit großen Handelsgruppen, bei denen Produkte aus Holz nur einen Teilbereich des Angebots darstellen. Eine Kommunikationsstrategie für den Rohholzabsatz oder für die Vermarktung forstlicher Dienstleistungen unterscheidet sich zwangsläufig von der, die in Branchen der Holzwirtschaft wie der Sägeindustrie, der Papierindustrie oder dem Fertigholzbau zweckmäßig ist. Vor allem kleinere und mittlere Unternehmen der Wald- und Holzwirtschaft haben nicht die finanziellen und personellen Ressourcen, durch aufwändige Kommunikation und Werbekampagnen wirksam auf die Endverbrauchermärkte Einfluss zu nehmen. Sol-

185

che Aufgaben werden von Branchenverbänden, Interessenorganisationen für Wald und Holz oder Eigentümervereinigungen wahrgenommen.

In der Kommunikation zwischen Unternehmen und ihrem Umfeld spielen Werte und Werthaltungen eine wichtige Rolle. Unternehmen versuchen z. B. ihre Produkte über die Förderung von Kultur, Sport und Umwelt auf einer Wertebene zu positionieren, die sie mit ihren Produkten allein nicht erreichen können. Dieser Sachverhalt lässt sich auch von Unternehmen der Waldwirtschaft nutzen. Die positiven Werte, die z. B. mit der Erhaltung vielfältiger Wälder oder mit Natur- und Landschaftsschutz verbunden sind, können von den Sponsoren für ihre eigene Kommunikation eingesetzt werden. Während der Markt für Sport- und Kultursponsoring bereits stark entwickelt ist, ist das Marktvolumen des Umweltsponsorings bislang eher gering. Auf lokaler und regionaler Ebene bestehen Möglichkeiten für die Entscheidungsträger in Forstbetrieben, entsprechende Argumente zu entwickeln und im Bereich nachhaltige Waldwirtschaft sowie Umwelt- und Naturschutz auf dem Wege des Sponsorings zu nutzen.

Ähnliches gilt im Bereich der Holzverwendung, wobei die Nachhaltigkeit der Holzproduktion und der Charakter eines vielseitigen Naturproduktes im Vordergrund der Marktkommunikation stehen dürften. Vor allem Hinweise auf Holz als Naturstoff und auf Erneuerbarkeit der Ressourcennutzung, Speicherung von CO_2 in Holz und Holzprodukten, Dauerhaftigkeit, Wiederverwendbarkeit bzw. Recycling, sowie auf die kulturelle Bedeutung der Holzverwendung, sind beachtenswerte Ansatzpunkte, um an positiv besetzte Werte anzuknüpfen. Chancen für Public Relations ergeben sich im Zusammenhang mit der Zertifizierung. Unternehmen der Wald- und Holzwirtschaft haben damit die Möglichkeit, durch eigene Aktionen, aber auch in Zusammenarbeit mit anderen Stakeholdern und Sektoren, den Aufbau eines positiven Images bei den Endverbrauchern zu fördern. Insgesamt ist es heute eine wichtige Aufgabe der Wald- und Holzwirtschaft mittels einer überzeugenden Kommunikationspolitik ein positives Image ihrer Produkte und Leistungen zu erhalten oder neu aufzubauen. Der Zusammenhang zwischen Waldbewirtschaftung, nachhaltiger Holzproduktion und Wertschätzung der Öffentlichkeit in Bezug auf positive externe Effekte ist hierbei in geeigneter Weise zu vermitteln.

3.2.9   Produktdifferenzierung Wald- und Holzwirtschaft

In der Waldwirtschaft ist die *Sortierung* ein wichtiges Instrument der Differenzierung beim Rohholzangebot. Sie bestimmt die Möglichkeiten der Verwendung und das Angebot an die Kundengruppen der Holzwirtschaft. Der Rahmen für die Rohholzsortierung wird durch rechtsverbindliche Bestimmungen geregelt, die einen vergleichbaren Standard im Handel schaffen (Handelsklassensortierung, HKS). Rohholz wird im Allgemeinen nach Holzarten, Durchmesser, Länge und Qualität sortiert. Daneben existieren Gebrauchssorten für spezielle Sortimente z. B. für Schwellen,

Faserholz, Furnierholz oder Klangholz. Auch die Verkaufsmasse nach Volumen, bzw. nach Gewicht sind Elemente der Produktdifferenzierung. Die offiziellen Sortierungs-bestimmungen lassen Ermessensspielräume und Möglichkeiten einer individuellen Sortierung zu. Die Nutzung solcher Freiräume ist wichtig, weil der Bedarf an Markt-angeboten zunimmt, die flexibel auf individuelle Kundenwünsche reagieren. So dominiert z. B. bei Laubholz heute weitgehend eine Gebrauchssortierung nach Kun-denwünschen. Beim Nadelholz besteht einerseits ein Trend in Richtung einheitlicher, d. h. von Lieferanten unabhängigen Marktangeboten, die eine Rationalisierung in der Bereitstellung von Rundholz, verbunden mit Kosteneinsparungen, ermöglichen. Andererseits besteht vermehrt die Notwendigkeit einer kundenspezifischen Aushal-tung und individueller Lieferbedingungen, welche die Chance besserer Absatzmög-lichkeiten und höherer Erlöse bieten.

Die Organisation der *Wertschöpfungsprozesse* bietet weitere Ansatzpunkte zur Dif-ferenzierung des betrieblichen Leistungsangebots. Infolge neuer Entwicklungen vor allem im Bereich einer integrierten Informationstechnologie, aber auch im Blick auf Strukturprobleme, die sich z. B. bei kleinflächigem Waldbesitz zeigen, besteht in der Waldwirtschaft derzeit ein Trend, bestimmte Arbeitsvorgänge bei der Aufarbeitung von Rohholz in den Bereich der Abnehmer bzw. von Forstservice-Gesellschaften zu verla-gern. So kann Rohholz auf dem Stock vermarktet werden mit dem Ergebnis, dass Hol-zernte, Sortierung, Transport und Verarbeitung von den Kunden durchgeführt werden. Auch die Vermessung der Holzlieferungen kann in vielen Fällen mithilfe automatischer Messeinrichtungen am Werkseingang effizienter durch den Kunden erfolgen.

Ein wichtiger Aspekt der Differenzierung beim Marketing von Holz und Holzpro-dukten sind Zertifizierungssysteme. Bei der *Produktzertifizierung* werden bestimmte Produktmerkmale, Qualitätsmerkmale oder Herkunftsnachweis dem Konsumenten verbindlich zugesichert. Zertifizierungen dieser Art bestätigen vom Kunden erwartete Eigenschaften, etwa einen definierten Umweltstandard des Produkts, den Verzicht auf schädliche Zusatzstoffe oder die biologische Abbaubarkeit von Reststoffen. Zunehmend erwarten die Kunden auch die Kenntlichmachung und den Nachweis der Herkunft des Produkts aus einem bestimmten Land oder einer bestimmten Region. Bei *Zertifikaten von Produktionsabläufen* wird die Einhaltung bestimmter Standards bei Ablauf und Durchführung von Produktionsprozessen überprüft und nachgewiesen. Art und Quali-tät der betrieblichen Produktionsabläufe werden zu einem eigenständigen zusätzlichen Produktmerkmal. In diese Kategorie fällt z. B. die *Qualitätszertifizierung* der Interna-tional Standard Organisation nach ISO-9000 und die *Zertifizierung des Umweltma-nagements* nach ISO-14000 (Schneck 2006). Die ISO-9000-Zertifizierung beinhaltet detaillierte Vorgaben für ein ganzheitliches und umfassendes Qualitätsmanagement in Unternehmen, das durch Überprüfungen (Audit) von akkreditierten, unabhängigen Organisationen bestätigt werden muss. ISO-14000 definiert seit 1996 Standards für eine umweltgerechte Unternehmensführung, die in gleicher Weise durch ein unabhän-giges Audit nachzuweisen sind.

Die Bedeutung von Zertifikaten für gewerbliche und industrielle Unternehmen liegt vor allem in der Sicherung des Zugangs zu Märkten und Distributionskanälen. In den 1990er Jahren haben sich in der Industrie die ISO-9000-Normen innerhalb ganzer Produktionsketten weitgehend durchgesetzt. Zum Beispiel verlangen Unternehmen der Automobilindustrie von ihren Zulieferern eine Zertifizierung nach ISO-9000. Für viele mittelständische Unternehmen der Zulieferindustrie wurde damit die Zertifizierung eine zentrale Voraussetzung, weiterhin konkurrenzfähig an die Abnehmer zu liefern. Auch die internationalen und nationalen *Zertifizierungssysteme in der Waldwirtschaft* wie die paneuropäische Waldzertifizierung (Pan-European Forest Certification, PEFC) oder das des Forest Stewardship Council (FSC) sind in diesem Zusammenhang zu sehen (Hansen *et al.* 1999, 2000; Vilhunen *et al.* 2001). Während PEFC auf europäische Wälder bezogen ist, können FSC-Zertifizierungen, zusammen mit anderen Systemen wie Kerhout oder dem nationalen Verfahren von Malaysia auch in Tropenwäldern angewendet werden. Gegenstand der Überprüfung ist die Gewährleistung einer nachhaltigen Waldwirtschaft und Holzproduktion sowie die Einhaltung festgelegter ökologischer und sozialer Mindestkriterien. Die Gewährleistung bestimmter Standards forstlicher Produktionsprozesse hat erheblich an Bedeutung gewonnen. Dies gilt sowohl für die Waldwirtschaft, die solche Standards ihren Abnehmern nachweist, wie für die Holzwirtschaft, die ihrerseits an einem Nachweis für nachhaltig produziertes Holz gegenüber Betrieben der Weiterverarbeitung und vor allem gegenüber den Endkonsumenten interessiert ist (Mantau *et al.* 2002).

Mit Stand 2002 waren 3 % der Waldflächen der Erde formell zertifiziert, wobei nur circa 10 % der Flächen in den Tropengebieten lagen. Inzwischen hat sich die weltweit zertifizierte Waldfläche von 125 Millionen Hektar (2002) auf 300 Millionen Hektar (2007) mehr als verdoppelt (UN-ECE/FAO 2007: 105 ff.). In Westeuropa liegt der Anteil der zertifizierten Wälder derzeit bei über 50 % der Gesamtwaldfläche, in Nordamerika bei 35 %, während weniger als 5 % in den übrigen Regionen bisher zertifiziert wurden. Im Wesentlichen erfolgt die weltweite Zertifizierung in der Forstwirtschaft durch das Programm für die Anerkennung forstlicher Zertifizierungssysteme, PEFC (Programme for the Endorsement of Forest Certification schemes, früher als Pan European Forest Certification System bekannt), dem Forest Stewardship Council (FSC) und dem American Tree Farm System (ATFS). Mit knapp 200 Millionen Hektar (2007) beläuft sich das PEFC Portfolio, das sich aus unterschiedlichen regionalen Zertifizierungssystemen zusammensetzt, auf zwei Drittel der gesamten zertifizierten Waldfläche. Von zunehmender Bedeutung ist die „doppelte Zertifizierung" d. h. die Anerkennung derselben Waldfläche unter zwei verschiedenen Systemen sowie die Ausstellung von Zertifikaten für die gesamte Produktionskette (chain of custody certification).

Die Zertifizierung der Produktion von Rohholz im Rahmen einer nachhaltigen Waldbewirtschaftung, gleich nach welchem der derzeit angebotenen Verfahren, beeinflusst die Chancen des Marktzugangs (Rametsteiner 2000). Bestimmte Kundengruppen, Absatzmittler aber auch die Unternehmen der Holzwirtschaft fragen mit Blick auf den Endkonsumenten, zertifiziertes Holz nach oder haben zumindest eine entsprechende Marktpräferenz. Die Entwicklung verläuft nach Branchen, Ländern und Abnehmergruppen unterschiedlich und ist in ihrer weiteren Dynamik nur schwer abzuschätzen. Tatsache ist, dass sich z. B. bei großen Einzelhandelsketten, in wichtigen holzwirtschaftlichen Branchen und in einer wachsenden Zahl europäischer Länder die Zertifizierung der nachhaltigen Holzproduktion verbreitet.

Die eher zögerliche Umsetzung der Chain of Custody, also des Nachweises der Verantwortung für die Zertifizierungsschritte entlang der Holzkette, macht deutlich, dass die Zertifizierung forstlicher Produktionsprozesse mit erheblichen Problemen verbunden ist:

– Da es sich beim überwiegenden Teil des Holzes, das veräußert wird, um ein Investitionsgut handelt, ist die Botschaft von der nachhaltigen Produktion nur über Produktionsumwege an die Endkonsumenten zu transportieren. Man spricht von indirekten Absatzkanälen. Alle beteiligten Akteure entlang der Wertschöpfungskette, vom Rohholzproduzenten bis zum Endproduzenten, müssen ihren Teil der Zertifizierungsverantwortung übernehmen. Die Chain of Custody darf nicht unterbrochen werden.

– Zertifiziert werden soll in allen existierenden Systemen eine „nachhaltige Bewirtschaftung der Wälder". Dies stellt die Verantwortlichen vor ein immenses Kommunikationsproblem, weil das Kriterium der Nachhaltigkeit nur schwer konkretisiert werden kann. Der Nachweis einer auf die Fläche oder die Masse bezogenen Nachhaltigkeit der Holzproduktion genügt heutigen Ansprüchen nicht.

– Trotz der Umsetzungsprobleme wird derzeit auf großen Flächen sowohl in Europa wie in anderen Kontinenten zertifiziert. In der Folge wird die ursprünglich erwartete Bestätigung des Besonderen mehr und mehr zum Standard. Es geht kaum mehr um Wettbewerbsvorteile, sondern in erster Linie darum, zukünftig keine Nachteile wegen fehlender Zertifikate in Kauf nehmen zu müssen.

Nicht zu verkennen ist, dass sowohl die Zertifizierung des angebotenen Rohholzes, d. h. der Nachweis von Standards für die Waldwirtschaft, wie die Zertifizierung über die gesamte Verarbeitungskette Holz bis zum Endkonsumenten (Chain of Custody) zusätzlichen Aufwand und damit Kosten auf den verschiedenen Stufen der Wertschöpfungskette mit sich bringen. Die Erfahrungen seit Einführung der Zertifikate zeigen, dass die Konsumenten eher nicht bereit sind, für Produkte aus zertifizierter Waldwirtschaft mehr zu bezahlen. Gleichwohl sind Zertifikate insbesondere in Europa inzwischen so weit verbreitet, dass sie den Standard darstellen und von erwerbsorientierten Waldbesitzern für ihre Betriebe angestrebt werden müssen. In einzelnen Marktsegmenten sind sie sogar Voraussetzung für den Marktzugang.

3.3 Entwicklung von Marketingstrategien

3.3.1 Aufgaben und Bedeutung

Die Entwicklung von Marketingstrategien beginnt mit der Analyse von Marktchancen und führt über die Erarbeitung von Zielen, Maßnahmen und Programmen zur Umsetzung und Erfolgskontrolle (Juslin *et al.* 2003; Cannon *et al.* 2008). Hierbei müssen für einzelne Produkte und Zielmärkte zwei wesentliche Beurteilungen erfolgen. Erstens muss eine Positionierung des eigenen Unternehmens im Markt gegenüber möglichen Konkurrenten vorgenommen werden. Maßgebend sind dabei die Unternehmensziele und die gewählten Wettbewerbsstrategien (Kapitel 8.5). Zweitens sind für die Produktbereiche sinnvolle Kombinationen für den Einsatz von Marketinginstrumenten (Marketing-Mix-Konzepte) zu erarbeiten.

Werden weitgehend gleichartige Produkte an einen homogenen Kreis von Kunden vermarktet, genügt i.d.R. die Ausarbeitung einer einzigen Marketingstrategie. Viele Unternehmen produzieren jedoch sehr unterschiedliche Produkte und vermarkten sie an einen heterogenen Kundenkreis. Dies gilt z.B. für Forstbetriebe, bei denen eine multifunktionale Waldwirtschaft im Vordergrund steht. Die Erfordernisse in den Bereichen Holzproduktion, Beratung, Erholungsleistung oder Naturschutz können kaum mit einer einzigen Marketingstrategie abgedeckt werden. Es ergibt sich die Notwendigkeit, verschiedene Strategien und Marketing-Mixe zu erarbeiten, die auf die jeweiligen Markterfordernisse zugeschnitten sind. Sie sind untereinander und mit der Unternehmensstrategie abzustimmen, um den Einsatz der Marketingmittel wirksam und kostengünstig zu gestalten.

Die Entwicklung von Marketingstrategien erfolgt im Rahmen eines strukturierten und systematischen Problemlösungsprozesses, der zu einer Abgrenzung der Alternativen führt (Kotler *et al.* 2007: 1168; Meffert *et al.* 2008: 229 ff.; Thommen und Achleitner 2006: 123 ff.). Für jeden Produkt-Markt-Bereich sind geeignete Kombinationen von Instrumenten und Maßnahmen auszuwählen.

Kühn und Pfäffli (2007: 25 ff., 35 ff. und 53 ff.) bezeichnen diesen Prozess als Marketing-Mix-Methodik und unterscheiden bei der Erarbeitung einer Strategie zwei Phasen (Abbildung 3-14):

– Phase I beinhaltet die Analyse der Marketingsituation, mit der die Grundlage für unternehmerische Entscheidungen gelegt wird. Die Analyse beinhaltet die Erfassung des Ist-Zustandes der relevanten Märkte, die Charakterisierung des Umfeldes der betroffenen Unternehmensbereiche, die Überprüfung übergeordneter Vorgaben und die Beurteilung von Chancen und Gefahren für das Unternehmen.

– In Phase II werden die verfügbaren Informationen in einem Konzept zusammengeführt. Die Marktstrategie wird festgelegt, die Einsatzrichtung des Marketing-Mix bestimmt und das Angebot im Markt positioniert. Die Vorgaben für die Marktbearbeitung führen zur Auswahl geeigneter Marketinginstrumente. Ferner sind die Voraussetzungen für eine erfolgreiche Umsetzung zu schaffen. Dies betrifft notwendige Anpassungen in der Marketinginfrastruktur und die Bestimmung des erforderlichen Budgets.

Die Reihenfolge des Vorgehens sowie die Grenzziehung zwischen den einzelnen Schritten ist variabel. Ziel dieses heuristischen Verfahrens ist, aus der Zahl möglicher Strategievarianten möglichst schnell die geeigneten auszuwählen. Es ist sinnvoll, mit den wichtigsten Einflussfaktoren in einem Markt zu beginnen. Die Abfolge sowie Gewichtung der einzelnen Analyse- und Entwicklungsschritte hängen von der konkreten unternehmerischen Situation ab.

Phase I: Marketing-Situationsanalyse	Phase II: Marketing-Mix-Konzeptentscheide
1. Marktdefinition und Erfassung der Marktstruktur 2. Produktverwenderanalyse und Erfassung von Marktsegmenten/Teilmärkten 3. Analyse der Umweltfaktoren und der externen Beeinflusser 4. Analyse der Vertriebssituation 5. Konkurrenzanalyse 6. Analyse der eigenen Unternehmung sowie Erfassung interner Rahmenbedingungen und Vorgaben 7. Grobe Prognose der erwarteten Entwicklung der Marktsituation und Bestimmung von Chancen und Bedrohungen	1. Bestimmung der Markt- und Marktsegmentstrategie 2. Bestimmung der Einsatzrichtung des Marketing-Mix und der Wettbewerbsstrategie 3. Positionierung des Angebots 4. Bestimmung der Marktbearbeitungsstrategie 5. Bestimmung der Maßnahmenschwerpunkte des Marketing-Mix 6. Bestimmung nötiger Änderungen und Anpassungen der Marketinginfrastruktur und Bestimmung des Marketing-Grobbudgets

Abbildung 3-14:   Entwicklung von Marketingstrategien (Kühn und Pfäffli 2007: 25, verändert)

3.3.2   Abgrenzung der relevanten Märkte

Im ersten Schritt der Situationsanalyse geht es darum, die für einen Betrieb relevanten Märkte eindeutig abzugrenzen. Die dabei definierten Kategorien bestimmen die weitere Planung und die nachfolgenden Analysen. Im Vordergrund stehen i. d. R. produktbezogene Kriterien, wie der Markt für Nadelschnittholz in Europa, und geografische

Kriterien, etwa der Markt für Naherholung im Einzugsgebiet einer Stadt (Kühn und Pfäffli 2007: 27f.). Entscheidend ist, dass die getroffene Abgrenzung für das jeweilige Unternehmen sinnvoll ist. Ist der relevante Markt definiert, kann sein wertmäßiges Volumen ermittelt werden. Es stellt die wichtigste Bezugsgröße für die Bestimmung des derzeitigen und des in Zukunft erreichbaren Marktanteils dar.

Bei den als relevant abgegrenzten Märkten handelt es sich um Systeme, deren Elemente zueinander in Beziehung stehen. Wichtige Systemelemente von Märkten sind in Abbildung 3-15 dargestellt. Es werden Firmen, Organisationen und Personen erfasst,

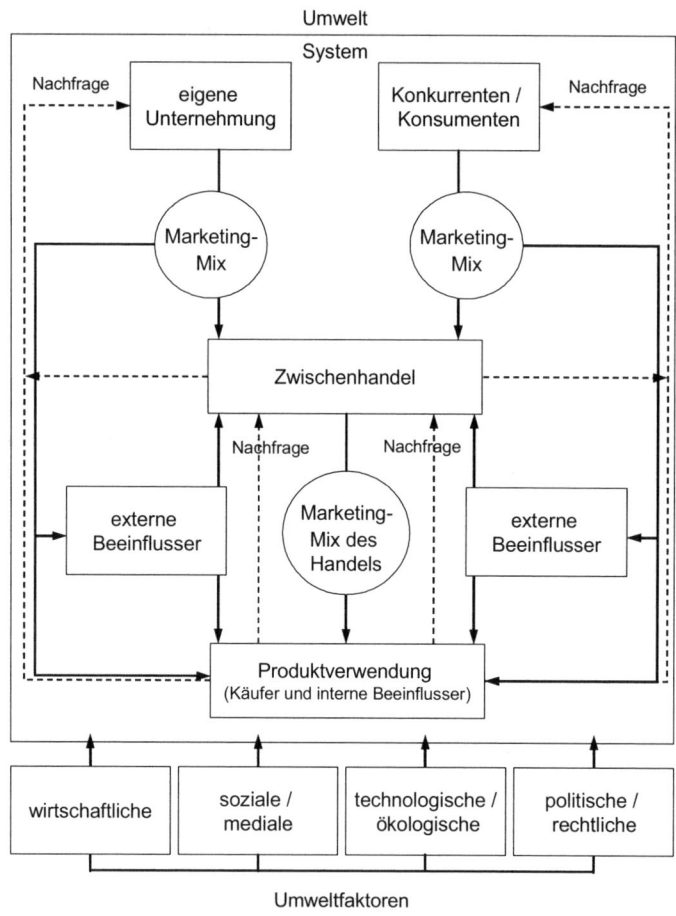

Abbildung 3-15:   Wichtige Elemente eines Marktsystems (Kühn und Pfäffli 2007: 28)

die am Markt auftreten. Zu untersuchen sind gleichfalls die Leistungs- und Geldflüsse sowie die verschiedenen Marketing-Mixe der Konkurrenten. Je nach Art der Märkte ist es notwendig, einzelne Elemente differenzierter darzustellen. Eine wichtige Voraussetzung für die Beurteilung der Marktstruktur und ihrer Entwicklungsmöglichkeiten ist die Erfassung der relevanten Umfeldfaktoren. Da die Käufer nicht immer auch die Verwender der Produkte sind, ist es notwendig, eine Differenzierung zwischen Käufer und Personen, die auf die Kaufentscheidung Einfluss nehmen (interne und externe Beeinflusser), vorzunehmen.

Eine interne Einflussnahme ist vor allem beim Marketing von Materialien für die Weiterverarbeitung und bei Investitionsgütern von Bedeutung. Ein Sägewerk kann z. B. professionelle Holzeinkäufer haben, deren Kaufverhalten für das betriebliche Marketing relevant ist. Personen in der Produktion haben ebenfalls erhebliche Erfahrungen bei der Einschätzung der notwendigen Qualitätsmerkmale und der Anforderungen an die zu verarbeitenden Holzsortimente. Ihr Urteil ist für Entscheidungen der Einkäufer durchaus von Bedeutung. Bei der externen Einflussnahme handelt es sich um Einwirkungen von Personen oder Organisationen, die nicht zur Systemorganisation der Verwender der erzeugten Produkte zählen. Sie tragen als Außenstehende, etwa als externe Berater, unter Umständen jedoch entscheidend zur Kaufentscheidung der Kunden bei. So können z. B. Naturschutz- und Umweltschutzorganisationen auf Kaufentscheidungen Einfluss nehmen, indem sie Holzprodukte, die in einer als nachhaltig zertifizierten Waldbewirtschaftung erzeugt werden, propagieren.

3.3.3 Marktsegmente und Teilmärkte

In einem nächsten Schritt ist es möglich, die abgegrenzten Märkte in kundenspezifische Marktsegmente zu untergliedern, denn Kundengruppen unterscheiden sich in ihren Bedürfnissen und ihren Kaufverhalten deutlich voneinander. Marktsegmente bilden sich im Verlauf der Wachstumsphase von Marktlebenszyklen aus. Typische Kriterien für eine Aufteilung nach Marksegmenten sind geografische und demografische Merkmale, Einstellungen und Wahrnehmungen von Kunden oder unterschiedliche Verhaltensweisen beim Kauf von Produkten. Eine Beurteilung gruppenspezifischer Kundenmerkmale ist vor allem bei Konsumgütermärkten von Bedeutung. Bei Investitionsgütermärkten kommen andere Kriterien wie Branche, Standort, Unternehmensgröße oder Kundenkompetenz hinzu (Kotler *et al.* 2007: 375 ff.). Die Erfassung relevanter Verhaltens- und Einstellungsmerkmale von Kunden erfolgt mittels spezifisch ausgerichteter Befragungen, wobei bestimmte Käufertypen statistisch abgegrenzt werden können. Wegen der hohen Kosten werden Erhebungen zur Segmentierung von Kundengruppen in der Praxis häufig nach Kriterien wie Firmengröße oder Branche, bzw. Geschlecht, Alter oder Einkommen der Käufer vorgenommen. Es lassen sich auch konkrete Kundenerfahrungen auswerten, um auf Bedürfnisunterschiede zu schließen.

Für die Untergliederung von Teilmärkten werden meist technische Produktmerkmale verwendet (Meffert *et al.* 2008: 190 ff., 295 f.). Sie kann nach branchenüblichen Produktunterteilungen erfolgen, wobei vor allem strategisch wichtige Produktunterschiede von Bedeutung sind, die als Ansatzpunkt für eine Spezialisierung im Wettbewerb dienen. Bei der Analyse ergeben sich verschiedene Kombinationen, die sich in einer Matrix darstellen lassen (Abbildung 3-16). Bei den Segmenten, bzw. Teilmärkten interessieren Strukturmerkmale der Nachfrage und des Angebots:

– Produktspezifische Merkmale und Angebotsvolumen

– Bedürfnisse und Einstellungen wichtiger Kundensegmente

– Einkaufsverhalten und Kaufkriterien der Kunden

– Bedeutung der Einflussnahme interner und externer Berater

– Anforderungen und Umfang der Teilmärkte

– Marktanteile des eigenen Unternehmens und wichtiger Konkurrenten.

Marktsegmente \ Teilmärkte	industrielles Sägewerk	kleines Sägewerk	Holzwerkstoff-industrie	Furnier-erzeuger	Endver-braucher
	schwaches Standard-sortiment, große Mengen	verschiedene Sortimente in kleinen Mengen, lokaler Bezug	große Mengen, qualitativ unter-schiedliche Ansprüche	geringe Mengen, qualitativ hoch-wertige Stämme	lokale, regelmäßige Nachfrage
Stammholz					
Industrieholz					
Energieholz					

Abbildung 3-16:   Teilmärkte und Marktsegmente beim Rohholzabsatz (Eigene Zusammenstellung)

3.3.4   Umfeldfaktoren

Zu den Faktoren der Umwelt, die das unternehmerische Umfeld bestimmen und die auf die definierten Marktsegmente und Teilmärkte einwirken, sind wirtschaftliche, soziale und technologische Entwicklungen sowie ökologische, politische und rechtliche Rahmenbedingungen zu rechnen (Kapitel 2.3.1, 8.2). Gegenstand der Analyse sind die jeweiligen Entwicklungstendenzen sowie ihre Bedeutung für die einzelnen Marktelemente. Wichtig ist die Unterscheidung zwischen den Umfeldfaktoren, die nicht unmittelbar durch ein Unternehmen verändert werden können, und den externen Einwirkungen des Umfelds, die gezielt durch das betriebliche Marketing zu beeinflussen sind.

Die *Konkurrenzanalyse* liefert Informationen über das Potenzial, die Infrastruktur und den Marketing-Mix der wichtigsten Konkurrenten. Dies erlaubt, die eigenen relativen Stärken und Schwächen im Vergleich zu anderen Unternehmen zu beurteilen (Kühn und Pfäffli 2007: 44). Zunächst sind die Konkurrenten am Markt zu definieren, wobei häufig auch Anbieter von Substitutionsprodukten zu berücksichtigen sind. Die Position wichtiger Konkurrenten kann dann in einem detaillierten Vergleich der Stärken und Schwächen eingehend analysiert werden. Von Interesse sind Informationen, die Rückschlüsse auf den jeweiligen Marketing-Mix der Konkurrenten in den verschiedenen Teilmärkten gestatten. Dabei ist es notwendig, detaillierte Sachinformationen über die Konkurrenten zu sammeln, bevor mit dem eigentlichen Stärken-Schwächen-Vergleich begonnen wird. Die Beurteilung von Konkurrenten allein auf der Basis aktueller Kenntnisse führt vielfach zu unbefriedigenden Ergebnissen.

Bei der *Analyse des eigenen Unternehmens* geht es zunächst darum, den bestehenden Marketing-Mix zu analysieren und den über Konkurrenten verfügbaren Informationen gegenüberzustellen. Ebenso sind die übergeordneten Ziele des Unternehmens und ihre Auswirkungen auf die Marketingstrategie zu beurteilen. Neben dominierenden Wertvorstellungen und einzelnen Sachzielen geht es insbesondere um Budgetvorgaben und personelle Kapazitätsbegrenzungen. Es hat keinen Sinn, Marketingkonzepte zu entwerfen, die sich dann auf Grund übergeordneter Rahmenbedingungen als nicht durchführbar erweisen. Im nächsten Schritt werden die gesammelten Daten zu einem Gesamtbild, d. h. zu einer *Prognose der Marktsituation* verdichtet. Hierbei ist die voraussichtliche Entwicklung der nächsten Jahre zumindest nach qualitativen Trends, besser jedoch nach quantitativen Parametern zu erfassen. Wichtige Indikatoren sind Entwicklung des Marktvolumens, Veränderungen in der Nachfragestruktur, Dynamik im Wettbewerb und Strukturänderungen bei der Vertriebssituation. Nun lassen sich die relevanten Bedrohungen und Chancen darstellen, die bei der Entscheidung über eine geeignete Marketingstrategie zu berücksichtigen sind.

Bezüglich der Wahl von Marktstrategien in der Waldwirtschaft ergeben sich bei der Prognose von Markttrends beachtliche Probleme. Die wesentlichen Trends für die Entwicklung der Nachfrage nach Rohholz gehen von den verschiedenen Branchen der Holzwirtschaft und deren Endverbrauchermärkten aus und wirken über mehrere Stufen der Wertschöpfungskette. Die Kombination relevanter Einflussfaktoren ist daher komplex. Darüber hinaus beeinflussen nicht prognostizierbare natürliche Einflussfaktoren wie Sturm- oder Käferkalamitäten, die unter Umständen zu hohen Zwangsnutzungen führen, die Marktsituation. Auch sind die Rahmenbedingungen der nachhaltigen Bewirtschaftung der Waldbestände nur beschränkt variabel, sodass die Handlungsmöglichkeiten in der Produktpolitik begrenzt sind. Wichtig ist daher, dass sich die Analysen auf die Faktoren und Variablen konzentrieren, bei denen unternehmerische Gestaltungsspielräume bestehen, bzw. mit einiger Sicherheit prognostiziert werden können.

3.3.5   Strategische Ausrichtung des Marketings

Für eine strategische Ausrichtung des Marketings ist entscheidend, welche *Märkte bzw. Marktsegmente* von hoher und welche von untergeordneter Bedeutung für den unternehmerischen Erfolg sind. Von Bedeutung ist vor allem, welche Märkte bzw. Kundenbedürfnisse voraussichtlich neu entstehen oder durch die Unternehmen aktiv entwickelt werden können. Entscheidungsgrößen hierfür sind Kostenschätzungen für einen Markteintritt, Marktpotenzial, Konkurrenzsituation, Preisniveau sowie die eigenen Fähigkeiten zur erfolgreichen Marktbearbeitung. Weiter ist zu klären, ob der gesamte Markt als Zielbereich gewählt oder ob Schwerpunkte gebildet werden sollen (Kotler *et al.* 2007: 196, 387). Für die Auswahl von Schwerpunkten bieten sich die im Rahmen der Situationsanalyse definierten Marktsegmente und Teilmärkte an, wobei die Entscheidung wesentlich von einer Beurteilung der jeweiligen Stärken und Schwächen des Unternehmens sowie den prognostizierten Chancen und Gefahren der Marktentwicklung abhängt (Kühn und Pfäffli 2007: 39 ff.). Die Bildung mehrerer Schwerpunkte richtet sich auch nach den betrieblichen Möglichkeiten, unterschiedliche Strategien und Marketing-Mixe für die einzelnen Bereiche zu verfolgen.

In der Marketingliteratur werden verschiedene Normstrategien zur Gestaltung des Wettbewerbs vorgeschlagen. Sie beruhen auf unterschiedlichen Blickwinkeln in Bezug auf die Ergebnisse der Situationsanalyse. Von Kühn und Pfäffli (2007: 61 ff.) werden folgende Strategien unterschieden:

–   Mit *Marktentwicklungsstrategien* werden neue Märkte aufgebaut oder das Wachstum des Marktvolumens verstärkt. Sie spielen vor allem in frühen Phasen des Marktlebenszyklus eine Rolle und stellen in der Regel zeitlich begrenzte Übergangsstrategien dar.

–   Von *Teilmarktentwicklung* wird gesprochen, wenn in einem bestehenden Markt Substitutionsprodukte etabliert werden. Diese müssen gegenüber bereits bestehenden Produkten positioniert werden. Teilmarktentwicklung bedingt im Allgemeinen eine Veränderung von Gebrauchs- und Konsumgewohnheiten sowie unter Umständen auch von Verhaltensnormen der Kunden.

–   *Konkurrenzstrategien* zielen auf eine Differenzierung gegenüber Wettbewerbern und auf die Gewinnung von Marktanteilen zu Lasten der Konkurrenten. Sie sind in den Reife- und Sättigungsphasen von Märkten von Bedeutung.

Bei Konkurrenzstrategien bestehen weitere Möglichkeiten, sich über Profilierungsmaßnahmen gegenüber Wettbewerbern zu differenzieren. Die Profilierung kann mittels Qualität, Service oder auch durch Verbesserung des Images erfolgen. Für ihren Erfolg ist ein eindeutiger Angebotsvorteil oder ein durchschlagendes psychologisches Argument notwendig. Regionale Herkunftslabels für land- und forstwirtschaftliche Produkte sind z. B. Teil einer Profilierungsstrategie auf überbetrieblicher Ebene gegenüber Wettbewerbern aus anderen Regionen. Eine andere Möglichkeit ist die bewusste Nachahmung von Konkurrenzangeboten (Me-too-Strategie), vor allem der Produkte des Marktführers. Aggressive Preisstrategien können dann ergriffen werden, wenn Kostenvorteile gegenüber den Konkurrenten bestehen und mit keinen negativen Rückwirkungen für andere Strategiebereiche zu rechnen ist.

3.3.6   Angebotspositionierung

Bei der *Positionierung des Angebots* geht es darum, die eigenen Produkte im Vergleich zu den Produkten der Konkurrenten vorteilhaft einzuordnen. Eine Positionierung gegenüber den Kunden kann entweder durch bestimmte Produkteigenschaften, z.B. hochwertige oder preiswerte Produkte, und/oder durch kommunikative Elemente wie das Image eines Produkts oder eines Unternehmens erfolgen. Im ersten Fall spricht man von einer Leistungsdifferenz, im zweiten von einer Kommunikationsdifferenz. Unter einer Leistungsdifferenz (engl.: USP = Unique Selling Proposition) sind objektiv nachprüfbare Eigenschaften eines Produkts zu verstehen, die den Bedürfnissen der Kunden besser entsprechen und die es von Produkten der Konkurrenz unterscheidet (Kotler *et al.* 2007: 555, 634). Bei der Kommunikationsdifferenz handelt es sich um psychologische Aspekte, die mit einem Produkt oder mit einem bestimmten Anbieter verbunden sind und die im Wettbewerb mit anderen Anbietern von den Käufern als vorteilhaft wahrgenommen werden.

Bei Konkurrenz- und Teilmarktentwicklungsstrategien ist eine klare Vorstellung von den in Konkurrenz stehenden Wettbewerben wichtig. Es ist zu klären, welche Leistungs- und Kommunikationsdifferenzen zwischen dem eigenen Unternehmen und den Konkurrenten strategische Vorteile in der Marktbearbeitung bringen (Abbildung 3-17). Vielfach kann bei einer positiven Leistungsprofilierung (LP) auch eine Kommunikationsprofilierung (KP) zu Gunsten des eigenen Unternehmens aufgebaut werden. Unter Umständen hat diese selbst dann noch Bestand, wenn sich die Unterschiede zum Angebot der Konkurrenten verringern oder wenn diese ein Leistungsdefizit aufholen. Leistungs- und kommunikative Profilierung sind eine wichtige Basis für die Definition eines geeigneten Marketing-Mix.

Wird eine Strategie der *Marktentwicklung* verfolgt, so erfordert dies, dass sich bestimmte Einstellungs- oder Verhaltensmerkmale der Kunden verändern. Die Identifikation solcher Merkmale bezeichnet man als psychologische Feinpositionierung. Relevant ist hier, welche Bedürfnisse der Kunden konkret angesprochen werden sollen, ob Hemmfaktoren bei den Kunden abzubauen sind, welches Soll-Image das Produkt benötigt oder welcher Informations- und Wissensstand bezüglich des Produkts bei den Kunden erreicht werden soll (Kühn und Pfäffli 2007: 53, 59, 65 ff.). So können z.B. die Einstellungsmerkmale der Kunden in Bezug auf den Nutzen und die architektonischen Möglichkeiten im konstruktiven Holzbau bei privaten Wohnbauten oder auch bei öffentlichen Bauten ganz wesentlich in einem positiven Sinn verändert werden.

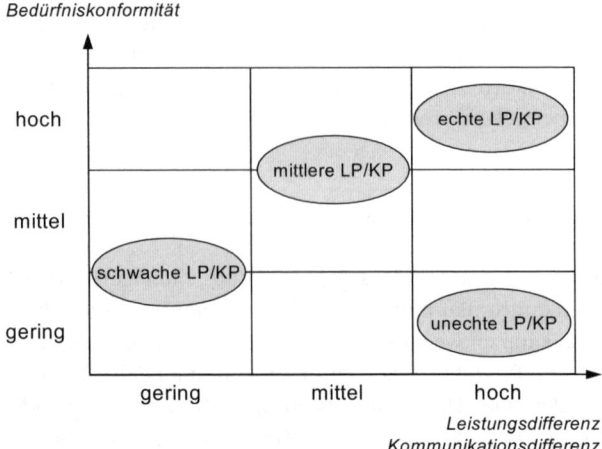

Abbildung 3-17:   Varianten der Leistungsprofilierung (LP) und kommunikativen
Profilierung (KP) (Kühn und Pfäffli 2007: 68, verändert)

3.3.7   Marketinginstrumente

Die Wirksamkeit einer Marketingstrategie wird durch die zur Verfügung stehenden
Marketinginstrumente bestimmt. Es sind bestimmte Gruppen von Maßnahmen, die
gezielt für konkrete Strategien in unterschiedlicher Weise angewendet und kombiniert
werden können. In der Marketingliteratur erfolgt üblicherweise eine Gliederung in
vier Gruppen von Marketinginstrumenten. In einer eingängigen Form wird in diesem
Zusammenhang vom ‚4 P Modell' gesprochen, das in den USA popularisiert wurde
(McCarthy 1981, Abbildung 3-18). Hierbei stehen:

–   *Product* für Instrumente der Produktpolitik

–   *Price* für Instrumente der Preispolitik

–   *Place* für Instrumente der Distributionspolitik

–   *Promotion* für Instrumente der Kommunikationspolitik.

Die Auswahl der Instrumente für ein wirksames Marketing muss je nach Art der Produkte, die vermarktet werden sollen, und in Bezug auf die Zielgruppen, die zu erreichen sind, im Einzelnen beurteilt werden. Je nach Marktsituation und Wettbewerb
in einer Branche ist die Effektivität der verschiedenen Instrumente für die jeweils
gegebene Problemstellung zu beurteilen. Die definitive Entscheidung über die Wahl
geeigneter Instrumente erfolgt auf der Grundlage von Unternehmenszielen und vorgegebenen Marketingstrategien. In den meisten Fällen müssen die Instrumente an die

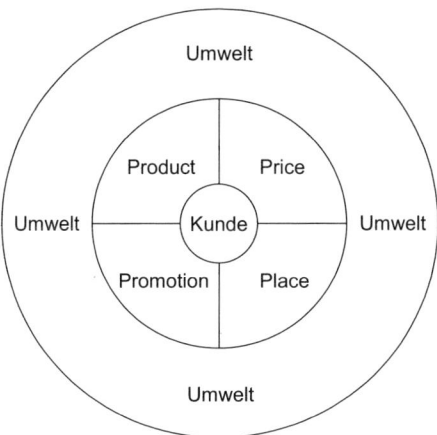

Abbildung 3-18:   Marketingmodell von McCarthy

konkrete Situation angepasst und in einer geeigneten Kombination aufeinander abgestimmt werden. Als Ergebnis erhält man ein spezifisches, auf die unternehmerische Situation abgestimmtes Marketing-Mix. Dieses wird durch Entscheidungen in Bezug auf Angebotspositionierung und Marktbearbeitung bestimmt. So stehen bei der Wahl einer aggressiven Preisstrategie Instrumente der Preispolitik im Vordergrund. Marktentwicklung durch innovative Produkte rückt Instrumente der Produktpolitik in den Mittelpunkt.

Eine weitere Möglichkeit zur Strukturierung von Instrumenten des Marketings bietet das Dominanz-Standard-Modell (Kühn und Pfäffli 2007: 45 ff., 76 ff.). Hier werden die verfügbaren Instrumente hinsichtlich ihrer Bedeutung für den Absatz und nach den Freiheitsgraden ihrer Ausgestaltung eingeordnet (Abbildung 3-19). Die Einordnung bezieht sich auf bestimmte Zielmärkte. Von Bedeutung sind *Standardinstrumente*, die durch die Marktsituation und durch technische Restriktionen bestimmt werden. Sie geben einen Marketingstandard vor, dessen Nichterreichen mit großer Wahrscheinlichkeit zu einem Misserfolg der Anbieter führt. Für ihre Ausgestaltung bestehen nur beschränkt Freiheitsgrade. In der Waldwirtschaft sind dies z. B. die Sortenklassen für Rohholz, welche die Produktpolitik maßgeblich beeinflussen. Eine große Rolle bei der Erreichung spezifischer Marketingziele haben *dominante Instrumente*. Hier bestehen weitgehend Gestaltungsspielräume, deren Nutzung ein beachtliches Maß an Kreativität und Wissen und oft auch einen hohen finanziellen Aufwand erfordert. Der Einsatz dominanter Instrumente bietet jedoch substantielle Chancen, sich von den Konkurrenten entscheidend abzuheben. Diese Instrumente können z. B. bei der Ausgestaltung von Verträgen, bei der Distribution und Logistik sowie bei Serviceleistungen genutzt werden. Die Anwendung *komplementärer Instrumente* ist in Kombination mit dominie-

199

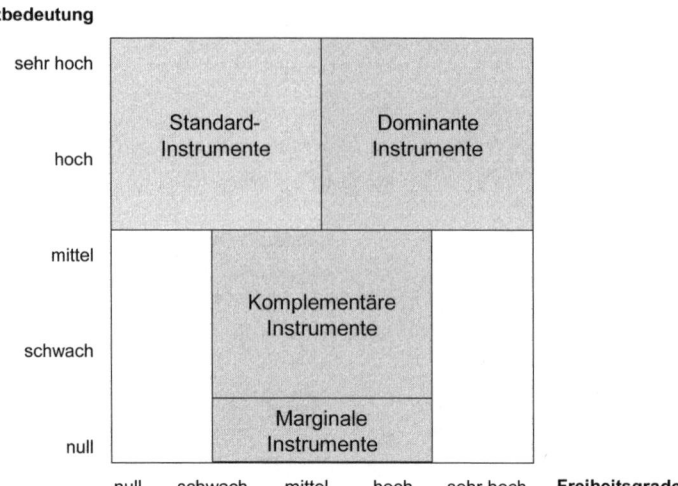

Abbildung 3-19:   Analysefeld des Dominanz-Standard-Modells (Kühn und Pfäffli 2007: 47, verändert)

renden Instrumenten sinnvoll. Dagegen sind *marginale Instrumente* für den Markterfolg nur von beschränkter Bedeutung.

Bei der Planung eines Instrumenten-Mix z. B. im Handel/Vertrieb wird man zunächst die möglichen Instrumente entsprechend ihrer Bedeutung gruppieren. Dann lässt sich ihre Ausgestaltung und die Intensität des Einsatzes von dominierenden und komplementären Instrumenten bestimmen. Anschließend kann man sich mit den Anforderungen an die Standardinstrumente befassen.

3.3.8   Marktbearbeitung und Strategieumsetzung

Die Realitätsnähe der Entscheidungen bei der Entwicklung von Strategien und bei der Wahl geeigneter Instrumente für ihre Umsetzung ist maßgebend für den Erfolg der Unternehmen im Marketing. Maßgebend für das Erreichen des Zieles marktstrategischer Maßnahmen sind die Kerngrößen der wirtschaftlichen Unternehmensziele wie Marktanteil, Umsatz, Deckungsbeiträge und Gewinn. Ausgehend von den in der Situationsanalyse ermittelten Bedürfnissen der Nachfrager und dem Kundennutzen bestimmter Produkte sind bei der *Umsetzung* vor allem die Stärken, aber auch die Schwächen des Unternehmens im Vergleich mit der Konkurrenz entscheidend. Ein wichtiger Gesichtspunkt ist die Flexibilität des Vorgehens und die Berücksichtigung von Unsicherheiten bei den prognostizierten Veränderungen wichtiger Faktoren und Größenordnungen, welche die Marktentwicklung und das Verhalten der Kunden beeinflussen. Eine Extrapolation vorhandener Zahlen und bestehender Trends führt sehr häufig zu falschen oder zumindest wenig aussagekräftigen Folgerungen und damit zu Misserfolgen in der Anwendung einer bestimmten Marktstrategie.

Die Wahl des Vorgehens bei der *Marktbearbeitung* richtet sich nach den vorgegebenen Wirkungszielen, den Wirkungsuntergrenzen der verfügbaren Marktinstrumente und den finanziellen und personellen Ressourcen, die für die Umsetzung von Marketingmaßnahmen zur Verfügung stehen. Je nach Grundausrichtung spricht man von dominanten Pull- bzw. dominanten Push-Strategien (Kühn und Pfäffli 2007: 45 ff., 71 ff.). In der Regel ergänzen sich beide strategischen Ansatzpunkte.

Pull-Strategien setzen bei den Verwendern der Produkte, d. h. bei den Kunden, direkt an. Die Marktbearbeitung ist darauf ausgerichtet, einen Nachfragesog zu erzeugen, der von den konkreten Kundenbedürfnissen ausgeht. So können z. B. die Anbieter mit Werbekampagnen, Informationsveranstaltungen oder Kundenbesuchen ein umfangreiches Marketing für ihre Produkte betreiben. Ein anderes Beispiel ist die Lancierung von Handelsmarken mit einer für den Kunden deutlich erkennbaren Identität (Meffert *et al.* 2008: 593 ff.). Der Aufbau erfolgreicher Handelsmarken mittels Werbung erfordert allerdings den Einsatz erheblicher finanzieller Mittel. Bei *Push-Strategien* konzentrieren sich die Aktivitäten der Marktbearbeitung auf die Zwischenstufen des Marktes, d. h. vor allem auf den Handel und externe Personen und Organisationen, welche die Entscheidung und das Kaufverhalten der Kunden maßgeblich beeinflussen. Viele Güter des täglichen Bedarfs werden auf diese Weise vermarktet. Der Marketingerfolg hängt z. B. von Vereinbarungen mit den Zwischenhändlern über eine besonders günstige Positionierung der Produkte in ihren Regalen ab. Das Marketing von Fachbüchern beruht ebenfalls zu einem großen Teil auf einer solchen Strategie. Die Autoren erreichen die Käufer nur beschränkt durch direkte Ansprache der in Frage kommenden Lesergruppen. Sie setzen vielmehr auch auf eine intensive Zusammenarbeit mit dem Fachbuchverlag und dessen Absatz- und Kommunikationskanäle sowie auf Hinweise von Fachpresse und Experten des betreffenden Fachgebiets.

Für die Umsetzung eines zweckmäßigen Marketing-Mix ergeben sich damit in Kombination mit den entsprechenden Strategien der Marktbearbeitung weitere Möglichkeiten. Steht eine Pull-Strategie im Vordergrund, so haben Instrumente des Marketings ein großes Gewicht, die sich direkt an die Kunden, vor allem an die Endkonsumenten wenden. Bei einer dominanten Push-Strategie wird man sich vorrangig mit einem Marketing-Mix befassen, das schwerpunktmäßig auf Handel, Vertrieb, externe Berater und Fachleute sowie auf Organisationen ausgerichtet ist, die wesentlich die Meinung und das Wissen der Kunden beeinflussen können. Voraussetzung für eine effiziente Marktbearbeitung und für die erfolgreiche Umsetzung einer Marketingstrategie sind klare Vorstellungen über die notwendige Marketinginfrastruktur und ihre Anpassung an die gewählte Marketingstrategie. Ebenso sind klare Vorstellungen über die Höhe der notwendigen bzw. verfügbaren finanziellen Mittel zur Umsetzung einer Marketingstrategie notwendig. Das Rahmenbudget zur Finanzierung der Maßnahmen sollte für einen Zeitraum von drei bis fünf Jahren festgelegt werden. Es enthält die notwendigen Mittel zur Umsetzung und auch für das Controlling in Bezug auf den nachweisbaren Erfolg der Marketingaktivitäten. Es sollte Vorgaben für den Einsatz der verfügbaren Mittel bezüglich der Zielmärkte, Kundensegmente und Produkte enthalten. Auf dieser Grundlage können dann jährliche Marketingbudgets und Aktionspläne erstellt werden.

3.4   Literatur

Altmann, J. (2003): Volkswirtschaftslehre: Einführende Theorie mit praktischen Bezügen. 6., neubearb. Auflage. UTB für Wissenschaft, Lucius & Lucius, Stuttgart. 425 S.

Bergen, V.; Löwenstein, W.; Olschewski, R. (2002): Forstökonomie. Volkswirtschaftliche Grundlagen. Franz Vahlen, München. 469 S.

Bergen, V.; Löwenstein, W.; Pfister, G. (1995): Studien zur monetären Bewertung von externen Effekten der Forst- und Holzwirtschaft. 2. Auflage. Sauerländer, Frankfurt a.M. 185 S.

Blankart, C.B. (2008): Öffentliche Finanzen in der Demokratie: Eine Einführung in die Finanzwirtschaft. Handbücher der Wirtschafts- und Sozialwissenschaften. 7., vollst. überarb. Auflage. Vahlen, München. 750 S.

Borowski, S. (1996): Marketing-Strategien von Forstbetrieben. Schriften aus dem Institut für Forstökonomie der Universität Freiburg, Nr. 7, Freiburg im Brsg. 167 S. und Anhang.

Burrows, J.; Sanness, B. (1999): A Summary of „The Competitive Climate for Wood Products and Paper Packaging: The Factors Causing Substitution with Emphasis on Environmental Promotions". Geneva Timber and Forest Discussion Papers ECE/TIM/DP/16. United Nations, New York and Geneva. 28 pp.

BUWAL (1998): Überprüfung der Marktfähigkeit von forstbetrieblichen Leistungen: Praxishilfe. Bundesamt für Umwelt, Wald und Landschaft (BUWAL), Bern. 122 S.

BUWAL (1999): Gesellschaftliche Ansprüche an den Schweizer Wald: Ergebnisse einer repräsentativen Meinungsumfrage des Projektes Wald-Monitoring. Schriftenreihe Umwelt, Band 309. Bundesamt für Umwelt, Wald und Landschaft (BUWAL), Bern. 151 S.

Cannon, J.P.; Perreault D.P.; McCarthy, E.J. (2008) Basic Marketing : a Global-Management Approach. 16th Ed., McGraw-Hill Int., Boston. 790 pp.

Coleman Brantschen, E. (1997): Kriterien und Indikatoren für eine nachhaltige Bewirtschaftung des Schweizer Waldes. Bundesamt für Umwelt, Wald und Landschaft (BUWAL), Bern. 80 S.

Hardes, H.-D.; Uhly, A. (2007): Grundzüge der Volkswirtschaftslehre. 9. überarb. Auflage. Oldenbourg, München. 578 S.

Hilke, W. (1989): Dienstleistungs-Marketing. In: Jacob, H.; Hrsg.: Schriften zur Unternehmensführung, Band 35. Gabler, Wiesbaden. S. 5-44.

ISO (1992): ISO-9000: International Standards for Quality Management. 2nd Edition. International Organization for Standardization. Geneva. 239 pp.

Jöbstl, H.A. (1994): Forstliche Absatz- und Marktlehre: Eine Einführung. Studientext Teil I und II. Schriften aus dem Institut für Forstliche Betriebswirtschaft und Forstwirtschaftspolitik, Universität für Bodenkultur (BOKU), Wien. 186 und 77 S.

Juslin, H.; Hansen, E.; Heikki J. (2003): Strategic Marketing in the Global Forest Industries. Authors Academic Press, www.AuthorsAP.com. 610 pp.

Kotler, P.; Andreasen, A.R. (2008): Strategic marketing for nonprofit organizations. 7th Ed. Upper Saddle River, New Jersey, Pearson/Prentice Hall. 504 pp.

Kotler, P.; Keller, K.L.; Bliemel, F. (2007): Marketing-Management: Strategien für wertschaffendes Handeln. 12., aktualisierte Auflage. Pearson, München u. a. 1261 S.

Kühn, R.; Pfäffli, P. (2007): Marketing: Analyse und Strategie. 12., überarb. und aktual. Neuauflage. Werd, Zürich. 146 S.

Langner, L. (1998): Non-Wood Goods and Services of the Forest. Geneva Timber and Forest Study Papers ECE/TIM/SP/15. United Nations, New York and Geneva. 42 pp.

Mantau, U. (1994): Produktstrategien für kollektive Umweltgüter: Marktfähigkeit der Infrastrukturleistungen des Waldes. Zeitschrift für Umweltpolitik und Umweltrecht, 17/3. S. 305-322.

Mantau, U.; Merlo, M.; Sekot, W.; Welcker, B. (2001): Recreational and Environmental Markets for Forest Enterprises. CABI Publishing, CAB International, Wallingford Oxon. 544 pp.

Mantau, U., unter Mitarbeit von Sörgel, C. (2006): Holzrohstoffbilanz Deutschland – Bestandesaufnahme 2004. Methodikbericht. Universität Hamburg. 64 S.

Mantau, U.; Wong, J. L. G.; Curl, S. (2007): Towards a Taxonomy of Forest Goods and Services. Small-scale Forestry (2007) 6: 391-409.

McCarthy, J.E. (1981): Basic Marketing: A marketing strategy planning approach. Kohlhammer, Stuttgart. 282 S.

Meffert, H.; Burmann, Ch.; Kirchgeorg M. (2008): Marketing: Grundlagen marktorientierter Unternehmensführung – Konzepte, Instrumente, Praxisbeispiele. 10., vollst. überarb. und erw. Auflage. Gabler, Wiesbaden. 915 S.

Meffert, H.; Bruhn, M. (2006): Dienstleistungsmarketing: Grundlagen, Konzepte, Methoden – mit Fallstudien. 5., überarb. und erw. Auflage. Gabler, Wiesbaden. 980 S.

Mellinghoff, St. (2000): Prozessorientierung als Ansatzpunkt für das Management forstlicher Dienstleistungs-Betriebe. Centralbl. f.d.ges. Forstw., 117. Jahrgang, Heft 3/4. S. 207-234.

Mertens, B. (2000): Absatzwege und Vertragskonzepte für forstliche Umwelt- und Erholungsprodukte. Schlussfolgerungen aus 98 Fallstudien vor dem Hintergrund des Transaktionskostenansatzes. Sozialwissenschaftliche Schriften zur Forst- und Holzwirtschaft. Band 1. Peter Lang, Frankfurt a.M. 364 S.

Österreichische Bundesforste, Hrsg., (1997): Unternehmenskonzept 97. ÖBf AG, Wien. 84 S.

Peters, S.; fortgef. von: Bruehl, R.; Stelling, J.N. (2005): Betriebswirtschaftslehre: Einführung. Oldenbourgs Lehr- und Handbücher der Wirtschafts- und Sozialwissenschaften. 12. durchges. Auflage. Oldenbourg, München, Wien. 263 S.

Purtschert, R. (2001): Marketing für Verbände und weitere Nonprofit-Organisationen. Haupt, Bern. 576 S.

Raffée, H.; Fritz, W.; Wiedmann, K.-P. (1994): Marketing für öffentliche Betriebe. Kohlhammer Edition Marketing. Kohlhammer, Stuttgart, u. a. 282 S.

Rametsteiner, E. (2000): Die Österreicher und ihr Wald: Das Bild der Österreicher von Wald, nachhaltiger Waldbewirtschaftung und Zertifizierung im internationalen Vergleich. 2., erweiterte und überarbeitete Auflage. Schriftenreihe des Instituts für Sozioökonomik der Forst- und Holzwirtschaft, Nr. 34. Universität für Bodenkultur (BOKU), Wien. 155 S. und Anhang.

Rück, H.R.G. (2007): Dienstleistungen: ein Definitionsansatz auf Grundlage des „Make or buy"-Prinzips. In: Kleinaltenkamp, M.; Hrsg.: Dienstleistungsmarketing. Deutscher Universitäts-Verlag, Wiesbaden. S. 1-32.

Schedler, K. (1996): Ansätze einer wirkungsorientierten Verwaltungsführung.: Von der Idee des New Public Managements (NPM) zum konkreten Gestaltungsmodell: Fallbeispiel Schweiz. 2. Auflage. Haupt, Bern, Stuttgart, Wien. 295 S.

Schierenbeck, H. (2000): Grundzüge der Betriebswirtschaftslehre. 15., überarb. u. erw. Auflage. Oldenbourg, München, u. a. 753 S.

Schmidhauser, A. (1997): Die Beeinflussung der schweizerischen Forstpolitik durch private Naturschutzorganisationen. Mitt. Eidg. Forsch.anst. Wald Schnee, Landsch. 72, 3. S. 245-495.

Schneck, O. (2006): Lexikon der Betriebswirtschaft: 3500 Begriffe mit allen wichtigen Wirtschaftsgesetzen. Franz Vahlen, München. CD Rom Version 4.0 2006.

Schwarzbauer, P. (2005): Die österreichischen Holzmärkte: Größenordungen, Strukturen, Veränderungen. Institut für Marketing und Innovation am Department für Wirtschafts- und Sozialwissenschaften an der Universität für Bodenkultur (BOKU), Wien. 91 S.

Seiler, A. (2004): Marketing: BWL in der Praxis. Band 4. 7. Auflage. Orell Füssli, Zürich. 636 S.

Thommen, J.-P.; Achleitner, A.-K. (2006): Allgemeine Betriebswirtschaftslehre: Umfassende Einführung aus managementorientierter Sicht. 5., überarb. u. erw. Auflage. Gabler, Wiesbaden. 1103 S.

UNECE/FAO (2007): Forest Products Annual Market Review. Geneva Timber and Forest Study Paper 22, United Nations, New York and Geneva. 150 pp.

Varian, H.R. (2007): Grundzüge der Mikroökonomik: Studienausgabe. 7., überarb. u. verbes. Auflage. Oldenbourg, München, Wien. 892 S.

Weber, H. (2001): Strategische Geschäftsfeldplanung in Unternehmen der Sägeindustrie. Kovac, Hamburg. 328 S.

Welcker, B. (2001): Marketing für Umwelt- und Erholungsprodukte der Forstwirtschaft. Qualitative Analyse und theoriegeleitete Konzeption auf Grundlage von 98 europäischen Fallstudien. Sozialwissenschaftliche Schriften zur Forst- und Holzwirtschaft. Band 2. Peter Lang, Frankfurt a.M.

Wilhelm, Ch. (1997): Wirtschaftlichkeit im Lawinenschutz: Methodik und Erhebungen zur Beurteilung von Schutzmassnahmen mittels quantitativer Risikoanalyse und ökonomischer Bewertung. Mitteilungen Nr. 54, Eidgenössisches Institut für Schnee- und Lawinenforschung, Davos. 309 S.

4. Kapitel

Management, Personalführung und Organisation

4 Management, Personalführung und Organisation

4.1 Management als unternehmerische Herausforderung

4.1.1 Aufgaben und Bedeutung

Unter Management wird generell die Gestaltung, Lenkung und Entwicklung von sozio-technischen Systemen mithilfe professioneller Methoden verstanden. Damit die Aktivitäten von Unternehmen und Betrieben in zielgerichteten Prozessen erfolgen, müssen sie vom Management gestaltet, entwickelt und gelenkt werden. Gestalten bedeutet, zweckmäßige Systeme ins Leben zu rufen. Entwickeln umfasst ihre fortlaufende Veränderung entsprechend den Erfordernissen des Umfelds. Lenken bezieht sich auf die Festlegung von Zielen sowie auf die Planung, Ausführung und das Controlling unternehmerischer Aktivitäten. Modernes Management bedeutet, unter Einbeziehung aller verfügbaren Informationen und unternehmerischer Instrumente zukunftsorientierte Entscheidungen zu treffen und diese laufend auf ihre Wirkung hin zu überprüfen (Bea und Haas 2005; Drucker und Haas-Edersheim 2007; Steinmann und Schreyögg 2005).

Mit dem Begriff Management werden vielfach auch Personen bezeichnet, die diese Aufgaben wahrnehmen. Der Begriff wird dann in einem institutionellen Sinn verwendet. Andere gängige Bezeichnungen sind Betriebsleitung oder Betriebsführung. In größeren Unternehmen wird das Management in das obere, mittlere und untere Management unterteilt.

In den Begriffen Management und Manager werden vor allem Aspekte der gestalterischen Kreativität und Herausforderung angesprochen. Von einer klassisch interpretierten Führungs- und Leitungsaufgabe unterscheidet sich Management dadurch, dass es nicht alleine darum geht, in definierten Organisationsstrukturen und in formalisierten Entscheidungswegen zu denken und zu handeln. Wichtig ist vielmehr die zielgerichtete und kreative Interpretation und Nutzung von Handlungsspielräumen. Die Erfüllung von Managementaufgaben erfordert angemessene Entscheidungs- und Handlungsspielräume und ist an eine unmittelbare Verantwortung für die Konsequenzen getroffener Entscheidungen gebunden. Management basiert auf Reizen und Anreizen für die Führungskräfte. Es kann nur funktionieren, wenn Handlungserfolge dem Einzelnen anrechenbar sind und Misserfolge zu Sanktionen führen.

Management ist vor allem dort notwendig, wo es um das Führen und Leiten komplexer und begrenzt berechenbarer Systeme geht. Es verlangt die Bereitschaft zu permanentem Lernen und zu unternehmerischem Risiko. Es setzt ein rasches Erkennen und das Bewerten von Veränderungen im Unternehmen wie in seinem Umfeld voraus.

In diesem Sinne ist Management eine wichtige Voraussetzung für bewusstes unternehmerisches Handeln. Der Reiz des Neuen ist eine Komponente und Triebfeder für die Tätigkeit aktiver und selbstbewusster Manager. Auf der Ebene der Personalführung ist unter Management vor allem auch eine Moderations- und Motivationsaufgabe zu verstehen. Ziel ist es, die Mitarbeiter zu überzeugen, gemeinsame Ziele für den Erfolg des Unternehmens zu erarbeiten und umzusetzen.

Ähnlich wie bei den aus dem angelsächsischen Sprachraum übernommenen Bezeichnungen Marketing, Controlling und Monitoring hat sich der Ausdruck Management in der Betriebswirtschaft zu einem gängigen Fachbegriff entwickelt. Er leitet sich von dem lateinischen Ausdruck ‚manum agere‘ ab, der ‚an der Hand führen‘ bedeutet (Schneck 2006). Er wurde schon Ende des 19. Jahrhunderts aus dem Amerikanischen übernommen und bezog sich zunächst auf Aktivitäten von Geschäftsführern und Betreuern z. B. von Künstlern oder Leistungssportlern. Die Übernahme neuer Begriffe in andere Sprachräume impliziert in der Regel einen neuen Bedeutungsinhalt der damit beschriebenen Tätigkeitsfelder. Der Begriff Management ist umfassender und vielseitiger als die beiden Inhaltsebenen der Führung und Leitung. Er betont vermehrt die Dimension des aktiven Gestaltens, das prospektive Handeln in Bezug auf zu erwartende Veränderungen sowie die persönliche Verantwortung für die eintretenden Konsequenzen.

4.1.2   Situatives Management

Ausgangspunkt des situativen Managements ist die Überlegung, dass die Handlungsmöglichkeiten einer Unternehmung durch eine Vielzahl von Faktoren bestimmt werden, deren Bedeutung und Gewicht sich ständig verändern (Ulrich und Fluri 1995: 30 ff.). Management erfordert daher eine dauernde und systematische Analyse der konkret gegebenen d. h. situativen Umstände, um hierauf angemessen reagieren zu können. Entscheidend ist die Beurteilung und Nutzung der konkreten Handlungs- und Gestaltungsspielräume unter Berücksichtigung der relevanten Faktoren innerhalb der Wirtschaftseinheit wie der von außen einwirkenden Kräfte.

Art und Vorgehen im Rahmen eines situativen Managements werden im Wesentlichen durch drei Arten von Einflussfaktoren bestimmt:

- *Aufgabenspezifische Einflüsse*: Sie ergeben sich aus den unternehmerischen Zielsetzungen, dem Aufgaben- und Tätigkeitsfeld, der verfügbaren Technologie, der innerbetrieblichen Organisation sowie den Chancen und Gefahren im Umfeld.

- *Personenspezifische Einflüsse*: Diese hängen unmittelbar mit dem persönlichen Umfeld und der Unternehmenskultur zusammen. Hierzu gehören z. B. Motivation und Einstellung, Kenntnisse und Fähigkeiten, gruppendynamische Prozesse sowie Strukturen der Kooperation innerhalb des gesamten Systems.

– *Soziokulturelle Umwelteinflüsse*: Sie sind das Ergebnis wichtiger gesellschaftlicher Entwicklungen und betreffen sowohl den wirtschaftlichen Strukturwandel als auch die Ebene des Bewusstseins- und Wertewandels. Derartige Einflüsse zeigen sich z. B. in einer Veränderung der öffentlichen Meinung und führen unter Umständen zu einer Anpassung der Rahmenbedingungen unternehmerischen Handelns.

Anforderungen an das Management ergeben sich insbesondere in Bezug auf:

– Die Erfassung der Komplexität der Situation, d. h. der Vielfalt der einwirkenden Faktoren und ihrer gegenseitigen Abhängigkeiten

– Die Beurteilung der Dynamik, d. h. der Änderungsrate bzw. des Entwicklungstempos externer und interner Gegebenheiten

– Die Einschätzung der Ungewissheit bzw. der Art und Menge der zur Verfügung stehenden Informationen, die eine sachbezogene Reaktion auf Veränderungen und zukünftige Entwicklungen ermöglichen.

4.1.3   Managementkonzepte

Die zielgerichtete Gestaltung soziotechnischer Systeme unter Berücksichtigung der Vernetzung mit ihrer Umwelt sind zentrale und anspruchsvolle Aufgaben von Managern. Management ist in erster Linie die Bewältigung von Komplexität (Ulrich 2001: 486). Hierfür können Konzepte entwickelt werden, die zwei zentrale Funktionen haben:

– Sie helfen bei der Strukturierung von Problemen und bei der Reduktion der Komplexität. Sie erleichtern damit den Verantwortlichen das Erfassen der jeweiligen Gegebenheiten.

– Sie gliedern Entscheidungsprozesse in einzelne Phasen. Dadurch wird sichergestellt, dass wesentliche Entscheidungstatbestände in komplexen Situationen berücksichtigt werden.

Generelle Managementkonzepte strukturieren Probleme auf der Ebene von Gesamtunternehmen. Der Systemcharakter von Betrieben und Unternehmen ermöglicht es aber auch, unternehmerische Aktivitäten unter ganz bestimmten Teilaspekten zu betrachten. Das Hervorheben bestimmter Systemelemente führt zur Entwicklung und Anwendung von Konzepten für spezielle Teilbereiche. Diese existieren z. B. für wichtige betriebliche Funktionen, etwa Marketing (Kapitel 3), Controlling (Kapitel 8.6), Personalmanagement (Kapitel 4.4), Logistik und Produktion (Kapitel 7). Moderne Konzepte des Managements werden zwar vorwiegend in Unternehmen und Betrieben entwickelt und angewendet. Sie sind aber nicht auf den privaten Sektor beschränkt. Auch in öffentlichen Institutionen und Verwaltungen ist solides und umfangreiches Managementwissen eine unverzichtbare Voraussetzung für zielgerichtetes und effizientes Handeln.

So hat sich der Einsatz von geeigneten Managementinstrumenten z. B. in den Forstbetrieben öffentlicher Waldeigentümer in den letzten Jahren in beachtlichem Ausmaß
durchgesetzt. Die Realisierung solcher Managementkonzepte erfordert die Schaffung
geeigneter Bedingungen und Voraussetzungen im System der öffentlichen Verwaltung
(Kapitel 4.6.8).

Bei der Übertragung allgemeingültig angelegter Managementkonzepte auf die jeweils
gegebene unternehmerische Situation können sich sehr unterschiedliche Gewichtungen
ergeben. Es müssen auch nicht alle Managementkonzepte für alle Unternehmen in
gleicher Weise geeignet sein, um die bestehenden Herausforderungen zu bewältigen.
Vor allem größere Unternehmen entwickeln aus allgemeinen Managementkonzepten
bestimmte Raster für die Bearbeitung ihrer spezifischen Fragestellungen. So haben
z. B. die Forstbetriebe mit der Forsteinrichtung eigene Planungssysteme entwickelt. Sie
bauen in ihrer Struktur auf einem generellen Planungskonzept auf (Kapitel 8.1), sind
jedoch an die Gegebenheiten der Waldwirtschaft und die Bedürfnisse der Bewirtschaftung angepasst und ausreichend detailliert.

Die Reduktion von Komplexität ist notwendig, damit übergeordnete unternehmerische
Entscheidungen durch das Management gefällt werden können. Dies bedeutet jedoch
immer auch einen Verlust von Detailinformation mit der Gefahr der Simplifizierung
und des Risikos von Fehlentscheidungen. Die Erfahrung zeigt, dass einfachen Konzepten in der unternehmerischen Praxis oft der größere Erfolg beschieden ist. Für die
Beantwortung der Frage, welcher Grad an Komplexität notwendig und welcher Grad
an Vereinfachung schädlich ist, gibt die Managementlehre nur wenige Hinweise. Hier
helfen vor allem Erfahrung im Umgang mit den Konzepten und die selbstbewusste
Anwendung des gesunden Menschenverstands.

4.1.4   Management in der Waldwirtschaft

Generell gelten die Grundsätze modernen Managements für alle Unternehmen und
Betriebe, wobei die konkreten Aufgabenstellungen z. B. eines Businessplans von
den vorgegebenen Handlungsoptionen und Leistungszielen bestimmt werden (Kapitel 8.5.5). Jede Branche wird dabei von Umfeldbedingungen geprägt, welche Anpassungen an die speziellen Voraussetzungen erfordern, ohne dass dadurch die generelle
Bedeutung moderner Managementinstrumente in Frage gestellt wird. Im Bereich der
Waldbewirtschaftung wird in Bezug auf externe Parameter häufig auf besondere Verhältnisse und auf eine gewisse Sonderstellung hingewiesen. Diese Argumentation ist
aus Sicht einer effizienten Unternehmens- und Betriebsführung nur beschränkt relevant
und ist von Fall zu Fall kritisch zu hinterfragen. Was für den Manager eines Forstbetriebes Sturmschäden oder Käferkalamitäten sind, sind für seine Kollegen in anderen
Branchen beispielsweise überraschende Einbrüche an der Börse, die Insolvenz großer
Kunden oder kurzfristige Versorgungsengpässe in einer Zulieferbranche.

Spezifische Bedingungen für unternehmerisches Handeln in Forstbetrieben, im Vergleich mit der industriellen Produktion, gelten im Wesentlichen bei folgenden Punkten:

– Die im Vergleich mit anderen Branchen ungewöhnlich langen Zeiträume der Produktion

– Die langfristige Bindung eines großen Teils des Betriebsvermögens in Form von Waldbeständen

– Die hohe Variabilität bei der Bestimmung von Produkten und ihres Reifegrades

– Die häufige Kuppelproduktion bei der Leistungserstellung

– Die Wechselwirkungen zwischen Produktion und Produktivität.

Langfristigkeit der forstlichen Produktion: Die Zeiträume für die forstliche Produktion unter europäischen Bedingungen sind eine besondere unternehmerische Herausforderung. Sie stehen im Gegensatz zu den eigentlichen Prozessen der Wertschöpfung, deren Geschwindigkeit deutlich höher und deren Entscheidungshorizonte wesentlich kürzer sind. So richtet sich die Nachfrage der Kunden der Waldwirtschaft nach wechselnden und eher kurzfristigen Markteinflüssen, die durch neue Bedürfnisse, wechselnde Moden oder auch durch technische Innovationen bestimmt werden.

Langfristige Bindung des Betriebsvermögens: Betriebswirtschaftlich liegt das Managementproblem in der langen Bindung eines großen Teils des Kapitals, d. h. in einem weitgehend statischen Vermögen. Die Umschlaghäufigkeit und damit die Flexibilität für gestalterische Maßnahmen sind durch die Nachhaltigkeit weitgehend vorgegeben. Kurzfristiger betriebswirtschaftlicher Erfolg und seine Honorierung sind ebenso wie heutige ökonomische Fehlschläge nur mittelbar mit derzeitigen Maßnahmen in der biologischen Produktion zu begründen. Mit anderen Worten könnte man sagen, dass der Wald nicht alle und vor allem nicht sehr schnelle Veränderungen verträgt, wie sie ein modernes Managementkonzept zu produzieren vermag.

Hohe Variabilität bei der Abgrenzung von Produkten und ihres Reifegrades: Im Verlauf der Entwicklung von einzelnen Bäumen und ganzen Waldbeständen werden eine Vielzahl verschiedener Leistungen bereitgestellt. So kann ein Baum heute Industrieholz liefern und in der Zukunft Stammholz. Ein Bestand kann heute als Naturschutzwald definiert werden, was aber die Nutzung von Holz in der Zukunft keineswegs ausschließt. Auch die Produktreife unterliegt einer zeitlichen Flexibilität. Für das Management von Forstbetrieben bestehen daher vielfältige Möglichkeiten zur Gestaltung des Produktionsprogramms. Dabei müssen die erzielbaren Ergebnisse heutiger Nutzungen mit dem zukünftig möglichen Ertrag und den zu erwartenden Risiken abgewogen werden.

Kuppelproduktion bei der Leistungserstellung: Holz kann nur in Form ganzer Bäume geerntet werden. Erst im Rahmen der Sortierung werden hieraus Produkte, die z. B.

von der Säge- oder Zellstoffindustrie nachgefragt werden. So fallen bei der Ernte von Stammholz auch andere Sortimente an, die verwertet werden können. Die Kuppelproduktion in der Waldwirtschaft geht jedoch deutlich weiter. In der Schutzwaldpflege im Gebirge werden Holzsortimente genutzt, obwohl das Hauptprodukt die Pflege der Schutzwälder ist. Gleiches gilt für die Waldpflege im Zusammenhang mit Produktzielen im Natur- und Landschaftsschutz.

Wechselwirkung zwischen Produktion und Produktivität: Jede Nutzung und jedes Angebot am Markt hat unmittelbare Auswirkungen auf den Waldbestand und das weiter zur Verfügung stehende Produktionspotenzial. So sind Durchforstungen in jüngeren Waldbeständen je nach den aktuellen Preis-Kosten-Verhältnissen häufig mit der Aufarbeitung kaum kostendeckender Sortimente verbunden. Sie sind aber Voraussetzung für eine Werterhöhung zukünftiger Nutzungen. Umgekehrt führt die Holzernte in älteren Beständen zur Vermarktung von größeren Mengen hochwertiger Sortimente. Gleichzeitig entstehen Kultur- und Pflegeflächen, auf denen während längerer Perioden keine kommerziellen Erträge zu erzielen sind. Die damit verbundenen Kosten sind in der unternehmerischen Entscheidung zu berücksichtigen und bei der Kalkulation dem Verkaufspreis der Produkte zuzurechnen. Dies wird zu einem komplexen Entscheidungsproblem, wenn Waldflächen neu aufgeforstet werden und die Umtriebszeiten sehr lang sind. Diese Zeiträume kommen dann einer Vorfinanzierung gleich. Sie verlangt hohe Anfangsinvestitionen und lange Kapitalbindung, die mit kalkulatorischen Zinsen zu berücksichtigen sind.

4.1.5   Überlagerung unterschiedlicher Zeithorizonte

Die Probleme forstwirtschaftlicher Entscheidungen ergeben sich im Wesentlichen aus der Überlagerung verschiedener, aber durchweg entscheidungsrelevanter Zeithorizonte. Sie zu gewichten und aufeinander abzustimmen ist häufig nur in engen Grenzen möglich. Dies hat sowohl Konsequenzen für strategische Entscheidungen in der forstlichen Produktion als auch für die kurzfristig zu realisierenden operativen Maßnahmen. Dasselbe lässt sich auch für die Produktpolitik feststellen: Es ist heute nicht vorhersehbar, welche Holzarten und -sortimente in 80 oder 160 Jahren nachgefragt oder überhaupt noch gebraucht werden. Welche werden knapp und welche im Überfluss vorhanden sein? Welche Rolle wird Holz als Roh- und Baustoff in einigen Jahrzehnten spielen? Trotz der generationenübergreifenden Tragweite der Arbeit in Forstbetrieben ist unternehmerisches Handeln in der Waldwirtschaft nicht alleine und auch nicht erst in 80 oder 100 Jahren zu bewerten. Es unterliegt vielmehr einer ständigen Rückkoppelung und Beurteilung durch die Eigentümer. Gleiches gilt für die Stakeholder im Allgemeinen und für Kunden, Gläubiger und Schuldner des Unternehmens im Speziellen. Wie für andere Wirtschaftseinheiten ist für Forstbetriebe in diesem Sinne die Logik und Dynamik der Märkte ein entscheidender Faktor.

Die Langfristigkeit einer nachhaltigen Produktion, vor allem auch vor dem Hintergrund der zunehmenden Einbettung der mitteleuropäischen Waldwirtschaft in internationale Absatzmärkte, erfordert von den Waldeigentümern, auf aktuelle wirtschaftliche Rahmenbedingungen angemessen zu reagieren. Dies ist die eigentliche unternehmerische Herausforderung in der Forstpraxis. Eine nachhaltige Waldwirtschaft stellt somit eine spezielle Herausforderung an die Unternehmensführung dar und erfordert die zweckmäßige Anwendung zielgerichteter Denkansätze und Managementinstrumente. Hierbei geht es um methodische Überlegungen und Erfahrungen, die schon bisher die Leitung von leistungsfähigen Forstbetrieben bestimmt haben, die aber im umfassenden Kontext moderner Managementgrundlagen gezielter genutzt werden können. Andere Argumente für eine Sonderstellung im Vergleich mit anderen Branchen und unternehmerischen Entscheidungsräumen sind als spezielle Erscheinungsformen genereller wirtschaftlicher Rahmenbedingungen und Anforderungen an das Management aufzufassen. Dies gilt z. B. für die enge Verzahnung zwischen biologischen, technischen und ökonomischen Aspekten der Produktion und der dadurch bedingten Dynamik der Kostenstruktur. Es gilt auch für die Tatsache, dass die Waldbewirtschaftung zumeist in großflächigen Produktionsgebieten erfolgt oder dass sie in hohem Maß externen und unvorhergesehenen Naturereignissen unterliegt.

4.1.6   Manager und Managementteams

Die wichtigste Rolle eines Geschäftsführers oder Behördenleiters, der seiner Aufgabe als Manager gerecht wird, ist es, Lösungen zu suchen, anzustoßen und zusammen mit allen Mitarbeitern erfolgreich zu verwirklichen. Es ist seine Verantwortung, Anstöße und Impulse für die weitere Entwicklung oder Neuausrichtung in einem Unternehmen oder in einer öffentlichen Verwaltung zu geben. Ein Manager wird besonders bei grundlegenden Veränderungen und bei der Einführung strategisch wichtiger Innovationen gebraucht. Die Freude über eigene oder auch über eher zufällige oder umweltbedingte Erfolge sollte dabei ebenso entwickelt werden wie der Respekt vor Fehlern und die Bereitschaft zur Übernahme von Verantwortung. Aufgabe des Managements ist es, gewünschte Veränderungen durch eigene Entscheidungen selbst zu provozieren. Ein Manager ist deshalb bemüht, den Anteil der Reaktion in seinem Entscheidungsverhalten zu reduzieren und der Aktion einen größtmöglichen Raum einzuräumen. Die Gewichtung dieser beiden Pole, d. h. von Reaktion und Aktion, hängt von den sich permanent verändernden Umwelteinflüssen und von zahlreichen innerbetrieblichen Parametern ab. Zu nennen sind z. B. der Entwicklungsstand des Unternehmens, verfügbare unternehmerische Entscheidungsinstrumente, Ausbildung und Motivation der Mitarbeiter, Chancen und Probleme einer Branche, spezifische Produkteigenschaften oder auch technische Restriktionen.

In der Personalführung ist ein Manager im Sinne einer modernen Auffassung dann erfolgreich, wenn er sich als Teil eines Teams begreift. Dies schließt Hierarchien innerhalb des Teams keineswegs aus und kann abschließende Entscheidungen der verantwortlichen Führungskräfte nicht ersetzen. Gelingt es einem Manager jedoch, die Mitarbeiter zu überzeugen, dass die Aufgaben in einem Unternehmen nur gemeinsam zu bewältigen sind, so werden die Entscheidungen, die zur Erreichung der Ziele notwendig sind, für diese transparent und nachvollziehbar. Management verlangt deshalb in hohem Maße, Fähigkeiten der Moderation und Motivation zu entwickeln und diese in der Mitarbeiterführung sinnvoll einzusetzen. Zur Managementtätigkeit gehört die Schaffung geeigneter Voraussetzungen für die Zusammenarbeit in einem Team, in dem alle nach ihren Fähigkeiten und Kompetenzen mitwirken. Hierbei sind die Teammitglieder sachgerecht am Entscheidungsprozess zu beteiligen. Ebenso sind die Mitarbeiter von der Notwendigkeit und Zweckmäßigkeit getroffener Entscheidungen zu überzeugen und für eine effiziente Umsetzung zu motivieren.

Die Führungsverantwortung von Managern im Personalbereich wird vielfach nach den Grundsätzen des Coaching angegangen (Brounstein et al. 2007; Whitmore 2006). Dies bedeutet, Fragen an die Teammitglieder zu stellen, damit diese:

–   Ziele reflektieren und sich im Ergebnis mit ihnen identifizieren

–   Maßnahmen kritisch auf ihre Effektivität (Zielerreichung) prüfen

–   Eine effiziente Leistungserstellung anstreben

–   In echter Eigenverantwortung handeln

–   Als anerkannte Mitarbeiter eine motivierende Arbeitseinstellung entfalten.

4.2   Management als Systemsteuerung

4.2.1   Grundfunktionen

Die Aufgaben des Managements und von Managern werden durch Art und Umfang der Leitungsfunktionen bestimmt, die eine zielgerichtete und effiziente Steuerung soziotechnischer Systeme ermöglichen. Zur Gliederung und Umschreibung solcher Funktionen finden sich unterschiedliche Ansätze, so dass es schwierig ist, diese in einem einheitlichen Funktionenkatalog zusammenzufassen (Ulrich und Fluri 1995: 15 ff.). Wichtige Leitungsaufgaben, die in der Fachliteratur hervorgehoben werden, sind Planung und Kontrolle, Organisation und Disposition sowie die Personalführung (Schierenbeck 2000: 86). In den folgenden Ausführungen wird von vier umfassenden Grundfunktionen des Managements ausgegangen:

–   Formulierung der Unternehmenspolitik und der Unternehmensziele

–   Durchführung der Unternehmensplanung und Kontrolle

- Gestaltung der Organisation und Personalführung

- Sicherstellung eines qualifizierten Managements durch Entwicklung der Führungskräfte.

Eine analytische Betrachtung einzelner Komponenten und Gliederungselemente des Managements ist für das Systemverständnis von Betrieben und Unternehmen sowie für die Beurteilung unternehmerischer Handlungsmöglichkeiten durchaus nützlich. Wichtig ist aber auch, den ganzheitlichen Charakter des Managements und die sich ständig verändernden Herausforderungen der Realität zu sehen, denen ein kompetenter Manager gerecht werden muss. Praktisches Training, konkrete Mitarbeit in Managementteams und berufliche Erfahrung in unterschiedlichen Unternehmensbereichen sind hierfür wichtige Voraussetzungen. „Komplizierte Management-Modelle können die entscheidende Voraussetzung erfolgreichen Managements, nämlich das Verständnis für die Zusammenhänge zwischen allen Managementaufgaben und den Sinn für die je nach den situativen Rahmenbedingungen vorrangigen Problemstellungen, auf die sich die Führungskräfte besonders zu konzentrieren haben, weder ersetzen noch fördern" (Ulrich und Fluri 1995: 16).

4.2.2   Handlungsebenen

Zu unterscheiden sind drei Handlungsebenen, die auf grundlegende Problemstellungen der Unternehmensführung ausgerichtet sind. Sie betreffen das normative, das strategische und das operative Management. Auf der normativen und strategischen Ebene werden die Rahmenbedingungen für das operative Management gesetzt (Bleicher 2004: 77 ff.). Auf allen drei Ebenen geht es um Gestaltung, Lenkung und Entwicklung von soziotechnischen Systemen, wobei die jeweiligen Managementaufgaben als gleichwertig anzusehen sind. Defizite auf einer Handlungsebene können nur bedingt durch Erfolge auf einer anderen ausgeglichen werden.

Normatives Management: „Das normative Management beschäftigt sich mit den generellen Zielen der Unternehmung, mit Prinzipien, Normen und Spielregeln, die darauf ausgerichtet sind, die Lebens- und Entwicklungsfähigkeit der Unternehmung zu ermöglichen" (Bleicher 2004: 80). Die grundlegende Anforderung ist hier, eine tragfähige Basis für die Tätigkeit und Entwicklung von Unternehmen zu schaffen. Dabei ist zu berücksichtigen, dass bei den verschiedenen Anspruchsgruppen (Stakeholder) unterschiedliche Wertvorstellungen über die Verteilung von Nutzen und Kosten unternehmerischen Handelns bestehen (Kapitel 4.3.1). Im Spannungsfeld divergierender Interessen und Forderungen geht es um die Definition des Zwecks wie um die Legitimation unternehmerischer Aktivitäten nach innen und nach außen. Normatives Management hinterfragt und definiert den Sinn unternehmerischen Handelns im spezifischen betrieblichen Kontext. Es setzt den generellen Rahmen für die Gestaltung, die Lenkung und die Entwicklung von Betrieben und Unternehmen (Kapitel 4.3.2 ff.).

Wichtige Elemente des normativen Managements sind unternehmerische Leitbilder und Visionen sowie das Handeln im Rahmen einer konsistenten Unternehmenspolitik. Von Bedeutung ist die Entwicklung einer Unternehmenskultur, die eine tragfähige Grundlage für produktive Beziehungen zum unternehmerischen Umfeld und innerhalb der Unternehmen bietet. So beruht vor allem die Zusammenarbeit zwischen den Mitarbeitern auf Wertvorstellungen, die explizit zu formulieren und zu kommunizieren sind.

Strategisches Management: Zentrale Aufgabe des strategischen Managements ist der Aufbau und die Festigung von unternehmerischen Erfolgspositionen. Strategische Erfolgspositionen (SEP) ermöglichen es den Betrieben, längerfristig überdurchschnittliche Ergebnisse zu erzielen. Die Steuerungsgrößen sind vor allem qualitativer Art und beziehen sich auf die Fähigkeiten der Unternehmen, auf technologische Innovationen, auf Veränderungen der Rahmenbedingungen sowie auf Maßnahmen der Konkurrenten flexibel und rasch zu reagieren. Insgesamt geht es um die Sicherstellung der Effektivität, d. h. der Wirksamkeit unternehmerischen Handelns.

Operatives Management: Aufgabe des operativen Managements ist die Umsetzung der normativen und strategischen Zielsetzungen, wobei das ökonomische Prinzip auf die unmittelbare Steuerung der betrieblichen Wertschöpfungsprozesse angewendet wird. Im Zentrum steht die Gewährleistung der Effizienz, d. h. der Wirtschaftlichkeit bei der Umsetzung konkreter betrieblicher Problemlösungen. Gleichzeitig geht es um den Aufbau und die möglichst weitgehende Ausschöpfung betrieblicher Produktivitätspotenziale entlang der Wertschöpfungskette (Kapitel 2.1.2 ff.). Kenngrößen für die Beurteilung sind Wirtschaftlichkeit, Rentabilität und Gewinn (Kapitel 4.3.6, 5.6.5).

4.2.3   Managementbereiche

Managementbereiche beziehen sich auf die Gestaltung betrieblicher Strukturen, auf die Planung und Durchführung unternehmerischer Aktivitäten sowie auf die Steuerung des Verhaltens der in Betrieben und Unternehmen tätigen Mitarbeiter (Abbildung 4-1). Bei der Gestaltung von Strukturen werden die einzelnen betrieblichen Elemente abgegrenzt und in ihren wechselseitigen Beziehungen definiert. Die Strukturelemente ergeben sich aus den unternehmerischen Zielsetzungen und Gegebenheiten und müssen der Unternehmensentwicklung laufend angepasst werden. Innerhalb der Strukturen erfolgen primäre und unterstützende Aktivitäten, die zur Erreichung der betrieblichen Ziele notwendig sind. Die Gestaltung von Strukturen und Aktivitäten geschieht in einem sozialen Kontext d. h., durch die in einem Unternehmen tätigen Mitarbeiter. Aufgabe des Managements ist hier die Verhaltenssteuerung in einer Weise, die es den Mitarbei-

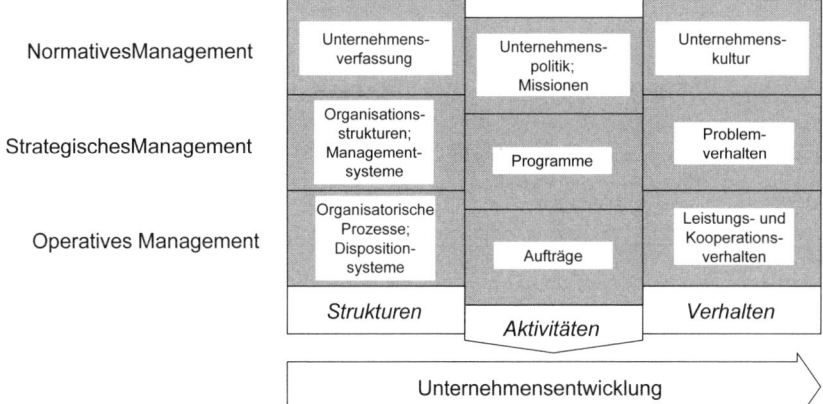

Abbildung 4-1:   Handlungsebenen und Bereiche des Managements (Bleicher 2004: 83, 88, verändert)

tern ermöglicht, einen angemessenen Beitrag zur Zielerreichung zu leisten, aber auch ihre eigenen legitimen Zielsetzungen zu verfolgen.

Die Kombination von Handlungsebenen und Managementbereichen führt zu insgesamt neun Feldern, denen sich bestimmte Aufgabenschwerpunkte und Steuerungsinstrumente zuordnen lassen. Die eigentliche Herausforderung für das Management besteht darin, einen effektiven und effizienten Zusammenhang zwischen den unterschiedlichen Aufgaben und Anforderungen herzustellen. Wie in Abbildung 4-1 ersichtlich, geschieht die Integration in horizontaler Richtung über zweckmäßige Kombinationen zwischen der Gestaltung von Strukturen, der Organisation von Aktivitäten und der Steuerung der Arbeit der Mitarbeiter. In vertikaler Richtung bewegen sich die strategischen Ziele im Rahmen der Unternehmenspolitik, während das operative Management auf ihre Umsetzung ausgerichtet ist.

Die Notwendigkeit der Integration von Managementaufgaben durch Koordination verschiedener Handlungsfelder kommt im sog. Adäquanzpostulat zum Ausdruck. Danach ergibt sich unternehmerischer Erfolg durch die Abstimmung von Strukturen, Abläufen, Ressourcen und Fähigkeiten mit der strategischen und normativen Ausrichtung (Abbildung 4-2). Die Anpassung einer Strategie an veränderte Bedingungen des Umfelds bedingt auch eine Anpassung der entsprechenden Handlungsfelder. Zu beachten ist hierbei, dass sich Strategien verhältnismäßig rasch ändern lassen, dass aber die mit der Umsetzung verbundenen Anpassungsprozesse häufig einen erheblichen Zeitraum benötigen. Ebenfalls schwierig zu realisieren sind Veränderungen in Bezug auf verfügbare Ressourcen und Fähigkeiten von Mitarbeitern. In einem dynamischen Unternehmen

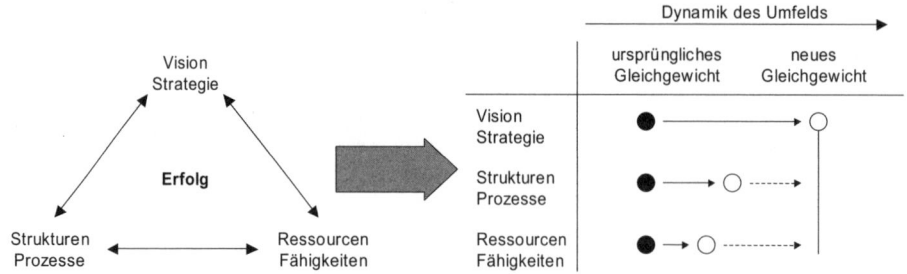

Abbildung 4-2: Unterschiedliche Zeithorizonte bei der Abstimmung von Management-Feldern in einem dynamischen Umfeld (Simma 2000: 2)

besteht zudem die Notwendigkeit, das einmal hergestellte Gleichgewicht immer wieder an weitere Entwicklungen anzupassen. Dieser Steuerungsprozess ist zeitaufwändig, zumal die Dynamik des Umfeldes laufend weitere strategische Einwirkungen erfordert. Eine vollständige und stabile Integration der verschiedenen Managementfelder ist daher nur schwer erreichbar. Die aufgezeigten Zusammenhänge unterstreichen jedoch die Notwendigkeit, die Entwicklung von Unternehmen in einem umfassenden Systemzusammenhang zu analysieren und zu gestalten.

4.2.4 Entscheidungs- und Problemlösungsprozesse

Aufgabe von Managern und Managementteams ist es, Entscheidungen zu treffen und Problemlösungen systematisch zu entwickeln und durchzusetzen. Operative betriebliche Entscheidungen erfolgen kurzfristig durch die unmittelbar Verantwortlichen. Strategische Entscheide mit weitreichender Bedeutung für ein Unternehmen werden von verantwortlichen Teams und internen Stellen vorbereitet und je nach Sachlage auch gemeinsam beschlossen. Unter Umständen erstrecken sich derartige Entscheidungsprozesse über längere Zeiträume. Zwei Arten von Entscheidungen sind hierbei zu unterscheiden:

– Normative Wert- und Zweckentscheidungen, die auf Prozessen der Willensbildung beruhen

– Strategische und operative Mittel-Zweck-Entscheidungen, die auf analytischen Prozessen der Informationsverarbeitung aufbauen.

Bei Prozessen, bei denen die Willensbildung im Vordergrund steht, muss zwischen den Beteiligten ein Konsens über Sinn- und Wertzusammenhänge gefunden werden. Die unterschiedlichen Beurteilungen und Argumentationen der Beteiligten werden durch ihre jeweiligen Erfahrungen, konkreten Interessen und ihre Einschätzung der verfügbaren Informationen geprägt. Von Bedeutung sind die Einstellungen der Beteiligten zu grundlegenden Fragen und die Art und Weise, in der das zu lösende Problem individuell von ihnen wahrgenommen wird. Für Prozesse, die zu fundierten Mittel-Zweck-Entscheidungen führen, werden in erster Linie fachliches Wissen und Erfahrung, ausreichende Informationen über die relevanten Sachverhalte sowie ein kompetentes Beurteilungsvermögen benötigt. Der Ablauf der hierbei stattfindenden analytischen Informationsverarbeitung wird als Entscheidungs- bzw. Problemlösungsprozess bezeichnet (Thommen und Achleitner 2006: 43 ff., 873 ff.). Hierbei lassen sich sechs charakteristische Phasen unterscheiden (Abbildung 4-3):

- Problemdefinition und Analyse der Ausgangslage

- Festlegung von Zielen

- Ermittlung und Bewertung verschiedener Alternativen

- Wahl von geeigneten Mitteln

- Sachgerechte Umsetzung

- Evaluierung der erreichten Resultate.

Der Nutzen von Kenntnissen über den Ablauf von Problemlösungsprozessen ist vor allem, dass die Analyse der einzelnen Phasen der Lösungssuche auf viele konkrete Bereiche unternehmerischer Aktivitäten unmittelbar angewendet werden kann. Dies betrifft operative wie strategische Problemstellungen, oder auch wichtige Funktionsbereiche wie Marketing, Personalbeschaffung und Leistungserstellung.

Bei *Problemdefinition und Problemanalyse* geht es darum, das zu lösende Problem zu erkennen, zu beschreiben und sinnvoll abzugrenzen. Hierzu sind relevante Informationen zu beschaffen und zu verarbeiten. Voraussetzung ist, dass die wirklichen Ursachen des zu bearbeitenden Problems tatsächlich erkannt werden. Nur dann ist es möglich, Ziele zur Problemlösung zu definieren. In der Regel handelt es sich nicht um ein einzelnes, sondern um ein Bündel von Zielen, die miteinander in Beziehung stehen (Kapitel 4.3.8).

Wesentliche Aufgabe bei der *Ermittlung und Bewertung von Alternativen* ist das kreative Erarbeiten von Maßnahmen, mit denen die Ziele effektiv erreicht werden. Die zu frühe Festlegung auf ein bestimmtes Vorgehen führt dabei leicht dazu, dass geeignetere Optionen übersehen werden. Die möglichen Alternativen sind daher sorgfältig zu identifizieren und zu bewerten. In die Bewertung sind mögliche Restriktionen in Bezug auf Risiko, Wirtschaftlichkeit oder zeitliche Abläufe einzubeziehen. Danach folgt die *Auswahl der Mittel*, die für die Umsetzung der gewählten Maßnahmen notwendig sind. Unter Mittel sind hier ganz allgemein personelle und finanzielle Ressourcen, aber auch neue Technologien und Produktionsverfahren sowie organisatorische Veränderungen zu verstehen.

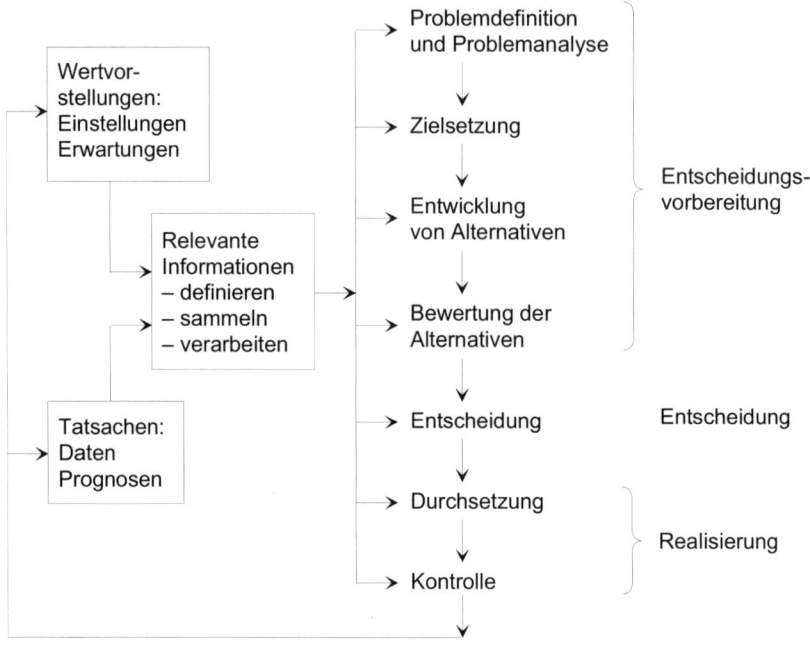

Abbildung 4-3:   Unternehmerische Entscheidung als analytischer Prozess der Informationsverarbeitung (Ulrich und Fluri 1995: 25)

Mit der Entscheidung für eine der bewerteten Alternativen wird das zukünftige Vorgehen festgelegt, und es beginnt die *Phase der Umsetzung*. Ihre erfolgreiche Realisierung erfordert von Seiten der Mitarbeiter ein hohes Maß an Offenheit für Neuerungen und ein beachtliches persönliches Engagement. Dies stellt hohe Anforderungen an die Personalführung und die Kooperation aller Beteiligten. Die Verhaltensdimension hat hier besondere Bedeutung. Anschließend werden im Rahmen der *Evaluierung der Resultate* die Umsetzungsergebnisse mit den festgelegten Zielen verglichen. Abweichungen müssen auf ihre Ursachen hin untersucht und mit Blick auf weitere Verbesserungsmöglichkeiten oder Korrekturen beurteilt werden. Die gewonnenen Erkenntnisse sind ein wertvolles Feedback für weitere Problemlösungsprozesse.

Bei der Suche nach geeigneten Problemlösungen können verschiedene qualitative und quantitative Methoden verwendet werden. Bei exakt formulierbaren Problemstellungen mit großen Datenmengen und komplexen Wirkungszusammenhängen sind statistische Methoden und Methoden des Operations Research zur Entscheidungsfindung heranzuziehen (Daenzer und Huber 1999: 429 ff.; Züst 2004; Hausmann *et al.* 2006). Dies ist z. B. in der operativen Logistik oder in der Produktionssteuerung, etwa bei der Optimierung der Ausbeute in Sägewerken, der Fall. Bei anderen Managemententscheidungen sind jedoch mehrere Ziele und Präferenzen gegeneinander abzuwägen. Häufig sind auch die den Lösungsalternativen zugrunde liegenden Informationen zumindest teilweise unsicher und unvollständig. Eine lineare Darstellung des Lösungsvorganges darf nicht darüber hinwegtäuschen, dass komplexe Probleme in vielen Fällen nicht in einem linearen Prozessdurchlauf bewältigt werden können.

Hier erweist sich die Nutzung von Rückkopplungsschleifen als zweckmäßig. Die bei der Ausarbeitung einer Problemlösung gewonnenen Informationen werden zur Modifikation der bereits erarbeiteten Resultate und zur weiteren Verbesserung der Entscheidungsvorschläge verwendet. Das Vorgehen führt zu einer soliden Datengrundlage und reduziert subjektive Einflüsse bei der Beurteilung von Lösungs- bzw. Entscheidungsvarianten. Eine iterative Prozessgestaltung, bei der die Beteiligten über den jeweiligen Projektstand wie über strittige Punkte der Einschätzung laufend informiert werden, führt zu vermehrter Intersubjektivität und damit auch zu sachlich besser abgesicherten Lösungen. Eine frühzeitige und intensive Einbeziehung der Beteiligten in den gesamten Problemlösungsprozess erleichtert die gemeinsame Ausrichtung bei der Umsetzung der getroffenen Entscheidungen.

4.2.5   Planung und Kontrolle

Planung ist ein systematischer Prozess und grenzt sich von der Improvisation ab. Planung ist in die Zukunft gerichtet und beeinflusst, sofern sachgerecht und realistisch durchgeführt, in hohem Maße die weitere Entwicklung von Unternehmen und Betrieben (Krabbe und Czeranowsky 2003: 81 ff.). Schon vorhandene Erfahrungen sind insofern relevant und zu berücksichtigen, als sie Hinweise und Erkenntnisse für zukünftige Aktivitäten und Entwicklungstrends liefern. Strategische Planungen dienen der Vorbereitung unternehmerischer Entscheidungen, der Beurteilung alternativer Zielsetzungen sowie der Übertragung von Aufgaben und Verantwortung an die Mitarbeiter aller Stufen. Wichtige Planungsinstrumente, die in unterschiedlicher Weise und Intensität in Betrieben und Unternehmen zu nutzen sind, werden gesondert dargestellt (Kapitel 8.2, 8.3, 8.4).

Die Notwendigkeit und höhere Anforderungen an die Qualität der strategischen Planung ergeben sich aus der zunehmenden Dynamik und Komplexität der Unternehmensumwelt. Mit wachsenden internationalen Verflechtungen, immer kürzer werdenden Fertigungs-, Innovations- und Absatzzyklen oder auch infolge rascher Strukturveränderungen nimmt das mit Fehlentscheidungen verbundene Risiko zu. Für die Verantwortlichen wird es schwieriger, die Entwicklung des Unternehmens intuitiv zu erfassen und erfolgreich zu gestalten. Ein systematisches Vorgehen bei der Entscheidungsfindung sichert die sachliche Fundierung, die Aussagekraft und die Anpassungsfähigkeit an neue Entwicklungen. Im Zentrum strategischer Überlegungen steht die Effektivität, d. h. die Beurteilung, ob die festgelegten Ziele und Maßnahmen einen wirksamen Beitrag zur Nutzung von Erfolgschancen darstellen.

Die Umsetzung strategischer Planungen in konkrete und kurz- bis mittelfristige Vorgaben erfolgt in der operativen Planung. Der Schwerpunkt liegt bei der Sicherstellung der Effizienz betrieblichen Handelns und bei der Fixierung detaillierter und realisierbarer Ziele für einzelne Unternehmensbereiche und Mitarbeiter. Ein wichtiges Instrument ist die Budgetierung, die in der Regel jeweils für ein Jahr finanzielle Zielsetzungen, Produktionsmengen, Absatzvolumina und den Verbrauch betrieblicher Ressourcen festlegt. Die Ausarbeitung kann in formalisierten Planungssystemen erfolgen. Solche Planungssysteme existieren sowohl für die strategische als auch für die operative Planung. Sie legen fest, welche Stellen zu welchem Zeitpunkt welche Pläne erarbeiten und welche kritischen Punkte zu berücksichtigen sind. Dadurch wird sichergestellt, dass die verschiedenen Planungsaufgaben regelmäßig wahrgenommen werden und vor allem, dass vorhandene Pläne nach Bedarf aktualisiert werden. Zu berücksichtigen ist hierbei immer, dass jede Planung mit Unsicherheiten behaftet ist, ob die ihr zu Grunde liegenden Annahmen über Trends und Rahmenbedingungen auch tatsächlich zutreffen.

Konsistente strategische und operative Planungen sind Voraussetzung für eine wirksame *Kontrolle* bzw. für ein modernes *Controlling* als Instrument der Betriebsführung (Kapitel 8.6, 8.7). Das Controlling ermöglicht Soll-Ist-Vergleiche für einzelne Planungsebenen und Betriebsbereiche. Mit ihnen werden das Ausmaß der Planerfüllung bzw. die Gründe für Planabweichungen ermittelt. Die gewonnenen Informationen geben weitere Impulse für die Gestaltung der betrieblichen Entwicklung. Moderne Controllingkonzepte integrieren Prozesse der Planung und der Überwachung bzw. des Monitoring in einem Gesamtsystem der Unternehmenssteuerung.

4.2.6 Informationsmanagement

Ein gut strukturiertes und aktuelles betriebliches Informationssystem ist eine zwingende Voraussetzung für die Gestaltung unternehmerischer Entscheidungs-, Steuerungs- und Kommunikationsprozesse. Die Aufgabe des Informationsmanagements besteht darin, der Unternehmensleitung und den Führungskräften Informationen zur richtigen Zeit, am richtigen Ort und in der richtigen Aufbereitung zur Verfügung zu stellen (Peters *et al.* 2005: 20 ff., 30 f.). Die Gestaltung von Informationssystemen ist eine neue und wichtige Managementaufgabe, deren Bedeutung in Unternehmen ständig zunimmt. Die systematische Nutzung der Information erfolgt in betrieblichen Managementsystemen. Sie bestehen für die Planung auf operativer (Budgetierung) und strategischer Ebene sowie im Bereich des Controllings. Spezielle Informationssysteme existieren auch für die Bereiche Personal und Organisation.

Eine Schlüsselrolle im Informationsbereich eines Unternehmens hat das betriebliche Rechnungswesen. Finanz- und Betriebsbuchhaltung sind ein quantitatives Modell des Wirtschaftsgeschehens in Betrieben (Kapitel 5.1 ff.). Sie dokumentieren Wertveränderungen aufgrund betrieblicher Aktivitäten und bilden die Basis für unternehmerische Finanzierungs- und Investitionsentscheidungen (Kapitel 6.1, 6.2). In vielen Bereichen, z. B. bei Prozesssteuerung, Personalmanagement, Marketing und Kundenbeziehungen sind allerdings weitere Informationen erforderlich, die über den Bereich des Rechnungswesens hinausgehen.

Die zentrale Bedeutung des Produktionsfaktors Information als zweckgebundenes Wissen hat zur Entwicklung eines speziellen Bereiches Informationsmanagement geführt. Informationsmanagement muss zwei wesentlichen Herausforderungen gerecht werden. Erstens sind für verschiedenartige Problemstellungen die notwendigen aussagekräftigen Informationen zu generieren und bereitzustellen. Zweitens muss dafür gesorgt werden, dass Einzelinformationen verdichtet und irrelevante Informationen identifiziert und eliminiert werden. Zu bedenken ist, dass Beschaffung, Verarbeitung und Bereitstellung großer Mengen an Informationen beachtliche und oft rasch wachsende Gemeinkosten verursachen. Bei der Gestaltung von Informationssystemen ist daher zwischen Kosten und Nutzen konsequent abzuwägen. Die Beschaffung und Nutzung von Information muss sich auf die Managementbereiche konzentrieren, die für die betriebliche Wertschöpfung besonders wichtig sind.

Die Integration von Mitarbeiterwissen in Entscheidungswege des Managements ist eine wichtige Grundlage eines betrieblichen Informationssystems. In vielen Unternehmen wird dies z. B. durch Prämiensysteme gefördert. Sachkundiges Wissen wird nicht nur vom Management abgeholt, sondern auch von den Mitarbeitern aus eigener Initiative eingebracht. Das Beispiel macht deutlich, dass es sich im Informationsmanagement in erster Linie um Kommunikationsprozesse zwischen den Mitarbeitern eines Unternehmens handelt. Eine wichtige Funktion eines jeden Informationssystems ist es deshalb, die Verantwortung für die Beschaffung und Verfügungsstellung von Informationen sowie deren zweckmäßige Verbreitung eindeutig zu regeln. Eine weitere wichtige Anforderung liegt in der zweckmäßigen Kombination unternehmensinterner Information mit externen z. B. marktbezogenen Daten. Da zweckmäßiges Wissen selten unmittelbar zur Verfügung steht, ist eine Zusammenführung und Umformung notwendig. Jede Information hat deshalb eine ganz bestimmte Erscheinungsform (Informationsdesign), die von den Personen, die diese liefern, maßgeblich mitbestimmt wird. Bei der Kombination externer mit internen Informationen treffen fast immer unterschiedliche Informationsdesigns aufeinander. Dies ist z. B. eine der Herausforderungen in der Kommunikation mehrerer Partner, die zusammenarbeiten, um die Logistik der Beschaffung von Rundholz zu optimieren.

4.2.7   Innovationsmanagement

Innovationen sind die treibenden Kräfte für unternehmerisches Handeln, um sich auf nationalen und internationalen Märkten zu behaupten (Albach 1990; Berndt 2000).

Das Entstehen neuer Lebensstile, Verhaltensweisen und gesellschaftlicher Bedürfnisse sowie moderne Informations- und Kommunikationstechnologien zwingen die Unternehmen, mit neuen Produkten, Dienstleistungen, Prozessen, Organisationsformen zu reagieren, um ihre Wettbewerbsfähigkeit zu sichern (Laub und Schneider 1991). Eine wichtige Rolle spielen hierbei Forschung und Entwicklung oder genereller die Gewinnung neuer wissenschaftlicher Erkenntnisse. Innovationsmanagement ist zuallererst als Lernprozess zu verstehen. Ein weiterer Aspekt innovativen Handelns liegt in der Fokussierung auf Kundenbedürfnisse. Erfolgreich sind Unternehmen, die ihre Innovationsstrategie darauf abstellen, einen Mehrwert für ihre Kunden zu schaffen. Marktbeobachtung und das Erkennen der Veränderung der Bedürfnisse und Kundenwünsche stehen hier im Vordergrund. Für ein produktives Innovationsmanagement sind die Prozessorganisation, der Kundenfokus, klare Zielvorgaben, ein effizientes Wissensmanagement, das Zulassen von dynamischen Lernprozessen sowie eine gelebte Unternehmenskultur entscheidend (Pickenpack 2003; Rametsteiner und Kubeczko 2003).

Um Verbesserungsmöglichkeiten zu erkennen, ist zunächst eine genaue Analyse erforderlich, aus der heraus eine Fragestellung zu formulieren ist. Dabei sind Marktgröße, Besonderheiten der Kundenwünsche und maximal realisierbare Preise bei den Zielprodukten zu erforschen. Die Recherche nach konkreten Innovationsbedürfnissen und Erwartungshaltungen durch Marktbeobachtung und Marktanalyse ist ein weiterer wichtiger Baustein. Das Ergebnis muss eine klare Aussage über den Vorteilsgewinn für den Kunden formulieren, der einen Anreiz zur Anwendung und damit zum Kauf auslösen kann. Die hieraus abzuleitenden Zielsetzungen verändern sich im Laufe eines Innovationsprozesses aufgrund neuer Erkenntnisse und Einsichten. Es entsteht ein Regelkreis, der laufende Anpassungen ermöglicht.

Voraussetzung für die systematische Einleitung von Innovationsprozessen ist die Formulierung relevanter Fragen durch die Unternehmensleitung und verantwortliche Mitarbeiter, die sich auf die Bereiche Kunden, Märkte, Mitarbeiter und Mitbewerber sowie auf das eigene Unternehmen beziehen (Hinterhuber und Kraushammer 2000: 40). Fragestellungen dieser Art sind z. B.:

Für den Bereich der Kunden:

– Was ist zu tun, um den Kunden noch mehr Zufriedenheit zu bieten, damit sie zu Botschaftern des Unternehmens werden?

– Was ist zu tun, damit abgesprungene Kunden wieder zurückgewonnen werden können?

Für den Bereich der Märkte:

– Welche neuen Produkte und/oder Dienstleistungen können angeboten werden?

228

- Welche davon werden in den kommenden Jahren die Branche revolutionieren?
- Wohin geht die Entwicklung?
- Was gilt morgen?
- Welche Regeln gelten auf den bearbeiteten Märkten?
- Wer kann bei der Umsetzung der eigenen Unternehmensziele helfen?

Für den Bereich der Mitarbeiter:

- Ist das Unternehmensleitbild klar und verständlich und kann danach gehandelt werden?
- Ist die Unternehmensvision für Außenstehende verständlich und attraktiv?

Für den Bereich der Konkurrenz:

- Wer sind die Konkurrenten auf den Zielmärkten?
- Welche Regeln gelten im Umgang mit den Konkurrenten?
- Welche neuen Zielmärkte können erschlossen werden?

Für den Bereich des eigenen Unternehmens:

- Was wird von Seiten des Unternehmens getan, um die Kompetenzen weiter zu entwickeln?
- Was wird getan, um die Stellung auf den Märkten zu sichern und auszubauen?
- Ist das eigene Unternehmen in der Lage, schneller und besser als die Konkurrenten zu lernen?
- Wer sind die führenden Konkurrenten und was sind die Maßstäbe, die als Orientierung für die weitere Unternehmensentwicklung dienen können?

4.3 Unternehmenspolitik und Unternehmensziele

4.3.1 Stakeholder

Die Kompetenz, unternehmenspolitische Entscheidungen zu treffen und die Unternehmensziele zu bestimmen, liegt in der marktwirtschaftlichen Wirtschaftsordnung bei den Eigentümern der Unternehmen. Sie formulieren normative Aussagen über die unternehmerische Ausrichtung in der Zukunft, und sie bestimmen die zu wählenden Handlungsoptionen und durchzuführenden betrieblichen Aktivitäten. Aussagen zur Politik und zu Zielen als Bestimmungsgrößen des unternehmerischen Handelns beziehen sich auf sämtliche Dimensionen des Managements und sind für alle Handlungsebenen relevant. In größeren privatwirtschaftlichen Unternehmen, aber auch bei betrieblichen Aktivitäten im öffentlichen Sektor haben die Eigentümer bzw. die Verantwortlichen wesentliche Teile der Leitungsaufgaben an professionelle Managementteams übertragen. Die Eigentümer und Verantwortlichen haben jedoch grundsätzlich immer das Recht, den Führungskräften im Management normative Vorgaben zu machen. Diese können einfach strukturiert, aber auch komplex und vielschichtig sein.

Gleichzeitig sehen sich Eigentümer und Managementteams Ansprüchen oder Erwartungshaltungen verschiedener Stakeholder, d. h. anderer Beteiligter und Interessengruppen gegenüber (Abbildung 4-4). Diese nehmen auf unternehmenspolitische Entscheidungen unmittelbar oder indirekt Einfluss. In erster Linie sind die Kunden zu nennen, die mit ihren Bedürfnissen die Ziele von Unternehmen beeinflussen. Mitarbeiter haben auf gesetzlicher Grundlage im Rahmen der betrieblichen Mitbestimmung die Möglichkeit, auf die Unternehmensziele einzuwirken. Kapitalgeber erwarten eine angemessene Verzinsung des von ihnen eingebrachten Kapitals und sichern dies durch geeignete vertragliche Vereinbarungen ab. Umweltschutzorganisationen formulieren Ansprüche an Unternehmen und versuchen z. B. durch in der Öffentlichkeit sichtbare Aktivitäten auf unternehmerische Zielsetzungen Einfluss zu nehmen.

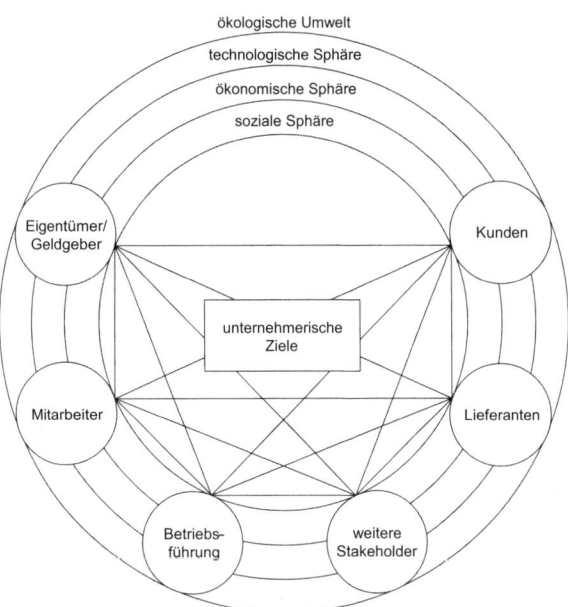

Abbildung 4-4:   Unternehmensziele und Stakeholder (Ulrich 2001: 48, verändert)

Unternehmen und Betriebe können somit auf Dauer nur erfolgreich handeln, wenn ihre Zielsetzungen wie das Ergebnis ihrer Tätigkeit von den Stakeholdern akzeptiert und als sinnvoll eingeschätzt werden. Bei der Berücksichtigung der Positionen der verschiedenen Stakeholder geht es in erster Linie um die Bewältigung von Wert- und Interessenkonflikten. Dies bedeutet, dass es auch hier um normative Managemententscheidungen geht. Bei der Formulierung einer erfolgreichen Unternehmenspolitik und der hieraus folgenden Zielsetzungen ist es daher notwendig, die gesellschaftliche Bedeutung wirtschaftlicher und sozialer Entwicklungen und die der eigenen unternehmerischen Tätigkeit im Speziellen ausreichend zu berücksichtigen. Eine wesentliche Voraussetzung für die erfolgreiche Umsetzung der Unternehmenspolitik ist somit die Glaubwürdigkeit gegenüber den Stakeholdern, d. h. vor allem gegenüber den an einem Unternehmen Beteiligten, gegenüber Mitarbeitern, gegenüber Kunden, Kapitalgebern und Lieferanten und auch gegenüber bestimmten Interessengruppen und der Öffentlichkeit. Insgesamt steht die Erhaltung von Potenzialen der Verständigung und Konfliktregelung von Produktions- und Dienstleistungsbetrieben zur Diskussion. Voraussetzung hierfür ist Transparenz bei der Politikformulierung gegenüber den Stakeholdern, die Sichtbarmachung der sozialen und ökologischen Aspekte unternehmerischer Zielsetzungen und eine wirksame Kommunikation in der Öffentlichkeit.

Im forstlichen Bereich beziehen sich gesellschaftliche Normen und Erwartungshaltungen insbesondere auf die Verpflichtung zur nachhaltigen und multifunktionalen Bewirtschaftung der Wälder. Diese wird zunehmend in Leitbildern formuliert und als Grundlage der Unternehmenspolitik in privaten und öffentlichen Betrieben explizit festgeschrieben. Im Zeichen hoher Sensibilität der Öffentlichkeit in Bezug auf Umwelterhaltung sowie Natur- und Landschaftsschutz hat die Vermittlung dieser Zielsetzungen in einem offenen Kommunikationsprozess großes Gewicht. Auch im holzwirtschaftlichen Bereich gibt es entsprechende Beispiele. Die wachsende Nachfrage nach umweltfreundlichen Papieren hat zu einer deutlichen Veränderung der Produktionsprozesse geführt. Der gesellschaftliche Widerstand gegen die Abholzung tropischer Urwälder führt zumindest in bestimmten Fällen zu einer Einschränkung der Nachfrage und mittelbar zur Förderung der Holzproduktion in Aufforstungen und Holzplantagen.

4.3.2   Unternehmensvision

Aufgabe der Unternehmenspolitik und von Unternehmenszielen ist es, die Existenz von Unternehmen und Betrieben durch Nutzung strategischer Vorteile und Bereitstellung der hierfür notwendigen Ressourcen sowohl aktuell wie langfristig zu sichern. Im Zentrum steht die Definition von Produkten/Dienstleistungen und von Zielmärkten, auf denen sie angeboten werden. Dies verlangt, strategische Erfolgspositionen zu erkennen und zu nutzen, innovative Entwicklungen einzuleiten sowie im Wettbewerb mit Unternehmen der eigenen Branche und in Konkurrenz mit anderen Branchen zu bestehen. Eine wichtige Grundlage hierfür ist die Strategieentwicklung (Kapitel 8.4, 8.5).

Ihre Aufgabe ist es, die verschiedenen Unternehmensbereiche auf generelle und übergreifende Unternehmensziele auszurichten und die Koordination betrieblicher Tätigkeiten sicherzustellen. Mögliche Diskontinuitäten in der Entwicklung sind frühzeitig zu erkennen und unternehmerische Aktivitäten im Umfeld konkurrenzfähig zu positionieren. Strategische Vorteile eines Unternehmens basieren auf Technologien, sozialen Strukturen und Prozessen (Bleicher 2004: 80 ff.). Sie liegen in besonderen Fähigkeiten von Mitarbeitern, in der Beherrschung der Produktionsprozesse, in der Vermarktung oder in der kostengünstigen Beschaffung.

In einem von Diskontinuitäten geprägten Umfeld müssen die gewählten Strategien immer wieder angepasst und verändert werden. Es besteht gleichzeitig ein erheblicher Bedarf nach längerfristigen Orientierungsmarken, die den Sinn unternehmerischen Handelns, aber auch die Regeln für das Erreichen strategischer Ziele bestimmen (Kapitel 4.2.2). Die Ausarbeitung einer Unternehmensvision stellt eine solche Orientierung dar und erfüllt folgende Aufgaben:

– Sie formuliert grundlegende Wertvorstellungen und Antriebskräfte, auf denen die unternehmerischen Aktivitäten aufbauen und setzt einen Orientierungsrahmen, welcher den Unternehmenszielen übergeordnet ist.

– Sie ermöglicht die Entwicklung einer konsistenten, zukunftsorientierten Unternehmenspolitik, an der das tatsächliche unternehmerische Handeln und der betriebliche Erfolg zu messen sind.

– Sie dient als Grundlage für die strategische Planung und für die Umsetzung strategischer und operativer Maßnahmen.

Insgesamt sind die Aussagen einer Unternehmensvision selbstbindende Normen und grundlegende Zielvorstellungen unternehmerischen Handelns. Sie bilden eine Klammer um das gesamte betriebliche Geschehen und fördern die Ausrichtung auf gemeinsame und untereinander abgestimmte Aktivitäten. Der Zusammenhang zwischen Unternehmensvision, normativen Grundlagen der Unternehmensführung und ihrem Zielsystem ist in Abbildung 4-5 dargestellt.

Die Inhalte einer Unternehmensvision sind naturgemäß allgemein gehalten. Nur so können sie ihre Funktion als langfristige Orientierung der Unternehmenssteuerung und -entwicklung erfüllen. Generelle Aussagen können u. a. zu folgenden Punkten gemacht werden:

– Stellenwert des Gewinns als unternehmerische Zielgröße

– Bedeutung der Kundenbedürfnisse für die Unternehmensziele

– Art der Zusammenarbeit mit Lieferanten und Kunden

232

- Feststellungen zum Aktionsfeld, d. h. zu Produkten und Zielmärkten

- Angestrebte Position in einem Markt, z. B. Marktführerschaft

- Rolle der Mitarbeiter und Stellenwert der Personalführung

- Bedeutung von Innovationen, Forschung und Entwicklung

- Umgang mit Ressourcen, geschlossenen Produktionskreisläufen und Umwelt-schutz

- Beitrag zur nachhaltigen Entwicklung unter Beachtung wirtschaftlicher, sozialer und ökologischer Standards.

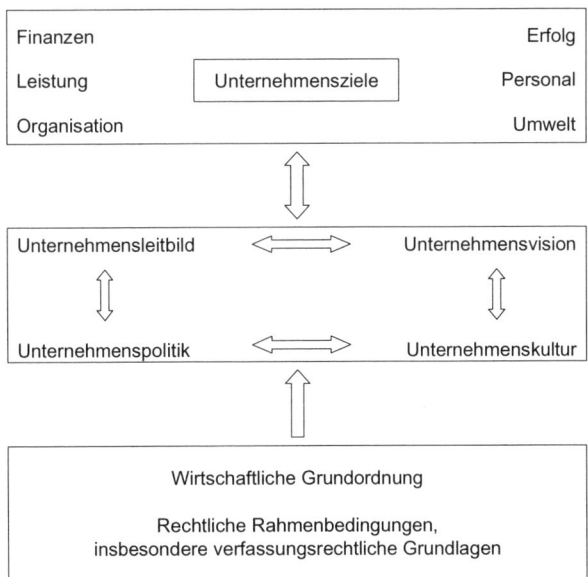

Abbildung 4-5:   Kultur, Politik, Vision und Leitbild in Unternehmen (Eigene Darstellung)

4.3.3   Unternehmensleitbild

Wichtige Aussagen einer Unternehmensvision entfalten ihre Wirksamkeit, wenn sie ausreichend kommuniziert werden und alle relevanten Adressaten erreichen. Ein wesentlicher Teil der Kommunikation erfolgt in persönlichen Kontakten und im Alltag zwischen Eigentümern, Führungskräften, Mitarbeitern, Kunden und anderen Personen im unternehmerischen Umfeld. Vor allem in mittleren und großen Unternehmen ist es zweckmäßig, die zentralen Punkte in schriftlicher Form in einem Unternehmensleitbild festzuhalten.

Ein aussagekräftiges Unternehmensleitbild ist ein wichtiges Instrument der Kommunikation nach innen und nach außen. Seine Formulierung und Präsentation zwingt zu einer bewussten Auseinandersetzung mit den normativen Grundlagen unternehmerischen Handelns. Der hierfür notwendige Diskussionsprozess fördert ein gemeinsames Verständnis unter den Beteiligten. Unternehmensleitbilder sind wichtige Instrumente des normativen Managements. Ihr Stellenwert zeigt sich z. B. in der Tatsache, dass ISO-Zertifizierungen die Formulierung eines unternehmerischen Leitbilds verlangen.

Unternehmensvisionen und ihre Vermittlung durch Leitbilder werden wirksam, wenn die Inhalte tatsächlich ein zentraler Bestandteil der praktizierten Unternehmenspolitik sind. Auch muss ersichtlich sein, dass ihre Aussagen und Zielsetzungen die unternehmerische Entscheidungsfindung maßgeblich beeinflussen. Die Formulierung eines hohen Stellenwertes der Mitarbeiter muss von diesen im täglichen betrieblichen Geschehen erfahren werden. Die zentrale Stellung der Kunden und der Erfüllung ihrer Bedürfnisse sollte sich in der Praxis widerspiegeln. Aussagen über die Bedeutung von Umweltschutz, geschlossenen Kreisläufen in der Produktion oder über die Verpflichtung zum Grundsatz der Nachhaltigkeit sind nur plausibel, wenn sie von der Öffentlichkeit im konkreten Handeln des Unternehmens wahrgenommen werden. Leitsätze über eine multifunktionale und pflegliche Waldbewirtschaftung sind glaubhaft, wenn die unterschiedlichen Interessen in der Praxis ausreichend berücksichtigt werden und wenn die Bewirtschaftung der Waldbestände dies auch zeigt. Feststellungen eines holzwirtschaftlichen Unternehmens über umweltfreundliche Produktionsverfahren und umweltgerechte Produkte werden in der Öffentlichkeit positiv aufgenommen, wenn die Produktionsstandards tatsächlich überdurchschnittlich sind und durch entsprechende Fachgutachten nachgewiesen werden.

Die Kommunikation der Grundlagen unternehmerischen Handelns in einem entsprechenden Leitbild unter den Mitarbeitern erleichtert die Konzentration auf gemeinsame Aktivitäten. Die glaubwürdige Vermittlung übergeordneter normativer Feststellungen und die Ausrichtung unternehmerischer Entscheidungen an solchen Aussagen fördert das Verständnis für die gemeinsame Sache. Sie ist eine Grundlage für die Verantwortung aller Beteiligten, die vorgegebenen Ziele zu erreichen, und für die persönliche Identifikation mit dem Unternehmen. Es entsteht eine Unternehmensidentität (Corporate Identity, CI), der sich die Mitarbeiter verpflichtet fühlen. Sie wird durch ein entsprechendes Engagement für die Belange des Unternehmens und die Art des Auftretens gegenüber Dritten zum Ausdruck gebracht. Typische Merkmale der unverwechselbaren Identität eines Unternehmens sind z. B. eine gemeinsame Sprache und Fachbezeichnungen als Elemente einer von allen akzeptierten Unternehmenskultur. Unter Umständen ist dies auch mit einem von Symbolen und äußeren Zeichen unterstützten gemeinsamen Auftreten in der Öffentlichkeit verbunden. Eine innerhalb des Unternehmens breit akzeptierte Identität ist Ausdruck der Unternehmenspersönlichkeit. Diese basiert auf den Elementen Unternehmenskommunikation, Unternehmensverhalten und auf einem unverkennbaren Unternehmenserscheinungsbild (Birkigt *et al.* 1998).

Unternehmensleitbilder sind gleichfalls wichtig für die Kommunikation nach außen. Daher veröffentlichen Unternehmen ihre Leitbilder z. B. in ihren Geschäftsberichten. Diese Dokumente unterstützen die Außenwahrnehmung (Corporate Image). Leitbilder bieten den Unternehmen die Möglichkeit, die verbindlichen Werte, die Grundsätze ihrer Politik sowie konkrete Unternehmensziele gegenüber ihren Stakeholdern zu dokumentieren und wirksam darzustellen. Geschäftsberichte und spezielle Informationsschriften sind Instrumente, um Stakeholder und Öffentlichkeit über wirtschaftliche und technologische Leistungen sowie über konkrete Beiträge in sozialen und ökologischen Bereichen zu informieren. Besonders gefragt sind heute Informationen über umweltverträgliches Handeln, effiziente Ressourcennutzung in der Produktion, umweltfreundliche Produkte und Dienstleistungen und über konkrete Beiträge zur nachhaltigen Entwicklung. Auch hier geht es um den Aufbau eines Corporate Image, das im Umfeld wahrgenommen wird und das Unternehmen gegenüber Konkurrenten positiv positioniert.

4.3.4   Unternehmensziele

Ziele sind Aussagen über einen angestrebten zukünftigen Zustand. Sie wirken auf allen Handlungsebenen und konkretisieren unternehmenspolitische Vorgaben und Rahmenbedingungen. Sie definieren die zu erreichende Wirksamkeit und Wirtschaftlichkeit unternehmerischen Handelns. Als wichtige Orientierungspunkte für Unternehmensleitung und Mitarbeiter ermöglichen sie die Ausrichtung von Strukturen, Aktivitäten und Verhalten in eine gemeinsame Richtung. Unternehmenspolitische Ziele können nach drei inhaltlichen Gesichtspunkten, nach der ökonomischen, sozialen und ökologischen Dimension, gegliedert werden.

Ziele erfüllen für das Management eine Reihe wichtiger Funktionen (Bea und Haas 2001: 72 f.):

–   *Entscheidungsgrundlage*: Ziele sind eine notwendige Voraussetzung für das Treffen von Entscheidungen. Sie liefern Kriterien für die Bewertung von Handlungsalternativen in Problemlösungsprozessen (Kapitel 4.2.4).

–   *Koordination*: Durch die Vorgabe von Zielen lassen sich Teilaktivitäten in Betrieben koordinieren und auf einheitliche Bezugsgrößen ausrichten.

–   *Steuerung und Controlling*: Ziele bilden einen Maßstab für die Steuerung der Unternehmensentwicklung und für die Beurteilung des Unternehmenserfolgs. Konkret definierte Zielsetzungen sind die Grundlage von Soll-Ist-Vergleichen im Rahmen des betrieblichen Controllings.

–   *Mitarbeiterinformation*: Ziele informieren über laufende Vorgänge, über gemeinsame Erfolge, aber auch über zu lösende Aufgaben sowie über zukünftig geplante Aktivitäten.

– *Mitarbeitermotivation*: Ziele bzw. das Erreichen von Zielen motivieren die Mitarbeiter. Sie tragen zur Identifikation der Mitarbeiter mit ihren Aufgaben bei.

– *Vorgaben für Mitarbeiter*: Ziele stellen Vorgaben dar, auf welche die Mitarbeiter hinarbeiten. Hierauf beruht das Führungskonzept des Managements by Objectives, d. h. die Führung mit Zielvereinbarungen.

– *Informationsfunktion gegenüber den Stakeholdern*: Sie ist besonders auf der strategischen und normativen Ebene wichtig, da hier im Wesentlichen die Beziehungen zum Umfeld gestaltet werden.

– *Legitimationsfunktion*: Ausreichende Information über Art und Umfang unternehmerischer Zielsetzungen sichert die Glaubwürdigkeit und Akzeptanz in der Öffentlichkeit. Dies betrifft insbesondere Informationen über soziale und ökologische Ziele sowie ihre Bedeutung für die Öffentlichkeit bzw. ihre Auswirkungen für Dritte.

Unternehmerische Ziele sind das Ergebnis von Zielbildungsprozessen (Schierenbeck 2000: 57 ff.). Hierbei ist die Prozessgestaltung und die Zielbestimmung primär Sache der Eigentümer. Diese werden vom Management bzw. der Unternehmens- oder Betriebsleitung bei der Prüfung von Alternativen und der Auswahl der Zielsetzungen unterstützt. Auch andere Stakeholder versuchen, den Zielbildungsprozess in ihrem Sinne zu beeinflussen und sich gegenüber entgegengesetzten Interessen durchzusetzen. In welchem Umfang das gelingt, hängt von der Unternehmenskultur, aber auch von den Einwirkungsmöglichkeiten der Stakeholder ab.

4.3.5   Zielformulierung

Zu den grundlegenden Anforderungen, die an die Zielformulierung zu stellen sind, gehören:

– *Realisierbarkeit*: Ziele sind so zu formulieren, dass sie mit den verfügbaren Mitteln realisiert werden können.

– *Durchsetzbarkeit und Organisationskongruenz:* Ziele sollen von den Verantwortlichen durchgesetzt werden können. Dies bedingt, dass die Ziele und gestellten Anforderungen an die Manager mit den ihnen zugewiesenen Kompetenzen und Verantwortungsbereichen übereinstimmen müssen.

Eine wichtige Rolle spielt die Operationalität von Zielen (Schierenbeck 2000: 77 ff.). Ziele sind operational formuliert, wenn neben dem Zielinhalt die folgenden Kriterien erfüllt werden:

– *Zielausmaß*: Das angestrebte Ausmaß eines Ziels muss definiert sein. Das Ausmaß kann begrenzt oder unbegrenzt formuliert sein. Ein begrenztes Zielausmaß definiert ein bestimmtes Anspruchsniveau, das erreicht werden soll. Bei der unbegrenzten Formulierung von Zielen (Extremalziele) müssen Handlungsalternativen gesucht werden, die das Erreichen des Extrems (Maximum oder Minimum) ermöglichen.

– *Zielmaßstab*: Zusammen mit dem Ausmaß ist ein Maßstab zu definieren, mit dem die Zielerreichung gemessen wird. Dieser Maßstab kann auf einer kardinalen, ordinalen oder nominalen Skala beruhen.

– *Zeitlicher Bezug*: Es muss angegeben werden, in welchem Zeitrahmen das Ziel erreicht werden soll.

– *Zuständigkeit*: Die Verantwortung für die Zielerreichung ist zu bestimmen. Darüber hinaus ist auch der organisatorische Bezug der Ziele zu klären.

– *Räumlicher Geltungsbereich*: Bei territorial gegliederten Unternehmensbereichen ist die Festlegung räumlich fixierter und differenzierter Zielvorgaben notwendig.

4.3.6 Formal- oder Erfolgsziele

Formal- oder Erfolgsziele gelten für jede Art von unternehmerischer Tätigkeit und beziehen sich auf den wirtschaftlichen Erfolg von Unternehmen und Betrieben. Maßstab und Kriterien zur Beurteilung des wirtschaftlichen Erfolgs sind Gewinn, Umsatzrendite, Rentabilität und Wirtschaftlichkeit (Abbildung 4-6).

$$\text{Gewinn} = \text{Ertrag} - \text{Aufwand}$$

$$\text{Umsatzrentabilität} = \frac{\text{Gewinn}}{\text{Umsatz}} * 100$$

$$\text{Rentabilität} = \frac{\text{Gewinn}}{\text{eingesetztes Kapital}} * 100$$

$$\text{Wirtschaftlichkeit} = \frac{\text{Ertrag}}{\text{Aufwand}} * 100$$

Abbildung 4-6:   Übersicht Formalziele

Der *Gewinn* ergibt sich als absoluter Betrag aus der Differenz von Ertrag und Aufwand (Kapitel 5.3.1 ff.). Ein ausreichender Gewinn ist die Voraussetzung für jeden unternehmerischen Erfolg und die Grundlage für das weitere Bestehen von Betrieben und Unternehmen. Die *Umsatzrendite* sagt aus, wie das Verhältnis zwischen Umsatz und Gewinn eines Unternehmens ist. Andere Begriffe hierfür sind Gewinnspanne oder Nettomarge. Die Kenntnis der Umsatzrendite ist vor allem deswegen wichtig, weil nicht die Höhe des Umsatzes über den Erfolg von Unternehmen entscheidet, sondern der Gewinn, der mit diesem Umsatz erzielt wird.

Die *Rentabilität* gibt an, wie groß der Geldrückfluss im Verhältnis zu dem für die betrieblichen Aktivitäten eingesetzten Kapital ist. Zugleich gibt die Rentabilität eines Unternehmens den Kapitalgebern wichtige Hinweise und ermöglicht den Vergleich mit alternativen Formen der Geldanlage. Bei der *Gesamtkapitalrentabilität* (ROA = Return on Assets bzw. ROI = Return on Investment) wird das Verhältnis vom Gewinn zum gesamten investierten Kapital gemessen. Die *Eigenkapitalrentabilität* (ROE = Return on Equity) gibt an, wie sich der erzielte Gewinn im Verhältnis zum eingesetzten Eigenkapital verhält (Seiler 2003: 22 ff.; Schellenberg 2000: 150 ff.).

Die *Wirtschaftlichkeit* gibt an, wie effizient die verfügbaren Ressourcen in der Leistungserstellung eingesetzt werden. Ein größtmöglicher Gewinn bzw. eine größtmögliche Rentabilität werden erreicht, wenn die verfügbaren Ressourcen nach dem *ökonomischen Prinzip* eingesetzt werden. Es werden drei Ausprägungen des ökonomischen Prinzips unterschieden:

– *Maximumprinzip*: Mit einer gegebenen Menge an Ressourcen (Input) soll ein möglichst großer Nutzen (Output) erzielt werden.

– *Minimumprinzip*: Der Aufwand an Ressourcen (Input), um einen bestimmten Nutzen (Output) zu erzielen, soll so klein wie möglich sein.

– *Optimumprinzip*: Das Verhältnis zwischen Nutzen (Ertrag) und Ressourcen (Aufwand) soll so günstig wie möglich sein.

4.3.7 Sachziele

Im Rahmen der generell geltenden Formalziele verfolgen Unternehmen und Betriebe Sachziele. Sachziele sind zur Erreichung des Unternehmenszwecks notwendig und beziehen sich auf konkrete Sachverhalte im Zusammenhang mit der Steuerung güter- und finanzwirtschaftlicher Leistungsprozesse. Zu unterscheiden sind Leistungsziele, Finanzziele, Führungs- und Organisationsziele sowie soziale und ökologische Ziele (Abbildung 4-7).

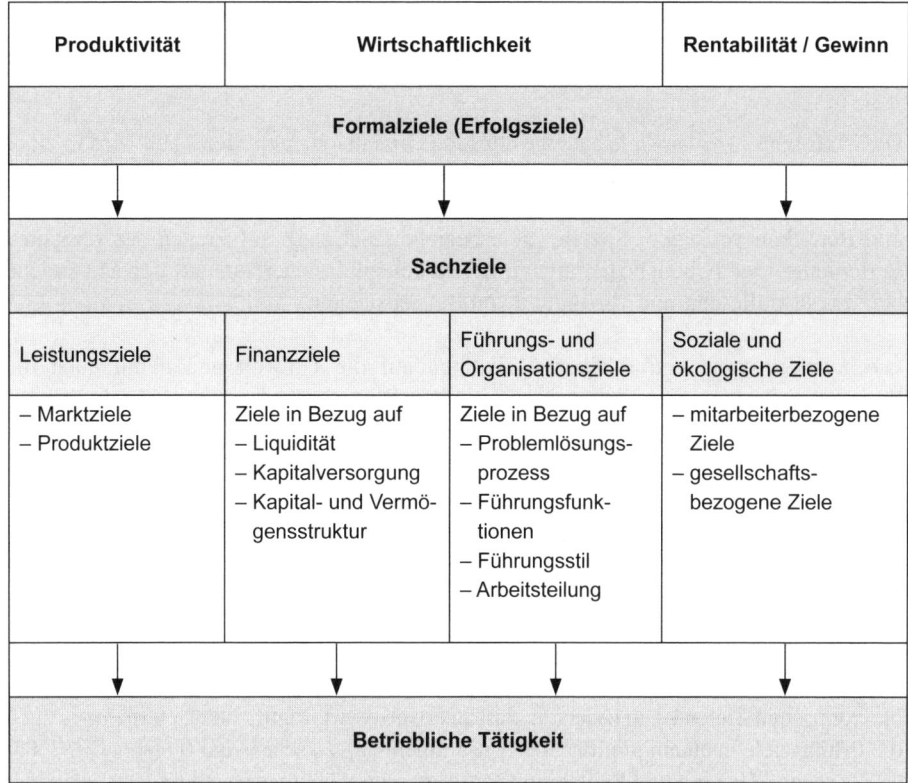

Produktivität	Wirtschaftlichkeit	Rentabilität / Gewinn
Formalziele (Erfolgsziele)		

Sachziele

Leistungsziele	Finanzziele	Führungs- und Organisationsziele	Soziale und ökologische Ziele
– Marktziele – Produktziele	Ziele in Bezug auf – Liquidität – Kapitalversorgung – Kapital- und Vermögensstruktur	Ziele in Bezug auf – Problemlösungsprozess – Führungsfunktionen – Führungsstil – Arbeitsteilung	– mitarbeiterbezogene Ziele – gesellschaftsbezogene Ziele

Betriebliche Tätigkeit

Abbildung 4-7:   Übersicht Zielkategorien (Thommen 2007: 122)

Die *Leistungs- und Finanzziele* konkretisieren als ökonomische Sachziele die Art des betrieblichen Wirtschaftens. Leistungsziele beziehen sich auf den güterwirtschaftlichen Umsatzprozess. Mit ihnen wird festgelegt, welche Produkte auf welchen Märkten angeboten werden sollen. Sie bestimmen, mit welchen Ressourcen, an welchen Standorten und mit welcher Technologie Produkte entwickelt, erzeugt und vermarktet werden. Finanzziele machen Vorgaben für die Finanzierung in Unternehmen und Betrieben. Sie beziehen sich z. B. auf die Zahlungsfähigkeit (Liquidität), die Kapitalstruktur und die Bildung betrieblicher Reserven. Insgesamt wird mit derartigen Zielsetzungen festgelegt, was in einem Unternehmen oder Betrieb zu leisten ist.

Führungs- und Organisationsziele machen Aussagen zum Verhalten der Mitarbeiter, zur Kompetenzverteilung und zur organisatorischen Gliederung von Unternehmen und Betrieben. Es geht um Vorgaben zu Problemlösungs- und Entscheidungsprozessen, um die Umschreibung und Abgrenzung von Führungskompetenzen, den Führungsstil sowie die Arbeitsteilung und Kooperation unter den Mitarbeitern. Mit diesen Zielsetzungen wird bestimmt, wie und in welcher Form die vorgegebenen Leistungs- und Finanzziele erreicht werden sollen.

Das Verfolgen *sozialer Ziele* hat eine ethische Dimension. Den Menschen wird in einer modernen Unternehmensethik ein besonderer Stellenwert zugeordnet. Menschen haben ihre eigenen legitimen Wertvorstellungen und Interessen, die sie auch in Unternehmen und Betrieben verfolgen. Soziale Ziele beziehen sich z. B. auf Fragen der gerechten Entlohnung, der Arbeitsbedingungen, der Arbeitsplatzsicherheit und der Mitsprache bei der Formulierung und Verfolgung von Betriebszielen.

Die Auswirkungen betrieblicher Aktivitäten auf die Umwelt und damit auch die Bedeutung *ökologischer Ziele* nehmen in allen Wirtschaftszweigen zu. In der mitteleuropäischen Waldwirtschaft haben solche Zielsetzungen schon seit langer Zeit großes Gewicht. Entsprechende Vorgaben für Forstbetriebe ergeben sich z. B. hinsichtlich der Wahl von Baumarten, die an den Standort angepasst sind, beim Verzicht auf Kahlschläge oder bei Maßnahmen für den Artenschutz. Insofern kommt heute ökologischen Sachzielen eines Unternehmens ein höherer Stellenwert zu, als dies vielfach in der Vergangenheit der Fall gewesen ist. Die Definition dieses Stellenwerts ist Aufgabe des normativen Managements.

Bei der Abwägung des Stellenwerts sozialer und ökologischer Ziele im Vergleich mit ökonomischen Zielen ist zu beachten, dass in erwerbswirtschaftlichen Unternehmen auch die Erfolgsziele in einem umfassenden Zusammenhang zu sehen sind (Peters *et al.* 2005: 20 f.). So sind Gewinn und Rentabilität Mittel zu einem übergeordneten Zweck. Generell kann dieser als Nutzen für alle direkt und indirekt am Zielbildungsprozess Beteiligten beschrieben werden. Inhaltlich lässt sich der übergeordnete Zweck unternehmerischer Tätigkeit allerdings nicht allgemeingültig konkretisieren. Er wird vielmehr von den Eigentümern und Stakeholdern je nach Lage unterschiedlich zu definieren sein.

4.3.8   Zielbeziehungen

Zwischen Erfolgszielen und Sachzielen besteht eine Mittel-Zweck-Beziehung, d. h. Sachziele sind Mittel zur Erfüllung der Erfolgsziele. Ebenso ergeben sich innerhalb der Sachziele Mittel-Zweck-Beziehungen. So werden bestimmte Produktziele der Waldwirtschaft mit bestimmten Formen der Bewirtschaftung erreicht. Andererseits sind für die Erreichung vorgegebener waldbaulicher Ziele bestimmte Vorgehensweisen und Arbeitsverfahren sowie der Einsatz geeigneter technischer Mittel notwendig.

Zwischen verschiedenen unternehmerischen Zielsetzungen liegen je nach Situation wechselnde Beziehungen vor, die komplementärer, indifferenter und konkurrierender Art sein können.

240

– Komplementär sind Zielbeziehungen dann, wenn sich die Erfüllung eines Ziels positiv auf die Realisierung eines anderen auswirkt. Zum Beispiel führt die Vermeidung von Produktionsabfällen sowohl zu einer höheren Rohstoffausbeute als auch zu geringeren Kosten bei einer umweltverträglichen Beseitigung oder Wiederverwertung. Eine Produktivitätserhöhung verbunden mit einer verbesserten Materialverwertung oder auch mit der Vermeidung von Ausschuss sind hier komplementäre Ziele.

– Bei einer indifferenten Zielbeziehung hat die Erfüllung eines Ziels keine Auswirkung auf die Erfüllung des anderen. Die Anlage von Erholungseinrichtungen im Wald beeinflusst i. d. R. nicht die Produktivität der Waldbestände.

– Bei Zielen mit konkurrierender Beziehung behindert die Erfüllung eines Ziels die Erfüllung des anderen. Ein typisches Beispiel für konkurrierende Ziele sind Gewinnziele der Eigentümer und Einkommensziele der Arbeitnehmer, die sich in Forderungen nach Lohnerhöhungen äußern.

Eine funktionierende Mittel-Zweck-Beziehung setzt voraus, dass komplementäre Zielbeziehungen vorliegen. Konkurrenz zwischen Zielen führt dagegen dazu, dass diese hinsichtlich ihrer Bedeutung für das Unternehmen insgesamt zu bewerten sind. Es ist daher notwendig, zwischen Haupt- und Nebenzielen zu differenzieren und diese aufeinander abzustimmen. Differenzierung bzw. Abstimmung können in formalisierten Entscheidungsprozessen erfolgen oder von den verantwortlichen Führungskräften von Fall zu Fall durchgeführt werden. Abbildung 4-8 zeigt mögliche Zielbeziehungen zwischen den Leistungszielen eines Forstbetriebs.

Die Regelung von Mittel-Zweck-Beziehungen in Managementsystemen ist insofern schwierig, als zwischen Sach- und Erfolgszielen einerseits und sozialen und ökologischen Zielen andererseits immer Abwägungsprozesse stattfinden müssen und Ent-

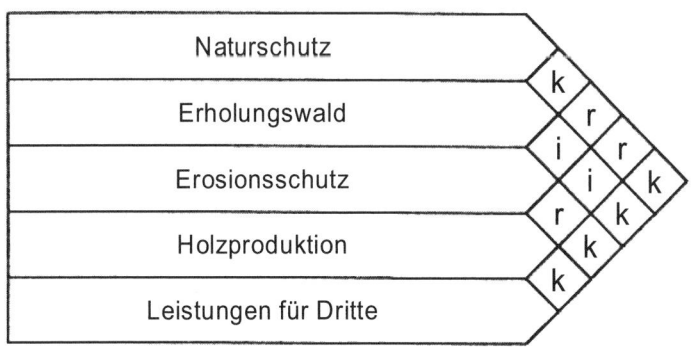

k = komplementär; i = indifferent; r = konkurrierend

Abbildung 4-8:   Mögliche Zielbeziehungen eines Forstbetriebs (Eigene Darstellung)

scheidungskonflikte zu lösen sind. So ist gerade im Zusammenhang mit Kosten, die mit der Realisierung von sozialen und ökologischen Zielen verbunden sind, immer zu berücksichtigen, dass z. B. ein größeres Engagement der Mitarbeiter oder eine umweltverträglichere Produktion zu positiven Effekten in der betrieblichen Leistungserstellung und bei der Realisierung der Erfolgsziele führt. Es ist hier vor allem wichtig, die Ursache-Wirkungs-Beziehungen zwischen Zufriedenheit, Motivation und Engagement und der Erreichung der betrieblichen Leistungs- und Erfolgsziele in geeigneter Form zu messen, zu bewerten und zu dokumentieren.

4.3.9   Zielsysteme

Die Bestimmung effektiver und effizienter Mittel-Zweck-Beziehungen führt zu unternehmerischen und betrieblichen Zielhierarchien und damit zu Zielsystemen. Die einzelnen Ziele lassen sich zueinander in Relation setzen und entsprechend der Bedeutung für das Unternehmen einordnen. Dies führt zur Unterscheidung von Ober-, Zwischen- und Unterzielen, die häufig mit organisatorischen Strukturen z. B. Unternehmensbereichen korrespondieren. Die entsprechenden Bereichsziele sind Mittel zur Erreichung der übergeordneten Unternehmensziele.

Die Formulierung eines operationalen und widerspruchsfreien Zielsystems ermöglicht rationales unternehmerisches Handeln, weil dieses dann auf präzis formulierte Größen ausgerichtet werden kann. Hierbei kann der formale Aufbau von Zielsystemen nach verschiedenen Kriterien beurteilt werden:

- Ordnung: Die möglichen Zielbeziehungen sind zu klären. Dies betrifft sowohl die hierarchische Differenzierung als auch das Setzen von Prioritäten.

- Konsistenz: Generell sollten die Ziele widerspruchsfrei und aufeinander abgestimmt sein. Dies schließt die Existenz partieller Zielkonflikte jedoch nicht aus.

- Vollständigkeit: Die wichtigen Ziele sollen in Zielsystemen enthalten sein. Leerstellen, die zu falschen Prioritäten oder verdeckten Konflikten führen, sind zu vermeiden.

- Aktualität: Zielsysteme sollen den aktuellen Stand der Willensbildung in Unternehmen und Betrieben widerspiegeln und keine veralteten und bereits aufgegebenen Zielsetzungen enthalten.

- Transparenz und Überprüfbarkeit: Ein Zielsystem soll übersichtlich und transparent sein. Die Überprüfbarkeit der Ziele wird durch ihre schriftliche Dokumentation gewährleistet.

In der Realität sind die Oberziele eines Unternehmens eher generell und flexibel formuliert. Dies gilt in hohem Maße für die Ziele der normativen Ebene. Allgemein formulierte Oberziele haben in einem dynamischen Umfeld den Vorteil, dass sie flexible unternehmerische Reaktionen ermöglichen. Die Oberziele müssen nicht in möglicherweise langwierigen Zielfindungsprozessen ständig neu definiert werden. Gleichzeitig eröffnen offen und flexibel formulierte Oberziele den Mitarbeitenden Handlungs- und Gestaltungsspielräume und tragen zur Motivation bei. Strategische Erfolgsziele und bis zu einem gewissen Maß auch strategische Sachziele sollten dagegen so weit wie möglich operational formuliert werden. Die Konkretisierung von strategischen Zielsetzungen und zum Teil auch von Oberzielen erfolgt in der Regel auf der operativen Handlungsebene. Festzustellen ist daher, dass der Grad der Operationalität innerhalb des gesamten Zielsystems von oben nach unten deutlich zunimmt. Hieraus folgt, dass die jeweiligen Zielsetzungen auf den verschiedenen Ebenen des gesamten Systems mit der jeweils möglichen und angemessenen Präzision zu formulieren sind.

4.4   Personalmanagement

4.4.1   Aufgaben und Bedeutung

Personalmanagement als wesentliche Aufgabe der Führungskräfte bezieht sich auf die Gestaltung und Steuerung der personellen Aspekte in Betrieben (Luczak und Volpert 1997). Es handelt sich um eine Querschnittsaufgabe mit vielfältigen Beziehungen zu anderen Managementaktivitäten. Andere gebräuchliche Bezeichnungen für diesen Bereich sind Human Ressources Management (HRM) und Personalwesen. Eine wichtige Rolle im Personalmanagement haben die betriebliche Mitbestimmung und die Regelungen der Personalvertretung.

Der wirtschaftliche Erfolg von Betrieben und Unternehmen hängt in hohem Maße vom Engagement und Leistungswillen der Mitarbeiter sowie von ihren Fähigkeiten und ihrem Können ab. Die in Betrieben tätigen Menschen tragen entscheidend zum unternehmerischen Erfolg bei; sie sind es, die den Unterschied zwischen einem guten und einem herausragenden Unternehmen ausmachen (Collins 2006). Die produktive Gestaltung des Spannungsfelds zwischen den Zielen eines Unternehmens bzw. einer Organisation, den individuellen Zielen der Mitarbeitenden und allgemeinen sozialen Zielen ist die zentrale Aufgabe des Personalmanagements (Abbildung 4-9). Die Herausforderung besteht darin, einerseits das Verhalten der Mitarbeiter dahingehend zu beeinflussen, dass die Unternehmensziele erreicht werden, andererseits ihnen ein berufliches Umfeld zu bieten, das ihnen ermöglicht, ihre persönlichen Ziele zu verfolgen und ihre Persönlichkeit zu entwickeln (Ulich 2005). Nur wenn es gelingt, Mitarbeiterziele mit Unternehmenszielen in Einklang zu bringen, lässt sich ein Betriebsklima schaffen, das eine effektive Zusammenarbeit unter allen Mitarbeitern und ihre persönliche Zufriedenheit gewährleistet. Und nur zufriedene Mitarbeiter tragen auf Dauer optimal zum Unternehmenserfolg bei.

Ziele der Organisation

Abbildung 4-9:   Zieldimensionen im Personalmanagement

Inhaltlich lassen sich die Aufgaben im Personalmanagement in zwei große Bereiche gliedern:

– Die Gestaltung von Systemen, die einen Rahmen für die Regelung von Personalfragen in Betrieben vorgeben. Dies umfasst die Bereitstellung der für die Aufgabenerfüllung notwendigen betrieblichen Einrichtungen und Informationssysteme, die Gestaltung von wirksamen und gerechten Entgelt- und Anreizsystemen sowie Aufgaben der Personalplanung.

– Die Führung von Mitarbeitern, die einerseits in der unmittelbaren Ausübung der Führungsverantwortung erfolgt, andererseits in der Art und Weise, wie Führungskräfte die für die Belange des Personals geschaffenen Systeme handhaben. Diese Aspekte werden in Abschnitt 4.5 behandelt.

Damit die Mitarbeiter die von ihnen geforderten Leistungen erbringen, muss eine Reihe von Bedingungen erfüllt sein. Hierzu gehören:

– Die notwendigen objektiven Voraussetzungen für eine effiziente Aufgabenerfüllung (Räume, Material, Werkzeuge, Handlungs- und Entscheidungsbefugnisse) müssen gegeben sein.

– Die Mitarbeiter haben über die fachliche und persönliche Befähigung zu verfügen, die für die Erfüllung ihrer Aufgaben notwendig sind.

– Die Mitarbeiter müssen subjektiv bereit sein, eine konkret geforderte Leistung zu erbringen.

Die leistungsbezogenen Determinanten können nach Leistungswillen (Wollen) und nach Leistungsvermögen (Können) differenziert werden. Beide sind voneinander abhängig und beeinflussen sich gegenseitig.

244

4.4.2 Leistungswille

Determinanten des Leistungswillens sind Motive, Einstellungen und Werthaltungen, Valenzen und Normen, Erwartungshaltungen, persönliche Erfahrungen und Wahrnehmungen sowie individuelle Persönlichkeitsfaktoren (Berthel und Becker 2007: 40 ff.). Das Ergebnis der verschiedenen Determinanten des Leistungswillens ist die *Einsatzintensität*. Diese wird umso größer sein, je höher die Valenzen der angestrebten Handlungsfolgen, die Bedeutung von Normen für die eigene Tätigkeit und die Erwartungen in Bezug auf Anstrengungen und individuelle Konsequenzen sind. Das Zusammenwirken von Leistungsdeterminanten ist in Abbildung 4-10 dargestellt.

Motive: Motive charakterisieren Verhaltensdispositionen zur Bereitschaft, bestimmte Ziele zu erreichen. Eine von außen vorgegebene Motivation (extrinsisches Motiv) liegt vor, wenn das individuelle Verhalten durch äußere Anreize ausgelöst und gesteuert wird. Typische Anreize dieser Art sind in Unternehmen und Betrieben die Lohnzahlungen und Erfolgsbeteiligungen, die Sozialleistungen, die Sicherheit des Arbeitsplatzes sowie Aufstiegsmöglichkeiten, Karriere und Berufsprestige. Eine in der Persönlichkeitsstruktur begründete Motivation (intrinsisches Motiv) liegt vor, wenn die Verhaltenssteuerung durch individuelle innere Dispositionen bestimmt wird. Intrinsische Leistungsmotive sind z. B. der Wunsch nach sozialen Kontakten, das Leistungsmotiv verbunden mit einer entsprechenden Anerkennung, die Freude an einer sinnvollen und abwechslungsreichen Arbeit oder die zumindest teilweise Selbstverwirklichung im Beruf. Eine

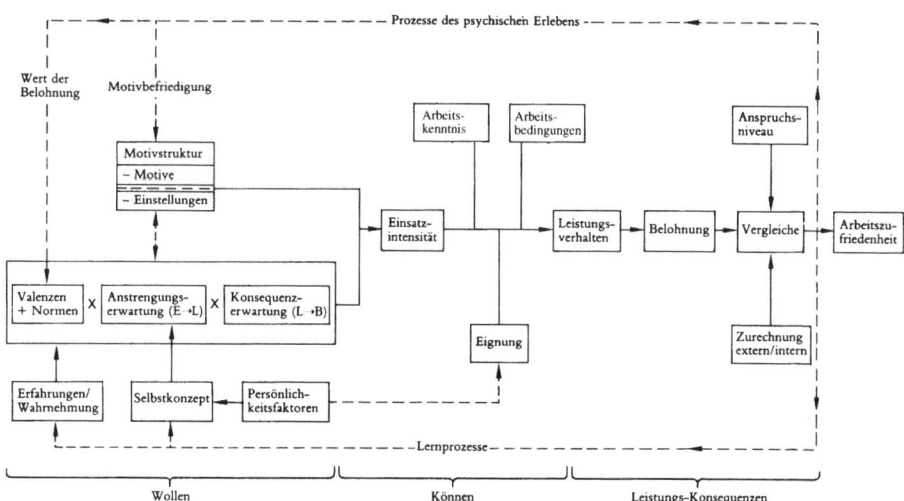

Abbildung 4-10:   Zusammenspiel der Leistungsdeterminanten (Berthel und Becker 2007: 39, verändert)

Unterscheidung zwischen äußeren Anreizen und inneren Motiven zur Erbringung einer Leistung ist im Einzelfall schwierig und ohne Kenntnis der Personen und der konkreten Umstände nicht möglich. Zudem ist davon auszugehen, dass zwischen extrinsischen und intrinsischen Motiven sowohl gegenseitig fördernde als auch abträgliche Beziehungen bestehen.

Einstellungen und Werthaltungen: Einstellungen und Werthaltungen prägen die Leistungsbereitschaft von Menschen in erheblichem Maße. Unter Einstellungen sind erworbene Dispositionen gegenüber bestimmten Situationen und Objekten zu verstehen, die im Zeitablauf relativ stabil bleiben. Werthaltungen sind im Unterschied zu Motiven eher allgemeiner Natur und weniger handlungsnah. Auf Grund von Einstellungen und Werthaltungen werden konkrete Sachverhalte, Objekte oder Situationen bewertet. Das Ergebnis beeinflusst dann wiederum das beobachtbare Verhalten einer Person.

Valenzen und Normen: Valenzen d. h. Annahmen über den Nutzen der Zielerreichung oder eines bestimmten Verhaltens beeinflussen die Wahrnehmung von Anreizen, ihre Auswahl, ihren Vergleich und ihre Vorzugswürdigkeit. Wie Motive und Einstellungen werden sie durch die soziokulturellen Umstände beeinflusst, unter denen ein Individuum sich entwickelt und lebt. In Unternehmen und Betrieben finden entsprechende Prozesse, die als Sozialisation d. h. Anpassung an bestimmte soziale Gegebenheiten bezeichnet werden, statt. Bei Mitarbeitern mit langer Betriebszugehörigkeit lässt sich die Herausbildung typischer Valenzen beobachten. Grund ist eine allmählich sich herausbildende Fokussierung auf spezifische materielle wie immaterielle Anreize sowie die Anerkennung von Grundsätzen und Normen, die als sinnvoll und zweckmäßig erfahren werden. Erworbene Einstellungen dieser Art sind häufig mit bestimmten Positionen in einem Unternehmen verbunden oder charakteristisch für bestimmte Branchen. Die Leistungsbereitschaft wird durch Rollenerwartungen und Verhaltensnormen beeinflusst, die durch die interne betriebliche Wirklichkeit und durch das soziale externe Umfeld fixiert sind. Sie geben vor, wie sich Mitglieder von Gruppen in bestimmten Situationen verhalten. Feldstudien in Industriebetrieben belegen, dass Leistungsverhalten und die Leistungsbereitschaft entscheidend von den Normen einer Gruppe und nicht nur von individuellen betrieblichen Anreizen beeinflusst werden (Berthel und Becker 2007: 43 f.).

Erwartungshaltungen: Sie beeinflussen die Einschätzung der Mitarbeiter und ihre Beurteilung, in welchem Maß das Ergebnis ihrer Arbeit bzw. ihre messbare Leistung auf eigene Anstrengungen und Fähigkeiten oder auf andere Ursachen zurückzuführen sind. Eine solche Einschätzung beruht auf eigenen und fremden Erfahrungen in verschiedenen Arbeitssituationen, in denen die Schwierigkeit der zu bewältigenden Aufgaben aber gleichzeitig auch das eigene Leistungsvermögen wahrgenommen und beurteilt werden können. In der Erwartung auf Konsequenzen kommt zum Ausdruck, welchen Zusammenhang ein Mitarbeiter zwischen eigener Leistung und der Erreichung persönlich gesetzter Ziele, z. B. einer Beförderung, herstellt. Die Erwartungshaltung macht deutlich, dass Leistung und Engagement für die Mitarbeiter eines Unternehmens einen instrumentellen Charakter zur Verwirklichung ihrer persönlichen Ziele haben.

Persönliche Erfahrungen und Wahrnehmungen: Das Arbeitsverhalten ist generell auch eine Antwort auf die von Mitarbeitern subjektiv wahrgenommene Realität. Derartige individuelle Wahrnehmungen werden durch Interessen, Motivstruktur, Werte, Einstellungen, Erfahrungen, Wissen oder auch durch Art und Qualität bestimmter Anreize beeinflusst. Die Kombination solcher Faktoren in der persönlichen Erfahrung spielt eine wichtige Rolle für das Leistungsverhalten. In ihr schlägt sich die individuelle Wahrnehmung und Verarbeitung der unterschiedlichen Erlebnisse im Arbeitsleben nieder.

Individuelle Persönlichkeitsfaktoren: Im Verlauf der beruflichen Tätigkeit entwickelt sich ein Selbstkonzept bzw. die Selbsteinschätzung der eigenen Motive, Werte und Fähigkeiten. Die Art und Weise, in der berufsbezogene Erfahrungen zu einem Selbstkonzept führen, wird in erheblichem Maße durch individuelle Merkmale der eigenen Persönlichkeit bestimmt.

4.4.3 Leistungsvermögen

Infolge der zunehmenden Komplexität der Aufgaben in den Unternehmen und Betrieben haben die Anforderungen an das Leistungsvermögen ständig zugenommen. Unter Leistungsvermögen sind Faktoren zu verstehen, welche die Qualität und Quantität des Leistungsverhaltens und das daraus resultierende Leistungsergebnis beeinflussen. Zu den Determinanten des Leistungsvermögens gehören in erster Linie Eignung, Befähigung und Arbeitskenntnis (Abbildung 4-10).

Eignung: Unter dem Begriff der Eignung oder auch der Qualifikation werden Merkmale zusammengefasst, die eine Person in die Lage versetzen, eine bestimmte Aufgabe zu erfüllen bzw. eine vorgegebene Tätigkeit auszuüben. Hierbei können vier Bereiche der Eignung abgegrenzt werden:

– Wissen und Kenntnisse

– Geistige Fähigkeiten, welche eine Kombination von Wissen, Kenntnissen und Erfahrungen in der Anwendung auf bestimmte Aufgabenstellungen ermöglichen

– Körperliche Fähigkeiten wie Geschicklichkeit und Kraft sowie das Know-how diese anzuwenden

– Persönlichkeitsmerkmale wie Ausdauer, Konzentrationsvermögen, Geduld und Kommunikationsfähigkeit.

Die Beurteilung der Eignung bezieht sich sowohl auf die Soll-Eignung, die sich aus den verschiedenen betrieblichen Aufgaben ergibt, wie auf die Ist-Eignung, die von den verschiedenen Mitarbeitern erfüllt wird. Ein Vergleich zwischen dem Anforderungsprofil und dem persönlichen Eignungsprofil setzt voraus, dass die maßgeblichen Merkmale eindeutig definiert und abgegrenzt werden können und dass sie bei einzelnen Personen identifizierbar sind. Wichtig ist hierbei auch die Überlegung, ob Mitarbeiter fehlende Eignungsmerkmale in zweckdienlicher Zeit und mit sinnvollem Aufwand erwerben können.

Befähigung: Die persönliche Eignung wird häufig an den Erwerb eines formellen zweckgerichteten Befähigungsnachweises gebunden. Dieser kann durch Nachweis einer Aus- oder Weiterbildung, einer Schulung oder von in der beruflichen Praxis erworbenen Kenntnissen und Erfahrungen erbracht werden. So kann z. B. der Umgang mit modernen Geräten und Maschinen erlernt werden – insbesondere dann, wenn von deren Einsatz Gefahren für Dritte ausgehen können – und an einen besonderen Befähigungsnachweis gebunden sein. Dies gilt für das Führen eines Kraftfahrzeugs ebenso wie z. B. für die verantwortliche Steuerung einer modernen Produktionseinheit in einem Sägewerk. Moderne Formen der Personalauswahl (Assessment Center) berücksichtigen sowohl die Eignung als auch die Befähigung eines Bewerbers.

Arbeitskenntnis: Arbeitskenntnis beinhaltet das Wissen, ob und wie vorhandene Eignungsmerkmale in einer bestimmten Arbeitssituation anzuwenden sind. Bei der Arbeitskenntnis handelt es sich um mehr als die bloße Eignung und Befähigung. Es geht hier um spezialisiertes und vertieftes Wissen, das sich auf ein zweckmäßiges Vorgehen bei der Bewältigung vorgegebener Arbeitsinhalte bezieht. Erkennbar wird dies z. B. in der Art und Weise, wie ein Mitarbeiter die ihm übertragene Aufgabe definiert und wie er Schwerpunkte bei seiner Tätigkeit setzt. Arbeitskenntnis ist vor allem das Ergebnis von Einarbeitung in bestimmte Aufgabenfelder, von Erfahrung und von der Übernahme aufgabenspezifischer Rollen.

4.4.4 Arbeitsbedingungen

Die Arbeitsbedingungen sind wichtige Determinanten, die in hohem Maß das Leistungsverhalten beeinflussen. Zu unterscheiden sind die vom Betrieb beeinflussbaren bzw. die nicht beeinflussbaren Bedingungen. Hier interessiert der Teil der Arbeitsbedingungen, auf den von Seiten des Unternehmens Einfluss genommen werden kann. Es geht sowohl um Faktoren, die das individuelle Leistungsvermögen bestimmen, wie um von außen vorzugebende Bedingungen, die eine effiziente Erledigung betrieblicher Aufgaben ermöglichen. Aus dem Anforderungsprofil für die Wahrnehmung bestimmter Aufgaben ergeben sich in der Regel eine Reihe von Konsequenzen für die Gestaltung der Arbeitsbedingungen (Berthel und Becker 2007: 422 ff., 445 ff., 540). Dies betrifft die Arbeitsverfahren, die Organisation von Arbeitsgruppen, die Regelung der Arbeitszeit sowie die Einrichtung von Arbeitsplätzen und Arbeitsräumen. Wichtige Zielsetzungen sind hierbei die Verbesserung der Wirtschaftlichkeit von Arbeitsprozessen, eine möglichst zweckmäßige technische und wirtschaftliche Gestaltung der Arbeitsbedingungen sowie die Vermeidung unnötiger individueller Belastungen und Beanspruchungen. Die Gestaltung der Arbeitsbedingungen umfasst ergonomische, organisatorische und technologische Maßnahmen, wobei zwischen den drei Bereichen enge wechselseitige Beziehungen bestehen.

Ziel einer *ergonomisch zweckmäßigen Arbeitsplatzgestaltung* ist die Optimierung von Arbeitsprozessen, Arbeitsbedingungen und Arbeitsinstrumenten (Bullinger 1994). Hierbei sind Arbeitsverfahren und Arbeitsgeräte so zu gestalten, dass sie unter Beachtung menschlicher Fähigkeiten eine Unterstützung der Arbeitsleistung darstellen und produktive und effiziente Arbeitsprozesse ermöglichen. Eine Reihe spezieller Gesichtspunkte ist zu berücksichtigen:

- Bei der *anthropometrischen* Arbeitsplatzgestaltung geht es um die Anpassung an menschliche Körpermasse. Es sollen möglichst belastungsfreie und nicht ermüdende Arbeitsplätze eingerichtet werden. Dies verlangt eine Abstimmung von Bewegungsabständen und -räumen bzw. von Funktion und Anordnung der Bedienungs- und Kontrollelemente.

- Aufgabe der *physiologischen* Arbeitsplatzgestaltung ist die Abstimmung von Arbeitsmethoden und -bedingungen auf die menschliche Leistungsfähigkeit und Belastbarkeit. Neben der Anpassung der Arbeitsplätze auf physiologische Gegebenheiten spielen Umgebungseinflüsse wie Beleuchtung, Raumklima und Reduktion von Lärmeinwirkungen eine wichtige Rolle.

- Aufgabe der *psychologischen* Arbeitsplatzgestaltung ist die Schaffung einer angenehmen und stimulierenden Arbeitsumwelt z.B. durch optische und akustische Maßnahmen, aber auch durch Vermeidung von Monotonie, Stress bzw. Unter- oder Überforderung.

- Ziel der *informationstechnischen* Arbeitsplatzgestaltung ist die Organisation der Aufgabenerfüllung in einer Weise, die wichtige Wahrnehmungsvorgänge erleichtert, die Übermittlung notwendiger Informationen beschleunigt und Fehlermöglichkeiten bei der Verwendung von Informationen reduziert.

- Gegenstand einer *sicherheitstechnischen* Arbeitsplatzgestaltung sind Arbeitsschutz, Verhütung von Arbeitsunfällen sowie Maßnahmen zur Erhaltung der Gesundheit der Mitarbeiter. Die Verantwortung für Arbeitssicherheit und Gesundheitsschutz liegt in erster Linie bei der Unternehmensleitung. Beide können durch speziell ausgebildete Sicherheitsfachkräfte beraten und unterstützt werden.

Die Gestaltung *organisatorischer Arbeitsbedingungen* erfolgt unter Nutzung von Spezialisierungs- und Wirtschaftlichkeitsvorteilen. Ebenso sind, um die Motivation von Mitarbeitern zu erhöhen, im Personalmanagement Einsatzprinzipien notwendig, die dazu beitragen, dass die Erfüllung von Aufgaben interessant, abwechslungsreich und anspruchsvoll ist (Scholz 2000: 515f.):

- *Job Rotation*: Hier handelt es sich um einen systematischen Tausch von Arbeitsplätzen, um Erfahrungen und Kenntnisse von Mitarbeitern zu erweitern und auch um Monotonie und einseitige Belastung zu vermeiden.

- *Job Enrichment*: Hier geht es um eine qualitative Ausweitung von Aufgabenprofilen mit höherwertigen Tätigkeiten, die zu einer vermehrten Qualifizierung beitragen.

- *Job Enlargement*: Durch Hinzufügen qualitativ gleichwertiger Aufgaben wird die Unterteilung der Arbeitsgänge reduziert. Den Mitarbeitern werden dadurch umfassendere Aufgabenbereiche zugewiesen.

- *Teilautonome Arbeitsgruppen*: Die einer Arbeitsgruppe übertragenen Aufgaben werden von dieser unter Beachtung der Produktionsnormen und der ökonomischen Rahmenbedingungen in eigener Verantwortung bearbeitet. Die Vorbereitung, Planung und Durchführung der einzelnen Tätigkeiten wird selbständig innerhalb der Gruppe organisiert. Bei geeigneten Voraussetzungen wirkt sich dies als Anreiz für die Gruppenmitglieder aus, die Qualität der Arbeit zu steigern, die Abwesenheitsraten zu senken und die Arbeitsmotivation anzuheben.

Wichtige Dimensionen in Bezug auf die *Arbeitszeit* sind Regelungen der Gesamtarbeitsdauer, der Tagesverteilung mit Arbeitsbeginn und Arbeitsende sowie der einzuhaltenden Arbeitspausen. Von spezieller Bedeutung ist der Unterschied zwischen festen und flexibel wählbaren Arbeitszeiten. Beispiele für mögliche Arbeitsmodelle sind (Berthel und Becker 2007: 430 ff.)

- gleitende Arbeitszeiten

- variable Arbeitszeiten

- Schichtarbeit mit wechselnder Schichtart und flexibler Schichtlänge

- Teilzeitregelungen

- Jahresarbeitszeiten mit Mindest- und Höchstrahmen pro Monat

- Job Sharing Modelle.

Technologische Überlegungen zur Arbeitsplatzgestaltung werden vor allem durch die Komplexität der verwendeten Produktionstechnik bzw. durch den gegebenen Mechanisierungsgrad bestimmt. Anlass für technologische Gestaltungsmaßnahmen sind neue Entwicklungen vor allem im Bereich der Informationstechnik und die Notwendigkeit, die Wirtschaftlichkeit und Qualität der Produktionsprozesse bzw. der erzeugten Produkte ständig zu verbessern. Mit den heute zur Verfügung stehenden Technologien kann auf vielen Gebieten eine Erleichterung der Arbeitsbedingungen erreicht werden. Schwere und gefährliche Arbeit oder auch Routinetätigkeiten lassen sich reduzieren. Anspruchsvolle Arbeitsprozesse können durch geeignete Gestaltungsmaßnahmen des Arbeitsumfeldes verbessert werden. Derartige Verbesserungen tragen dazu bei, Arbeitsvorgänge und Arbeitsinhalte an die Fähigkeiten und an das Leistungsvermögen der Mitarbeiter besser anzupassen.

4.4.5 Personalvergütung

Komponenten der Personalvergütung sind die Direktvergütungen, Erfolgsbeteiligungen und Sozialleistungen. Das Personalmanagement befasst sich mit den verschiedenen Bestandteilen der Personalvergütung primär unter vier Gesichtspunkten (Berthel und Becker 2007: 447 ff.):

- *Lohngerechtigkeit*: Der Lohn soll dem Beitrag des Arbeitnehmers zur Erreichung der betrieblichen Ziele entsprechen (Äquivalenzprinzip). Maßstab sind die Anforderungen, die sich aus den übertragenen Aufgaben ergeben, sowie die erbrachte Leistung der Mitarbeiter.

- *Anreize*: Das betriebliche Lohnsystem soll insoweit verhaltenssteuernd wirken, als es das Interesse der Mitarbeiter an ihrer Arbeit erhöht und zu einer Steigerung der Arbeitsproduktivität führt.

- *Kostenbudgetierung*: Personalkosten unterliegen der betrieblichen Planung und Kontrolle. Als Hilfsmittel für die Budgetierung dienen Kennzahlen, welche die notwendigen Kosteninformationen im Personalbereich komprimieren.

- *Kostenverursachung*: Unter den Bedingungen angespannter Finanzmittel ist es unerlässlich, sich mit der Kostenverursachung durch Personalentscheide und vor allem mit kostenreduzierenden Maßnahmen intensiv zu befassen.

Bei den möglichen Lohnformen sind Zeitlohn, Leistungslohn und Prämienlohn zu unterscheiden. In Bezug auf eine Differenzierung ergeben sich zwei wichtige Fragen:

- Welche Lohnformen sollen für den einzelnen Beschäftigten bzw. für eine Arbeitsgruppe oder für bestimmte Tätigkeiten und Aufgaben praktiziert werden?

- Nach welchen Grundsätzen soll der individuelle Arbeitslohn festgesetzt werden?

Beim *Zeitlohn* bildet die Dauer der Arbeitszeit die Grundlage der Entlohnung. Die Mitarbeiter können, außer durch Mehrarbeitszeit und Überstunden, ihr Lohnniveau nicht unmittelbar beeinflussen. Es besteht kein unmittelbarer Anreiz zur Steigerung der Produktivität je Zeiteinheit, dagegen ist Sicherheit vor leistungsbedingten Lohnschwankungen gegeben. Gewisse Modifikationen sind insofern möglich, als Zeitlöhne mit einer Leistungszulage kombiniert werden können, deren Basis eine Leistungsbeurteilung ist. Generell sind Zeitlöhne dann angebracht, wenn:

- hohe Ansprüche an die Qualität der Arbeit bestehen

- die Arbeitsleistung nicht oder nur schwer messbar ist

- die Aufgabeninhalte sich häufig ändern

- der Arbeitsprozess oft unterbrochen wird

- mehrheitlich reine Kontrollaufgaben zu erledigen sind

- der Arbeitnehmer nur einen geringen Einfluss auf die Produktivität je Zeiteinheit hat

- die Arbeitsvorgänge gefahrengeneigt sind.

Der *Leistungslohn* (Akkordlohn) beruht auf einem nachweisbaren Zusammenhang zwischen Arbeitsintensität und erzieltem Mengenergebnis. Die Höhe des Entgeltes ist direkt oder zumindest weitgehend abhängig von der produzierten Menge. Beim Geldakkord erfolgt die Bezahlung proportional zur produzierten Menge. Beim Zeitakkord werden pro Mengeneinheit Zeitvorgaben gemacht, deren Unterschreitung zu einer Lohnsteigerung, deren Überschreitung zu einer Lohnminderung führen. Beide Akkordformen stehen in engem Zusammenhang und lassen sich ineinander überführen. Basis für die Ermittlung der tatsächlichen Lohnhöhe ist der Akkordrichtsatz, der aus einem Mindestlohn und einem Akkordzuschlag besteht. Unterstellt wird als Richtsatz der Stundenlohn eines Mitarbeiters bei Normalleistung.

Eine unabdingbare Voraussetzung für Personalvergütungen, die mit Leistungslöhnen arbeiten, ist, dass die Leistungsmenge tatsächlich durch den Arbeitnehmer beeinflusst werden kann. Sofern dies gewährleistet ist, bietet der Leistungsanreiz leistungsfähigen und erfahrenen Mitarbeitern die Chance, ihren Verdienst durch einen überdurchschnittlichen Arbeitseinsatz zu erhöhen. Leistungsbezogene Lohnsysteme bringen aber auch die Gefahr mangelnder Arbeitsqualität, der Überlastung von Arbeitnehmern und der Vernachlässigung der Arbeitssicherheit mit sich. Um dies zu verhindern, können Akkordlöhne nach oben begrenzt werden. Ebenso ist die Festlegung einer Grenze nach unten möglich, die den Verdienst des Arbeitnehmers zumindest teilweise absichert. Da bei dieser Lohnform das Arbeitsentgelt vorwiegend von der Arbeitsmenge abhängt, sind spezielle Maßnahmen der Qualitätssicherung notwendig. In der Holzernte ist dies z. B. bei der Akkordvereinbarung für das Holzrücken üblich. Wenn die Schäden am verbleibenden Bestand ein vereinbartes Maß überschreiten, werden Lohnabschläge vorgenommen.

Der *Prämienlohn* ist ein flexibles und differenziertes Instrument zur Gestaltung von Anreizsystemen. Er besteht aus einem anforderungsbezogenen Grundlohn und einer leistungsbezogenen Prämie. Im Unterschied zum Akkordlohn können Prämien nicht nur für zusätzliche Mengenleistungen, sondern vor allem auch für eine eingehaltene Arbeitsqualität (Qualitätsprämien), für die Einsparung von Rohstoffen oder für eine

252

vermehrte Auslastung von Produktionskapazitäten (Nutzungsprämien) gegeben werden. Prämienlöhne eignen sich daher für spezifische Anreize, für die Qualitätssicherung sowie für die Erhöhung des Engagements der Arbeitnehmer, die Effizienz der Leistungserstellung zu verbessern.

Kriterien für die *Differenzierung von Arbeitsentgelten* können auf der Basis Anforderungsabhängigkeit, Leistungsabhängigkeit und Kontextabhängigkeit aufgestellt werden. Bei der Bestimmung anforderungsbezogener (Grund-)Löhne ist es notwendig, den Schwierigkeitsgrad der zu leistenden Arbeit zu ermitteln und zu bewerten. Die leistungsabhängige Komponente orientiert sich am durchschnittlichen Leistungsvermögen von Arbeitnehmergruppen oder an den konkreten Aufgaben eines Arbeitsplatzes (Scholz 2000: 735 ff.). Die Kontextabhängigkeit des Arbeitsentgeltes wird durch den Wettbewerb um qualifizierte Beschäftigte bzw. durch vergleichbare Marktlöhne in anderen Branchen bestimmt. Dies ist insbesondere bei Führungskräften dann der Fall, wenn mit entsprechenden Lohnangeboten die Wettbewerbsposition von Unternehmen auf den relevanten Arbeitsmärkten gesichert werden soll.

In den vielen Bereichen der Wirtschaft oder auch der öffentlichen Verwaltung ist der leistungsbezogene Output weitgehend messbar und kann einzelnen Mitarbeitern, Arbeitsgruppen oder Teams zugeordnet werden. Schwieriger wird dies bei Arbeitsvorgängen und Mitarbeiterleistungen, die insgesamt oder nur mittelbar zu einem konkret messbaren Output beitragen. Dies ist, neben anderen Faktoren wie dem Umfang der Verantwortung einzelner Mitarbeiter, ein Grund dafür, dass in vielen Managementbereichen erfolgsorientierte Systeme der Personalvergütung stärker verbreitet sind. Um z. B. Führungskräften, die im Sinne der physischen Produktion nicht auf der Outputebene ihrer Unternehmen tätig sind, finanzielle Anreize bieten zu können, werden deren Grundgehälter ergebnisabhängig durch Tantiemen, Provisionen und Erfolgsbeteiligungen erweitert. Da die Entlohnung sehr wesentlich die Motivation beeinflusst, ist die Gestaltung dieses Bereichs ein wichtiges Instrument für die Ausrichtung des Handelns von Mitarbeitenden auf die Unternehmensziele.

4.4.6 Personalplanung

Aufgabe der Personalplanung ist es, den Bestand an Personal der zukünftig zur Erreichung der Unternehmensziele notwendig ist, in quantitativer, qualitativer und zeitlicher Hinsicht zu ermitteln (Berthel und Becker 2007: 167 ff. 439; Hentze und Kammel 2001). In qualitativer Hinsicht geht es um einen Vergleich von Arbeitsplatzanforderungen mit den hierfür notwendigen Qualifikationsprofilen von Mitarbeitern. In quantitativer Hinsicht ist die Anzahl der benötigten Mitarbeiter zu bestimmen, etwaige Differenzen zwischen Ist- und Sollbestand sind aufzuzeigen sowie geeignete Personalmaßnahmen einzuleiten.

Personalplanungen erfolgen auf unterschiedlichen Ebenen (Unternehmen, Betriebe oder Arbeitsbereiche) und für unterschiedliche Zeithorizonte (kurz-, mittel- und langfristig). Der Bruttopersonalbedarf ergibt sich als Gesamtheit der benötigten Arbeitskräfte nach Quantität und Qualität. Es handelt sich um den Soll-Personalbestand von Unternehmen und Betrieben. Der Nettopersonalbedarf ergibt sich durch einen Soll-Ist-Vergleich, d. h. aus der Gegenüberstellung von Brutto-Personalbedarf und aktuellem Personalstand. Kurzfristig wird der Nettopersonalbedarf vor allem von Veränderungen des aktuellen Personalbestands, langfristig vor allem von der Entwicklung des Brutto-Personalbedarfs bestimmt. Kennzahlen für die Beurteilung des Personalbedarfs sind:

- Umsatz/Mitarbeiter

- Produktionsmengen/Mitarbeiter

- Anteile bestimmter Gruppen (z. B. Männer-/Frauenquote)

- Durchschnittsalter der Mitarbeiter

- Dauer der Betriebszugehörigkeit

- Durchschnittlicher Krankenstand

- Fluktuationsrate durch Personalwechsel.

Die Analyse des aktuellen Personalbestandes ist Ausgangsbasis für eine sachgerechte Planung und für personalpolitische Maßnahmen und Programme. Sie befasst sich mit der Beurteilung des derzeitigen Personals nach Qualität und Quantität sowie mit der Ermittlung des voraussichtlich notwendigen Personalbestands nach quantitativen, qualitativen, zeitlichen und örtlichen Kriterien. Wichtige Einflussfaktoren auf den Personalbedarf sind in Abbildung 4-11 zusammengefasst.

Die Beurteilung des quantitativen Bedarfs erfolgt mithilfe detaillierter Ermittlungen oder durch globale Bedarfsschätzungen. Eine wichtige Determinante ist die erforderliche Arbeitszeit, die für die Erfüllung eines bestimmten Arbeitsvolumens benötigt wird. Entsprechende Daten lassen sich aus arbeitswissenschaftlichen Untersuchungen ermitteln, wobei im industriellen Fertigungsbereich standardisierte Verfahren entwickelt wurden. Schwieriger sind Einschätzungen im Managementbereich und generell bei Führungstätigkeiten. Hier lassen sich z. B. mithilfe von Multimomentstudien Normalzeiten für die Erledigung bestimmter Aufgaben oder zumindest prozentuale Anteile bestimmter Tätigkeiten an der Gesamtarbeitszeit ermitteln. Diese können dann auf die übrigen Tätigkeiten hochgerechnet werden (Analogieschluss). In der Praxis beruht die Einschätzung des Aufgabenumfangs von Führungskräften vorwiegend auf Schätzwerten, die aufgrund von Befragungen und durch Beobachtungen zu ermitteln sind.

Globale Bedarfsschätzungen eignen sich für längerfristige Grobplanungen. Sie setzen allerdings voraus, dass das Personalmanagement über einige Erfahrungen im Umgang

Personalbedarfs-komponente	Einflussfaktoren auf den Personalbedarf wirken in der Hauptsache auf	Planungsgegenstand
Quantität	1) Wirtschaftslage, Konjunktur in Verbindung mit geplantem Absatz	Arbeitsvolumen
	2) Arbeitsdauer	
	3) Technisierungs- (Mechanisierungs-) grad in Verbindung mit Arbeitsproduktivität	Arbeitsteilung (-inhalte)
	4) Fluktuation	Ersatzhäufigkeit
	5) Niveau der Betriebsorganisation	u. a. Führungskräftebedarf
Qualität	6) Produktions- (Arbeits-)verfahren	Aufgabeninhalte
	7) Rationalisierungsvorhaben	Aufgabenwandel
	8) Anforderungsprofile (Arbeitsplätze)	Soll-Bestands-Qualifikation
	9) Qualifikationsprofile (Mitarbeiter)	Ist-Bestands-Qualifikation
	10) Qualifikationslücken	Trainingsinhalte
	11) Aus-, Fortbildungsprogramme	Änderung der Ist-Bestands-Qualifikation
Zeit	12) Altersaufbau	Zeitpunkt für Versetzung, Ersatz etc.

Abbildung 4-11:   Haupteinflussgrößen auf den Personalbedarf (Berthel und Becker 2007: 233)

mit solchen Schätzungen und in der Beurteilung ihrer Ergebnisse verfügt. Zum Teil wird mit Trendextrapolationen und Regressionsmodellen gearbeitet, die für die Prognose bestimmte Kennzahlen nutzen. Möglich ist auch die Verwendung von Simulationsmodellen, mit deren Hilfe der notwendige Personalbestand auf der Basis unterschiedlicher Einflussgrößen geschätzt wird. Hinsichtlich zukünftiger Maßnahmen in Bezug auf die Personalentwicklung sind vor allem Prognosen über die zu erwartenden Ab- bzw. Zugänge von Mitarbeitern und über Veränderungen im fachlichen und persönlichen Anforderungsprofil von Bedeutung.

In Branchen und Unternehmen mit jahreszeitlich stark schwankendem Arbeitsvolumen werden an die kurz- und mittelfristige Arbeitsplanung größere Anforderungen gestellt. Dies trifft z. B. auf die Waldwirtschaft zu, deren Arbeitsprozesse in erheblichem Maß saisonal von klimatischen Einflüssen, von waldbaulichen und ökologischen Gesichtspunkten, vom Absatzmarkt und von der wechselnden Verfügbarkeit von Arbeitskräften bestimmt werden. Ähnliches gilt in bestimmten Bereichen der Holzwirtschaft, z. B. bei Unternehmen, die in direkter Verbindung zur ebenfalls jahreszeitlich unterschiedlich ausgelasteten Bauwirtschaft stehen. Dies erhöht die Neigung zu möglichst flexiblen Beschäftigungsverhältnissen, die den kurzfristigen Ausgleich von Über- und Unterkapazitäten ermöglichen.

Ein modernes Personalmanagement ist nicht auf quantitative Aspekte der Personalplanung beschränkt. Von mindestens gleicher Bedeutung ist es, fundierte Erkenntnisse über Ausbildungsstand, Berufserfahrung, Berufsziele sowie über Erwartungen in Bezug auf Beförderungen und Karriereentwicklung zu haben. Die qualitative Personalplanung beruht auf der Gegenüberstellung von Arbeitsanforderungen und Leistungsvoraussetzungen. Instrumente der Planung sind Arbeitsplatz- und Stellenbeschreibungen, die eine Differenzierung nach Berufsausbildung, Qualifikationsgruppen und Tätigkeitsbereichen erlauben. Je höher die Anforderungen an die Qualifikation in Bezug auf Managementaufgaben oder Tätigkeiten im Forschungs- und Entwicklungsbereich sind, desto wichtiger werden die qualitativen Aspekte der Personalplanung. Je spezifischer und anspruchsvoller die Aufgaben sind, desto größer wird der Zeitaufwand für Einarbeitung und Fortbildung. Voraussetzung für ein qualifiziertes Personalmanagement, das sowohl den quantitativen wie den qualitativen Anforderungen gerecht wird, sind leistungsfähige Personalinformationssysteme.

4.4.7   Mitbestimmungs- und Mitwirkungsrechte

Ein wesentlicher Parameter des Personalmanagements und der Organisationsentwicklung sind die Regelungen zur Beteiligung von Mitarbeitern an unternehmerischen Entscheidungen. Grundlage hierfür sind Gesetze, Verträge zwischen Tarifparteien oder freiwillige Vereinbarungen zwischen Arbeitgebern und Arbeitnehmern. Zu unterscheiden sind Mitbestimmungs- und Mitwirkungsrechte der Arbeitnehmer auf Betriebs- und Unternehmensebene.

Die Beteiligung von Mitarbeitern an unternehmerischen Entscheidungen verfolgt im Wesentlichen folgende Ziele:

–   Den Schutz der Arbeitnehmer, die sich bei der Gestaltung von Arbeitsverträgen und Arbeitsbedingungen gegenüber dem Arbeitgeber im Allgemeinen in der schwächeren Position befinden.

–   Die Herstellung von stabilen wirtschaftlichen und unternehmenspolitischen Verhältnissen, indem Verhaltens- und Verfahrensweisen für die Behandlung von Meinungsverschiedenheiten und Auseinandersetzungen zwischen den beteiligten Parteien definiert werden.

–   Die Beteiligung der Arbeitnehmer am Willensbildungsprozess durch Mitsprache bzw. Mitwirkung sowohl bei operativen Maßnahmen (z. B. Arbeitsplatz- und Arbeitszeitregelungen) wie auch bei strategischen Managemententscheiden, die für das Unternehmen als Ganzes und damit auch für ihre eigene Zukunft von grundlegender Bedeutung sind.

Eine wichtige Rolle im Rahmen der Mitbestimmung haben Arbeitnehmer- und Arbeitgeberverbände. Arbeitnehmerverbände bzw. Gewerkschaften und andere berufsständische Organisationen, mit freiwilliger oder korporativer Mitgliedschaft, sind Zusammenschlüsse zur kollektiven Interessenvertretung gegenüber einzelnen Arbeitgebern, Arbeitgeberverbänden, staatlichen Institutionen und anderen gesellschaftlichen Gruppierungen. Sie können nach berufs- und branchentypischen Kriterien oder/und territorial nach Regionen organisiert sein. Dachverbände vertreten ihre Mitglieder brachenübergreifend und auf nationaler Ebene. Ähnliche organisatorische und strukturelle Gliederungen finden sich bei der Organisation von Arbeitgeberverbänden.

In den Ländern der Europäischen Union haben sich Mitbestimmungs- und Mitwirkungsstrukturen entwickelt, wobei länderspezifisch beachtliche Unterschiede festzustellen sind. Im internationalen Vergleich können folgende Kriterien zur Beurteilung der bestehenden Unterschiede in den verschiedenen Ländern herangezogen werden (Niedenhoff 2005):

– *Grundtypen:* Reine Arbeitnehmervertretungen, gemischte Vertretungen, gewerkschaftliche Vertretungen

– *Rechtsgrundlage:* Regelungen per Gesetz, aufgrund eines Tarifvertrags oder durch freiwillige Vereinbarungen zwischen Arbeitgebern und Arbeitnehmern

– *Schwellenwert:* Regelungen ab wie vielen Arbeitnehmern eine Arbeitnehmervertretung gewählt werden kann

– *Erzwingbarkeit:* Regelungen, die bestimmen, ob es sich um Beteiligungsrechte, Vetorechte oder Initiativrechte handelt.

Auf EU Ebene sind die Vorschriften über Europäische Betriebsräte zu nennen, die es ermöglichen, unter bestimmten Voraussetzungen einen europäischen Betriebsrat zu bilden. Sie sind von Bedeutung im Zusammenhang mit grenzüberschreitenden Fusionen und Verlegungen des Unternehmenssitzes innerhalb der EU sowie mit der Möglichkeit, eine Europäische Aktiengesellschaft (SE, Societas Europea) zu gründen.

Auf nationaler Ebene bestehen erheblich Unterschiede sowohl im Umfang wie auch in den Schwerpunkten der Mitwirkungs- bzw. Mitbestimmungsrechte von Arbeitnehmern. Eine im europäischen Vergleich sehr weitgehende und im Detail geregelte Beteiligung der Mitarbeiter an unternehmerischen Entscheidungen, verbunden mit einer beachtlichen Anzahl von Organen der Arbeitnehmervertretung, findet sich in Deutschland. Zu unterscheiden sind Rechtsgrundlagen für die Mitwirkung und Mitbestimmung auf Stufe Betrieb bzw. Unternehmen durch Gruppen von Arbeitnehmern, zusammengefasst unter dem Begriff „kollektives Arbeitsrecht", von Rechtsgrundlagen für die Mitwirkung bzw. Mitbestimmung am Arbeitsplatz, zusammengefasst unter dem Begriff „Individual-Arbeitsrecht" (Scholz 2000, Däubler 2004). Im Folgenden werden wichtige Bestimmungen und Regelung für Deutschland dargestellt.

257

Die zentralen Elemente des kollektiven Arbeitsrechts lassen sich mit den Begriffen Koalitionsfreiheit, Tarifautonomie, Recht auf Arbeitskampf, Betriebsverfassung, Unternehmensmitbestimmung und Interessenvertretung gegenüber dem Staat zusammenfassen. Die Koalitionsfreiheit ist in Deutschland im Artikel 9 des Grundgesetzes (GG) garantiert. Sie erlaubt es Arbeitgebern und Arbeitnehmern, zur Förderung der Arbeits- und Wirtschaftsbedingungen Vereinigungen zu bilden. Die Koalitionsfreiheit ist die rechtliche Basis für die Bildung von Gewerkschaften, Berufsverbänden und Arbeitgeberverbänden. Gewerkschaften haben eine herausgehobene Position, da nur sie das Recht haben, auf Arbeitnehmerseite Tarifverträge abzuschließen (Tarifautonomie) und Arbeitskämpfe zu führen. Da das Recht auf Streik ein sehr wirkungsvolles Instrument des Arbeitskampfes ist, sind die geltenden Normen zur Rechtmäßigkeit und zum Ablauf von Streiks von besonderer Bedeutung. Diese sind weitgehend nicht in Gesetzen sondern vor allem durch die Rechtsprechung der Gerichte, insbesondere des Bundesarbeitsgerichts (BAG), geregelt. Darin ist der Streik als letztes Mittel der tariflichen Auseinandersetzung definiert. Außerdem ist z. B. der „politische Streik", also die Arbeitsniederlegung mit dem Ziel, Einfluss auf die Gesetzgebung zu nehmen, rechtswidrig. Insofern gibt das Streikrecht nicht nur den Arbeitnehmern die Möglichkeit, ihre Belange geltend zu machen. Es schützt auch die Arbeitgeber und trägt damit zu stabilen wirtschaftlichen Bedingungen bei.

Die Mitbestimmung in betrieblichen Belangen wird in großem Umfang durch die Betriebsverfassung geregelt. Sie ermöglicht Arbeitnehmern, ihre Interessen gegenüber dem Arbeitgeber durch gewählte Vertreter wahrzunehmen, die Betriebsräte bzw. in öffentlichen Betrieben Personalräte genannt werden. Die Existenz von Betriebsräten ist eine Besonderheit des Arbeitsrechts in Deutschland und auch in Österreich. Sie sind nur ihrem gesetzlichen Auftrag verpflichtet, haben einen weitgehenden Kündigungsschutz und können z. B. nicht von Gewerkschaften zu einem bestimmten Verhalten angewiesen werden. Mitbestimmungsrechte betreffen u. a. Stellenausschreibungen, Auswahlrichtlinien, Sozialpläne bei Betriebsänderungen (Restrukturierungen), soziale Angelegenheiten oder personelle Einzelmaßnahmen. Mitwirkungsrechte bestehen z. B. bei der Personalplanung, bei Stellenausschreibungen, und auch bei wirtschaftlichen Angelegenheiten und Betriebsänderungen.

Die wesentliche Bedeutung von Betriebsräten liegt darin, dass sie sich als Vertreter der Arbeitnehmer mit einer Vielzahl von unternehmerischen Fragestellungen auseinandersetzen und eigene Positionen und Vorstellungen entwickeln können. Insbesondere bei schwierigen unternehmerischen Entscheidungen wie Stilllegungen oder Restrukturierungen können Betriebsräte maßgeblich zu einer geordneten Bewältigung dieser Herausforderungen beitragen, indem sie Vorschläge der Arbeitgeber auf ihre betriebliche Notwendigkeit hin überprüfen und getroffene Entscheidungen den Arbeitnehmern vermitteln. Die notwendigen Abstimmungsprozesse können allerdings zeitintensiv sein. Strategische unternehmerische Entscheidungen insbesondere hinsichtlich Investitionen, Betriebsverlagerungen, Betriebsschließungen können von Betriebsräten aber nicht verhindert werden.

Die Unternehmensmitbestimmung betrifft ausschließlich Kapitalgesellschaften, also die GmbH und die AG (Kapitel 2.2.6). Bei Kapitalgesellschaften mit mehr als 2000 Arbeitnehmern besteht der Aufsichtsrat zur Hälfte aus Vertretern der Arbeitnehmer. Bei Kapitalgesellschaften mit 500 bis 2000 Arbeitnehmern stellen die Arbeitnehmer ein Drittel der Aufsichtsrat-Mitglieder. Praktischen Wert hat die Unternehmensmitbestimmung dadurch, dass Vertreter der Arbeitnehmer weitgehenden Zugang zu Unternehmensinformationen erhalten (Verringerung der Informationsasymmetrie). Betriebs- und Geschäftsgeheimnisse dürfen jedoch nicht an Dritte weitergegeben werden. Dagegen können Entscheidungen der „Kapital-Seite" im Aufsichtsrat i.d.R. nicht durch die Arbeitnehmer-Vertreter verhindert werden.

Ausgangspunkt des Individual-Arbeitsrechts in Deutschland ist das Bürgerliche Gesetzbuch (BGB), in dem arbeitsvertragliche und dienstvertragliche Pflichten und Ansprüche begründet werden. Die allgemein geltende Vertragsfreiheit im BGB wird zugunsten des Arbeitnehmers eingeschränkt. Mindeststandards z. B. hinsichtlich Kündigungsfristen und Fürsorgepflichten des Arbeitgebers dürfen im Arbeits- oder Dienstvertrag nicht unterschritten werden. Darüber hinaus gewähren Gesetze und Tarifverträge den Arbeitnehmern oder auch ausgewählten Gruppen von Arbeitnehmern zusätzlichen Schutz. Beispiele sind Regelungen zu Lohnfortzahlungen, Urlaub und besonderen Schutzmaßnahmen für Jugendliche, Mütter oder behinderte Arbeitnehmer. Arbeitnehmer haben Anhörungs- und Vorschlagsrechte für Belange, welche die eigene Person oder den Arbeitsplatz betreffen. Hierzu gehören das Recht auf Einsicht in die eigene Personalakte und das Recht, Vorschläge für die Gestaltung des eigenen Arbeitsplatzes zu machen. Sie haben auch das Recht, über die mit ihrer Arbeit verbundenen Gefahren informiert zu werden. Ebenso sind Mindeststandards für die Beendigung von Arbeitsverhältnissen definiert, etwa Mindestfristen für die Kündigung und Regelungen zum Kündigungsschutz.

Insgesamt ist festzuhalten, dass über die gesetzlichen und tarifvertraglichen Normen, einschließlich der Möglichkeiten der Mitbestimmung, Standards für den Umgang der Arbeitgeber mit den Arbeitnehmern gesetzt werden, die zum Bestehen guter und produktiver Arbeitsbedingungen beitragen können. Die Einhaltung der gesetzlichen Bestimmungen ist aber noch nicht automatisch „gutes" Personalmanagement. Die Rechtsnormen geben in vielen Bereichen lediglich ein Verfahren zur Prozessgestaltung und Entscheidungsfindung vor; die konkrete und intelligente Ausgestaltung von Arbeitsbedingungen obliegt dann den Arbeitgebern und Arbeitnehmern. Die Qualität des Personalmanagements lässt sich letztlich nur im situativen Kontext eines Unternehmens und der unterschiedlichen Interessen der Stakeholder beurteilen. Insbesondere die Mitbestimmungsrechte ermöglichen den Arbeitnehmern, auf ihre Arbeitsbedingungen Einfluss zu nehmen. In der Mehrzahl der Fälle sollte dies zu Ergebnissen führen, die hinsichtlich divergierender Interessen von Arbeitgebern und Arbeitnehmern besser ausgewogen sind, als dies ohne Mitbestimmung der Fall wäre.

4.5   Personalführung

4.5.1   Aufgaben und Bedeutung

Eine wesentliche Aufgabe der Personalführung ist, das Leistungs- und Kooperationsverhalten der Mitarbeiter zu fördern und zu erhalten, damit diese ihren Beitrag zur Erreichung der betrieblichen Ziele und zur Wertschöpfung des Unternehmens erbringen. Eine Führungsaufgabe von gleichwertiger Bedeutung ist die Schaffung von Arbeitsbedingungen, welche die persönliche Zufriedenheit der Mitarbeiter gewährleisten und ihnen ermöglichen, ihre eigenen legitimen Ziele in der täglichen Arbeit zu realisieren. Die Integration beider Aspekte, d. h. eine Orientierung sowohl an den Zielen des Unternehmens als auch an denen der Mitarbeiter, stellt die zentrale Herausforderung für eine kompetente Personalführung dar.

Voraussetzung für eine kompetente Personalführung ist eine Vorstellung über die komplexen Zusammenhänge menschlichen Handelns bei allen Beteiligten. Disziplinen wie Psychologie und Soziologie vermitteln wichtige Grundlagen für Managementtätigkeiten und Personalführung. Auf hohem Abstraktionsgrad bieten sie Erkenntnisse und generelle Vorstellungen bzw. Modelle von menschlichen Verhalten in Betrieben (Scholz 2000: 877 ff.). Kein umfassender Erklärungsansatz kann allerdings die vielfältigen individuellen Reaktionen, auf die in der Praxis der Personalführung einzugehen ist, abschließend darstellen. Nur die Berücksichtigung ganz verschiedener und auf einzelne Personen bezogener Aspekte menschlichen Verhaltens macht es möglich, die Komplexität und Vielschichtigkeit des betrieblichen Alltags zu erfassen und ihr gerecht zu werden. In konkreten Situationen kann immer nur das tatsächliche Tun oder Unterlassen von Individuen beobachtet werden. Gleiches Verhalten von Menschen kann durchaus auf unterschiedlichen Ursachen beruhen. Ebenso ist es möglich, dass Menschen in der gleichen oder in ähnlichen Situationen unterschiedlich reagieren. Daher vermag es auch eine Synthese verschiedener Erklärungsansätze für menschliches Verhalten nicht, präzise Aussagen über die Reaktion einzelner Personen oder Personengruppen in einer konkret gegebenen Situation zu machen. Forschungserkenntnisse und Modelle geben jedoch sinnvolle Anregungen und Anstöße zum eigenen Nachdenken bei der Bewältigung anspruchsvoller Führungsaufgaben.

4.5.2   Arbeitszufriedenheit

Die Arbeitszufriedenheit ist eine der zentralen Größen im Personalmanagement. Ihre Bedeutung ist vor allem unter zwei Aspekten zu sehen. Es besteht ein positiver Zusammenhang zwischen der Zufriedenheit von Mitarbeitern und ihrem Leistungswillen. Eine hohe Arbeitszufriedenheit wirkt sich damit positiv auf das Betriebsergebnis aus. Von gleicher Bedeutung ist die Tatsache, dass alle Mitarbeiter eines Unternehmens Persönlichkeiten mit einem eigenständigen Wert sind, deren individuelle Bedürfnisse,

Interessen und Ansprüche in der Arbeitswelt ihren Platz finden. Die Arbeitszufriedenheit lässt sich mithilfe von standardisierten Befragungen messen und über mehrere Jahre vergleichen.

Arbeitszufriedenheit entsteht aus der Abwägung von individuellen Handlungsmöglichkeiten und der Verarbeitung von Erlebnissen in der eigenen Arbeitsumgebung (Abbildung 4-12). Ausgangspunkt ist der Vergleich der vorgegebenen Arbeitssituation mit den konkreten Bedürfnissen und Erwartungen der Mitarbeiter. Hierbei spielen Faktoren wie

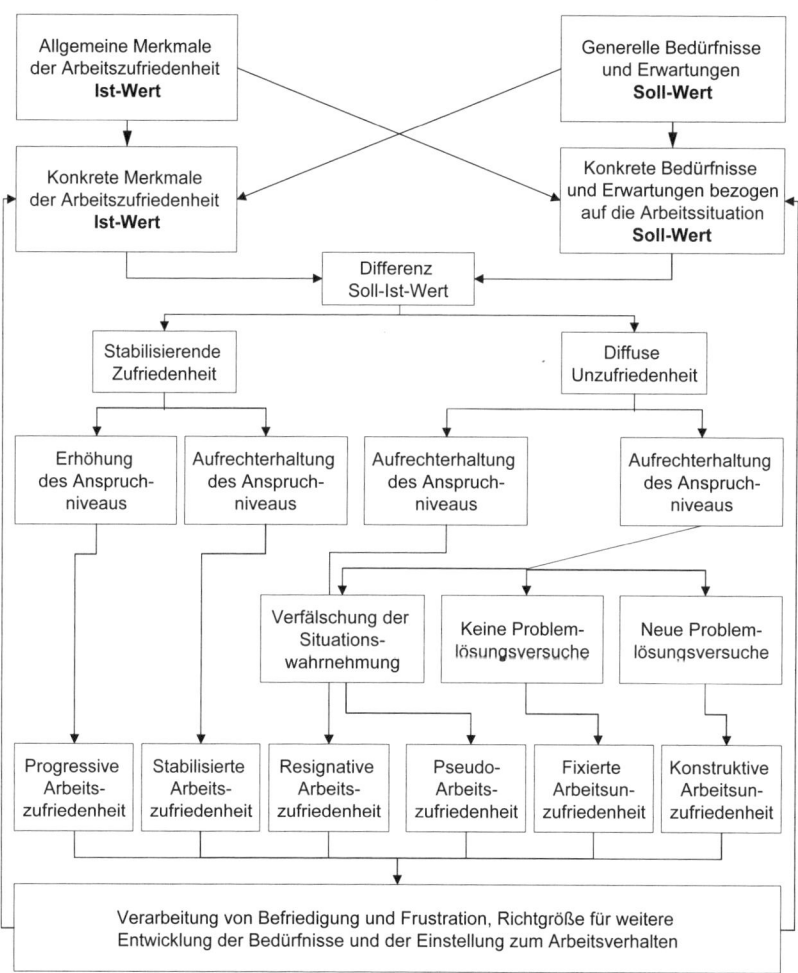

Abbildung 4-12:   Formen der Arbeitszufriedenheit als Ergebnisse von Abwägungs- und Erlebnisverarbeitungsprozessen (Ulich 2005: 140)

positive Rückmeldungen und Anerkennung oder auch negative Erfahrungen und Kritik eine wichtige Rolle. Gleiches gilt für das individuelle Anspruchsniveau eines Mitarbeiters und die Zurechnung von Ereignissen zu bestimmten Ursachen. Erfolg oder auch Misserfolg können in erster Linie auf eigene Stärken oder Schwächen oder aber auf äußere Umstände und Bedingungen zurückgeführt werden. Die Übereinstimmung zwischen persönlichen Erwartungen und der objektiv gegebenen Arbeitssituation führt zunächst zu einem Gefühl der Arbeitszufriedenheit. In der Folge kommt es entweder zu einer Stabilisierung oder zur Erhöhung des Anspruchsniveaus. Das neue Anspruchsniveau ist der Ausgangspunkt für die Bewertung künftiger Arbeitssituationen. Der Entwicklungspfad der Arbeitszufriedenheit ist im Allgemeinen positiv, solange das jeweilige Anspruchsniveau erfüllt wird.

Lassen sich Arbeitssituationen nicht in Übereinstimmung bringen mit den Bedürfnissen und Erwartungen von Mitarbeitern, so entsteht eine diffuse Unzufriedenheit. Eine solche Situation ist aus Sicht des Unternehmens wie der Mitarbeiter immer problematisch. Bei einer konstruktiven Haltung von Mitarbeitern können durch eigene Problemlösungsversuche neues Engagement und vermehrte Leistungsbereitschaft entstehen. Erfolglose Versuche, die Arbeitssituation zu verändern, führen dagegen zwangsläufig zu einer Verfestigung der Unzufriedenheit und schließlich zu Resignation. Dauerhafte Unzufriedenheit trägt zur Verringerung des Leistungswillens bei und führt vor allem bei qualifizierten Mitarbeitern zum Bestreben, ihre Arbeitssituation durch einen Wechsel des Arbeitgebers zu verändern. Dies führt zu einer Erosion des Personalbestands bei denjenigen Mitarbeitern, die als Leistungsträger für Betriebe und Unternehmen besonders wichtig sind.

4.5.3   Personalentwicklung

Ein wichtiger Gesichtspunkt bei der Beurteilung des Erfolgspotenzials von Unternehmen und Betrieben ist die Qualität der Führungskräfte. Die Sicherstellung einer ausreichenden Zahl qualifizierter Führungskräfte, welche die Kontinuität der Unternehmensleitung und Kader gewährleisten, ist daher eine Grundfunktion des Managements und im Speziellen der Personalentwicklung. Im Zentrum stehen Aufgaben der Personalauswahl, der Aus- und Weiterbildung sowie der individuellen Förderung und Karriereplanung der Mitarbeiter. Anstöße zur Personalentwicklung ergeben sich aus ganz unterschiedlichen Gründen (Hentze und Kammel 2001: 339 ff.):

–   Neue wirtschaftliche und technologische Entwicklungen verlangen eine ständige Anpassung der Qualifikation der Beschäftigten eines Unternehmens.

–   Es ist sinnvoll und trägt zur Arbeitszufriedenheit bei, geeigneten und motivierten Mitarbeitern im Rahmen einer betriebsinternen Karriereplanung neue Aufgabenbereiche und größere Verantwortung zu übertragen.

– Dies erfordert in den meisten Fällen, durch Maßnahmen der Aus- und Weiterbildung die fachlichen und persönlichen Qualifikationen zu erhöhen.

– Eine systematische Personalentwicklung ist ein Leistungsanreiz, wenn sie den Mitarbeitern entsprechende persönliche Entwicklungsziele bietet. Hieraus folgt, dass die entsprechenden Maßnahmen mit den individuellen Erwartungen und Plänen von Mitarbeitern abzustimmen sind.

– Die Erhaltung bzw. Erhöhung der Qualifikation der Mitarbeiter ist für künftige Erfolge des Unternehmens ausschlaggebend. Die zielgerichtete Steuerung von Maßnahmen der Aus- und Weiterbildung ist von strategischer Bedeutung.

Bei der Personalauswahl werden, zumindest in größeren Betrieben, formalisierte Verfahren mit Interviews und Eignungstests verwendet. Die Einrichtung von Assessment Centers ist allerdings nur in großen Unternehmen möglich, da sie mit einem beachtlichen personellen und organisatorischen Aufwand verbunden ist. In der Regel wird dieses Verfahren nur bei der Ersteinstellung neuer Mitarbeiter durchgeführt. Bei der Bestimmung von Zielgruppen für bestimmte Programme der Personalentwicklung findet es bisher nur wenig Anwendung (Schneck 2006).

Einen Überblick über unterschiedliche Ansätze der Personalentwicklung zeigt Abbildung 4-13. Maßnahmen der Personalentwicklung *in the job* sind als Einführung in eine neue Tätigkeit und als Vermittlung zusätzlicher Qualifikationen zu verstehen. Maßnahmen *on the job* finden am Arbeitsplatz statt, z. B. in Form von planmäßigen Arbeitsplatzwechseln, zeitweiligen Vertretungen oder durch Übertragung von Sonderaufgaben. Maßnahmen *near the job* bestehen aus arbeitsplatznahem Training, während Maßnahmen *off the job* den Bereich der Weiterbildung abdecken. Die individuelle bzw.

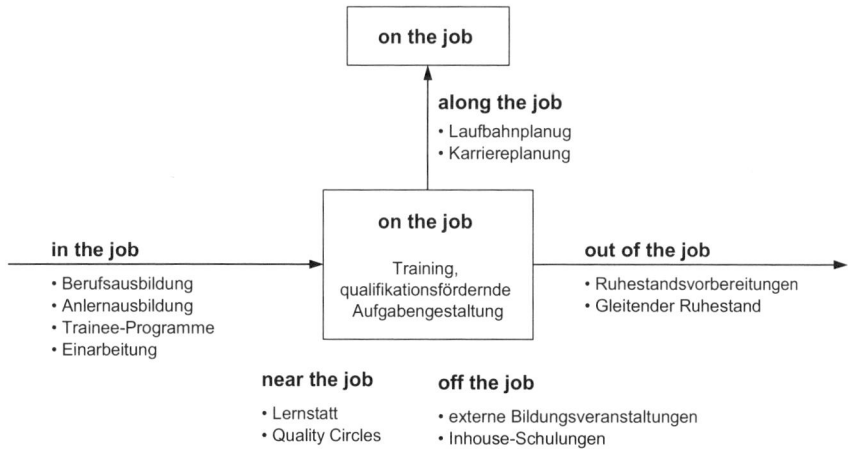

Abbildung 4-13:   Personalentwicklungsmaßnahmen (Scholz 2000: 511, verändert)

laufbahnbezogene Entwicklung von Mitarbeitern erfolgt mit Maßnahmen *along the job.* Die Vorbereitung auf den Ruhestand kann mit Maßnahmen *out of the job* geschehen.

Programme der Personalentwicklung umfassen eine Reihe von Teilaktivitäten, die sich nach einem Ablaufschema ordnen lassen (Scholz 2000: 506 f.):

–   Bestimmung der Fähigkeitslücke

–   Ermittlung des Entwicklungspotenzials

–   Ermittlung des Entwicklungsvolumens

–   Festlegung des spezifischen Adressatenkreises

–   Festlegung von einzelfallspezifischen Maßnahmen

–   Durchführung der Entwicklungsmaßnahmen

–   Kontrolle des Ergebnisses und der Zielerreichung.

Schwierigkeiten gibt es insofern, als vielfach qualitative, nur schwer messbare Kriterien die Grundlage für Entscheidungen in der Personalentwicklung sind. Ähnliches gilt für die Einschätzung des Entwicklungspotenzials von Mitarbeitern. Auch werden Umfang von Programmen der Personalentwicklung, Adressatenkreis sowie Art und Häufigkeit von Maßnahmen durch die verfügbaren Ressourcen, die unternehmerische Entwicklungsstrategie und die individuellen Ziele der Mitarbeiter bestimmt.

4.5.4   Personalbeurteilung

Bei der Personalbeurteilung oder Mitarbeiterbeurteilung sind im Wesentlichen zwei Gesichtspunkte von Bedeutung. Bei der Persönlichkeitsbeurteilung werden überwiegend Charaktermerkmale wie Intelligenz, Auftreten und Phantasie beurteilt, d.h. Eigenschaften, die für die jeweiligen beruflichen Anforderungen und für das Arbeitsverhalten relevant sind. Bei der Leistungsbeurteilung geht es um Art und Qualität der Aufgabenerfüllung und um den Beitrag eines Mitarbeiters zum Erfolg des Unternehmens. Zu differenzieren ist hierbei nach Kriterien wie Leistungsbewertung im engeren Sinne, Potenzialbeurteilung und Entwicklungsbeurteilung. Beurteilt werden Quantität und Qualität der Arbeitsleistung, Qualifikationsmerkmale, das Entwicklungspotenzial sowie das Führungs- und Sozialverhalten der Mitarbeiter. Anlass bzw. Zweck einer Mitarbeiterbeurteilung können sein:

–   Gehalts- und Lohndifferenzierung nach individuellen Leistungsunterschieden

–   Beratung der Mitarbeiter entsprechend ihren persönlichen Fähigkeiten, Motiven und Einstellungen

– Förderung von Mitarbeitern im Rahmen betrieblicher Maßnahmen der Personalentwicklung

– Vorbereitung interner Auswahlentscheidungen unter Beurteilung der Qualifikation und des Entwicklungspotenzials

– Überprüfung von Auswahlentscheidungen der Personalbeschaffung sowie Beurteilung der Eignung und Zuverlässigkeit der angewendeten Auswahlmethoden

– Förderung der Kommunikation zwischen Führungskräften und Mitarbeitern

– Befriedigung des Informationsbedürfnisses von Mitarbeitern hinsichtlich ihrer Wertschätzung durch Vorgesetzte (persönliches Feedback).

Der Beurteilungsprozess muss für die Betroffenen transparent und fair sein und von ihnen auch so wahrgenommen werden. Eine Beurteilung ist schriftlich festzuhalten, muss sich auf einen bestimmten Zeitraum beziehen und muss unabhängig von einer schon früher erfolgten vorgenommen werden. Die Mitarbeiter haben das Recht, ihre Personalakte einzusehen und sich die darin enthaltenen Beurteilungen begründen zu lassen. Notwendig für eine qualifizierte Beurteilung ist, dass der hierfür Verantwortliche mit der angewendeten Beurteilungsmethode vertraut ist. Er sollte hinsichtlich persönlicher oder auch privater Kontakte zum Beurteilten unbefangen sein. Eine gute Beobachtungsgabe, ein gutes Gedächtnis, Menschenkenntnis, Sachkenntnis und Urteilsvermögen sind wichtige Voraussetzungen. Personalbeurteilungen sind im Übrigen keine Einbahnstraße. Zweckmäßig kann auch eine Beurteilung der Führungskräfte durch ihre Mitarbeiter sein. Dies führt bei konsequenter Durchführung zu einem umfassenden Bild der Leistung aller Personen, die in einem Unternehmen oder Betrieb tätig sind.

Insgesamt werden hohe Anforderungen an die Chancengleichheit, die Objektivität und die Zuverlässigkeit der Personalbeurteilung gestellt. Dies gilt um so mehr, als Fehlbeurteilungen gravierende Konsequenzen für den Mitarbeiter, aber auch für den Betrieb und die Arbeitszufriedenheit haben. Zu beachten ist vor allem, dass spezielle Merkmale des zu Beurteilenden und einzelne Ereignisse im Beurteilungszeitraum die generellen Fähigkeiten und Eigenschaften oder auch das Leistungsniveau überdecken können (Überstrahlungs-Effekt). Dies bedeutet z. B., dass eine Übergewichtung von Einzelereignissen, die sich kurz zuvor ereignet haben, zu nicht begründeten und falschen Schlussfolgerungen führen. Notwendig sind daher Beurteilungen, die der Dauer des Beurteilungszeitraumes, der gesamten Arbeitsleistung und dem generellen Verhalten eines Mitarbeiters gerecht werden.

Beurteilungsverfahren auf der Grundlage regelmäßiger Prozesse und standardisierter Kriterien, eine transparente Gestaltung des Ablaufs sowie die Einbeziehung der Mitarbeiter bei der Systemgestaltung führen zu größerer Sachlichkeit seitens der Führungskräfte und zu vermehrter Akzeptanz seitens der Mitarbeiter. Die Beurteilung der Leistung von Führungskräften durch die Mitarbeiter vermittelt diesen wichtige Informationen über ihr eigenes Verhalten und dessen Auswirkungen auf die Arbeit und die Wahrnehmung der Beschäftigten. Sie sind methodisch und praktisch so zu gestalten, dass die Mitarbeiter vor möglichen negativen Rückwirkungen auf jeden Fall geschützt sind.

4.5.5   Führungsverhalten und Führungsrichtlinien

Führungsverhalten ist ein soziales Phänomen von hoher Komplexität, das durch Sensibilität, Emotionen, Affekte, äußere und innere Rahmenbedingungen sowie durch individuelle Wahrnehmungen und Überzeugungen geprägt wird. Es manifestiert sich in sehr unterschiedlichen und oft nicht wiederholbaren Einzelentscheidungen und konkreten persönlichen Kontakten. Das Verhalten der Verantwortlichen entscheidet in hohem Maß über Einstellung, Motivation und Verhalten von Mitarbeitern. Es trägt wesentlich zur Erreichung einer sinnvollen Integration von Aufgabenzielen einerseits und Mitarbeiterzielen andererseits bei. Aufgabenziele sind den Mitarbeitern durch ihre Funktion oder durch bestimmte Anweisungen vorgegeben. Mitarbeiterziele ergeben sich aus eigenen Vorgaben und Erwartungen, die mit der Erfüllung von Aufgabenzielen in Einklang stehen. Führungsverantwortliche haben bestimmte Erwartungen ihres Umfeldes zu erfüllen und zweckmäßige organisatorische Regelungen im Unternehmen zu treffen. Ihre Aufgabe umfasst insgesamt komplexe und zum Teil sensible Prozesse der Verhaltenssteuerung, für die es keine simplen Anweisungen und allgemeingültige Patentlösungen gibt. In Bezug auf die Anforderungen an die Führungstätigkeit sind zwei Dimensionen von Bedeutung (Ulrich und Fluri 1995: 226 ff.):

– Die aufgabenorientierte Dimension besteht in der Definition und Strukturierung der Aufgaben, in der Sicherstellung von Effizienz, der Herstellung zweckmäßiger Kommunikationsstrukturen, der Steuerung von Beratungs- und Entscheidungsprozessen und im Herbeiführen von sach- und personalbezogenen Entscheidungen.

– Die gruppenorientierte Dimension bezieht sich vor allem auf die Integrationsleistung. Eine offene Kommunikation innerhalb einer Gruppe ist zu fördern und die Zusammenarbeit der Gruppenmitglieder in einem Team zu gewährleisten (Entwicklung einer Gruppenkultur). Den einzelnen Mitarbeitern sind Möglichkeiten zur Persönlichkeitsentwicklung zu bieten.

Eine Integration beider Dimensionen ist dann erfolgreich, wenn sich Mitarbeiterziele und Aufgabenorientierung wechselseitig unterstützen. Die Aufgaben des Unternehmens werden damit gleichzeitig zu persönlich motivierenden Zielen für die Mitarbeiter. Bei ihrer Tätigkeit stellt sich damit eine persönliche Arbeitszufriedenheit ein. Bei einer entsprechenden Gruppenintegration ergibt sich insgesamt ein beachtlicher Leistungsvorteil für ein Unternehmen. Wieweit es gelingt, eine solche Arbeitssituation zu erreichen, hängt vom Einzelfall, von den zu lösenden Aufgaben, vom innerbetrieblichen und äußeren Umfeld, aber vor allem vom Verhalten der Führungskräfte und von der Einstellung der Mitarbeiter ab.

Führungsverhalten und Organisationsregelungen sind eng miteinander verknüpft. Planung, Organisation, Disposition und Controlling erfolgen immer durch einzelne Personen und in den meisten Fällen im Zusammenwirken mit Kollegen. Umgekehrt beeinflussen betriebliche Abläufe und ihre Ergebnisse in hohem Maße das Verhalten der Mitarbeiter und die Herausforderungen an die Führungskräfte. Es bestehen ständige Wechselwirkungen zwischen der Organisation von Strukturen und Prozessen einerseits und Personal- und Führungsaufgaben andererseits. Wichtig ist, dass zwischen Organisationsregelungen eines Unternehmens und der Wahrnehmung von Aufgaben der Personalführung Kohärenz besteht. So ist es z.B. schwierig oder unmöglich, in einer durch hierarchischen Aufbau geprägten Organisation einen partizipativen Führungsstil zu verankern.

Der Zusammenhang von Führungs- und Organisationsaufgaben zeigt sich besonders bei der Notwendigkeit, in größeren Organisationseinheiten spezielle Konzepte auszuarbeiten und in Form von Führungsrichtlinien anzuwenden. Die Unternehmensleitung gibt durch Führungsrichtlinien Regelungen vor, die das Erreichen von Aufgaben- und Mitarbeiterzielen wirksam unterstützt (Ulrich und Fluri 1995: 242 ff.). Die Richtlinien enthalten konkrete Leitsätze, die für das Verhalten von Führungskräften, für die Rechte und Pflichten der Mitarbeiter sowie für die Zusammenarbeit von Personen und Arbeitsgruppen in den Betrieben einen verbindlichen Rahmen setzen. Sie geben Hinweise und machen Vorgaben zur Art des erwünschten Führungsstils, zur Anwendung von Führungstechniken, zu den zu praktizierenden Formen der Zusammenarbeit und zu geeigneten Verfahren der Konfliktbewältigung. Führungsrichtlinien sind für alle Mitarbeiter verbindlich, jedoch gleichzeitig auch eine Anregung, ihr Verhalten entsprechend ihren persönlichen Möglichkeiten zu gestalten.

4.5.6 Führungsstil

Als Führungsstil wird die Art und Weise bezeichnet, in der Führungskräfte ihre Funktion ausüben und sich gegenüber ihren Mitarbeitern verhalten. Es handelt sich um Verhaltensmuster, die im Zeitablauf relativ stabil und in Bezug auf bestimmte Situationen konsistent sind. Grundsätzlich kann das Verhalten von Mitarbeitern mittels Positionsautorität, Fachautorität und Persönlichkeitsautorität beeinflusst werden. Hieraus ergeben sich zwei Grundformen der Verhaltenssteuerung (Abbildung 4-14):

- *Autoritativer Führungsstil*: Der Führungsverantwortliche stützt sich weitgehend auf seine Positionsautorität und auf die damit verbundenen Möglichkeiten zu positiven und negativen Sanktionen. Er verhält sich überwiegend aufgabenorientiert, trifft Entscheidungen weitgehend allein, verlässt sich auf Anordnungen und kontrolliert ihre Ausführung.

- *Partizipativer Führungsstil:* Der Führungsverantwortliche setzt seine fachliche und persönliche Autorität ein, um die notwendige Zielintegration zu erreichen. Er motiviert die Mitarbeiter und ist bestrebt, mit ihnen vertrauensvoll zusammenzuarbeiten. Ein gewisser Verzicht auf Positionsautorität verlangt Offenheit für sachliche Kritik und die Bereitschaft, sich von Gegenargumenten überzeugen zu lassen. Entscheidungen werden sachgerecht vorbereitet und mit den hierfür kompetenten Mitarbeitern, die an der Erfüllung der Aufgaben beteiligt sind, gemeinsam getroffen.

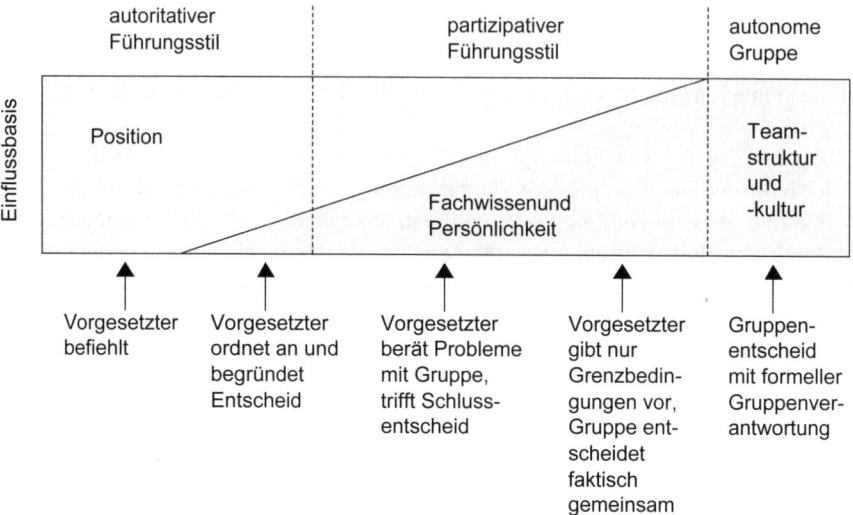

Abbildung 4-14:   Führungsstile und ihre Einflussbasis (Ulrich und Fluri 1995: 232)

Ein partizipativer Führungsstil setzt ein gruppendynamisch richtiges Verhalten auf Seiten der Führungsverantwortlichen voraus. Er ist anspruchsvoller als ein im Wesentlichen hierarchisch bestimmtes Verhalten, da die Erfüllung der Aufgaben mehrheitlich mithilfe fachlicher und persönlicher Autorität erreicht wird. Unverzichtbare Grundlage eines solchen Führungsstils ist eine kooperative Grundeinstellung, deren Kern die gegenseitige Anerkennung der an der Erfüllung bestimmter Aufgaben Beteiligten ist. Die Vielfalt des Verhaltens von Führungskräften in einer konkreten Situation zeigt, dass der jeweilige Führungsstil entscheidend von der individuellen Persönlichkeit bestimmt wird. Führungsstile können in diesem Sinne nur begrenzt erlernt werden.

Situationsspezifische Determinanten einer flexiblen und wirksamen Personalführung sind das Partizipationsangebot der Führungskräfte sowie die Fähigkeit und Bereitschaft der Mitarbeiter, auf dieses einzugehen (Abbildung 4-15). Wichtig sind ebenfalls die aufgabenspezifischen Anforderungen, d.h. der Routine- oder Problemlösungscharakter einer Tätigkeit, der Zeitdruck bei der Ausführung sowie der Analyse- bzw. Koordinationscharakter bei der Aufgabenerfüllung. Die konkreten Umstände bedingen ein

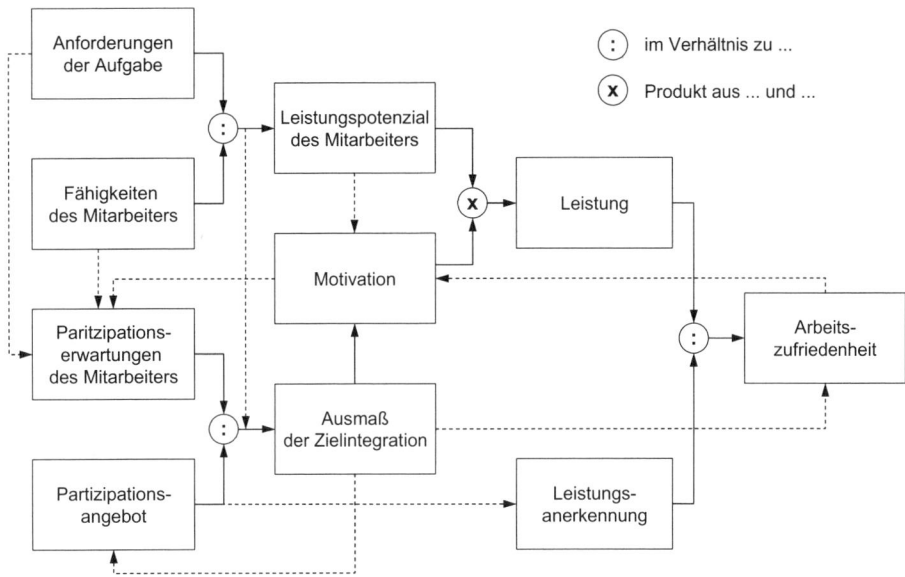

Abbildung 4-15:   Die wichtigsten Determinanten der Zielwirkungen unterschiedlich partizipativer Führungsstile (Ulrich und Fluri 1995: 236)

flexibles Verhalten und die Anpassung des Führungsstils an die jeweils gegebene Situation. Dies erfordert Einfühlungsvermögen und Sensibilität in der Art des Vorgehens
und in der persönlichen Kommunikation. Die Mitarbeiter erwarten von einem Führungsverantwortlichen vor allem ein konstantes und berechenbares Verhalten in gleichartigen Situationen (Konstanz der Variabilität), nicht jedoch unbedingt ein gleichartiges
Verhalten in unterschiedlichen Situationen.

4.5.7   Führungstechniken

Unter Führungstechniken sind Koordinationsmechanismen zu verstehen, die mit einem
bestimmten Führungsstil kombiniert werden. Aufgabe solcher Techniken ist, die Ein-
griffstärke und den Moment des Eingriffs in interne Produktions- und Managementprozesse im Voraus zu regeln. Ihre Anwendung, allein basierend auf Lehrbuchwissen,
macht noch nicht das Wesen einer kompetenten Personalführung aus. Sie bietet jedoch
eine Voraussetzung für das Sammeln konkreter Erfahrungen und ermöglicht zumindest
die Vermeidung grober Führungsfehler (Lehky 2007). Führungstechniken machen das
Verhalten von Vorgesetzten für den einzelnen Mitarbeiter kalkulierbar. Er kann seine
eigenen Handlungs- und Entscheidungskompetenzen besser abgrenzen und bewusster
ausüben.

Eine moderne Führungstechnik ist Management auf der Grundlage von Zielvereinbarungen (Management by Objectives, MbO). Das hier zu Grunde liegende Prinzip ist, dass ein Ziel um so eher erreicht wird, je genauer es formuliert ist, je stärker sich ein Mitarbeiter mit ihm identifiziert und je präziser die erwarteten Ergebnisse nachzuweisen und zu überprüfen sind. Zielvereinbarungen als Grundlage eines modernen und effektiven Personalmanagements finden sich heute in allen Unternehmensbereichen und zunehmend auch in öffentlichen Verwaltungen. Neue Formen des Managements mit Zielvereinbarungen ermöglichen z. B. innerhalb einer großen Forstverwaltung eine konsequente und weitgehende Aufgabendelegation verbunden mit einem effizienten Controlling. Die Vereinbarung von Mitarbeiterzielen erleichtert gerade im Falle von territorial ausgedehnten Verwaltungs- und Betriebsstrukturen die Koordination und erfolgreiche Aufgabenerfüllung nachgeordneter Bereiche und Dienststellen.

Vereinbarungen zwischen Führungsverantwortlichen und Mitarbeitern beziehen sich primär auf die qualitative und quantitative Präzisierung der zu erreichenden Ziele. Die Art und Weise, wie die einzelnen Ziele erfolgreich erreicht werden, bleibt innerhalb der jeweiligen Handlungs- und Entscheidungskompetenz den Mitarbeitern überlassen. Die Zwischenetappen und das Maß der Zielerreichung werden von Führungsverantwortlichen und Mitarbeitern gemeinsam und regelmäßig überprüft. Notwendige Korrekturen und Verbesserungsmaßnahmen werden besprochen und sofern notwendig neu vereinbart. Erwartet werden von der Einführung eines solchen Leitungssystems eine konsequente Orientierung der Subsysteme eines Unternehmens an den Gesamtzielen sowie eine höhere Motivation der Beschäftigten durch Mitsprache und Mitbeteiligung an der Zielformulierung und Umsetzung. Probleme ergeben sich bei der konkreten Formulierung der Ziele und in vielen Fällen auch bei den zu wählenden Standards zum Nachweis der Zielerreichung. Ebenso sind Konflikte möglich, die zwischen der prinzipiell deduktiven Ableitung von Zielen auf der obersten Unternehmensstufe und der eher induktiven Zielbildung im Rahmen der Partizipation entstehen.

Eine andere Form der Führungstechnik ist das Management mit Eingriffen in Ausnahmefällen (Management by Exceptions, MbE). Diese Art der Führung stützt sich im Wesentlichen auf das Delegationsprinzip, nach dem kein Entscheid von einer höheren Instanz gefällt werden soll, der ebenso gut von einer nachgeordneten Stelle getroffen werden kann. Dies führt zu einem situativen, d. h. der gegebenen Situation angepassten Führungsstil. Management by Exceptions basiert auf der Unterscheidung von Routinefällen und Ausnahmeereignissen. Für Routineaufgaben haben die Mitarbeiter die Handlungs- und Entscheidungskompetenz. Ausnahmefälle, d. h. Fälle, die den üblichen Bedingungen nicht entsprechen und die nicht nach den vorgegebenen Kriterien beurteilt werden können, sind dem Führungsverantwortlichen vorzulegen. Sie sind mit ihm zu besprechen und gegebenenfalls durch ihn zu entscheiden. Eine weitergehende Form von Führungstechnik sind Regelungen, die eine routinemäßige Rückkoppelung mit den Führungsverantwortlichen noch weiter reduzieren. Dies geschieht durch die Ausarbeitung von Entscheidungsregeln (Management by Decision Rules). Sie befassen sich

270

mit den möglichen Wirkungen in Ausnahmesituationen und bestimmen vorab, wie bei außergewöhnlichen Ereignissen und zu treffenden Entscheidungen vorzugehen ist.

Regelungen über die Art und Weise, wie vorhandene oder neu entstehende Konflikte zwischen den Mitarbeitern eines Unternehmens bewältigt werden sollen, tragen zur Schaffung einer motivierenden und produktiven Arbeitssituation bei. Sie beziehen sich auf die Verhältnisse innerhalb von Gruppen wie auch auf die Beziehung von Gruppen zu übergeordneten Instanzen. Institutionalisierte Methoden der Konfliktbewältigung dienen unter anderem der Wahrung der Interessen von Mitarbeitern, die sich unkorrekt behandelt fühlen. Zu beachten ist, dass das Auftreten von Konflikten eine durchaus normale Erscheinung in jeder Organisation ist. Entscheidend ist jedoch, dass eine Konfliktbewältigung im Rahmen institutionalisierter und funktionierender Prozesse erfolgt. Sofern dies nicht im direkten Kontakt möglich ist, müssen Rekurs- und Beschwerdewege festgelegt sein, die zu einer Entscheidung auf höherer Ebene führen. Es geht im Wesentlichen immer darum, Entscheidungswillkür zu verhindern, latente Konflikte zu erkennen, diese produktiv zu verarbeiten und potenzielle Konfliktherde zu entschärfen.

4.6   Organisation

4.6.1   Aufgaben und Bedeutung

Die zielgerichtete Gestaltung der Struktur eines Systems wird als Organisation bezeichnet. Organisieren bedeutet die systematische Überprüfung bzw. bewusste Veränderung einer Systemstruktur mit dem Ziel, deren Leistungsfähigkeit zu erhöhen. Diese ist dann gegeben, wenn die Wirtschaftseinheiten als offene Systeme sich laufend an ihr Umfeld anpassen können. Eine geeignete Organisationsform ist Voraussetzung, dass komplexe Prozesse der Leistungserstellung effizient erfolgen und dass Eigendynamik und Innovation zu konkurrenzfähigen neuen Entwicklungen führen. Betriebe und Unternehmen haben eine Organisation, in welcher die verschiedenen Systemelemente abgegrenzt und ihre Beziehungen zueinander definiert sind (instrumentaler Organisationsbegriff). In einem weitergehenden Verständnis kann man auch von Unternehmen und Betrieben als Organisationen sprechen (institutioneller Organisationsbegriff). Es handelt sich um soziale Systeme, die auf die Erreichung bestimmter Ziele ausgerichtet sind und sich an Entwicklungen ihres Umfelds orientieren (Peters *et al.* 2005; Hill *et al.* 1994; Hill *et al.* 1998; Kant *et al.* 2005b; Ulrich und Fluri 1995: 161 ff.).

Eine zweckmäßige Organisation vereinfacht die Unternehmenssteuerung und ermöglicht die Kapazitäten des Managements für andere Aufgaben produktiv einzusetzen. Jede Organisationsform führt allerdings zu einer Formalisierung der Arbeitsprozesse mit der Gefahr, dass flexible Reaktionen und persönliche Gestaltungsspielräume zu sehr eingeschränkt werden. Wichtig ist daher ein ausreichender Freiraum für die individuelle Disposition in Situationen, für die generelle Regelungen nicht zweckmäßig sind. Ein Schwerpunkt dispositiver Tätigkeit liegt in der Ermittlung des Bedarfs und der Zuteilung betrieblicher Ressourcen. Dispositive Entscheidungen und operative Maßnahmen nehmen in der Regel einen großen Teil der Energie und der Aufmerksamkeit der Mitarbeiter in Unternehmen und Betrieben in Anspruch (Peters *et al.* 2005: 23 ff., 121 f.). Die Gestaltung der Organisation kann somit nur mit Blick auf die jeweiligen konkreten unternehmerischen Zielsetzungen und Anforderungen beurteilt und durchgeführt werden. Veränderungen betrieblicher Ziele und neue Rahmenbedingungen bringen Änderungen bestehender Organisationsformen mit sich. Organisation und Organisieren sind nicht Selbstzweck, und es gibt auch kein Organisationsmodell, das unbesehen und überall angewendet werden kann.

Bei einer instrumentalen Betrachtungsweise sind Organisationen Mittel zur Lösung von Organisationsproblemen und haben vorwiegend einen Innenfokus. Zentralisierung oder Dezentralisierung, Gestaltung von Weisungs- und Entscheidungskompetenzen, Standardisierung organisatorischer Regelungen, Definition und Gestaltung von Prozessabläufen sowie Maßnahmen der Organisationsentwicklung stehen im Vordergrund der Analyse und der Problemlösung. Organisationsgestaltung umfasst die Planung und Realisierung von formalen bzw. strukturellen Grundlagen sowie die Funktionsfähigkeit und Effizienz von Betrieben und Unternehmen. Ziel bei der Ausgestaltung der Organisation ist es, die Strukturelemente so zu kombinieren, dass diese einen geeigneten Rahmen für die Erreichung der unternehmerischen Ziele darstellen (Bühner 2004: 12 ff.). In den Kapiteln 4.6.2 bis 4.6.8 werden Organisationen im Wesentlichen instrumental gesehen, da in der unternehmerischen Praxis die Frage nach möglichen Instrumenten für die Analyse und Anpassung bestehender Organisationsstrukturen wie die Anwendung neuer Organisationsmodelle von Bedeutung ist. Im Vordergrund stehen formale Elemente von Unternehmens- und Betriebsstrukturen.

Die Entwicklung der Organisationslehre zeigt im Überblick eine Reihe unterschiedlicher Problemstellungen und Betrachtungsweisen, die das jeweilige Verständnis der Bedeutung von Organisationsstrukturen geprägt haben (Thommen und Achleitner 2006: 791 ff.). Mit Taylor (1911) beginnt eine neue Sichtweise der Bedeutung von Mitarbeitern in Betrieben und Unternehmen. Er vertritt wohl zum ersten Mal in der wissenschaftlichen Literatur die These, dass eine auf Ingenieurwissenschaften beruhende Arbeitsteilung und Spezialisierung, verbunden mit der konsequenten Anwendung des Leistungsprinzips, zu einer Steigerung der Produktivität führt. Ursprünglich war der „Taylorismus" mit seinem organisatorischen Mehrliniensystem bestehend aus Funktionsmeistern und Arbeitsgruppen noch auf handwerkliche Arbeit ausgerichtet. Mit der Übernahme seiner Prinzipien durch Henry Ford in der amerikanischen Automobilproduktion wird er schon kurz danach zur Basis der industriellen Fertigung ganz generell.

Ein weiterer Schritt in der Entwicklung einer Theorie der Organisationsgestaltung erfolgt durch Fayol (1916). Er führt von einer produktionsbestimmten Sicht zu einem

272

Managementverständnis, das sich auf die Unternehmensebene generell bzw. auf die umfassende Gestaltung von Organisationen ausweitet. Grundthese ist hier, dass übersichtliche und eindeutige Beziehungen zwischen den Elementen einer Organisationsstruktur, im Wesentlichen in Form von Einliniensystemen, die Voraussetzung für deren effektive und effiziente Funktionsfähigkeit darstellen. Mit dem „Human Relations-Ansatz" zeigen in den 30er Jahren des letzten Jahrhunderts Mayo (1933), Roethlisberger und Dickson (1939) sowie Folgeuntersuchungen, dass die Produktivität von Mitarbeitern nicht nur von physischen Arbeitsbedingungen sondern ganz entscheidend auch von psychischen (z. B. Aufmerksamkeit und Interesse) und sozialen Faktoren (z. B. Gruppenzugehörigkeit und Gruppennormen) beeinflusst wird. Dies führt zur Schlussfolgerung, dass nicht nur formale sondern gleichfalls informelle Beziehungen eine wesentliche Rolle spielen und entsprechend Beachtung verdienen.

In den 60er und 70er Jahren des 20. Jahrhunderts liegt der Schwerpunkt organisationstheoretischer Arbeiten bei einer umfassenden Betrachtung unter Einbeziehung der komplexen Realität, in der sich Organisationen entwickeln und bewähren müssen. Ausgangspunkt ist die Feststellung, dass frühere Organisationsmodelle zu einseitig in ihrem Ansatzpunkt waren, verbunden mit der Folgerung, dass die konkrete Situation sowie die Summe der Einflussfaktoren als Ganzes zu berücksichtigen sind. Organisationen können in Bezug auf ihre Gestaltung wie auch in Hinsicht auf die Analyse von Auswirkungen auf die Beteiligten nur sinnvoll in einem gehaltvollen kontextuellen Modell untersucht und beurteilt werden. Unter der Bezeichnung „Situational Approach" bzw. „Contingency Approach" formulierten z. B. Galbraith (1973) und Scott (1986) entsprechende Hypothesen. Sie besagen in Kurzform, dass es keine „beste" Organisationsmethode gibt; dass nicht jede Methode gleich effizient ist, sondern dass die konkrete empirische Situation ihre Effektivität und Effizienz beeinflussen; und dass die Wahl geeigneter Organisationsstrukturen von den Umfeldbedingungen in beachtlichem Ausmaß abhängt. Eine weitere Dimension in der Entwicklung organisationstheoretischer Überlegungen und Modelle ist die systematische Einbeziehung der Ökonomie. Unter der Bezeichnung Institutionenökonomie prägt sie zunehmend das Verständnis vom Wesen der Organisation und neuere Begriffe der Betriebswirtschaft, des Managements und der Sozialwissenschaften. Auf generelle Ansätze der Institutionenökonomie wird in Kapitel 4.6.9 eingegangen.

4.6.2   Aufbau- und Ablauforganisation

Die Regelung der organisatorischen Abläufe führt zur Ausbildung von Systemstrukturen, die unternehmerisches Handeln und wirtschaftliche Prozesse ermöglichen. Die *Aufbauorganisation* eines Unternehmens ist auf die Schaffung längerfristiger, formaler Strukturen ausgerichtet. Regelungen dieser Art sind immer dann sinnvoll, wenn sich Tätigkeiten wiederholen bzw. wenn neue Aufgaben kontinuierlich bewältigt werden müssen (Schierenbeck 2000: 93 ff.). Bei der Gestaltung von Aufbauorganisationen zur

Bewältigung umfangreicher Aufgabenkomplexe spielt die Effizienz der Kommunikation sowie die Zuordnung von Verantwortlichkeiten und von Entscheidungskompetenzen eine wichtige Rolle. Grundlage der Aufbauorganisation ist somit die Zuordnung von Aufgaben zu Personen oder Stellen. Die verschiedenen Strukturtypen einer Aufbauorganisation werden in Abschnitt 4.6.5 erläutert.

Organigramm: Organigramme stellen die betriebliche Aufbauorganisation dar. Sie veranschaulichen die Zuordnung von Aufgaben zu Stellen für Mitarbeiter, die Gruppierung von Stellen in einzelnen Organisationsbereichen, die Rangordnung der Instanzen sowie die Kommunikationswege. Organigramme vermitteln in der Regel einen ersten Überblick über die jeweilige Organisation. Sie werden durch Stellenbeschreibungen ergänzt, in denen die ausgewiesenen Stellen der verschiedenen Organisationseinheiten hinsichtlich ihrer Aufgaben und Tätigkeiten konkretisiert werden. Wesentliche Bestandteile von Stellenbeschreibungen sind Ausführungen zu den Aufgabenbereichen, den Kompetenzen und Weisungsbefugnissen sowie zum gesamten Verantwortungsbereich eines Mitarbeiters. Stellenbeschreibungen sind eine wichtige Voraussetzung für ein kompetentes Personalmanagement zur Beurteilung von Fähigkeitsprofilen, für Maßnahmen der Weiterbildung und für die Karriereplanung.

Bei der *Ablauforganisation* geht es um laufende systeminterne Prozessregelungen, die häufig auch kurzfristig erfolgen. Ihre Grundlage ist eine umfassende Gliederung der Prozessabläufe. Dies betrifft die Abstimmung ineinander greifender Arbeitsvorgänge, die Bestimmung der Reihenfolge und Terminierung betrieblicher Prozesse sowie die Beurteilung innerbetrieblicher Schnittstellen. Zur Gestaltung einer effizienten Ablauforganisation wird zunächst die zu bewältigende Gesamtaufgabe in Teilaufgaben zerlegt. Anschließend wird überlegt, in welcher Reihenfolge diese zu bearbeiten sind. Vielfach gibt es dabei mehrere mögliche Kombinationen, die entsprechende Gestaltungsspielräume eröffnen. Die einzelnen Teilaufgaben werden zu Aufgabenkomplexen zusammengefasst und den Mitarbeitern zugewiesen.

Funktionsdiagramm: In einem Funktionsdiagramm wird die Ablauforganisation dargestellt. Sie zeigt die verschiedenen Teilaufgaben und ihre Zuordnung zu Stellen. Dies geschieht z. B. in Form einer Matrix, in der die Kombination bestimmter Teilaufgaben bei einzelnen Aufgabenträgern zusammengefasst wird. Ebenfalls aufgeführt werden die interne Arbeitsteilung und die gegenseitigen funktionalen Beziehungen zwischen verschiedenen Stellen. Funktionsdiagramme sind dann vorteilhaft, wenn an der Bewältigung komplexer Aufgaben mehrere Stellen beteiligt sind und wenn die Entscheidungsbefugnisse auf verschiedene Hierarchiestufen verteilt sind. Die Darstellung der Kommunikationswege ist ein wichtiger und wesentlicher Bestandteil von Funktionsdiagrammen. Gezeigt wird, welche Stellen mit welcher Intensität Informationen austauschen. Die Analyse der notwendigen Kommunikationswege und ein Vergleich mit der tatsächlichen Nutzung von Informationen in einem Unternehmen liefern wichtige Hinweise für organisatorische Verbesserungen.

4.6.3   Organisationsbereiche

Organisationsbereiche sind Subsysteme von Unternehmen und Betrieben, die in einem funktionalen Zusammenhang stehen. Die Bildung solcher Bereiche ermöglicht es, die innerbetrieblichen Prozesse sowie die Beziehungen zur unternehmerischen Umwelt zu strukturieren. Die Sachlogik der Transformation sowie die güterwirtschaftlichen und finanzwirtschaftlichen Umsatzprozesse bestimmen damit auch die Organisationsbereiche von Wirtschaftseinheiten. Organisationsbereiche sind prozessorientiert, d. h. nach den konkreten Anforderungen der betrieblichen Transformation gegliedert. Von Bedeutung sind vor allem die Bereiche Betriebs- oder Unternehmensleitung, Finanz- und Rechnungswesen, Leistungserstellung bzw. Produktion, Beschaffung und Marketing (Abbildung 4-16).

Eine andere Form der Gliederung einer Unternehmens- und Betriebsorganisation ist die Unterscheidung von marktleistungsbezogenen und betriebsmittelbezogenen Organisationsbereichen. Zum Marktleistungsbereich gehören Forschung und Entwicklung, Leistungserstellung und Marketing. Zum betriebsmittelbezogenen Bereich sind Personalwesen, Finanz- und Rechnungswesen und die Beschaffung von Betriebsmitteln

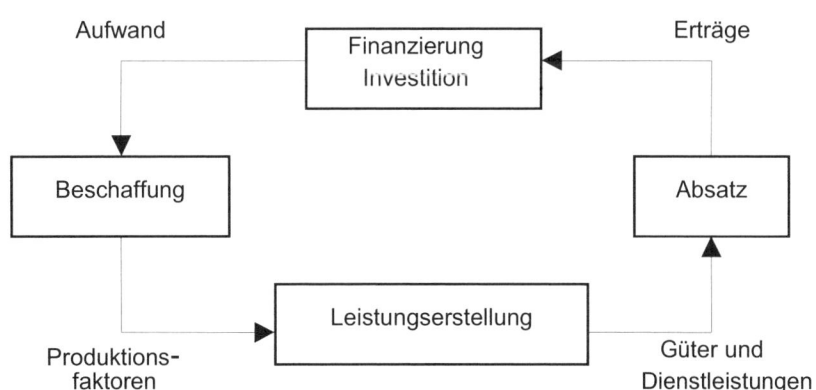

Abbildung 4-16:   Organisationsbereiche in Unternehmen und Betrieben (Eigene Darstellung)

275

und Produktionsanlagen zu rechnen. Eine moderne Form unternehmerischer Strukturen ist die Schaffung von Logistik- und Controlling-Einheiten, welche die gesamte Wertschöpfungskette einer Wirtschaftseinheit steuern.

4.6.4   Funktionale und divisionale Organisationsformen

Eine *funktionale Organisationsform* liegt vor, wenn gleichartige Teilaufgaben in bestimmten organisatorischen Einheiten zusammengefasst werden (Abbildung 4-17). Weit verbreitet ist z. B. die Organisation nach wichtigen Aktivitäten der Wertkette, also in Abteilungen für Einkauf, Produktion, Verkauf, Kundendienst, Forschung und Entwicklung sowie Finanzen. Der Vorteil einer solchen Gliederung besteht in kurzen Kommunikationswegen innerhalb der einzelnen Funktionsbereiche sowie in der Spezialisierung und Nutzung von Synergien für bestimmte Teilaufgaben. Andererseits besteht die Gefahr eines ausgeprägten Abteilungsdenkens. Die gesamte Wertkette ist nicht effizient, wenn von den verschiedenen Organisationseinheiten nicht kompatible Optimierungsparameter angewendet werden. So führt z. B. die Produktion großer Lose zu niedrigen Stückkosten, aber auch zu großen Lagerbeständen. Probleme ergeben sich u. U. für Kunden, die nur sporadisch kleine Mengen abnehmen. Die Vorteile in der Produktion führen zur Unzufriedenheit von Kunden, die dann wiederum der Verkaufsabteilung angelastet wird.

Erfolgt die Bereichsgliederung nach Objekten, so spricht man von einer *divisionalen Organisation*. Gliederungskriterien können Produkte, Produktgruppen oder Regionen sein. In divisionalen Organisationen werden die Teilaufgaben unterhalb der objektbezogenen Gliederungsebene angesiedelt. Diese Organisationsform ermöglicht die Optimierung der Wertkette bei einzelnen Produkten oder in verschiedenen Regionen. Sie ist vor allem sinnvoll, wenn sich die marktbezogenen Anforderungen nach einzelnen Pro-

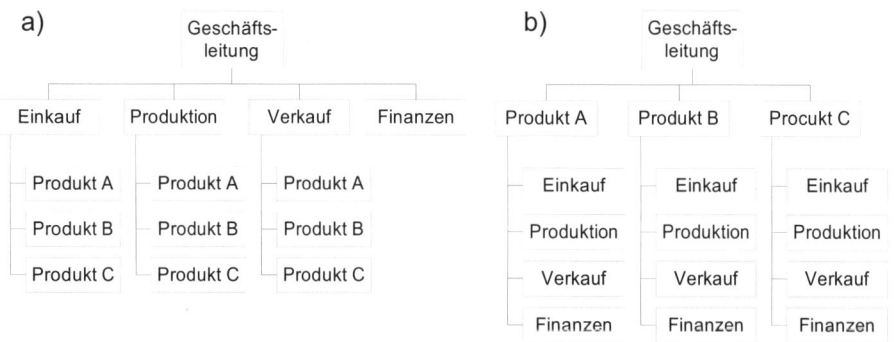

Abbildung 4-17:   Funktionale (a) und divisionale (b) Organisation (Schierenbeck 2000: 105, verändert)

dukten und/oder nach Regionen stark unterscheiden. Als Ergebnis einer divisionalen Organisation entstehen wirtschaftlich weitgehend autonome Einheiten. Sofern sie als selbstständige Unternehmenseinheit agieren, werden sie als *Profit-Center* bezeichnet. Sie sind dann buchhalterisch und hinsichtlich ihres wirtschaftlichen Erfolges eindeutig abgegrenzt, verfügen über weitreichende Kompetenzen bei der Gestaltung marktbezogener Aktivitäten und sind in der Lage, die Verantwortung für den unternehmerischen Erfolg in ihrem Bereich zu übernehmen. Maßgebend für die Gliederung der ersten Führungsebene einer Organisation nach Produktgruppen, Regionen oder Funktionen ist, ob die gewählte Zuordnung von Ergebnisverantwortung und Führungskompetenz den Erfolg eines Unternehmens am Markt garantiert. Dies hängt jedoch immer vom situativen Kontext des jeweiligen Unternehmens ab.

4.6.5   Strukturtypen von Organisationen

Bei der Gestaltung von Organisationen gibt es verschiedene Möglichkeiten der Aufgabengliederung und der Aufgabenzuweisung an die Mitarbeiter. Relevante Aspekte sind Zentralisation bzw. Dezentralisation der Aufgabenverteilung an einzelne Organisationseinheiten sowie die Regelung der Leitungsbeziehungen zwischen diesen Einheiten. Die Charakterisierung nach Leitungs- und Führungsbeziehungen führt zur Bildung von Strukturtypen (Peters *et al.* 2005: 65 ff.). Nach Art der Kommunikations- und Entscheidungswege sind Linien-Organisation, Stab-Linien-Organisation, Mehrlinienorganisation und Matrixorganisation zu unterscheiden (Abbildung 4-18).

In der *Linien-Organisation* erhalten nachgeordnete Stellen Weisungen und Anordnungen nur von den ihnen direkt übergeordneten Instanzen. Vorteile dieses Strukturtyps sind Einfachheit, Klarheit und Transparenz der Organisationsstruktur sowie der Kommunikations- und Entscheidungsprozesse. Bei einer *Stab-Linien-Organisation* wird die Linie mit Stabseinheiten ergänzt. Sie unterstützen die Führungsverantwortlichen und nehmen Spezialaufgaben wahr. Dies führt zu einer Entlastung der Leitungsinstanzen und zu einer Spezialisierung bei der Bearbeitung von Aufgaben, die eine fachkundige Entscheidungsvorbereitung benötigen.

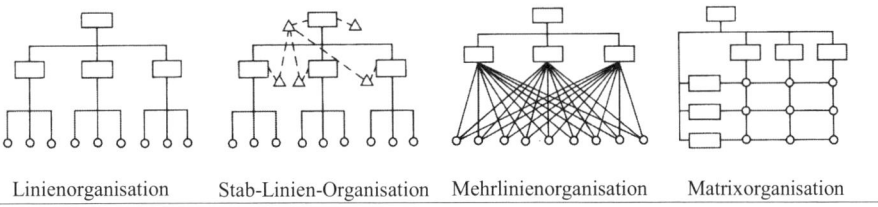

Linienorganisation   Stab-Linien-Organisation   Mehrlinienorganisation   Matrixorganisation

Abbildung 4-18:   Strukturtypen von Organisationen

Die *Mehrlinienorganisation* führt zu einer funktionalen Gliederung der Leitungs-funktionen. Damit verbunden sind vernetzte Kommunikationswege und Mehrfach-unterstellung von Mitarbeitern in nachgeordneten Einheiten. Vorteilhaft sind hier die weitergehende Spezialisierung bei der Aufgabenerfüllung sowie Querverbindungen bei den Kommunikationswegen, die zu fachkundigen Entscheidungen führen. Dage-gen ist die Koordination der Leitungsfunktionen komplexer und mit einem erheb-lichen Aufwand verbunden. Eine effiziente Koordination gelingt dann, wenn für die verschiedenen Leitungsebenen Anreize zur gemeinsamen Umsetzung übergeordneter Unternehmensziele geschaffen werden. Dies betrifft vor allem Anreize zur Gestal-tung von positiven Rahmenbedingungen der Zusammenarbeit und Teamentwicklung (Lumma 2006).

In einer *Matrixorganisation* erfolgt die Aufgabenspezialisierung gleichzeitig nach zwei verschiedenen Dimensionen, d. h. nach Managementfunktionen und nach Managementobjekten. In Bezug auf die Zuordnung von Kompetenzen und von Ver-antwortungsbereichen sind beide Dimensionen gleichberechtigt. Vorteilhaft ist die Flexibilität der Organisation, die Möglichkeit sachgerechter Teamentscheidungen und die Definition gut umschriebener Aufgabenbereiche. Nachteilig sind die unter Umständen aufwändigen Kompetenzabgrenzungen, ein erheblicher Kommunikati-onsbedarf sowie Schwierigkeiten bei einer eindeutigen Zuschreibung der Ergebnis-verantwortung.

In speziellen Fällen mit klar umrissenen Aufgaben sind auch Organisationsformen mit (teil-)autonomen Arbeitsgruppen möglich, deren Aktivitäten durch Planungs- und Controllinginstrumente der Unternehmensführung generell gesteuert werden. Dagegen liegt die sachliche und weitgehend auch die formelle Führungsverantwortung bei der Gruppe, die für die Erfüllung der gemeinsamen Aufgabe zuständig ist. Innerhalb der Gruppe handeln die Mitarbeiter als Team von Gleichberechtigten im Rahmen ihrer jeweiligen fachlichen Kompetenz. Sie sind für die Organisation ihrer Arbeit und für das inhaltliche Ergebnis ihrer Tätigkeit gemeinsam verantwortlich. Maßgebend für ihre Arbeit und für die Beurteilung der Zielerreichung sind die Vorgaben und Rahmenbe-dingungen ihres Auftrags.

In größeren Unternehmen findet sich in der Regel eine Kombination verschiedener Organisationsformen. Der Grund für eine differenzierte Ausgestaltung von Organisati-onen ist die Komplexität der Unternehmensprozesse, die eine Kombination von Linien-, Stab- und Matrixorganisationen notwendig macht. Dennoch ist die Linienorganisation das dominierende Modell zur Organisation wertschöpfender Prozesse (Kapitel 2.1), vor allem wenn sie durch Stabs-Organisationen für unterstützende Prozesse, wie Informati-onstechnologie (IT-Support), Einkauf oder Personalmanagement, ergänzt wird. Mehr-linien- und Matrix-Organisationsformen kommen hinzu, wenn zwischen verschiedenen Divisionen und Funktionen Abstimmungsprozesse mit permanenter oder temporärer Teambildung notwendig sind.

278

4.6.6 Formale Organisationselemente

Formale Elemente der Organisationsgestaltung sind Aufgaben und Aktivitäten sowie Kompetenzen und Verantwortung. Von Bedeutung sind ebenfalls Stellen, Stellengruppen und Verbindungswege (Ulrich und Fluri 1995: 173 ff.). Bei der Zuordnung von Aufgaben an bestimmte Personen bzw. Organisationseinheiten spielen Kompetenzabstufung (Delegation), Standardisierung von Arbeitsabläufen und Regelung der Arbeitsteilung eine wichtige Rolle. Sie steht in einem engen Zusammenhang mit der Mitarbeitermotivation und der Gestaltung einer humanen Arbeitswelt.

Aufgaben: Unternehmenspolitik, Unternehmensziele sowie strategische und operative Planungen bestimmen die Aufgaben, die in Unternehmen und Betrieben zu bewältigen sind. Eine Aufgabe stellt eine Soll-Leistung dar, die von den Mitarbeitern in unterschiedlichen Situationen und häufig auch mit wechselnden Mitteln erbracht wird. Je nach Organisationsebene können Aufgaben umfassender und allgemeiner oder spezieller und ins Einzelne gehend definiert sein. Üblicherweise werden einem Mitarbeiter verschiedene, miteinander zusammenhängende Aufgaben übertragen. In diesem Fall wird von einem Aufgabenbereich gesprochen. Aufgaben und Aufgabenbereiche sind Grundelemente der Organisationsgliederung und der Bestimmung von Pflichten und Kompetenzen eines Mitarbeiters. Merkmale zur Charakterisierung von Aufgaben sind:

– Der Funktionsbereich, in dem Aufgaben zu erfüllen sind

– Die Aktivitäten, die mit der Erledigung von Aufgaben verbunden sind

– Die Phase des Problemlösungs- oder Entscheidungsprozesses, dem die Aufgaben zugeordnet sind

– Die Häufigkeit, mit der bestimmte Aufgaben anfallen

– Die Bedingungen nach Raum, Zeit, Qualität und Quantität, unter denen die mit einer bestimmten Aufgabe verbundene Soll-Leistung zu erbringen ist.

Aktivitäten: Die Erfüllung einer Aufgabe ist mit der Ausführung von bestimmten Aktivitäten verbunden. Hierunter sind z.B. physische Leistungsprozesse zu verstehen wie die Bearbeitung oder der Transport von Material oder von Produkten. Bei Kommunikations- und Informationsprozessen sind Aktivitäten wie Aufnehmen, Speichern und Verarbeiten oder Weitergabe von Information erforderlich. Im Managementbereich beziehen sich Aktivitäten in erster Linie auf die verschiedenen Phasen der Problemlösung und Entscheidung. Hierzu gehören die Entscheidungsvorbereitung, die Entscheidung selbst, die Umsetzung sowie Controlling und Evaluation.

Kompetenzen: Unter Kompetenzen sind Handlungsrechte der Mitarbeiter zu verstehen. Sie ergeben sich aus der Übertragung bestimmter Funktionen und Aufgaben. Die Zuweisung von Kompetenzen bedarf einer institutionellen Legitimation im Rahmen der gesamten Aufgabenteilung eines Unternehmens oder Betriebes. Zur Durchsetzung der Handlungsrechte ist die Übertragung von Kompetenzen an einzelne Mitarbeiter mit positiven und negativen Sanktionsmöglichkeiten zu verbinden. Eine Kompetenzverteilung ist dann umfassend und zweckmäßig, wenn sie es ermöglicht, dass alle zur Zielformulierung und Zielerreichung notwendigen Maßnahmen getroffen werden können. Eine Gliederung von Kompetenzen kann nach folgenden Gesichtspunkten erfolgen:

– Verfügungskompetenzen

– Entscheidungskompetenzen

– Mitsprachekompetenzen

– Anordnungskompetenzen

– Vertretungskompetenzen

– Richtlinienkompetenzen.

Verantwortung: Die Verantwortung bezieht sich auf die Verpflichtung der Mitarbeiter, übertragene Kompetenzen zu übernehmen, auszuüben und über das Ergebnis Rechenschaft abzulegen. Die Übertragung von Kompetenzen und die daraus folgende persönliche Verantwortung für einen bestimmten Aufgabenbereich ist ein wichtiges Element der Mitarbeitermotivation. Eine eigenverantwortliche und kompetente Wahrnehmung der übertragenen Handlungsrechte sollte mit positiven Anreizen, z. B. mit Prämien oder Aufstiegsmöglichkeiten, verbunden sein. Die Vernachlässigung der mit Kompetenzen übertragenen Verantwortung führt zu negativen Sanktionen und in schwerwiegenden Fällen zu personalrechtlichen Konsequenzen. Die Erfüllung von Aufgaben bzw. die Übernahme eines gesamten Aufgabenbereichs wird somit immer durch zwei Komponenten d. h. durch Übertragung von Kompetenzen und eines Verantwortungsbereiches gesteuert. Der Mitarbeiter hat beide im Rahmen seiner im Pflichtenheft festgehaltenen Aufgaben zu übernehmen. Andererseits können Führungsverantwortliche nicht ohne zwingenden Grund in den Kompetenz- und Verantwortungsbereich eines Mitarbeiters eingreifen.

Stellen und Stellengruppen: Die Ausweisung eines Aufgabenbereichs als eigene organisatorische Einheit, die einem Mitarbeiter übertragen wird, führt zur Schaffung einer Stelle. Eine Stelle ist eine abstrakte, strukturelle Einheit für einen Mitarbeiter, dem ein bestimmter Aufgabenkomplex einschließlich der damit verbundenen Kompetenzen und Verantwortung zugeordnet ist. Eine Stelle im Sinne der Organisationsgestaltung ist nicht mit dem physisch vorhandenen Arbeitsplatz gleichzusetzen. Werden mehrere Stellen zur Erfüllung umfassender Aufgabenbereiche zusammengefasst, so spricht man von Stellengruppen oder auch von Abteilungen.

Verbindungswege: Für das Funktionieren der Organisation müssen zwischen den einzelnen Stellen Verbindungswege festgelegt werden, auf denen Güter und Leistungen sowie wichtige prozessorientierte Informationen ausgetauscht werden. Vor allem bei komplexen Produktionssystemen ist die Optimierung solcher Verbindungswege zwischen den Organisationseinheiten des Unternehmens durch effiziente Logistiksysteme von zentraler Bedeutung (Kapitel 7.1.1 ff.). Im Bereich der Informationsübermittlung sind verschiedene Formen von Verbindungswegen zu unterscheiden. Mitteilungswege dienen dem Informationsaustausch und der Koordination. Entscheidungsregelungen dienen der Herbeiführung und Umsetzung von Entscheidungen. Hierzu gehört die Forderung nach einer Entscheidung durch eine bestimmte Stelle, z. B. durch Anträge, Vorschläge, Rückfragen oder Beschwerden. Notwendig sind ferner Regelungen, aus denen sich ergibt, nach welchen Grundsätzen eine Entscheidung vorbereitet und getroffen wird. Wichtige Prozesselemente sind ausreichend definierte Kompetenzen der Information, der Mitsprache, der Beteiligung und der Kooperation.

4.6.7 Organisationsentwicklung

Organisationsentwicklung: Der Begriff Organisationsentwicklung bezieht sich auf übergreifende Konzepte und Maßnahmen zur Entwicklung von Strukturen in sozialen Systemen, wobei personenbezogene wie aufgabenbezogene Gesichtspunkte gleichwertig zu berücksichtigen sind (French und Bell 1994: 47 ff.; Ulrich und Fluri 1995: 205 ff.). Maßgebend ist die Erkenntnis, dass eine formale Beeinflussung der Organisationsstruktur nur dann Wirkungen zeigt, wenn sie mit den Bedürfnissen und Wertvorstellungen der in einem Unternehmen Beschäftigten vereinbar ist. Organisationsänderungen sind dann produktiv, wenn sie zu einer besseren Übereinstimmung von Mitarbeiterzielen mit dem Gesamtsystem, zu einer Erhöhung der Qualität von Problemlösungen, zur Förderung der Kreativität sowie zu einem vermehrten Verständnis für die Notwendigkeit laufender Organisationsprozesse bei den Beteiligten führen.

Personalmanagement: Aus Sicht des Personalmanagement stehen die Mitarbeiter und ihre Motivationen sowie Art und Umfang der Aufgabeninhalte im Mittelpunkt. Zu fragen ist, wie ein Aufgabenbereich zu definieren ist, damit er den Motivationsstrukturen von Mitarbeitern möglichst entspricht und diese zur Leistung am Arbeitsplatz motiviert (Berthel und Becker 2007: 17 ff., 446). Generell gilt, dass interessante, abwechslungsreiche und anspruchsvolle Aufgaben stärker motivieren als uninteressante, monotone und einfache Tätigkeiten. Vielfach besteht ein Zusammenhang zwischen der Entfaltungsorientierung von Mitarbeitern und dem Anspruchsniveau. Ähnliches gilt für die Beziehungen zwischen Mitarbeiterqualifikation und Anforderungen an die Aufgabenerfüllung. Sowohl unterforderte als auch überforderte Personen können ihre Aufgaben nicht in vollem Umfang bewältigen und suchen, sofern möglich, verstärkt einen neuen Arbeitsplatz.

Organisationsveränderungen: Bei laufenden Veränderungen der Organisationen sind die Vor- und Nachteile möglicher Alternativen bei Aufgabengliederung und Wahl von

Strukturtypen gegeneinander abzuwägen. Zu berücksichtigen ist, dass Veränderungen von schon länger bestehenden Organisationsformen häufig zu einer erheblichen Verunsicherung der betroffenen Mitarbeiter führen. Andererseits kann aufgrund der gegebenen Dynamik des Unternehmensumfelds und einer dynamischen Unternehmensentwicklung nicht auf laufende Anpassungen und Prozesse der Reorganisation verzichtet werden. Diese für die Beteiligten verträglich zu gestalten, ist insbesondere in größeren Unternehmungen eine der großen Herausforderungen des Managements. Merkmale einer systematischen Organisationsentwicklung, die Veränderungsprozesse kompetent bewältigt, sind:

–   Die Förderung des Verständnisses bei allen Beteiligten für die Bedeutung zwischenmenschlicher Prozesse, die mit jeder Reorganisation verbunden sind

–   Die Förderung des Vertrauens und der sachlichen Kommunikation durch Offenlegung der Gründe und durch transparente Prozessgestaltung

–   Die Beteiligung der Mitarbeiter bei der Suche nach neuen Lösungen und bei der Beurteilung von möglichen Alternativen

–   Die Vermeidung von unnötigen Status- und Gesichtsverlusten bei der Umsetzung sowie die Schaffung rationaler Verfahrensabläufe bei der Bewältigung von Konflikten.

Insgesamt bestehen größere Erfolgsaussichten in der Umsetzungsphase, wenn die Mitarbeiter über Organisationsänderungen informiert und an ihnen ausreichend beteiligt wurden. Reibungsverluste in der Veränderungszeit lassen sich dann reduzieren, wenn die Identifikation möglichst vieler Mitarbeiter mit dem Vorhaben und ihr Verständnis für die von ihnen erwarteten Beiträge hoch sind. Dies setzt voraus, dass die für eine Reorganisation Verantwortlichen eine klare Vorstellung des angestrebten Soll-Zustands, der zu erreichenden Ziele und Verbesserungen und vor allem auch der für die Betroffenen sich ergebenden Konsequenzen haben (Hafen *et al.* 2000).

Organisationsanalysen: Auslöser für eine Überprüfung der Organisation und für Organisationsänderungen sind in der Regel neue unternehmerische Zielsetzungen und Rahmenbedingungen, gekoppelt mit der Notwendigkeit, die betriebliche Effizienz zu erhöhen. Organisationsanalysen dienen dazu, bestehende Schwachpunkte in einer Organisation aufzudecken und Maßnahmen der Reorganisation vorzubereiten (Bühner 2004: 360 ff.). Ansatzpunkte solcher Analysen bieten die Aufbauorganisation und vermehrt noch die Ablauforganisation.

Zero-Base-Budgeting: Kern dieses Verfahrens ist die Überlegung, wie eine Organisation aussähe, wenn sie völlig neu aufgebaut werden müsste, um bei möglichst niedrigen Kosten die geforderten Aufgaben zu erfüllen. Das Verfahren distanziert sich bewusst von schon existierenden Strukturen. Es lässt sich auf ganze Unternehmen oder einzelne Unternehmensbereiche anwenden. Mit der Annahme, dass ein Unternehmen von keinerlei Einschränkungen durch eine allmählich gewachsene Struktur beeinflusst ist, zeigt das Zero-Base-Budgeting, welche Wettbewerbsvorteile, aber auch welche Nachteile ein Mitbewerber hat, der neu in den Produktionsprozess eintritt. Die hierbei gewonnenen Erkenntnisse vermitteln ein realistisches Bild aktueller Wettbewerbspotenziale. Auf diese Weise sind z. B. in den letzten Jahren Unternehmen im Rahmen der Ausweisung neuer Industriegebiete, der Schaffung neuer Verkehrsnetze und durch regionalpolitische Anreize für die Neuansiedlung von Unternehmen neu entstanden.

Wertanalyse: Ziel einer Wertanalyse ist es herauszufinden, in welchen Bereichen der Wertschöpfungskette und mit welchen organisatorischen Maßnahmen die Kosten der Erstellung von Gütern und Dienstleistungen zu senken sind. Ausgangspunkt ist eine funktionale Analyse von Produkten, d. h. eine Beurteilung der verschiedenen Eigenschaften, die diese aus Kundensicht zu erfüllen haben. Anschließend werden Lösungen gesucht, mit denen Produkte, welche die geforderten Eigenschaften aufweisen, möglichst kostengünstig erstellt werden können. Ausgehend von den geforderten Produkteigenschaften können durch organisatorische Verbesserungen die Produktionsprozesse und Prozessabläufe optimiert werden.

Gemeinkostenwertanalyse: In vielen Unternehmen machen die Gemeinkosten einen erheblichen Teil der Gesamtkosten aus. Dabei handelt es sich um Kosten, die nicht direkt einzelnen vermarktbaren Produkten und Dienstleistungen zuzuordnen sind (Kapitel 5.7.5, 5.7.6). In der Gemeinkostenwertanalyse werden unternehmerische und betriebliche Aktivitäten hinsichtlich ihres Beitrags zur Wertschöpfung analysiert. Es lassen sich in Bezug auf die Organisation, insbesondere im Verwaltungsbereich, nicht wertsteigernde und unproduktive Prozesse identifizieren und eliminieren.

4.6.8 New Public Management

Die Gestaltung von Aufgaben und Tätigkeiten öffentlicher Verwaltungen wird heute in beachtlichem Maß von neuen Konzepten geprägt, für die Begriffe wie New Public Management (NPM), wirkungsorientierte Verwaltungsführung oder ähnliche Bezeichnungen verwendet werden (Hablützel *et al.* 1995; Schedler und Proeller 2006). Ziel von Verwaltungsreformen ist dabei, bestehende Organisationsstrukturen durch die Übernahme von betriebswirtschaftlichen Erkenntnissen und modernen Managementmethoden wirksamer und wirtschaftlicher zu gestalten.

Unter New Public Management und anderen vergleichbaren Reformbestrebungen ist ein umfassender Managementansatz im öffentlichen Sektor zu verstehen, der leistungs- und motivationshemmende Elemente politischer Entscheidungsprozesse und des Verwaltungshandelns durch moderne Führungsstrukturen und Managementinstrumente ersetzt. Grundelement ist die Fokussierung der Steuerung auf erbrachte Leistungen

(Output) und Wirkungen (Outcome und Impact), statt, wie bisher weitgehend üblich, auf die zur Verfügung stehenden einsetzbaren Mittel (Input). Gleichzeitig soll das politisch-administrative System dynamisiert und den wachsenden gesellschaftlichen Ansprüchen angepasst werden (Kissling und Zimmermann 1996: 839 ff.). Ein wichtiger Gesichtspunkt ist eine bürgernahe und leistungsfähige Verwaltung.

Vielfältige Reformbestrebungen zeigen sich bei den öffentlichen Forstverwaltungen in einer Reihe europäischer Länder (Krott 2001: 49 ff., 69 ff.). Strategische Optionen, die bei der Modernisierung der Forstdienste im Vordergrund stehen, beziehen sich auf Reformen in Bezug auf Zielsetzungen und Organisationsstrukturen, Neugestaltung von Planungsprozessen auf örtlicher und regionaler Ebene, sowie auf eine vermehrte Vernetzung zwischen Zielsetzungen der Waldbewirtschaftung und des Naturschutzes. Dies erfordert die Entwicklung neuer Konzepte der Informationspolitik, der Neugestaltung der Finanzierungs- und Budgetierungsinstrumente und der Stärkung der Rolle privater und öffentlicher Waldeigentümer. Organisationsreformen in Bezug auf das Aufgabenspektrum und die Neustrukturierung der Forstdienste führen vermehrt zu einer teilweisen oder auch weitgehenden Trennung zwischen Aufsichtsfunktionen und Erbringung von Dienstleistungsaufgaben oder auch zu einer stärkeren Vernetzung zwischen den Aufgaben der Forstdienste und denen anderer Verwaltungsstellen. Auch eine Abstimmung und Zusammenarbeit im Rahmen verschiedener Programme der Europäischen Union ist, zumindest in einigen Ländern, Gegenstand von Reformbestrebungen.

Dynamische Veränderungen im Bereich öffentlicher Forstverwaltungen sind in Bezug auf Information der Öffentlichkeit, Personalpolitik und Anforderungen an Aus- und Weiterbildung festzustellen. Hierbei geht es z. B. um eine wirksame Darstellung der Leistungen von Forstverwaltung und Personal, um die Einführung kohärenter interner Führungsinstrumente und um unterstützende bzw. flankierende Maßnahmen für ausscheidende Mitarbeiter. Innovationen bei der internen Weiterbildung, veränderte Ausbildungsziele von fachtechnischem Personal und Hochschulabsolventen, Maßnahmen zur Effizienzsteigerung bei der Leistungserbringung sowie die Schaffung von Anreizen für qualifizierte und leistungsfähige Mitarbeiter und Führungskräfte sind weitere wichtige Ansatzpunkte für Reformen im öffentlichen Bereich.

Die Umsetzung der Grundsätze des New Public Management beruht im Wesentlichen auf einem Kontraktmanagementmodell, bei dem sich Politik und Verwaltung durch Verhandlungen über die zu erbringenden Leistungen und ihre Finanzierung einigen. Bedarf, Art und Umfang an öffentlichen Leistungen sowie die Adressaten und Empfänger solcher Leistungen werden von den verantwortlichen politischen Institutionen, in der Regel von den Parlamenten, durch Gesetze, Verordnungen und Budgetbewilligungen bestimmt. Regierung und Verwaltung wirken an der Ausarbeitung von Leistungsaufträgen mit. Sie sind für die Aufgabenerfüllung bzw. die Leistungserbringung verantwortlich. Instrumente hierzu sind Aufträge an die zuständigen Ressorts und an die ihnen nachgeordneten Verwaltungsstellen, die durch Leistungsvereinbarungen konkretisiert werden. Die Produzenten bzw. die Erbringer von Leistungen, d. h. die verschiedenen Verwaltungen selbst oder die von der Verwaltung beauftragten privaten Unternehmen handeln hierbei im Rahmen der bewilligten öffentlichen Finanzmittel. Wichtige Vereinbarungselemente im New Public Management sind:

- Öffentliche Leistungen, Produktpläne, Produktbudgets sowie Adressaten bzw. Kunden (Businesspläne; Kapitel 8.5.5)

- Öffentliche Finanzierungsmaßnahmen und Budgets

- Öffentliche Leistungsaufträge und Leistungsvereinbarungen.

Das dreistufige Kontraktmodell des New Public Managements verdeutlicht die Bedeutung von Produkten, Produktgruppen und Produktbudgets. Produkte im Sinne von NPM sind alle Arten von Leistungen, wie etwa die Erstellung von Einrichtungen und Infrastruktur, Dienstleistungen für die Bürger, aber auch verwaltungsspezifische Aufgaben und hoheitliche Verwaltungsakte. Damit die politischen Instanzen über die Erbringung öffentlicher Leistungen bzw. Produkte beraten und über die Finanzierung bestimmter Produktbudgets entscheiden können, benötigen sie umfassende Informationen. Es obliegt den Verwaltungseinheiten, spezifische Produktkataloge zu erarbeiten und anhand von betriebswirtschaftlichen Instrumenten wie Plan- oder Normalkostenrechnungen die Gestehungskosten zu ermitteln. Im Bereich der Waldwirtschaft stehen in einem solchen Produktkatalog Leistungen für die Schutz- und Erholungsnachfrage neben den Produkten von Rohholzsortimenten oder den Leistungen im Natur- und Landschaftsschutz (Kapitel 5.7.6, 5.8).

Maßgebende NPM-Elemente sind Kostenbewusstsein, Leistungs- und Wirkungsorientierung sowie Kunden- und Marktorientierung. Kostenbewusstsein verlangt explizit die Einführung moderner Systeme der Betriebsbuchhaltung, um Produktions- und Prozesskosten zu erfassen (Kapitel 5.7.1 ff., 5.8.2 ff.). Die Wirtschaftlichkeit der Leistungserstellung kann am Verhältnis zwischen tatsächlich anfallenden Kosten und vorgegebenen Standardkosten ermittelt werden. Kostenträger sind die einzelnen vom Parlament oder anderen politischen Instanzen nachgefragten Produkte. Zur Beurteilung der Effizienz muss der Output der öffentlichen Aufgabenerfüllung bewertet und soweit als möglich quantitativ erfasst werden. Die Bewertung erbrachter Leistungen bzw. erstellter Produkte wirft methodische Fragen auf z. B. bei der Beurteilung von Maßnahmen der öffentlichen Sicherheit, die außerhalb des Rechnungswesens zu beantwortet sind. Leistungs- und Wirkungsorientierung betreffen vor allem eine systematische Überprüfung oder Evaluation des Erfolgs der getroffenen Maßnahmen sowie den Nachweis einer effizienten Leistungserstellung. Ein wichtiges Instrument der Wirkungsprüfung im NPM ist das Benchmarking (Kapitel 8.7.5). Hier werden Prozesse, Methoden und vor allem die Qualität der eigenen Leistungserstellung mit solchen von besonders effizient arbeitenden Vergleichseinheiten beurteilt.

Insgesamt haben Verwaltungsreformen im Sinne des New Public Managements verbunden mit der Einführung eines Kontraktmodells erhebliche Konsequenzen für die Leistungserstellung durch öffentliche Körperschaften. Dies gilt im Speziellen für das Rechnungswesen der öffentlichen Haushalte, das mehr als bisher gesicherte Nachweise über die Effizienz des Verwaltungshandelns zu erbringen hat. Als zentrales betriebliches Informationssystem für politische Entscheidungsinstanzen, Verwaltung und Öffentlichkeit ist es die Aufgabe eines modernen Rechnungswesens, das Verhältnis von Ressourcenaufwand und erstellten Produkten möglichst realistisch abzubilden. Die an die Kostenrechnungen zu stellenden Anforderungen führen zu einer stärkeren Durchdringung des Verwaltungshandelns mit betriebswirtschaftlichen Überlegungen. Gleichzeitig nimmt die Bedeutung moderner Controlling-Instrumente zu als Nachweis für eine wirkungsvolle und wirtschaftliche Leistungserstellung im Bereich der öffentlichen Verwaltungen.

4.6.9 Institutionenökonomie

Bei einer institutionell geprägten Betrachtungsweise liegt der Schwerpunkt bei Organisationen als zielgerichtete Handlungssysteme mit interpersonaler Arbeitsteilung (Picot *et al.* 2005: 23 ff.). Unternehmen bzw. Betriebe haben nicht nur eine Organisation (instrumenteller Fokus), sondern sind selbst eigenständige Organisationen (institutioneller Fokus), deren Ziele und Handeln vorwiegend durch die Sicht auf das Umfeld bestimmt werden (Kapitel 4.6.1). Dieses wird durch unterschiedliche Stakeholder sowie Kunden-, Markt- und Wettbewerbsorientierung bestimmt. Die Außenorientierung befähigt die Unternehmen und ihr Management, Veränderungen der institutionellen Rahmenbedingungen frühzeitig wahrzunehmen und durch geeignete strategische und operative Maßnahmen zu reagieren. Als übergeordnete institutionelle Rahmenbedingungen sind u. a. Grundregeln und Grundnormen, Gesetze, Verträge und Verfügungsrechte, aber auch Wettbewerb, neue Technologien oder Engpässe in der Verfügbarkeit notwendiger Ressourcen zu verstehen.

Die Bewältigung von Knappheiten ist der Grund, warum Menschen wirtschaften, wobei das Maß an Bedürfniszufriedenstellung angibt, ob und inwieweit Knappheit subjektiv erlebt wird (Picot *et al.* 2007: 1 ff.; Kapitel 2). Durch Arbeitsteilung und Spezialisierung wird der entscheidende Beitrag zur Knappheitsverringerung geleistet. Gleichzeitig erfordert dies den Austausch von Gütern und Leistungen auf Märkten und zu Marktpreisen (Kapitel 3). Bedenkt man, dass diese Transaktionen enorme Dimensionen annehmen können, so wird ersichtlich, dass vielfältige und komplexe Abstimmungsprozesse notwendig sind, denen bei der Organisationsgestaltung und bei der Erarbeitung von Managementstrategien Rechnung getragen werden muss. Die Steigerung der Produktivität durch Arbeitsteilung, Spezialisierung und durch Ressourcenverbrauch bzw. Ressourcentausch auf Märkten ist mit *zentralen Organisationsproblemen* verbunden, die sich vor allem auf eine sinnvolle Gestaltung der hierfür notwendigen Koordinations- und Motivationsprozesse beziehen. Im Zentrum stehen *Informationsasymmetrien und Informationsbarrieren,* oder positiv formuliert, die ausreichende und zweckorientierte Versorgung mit Informationen und die Schaffung von positiven Anreizsystemen zu ihrer Nutzung. Die Gewinnung und Verarbeitung zielgerichteter Informationen sind wichtige Grundlagen für strategische Planung und Controlling, die eine flexible Anpassung an Veränderungen des Umfelds und kritische Rahmenbedingungen ermöglichen (Kapitel 8).

Ausgehend von Coase (1937) entwickelt sich der Forschungsansatz der Institutionenökonomie in den 60er und 70er Jahren des 20. Jahrhunderts. Im Mittelpunkt der Analyse steht das Entscheidungssubjekt (methodischer Individualismus) mit der Annahme (Hypothese), dass eine Organisation bzw. ein Unternehmen nicht als ein anonymes, in sich selbst fest gefügtes Konstrukt zu sehen ist, sondern dass es durch das Zusammenwirken der individuellen Verhaltensweisen der Mitglieder bestimmt wird (Picot *et al.* 2005: 31 ff.). Die Mitglieder haben mehr oder weniger stabile individuelle Präferenzen, äußern diese durch Artikulation ihrer speziellen Interessen und versuchen im Rahmen ihrer Möglichkeiten, ihren Nutzen zu maximieren. Als Entscheidungssubjekte verhalten sie sich rational, wobei es sich immer nur um eine eingeschränkte Rationalität handeln kann. Ein vollständig rationales Verhalten ist nicht möglich, da kein Individuum in der Lage ist, alle Informationen und Einwirkungen vollständig zu überblicken und mit einem rationalen Kalkül zu ordnen. Neoinstitutionalistische Organisationsvorstellungen, die in diesem Zusammenhang von besonderem Interesse sind, sind Property Rights, Transaktionskosten und der Principal-Agent Ansatz.

Generell befasst sich die in den 60er Jahren des letzten Jahrhunderts entwickelte *Theorie der Property Rights* mit der Erforschung der Entstehung vorherrschender Strukturen, deren Auswirkungen und der zweckmäßigen Gestaltung rechtlicher und sozialer Handlungsbedingungen des Wirtschaftens (Woll 1991). Maßgeblich geprägt wird die Theorie vor allem von amerikanischen Ökonomen (Alchian und Demsetz 1973; Buchanan 1975; Buchanan *et al.* 1980; Coase 1960; Olson 1968). Zentrale Problemstellung ist das Verhältnis zwischen Handlungs- und Verfügungsrechten einerseits und formellen Eigentumsrechten andererseits. Kernthemen sind marktwirtschaftliche und hierarchische Transaktionen, die damit verbundenen Transaktionskosten, sowie vergleichende Untersuchungen zur Leistungsfähigkeit von Wirtschaftssystemen und Nutzungsregimen. Im Zusammenhang mit der Organisation von Unternehmen und Betrieben ist der Property Rights Ansatz bei der Ausgestaltung und Verteilung von Handlungs- und Verfügungsrechten von Bedeutung, die sich aus der Existenz von Gütern und deren Nutzung ergeben (Picot *et al.* 2005: 46 ff.). Ihre Anwendung als Erklärungsmodell trägt zum Verständnis der Beziehungen zwischen ökonomischen Akteuren im Allgemeinen und der mit organisatorischen Maßnahmen durchsetzbaren Beziehungen im Speziellen bei.

Im Zentrum der Betrachtungsweise der *Transaktionskostentheorie* stehen einzelne Transaktionen, d. h. Austauschbeziehungen zwischen spezialisierten Akteuren in komplexen arbeitsteiligen Wirtschaftssystemen (Picot *et al.* 2005: 56 ff.). Der Begriff

Akteur bezieht sich primär auf Individuen, wird jedoch auch im weiteren Sinne für Unternehmen als ganzes, für andere organisierte Stakeholder und staatliche Institutionen verwendet. Transaktionskosten entstehen im Zusammenhang mit der Verwirklichung eines Leistungsaustausches, d. h. im Rahmen der Anbahnung, Vereinbarung, Abwicklung, Kontrolle und Anpassung jeder Art von Austauschbeziehungen. Hierbei geht es nicht nur um monetär erfassbare Größen sondern auch um andere nur schwer quantifizierbare Nachteile und Belastungen. Anwendungsmöglichkeiten des Transaktionskostenansatzes in Bezug auf Organisationsfragen bestehen z. B. bei der Gestaltung einer sinnvollen und rationellen Arbeitsteilung bzw. der Zerlegung, Zusammenfassung und Koordination von Teilaufgaben oder bei Grundsatzentscheiden zur Zentralisierung und Dezentralisierung von Kompetenzen. Andere Anwendungsmöglichkeiten ergeben sich bei der Optimierung von Tausch- und Abstimmungsprozessen und bei Entscheidungen, die sich mit der Bestimmung der Kernaufgaben eines Unternehmens im Vergleich mit den Vorteilen und Nachteilen einer Aufgabenauslagerung (Outsourcing) befassen.

Grundlage sind bestimmte Annahmen über die Umstände und Bedingungen, unter denen Transaktionskosten entstehen. *Annahmen über das Verhalten der Akteure* sind insbesondere die im Kontext gegebene begrenzte Rationalität, die durch Informationsdefizite bzw. Informationsasymmetrien zwischen den Beteiligten verursacht wird. Ferner wird unterstellt, dass das Verhalten der Akteure durch individuelle Nutzenmaximierung bestimmt wird. *Annahmen über die Umfeldbedingungen* beziehen sich auf die Unsicherheit bei der Vereinbarung von Transaktionen sowie die Wertdifferenz zwischen der beabsichtigten Verwendung und der zweitbesten alternativen Verwendung der jeweiligen Ressource. Weitere Einflussfaktoren des Umfeldes sind die strategische Bedeutung, die von den Akteuren beidseitig der Leistungsbeziehung zugemessen wird, die Häufigkeit mit der bestimmte Transaktionen stattfinden oder auch Messprobleme, die Such- und Kontrollkosten in Bezug auf Leistungsumfang und Qualitätsanspruch erhöhen. *Annahmen zur Transaktionsatmosphäre* beziehen sich z. B. auf soziokulturelle und technische Faktoren, die Einfluss auf die Transaktionskosten bei der Wahl unterschiedlicher Instrumente der Koordination und Motivation haben.

Gegenstand des Principal-Agent Ansatzes sind Leistungsbeziehungen zwischen Auftraggeber (Principal) und Auftragnehmer (Agent). Wer als Principal bzw. als Agent handelt, hängt ab von rechtlichen und organisatorischen Regelungen, der Ressourcenverteilung zwischen den Beteiligten, der funktionalen und hierarchischen Position sowie der Aufgaben- und Kompetenzzuweisung. Je nach konkretem Einzelfall und zugewiesenem Verantwortungsbereich sind Führungskräfte und Mitarbeiter im Organisationsgefüge von Unternehmen und Betrieben sowohl in der Funktion des Agent wie des Principal tätig. Ebenfalls können sich zwischen denselben Akteuren mehrere Principal-Agent-Beziehungen überlappen (Picot *et al.* 2005: 72 ff.). Erklärungs- und Gestaltungsbeiträge des Ansatzes ergeben sich im Zusammenhang mit Entscheiden zur

Arbeitsteilung und Aufgabenverteilung, zur Spezialisierung unternehmerischer Tätig-keiten, bei der Personalführung und Ergebniskontrolle, sowie bei der Auswahl und Beurteilung von qualifiziertem Personal.

Da häufig Principal und Agent nicht über denselben Informationsstand verfügen, ist die daraus resultierende Informationsasymmetrie ein substantieller Kostenfaktor und ein zentrales Organisationsproblem. Zu beachten ist, dass das Informationsdefizit bzw. der Informationsvorsprung sowohl auf der Seite des Auftragnehmers wie der des Auf-traggebers liegen kann. Die mit der Informationsasymmetrie verbundenen Kosten, die sich als Resultat von Verlusten von Vorteilen im Vergleich mit möglichen optimalen Lösungen ergeben, werden als Agency-Costs bezeichnet. Sie setzen sich zusammen aus den Signalisierungskosten des Agenten, die dieser unternimmt, um die Informations-asymmetrie zu verringern, aus Kontrollkosten des Principal zur Sicherung eines ausrei-chenden Informationsflusses, und aus den verbleibenden Wohlfahrtsverlusten, die mit den noch bestehenden Informationsdefiziten verbunden sind.

Die Verhaltensannahmen des Principal- Agent-Ansatzes sind im Wesentlichen die gleichen wie im Fall der Transaktionskostentheorie. In beiden Fällen wird von einer begrenzten Rationalität, d. h. nur begrenztes bzw. unvollständiges Wissen, und einer individuellen Nutzenmaximierung ausgegangen. In Bezug auf das Verhältnis zwischen Auftraggeber und Auftragnehmer wird zusätzlich die menschliche Risikoneigung als eine weitere Verhaltenseigenschaft thematisiert. Sie führt zu Überlegungen, wie aus-reichende strukturelle und organisatorische Sicherheitsvorkehrungen getroffen werden können, um schwerwiegende Fehlentscheidungen zu vermeiden, die durch nicht ausrei-chenden Informationsstand des Agenten, Nichtbeachtung oder Fehlinterpretation von Informationen durch den Prinzipal oder etwa auch durch bewusste Falscheinschätzung oder Täuschung eines Beteiligten entstehen.

Der Systemvergleich in Abbildung 4-19 zeigt, dass die skizzierten theoretischen Ansätze der Institutionenökonomie in einem gemeinsamen Kontext und als sich gegen-seitig ergänzende Erklärungs- und Gestaltungsansätze zu verstehen sind. Festzustellen ist, dass die Ausgestaltung der Verfügungsrechte im Property Rights Ansatz unmittel-bare Auswirkungen auf die anfallenden Transaktionskosten hat. Transaktionskosten wiederum sind ein wichtiger Faktor, der das Verhältnis von Auftraggeber (Principal) und Auftragnehmer (Agent) maßgeblich beeinflusst.

	Property-Rights-Theorie	Transaktionskostentheorie	Principal-Agent-Theorie
Untersuchungsgegenstand	Property-Rights-Verteilungen	Transaktion	Prinzipal-Agent-Beziehung
Verhaltenannahme	Beschränkte Rationalität Individuelle Nutzenmaximierung	Beschränkte Rationalität Individuelle Nutzenmaximierung Opportunismus	Beschränkte Rationalität Individuelle Nutzenmaximierung Opportunismus Risikoneigung der beteiligten Akteure
Effizienzkriterium	Summe der Transaktionskosten und Wohlfahrtsverluste aufgrund externer Effekte	Transaktionskosten	– Agency-Kosten – Signalisierungskosten – Kontrollkosten – Verbleibende Wohlfahrtsverluste
Umweltbedingungen	– Untrennbare Produktionsprozesse – Hebeleffekte – Eigentumssurrogate	– Unsicherheit – Spezifität/strategische Bedeutung – Häufigkeit – Transaktionsatmosphäre	– Unbekannte Qualitätseigenschaften – Nicht beobachtbare Anstrengungen – Unvollständige Verträge
Art der Gestaltungsempfehlung	„Property Rights so zuordnen, dass Trade off zwischen Wohlfahrtsverlusten aufgrund externer Effekte und Transaktionskosten ihrer Internalisierung optimiert wird!"	„Transaktion unter besonderer Berücksichtigung ihrer Umweltbedingungen in der Vertragsform abwickeln, die ihre Transaktionskosten minimiert!"	„Anreizkompatibilität zwischen Prinzipal und Agent erreichen bzw. Tradeoff zwischen Anreizsetzung und Risikoallokation optimieren!"
Aktionsvariable	Konzentration bzw. Verdünnung von Property Rights	Wahl von Verträgen mit unterschiedlicher Bindungsintensität	Instrumente zur Überwindung von Informationsasymmetrien, zur Interessenangleichung und zur Risikoallokation

Abbildung 4-19:   Property-Rights-, Transaktionskosten- und Principal-Agent-Theorie im Vergleich (Picot *et al.* 2005: 142)

4.7   Literatur

Albach, H., Hrsg. (1990): Innovationsmanagement: Theorie und Praxis im Kulturvergleich. Gabler, Wiesbaden. 238 S.

Alchian, A.A.; Demsetz H. (1973): The Property Rights Paradigm. Journal of Economics History, Vol. 33 (1973), S. 16-27.

Bea, F.X.; Haas, J. (2005): Strategisches Management. 4. neu bearb. Auflage. Lucius & Lucius, Stuttgart. 579 S.

Berndt, R.; Hrsg. (2000): Innovatives Management: Herausforderungen an das Management. Band 7. Springer, Berlin. 363 S.

Berthel, J.; Becker, F.G. (2007): Personal-Management: Grundzüge für Konzeptionen betrieblicher Personalarbeit. 8. überarb. u. erweit. Auflage. Schäffer-Poeschel, Stuttgart. 626 S.

Birkigt, K.; Stadler, M.M.; Funk, H.J. (1998): Corporate Idendity – Grundlagen, Funktionen, Fallbeispiele. 9. Aufl., Landsberg am Lech.

Bleicher, K. (2004): Das Konzept Integriertes Management: Vision, Missionen, Programme. St. Galler Management-Konzept. Band 1, 7., überarb. und erw. Auflage. Campus, Frankfurt, u. a. 710 S.

Brounstein, M.; Christiansen, R.; Becker, A. (2007): Coaching für Dummies: Mitarbeiter motivieren und fördern – zuhören und konstruktives Feedback geben. 2., überarb. Auflage. Wiley VCH. 331 S.

Buchanan, J.M. (1975): The Limits of Liberty: Between Anarchy and Leviathan. Chicago, University of Chicago Press. 164 p.

Buchanan, J.M.; Tollison, R.; Tullock, G. (1980): Toward a Theory of the Rent-Seeking Society, College Station (Texas A&M University Press).

Bühner, R. (2004): Betriebswirtschaftliche Organisationslehre. 10. Auflage. Oldenbourg, München, Wien. 469 S.

Bullinger, H.-J. (1994): Ergonomie: Produkt- und Arbeitsplatzgestaltung. Teubner, Stuttgart. 417 S.

Coase, R.H. (1937): The Nature of the Firm. Economica N. S., Vol. 4 (1937), S. 386-405.

Coase, R.H. (1960): The Problem of Social Cost. Journal of Law and Economics, Vol. 3 (1960), S. 1-44.

Collins, J. (2006): Der Weg zu den Besten: Die sieben Management-Prinzipien für den dauerhaften Unternehmenserfolg. 6. Auflage. Dtv, München. 359 S.

Daenzer, W.F.; Huber, F. (2002): Systems Engineering: Methodik und Praxis. 11. durchges. Auflage. Verlag Industrielle Organisation, Zürich. 618 S.

Däuble, W. (2004): Arbeitsrecht. 5. Auflage. Bund-Verlag, Frankfurt. 392 S.

Demsetz, H. (1964): The Exchange and Enforcement of Property Rights. Journal of Law and Economics, Vol. 7 (1964), S. 11-26.

Drucker, P.F.; Haas-Edersheim, E. (2007): Alles über Management. Redline Wirtschaftsverlag, Heidelberg. 320 S.

Fayol, H. (1916): Administration industrielle et générale. Paris

French, W.L.; Bell, C.H. (1994): Organisationsentwicklung: Sozialwissenschaftliche Strategien zur Organisationsveränderung. 4. Auflage. Haupt, Bern. 256 S.

Galbraith J. R. (1973): Organization Design. Reading, Mass.

Hablützel; P.; Haldemann, T.; Schedler, K.; Schwaar, K. (1995): Umbruch in Politik und Verwaltung: Ansichten und Erfahrungen zum New Public Management in der Schweiz. Haupt, Bern. 518 S.

Hafen, U.; Künzler, C.; Fischer D. (2000): Erfolgreich restrukturieren in KMU: Werkzeuge und Beispiele für nachhaltige Veränderungen. 2. Auflage. vdf, Zürich. 206 S.

Hausmann, T.; Schafir, S.; Genevicius, R. (2006): Projektmanagement – Wege zum erfolgreichen Projekt. Deutscher Betriebswirte-Verlag, Gernsbach. 191 S.

Hentze, J.; Kammel, A. (2001): Personalwirtschaftslehre 1: Grundlagen, Personalbedarfsermittlung, -beschaffung, -entwicklung und -einsatz. 7., überarb. Auflage. UTB für Wissenschaft. Haupt, Bern. 649 S.

Hill, W.; Fehlbaum, R.; Ulrich, P. (1994): Organisationslehre 1: Ziele, Instrumente und Bedingungen der Organisation sozialer Systeme. 5. überarb. Auflage. UTB für Wissenschaft. Haupt, Bern. 366 S.

Hill, W.; Fehlbaum, R.; Ulrich, P. (1998): Organisationslehre 2: Theorethische Ansätze und praktische Methoden der Organisation sozialer Systeme. 5.verb. Auflage. UTB für Wissenschaft. Haupt, Bern. 643 S.

Hinterhuber, H.H.; Krauthammer, E. (2000): Innovatives Unternehmertum: Die richtigen Prioritäten setzen. In: Berndt, R.; Hrsg.: Innovatives Management: Herausforderungen an das Management. Band 7. Springer, Berlin. 363 S.

Kant, S.; Berry, R.A.; Ed. (2005b): Institutions, Sustainability and Natural Resources: Institutions for Sustainable Forest Management. Springer, Dordrecht Netherlands. 361 pp.

Kissling-Näf, I.; Zimmermann, W. (1996). New Public Management: Ein brauchbares Konzept für die Modernisierung von Forstverwaltungen? Schweiz. Zeitschrift für Forstw., 147 (1996) 11: 839-857.

Krabbe, E.; Czeranowsky, G. (2003): Leitfaden zum Grundstudium der Betriebswirtschaftslehre. 7., überarb. und erw. Auflage. Deutscher Betriebswirte-Verlag, Gernsbach. 561 S.

Krott, M. (2001): Strategien der staatlichen Forstverwaltungen im europäischen Vergleich 1991-2000. In: Krott, M.; Ed.: Strategies of the State Forest Service: A comparative view on European Countries 1991-2000. Proceedings No 40, European Forest Institute (EFI), ed., Joensuu. 225 pp.

Laub, U.D.; Schneider, D.; Hrsg. (1991): Innovation und Unternehmertum: Perspektiven, Erfahrungen, Ergebnisse. Gabler, Wiesbaden. 367 S.

Lehky, M. (2008): Die 10 größten Führungsfehler – und wie Sie sie vermeiden. Campus, Frankfurt, u. a. 246 S.

Luczak, H.; Volpert, W.; Hrsg. (1997): Handbuch Arbeitswissenschaft. Schäffer-Poeschel, Stuttgart. 1088 S.

Lumma, K. (2006): Die Team Fibel : ... oder das Einmaleins der Team- & Gruppenqualifizierung im sozialen und betrieblichen Bereich. 3. Auflage. Windmühle, Hamburg. 217 S.

Mayo, E. (1933): The Human Problem of an Industrialized Civilization. New York.

Niederhoff, H.-U. (2005): Mitbestimmung im europäischen Vergleich. IW-Trends, Vierteljahresschrift zur empirischen Wirtschaftsforschung aus dem Institut der deutschen Wirtschaft Köln. 32. Jg., Heft 2/2005. Deutscher Instituts-Verlag, Köln. 16 S.

Olson M. (1968): Die Logik des kollektiven Handelns. Kollektivgüter und die Theorie der Gruppen. Tübingen

Peters, S.; fortgef. von: Bruehl, R.; Stelling, J.N. (2005): Betriebswirtschaftslehre: Einführung. Oldenbourgs Lehr- und Handbücher der Wirtschafts- und Sozialwissenschaften. 12. durchges. Auflage. Oldenbourg, München, Wien. 263 S.

Pickenpack, L. (2003): Innovation in der Forstwirtschaft: Eine Untersuchung der größeren privaten Forstbetriebe in Deutschland. Dissertation am Institut für Forstpolitik der Universität Freiburg. Freiburger Schriften zur Forst- und Umweltpolitik. Verlag Dr. Kessel, Remagen-Oberwinter. 239 S.

Picot, A.; Dietl, H.; Franck, E. (2005): Organisation: Eine ökonomische Perspektive. 4. Auflage, Schäffer-Poeschel, Stuttgart. 430 S.

Rametsteiner, E.; Kubeczko, K. (2003): Innovation und Unternehmertum in der österreichischen Forstwirtschaft. Schriftenreihe des Institutes für Sozioökonomik der Forst- und Holzwirtschaft. Band 48. Universität für Bodenkultur (BOKU), Wien.

Roethlisberger, F.; Dickson, W. (1939): Management and the Worker. Cambridge Mass.

Rogers, E.M. (1995): Diffusion of Innovation. fourth edition. The Free Press, New York. 519 pp.

Schedler, K.; Proeller I. (2006): New Public Management. 3., vollst. überarbeitete Auflage. Haupt, Bern, Stuttgart, Wien. 331 S.

Schellenberg, A.C. (2000): Rechnungswesen: Grundlagen, Zusammenhänge, Interpretationen. 3. überarb. u. erw. Auflage. Versus, Zürich. 499 S.

Schierenbeck, H. (2000): Grundzüge der Betriebswirtschaftslehre. 15., überarb. u. erw. Auflage. Oldenbourg, München, u. a. 753 S.

Schneck, O. (2006): Lexikon der Betriebswirtschaft: 3500 Begriffe mit allen wichtigen Wirtschaftsgesetzen. Franz Vahlen, München. CD Rom Version 4.0 2006.

Scholz, Ch. (2000): Personalmanagement: informationsorientierte und verhaltenstheoretische Grundlagen. 5. neubearb. und erw. Auflage. Vahlen, München. 1063 S.

Schönsleben, P. (2007): Integrales Logistikmanagement: Operations und Supply Chain Management in umfassenden Wertschöpfungsnetzwerken. 5.. bearb. und erw. Auflage. Springer, Berlin, Heidelberg, New York. 1035 S.

Scott, R. W. (1981): Organizations: Rational, Natural, and Open Systems. Englewood Cliffs, N.Y.

Seiler, A. (2003): Financial Management: BWL in der Praxis. Band 2. 3. überarb. Auflage. Orell Füssli, Zürich. 528 S.

Simma, B. (2000): Strategische Optionen. Unterlagen zum Innovationsmanagement II. ETH Zürich, BWI, Pfäffikon.

Steinmann, H.; Schreyögg, G. (2005): Management: Grundlagen der Unternehmensführung; Konzepte – Funktionen – Fallstudien. Gabler, Wiesbaden. XIX, 952 S.

Taylor, F. W. (1911): The Principles of Scientific Management. New York.

Thommen, J.-P. (2007): Betriebswirtschaftslehre. 7., überarb. Auflage. Versus Verlag, Zürich. 1309 S.

Thommen, J.-P.; Achleitner, A.-K. (2006): Allgemeine Betriebswirtschaftslehre: Umfassende Einführung aus managementorientierter Sicht. 5., überarb. u. erw. Auflage. Gabler, Wiesbaden. 1103 S.

Ulich, E. (2005): Arbeitspsychologie. 6., überarb. u. erw. Auflage. Schäffer-Poeschel, Stuttgart und vdf, Zürich. 840 S.

Ulrich, H. (2001): Systemorientiertes Management: Das Werk von Hans Ulrich. Herausgegeben von der Stiftung zur Förderung der systemorientierten Managementlehre, St. Gallen, Schweiz. Haupt, Bern, u. a. 599 S.

Ulrich, P.; Fluri, E. (1995): Management: Eine konzentrierte Einführung. 7. verb. Auflage. Haupt, Bern, u. a. 318 S.

Whitmore, J. (2006): Coaching für die Praxis: Wesentliches für jede Führungskraft. 1. Auflage der neu überarb. und erw. 3. Ausgabe. Allesimfluss, Staufen. 192 S.

Woll, A.; Hrsg. (2008): Wirtschaftlexikon. 10., vollst. neubearb. Auflage. Oldenbourg, München, Wien. 863 S.

Züst, R. (2004): Einstieg ins Systems Engineering: Optimale, nachhaltige Lösungen entwickeln und umsetzen. 3., überarb. Auflage. Verlag Industrielle Organisation, Zürich. 160 S.

5. Kapitel

Rechnungswesen als
zentrales Informationssystem

5   Rechnungswesen als zentrales Informationssystem

5.1   Bedeutung und Gliederung

Das Rechnungswesen ist ein Modell des Wirtschaftsgeschehens zwischen der Unternehmung und der Umwelt auf der Grundlage quantitativer, meist zahlenbezogener Größen. Es dient dazu, die Unternehmensrealität möglichst exakt abzubilden und die Prozesse der Unternehmensführung offen zu legen. Das Modell beschränkt sich auf quantifizierbare, in der Regel monetäre, das heißt zahlungsbezogene Mengen- und Wertgrößen (Schierenbeck 2000: 497). Quantitative Abläufe in der Unternehmung werden ebenso wie die Beziehungen zur Unternehmensumwelt systematisch erfasst und dargestellt. Qualitative Aspekte, wie beispielsweise Zufriedenheit, Motivation und Arbeitsmoral des Personals, finden keinen Zugang ins betriebswirtschaftliche Rechnungswesen, obwohl sie das betriebliche Geschehen und die Leistungserstellung in hohem Maß beeinflussen.

Über das Rechnungswesen geben Geschäftsleitung und Management Rechenschaft gegenüber Angestellten, Kapitalgebern, Revisionsstellen sowie gegenüber dem Staat und der Öffentlichkeit. So informieren sich vor allem Gläubiger, Investoren und Geldinstitute über eine Unternehmung anhand dokumentierter Ergebnisse des Rechnungswesens. Für die Steuerbehörde ist es die Basis für die Erhebung von Steuern und öffentlichen Abgaben. Je nach Ausgestaltung der Unternehmen und Betriebe bestehen quantitativ und qualitativ unterschiedliche Informationsbedürfnisse, die vom Rechnungswesen zu erfüllen sind. Dabei lassen sich grundsätzlich betriebsextern und betriebsintern benötigte Informationen unterscheiden (Schellenberg 2000: 21 f.):

– Betriebsexterne Informationen: Schutz von Eigentümern und Gläubigern, Memorandum der zahlenmäßig quantifizierbaren Verbindungen zur Umwelt, Rechtshilfe (Beweiskraft der Bücher bei Streitfällen), Steuerbasis, Information der Öffentlichkeit

– Betriebsinterne Informationen: nachvollziehbare Rechenschaftslegung z.B. gegenüber Angestellten, Entscheidungsgrundlage für die Unternehmensführung, Kontrolle und Nachweiß des unternehmerischen Erfolgs.

Zu den Aufgaben, die vom Rechnungswesen zu erfüllen sind, gehören:

– Ermittlung der Vermögenslage

– Überwachung der Schulden und Forderungen

– Ermittlung der Erfolgslage der betrieblichen Produktion

- Kontrolle und Verbesserung der Wirtschaftlichkeit

- Planung und Budgetierung zukünftiger Perioden

- Kostenermittlung der Produktion als Grundlage für die Preisgestaltung und die Planung

- Berechnungsgrundlage für die Steuerbehörden

- Systematische Belegsammlung für den Zahlungsverkehr.

Im Zusammenhang mit der Leistungserstellung in Wirtschaftseinheiten der Wald- und Holzwirtschaft ergeben sich vor allem Aufgaben in Bezug auf die:

- Ermittlung der finanziell nachweisbaren Vermögenslage als Rechenschaftsbeleg gegenüber dem Eigentümer oder den Eigentümern

- Ermittlung des betrieblichen Erfolgs für die verschiedenen Betriebs- oder Leistungsbereiche

- Steuerung von Betriebsabläufen und betrieblichen Maßnahmen

- Analyse der wirtschaftlichen Entwicklung einzelner Betriebs- oder Leistungsbereiche

- Beurteilung der wirtschaftlichen Auswirkungen strategischer und operativer Planungen, insbesondere von forstlichen Betriebsplänen bzw. Plänen der industriellen Produktion

- Ermittlung von Selbstkosten und Deckungsbeiträgen der hergestellten und herzustellenden Produkte und Dienstleistungen

- Ermittlung der Wirtschaftlichkeit alternativer Technologien und Arbeitsverfahren.

Aus den sich im Laufe der Zeit herausgebildeten Anforderungen an die Rechnungslegung haben sich verschiedene Gebiete des Rechnungswesens entwickelt (Jöbstl 2002; Meyer 2002; Abbildung 5-1). Zentrale Bestandteile sind die Finanzbuchhaltung mit Bilanz und Erfolgsrechnung sowie die Betriebsbuchhaltung. Beide werden in den folgenden Abschnitten dieses Kapitels ausführlich dargestellt. Weitere spezifische Informationsbedürfnisse werden in zusätzlichen Verarbeitungsstufen des Zahlenmaterials aus Betrieb und Unternehmung, besonders mithilfe von Kennzahlen, Vergleichsgrößen und Analysen erfüllt. Hierzu gehören z. B.:

- Betriebsstatistik

- Bilanz- und Erfolgsrechnungsanalyse

- Soll-Ist-Vergleiche

– Vor- und Nachkalkulationen

– Periodische Planungsrechnungen (Budgetierung)

– Sonderrechnungen wie Investitionsrechnungen

– Betriebsvergleiche.

In Bezug auf die Gestaltung zukünftiger unternehmerischer Entscheide sind Bilanz- und Erfolgsrechnungsanalysen sowie Investitionsrechnungen von spezieller Bedeutung. Sie werden im Abschnitt 5.6 und in Kapitel 6 behandelt.

A. Primäre Verarbeitung, Zahlenermittlung				
Vergangenheitsrechnung			Zukunftsrechnung	
Finanzbuchhaltung	Buchhaltung über Bestände und Bewegungen der Güter und Leistungen		Budget (Planungsrechnung) über Bestände und Bewegungen der Güter und Leistungen, z.B. auch Investitionsrechnung	
Betriebsbuchhaltung	Betriebsabrechnung	Nachkalkulation	Vorkalkulation	evtl. budgetierte Betriebsabrechnung
B. Sekundäre Verarbeitung, Vergleichsrechnungen				
Betriebliche Statistik, Analyse der Bilanz und Erfolgsrechnung, Abweichungsanalysen, Soll-Ist (Budgetkontrolle), Betriebsvergleiche				

Abbildung 5-1:   Gebiete des betrieblichen Rechnungswesens (Meyer 1996: 19)

Insgesamt ist das Rechnungswesen ein umfassendes Instrument zur Beurteilung der Wirtschaftlichkeit und ein zentrales Element der Unternehmensführung. Es liefert Grunddaten für unternehmerische Entscheide und für die nachfolgende Wirkungskontrolle. Gleichzeitig zeigt es auf, wie effizient eine Unternehmung als Ganzes und in ihren Teilbetrieben arbeitet. Es ist ein effektives und leistungsfähiges Instrument, das die Entscheidungsträger und das Management ständig zur Optimierung der Produktionsprozesse in Bezug auf Kosten, Kunden und Innovation sowie zur Anpassung an sich ändernde Bedingungen des wirtschaftlichen Umfelds veranlasst. Rechtliche Normen, die gezielte Generierung von bestimmten Kennziffern wie auch spezielle buchungstechnische Anforderungen bedingen im Rechnungswesen einen hohen Formalisierungsgrad. Um die Gestaltung und die Nutzung der vielfältigen Informationsmöglichkeiten zu zeigen, werden sowohl die Grundlagen wie Beispiele der praktischen Handhabung in den folgenden Abschnitten behandelt.

5.2 Finanzbuchhaltung

5.2.1 Aufgaben

Aufgabe der Finanzbuchhaltung ist es, strukturierte und kohärente Informationen über eine abgelaufene oder über eine zukünftige Wirtschaftsperiode zu liefern. Im Vordergrund stehen die Beziehungen zwischen den Wirtschaftseinheiten als Ganzes und ihrer Umwelt (externe Informationsfunktion). Gegenstand der Betrachtung sind grundsätzlich Unternehmen als autonom handelnde Wirtschaftseinheiten (Kapitel 2.2.1). Sie sind damit auch die buchhalterischen Einheiten, für die Bilanzen und Erfolgsrechnungen erstellt werden. Wirtschaftliche Prozesse von Betrieben, die Teil einer übergeordneten Unternehmung sind, werden dagegen in der Betriebsbuchhaltung dargestellt und analysiert.

Zu den wichtigsten Aufgaben der Finanzbuchhaltung gehören:

– Die chronologische und systematische Erfassung des laufenden Geschäftsverkehrs durch Führung von Geschäftsbuchhaltung und Hilfsbereichen

– Die Ermittlung der Schuld- und Forderungsverhältnisse zu einem bestimmten Zeitpunkt und ihre Darstellung in einer Bilanz

– Die Zukunftsbetrachtung über die zu erwartenden Nutzenzugänge und die Risiken künftiger Zahlungsmittel-, Sachgüter- und Leistungsabgänge

– Der Ausweis des Erfolgs über einen bestimmten Zeitraum und seine Darstellung in der Erfolgsrechnung.

Gliederungselemente der Finanzbuchhaltung sind:

– *Bilanz*: Überblick im Sinne einer Momentaufnahme der Vermögens- und Schuldenverhältnisse eines Unternehmens (formale Auslegung); Abschätzung der künftig zu erwartenden Nutzenzugänge [Aktiven] und Risiken [Passiven] (materielle Auslegung)

– *Erfolgsrechnung*: Darstellung der Geschäftstätigkeit während eines bestimmten Zeitraums

– *Doppelte Buchhaltung*: Behandlung von Geschäftsvorfällen in der Rechnungslegung

– Anlagevermögen und Abschreibung

– *Budget*: periodische Planungsrechungen und Zuweisung von Verantwortlichkeiten während eines zukünftigen Zeitraums

– *Investitionsrechnung*: quantitative Beurteilung einer künftigen Kapitalbindung in Sachgütern des Anlagevermögens oder in finanziellen Werten.

Zur Führung der so genannten Geschäftsbuchhaltung zählen Bilanz und Erfolgsrechnung, welche in der praktischen Ausführung in der doppelten Buchhaltung zusammengefasst werden. Zur Geschäftsbuchhaltung gehört auch das Verzeichnis des Anlagevermögens mit den festgelegten Abschreibungsmodalitäten.

5.2.2   Bilanz

Die Bilanz ist eine übersichtliche Gegenüberstellung aller Aktiven und Passiven einer Unternehmung: Sie zeigt Art, Größe und Zusammensetzung des Vermögens (Aktiven) sowie des Fremd- und Eigenkapitals (Passiven) an einem bestimmten Stichtag. Sie dient zudem dem Ausweis der Schuld- und Forderungsverhältnisse sowie der Finanzlage der Unternehmung, indem die kurzfristig verfügbaren Mittel (liquide Mittel), Guthaben und Verbindlichkeiten nach Art, Umfang und Verfall aufgeführt werden (Schellenberg 2000: 47).

Für die Erstellung der Bilanz gibt es formale und inhaltliche Mindestvorschriften (Lechner *et al.* 2001: 612 ff.; Meyer 2002: 15 ff.; Schellenberg 2000: 54). In den Ländern der Europäischen Union (EU) müssen seit dem 1. Januar 2005 alle Unternehmen, deren Wertpapiere zum Handel an den Börsen in einem der Mitgliedstaaten zugelassen sind, ihre Abschlüsse nach IFRS (International Financial Reporting Standards) aufstellen. Bei diesen Standards handelt es sich um eine Sammlung von Regeln über Gliederung und Inhalt von Jahresabschlüssen sowie über die anzuwendenden Bewertungsmethoden. Aufzuführen sind auf der Aktivseite das Anlage- vor dem Umlaufvermögen und auf der Passivseite das Eigenkapital vor dem lang- und kurzfristigen Fremdkapital (Abbildung 5-2). Außerhalb der EU finden für börsennotierte Unternehmen i. d. R. die in den US-GAAP (General Accepted Accounting Principles) definierten Regeln der Rechnungslegung Anwendung. In der Schweiz müssen seit dem 1. Januar 2005 alle börsennotierten Unternehmen (Ausnahme: Banken) ihre Abschlüsse nach IFRS oder US-GAAP aufstellen (IASB 2008).

Die genannten Vorschriften sind nicht zwingend für Unternehmen, deren Wertpapiere nicht an geregelten Kapitalmärkten gehandelt werden. Für diese Unternehmen gelten die im jeweiligen nationalen Handelsrecht enthaltenen Vorschriften der Rechnungslegung: HGB (Handelsgesetzbuch) in Deutschland und Österreich, OR (Obligationenrecht) und Swiss GAAP FER (Fachempfehlungen zur Rechnungslegung) in der Schweiz. Allerdings stellen viele Unternehmen in Europa auch ohne Verpflichtung ihre Jahresabschlüsse nicht nur nach lokalem Handelsrecht sondern zusätzlich auch nach IFRS auf, um einen aussagekräftigen Vergleich ihrer Ergebnisse mit börsennotierten Unternehmen durchzuführen. In der Holzwirtschaft und vor allem in der Forstwirtschaft sind nur verhältnismäßig wenige Unternehmen börsennotiert. Für die Mehrheit gelten dementsprechend nationale handelsrechtliche Bestimmungen.

Gliederung, Inhalte und Bewertungsvorschriften der nationalen Rechnungslegungs-Vorschriften im HBG oder OR weichen von IFRS bzw. US-GAAP z. T. erheblich ab. In der Schweiz erfolgt nach OR z. B. die Bilanzgliederung in anderer Reihenfolge. Auf der Aktivseite steht an erster Stelle das Umlaufvermögen gefolgt vom Anlagevermögen mit Finanz- und Betriebsanlagen. Auf der Passivseite wird das kurz- und langfristige Fremdkapital vor dem Eigenkapital aufgeführt (Abbildung 5-3). Die internationalen Vorschriften sind außerdem stark auf die Informationsbedürfnisse von Investoren an internationalen Kapitalmärkten ausgerichtet, während für die Bilanzierung nach nationalem Handelsrecht Gläubigerschutz und Kapitalerhaltung im Vordergrund stehen (Kapitel 5.6.2).

Bilanz vom... (Stichtag)

Aktiven		Passiven	
Anlagevermögen	Betriebsanlagen	Eigenkapital	
	Finanzanlagen	Fremdkapital	langfristig
Umlaufvermögen			kurzfristig

Abbildung 5-2:   Bilanzschema in der Europäischen Union

Bilanz vom... (Stichtag)

Aktiven		Passiven	
Umlaufvermögen		Fremdkapital	kurzfristig
Anlagevermögen	Finanzanlagen		langfristig
	Betriebsanlagen	Eigenkapital	

Abbildung 5-3:   Bilanzschema in der Schweiz

Zentral für das Verständnis der Bilanz sind die beiden Begriffe Aktiven und Passiven. Nach Käfer (1976: 26) bilden die zu erwartenden künftigen Zugänge und Abgänge als Aktiven und Passiven den eigentlichen Inhalt der Bilanz:

– *Aktiven*: Mit Geld bewertete, künftig zu erwartende Nutzenzugänge in Form von Zahlungsmitteln, Sachgütern oder Leistungen ohne weitere Gegenleistung der Unternehmung.

– *Passiven*: Mit Geld bewertete Risiken künftiger Zahlungsmittel-, Sachgüter- oder Leistungsabgänge an Dritte ohne zu erwartende Gegenleistung der Empfänger.

Mit dieser Definition lassen sich sämtliche Bilanzpositionen erklären. Die Aktiven dienen dazu, künftigen Nutzen für den Wirtschaftszweck zu stiften. Die erwarteten Nutzenzugänge können erfolgen in Form von:

–   *Geld*: Verkauf ab Lager, Zahlungen von Debitoren, Rückzahlungen für gewährte Darlehen

–   *Sachleistungen*: von Lieferanten eingehende Güterlieferungen im Umfang der geleisteten Anzahlungen

–   *Dienstleistungen*: Nutzungsrecht aufgrund vorausbezahlter Miete, erwartete Produktionsleistungen von Maschinen und Anlagen.

Da die Unternehmung bereits Leistungen erbracht hat, stehen den erwarteten Nutzenzugängen keine weiteren Gegenleistungen gegenüber.

Die Passiven stellen das Gegenstück zu den Aktiven dar: Sie charakterisieren die Natur künftiger Nutzenabgänge. Auch diese erfolgen in Form von:

–   *Geld*: zukünftige Zahlungen an Kreditoren, erwartete Steuerschuld, Rückzahlung von erhaltenen Krediten

–   *Sachleistungen*: Güterlieferungen nach dem Eingang von Kundenanzahlungen, mutmaßlicher Ersatz von Produkten aus Garantiefällen

–   *Dienstleistungen*: zu leistende Garantiearbeiten.

Da die Unternehmung oder der Betrieb bereits eine Leistung erhalten hat, stehen diesen Nutzenabgängen keine weiteren Gegenleistungen der künftigen Nutzenempfänger gegenüber (Schellenberg 2000: 48 f.).

Aktiven und Passiven werden in der betrieblichen Praxis häufig vereinfachend mit einer Mischung aus Finanzierungsbetrachtung und rechtlichen Überlegungen erklärt:

–   Danach zeigen Passiven, wer einer Unternehmung Kapital zur Verfügung gestellt hat, resp. wer rechtliche Ansprüche auf Teile des Vermögens hat. Dementsprechend wird die Passivseite der Bilanz auch Kapital- oder Finanzierungsseite genannt [Σ Passiven = Kapital].

–   Die Aktiven zeigen, wie die Summe der verfügbaren Mittel angelegt wurde. Die Aktivseite wird dementsprechend als Investitions- oder Vermögensseite bezeichnet [Σ Aktiven = Vermögen].

Diese Art der Interpretation von Aktiven und Passiven vermag allerdings nicht alle Bilanzpositionen befriedigend zu erklären. So bedeuten beispielsweise Rückstellungen auf der Passivseite der Bilanz keine Finanzierungsvorgänge, da niemand von außen der Unternehmung Kapital zur Verfügung gestellt hat.

5.2.3 Aktiven

Die *Aktivseite der Bilanz* wird nach Zweckbestimmung und Aufgaben der verschiedenen Bilanzpositionen in Anlage- und Umlaufvermögen gegliedert.

Anlagevermögen: Anlagegüter werden entweder gar nicht (Grundstücke) oder nur allmählich (Gebäude, Maschinen, Patente) bei der Erstellung der Betriebsleistung verbraucht. Sie gehen nur indirekt in das Leistungsergebnis, d.h. in das erzeugte Produkt oder in die erbrachte Dienstleistung, ein. Die Abnützung von Anlagegütern wird buchhalterisch als Abschreibung behandelt. Das Anlagevermögen besteht somit aus Gütern, die der Unternehmung zur dauernden oder mehrmaligen Nutzung dienen. Die Zugehörigkeit eines Gutes zum Anlagevermögen hängt ausschließlich vom Verwendungszweck innerhalb der betreffenden Unternehmung ab. So gehören Grundstücke und Liegenschaften in der Regel zum Anlagevermögen. Für den Immobilienhandel sind Grundstücke und Liegenschaften jedoch zur Weiterveräußerung bestimmt. Sie sind deshalb – mit Ausnahme der eigenen Verwaltungsgebäude – dort als Umlaufvermögen zu bilanzieren.

Gliederung des Anlagevermögens: Das Anlagevermögen wird in materielles und immaterielles Anlagevermögen gegliedert. Das materielle Anlagevermögen ist physisch oder zumindest in Form von Wertpapieren greifbar. Das immaterielle Anlagevermögen hingegen umfasst vor allem Rechte wie Patente, Konzessionen oder Lizenzen.

Zum *materiellen Anlagevermögen* zählen:

– *Wertschriften*: Wertpapiere, welche zum Zweck dauernder Anlage gehalten werden

– *Beteiligungen*: Anteile am Kapital anderer Unternehmungen, die mit der Absicht einer dauernden Anlage gehalten werden und einen maßgeblichen Einfluss auf diese Unternehmungen ermöglichen

– *Immobilien*: Grundstücke, unbewegliche Sachanlagen und Liegenschaften

– *Dinglich gesicherte Rechte*: z.B. Baurechte und Servituten, Bergwerksrechte und Miteigentum an Grundstücken

– *Andere Sachanlagen*: Mobilien, d.h. bewegliche Sachanlagen wie technische Anlagen, Maschinen, Werkzeuge, Transportmittel und Geschäftseinrichtungen.

Wichtige Bestandteile des *immateriellen Anlagevermögens* sind:

- *Gründungs-, Kapitalerhöhungs- und Organisationsaufwendungen*: Diese können aktiviert werden, sofern sie der Errichtung, Erweiterung oder Umstellung der
  Geschäftstätigkeit dienen

- *Andere immaterielle Anlagen:* Konzessionen, Patente, Lizenzen oder auch Verlags-
  rechte, Markenrechte und Urheberrechte; ferner Kontingente, Fabrikationsverfah-
  ren, erworbener Goodwill, produktbezogene Forschungs- und Entwicklungskosten, Erfahrung und Know-how sowie spezifische EDV-Software.

Zum immateriellen Anlagevermögen zählen ebenfalls Wertberichtigungsposten auf der
Passivseite wie:

- Korrekturposition für nicht einbezahltes Aktien- oder Partizipationskapital; auf der
  Passivseite wird das Aktienkapital zum vollen Nominalwert eingesetzt

- Vortrag eines allfälligen Jahresverlustes auf die Aktivseite der nächsten Bilanz im
  Sinne einer Korrekturposition zum Eigenkapital.

Umlaufvermögen: Zum Umlaufvermögen zählen alle Güter, welche zum Zweck der
Veräußerung beschafft werden und damit immer wieder Geldform annehmen oder
bereits in Geldform vorliegen. Bestandteil des Umlaufvermögens sind auch alle Ver-
mögensgegenstände, deren Nutzenzugang innerhalb eines Jahres erwartet wird, z.B.
Roh-, Hilfs- und Betriebsstoffe oder Halbfabrikate. Zum Umlaufvermögen gehören im
Einzelnen:

- *Kassa* (Bargeld)

- *Bankguthaben*

- *Wertschriften*

- *Besitzwechsel und Schecks*: Wertpapiere des Zahlungsverkehrs, die im Eigentum
  der Unternehmung sind

- *Debitoren – Forderungen aus Lieferungen und Leistungen*: Noch unerfüllte, rechts-
  gültige Ansprüche gegenüber Dritten aus Lieferungen und Leistungen, die erbracht
  und in Rechnung gestellt worden sind

- *Übrige Debitoren – andere kurzfristige Forderungen*: Kurzfristige Ansprüche
  gegenüber Dritten, welche nicht oder aus nicht betriebstypischen Lieferungen und
  Leistungen stammen

- *Vorräte*: Roh-, Hilfs- und Betriebsstoffe, Halbfabrikate, Fabrikate, Aufträge in
  Ausführung und Handelswaren

– *Anzahlungen an Lieferanten*: Je nach Verwendungszweck des Kaufobjektes sind sie als Umlauf- oder Anlagevermögen in der Höhe des Anzahlungsbetrages zu bilanzieren.

Bestandteil des Umlaufvermögens sind auch die *transitorischen Aktiven*. Hierbei handelt es sich um Posten für die periodengerechte Rechnungsabgrenzung von zukünftigen Guthaben für bestimmte Leistungen. Es sind entweder:

– im Vorjahr getätigte Ausgaben, welche wirtschaftlich gesehen Aufwendungen des Folgejahres sind oder

– im Folgejahr erwartete Zugänge an Zahlungsmitteln oder Leistungen, die wirtschaftlich betrachtet Erträge des Vorjahres darstellen.

Jahr 200X	Jahr 200X + 1	Jahr 200X + 2
– Einzahlung 6.000 € in bar für dreijährige Versicherung – 2.000 € sind Aufwand im Jahre 200X (Erfolgsrechnung) – 4.000 € transitorisches Aktivum (Bilanz)	– 2.000 € sind Aufwand im Jahre 200X + 1 (Erfolgsrechnung) – 2.000 € transitorisches Aktivum (Bilanz)	– 2.000 € sind Aufwand im Jahre 200X + 2 (Erfolgsrechnung) – Auflösung des transitorischen Aktivums (Bilanz)

Abbildung 5-4:   Beispiel für transitorische Aktiven

Ein Beispiel für transitorische Aktiven ist eine auf den 1. Januar 200X bezahlte Prämie für eine drei Jahre laufende Haftpflichtversicherung eines Unternehmens (Abbildung 5-4). Zwei Drittel des bezahlten Betrages können beim Jahresabschluss 200X aktiviert und in der Bilanz ausgewiesen werden. Dieser Betrag repräsentiert im folgenden Jahr die vorausbezahlte Versicherungsleistung.

5.2.4   Passiven

Die *Passivseite der Bilanz* gibt Aufschluss über die Risiken zukünftiger, messbarer Geld-, Güter- oder Dienstleistungsabgänge an Dritte. Diese sind ohne zu erwartende Gegenleistungen zu erbringen. Maßgebend für die Gliederung der Passivseite sind rechtliche Kriterien der bestehenden Verpflichtungen. Erwartete Leistungsabgänge an die Eigentümer stellen Eigenkapital dar. Zukünftig erwartete Leistungsabgänge an Dritte sind Fremdkapital, wobei nach der Fälligkeit der einzelnen Positionen weiter untergliedert wird.

Eigenkapital: Das Eigenkapital zeigt das in der Unternehmung vorhandene risikotragende Kapital. Die Eigentümer haben darauf spätestens bei der Liquidation der Unternehmung Anspruch. Im Gegensatz zum Fremdkapital ist das Eigenkapital nicht real, sondern als rechnerische Differenz zwischen dem Vermögen und den Schulden (Aktiven – Fremdkapital) zu verstehen. Darüber hinaus ist es abhängig von der Bewertung der Aktiven und Passiven (Kapitel 5.5). Die wichtigsten Bestandteile des Eigenkapitals sind:

– *Grundkapital*: Vom Unternehmer oder den Unternehmern zur Verfügung gestelltes Eigenkapital

– *Offene Reserven:* In der Vergangenheit kumulierte, nicht ausgeschüttete Gewinne, welche in der Bilanz ausgewiesen werden

– *Gewinnvortrag*: Gewinn aus dem Vorjahr, welcher weder ausgeschüttet noch den eigentlichen Reserven zugewiesen wurde und damit der Unternehmung wieder zur Verfügung steht

– *Bilanzgewinn*: Gewinn, der nach der Bildung oder Auflösung gesetzlicher und/oder statutarischer (satzungsgemäßer) Reserven für die Ausschüttung zur Verfügung steht.

Fremdkapital: Das wesentliche Merkmal von Fremdkapital ist, dass die anspruchsberechtigten Personen, Unternehmungen oder Institutionen außerhalb der eigenen Unternehmung sind, und dass es in der Regel innerhalb einer bestimmten Frist zurückbezahlt werden muss. Beim Fremdkapital sind die folgenden Bestandteile zu unterscheiden:

– *Kreditoren:* kurzfristige Verbindlichkeiten aus Lieferungen und Leistungen

– *Anzahlungen von Kunden*

– *Bankschulden*

– *Schuldwechsel*: Wertpapiere, die ein Zahlungsversprechen des Ausstellers (in der Regel ein Kreditinstitut) enthalten

– *Übrige kurzfristige Verbindlichkeiten.*

Zum Fremdkapital sind auch *transitorische Passiven,* d. h. Posten der periodengerechten Rechnungsabgrenzung zu rechnen. Es sind dies:

– Im Vorjahr erzielte Einnahmen, welche wirtschaftlich betrachtet Erträge des Folgejahres sind

– Im Vorjahr erhaltene Leistungen, welche erst im Folgejahr zu Ausgaben führen, wirtschaftlich jedoch Aufwendungen des Vorjahres darstellen.

Beispiel hierfür ist die Miete eines Lokals in Höhe von 10.000 €, die für die Zeit vom 1.10.200X bis 31.3.200X + 1 erst am 31.3.200X + 1 fällig wird (Abbildung 5-5). Für 200X entsteht ein Aufwand, der ohne Abgrenzung nicht erfasst würde. Der Jahresrechnung 200X sind deshalb 5.000 € als Aufwand zu belasten. Gleichzeitig ist die im nächsten Jahr zu zahlende Miete für das Jahr 200X als transitorisches Passivum in der Bilanz zu berücksichtigen.

Weitere Bestandteile des Fremdkapitals sind:

– *Rückstellungen*: Kurz- bis langfristig erwartete Verbindlichkeiten gegenüber Dritten, bei denen noch ungewiss ist, wann sie eintreten, wie hoch der Betrag sein wird, und an welche Personen, Unternehmungen oder Institutionen sie zu leisten sind. Rückstellungen werden im erwarteten oder geschätzten Betrag bilanziert. Dies trifft insbesondere für Steuer-, Gewährleistungs-, Garantie- oder versicherungstechnische Rückstellungen zu.

– *Anleihen*: Am Kapitalmarkt aufgenommene Obligationen-, Wandel- und Optionsanleihen. Sie sind grundsätzlich zum Rückzahlungsbetrag zu bilanzieren.

– *Hypotheken*: Grundpfandschulden

– *Übrige langfristige Darlehen von Dritten*: Hierzu gehören z. B. Verpflichtungen gegenüber Personalvorsorgeeinrichtungen und Darlehen von Finanzgesellschaften zum Nennwert.

1.10.200X	31.12.200X	1.1.200X + 1	31.3.200X + 1
– Beginn des Mietverhältnisses	– Buchung von 5.000 € als Aufwand für das Jahr 200X (Erfolgsrechnung) – 5.000 € als transitorisches Passivum (Bilanz)		– Fälligkeit der Miete vom 1.10.200X bis 31.3.200X + 1 von 10.000 € – Buchung von 5.000 € als Aufwand für das Jahr 200X + 1 (Erfolgsrechnung) – Auflösung des transitorischen Passivums

Abbildung 5-5:   Beispiel für transitorische Passiven

5.2.5   Darstellungsformen der Bilanz

In der Europäischen Union EU gelten die Vorschriften der 4. EG-Richtlinie über den Jahresabschluss. Diese schreiben zwingend die in Abbildung 5-2 dargestellte Reihenfolge der Aktiv- und Passivpositionen vor (Schauer und Andessner 2003: 138 f.;

Bilanz zum 31.12.2002						
Aktiven / Aktiva				**Passiven / Passiva**		
	2002 in €	Vorjahr in €			2002 in €	Vorjahr in €
Anlagevermögen				**Eigenkapital**		
I. Immaterielles Anlagevermögen				Aktienkapital	260.000	260.000
Konzessionen, Lizenzen	4.600	4.600		Gesellschafterdarlehen	782.147	966.608
				Rückstellungen	6.270	770
II. Sachanlagevermögen					1.048.417	1.227.378
1. Grundstücke, Bauten	122.585	126.186				
2. Anlagen, Maschinen	199.054	315.241	**Fremdkapital**			
3. Geschäftsausstattung	13.694	22.076		Verbindlichkeiten		
	335.333	463.503		1. kurzfristige Verbindl.	122.799	165.951
				2. sonstige Verbindl.	32.977	92.449
III. Finanzanlagen					155.776	258.400
Beteiligungen	60.000	60.000				
	399.933	528.103				
Umlaufvermögen						
I. Vorräte						
1. Roh-, Hilfs- und Betriebsstoffe	370.450	378.100				
2. fertige Erzeugnisse und Waren	83.700	95.700				
	454.150	473.800				
II. Forderungen						
1. kurzfristige Fordungen	145.552	242.231				
2. kurzfristges sonstige Vermögen	40.450	45.240				
	186.002	287.471				
III. Flüssige Mittel						
1. Kassa, Bank- und Postscheckguthaben	26.057	8.312				
2. Guthaben bei Kreditinstituten	128.147	178.358				
	154.204	186.670				
	794.356	947.941				
Abgrenzungen	9.904	9.734				
Summe	**1.204.193**	**1.485.778**		**Summe**	**1.204.193**	**1.485.778**

Abbildung 5-6:   Bilanz einer Unternehmung in Kontenform (Eigene Zusammenstellung)

Schneck 2006). Die Aktiven sind in der Rangfolge der Sicherheit aufgelistet, die Passiven entsprechend der Rangordnung, in der das Kapital das Unternehmensrisiko trägt. In der Schweiz ist das so genannte Liquiditätsprinzip vorgeschrieben: In den Aktiven erscheinen zuerst das Geld und dann die übrigen Positionen in der Reihenfolge ihrer

315

Geldnähe, d.h. wie rasch sie sich bei üblichem Geschäftsgang in Geld umwandeln lassen. Das Umlaufvermögen wird danach vor dem Anlagevermögen ausgewiesen. Die Passivseite gliedert sich nach den Fristen des Fremdkapitals. Zuerst wird das kurzfristige, danach das langfristige Fremdkapital aufgeführt.

Die Darstellung der Bilanz erfolgt in den meisten Fällen in Kontenform. Ein Beispiel für die Bilanz eines Unternehmens der Holzindustrie in Kontenform zeigt Abbildung 5-6. Auf der Aktivseite wird das immaterielle und materielle Anlagevermögen sowie das Umlaufvermögen, gegliedert nach Vorräten, Forderungen und sonstigem Vermögen sowie flüssigen Mitteln aufgeführt. Die Passivseite weist das Eigenkapital, gegliedert nach Aktienkapital, Gesellschafter-Darlehen und Rückstellungen sowie das Fremdkapital, unterteilt nach kurzfristigen und sonstigen Verbindlichkeiten aus. Die Aussagekraft einer solchen Bilanzgliederung wird erhöht durch:

–   Aufführung von Vorjahreszahlen neben den aktuellen Werten

–   Anwendung des so genannten Bruttoprinzips auf die einzelnen Vermögenspositionen

–   getrennter Nachweis betrieblicher und nicht betrieblicher Vermögensteile.

Neben der Kontenform gibt es auch die Staffelform zur Darstellung einer Bilanz (Abbildung 5-7). Sie ordnet die Bilanz-Informationen nach dem Aspekt der Verbindlichkeit resp. der Fälligkeit. Die Abfolge von Umlaufvermögen und kurzfristigen Verbindlichkeiten ergibt einen unmittelbaren Bezug zur Geschäftstätigkeit während der Abrechnungsperiode, ausgedrückt im Nettoumlaufvermögen. Ebenso treten die engen Zusammenhänge zwischen Anlagevermögen und langfristig zur Verfügung stehendem Fremdkapital sowie risikotragendem Eigenkapital deutlich hervor.

```
       ┌────────────────────────────────────────┐
       │                                        │
       │     Umlaufvermögen                     │
       │  -  Kurzfristige Verbindlichkeiten     │
       │     ───────────────────────────────    │
       │     Nettoumlaufvermögen                │
       │  +  Anlagevermögen                     │
       │  -  Langfristiges Fremdkapital         │
       │     ───────────────────────────────    │
       │     Nettovermögen = Eigenkapital       │
       │                                        │
       └────────────────────────────────────────┘
```

Abbildung 5-7:   Staffelform der Bilanz

316

5.2.6   Beziehungen zwischen den Bilanzseiten

Gleichheit von Aktiven und Passiven: Die Vermögenswerte (Aktiven) eines Unternehmens werden mit Eigenkapital und aus den Forderungen von Dritten, d. h. mit langfristigem und kurzfristigem Fremdkapital finanziert. Aus dem Zusammenhang zwischen Herkunft und Verwendung der Finanzmittel geht die Beziehung hervor: Σ Aktiven = Σ Passiven. Dies bedeutet, dass die Summe aller Vermögensteile eines Unternehmens immer der Summe aller Ansprüche von Geldgebern entspricht.

Ermittlung des Eigenkapitals: Das Grundprinzip der Bilanz, wonach die Höhe der Aktiven mit derjenigen der Passiven übereinstimmt, wird primär zur Ermittlung des Eigenkapitals verwendet. Dazu werden die vorhandenen Vermögenspositionen einzeln bewertet und zum Total der Aktiven aufgerechnet. Anschließend erfolgt eine Zusammenstellung und Beurteilung aller Forderungen von Dritten an das Unternehmen. Im Rahmen des Ausgleichs der Bilanz resultiert schließlich das Eigenkapital wie folgt:

– Eigenkapital = Total Aktiven – Fremdkapital

– Eigenkapital = rechnerische Differenz zwischen Vermögen und Schulden.

Bilanzveränderungen: Jeder Geschäftsvorfall schlägt sich in der Bilanz nieder, aber die Summe aller Aktiven bleibt immer gleich der Summe aller Passiven. Daraus folgt, dass jeder Geschäftsvorfall zwei in absoluten Beträgen gleiche, in der Auswirkung jedoch entgegengesetzte Veränderungen nach sich zieht. Grundsätzlich lassen sich dabei vier mögliche Typen von Bilanzveränderungen ableiten (Meyer 2002: 21 ff.).

Aktiventausch

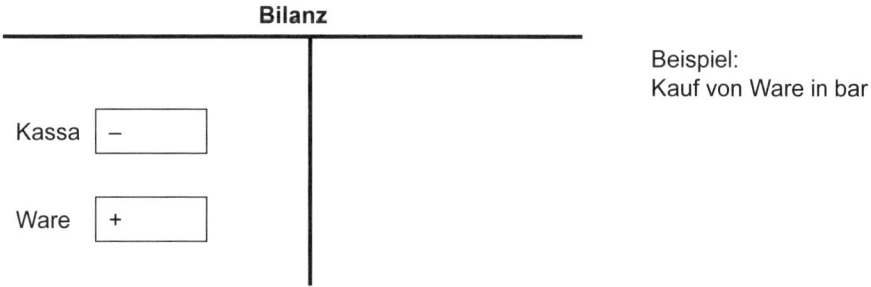

Beispiel:
Kauf von Ware in bar

317

Bilanzverlängerung oder Bilanzzunahme

Bilanz

| Ware | + | Kreditoren | + |

Beispiel: Kauf von Ware gegen Kredit des Lieferanten

Passiventausch

Bilanz

| | Darlehen | - |
| | Eigenkapital | + |

Beispiel: Umwandlung eines Darlehens in Eigenkapital

Bilanzverkürzung oder Bilanzabnahme

Bilanz

| Kassa | - | Kreditoren | - |

Beispiel: Bezahlung einer Lieferantenschuld

Meyer (2002: 23) formuliert als allgemeines Prinzip: Ändert sich ein Aktivposten (Passivposten) infolge eines Geschäftsvorfalles, dann muss sich

- entweder ein anderer Aktivposten (Passivposten) im entgegengesetzten Sinne oder

- ein Passivposten (Aktivposten) im gleichen Sinne

jeweils um den gleichen absoluten Betrag ändern.

318

5.3 Erfolgsrechnung

5.3.1 Zusammenhang von Bilanz und Erfolgsrechnung

Neben den reinen Tauschvorgängen innerhalb der Bilanz ereignen sich unterschiedliche Geschäftsvorfälle, die ein Bilanzkonto betreffen, ohne dass ihnen eine buchungswürdige und/oder buchungsfähige bilanzinterne Gegenwirkung gegenüber steht. Es handelt sich dabei um einseitige Güter- oder Dienstleistungsabgänge bzw. einseitige Güter- oder Dienstleistungszugänge. Man spricht von:

– Aufwand bei
   - einseitiger Verminderung resp. einseitigem Verbrauch von Aktiven oder
   - einseitiger Mehrung von Passiven

   ohne erkennbare bilanzierungsfähige Gegenleistung.

– Ertrag bei
   - einseitiger Vermehrung von Aktiven oder
   - einseitiger Verminderung von Passiven

   ohne erkennbare buchungsfähige Gegenleistung.

Damit erklärt sich die Veränderung des Eigenkapitals während einer zeitlich definierten Wirtschaftsperiode, die in der Herstellung und dem Vertrieb von Gütern und Dienstleistungen begründet ist. Es entsteht:

– ein Verlust, wenn die Veränderung negativ ist (Erträge < Aufwendungen)

– ein Gewinn, wenn die Veränderung positiv ist (Erträge > Aufwendungen).

Geschäftsvorfälle, die einseitige Zu- oder Abgänge in der Bilanz bewirken, werden in der Erfolgsrechnung aufgeführt. Sie ist somit eine Hilfsrechnung der Bilanz. Da Ertrag und Aufwand das Ergebnis aus einseitigen Veränderungen von Aktiven und Passiven ohne entsprechende bilanzinterne Gegenwirkungen sind, folgt zwingend, dass sich der Erfolg der Geschäftstätigkeit gleichzeitig und im selben Umfang in Bilanz und Erfolgsrechnung zeigt. Der Erfolg ergibt sich aus der Differenz (Saldo) all jener Buchungen, welche ein Konto der Bilanz einseitig verändern. Abbildung 5-8 zeigt, wie über eine Abrechnungsperiode – hier von einem Jahr – Bilanz und Erfolgsrechnung den Erfolg gleichzeitig und betragsgleich ausweisen.

In Abbildung 5-9 ist der Zusammenhang zwischen Bilanz und Erfolgsrechnung anhand der Buchungen bestimmter Geschäftsvorfälle exemplarisch dargestellt:

1. Einzahlung von Gründungskapital durch die Unternehmenseigner auf das Bankkonto (Aktivum) der Unternehmung: Das einbezahlte Eigenkapital (Passivum)

nimmt um denselben Betrag zu. Es handelt sich um eine Bilanzverlängerung oder Bilanzzunahme.

2. Barverkauf eines Produktes: Kassenzugang als einseitige Vermehrung eines Aktivums. Es besteht keine bilanzinterne Gegenwirkung. Diese zeigt sich in der Erfolgsrechnung als Zunahme der Ertragsposition.

3. Abschreibung einer Maschine: Bewertung der Wertverminderung eines bestimmten Anlagegutes (Aktivum). Es handelt sich um einen einseitigen Abgang in der Bilanz, der sich als Aufwand in der Erfolgsrechnung niederschlägt.

4. Bildung einer Rückstellung für Garantieleistungen: Es handelt sich um eine mutmaßliche Zahlungsverpflichtung gegenüber Dritten außerhalb der Unternehmung. Daher ist die Rückstellung zum Fremdkapital (Passivum) zu zählen, das zunimmt. Die Gegenbuchung erfolgt als Aufwand in der Erfolgsrechnung.

5. Rückzahlung eines Darlehens: Es verringern sich der Passivposten Fremdkapital und der Bestand des Bankkontos (Aktivum). Es handelt sich um eine Bilanzverkürzung oder Bilanzabnahme.

6. Auflösung nicht mehr benötigter Rückstellungen: Die mutmaßlichen Forderungen von Dritten müssen nicht geleistet werden. Damit verringert sich das Fremdkapital (Passivum) ohne bilanzinterne Gegenwirkung. Es resultiert ein entsprechender Ertrag in der Erfolgsrechnung.

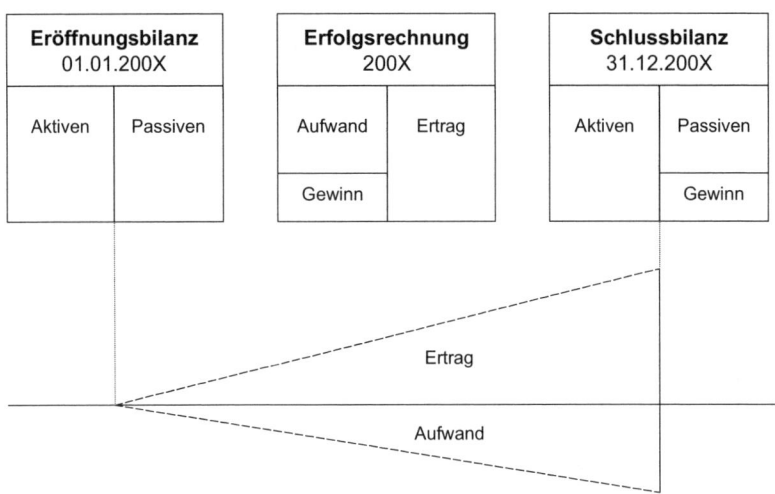

Abbildung 5-8:   Doppelte Erfolgsermittlung mit Bilanz und Erfolgsrechnung

Vorgang	Bilanz		Erfolgsrechnung	
	Aktiven	Passiven	Aufwand	Ertrag
1.	+1000	+1000		
2.	+15			+15
3.	-30		+30	
4.		+6	+6	
5.	-80	-80		
6.		-25		+25
Gewinn		4	4	
Summe	905	905	40	40

Abbildung 5-9:   Zusammenhang von Bilanz und Erfolgsrechnung

5.3.2   Darstellungsformen

Die Gliederungsvorschriften verlangen die Trennung der betrieblichen von den betriebsfremden und außerordentlichen Aufwendungen und Erträgen.

– *Betriebliche Aufwendungen und Erträge* sind betriebstypisch und wiederkehrend. Sie stammen aus der angestammten Geschäftstätigkeit (Material-, Waren-, Personal- und Finanzaufwand, Abschreibungen, übriger Betriebsaufwand resp. Waren- und Finanzertrag sowie sonstiger Betriebsertrag)

– *Nichtbetriebliche (betriebsfremde) Aufwendungen und Erträge* sind wiederkehrend, aber nicht betriebstypisch, z. B. Nutzung nichtbetrieblicher Vermögenswerte, Veräußerung von Anlagevermögen

– *Außerordentliche Aufwendungen und Erträge* sind nicht wiederkehrend, z. B. Erträge aus der Auflösung nicht mehr benötigter Rückstellungen, außergewöhnlich hohe Debitorenverluste, außerordentlich hohe Verluste aus dem Verkauf von Gegenständen des Anlagevermögens.

Keine Vorschriften existieren über die formelle Darstellung der Erfolgsrechnung. In der betrieblichen Praxis haben sich die Kontenform und die Staffelform etabliert. In den Betrieben der Waldwirtschaft und der Holzindustrie findet die Kontenform (Abbildung 5-10) weite Verbreitung.

Aufwand	Ertrag

Betriebliche Aufwendungen
Material und Warenaufwand
– Handelswaren
– Rohmaterial
– Hilf- und Betriebsstoffe
– Bestandesabnahme an Halb- und
  Fertigfabrikaten
– Einkaufsspesen
– Fremdarbeiten
Personalaufwand
– Löhne, Gehälter
– Sozialleistungen
– Personalkosten
Finanzaufwand
– Zinsen
Abschreibungen
– auf Sachanlagen
– auf immateriellen Anlagen
übriger Betriebsaufwand
– Wertberichtigungen auf Umlaufvermögen
– Erhöhung, Bildung von Rückstellungen
– Mieten
– Leasingraten
– Reparatur und Unterhalt
– Vertriebsaufwand
– Verwaltungsaufwand
– Beiträge, Spenden
– Fahrzeugaufwand
– Reise- und Repräsentationsaufwand
– Beratungsaufwand, Rechtskosten
– Lizenzkosten
– sonstige Betriebsaufwendungen
	Betriebliche Erträge
	Fabrikate- und Warenertrag
	– Erlös aus Lieferungen und
	  Leistungen
	Finanzertrag
	Kapitalzinsen
	– Erträge aus Wertschriften des
	  Umlaufvermögens
	– Erträge aus Beteiligungen
	sonstiger Betriebsertrag
	– Bestandeszunahme an Halb- und
	  Fertigprodukten
	– aktivierte Eigenleistungen
	– Provisionen, Lizenzeinnahmen
	– Verkauf von Abfällen
	– Verschiedenes
	
	Betriebsfremde Erträge
	– Gewinne aus Veräußerungen
	  von Anlagen
	– Erträge aus nichtbetrieblichen
	  Wertschriften und Beteiligungen
	– Liegenschaftserträge
	– übrige betriebsfremde Erträge
	
	Außerordentliche Erträge
	– Auflösung nicht mehr benötigter
	  Rückstellungen
	– Auflösung stiller Reserven
	
	Jahresverlust

Betriebsfremde Aufwendungen – Verluste aus Abgang von Anlagevermögen – nichtbetrieblicher Kapitalaufwand – Liegenschaftsaufwand – direkte Steuern – übrige betriebsfremde Aufwendungen **Außerordentliche Aufwendungen** – außerordentliche Debitorenverluste – ungedeckte Feuer- und Elementarschäden **Jahresgewinn**	

Abbildung 5-10: Gliederung der Erfolgsrechnung (Schellenberg 2000: 76)

Betrieblicher Erlös aus Lieferungen und Leistungen
± Bestandesveränderungen Halb- und Fertigfabrikate
+ Aktivierte Eigenleistungen
+ Übriger Betriebsertrag
= **Betrieblicher Gesamtertrag**
- Material- und Warenaufwand
- Personalaufwand (betrieblich)
- Abschreibungen (ordentliche, betriebliche)
- Übriger Betriebsaufwand
= **Betriebsergebnis vor Zinsen und Steuern**
+ Betriebsfremde Erlöse aus Lieferungen und Leistungen
- Finanzaufwand
+ Finanzertrag
- Abschreibungen (aus betriebsfremden Aktivitäten)
+ Übriger betriebsfremder Ertrag
- Übriger betriebsfremder Aufwand
= **Ordentliches Betriebsergebnis vor Steuern**
+ Gewinne aus Veräußerungen von Anlagevermögen
+ Übriger außerordentlicher Ertrag
- Außerordentliche Abschreibungen
- Übriger außerordentlicher Aufwand
= **Jahresergebnis vor Steuern**
- Steuern
= **Jahresgewinn bzw. Jahresverlust**

Abbildung 5-11:   Erfolgsrechnung in Staffelform (Thommen 2007: 529, verändert)

Die Staffelform hat den Vorteil, dass sie Zwischenergebnisse darzustellen vermag. So werden in der stufenweisen Darstellung der betriebliche Gesamtertrag, das Betriebsergebnis vor Zinsen und Steuern, das ordentliche Betriebsergebnis vor Steuern, das Jahresergebnis insgesamt sowie der Jahresgewinn/Jahresverlust im Einzelnen nachgewiesen (Abbildung 5-11, Abbildung 5-12). Insgesamt ist die Staffelform der Erfolgsrechnung wesentlich aussagekräftiger und einfacher zu lesen.

Erfolgsrechnung für die Wirtschaftsperiode 1.1. bis 31.12.20NN		
	1.1.-31.12. in €	Vorjahr in €
Umsatzerlöse	3.779.801	4.342.769
Bestandesveränderung an Erzeugnissen	12.000	7.000
Gesamtleistungen	3.767.801	4.335.769
Sonstige betriebliche Erträge		
Grundstückserträge	17.860	17.960
Abgang aus / Zuschreibungen im Anlagevermögen	0	0
Herabsetzung von Pauschalberichtigungen	2.500	25.000
Auflösung von Rückstellungen	0	65.000
Sonstige Erträge	2.072	0
	22.432	107.960
Materialaufwand		
Roh-, Hilfs- und Betriebsstoffe	2.163.173	2.614.114
Bezogene Leistungen	4.472	2.415
	2.167.645	2.616.529
Personalaufwand		
Löhne und Gehälter	798.224	868.846
Sozialleistungen	166.894	159.957
	965.118	1.028.803
Abschreibungen	135.477	176.811
Sonstiger betrieblicher Aufwand		
Ordentlicher betrieblicher Aufwand		
Versicherungen	57.590	53.189
Reparaturen	83.361	108.974
Fahrzeuge	19.675	20.428
Werbungen und Reiseaufwand	12.382	12.936
Warenabgabe	134.433	160.307
verschiedener betrieblicher Aufwand	32.950	30.048
Verluste aus Wertminderungen	0	1.200
	340.391	387.082
Zinserträge	1.680	13.648
Zinskosten	72.774	95.961
Ergebnis der gewöhnlichen Geschäftstätigkeit	**110.508**	152.191
Steuern		
Einkommens- und Vermögenssteuern	36.092	53.764
Sonstige Steuern	5.031	4.923
	41.123	58.687
Gewinn	**69.385**	93.504

Abbildung 5-12:   Erfolgsrechnung in Staffelform eines Säge- und Hobelwerks: Gesamtkostenverfahren (Eigene Zusammenstellung)

5.3.3 Grundsätze für eine aussagekräftige Erfolgsrechnung

Voraussetzung für eine aussagekräftige Erfolgsrechnung ist eine zuverlässige Ermittlung des Periodenerfolges. Dazu sind die folgenden Prinzipien zu beachten:

- Der Gewinn darf erst dann ausgewiesen werden, wenn er realisiert worden ist. Wenn von einem Kunden eine Bestellung vorliegt, ist noch nicht sicher, ob der Auftrag annulliert oder abgeändert wird. Erst im Zeitpunkt der Auslieferung und Fakturierung entsteht Klarheit. Zugleich resultiert dadurch eine korrekte rechtliche Beurteilungsbasis.

- Der Gewinn ist zeitlich richtig abzugrenzen. Die Herstellung eines Produktes oder einer Dienstleistung benötigt Zeit. Die Leistungsverwertung bestimmter Produkte und Dienstleistungen kann in einer der Leistungserstellung folgenden Wirtschaftsperiode geschehen. Die Abgrenzungen werden mithilfe transitorischer Aktiven und Passiven vorgenommen.

- Die Gewinnermittlung soll während verschiedenen Abrechnungsperioden nach den gleichen Grundsätzen erfolgen. Die Vergleichbarkeit kann nur gewährleistet werden, wenn der Erfolg in verschiedenen Jahren nach denselben Grundsätzen ermittelt wird. Werden bestimmte Positionen anders gebucht, sollte dies im Rahmen der Berichterstattung erwähnt werden.

Die Darstellung der Erfolgsrechnung basiert im europäischen Wirtschaftsraum oft auf dem Gesamtkostenverfahren (Abbildung 5-12). Dieses bezieht sich einerseits auf die inhaltliche Gliederung der Erfolgsrechnung, andererseits auf das so genannte Bruttoprinzip, wonach die Aufwendungen und Erträge in ihrer vollen Höhe auszuweisen sind. Das heißt, eine gegenseitige Verrechnung ist untersagt.

Alternativ zum Gesamtkostenverfahren findet auch das Umsatzkostenverfahren Anwendung (Abbildung 5-13). Dem Umsatz einer Periode werden nicht die gesamten Aufwendungen der Periode, sondern nur diejenigen Aufwendungen gegenübergestellt, welche für die verkauften Produkte angefallen sind. Die Erfolgsrechnung gliedert sich in die sachlich abgegrenzten Herstellungskosten des Umsatzes und die zeitlich abgegrenzten Aufwendungen für Forschung und Entwicklung, Verwaltung und Vertrieb. Der Vorteil des Umsatzkostenverfahrens liegt darin, dass ein aussagefähiges Betriebsergebnis ausgewiesen wird. Die Erfolgsrechnung zeigt sowohl das Bruttoergebnis in Form der Differenz des Umsatzes und der Herstellungskosten des Umsatzes, als auch die Kosten der übrigen Unternehmensfunktionen. Nachteilig ist, dass die Struktur der Aufwandsarten (Material, Personalaufwand, Abschreibungen) nicht gezeigt wird. Gesamtkosten- und Umsatzkostenverfahren errechnen immer denselben Jahresüberschuss, sofern die Bestände an fertigen und unfertigen Erzeugnissen gleich bewertet werden.

ERFOLGSRECHNUNG für die Wirtschaftsperiode ... 1.1. bis 31.12. 20NN		
	1.1.-31.12. in €	Vorjahr in €
Umsatzerlöse	3.779.801	4.342.769
Kosten der umgesetzten Leistungen	-3.212.831	-3.647.926
Bruttoergebnis vom Umsatz	566.970	694.843
Vertriebskosten	-151.927	-194.171
Allgemeine Verwaltungskosten	-201.391	-237.320
Sonstiger betrieblicher Aufwand	-32.050	-28.848
Ergebnis aus betrieblicher Tätigkeit	181.602	234.504
Zinsertrag	1.680	13.648
Zinsaufwand	-72.774	-95.961
Finanzergebnis	-71.094	-82.313
Ergebnis vor Steuern	110.508	152.191
Einkommens- und Vermögenssteuern	-36.092	-53.764
Sonstige Steuern	-5.031	-4.923
Gewinn	69.385	93.504

Abbildung 5-13:   Erfolgsrechnung eines Säge- und Hobelwerks: Umsatzkostenverfahren (Eigene Zusammenstellung)

5.4   Doppelte Buchhaltung

5.4.1   Kontensystem

Um die anfallenden Geschäftsvorfälle effizient, übersichtlich und zuverlässig darzustellen, wird für jede Position der Bilanz- und Erfolgsrechnung ein Konto gebildet. Dadurch wirken sich Veränderungen bestimmter Positionen nicht mehr auf die gesamte Finanzbuchhaltung aus, sondern nur noch auf die entsprechenden Konten. Das laufende Rechnungswesen basiert damit auf einer Einzelabrechnung für jede Buchungsposition.

Die doppelte Buchhaltung benutzt Bestands- und Erfolgskonten, sie rechnet mit Bestandsgrößen, d.h. mit Aktiven und Passiven resp. Vermögen und Kapital, sowie mit

Stromgrößen, d. h. mit Aufwand und Ertrag. Ihr charakteristisches Merkmal ist, dass sie jeden Geschäftsvorfall doppelt erfasst. Es sind immer zwei Konten betroffen, da ein Geschäftsvorfall buchhalterisch einem Wertübergang von einem Konto zu einem andern entspricht. Die Erfolgsermittlung geschieht ebenfalls doppelt, zum einen durch die Gegenüberstellung von Aufwand und Ertrag, zum andern durch die Ermittlung von Vermögen und Kapital.

5.4.2   Kontenführung

Im täglichen Geschäftsverlauf ist es nicht praktikabel, nach jeder Buchung eines Geschäftsvorfalls eine neue Bilanz und Erfolgsrechnung aufzustellen. Die Behandlung von Geschäftsvorfällen erfolgt in der Praxis durch die doppelte Buchhaltung. Ausgehend von einer Eröffnungsbilanz werden einzelne Bestandskonten eröffnet, d. h. der gültige Anfangsbestand wird auf diesen Konten gebucht. Die täglich anfallenden buchungswürdigen Geschäftsvorfälle oder Buchungssachverhalte liegen zunächst in Form von Belegen wie Rechnungen, Kassenbelegen oder Bankauszügen vor. Diese werden in einem Journal chronologisch eingetragen und mit einem Kommentar (Erläuterungstext) bzw. einer Buchungsvorschrift (Buchungssatz) versehen. In einem weiteren Schritt wird die Buchungsvorschrift ausgeführt, d. h. die einzelnen Konten werden mit den entsprechenden Beträgen belastet. Beim Rechnungsabschluss werden Bilanz- und Erfolgskonten saldiert. Der Zusammenzug aller Konten auf einen bestimmten Stichtag hin ergibt die Schlussbilanz und die Erfolgsrechnung.

Konten haben normalerweise die Form eines ‚T'. Die beiden Seiten werden als Soll und Haben bezeichnet. Jeder Geschäftsvorfall wird auf mindestens zwei Konten als Zu- oder Abnahme gebucht (Abbildung 5-14). Der Eintrag erfolgt im einen Konto auf der Soll-Seite, im anderen Konto auf der Haben-Seite. Dies bedingt, dass für Aktiv- und Passivkonten entgegengesetzte Buchungsregeln gelten.

Analog zu den Aktiven und Passiven werden Aufwands- und Ertragskonten geführt. Im Gegensatz zur Bilanz haben die Konten der Erfolgsrechnung keine Anfangsbestände. Da bei jeder erfolgswirksamen Buchung ein Bilanzkonto verändert wird, erfolgt die eine Buchung immer in einem Bilanzkonto, die Gegenbuchung in einem Konto der Erfolgsrechnung. Daraus lässt sich ableiten:

– *Aufwendungen* sind einseitige Aktivabgänge oder Passivzugänge. Sie werden in den Aufwandskonten immer im Soll gebucht.

– *Erträge* sind einseitige Aktivzugänge oder Passivabgänge. Sie werden in den Ertragskonten immer im Haben gebucht.

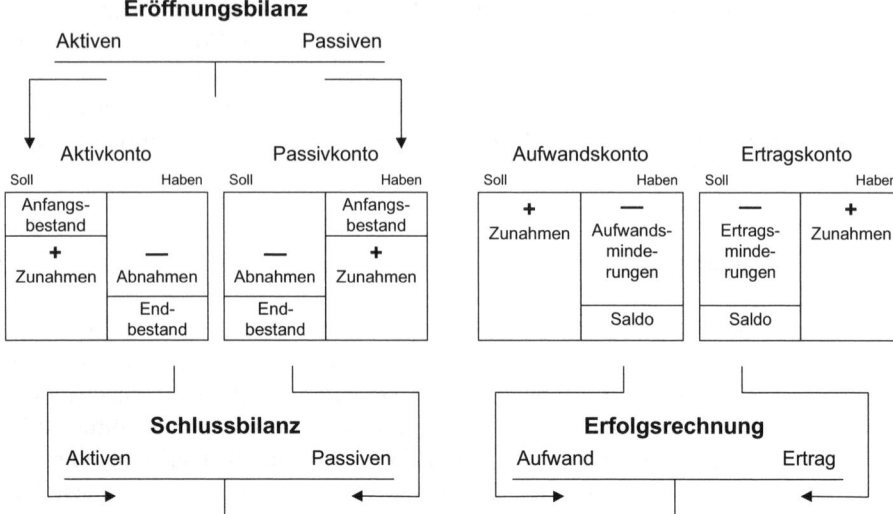

Abbildung 5-14:   Buchungsregeln für Bilanz- und Erfolgskonten

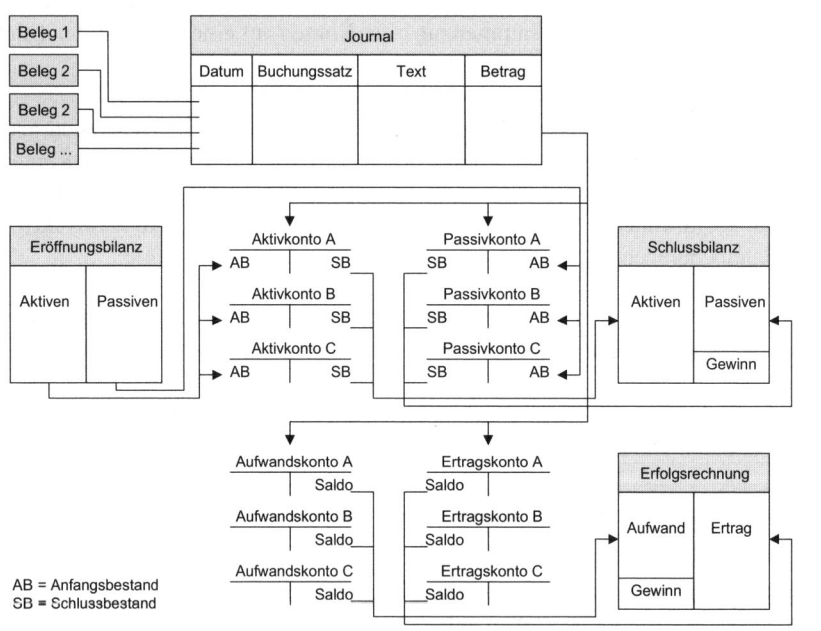

Abbildung 5-15:   Zusammenhänge und Buchungsverlauf im System der doppelten Buchhaltung

Eine schematische Übersicht über die Zusammenhänge von Bilanz, Geschäftsvorfällen und Erfolgsrechnung in der doppelten Buchhaltung gibt die Übersicht in Abbildung 5-16.

5.4.3   Kontenrahmen und Kontenplan

Sobald mit einer größeren Anzahl von Konten gearbeitet wird, sind diese nach bestimmten Kriterien zu ordnen. Ein übersichtliches und betriebsindividuell aufgebautes System von Konten wird Kontenplan genannt. Da die Kontenpläne gleichartiger Unternehmen ähnlich strukturiert sind, werden vielfach branchentypische ‚Standard-Kontenpläne' verwendet. Diese werden als Kontenrahmen bezeichnet. Ein Kontenrahmen ist somit eine generelle Ordnung von Konten, die in den Buchhaltungen kaufmännisch geführter Unternehmen einer Branche benutzt werden. Er dient den Unternehmungen als Vorbild oder Grobraster für die individuelle Ausgestaltung der eigenen Kontenpläne (Meyer 2002: 8 f.; Schellenberg 2000: 83 ff.).

Hohe Praxisrelevanz erlangte der Kontenrahmen nach Käfer (1976). Die schematische Gliederung weist die folgenden Kontenklassen aus:

–   Klassen 1 und 2 sind Bestandskonten: Sie dienen als Grundlage für die Erstellung der Bilanz.

–   Klassen 3 und 4 sind Aufwands- und Ertragskonten: Sie dienen als Grundlage für die Erstellung der Erfolgsrechnung.

–   Klassen 5 und 6 umfassen die Investitionen.

–   Klassen 7 und 8 stehen zur freien Verfügung z. B. für innerbetriebliche Verrechnungen oder für die Führung einer Betriebsbuchhaltung.

–   Klasse 9 enthält die Abschlusskonten.

Die Weiterentwicklung wurde insbesondere durch branchenspezifische Interessenorganisationen vorangetrieben. Moderne Kontenrahmen basieren mehrheitlich auf elektronischer Basis. Sie bieten durch ein umfassendes Angebot an Konten ein hohes Maß an betriebsindividuellen Anpassungsmöglichkeiten. Die folgenden Übersichten (Abbildung 5-16; 5-17) enthalten einen knappen Auszug aus einem Industriekontenrahmen des Deutschen Industrie- und Handelstages mit über 400 Konten. Auch das Rechnungswesen der öffentlichen Haushalte hat entsprechende Kontenrahmen bzw. Buchungsvorschriften entwickelt (Kapitel 5.9). Diese benutzen zunehmend Grundelemente des betrieblichen Rechnungswesens, die Informationen über Aufwendungen und Leistungen sowie über Investitionen geben.

Bilanz				
Konto	Kontenbezeichnung	Kontenkategorie	Kontenunterart	Zuordnung
200	Konzessionen, Lizenzen	Anlageverm.	sonstige	Aktiva: 1. Konzessionen,...
300	Geschäfts- oder Firmenwert	Anlageverm.	Firmenwert	Aktiva: 2. Geschäfts- oder Firmenwert
500	Grundstücke u. Bauten	Anlageverm.	Sachanlagen	Aktiva: 1. Grundstücke u. Bauten
700	Technische Anlagen u. Maschinen	Anlageverm.	Sachanlagen	Aktiva: 2. Anlagen u. Maschinen
840	Fuhrpark	Anlageverm.	Sachanlagen	Aktiva: 3. and. Anlagen, Betriebsausstattung
860	Büromaschinen, Kommunikationsanlagen	Anlageverm.	Sachanlagen	Aktiva: 3. and. Anlagen, Betriebsausstattung
1500	Wertpapiere des Anlagevermögens	Anlageverm.	Finanzanlagen	Aktiva: 5. Wertpapiere des Anlageverm.
2000	Rohstoffe/Fertigungsmaterial	Vorräte	R-, H- + Betriebsst.	Aktiva: 1. Roh-, Hilfs- u. Betriebsstoffe
2030	Betriebsstoffe	Vorräte	R-, H- + Betriebsst.	Aktiva: 1. Roh-, Hilfs- u. Betriebsstoffe
2200	Fertige Erzeugnisse u. Waren	Vorräte	fertige Erzeugnisse	Aktiva: 3. fertige Erzeugnisse u. Waren
2400	Forderung aus Lieferung u. Leistung	Forderungen	sonstige	Aktiva: 1. Ford. a. Lieferungen u. Leistungen Passiva: 7. sonstige Verbindlichkeiten
2800	Bank	Finanzkonto	Girokonto	Aktiva: 4. Guth. Kreditinstit., Postgiro Passiva: 1. Verbindlichk. geg. Kreditinstit.
2880	Kasse	Finanzkonto	Kassenkonto	Aktiva: 4. Kassenbestand
2900	Aktive Jahresabgrenzung	Akti.Rechn.abgr.	sonstige	Aktiva: C. Rechnungsabgrenzungsposten
3010	Festkapital	Kapital	gezeichn. Kapital	Passiva: 1. Kapital
3200	Gesetzliche Rücklagen	Kapital	gesetzl. Rücklagen	Passiva: 3. Gewinnrücklagen
3300	Gewinnvortrag vor Verwendung	Kapital	sonstige	Passiva: 4. Gewinn- u. Verlustvortrag
3305	Verlustvortrag vor Verwendung	Kapital	sonstige	Passiva: 4. Gewinn- u. Verlustvortrag
3600	Wertberichtigungen	Anlageverm.	sonstige	Aktiva: 3. and. Anlagen, Betriebsausstattung
3700	Rückstellungen für Pensionen u.ä. Verpfl.	Rückstellung	Pensionsrückst.	Passiva: 1. Rückst. f. Pensionen u.ä. Verpfl.
3800	Steuerrückstellungen	Rückstellung	Steuerrückst.	Passiva: 2. Steuerrückstellung
4200	Betriebsmittelkredit, kurzfristig	Verbindlichkeiten	Laufzeit bis 1 Jahr	Passiva: 1. Verbindlichk. geg. Kreditinstit.
4280	Investitionskredite, langfristig	Verbindlichkeiten	Laufzeit > 5 Jahre	Passiva: 1. Verbindlichk. geg. Kreditinstit.
4300	Erhaltene Anzahlungen aus Bestellungen	Erhaltene Anzahl.	sonstige	Passiva: 2. erhalt. Anzahl. a. Bestellungen
4400	Verbindlichkeiten aus Lieferung u. Leistung	Verbindlichkeiten	Laufzeit bis 1 Jahr	Aktiva: 4. sonstige Vermögensgegenstände Passiva: 3. Verbindl. a. Lieferungen u. Leist.
4800	Umsatzsteuer	Umsatzsteuer	sonstige	Aktiva: 4. sonstige Vermögensgegenstände Passiva: 7. sonstige Verbindlichkeiten
4900	Passive Rechnungsabgrenzung	Pass.Rechn.abgr.	sonstige	Passiva: D. Rechnungsabgrenzungsposten
10000	Debitor Mustermann	Debitoren	sonstige	
70000	Kreditor Mustermann	Kreditoren	sonstige	

Abbildung 5-16:   Bilanz-Kontenrahmen

Erfolgsrechnung/Gewinn- und Verlustrechnung GuV			
Konto	Kontenbezeichnung	Kontenkategorie	Kontenunterart	Zuordnung
5000	Umsatzerlöse	Einnahmen	Umsatzerlöse	GuV: Umsatzerlöse
5160	Gewährte Skonti	Einnahmen	Umsatzerlöse	GuV: Umsatzerlöse
5200	Bestandesveränderungen an Erzeugnissen	Betriebsausg.	Wareneinkauf	GuV: Bestandesveränd. Erzeugnisse
5300	Andere aktivierte Eigenleistungen	Einnahmen	sonstige	GuV: Aktivierte Eigenleistungen
5710	Zinserträge (Bank)	Einnahmen	Zinserträge	GuV: Sonstige Zinsen u. ähnliche Erträge
5800	Außerordentliche Erträge	Einnahmen	neutrale Erträge	GuV: Außerordentliche Erträge
6000	Aufwendungen für Roh-, Hilfsstoffe, Waren	Betriebsausg.	Wareneinkauf	GuV: Materialaufwand
6095	Bestandesveränderungen	Vorräte	Bestandesveränd.	GuV: Bestandesveränd. Erzeugnisse
6100	Aufwendungen für bezogene Leistungen	Betriebsausg.	sonstige	GuV: Materialaufwand
6200	Löhne	Betriebsausg.	Personalkosten	GuV: Personalaufwand
6300	Gehälter	Betriebsausg.	Personalkosten	GuV: Personalaufwand
6400	AG-Anteil Sozialversicherung (Lohn)	Betriebsausg.	Personalkosten	GuV: Personalaufwand
6520	Abschreibung auf Grundstücke u. Gebäude	Abschreibungen	Sachanlagen	GuV: Abschreibungen
6530	Abschreibung auf techn. Anl. u. Maschinen	Abschreibungen	Sachanlagen	GuV: Abschreibungen
6544	Abschreibung auf Fuhrpark	Abschreibungen	Sachanlagen	GuV: Abschreibungen
6701	Mieten, Pachten, Erbbauzinsen	Betriebsausg.	sonstige	GuV: Andere betriebliche Aufwendungen
6800	Büromaterial	Betriebsausg.	sonstige	GuV: Andere betriebliche Aufwendungen
6840	Fahrzeugkosten	Betriebsausg.	Fahrzeugkosten	GuV: Fahrzeugkosten
6870	Werbung	Betriebsausg.	sonstige	GuV: Werbekosten
6901	Versicherungsbeiträge	Betriebsausg.	sonstige	GuV: Andere betriebliche Aufwendungen
6990	Periodenfremde Aufwendungen	Betriebsausg.	sonstige	GuV: Andere betriebliche Aufwendungen
7000	Betriebliche Steuern	Betriebsausg.	betriebl. Steuern	GuV: Sonstige Steuern
7400	Abschreibungen auf Finanzanlagen	Abschreibungen	Finanzanlagen	GuV: Abschr. a. Finanzanl. u. Wertpap. UV
7510	Zinsen u. ähnliche Aufwendungen	Betriebsausg.	Zinsen	GuV: Zinsen u. ähnliche Autwendungen
7600	Außerordentliche Aufwendungen	Betriebsausg.	neutraler Aufwand	GuV: Außerordentliche Aufwendungen
7700	Steuern vom Einkommen u. Ertrag	Betriebsausg.	betriebl. Steuern	GuV: Steuern vom Einkommen u. Ertrag
8000	Saldovorträge	Saldovortrag	Sachkonten	

Abbildung 5-17:   Erfolgsrechnungs-Kontenrahmen

5.5 Bewertungen spezifischer Bilanzpositionen

5.5.1 Bewertung allgemein

Bewertungsprobleme ergeben sich bei all jenen Aufwandspositionen, welche die kontinuierliche Nutzung bzw. Abnutzung von Infrastruktur oder den Bestand an Verbrauchsgütern erfassen. Das Hauptproblem liegt in der korrekten Ermittlung des leistungsbedingten Wertverzehrs, der mit entsprechenden Wertberichtigungen zu berücksichtigen ist. Das Prinzip der Bilanzvorsicht verlangt, drohende Verluste bereits beim Erkennen des Verlustrisikos als Aufwand zu erfassen. Die Schätzung des Ausmaßes dieser in der Zukunft liegenden Aufwendungen bzw. Mindererträge lässt einen großen Ermessensspielraum offen.

Bewertungsfragen stellen sich vor allem im Zusammenhang mit der Aufstellung des Inventars, d. h. eines genauen Verzeichnisses aller Vermögenswerte und Schulden nach Mengen und Werten. Das Inventar umfasst im Einzelnen Barbestände, Forderungen, Schulden aller Art, Vorräte und Anlagevermögen. Die Notwendigkeit von Bewertungen zeigt sich bei beinahe jeder Inventarposition, so z. B. bei Fremdwährungen aus Exporttätigkeiten, bei der Schätzung der Eingangswahrscheinlichkeit der Debitoren oder des Lagerwerts von Handelswaren, Halb- und Fertigfabrikaten. Bei der Bewertung von Maschinen, Anlagen und immateriellen Gütern muss jeweils der zukünftig erwartete Nutzenzugang beurteilt werden. Dies stellt um so größere Probleme, je mehr die zu bewertenden Vermögensgüter nur einen mittelbaren Nutzen für den Betriebszweck haben, wie dies allgemein für Einrichtungen, Maschinen, Lizenzen oder Patente gilt.

Als Wertberichtigungen werden grundsätzlich die Verminderung des Wertansatzes von Aktivpositionen bezeichnet. Dazu gehören:

– Abschreibungen als Wertberichtigungen auf Anlagen

– Delkredere für Wertberichtigungen auf Debitoren

– Rückstellungen

– Stille Reserven.

5.5.2 Abschreibungen auf Anlagevermögen

Abschreibungen halten den Nutzenverzehr, d. h. die Wertverminderung, des Anlagevermögens fest. Als Folge der beschränkten Lebensdauer von Anlagen wird ihr Vermögenswert sukzessive in Aufwand umgewandelt, das heißt abgeschrieben. Aus betriebswirtschaftlicher Sicht sind die Aufgaben der Abschreibung:

- Bewertung von Vermögensteilen auf einen bestimmten Stichtag (*statischer Aspekt*)

- Ermittlung der Herstellungs- und Selbstkosten der erzeugten Produkte und Dienstleistungen über eine festgelegte Periode (*dynamischer Aspekt*)

- Sicherstellung der Finanzierung zur Wiederbeschaffung eines Anlagevermögens im Umfang der kumulierten Abschreibungsgegenwerte (*Finanzierungs- oder Substanzerhaltungsaspekt*).

Der Wert einer Anlage und somit auch das Maß ihrer Abschreibung bemessen sich nach dem Nutzen, den man künftig mit der Anlage noch erzielen kann. Für die Festlegung von Abschreibungen sind folgende Einflussfaktoren zu beachten (Schellenberg 2000: 277 f.):

- Einsatzbedingter Wertverzehr
  • Technischer Verschleiß, Substanzminderung
  • Einsatzbedingter Katastrophenverschleiß (Totalschaden).

- Zeitbedingter Wertverzehr
  • Natürlicher Verschleiß (Stillstandsverschleiß)
  • Verlust der Nutzungsfähigkeit wegen Preiszerfalls
  • Bedarfsverschiebung auf dem Absatzmarkt
  • Fristablauf von Patenten, Lizenzen, Baurechten, Miet- und Pachtverträgen
  • Gesetzliche Vorschriften
  • Gewinnausweisabsichten.

- Der abzuschreibende Betrag hängt ab von
  • der geschätzten Nutzungsdauer des Anlagegegenstandes
  • dem voraussichtlichen Liquiditätserlös am Ende der geschätzten Nutzungsdauer
  • dem Abschreibungsverfahren, welches die Zuteilung der Abschreibungsbeträge auf einzelne Wirtschaftsperioden regelt.

Für die Schätzung der Nutzungsdauer gibt es Erfahrungszahlen, an denen sich das Rechnungswesen orientieren kann. Der voraussichtliche Liquiditätserlös wird am Okkasionen Markt (Gelegenheitskauf) abgeschätzt oder über Eintausch-Offerten ermittelt.

Maßgeblichen Einfluss auf die Abschreibungsmodalitäten in der Holzindustrie nehmen insbesondere die Kriterien des zeitbedingten Wertverzehrs. Technische Innovationen wie die Spanertechnik können z. B. die Nutzungfähigkeit von Gattersägen einschränken. Oder die verringerte Nachfrage nach imprägnierten Eisenbahn-Holzschwellen erfordert für Imprägnierwerke eine raschere als ursprünglich geplante Abschreibung. Emissionsgrenzwerte für Lärm oder maximal zulässigen Schadstoffausstoß sind in der Regel nur über technische Innovationen zu erreichen und führen so ebenfalls zu kürzeren Abschreibungszeiträumen für die bestehenden Anlagen. In der Waldwirtschaft können empirische Werte aus betriebswirtschaftlichen Untersuchungen oder technische Kriterien benutzt werden. Typische Abschreibungszeiträume für forstliche Infrastrukturanlagen, Holzerntesysteme und Spezialmaschinen zeigt Abbildung 5-18. Bei kleineren Maschinen stellt sich generell die Frage, ob sie ins Anlagevermögen aufgenommen und abgeschrieben werden sollen. Alternativ werden sie auch in der laufenden Periodenrechnung den Aufwandkonten Maschinen oder Werkzeuge mit dem vollen Anschaffungswert belastet. Die Bewertung von Waldboden und Waldbeständen erfordert spezielle Methoden und Kenntnisse, mit denen sich die Disziplin der Waldwertrechnung oder Waldwertschätzung befasst (Oesten und Roeder 2001: 182 ff.).

Anlage	Nutzungsdauer in Jahren	Nutzungsdauer in Betriebsstunden
Straßenkoffer von Waldstraßen	40	
Verschleißschicht von Waldstrassen	10	
Rückemaschinen und Ausrüstungen	7–10	7000–10000
Handgeführte Kleingeräte	3–6	1200

Abbildung 5-18:   Abschreibungszeiträume in der Waldwirtschaft

5.5.3   Abschreibungsverfahren

Es sind mehrere Abschreibungsverfahren entwickelt worden, die den unterschiedlichen Nutzungsverlauf bzw. die fortschreitende Wertminderung von Anlagegütern innerhalb der vorgesehenen Nutzungsperiode in geeigneter Form berücksichtigen. In vielen Fällen kann allerdings im Voraus nicht abschließend beurteilt werden, ob die zu erwartende Wertverminderung in den ersten oder in den letzten Jahren der geschätzten Lebensdauer größer sein wird. Oft ist in den späteren Jahren die Nutzung intensiver und als Folge davon die Abnützung größer. Andererseits kann sich aufgrund sinkender Marktpreise für die erzeugten Produkte in den ersten Jahren ein besonders hoher Abschreibungsbedarf ergeben.

Die Grundformen der Abschreibungsverfahren sind:

Abschreibung nach der Zeit: Der Wertverzehr wird nach der voraussichtlichen Nutzungsdauer bemessen:

• Lineare oder zeitproportionale Abschreibung

• Degressive Abschreibung

• Progressive oder Annuitäten-Abschreibung

Abschreibung nach der Leistung: Der Wertverzehr wird nach der effektiven Inanspruchnahme des Anlagegutes bemessen:

• Leistungsproportionale Abschreibung

Lineare Abschreibungsverfahren: Die Höhe des Nutzenverzehrs ist bei linearen oder zeitproportionalen Abschreibungen für jede Periode gleich. Es ergeben sich jährlich gleichbleibende Abschreibungsbeträge. Falls die erbrachten Leistungen der Anlage pro Zeiteinheit konstant sind, entspricht dieses Verfahren der leistungsproportionalen Abschreibung. Die lineare oder zeitproportionale Abschreibung berechnet sich nach der Formel:

A_t = Abschreibungsbetrag in der Periode t

W = Wert zu Beginn der Anschaffung

R = Restwert, Liquidationswert am Ende der Nutzungsdauer

n = Nutzungsdauer (geschätzt)

$$A_t = \frac{W - R}{n}$$

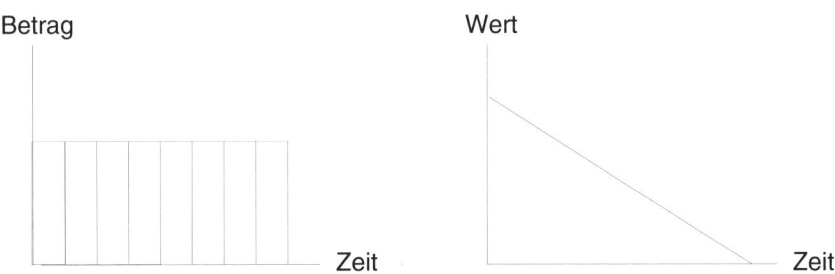

Abbildung 5-19:   Lineare oder zeitproportionale Abschreibung

Degressive Abschreibungsverfahren: Bei diesen Verwahren werden in den ersten Jahren höhere Abschreibungen als in späteren Jahren vorgenommen. Es wird ein abnehmender Nutzenverzehr innerhalb der aufeinander folgenden Perioden unterstellt, was zu jährlich sinkenden Abschreibungsbeträgen führt. Diese Abschreibungsmethode entspricht dem Prinzip der Vorsicht. Sie ist deshalb vorwiegend in der Finanzbuchhaltung und im Rahmen steuern-orientierter Abschreibungspolitiken üblich. Das am meisten angewandte Verfahren ist die *geometrisch-degressive Methode.* Vom jeweiligen Buchwert wird ein bestimmter Zinssatz p pro Jahr, z. B. 10 %, abgeschrieben. Der Zinssatz bleibt während des gesamten Abschreibungszeitraums konstant. Bei dieser Vorgehensweise wird die Anlage nie auf Null abgeschrieben. Die Eingangsgrößen in die Berechnung sind:

p   = Zinssatz in Prozenten

i   = Kalkulationszinssatz p/100

t   = Zeitindex für die laufenden Jahre, t = 1, 2, ... n

W   = Wert zu Beginn der Anschaffung

n   = Nutzungsdauer (geschätzt)

A_t = Abschreibungsbetrag in der Periode t

B_t = Buchwert am Ende der Periode t

R   = Restwert am Ende der Nutzungsdauer

$$A_t = W * (1-i)^{t-1} * i$$
$$B_t = W * (1-i)^t$$
$$R = W * (1-i)^n$$

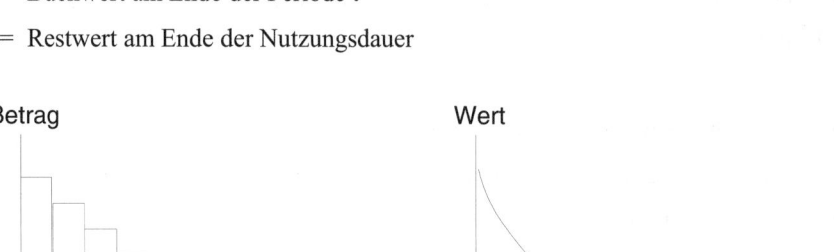

Abbildung 5-20:   Degressive Abschreibung

Progressive oder Annuitäten Abschreibung: Dieser Form der Abschreibung liegt die Überlegung zugrunde, dass die jährliche Belastung der Erfolgsrechnung aus Abschreibung und Zinsen auf dem investierten Anlagewert konstant sein soll (Annuität = Summe der jährlichen Zinsen- und Abschreibungsbelastung). Da die Zinsenlast in den ersten Jahren höher ist als in den letzten, wird der Abschreibungsbetrag zu Beginn kleiner gewählt, und steigt dann progressiv jährlich an.

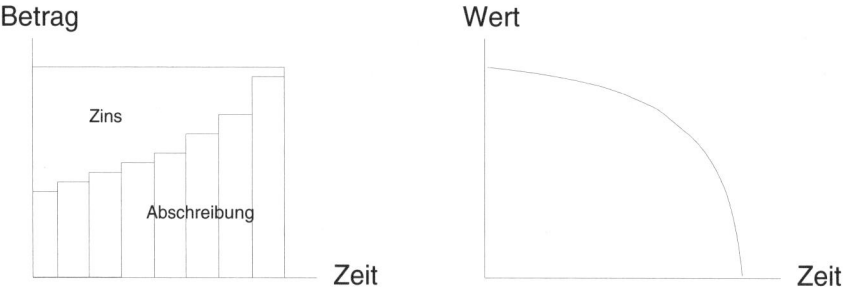

Abbildung 5-21:   Progressive Abschreibung

Bei einem vorgegebenen Zinssatz p berechnet sich der Annuitätenfaktor der geschätzten Nutzungsdauer n wie folgt:

p   = Zinssatz in Prozenten

i   = Kalkulationszinssatz p/100

W   = Wert zu Beginn der Anschaffung

n   = Nutzungsdauer (geschätzt)

$a_{n(p)}$ = Annuitätenfaktor bei geschätzter Nutzungsdauer und vorgegebenem Zinssatz p

$$\text{Annuität} = \frac{W}{a_{n(p)}}$$

$$a_{n(p)} = \frac{r^n - 1}{r^n (r-1)}; \quad r = 1 + i$$

Auf der Basis von Annuität und Zinssatz ergibt sich der Abschreibungsplan (Abschreibung = Annuität minus jährlicher Zins) zur Ermittlung der jeweiligen Jahreswerte für die Abschreibungen und die Zinsbelastung (Abbildung 5-22).

Jahr	Buchwert am Jahresanfang	Annuität		Buchwert am Jahresende
		Zins	Abschreibung	
1	W_1	$W_1 * i$	Annuität $- (W_1 * i)$	$W_1 - \text{Abschreibung}_1 = W_2$
2	W_2	$W_2 * i$	Annuität $- (W_2 * i)$	$W_2 - \text{Abschreibung}_2 = W_3$
3	W_3	$W_3 * i$	Annuität $- (W_3 * i)$	$W_3 - \text{Abschreibung}_3 = W_4$
.....			.....	.....
n	W_n	$W_n * i$	Annuität $- (W_n * i)$	$W_n - \text{Abschreibung}_n = 0$

Abbildung 5-22:   Abschreibungsplan

Leistungsbezogene Abschreibungsverfahren: Die Berücksichtigung der effektiven Nutzung von Betriebsmitteln und Anlagen führt zu schwankenden Abschreibungsbeträgen. Eine Abschreibung nach der Leistung eignet sich immer dann, wenn die effektive Nutzung einfach gemessen und der Nutzenverzehr in erster Linie aufgrund der Leistung beurteilt werden kann. Dies ist z. B. bei Einsatzstunden von Aggregaten oder gefahrenen Kilometern der Fall. Die Berechnung der Abschreibung des Anlagewerts nach Umfang der erbrachten Leistung erfolgt mit folgenden Größen:

W   = Wert zu Beginn der Anschaffung

A_t = Abschreibungsbetrag in der Periode

tn   = Nutzungsdauer (geschätzt)

L_t = Leistung in der Periode t

$$A_t = (W - R) * \frac{L_t}{\sum_{i=1}^{n} L_i}$$

$\sum_{i=1}^{n} L_i$ = Summe aller Leistungen der Anlage

R   = Restwert, Liquidationswert am Ende der Nutzungsdauer

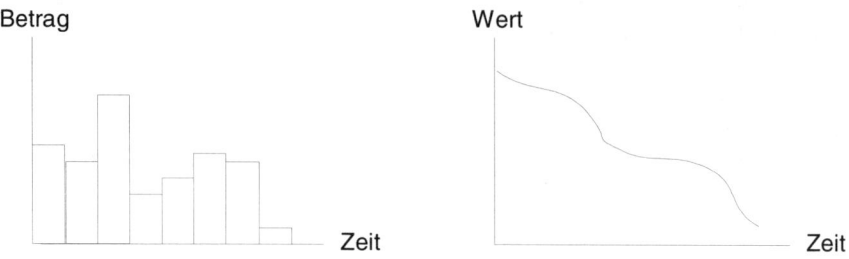

Abbildung 5-23:   Leistungsproportionale Abschreibung

Ist L_t über alle Perioden konstant, entspricht dieses Verfahren der linearen, zeitproportionalen Abschreibung.

5.5.4   Sicherstellung der Wiederbeschaffung

Eine wichtige Aufgabe der Abschreibung ist es, die Finanzierung der Wiederbeschaffung einer Anlage im Umfang der kumulierten Abschreibungsgegenwerte sicherzustellen. Dies ist der Aspekt von Abschreibungen zur Finanzierung und zur Erhaltung der Substanz. Das folgende Beispiel zeigt den Finanzierungseffekt von Abschreibungen (Abbildung 5-24). Sämtliche Aufwendungen für den Betrieb eines Sägewerkes sind bis auf die Abschreibung liquiditätswirksam. Es handelt sich um effektive Ausgaben in Form von Bar- oder Buchgeld. Die Erträge des Sägewerkes bestehen aus Bareinnahmen aus dem Verkauf von Schnittwaren und Resthölzern. Deren Verkaufpreise umfassen anteilsmäßig die Selbstkosten, die Abschreibung bzw. die Abschreibungsgegenwerte und den Gewinn. Die Summe aller Erträge aus dem Verkauf der Produkte minus der Summe aller Ausgaben ergibt den periodenbezogenen Erfolg plus Abschreibungen. Diese liegen in Geldform vor.

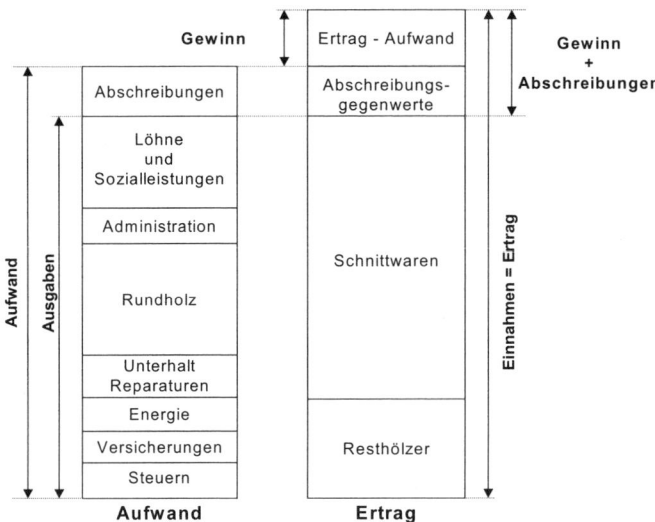

Abbildung 5-24:   Wiederbeschaffungseffekt von Abschreibungen (Eigene Darstellung)

Sofern der gesamte Gewinn ausgeschüttet wird, verbleibt ein Liquiditätsüberschuss im Umfang der Abschreibungsgegenwerte. Wird dieser über die gesamte Nutzungsdauer des Sägewerkes erzielt, so kumulieren sich die jährlichen Abschreibungsgegenwerte über die gesamte Nutzungsdauer. Der ursprüngliche Investitionsbetrag ist dann wieder liquid vorhanden und kann für die Ersatzinvestition verwendet werden.

Gewinn und Abschreibungen stellen den Cash Flow (Mittelzufluss aus der betrieblichen Leistungserstellung) dar, wie er in der direkten Methode ermittelt wird (Kapitel 5.6.5).

5.5.5   Buchhalterische Erfassung von Abschreibungen

Bei der Aktivierung erworbener Anlagegüter sind neben den eigentlichen Anschaffungskosten auch sämtliche mit der Beschaffung anfallenden anderen Kosten zu erfassen. Hierzu gehören z. B. Kosten für Planung, Installation und Anpassungen. Der Einbezug von Unterhalts- und Reparaturarbeiten berücksichtigt die Instandhaltung des Anlagevermögens. Solche Arbeiten werden normalerweise im entsprechenden Aufwandskonto gebucht. Die Abgrenzung zwischen Instandhaltung und wertvermehrenden Verbesserungen am Anlagevermögen ist in der Praxis kaum eindeutig möglich. Bei großen industriellen Aggregaten verfolgt der Ersatz von ganzen Maschinenteilen häufig sowohl den Zweck der Instandhaltung als auch einer abschreibungsrelevanten Wertvermehrung durch Modernisierung. In Betrieben der Waldwirtschaft hat sich die

Praxis eingebürgert, dass außergewöhnliche Reparaturen, welche die 5 %-Grenze des Anschaffungspreises übersteigen, aktiviert und über die restliche Nutzungsdauer der Gesamtanlage abgeschrieben werden.

Direkte und indirekte Abschreibung: Bei der *direkten* Abschreibung wird der Wert der Position direkt im Konto des Anlagevermögens vermindert und der Erfolgsrechnung als Aufwand belastet. Der ursprüngliche Anschaffungswert ist so ab dem zweiten Jahr in der Bilanz nicht mehr ersichtlich. Bei der *indirekten* Abschreibung verbleibt dagegen der Anschaffungswert im Konto des Anlagevermögens. Der kumulierte Abschreibungsaufwand wird in einem speziellen Wertberichtigungs-Konto geführt. Dieses Konto ist von seiner Bestimmung her ein Aktiv-Minus-Konto. Es wird, um den Informationsgehalt zu unterstreichen, in der Bilanz unmittelbar nach dem Hauptkonto aufgeführt und von diesem abgezogen. Mit diesem Vorgehen sind Anschaffungskosten, kumulierte Abschreibungen und Buchwert der aufgeführten Anlagen in der Bilanz ersichtlich.

Ein Unterschied in Bezug auf die Buchung besteht ebenfalls in Bezug auf Finanz- und Betriebsbuchhaltung. In der Finanzbuchhaltung erfolgt die Abschreibung mehrheitlich nach finanzpolitischen Gesichtspunkten und somit nach unterschiedlichen Verfahren. Aus praktischen Gründen wird für die Belange der Betriebsbuchhaltung in der Regel die lineare, zeitproportionale Abschreibung angewandt.

Finanzielle und kalkulatorische Abschreibungen: Abschreibungen sollen möglichst genau vorgenommen werden. Dies ist notwendig, um die Ergebnisse verschiedener Perioden miteinander vergleichen, aber auch um die Herstellungskosten möglichst genau kalkulieren zu können. Andererseits wird die Höhe von Abschreibungen auch durch finanzielle Überlegungen beeinflusst. Der in die Erfolgsrechnung eingehende Abschreibungsbetrag wirkt sich direkt auf den Gewinn aus. Daher wird in einem erfolgreichen Geschäftsjahr eine Unternehmung bestrebt sein, tendenziell mehr abzuschreiben, um so aus steuerlichen Gründen den Gewinn zu reduzieren. In einem ungünstigen Geschäftsjahr ist sie hingegen bestrebt, geringere Abschreibungsbeträge nachzuweisen. Der Zielkonflikt wird in der Praxis so gelöst, dass im Rahmen des Rechnungswesens zwei verschiedene Abschreibungsgrößen unterschieden werden:

–   Finanzielle Abschreibungen, welche die für das finanzielle Rechnungswesen entscheidenden Überlegungen berücksichtigen.

–   Kalkulatorische Abschreibungen, mit denen in der Betriebsbuchhaltung möglichst genau die realen Wertminderungen bestimmt werden.

Erlaubt es die finanzielle Lage des Unternehmens, verstärkt abzuschreiben, so wird für die Ermittlung der Steuern eine separate Steuerbilanz erstellt. In diese dürfen nur die steuerlich maximal erlaubten Abschreibungssätze eingesetzt werden.

Abbildung 5-25 zeigt die buchhalterische Erfassung und die Zusammenhänge. Die Abschreibungsbeträge für die beiden Aggregate belaufen sich auf 450.000 € resp. 300.000 €. Diese Beträge werden in einem Abgrenzungskonto aufgeschlüsselt. 600.000 € entsprechen dem effektiven oder errechneten (kalkulatorischen) Wertverzehr. Aus finanziellen – z. B. steuerlichen – Gründen werden aber 750.000 € ausgewiesen. Damit sinkt der nach außen und auch gegenüber der Steuerbehörde ausgewiesene Reingewinn auf 40.000 €. In der internen Erfolgsrechnung hingegen wird der effektive Abschreibungsbetrag mit einem entsprechend höheren Reingewinn ausgewiesen.

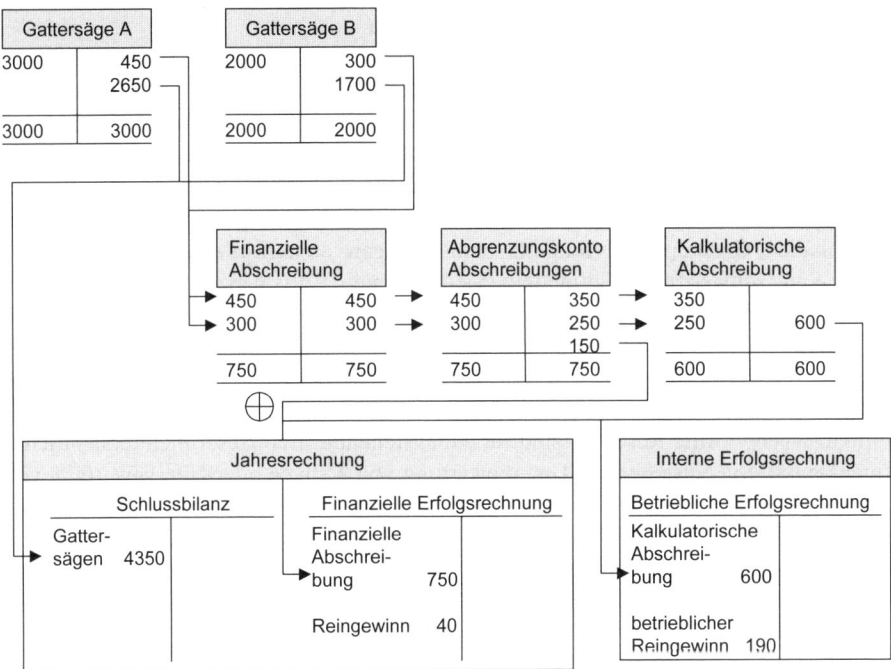

Abbildung 5-25:   Finanzielle und kalkulatorische Abschreibungen in 1.000 €
                    (Eigene Zusammenstellung)

5.5.6   Spezielle Bewertungen

Spezielle Bewertungsprobleme ergeben sich, wenn bestimmte Forderungen nicht erfüllt werden oder wenn mit entsprechenden Verbindlichkeiten gegenüber Dritten zu rechnen ist. Auch bei der Feststellung von Teilen des Eigenkapitals, welche dem außenstehenden Bilanzleser nicht ersichtlich sein sollen, sind u. U. besondere Bewertungen erforderlich (Schellenberg 2000: 135 ff.).

Delkredere: Nicht alle Kunden sind immer in der Lage, ihre Verpflichtungen zu erfüllen. Dies führt beim Gläubiger – bei Unternehmen und Betrieben – zu Verlusten, da bereits als Debitoren gebuchte Umsatzerträge nicht einbezahlt werden. Nicht zahlungsfähige Debitoren müssen daher aus dem Forderungsbestand ausgeschieden werden. Die Streichung nicht realisierbarer Forderungen erfolgt über das Aufwandkonto Debitorenverluste. Aus Gründen der Bilanzvorsicht ist bei zweifelhaften Zahlungen eine weitere Bewertungskorrektur vorzunehmen: das Delkredere. Hierbei handelt es sich um eine Pauschalwertberichtigung, die sich in einem branchenüblichen Umfang bewegt. Das Delkredere ist somit eine Wertberichtigungsposition zum Konto Debitoren. Als angenommener zukünftiger Minderzugang an Geld ist es direkt im Anschluss an das Konto Debitoren aufzuführen und von diesem abzuziehen.

Rückstellungen: Rückstellungen sind mutmaßliche Verbindlichkeiten gegenüber Dritten außerhalb der Unternehmung. Es kann im Voraus nicht gesagt werden, ob sie überhaupt geleistet werden müssen, und wenn ja, an wen, wann und in welcher Höhe. Als mögliche Zahlungs- oder Leistungsverpflichtung sind sie dem Fremdkapital zuzurechnen. Typisch sind Rückstellungen für Garantieleistungen, allfällige Gerichtsprozesse, Sachschäden, Großreparaturen und Instandhaltungen, Steuerforderungen oder etwaige Verluste aus schwebenden Geschäften. Sie werden auch aus versicherungstechnischen Gründen gebildet. Rückstellungen sind zu Lasten derjenigen Erfolgspositionen zu buchen, unter denen Aufwendungen bzw. Mindererträge bei Kenntnis des Umfangs der Risiken einzusetzen wären.

Stille Reserven: Stille Reserven sind für außenstehende Bilanzleser nicht ersichtliches Eigenkapital. Sie entstehen bei Unterbewertung von Aktiven oder Überbewertung von Fremdkapital. Dadurch erscheint das Eigenkapital geringer als es tatsächlich ist. Falls beispielsweise die finanziellen Abschreibungen größer sind als die kalkulatorischen, verringert sich der Anlagewert in der Bilanz schneller als es aus betriebswirtschaftlicher Sicht erforderlich ist. Es entstehen stille Reserven in den Anlagen. Unterbewertungen im Anlagevermögen entstehen auch durch wertvermehrende Reparaturen, die vollumfänglich der Jahresrechnung belastet werden oder als Folge von niedrigeren Preisen für die Wiederbeschaffung.

Stille Reserven sind somit das Ergebnis von Bewertungsdifferenzen in Bilanzpositionen. Sie entstehen durch:

– Unterbewertung von Aktiven
  • betriebswirtschaftlich gesehen überhöhte Abschreibungen

– Weglassen von Aktiven
  • Abschreibung auf Null (pro memoria)
  • Unterlassung der Aktivierung von Vermögensteilen
  • Nichtbilanzieren von transitorischen Aktiven

- Nichtbilanzieren von aktivierungsfähigen Aufwendungen z. B. bei angefangenen Arbeiten

– Überbewertung von Fremdkapital
  - Bilden von betriebswirtschaftlich gesehen übermäßigen Rückstellungen
  - Nichtauflösen von nicht mehr benötigten Rückstellungen
  - Anwenden überhöhter Wechselkurse für Fremdwährungsschulden.

5.6 Bilanz- und Erfolgsrechnungsanalyse

5.6.1 Aufgaben und Bedeutung

Eine der wichtigsten Aufgaben des Rechnungswesens ist die laufende Analyse der Ergebnisse. Bilanz und Erfolgsrechnung sollen ein den tatsächlichen Verhältnissen entsprechendes Bild der Vermögens-, Finanz- und Ertragslage eines Betriebes oder Unternehmens wiedergeben. Dabei sind Vermögens- und Finanzlage eines Unternehmens eng miteinander verknüpft und können als ein zusammenhängendes Instrument der Rechnungslegung betrachtet werden. Die Analyse von Bilanz und Erfolgsrechnung ist im Wesentlichen auf zwei Informationsziele ausgerichtet (Coenenberg 2000: 875).

– In der finanzwirtschaftlichen Analyse wird die finanzielle Stabilität eines Unternehmens untersucht.

– In der erfolgswirtschaftlichen Analyse steht die Ertragskraft im Mittelpunkt des Interesses.

Beide Analysen zusammen geben ein umfassendes Bild der gegebenen ökonomischen Situation von Unternehmen und Betrieben. Sie bilden die Grundlage für die Beurteilung der bisherigen Geschäftstätigkeit wie für mögliche oder notwendige auf die Zukunft ausgerichtete unternehmerische Entscheidungen.

5.6.2 Bewertungsgrundsätze der Rechnungslegung

Damit die Analyse von Bilanz und Erfolgsrechnung Aussagen über die finanz- und ertragswirtschaftliche Situation von Betrieben und Unternehmen zulässt, sind bei der Rechnungslegung die Grundsätze einer ordnungsgemäßen Buchführung zu beachten (§ 243 Abs. 1 HGB). Solche Grundsätze für die Rechnungslegung existieren als europäische International Financial Reporting Standards (IFRS) und als amerikanische Generally Accepted Accounting Principles (US-GAAP). Diese Standards entstehen in einem komplexen Zusammenwirken von Wirtschaft, Wissenschaft und Rechtssprechung. Obwohl es sich nicht um Gesetzeswerke handelt, gelten sie als verbindliche Regeln bei der Aufstellung von Jahresabschlüssen (Coenenberg 2000:

68 ff.; Deloitte 2008). Die an den Informationsbedürfnissen des Kapitalmarkts orientierten Vorschriften weichen in einigen Punkten erheblich von handelsrechtlichen Regelungen ab.

Bilanzvorsicht: Chancen, welche sich aus den Aktiven der Unternehmung ergeben, müssen vorsichtig beurteilt werden. Risiken hingegen, welche sich aus der Geschäftstätigkeit ergeben und in den Passiven ersichtlich sind, sind reichlich zu bemessen. Konkretisiert wird die Bilanzvorsicht durch folgende Prinzipien:

– Realisationsprinzip: Erträge dürfen erst erfasst werden, wenn der zugrunde liegende Sachverhalt eingetreten ist.

– Imparitätsprinzip: Verluste und Risiken müssen als Aufwendungen gebucht werden, sobald sie erkannt sind. Damit ergibt sich eine buchhalterische Ungleichbehandlung (Imparität) von Gewinn und Verlust.

– Niederstwertprinzip: Vorräte, angefangene Arbeiten, fertige Erzeugnisse und Waren sowie das Anlagevermögen dürfen höchstens zum Anschaffungs- resp. Herstellungswert oder zu einem tieferen Marktpreis bilanziert werden.

– In den IFRS und US-GAAP Standards (vgl. Kapitel 5.2.2) wird insbesondere vom Niederstwertprinzip abgewichen. In der Bewertung von Bilanzpositionen wird ein „true and fair view" verlangt. Für die Bewertung werden in stärkerem Umfang Marktpreise herangezogen, und zwar immer dann, wenn z. B. für Vorräte (Roh-, Hilfs-, Betriebsstoffe, angefangene Arbeiten, Fertigprodukte) eine unmittelbare Verwendung am Absatzmarkt zu bekannten Marktpreisen gegeben ist. Aus diesem Grund ist die Möglichkeit zur Bildung stiller Reserven durch Über- oder Unterbewertung (Kapitel 5.5.6) in Positionen des Umlauf- und Anlagevermögens nach IFRS und US-GAAP weit weniger ausgeprägt als bei Bilanzierung nach üblichen nationalen handelsrechtlichen Vorschriften.

Bilanzwahrheit: Zu unterscheiden sind formelle und materielle Aspekte bei der Beurteilung der Bilanzwahrheit. Voraussetzung ist, dass Belege, Buchhaltung und Bilanzausweis lückenlos übereinstimmen.

– Formelle Bilanzwahrheit bedeutet, dass Bilanz und Erfolgsrechnung rechnerisch korrekt vermittelt werden. Die aufgeführten Zahlen stimmen mit den Quellen (Belegen) überein.

– Materielle Bilanzwahrheit bedeutet, dass die in Bilanz und Erfolgsrechnung angegebenen Daten in korrekter Beziehung zu den zugrunde liegenden Fakten stehen.

Auch hinsichtlich der materiellen Bilanzwahrheit bestehen Unterschiede zwischen HGB oder OR einerseits und IFRS/US-GAAP andererseits. Dies gilt v. a. für die bilanzielle Behandlung von bestimmten Finanztransaktionen, die den Einsatz von Kapital substituieren.

–   *Langfristige Leasing-Geschäfte:* Gegenstände des langfristigen Anlagenvermögens wie Gebäude, Produktions-Anlagen, Maschinen und Fahrzeuge werden von Unternehmen heute vielfach nicht erworben, sondern durch spezielle Finanz-Unternehmen mit langfristigen Leasing-Verträgen den eigentlichen Nutzern zur Verfügung gestellt (Kapitel 6.1.5). Nach HGB bzw. OR werden die Leasing-Zahlungen in der Gewinn- und Verlustrechnung als Kosten gebucht. In einem Jahresabschluss nach IFRS oder US-GAAP werden die kumulierten Leasing-Raten auf der Aktiv-Seite der Bilanz aufgeführt, da wirtschaftlich kein Unterschied zwischen Leasing und Kauf eines solchen Wirtschaftsguts besteht (Martinek *et al.* 2008).

–   *Konsolidierung von Zweckgesellschaften bzw. „Special Purpose Vehicles":* Unternehmen nutzen rechtlich unabhängige Gesellschaften, um z. B. mit besonders hohen Risiken behaftete Bilanzpositionen rechtlich vom eigentlichen Unternehmen abzugrenzen und dieses vor den bestehenden Risiken abzuschirmen. Beispiele sind Finanzierungen von Projekten oder Gesellschaften zur Refinanzierung von Forderungen. Solche Gesellschaften und die mit ihnen verbundenen Risiken werden vom HGB bzw. OR nicht immer als Teil des Kern-Unternehmens erfasst; die wirtschaftlichen Risiken sind dann für die Stakeholder nicht transparent. Nach IFRS/US-GAAP werden Zweckgesellschaften dagegen im Rahmen der Konsolidierung erfasst und als Bestandteil der Bilanz ausgewiesen.

Von Bedeutung sind ferner die Grundsätze der *Bilanzklarheit* sowie der *Bilanzkontinuität*:

–   Die Bilanzklarheit erfordert, dass die Jahresrechnung übersichtlich und klar dargestellt wird. Die einzelnen Positionen sind richtig und genau zu bezeichnen. Für Aktiengesellschaften bestehen ausführliche Vorschriften über die Mindestgliederung.

–   Die Bilanzkontinuität erfordert, dass Bilanzen und Erfolgsrechnungen aufeinanderfolgender Jahre vergleichbar sein müssen. Änderungen sind im Bericht zur Bilanz aufzuführen und zu begründen.

Die Bewertung von Bilanzpositionen wird maßgeblich durch die zentralen wirtschaftlichen Kennzahlen von Unternehmen bestimmt (Kapitel 5.6.4). Die Bilanzierung bietet in unterschiedlicher Weise Wahlmöglichkeiten bei der Bewertung von Gütern des Anlage- und Umlaufvermögens. So besteht ein beachtlicher bilanztechnischer Gestaltungsspielraum bei der Zuordnung von Wirtschaftsgütern zu bestimmten Bilanzpositionen. Dies betrifft z. B. die Bewertungsverfahren und Abgrenzung von halbfertigen und fertigen Erzeugnissen im Wertschöpfungsprozess. Unternehmen nutzen diese Gestaltungsspielräume, um ihre Bilanzen vorteilhaft oder auch nachteilig darzustellen. Für eine fundierte Beurteilung von Bilanzen, etwa im Rahmen einer Unternehmensbewertung, ist daher neben der Kenntnis der wesentlichen Kennzahlen auch die Auseinandersetzung mit den verwendeten Bewertungsmethoden notwendig.

5.6.3 Bereinigung der Jahresrechnung

Eine Analyse von Bilanz und Erfolgsrechnung ist umso geeigneter für unternehmerische Entscheide, je genauer das zugrunde liegende Zahlenmaterial wirkliche Betriebswerte darstellt. Nach handelsrechtlichen Gesichtspunkten erstellte Jahresabschlüsse sind zur Ermittlung des effektiven Vermögens und der Einkommensverhältnisse von außerordentlichen, periodenfremden und betriebsfremden Werten zu bereinigen. In der Regel ist eine Neubewertung von Bilanzpositionen aufgrund betriebswirtschaftlicher Überlegungen notwendig.

Zu den Aufgaben, die im Rahmen der Bereinigung der Jahresrechnung vorzunehmen sind, gehören insbesondere:

– In der Bilanz
  • Auflösung der stillen Reserven (Bestände)
  • Verrechnung der Wertberichtigungen mit den Stammkonten
  • Gliederung der Positionen
  • Rundung der Zahlen.

– In der Erfolgsrechnung
  • Auflösung der stillen Reserven (erfolgswirksame Veränderungen)
  • Gliederung der Positionen
  • Rundung der Zahlen.

Um eine umfassende Beurteilung der Jahresrechnung vorzunehmen, sind bestimmte Kontengruppen zueinander in Beziehung zu bringen und mithilfe von Kennzahlen zu interpretieren. Branchenübliche Richtgrößen sind nur beschränkt aussagekräftig. Letztlich ist jeder Betrieb bzw. jede Unternehmung individuell zu beurteilen.

Zur Analyse von Bilanz- und Erfolgsrechnung können folgende Gruppen von Kennzahlen herangezogen werden (Schellenberg 2000: 143):

– Kennzahlen zur Analyse der Vermögensstruktur

– Kennzahlen zur Analyse der Kapitalstruktur und der Deckungsverhältnisse

– Kennzahlen zur Analyse der Liquidität

– Kennzahlen zur Analyse der Ertragslage

– Integrierte Kennzahlensysteme.

5.6.4   Bilanzanalyse

Abbildung 5-26 zeigt die wichtigsten Elemente und Zusammenhänge, die für eine Grobanalyse der Bilanz von Bedeutung sind. Um die Angemessenheit von Kennzahlen im
konkreten Fall zu beurteilen, müssen allerdings sämtliche Bilanzpositionen betrachtet
und einzeln analysiert werden (Meyer 2002: 117 ff.; Schellenberg 2000: 135 ff.).

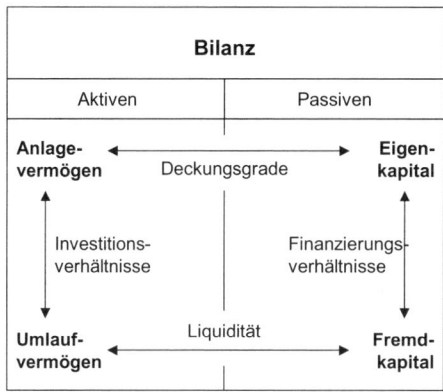

Abbildung 5-26:   Analyse der Bilanz

Investitionsverhältnis: Beim Investitionsverhältnis interessiert in erster Linie das Verhältnis von Umlaufvermögen zu Anlagevermögen. Es ist im Wesentlichen branchen-
abhängig. Je mehr Anlagen für den Produktionsprozess benötigt werden, desto höhere
Werte ergeben sich für die Anlageintensität.

$$Investitionsverhältnis = \frac{Umlaufvermögen}{Anlagevermögen} \left[= \frac{Anteil\,des\,UV\,in\,\%}{Anteil\,des\,AV\,in\,\%} \right]$$

$$Anlageintensität = \frac{Anlagevermögen * 100\,[\%]}{Vermögen}$$

Finanzierungsverhältnisse: Die Finanzierungsverhältnisse hängen von der Art der
Unternehmung ab. Als grober durchschnittlicher Richtwert gibt Meyer (2002: 133) für
Industrieunternehmungen einen Eigenfinanzierungsgrad von 40 bis 50 % an, für Han-
delsunternehmen einen solchen von 30 bis 40 %.

$$Finanzierungsverhältnis = \frac{Fremdkapital}{Eigenkapital}$$

$$Verschuldungsgrad = \frac{Fremdkapital * 100 \; [\%]}{Kapital}$$

$$Eigenfinanzierungsgrad = \frac{Eigenkapital * 100 \; [\%]}{Kapital}$$

Liquidität: Liquidität bedeutet grundsätzlich Zahlungsbereitschaft. Kennzahlen zur Liquidität zeigen an, ob genügend flüssige oder leicht zu verflüssigende Vermögensteile vorhanden sind, um die laufenden Verpflichtungen zu erfüllen. Die drei so genannten Liquiditätsgrade vergleichen stufenweise die Zahlungsmittelbestände mit den kurzfristigen Schulden.

Liquiditätsgrad I (cash ratio): Flüssige Mittel in Prozent des kurzfristigen Fremdkapitals.

$$Liquiditätsgrad \; I = \frac{Flüssige \; Mittel * 100 \; [\%]}{Kurzfristiges \; Fremdkapital}$$

Liquiditätsgrad II (quick ratio): Flüssige Mittel plus Forderungen in Prozenten des kurzfristigen Fremdkapitals. Richtwert 100 % (Meyer 2002: 127).

$$Liquiditätsgrad \; II = \frac{\left(Flüssige \; Mittel + Forderungen\right) * 100 \; [\%]}{Kurzfristiges \; Fremdkapital}$$

Liquiditätsgrad III (current ratio): Umlaufvermögen in Prozenten des kurzfristigen Fremdkapitals. Richtwert 150 – 200 % (Thommen und Achleitner 2006: 507 f.).

$$Liquiditätsgrad \; III = \frac{Umlaufvermögen * 100 \; [\%]}{Kurzfristiges \; Fremdkapital}$$

348

Anlagedeckungsgrade: Anlagevermögen enthalten hohe Risiken: Investitionen sind teuer und ihr zukünftiger Nutzenzugang ist nicht gesichert. Das Gebot nach Fristenkongruenz in der Finanzierung verlangt, dass das Anlagevermögen mit langfristig zur Verfügung stehendem Kapital, d. h. mit Eigenkapital finanziert wird. Reicht dies nicht aus, muss zusätzlich langfristig verfügbares Fremdkapital zur Finanzierung verwendet werden.

Die Anlagedeckungsgrade erfassen die Verhältnisse zwischen langfristig gebundenen Aktiven und langfristig verfügbaren Kapitalien. Die Deckungsgrade zeigen einen Vergleich zwischen den beiden Bilanzseiten und geben Auskunft über die Art der Finanzierung des Anlagevermögens.

Anlagedeckungsgrad I: Eigenkapital in Prozenten des Anlagevermögens. Richtwert 90 – 120 % (Helbling 1997: 241).

$$Anlagedeckungsgrad\ I\ =\ \frac{Eigenkapital\ *\ 100\,[\%]}{Anlagevermögen}$$

Anlagedeckungsgrad II: Eigenkapital plus langfristig verfügbares Fremdkapital in Prozenten des Anlagevermögens. Richtwert 120 – 160 % (Helbling 1997: 241), immer jedoch über 100 % (Meyer 2002: 131 f.).

$$Anlagedeckungsgrad\ II\ =\ \frac{\left(Eigenkapital\ +\ langfristiges\ Fremdkapital\right)\ *\ 100\,[\%]}{Anlagevermögen}$$

5.6.5   Erfolgsrechnungsanalyse

Eine Grobanalyse der Erfolgsrechnung beruht auf der Ertragsanalyse, der Aufwandsanalyse sowie auf einer Beurteilung der Wirtschaftlichkeit (Abbildung 5-27). Auch hier sind im konkreten Fall die Angemessenheit der Kennzahlen anhand sämtlicher Positionen zu analysieren und zu beurteilen. Eine zentrale Kenngröße ist der Cash Flow als Ausdruck des Mittelzuflusses aus der betrieblichen Leistungserstellung. Er wird über definierte Erfolgsrechnungspositionen ermittelt.

Ertragsanalyse: Die Analyse des Ertrags erfordert eine sorgfältige Strukturierung der einzelnen Ertragspositionen nach branchenüblichen bzw. unternehmungsspezifischen Kriterien. In der Waldwirtschaft ist der Holzertrag von zentraler Bedeutung. Er wird in einzelne verkaufsfähige Rohholzsortimente unterteilt.

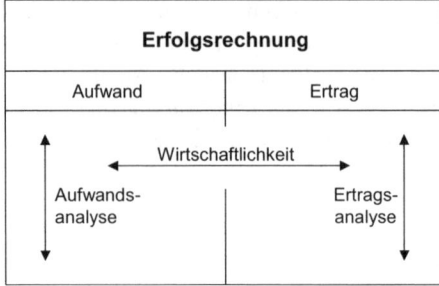

Abbildung 5-27:   Analyse der Erfolgsrechnung

Der *Umsatz* (= Σ der periodenbezogenen Erlöse aus der Verwertung betrieblicher Leistungen) ist eine wichtige, objektive und gebräuchliche Größe. Er ist Basis für viele zusammengesetzte Kennzahlen.

$$Kapitalumschlag = \frac{Umsatz}{Gesamtkapital}$$

$$Durchschnittlicher\, Verkaufspreis\, je\, Mengeneinheit = \frac{Umsatz}{Menge}$$

Aufwandsanalyse: Analog sind die Aufwandspositionen zu gliedern und zu analysieren. Neben absoluten Zahlen erleichtern relative Größen (prozentuale Anteile) den Einblick in die Zusammenhänge. So nimmt vorab in Forstbetrieben der Personalkostenanteil in der Regel einen dominanten Anteil an den gesamten Betriebskosten ein.

Wirtschaftlichkeitsanalyse: Bei den Wirtschaftlichkeitsanalysen stehen Vergleiche zwischen wertmäßigem Leistungseinsatz und Leistungsergebnis im Mittelpunkt. Die Basis der Analyse bildet das Verhältnis von Ertrag und Aufwand.

$$Wirtschaftlichkeit = \frac{Ertrag}{Aufwand}$$

Gewinn (auch Verlust) kann entweder absolut als Differenz zwischen Aufwand und Ertrag oder relativ als Verhältnis zwischen absolutem Gewinn und dem zur Erwirtschaftung des Gewinns eingesetzten Kapital definiert werden. Im letzteren Fall spricht man von Rendite oder Rentabilität.

$$Rendite = \frac{(Ertrag - Aufwand) * 100 \, [\%]}{durchschnittlich \; eingesetztes \; Kapital}$$

Die Rentabilität ist eine der wichtigsten Kennzahlen der Bilanz- und Erfolgsrechnungsanalyse. Sie zeigt an, wie wirtschaftlich die Güter- und Dienstleistungserstellung erfolgt. Oft ist es zweckmäßig, die Rentabilität weiter in die Umsatzgewinnrate und den Kapitalumschlag zu zerlegen.

$$\rightarrow Umsatzgewinnrate = \frac{Gewinn * 100 \, [\%]}{Umsatz}$$

$$Rendite = \frac{Gewinn * 100 \, [\%]}{Gesamtkapital}$$

$$\rightarrow Kapitalumschlag = \frac{Umsatz}{Gesamtkapital}$$

Unter *Cash Flow* wird der Mittelzufluss aus der betrieblichen Leistungserstellung verstanden. Vor allem für die Eigentümer von Unternehmen ist die Höhe des Cash Flow eine wichtige Kenngröße. Sie gibt Auskunft darüber, wie viel Geld eine bestehende Unternehmung zusätzlich zum internen Bedarf des Unternehmens erzeugt. Nur diese Mittel können für zusätzliche unternehmerische Aktivitäten verwendet oder direkt an die Eigentümer ausgeschüttet werden. Die Bewertung von Unternehmen durch gewinnorientierte Anleger auf den heutigen Kapitalmärkten basiert im Wesentlichen auf betrieblichen Cash Flows (Betsch *et al.* 2000: 211 ff.).

Der Cash Flow zeigt, wie gut es während einer Wirtschaftsperiode gelingt, mit der Herstellung und dem Vertrieb von Gütern und Dienstleistungen einen Beitrag zur Vergrößerung des Umlaufvermögens zu leisten. Maßgebend ist hierbei die Erkenntnis, dass das langfristige Überleben von Unternehmungen nur dann gesichert ist, wenn es ihnen gelingt, ihre Verpflichtungen und ihren Investitionsbedarf nachhaltig mit den Erträgen der eigenen Geschäftstätigkeiten zu finanzieren. Unter dieser Perspektive ist der Cash Flow eine strategische Steuerungsgröße der Unternehmensführung. Da die betriebliche Leistungserstellung von der Erfolgsrechnung ausgewiesen wird, ist der Cash Flow auch dort zu ermitteln.

Der Cash Flow kann sowohl direkt aufgrund der liquiditätswirksamen Einnahmen und Ausgaben als auch aufgrund der liquiditätsneutralen Positionen der Erfolgsrechnung berechnet werden. Im Schema der Abbildung 5-28 dürfen die Feldergrößen nicht mit den absoluten Beträgen gleichgesetzt werden. Der Cash Flow setzt sich demnach zusammen aus:

- Σ des liquiditätswirksamen Ertrags minus Σ des liquiditätswirksamen Aufwands, oder

- Gewinn plus Σ des liquiditätsneutralen Ertrags minus Σ des liquiditätsneutralen Aufwands.

Erfolgsrechnung			Cash Flow-Methode
	Aufwand	Ertrag	
liquiditäts-wirksam	- Löhne - Warenaufwand - übriger Aufwand	- Umsatz - Zinsen	direkt
liquiditäts-neutral	- Rückstellungsaufwand - Abschreibungen	- Erhöhung Liegen-schaftswert	indirekt
	Gewinn		

Abbildung 5-28:   Verfahren zur Berechnung des Cash Flow

5.6.6   Integration von Bilanz- und Erfolgsrechnungsanalyse

Integrierte Kennzahlensysteme öffnen den Blick auf das ganze finanzbuchhalterische System mit den gegenseitigen Abhängigkeiten von Bilanz und Erfolgsrechnung. Die Zusammenführung beider Teilsysteme ergibt eine neue Kennzahl: die Gesamtrentabilität (Return on Investment ROI). Das hier als Beispiel aufgeführte Du Pont-Rendite-Schema (Abbildung 5-29) ist ein derartiges umfassendes Kennzahlensystem, das gegenüber der Verwendung isolierter Kennzahlen erhebliche Vorteile aufweist. Über die Ermittlung der Einflussfaktoren des ROI kann im Einzelnen aufgezeigt werden, wie sich die Bestandteile von Bilanz und Erfolgsrechnung in ihrem Zusammenspiel auswirken:

- Der obere Ast des Schemas zeigt Einflussfaktoren der Umsatzgewinnrate. Verbesserungsmöglichkeiten liegen im Allgemeinen im Bereich der Aufwandsminderung. Derartige Ersparnisse führen zu einer höheren Umsatzgewinnrate und damit zu einem höheren ROI.

- Im unteren Ast werden die Einflussfaktoren angegeben, die den Kapitalumschlag bestimmen. Gelingt es, bei gleichem Gewinn das Gesamtkapital zu reduzieren, ergibt sich über die Beziehungszusammenhänge ebenfalls eine Verbesserung des ROI.

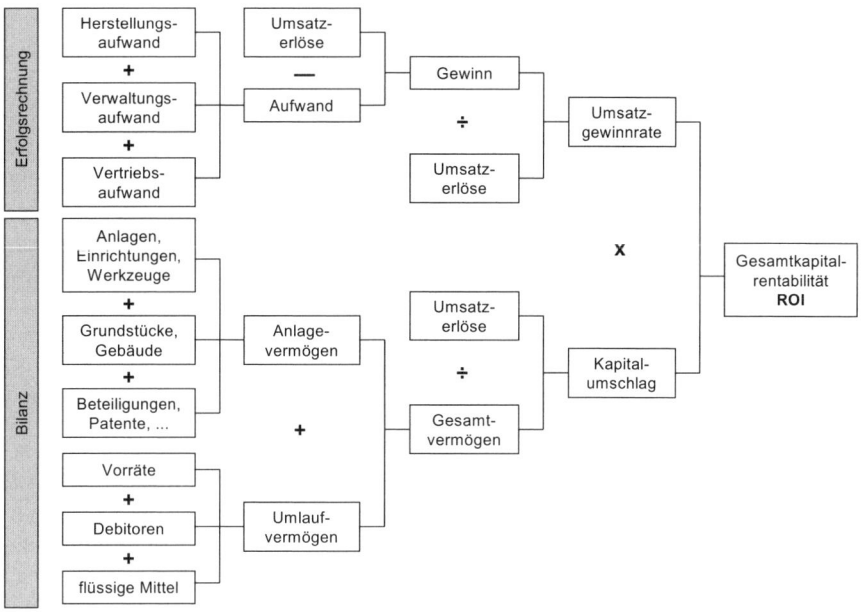

Abbildung 5-29:   Du Pont-Rendite-Schema

Dabei wird im Gegensatz zur rein aufwandsbezogenen Betrachtung ein Doppeleffekt erzielt:

–   Durch ein effizientes Debitorenmanagement sowie durch Optimierung der Logistik z. B. durch Outsourcing und Just-in-Time-Produktion (Kapitel 7.1) ist eine Reduzierung des eingesetzten Vermögens möglich. Ebenso ist eine Umnutzung oder ein Abstoßen nichtbetrieblicher Vermögensteile im Anlagevermögen (Stripping, Asset Redeployment) zu prüfen. Beide Ansatzpunkte zielen darauf ab, durch eine schlanke Produktion (Lean Production) den Kapitalumschlag zu erhöhen und eine möglichst effiziente Vermögensstruktur zu schaffen.

–   Die Realisierung einer effizienten Kapitalnutzung durch Lean Production führt gleichzeitig zu namhaften Kostenwirkungen wie Reduktion der Zinskosten für das investierte Kapital, Reduktion der Lagerkosten oder Verringerung des Verwaltungsaufwandes für betrieblich nicht notwendige Vermögensteile.

Die doppelte Hebelwirkung von Maßnahmen im Bereich eines effizienten Kapitalumschlages ist in der Regel weit größer als die punktuelle Suche nach möglichen Aufwandsreduktionen. Die Zusammenhänge dürfen aber nicht rein mechanisch verstanden werden. Abhängigkeiten und Bedingungen zur Ausnützung der angestrebten Effekte müssen häufig über angepasste oder neu gestaltete Produktionsprozesse erst geschaffen werden.

5.7   Betriebsbuchhaltung

5.7.1   Aufgaben

Gegenstand der Betriebsbuchhaltung ist die quantitative und rechnerische Darstellung betriebsinterner Vorgänge und die Ermittlung des durch die betriebliche Leistungserstellung bedingten Verbrauchs bzw. des Zuwachs an Gütern und Leistungen. Alternativ werden z. T. auch andere Begriffe wie Betriebsabrechnung, Kostenrechnung oder Leistungsrechnung (Meyer 2002; Jöbstl 2000, 2002; Werder 2002) verwendet. Die wesentlichen Aufgaben der Betriebsbuchhaltung sind:

–   *Kosten- und Erlösermittlung*: Hier geht es um die Zuordnung der Kosten auf einzelne Produkte und Dienstleistungen. Damit können Planung und Kontrolle der Produktionsergebnisse zielgerichtet erfolgen.

–   *Führungsfunktion*: Sie erfordert eine Zusammenfassung von Kosten nach Verantwortungsbereichen, um im Rahmen einer Leistungsbeurteilung die Aktivitäten der betrieblichen Organisationseinheiten optimieren zu können. Damit wird generell das Kostenbewusstsein gefördert.

–   *Entscheidungsvorbereitung*: Benötigt werden quantitative Informationen zur sachgerechten Entscheidungsfindung, insbesondere vor der Aufnahme neuer Produkte und Dienstleistungen in das Produktionsprogramm oder zur Beurteilung der Zweckmäßigkeit von Investitionen. Derartige Entscheide setzen eine genaue Kenntnis der damit verbundenen Kosten und Erlöse voraus.

Die formale und inhaltliche Ausgestaltung der Betriebsbuchhaltung liegt im Ermessen der Unternehmung. Dies ist sinnvoll, da auf spezielle Zusammenhänge zwischen betriebsinternen Bereichen einzugehen ist und die Steuerung konkreter Produktionsprozesse im Vordergrund steht. Im Unterschied zur Finanzbuchhaltung ist die Betriebsbuchhaltung daher nicht an besondere Formvorschriften gebunden. Damit die Betriebsbuchhaltung an wechselnde Informationsbedürfnisse flexibel angepasst werden kann, sollte sie modular aufgebaut sein. Zweckmäßig ist, dass prinzipiell nur ein Buchungs- und Kontensystem innerhalb eines Unternehmens oder Betriebes verwendet wird. Dies erleichtert die Kommunikation unter allen Beteiligten und ist kostengünstig. In bestimmten Fällen kann es jedoch auch notwendig sein, verschiedene, sich gegenseitig ergänzende betriebliche Buchhaltungen zu führen.

5.7.2   Grundstruktur

Die Betriebsbuchhaltung besteht aus drei zentralen Elementen, die miteinander in einem funktionalen Zusammenhang stehen (Abbildung 5-30):

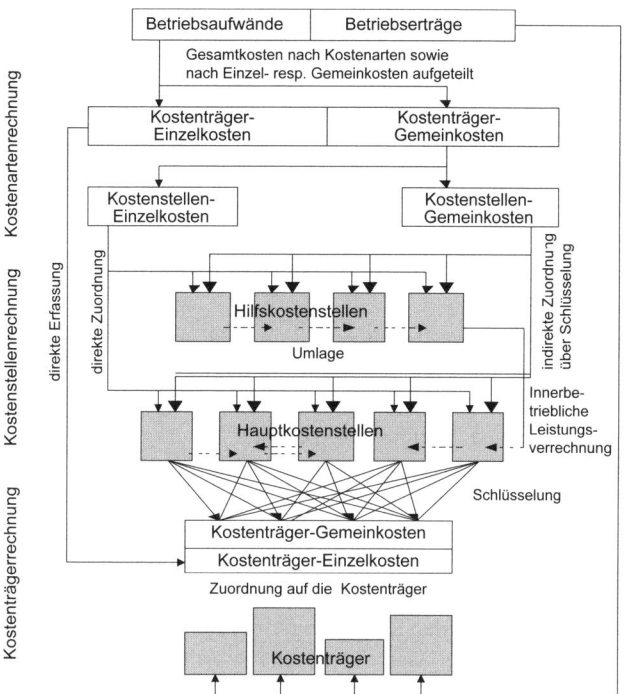

Abbildung 5-30:   Grundstruktur der Betriebsbuchhaltung (Schellenberg 2000: 268, verändert)

– *Kostenartenrechnung*: In der Kostenartenrechnung werden alle Kosten wie Personal-, Energie- oder Materialkosten erfasst und geordnet, die während einer bestimmten Periode bei der betrieblichen Leistungserstellung anfallen. Weiter werden Abgrenzungen zur Finanzbuchhaltung vorgenommen und kalkulatorische Kosten ausgewiesen.

– *Kostenstellenrechnung*: In der Kostenstellenrechnung werden die erfassten Kosten auf die Objekte oder die Ursache ihrer Entstehung verteilt. Kostenstellen sind innerbetrieblich abgrenzbare, funktionale oder organisatorische Teilbereiche des Unternehmens mit einheitlichen und kalkulierbaren Leistungen. So können z. B. im Bereich der Holzproduktion die Kosten nach Bestandsbegründung, Pflege, Holzhauerei, Rücken und Verkauf gegliedert werden. In einer Sägerei erfolgt die entsprechende Gliederung nach Rundholzlager, Sägehalle, Schnittwarenlager, Ein- und Verkauf oder nach anderen betrieblichen Gesichtspunkten.

– *Kostenträgerrechnung*: In der Kostenträgerrechnung erfolgt die Zuordnung der gesammelten Kosten auf die Kostenträger (Produkte und Dienstleistungen), die in einer Periode erzeugt worden sind. So können in der Waldwirtschaft die Kosten pro ha gepflegter Jungbestand, pro m³ bereitgestelltes Rohholz oder pro Laufmeter unterhaltene Waldstrasse ermittelt werden. In der Holzindustrie sind die einzelnen verkaufsfähigen Produkte oder Produktgruppen Einheiten der Kostenzurechnung.

Die Kostenarten-, Kostenstellen- und Kostenträgerrechnung werden in der betrieblichen Praxis zweckmäßiger Weise in einem System integriert.

5.7.3   Abgrenzungen zwischen Finanz- und Betriebsbuchhaltung

Finanzbuchhaltung und Betriebsbuchhaltung sind eng verknüpfte, komplementäre Teilgebiete des betrieblichen Rechnungswesens. Wichtig ist jedoch, die Begriffe beider Bereiche eindeutig zu unterscheiden sowie buchhalterische Abgrenzungen zwischen beiden Rechnungssystemen vorzunehmen. Es ist in der Regel zweckmäßig, für Finanz- und Betriebsbuchhaltung gleiche Zeiträume zu benutzen.

In der Finanzbuchhaltung haben der zeitliche Aspekt und die Analyse des gesamten Unternehmens besonderes Gewicht. Unter Aufwand wird der einer Wirtschaftsperiode zuzurechnende Abgang an Gütern und Leistungen verstanden. In dieser Sicht sind z. B. auch Abgänge, die nicht mit der Erzeugung einer betrieblichen Leistung zusammenhängen, Aufwand. Dieser wird dann als neutraler Aufwand bezeichnet. Zu den neutralen Aufwendungen gehören:

–   Außergewöhnliche Debitorenverluste, die über das branchenübliche Maß hinausgehen

–   Güterabgänge infolge eines außerordentlichen Ereignisses, z. B. in einem Brandfall

–   zweckfremder Unterhaltsaufwand, z. B. für ein vermietetes Wohnhaus, das nicht von der Unternehmung genutzt wird. Analog hierzu ist der in diesem Fall entstehende Mietertrag ein neutraler Ertrag.

Bei der Betriebsbuchhaltung stehen Betriebe und die Abrechnung einzelner Leistungen, d. h. die Ermittlung der Kosten für die Erstellung bestimmter Produkte und Dienstleistungen im Zentrum. Dies ermöglicht, betriebsinterne wirtschaftliche Beziehungen und Abläufe darzustellen und zu beurteilen (interne Informationsfunktion). Grundlage hierfür ist die Analyse von Kosten und Leistungen bzw. deren Erlöse.

Die Begriffspaare Aufwand und Ertrag bzw. Kosten und Leistungen stehen miteinander in engem Zusammenhang. Sie müssen aber in ihrer konkreten Bedeutung eindeutig voneinander abgegrenzt werden. Zu beachten ist vor allem, dass in der Betriebsbuchhaltung der kausale Zusammenhang zwischen Güter- und Leistungsabgängen für die Erstellung der Betriebsleistung im Vordergrund steht. Analog dem neutralen Aufwand

356

werden Kosten, die in der Finanzbuchhaltung nicht als Aufwand erscheinen, in der Betriebsbuchhaltung als Zusatzkosten nachgewiesen. Ein Beispiel für Zusatzkosten sind kalkulatorische, d. h. berechnete Zinsen auf investiertem Eigenkapital.

Deutlich wird der Zusammenhang zwischen den beiden Begriffspaaren in Abbildung 5-31 und Abbildung 5-32. Zweckaufwand und Zweckertrag dienen dem eigentlichen Betriebszweck. Anderer Aufwand, der zwar geleistet wird, aber nicht dem Betriebszweck dient, wird als neutraler Aufwand bezeichnet. Analog werden auch neutrale Erträge, die nicht dem eigentlichen Betriebszweck zuzurechnen sind, separiert. Neutraler Aufwand und Ertrag sind der Unternehmung als Ganzes zuzuschreiben, nicht aber den produzierenden Betrieben.

Der Unterschied zwischen Finanz- und Betriebsbuchhaltung wird ebenfalls bei der Ermittlung des Betriebsergebnisses deutlich. Hier wird das Bruttoergebnis, d. h. das gesamte Ergebnis eines Unternehmens durch Abzug des neutralen Aufwandes bzw. des neutralen Ertrages bereinigt, um das tatsächliche Resultat der betrieblichen Leistungserstellung oder einzelner Produktionsprozesse nachzuweisen. Auf diese Weise werden Informationen darüber generiert, ob eine Wirtschaftseinheit in ihrem Kerngeschäft erfolgreich arbeitet.

5.7.4 Kosten und Leistungen

Kosten: Mit dem Kostenbegriff werden drei Aspekte festgehalten (Jöbstl 2002: 32; Thommen und Achleitner 2006: 414 f.):

– Es handelt sich um betriebliche Sachgüter- und Leistungsabgänge. Zu Leistungsabgängen zählen auch Geldabgänge sowie z. B. Arbeitsleistungen, die in der Unternehmung selbst verbraucht werden.

   Die Kostenwerte der Dienstleistungen ergeben sich aus der Bewertung der Mengen.

– Die Abgänge werden ausschließlich durch betriebliche Leistungen verursacht. Der Kostenbegriff ist daher immer auf bestimmte Objekte bezogen. Es ist nur sinnvoll, von Kosten zu sprechen, wenn auch klar ist, welchem Objekt diese zuzurechnen sind. Hierbei kann es sich um Kosten für ein bestimmtes Produkt, für eine zu erbringende Dienstleistung, für den Absatz eines Handelsgutes oder auch für die Durchführung einer Werbekampagne handeln.

Insgesamt handelt es sich hier um einen auf Werte bezogenen ‚wertmäßigen‘ Kostenbegriff wie er von der Mehrheit der Autoren und in der Regel auch in der Praxis angewendet wird. Auch in den folgenden Ausführungen wird durchgehend ein wertmäßiger Kostenbegriff verwendet. Daneben existiert ein ‚pagatorischer‘ Kostenbegriff, der grundsätzlich an Zahlungsvorgänge anknüpft.

Kosten setzen sich zusammen aus Grundkosten und Zusatzkosten (Abbildung 5-31). Das zentrale Element für die Herleitung der Kosten ist der Zweckaufwand oder der betriebliche Aufwand. Neutraler Aufwand ist nicht kostenwirksam.

Die rechte Seite von Abbildung 5-31 zeigt, dass auch betriebliche Kosten entstehen, die nicht aus dem Zweckaufwand abgeleitet werden können. Dies betrifft z.B. inner-betriebliche Kosten, kalkulatorische Zinsen für eingesetztes Eigenkapital oder auch kalkulatorische Risikokosten. Solche Kostenbestandteile werden als kalkulatorische (berechnete) Kosten oder als Zusatzkosten bezeichnet.

Da die Betriebsbuchhaltung nachweisen soll, wie viele Güter und Leistungen für die betriebliche Leistungserstellung aufgebracht werden, ist hier der Einsatz des Eigenka-pitals zu berücksichtigen. In der Regel wird eine angemessene Verzinsung des Eigenka-pitals angenommen, welche als kalkulatorischer Eigenkapitalzins in der Betriebsbuch-haltung einzubeziehen ist. Dagegen wird in der Finanzbuchhaltung hergeleitet, welcher Gewinn/Verlust innerhalb einer bestimmten Periode im Unternehmen angefallen ist bzw. um wie viel sich das Eigenkapital in einer bestimmten Zeitperiode verändert hat.

Aufwand				
neutraler Aufwand		**Zweckaufwand**		
nicht betrieblicher Aufwand	außerordentli-cher Aufwand	Aufwand = Kosten	Aufwand > Kosten	Aufwand < Kosten
z.B. Liegenschaften aufwand, Zins, Wertschriften-aufwand	z.B. a.o. Verluste aus Veräußerun-gen von Anlagevermö-gen	z.B. Löhne, Energie, Mieten	Bildung stiller Reserven, Periodenab-grenzung	Auflösung stiller Reserven, Periodenab-grenzung
		Kosten = Aufwand	Kosten < Aufwand	Kosten > Aufwand	z.B. innerbetriebliche Kosten, kalkulatorische Zinsen auf investiertem Eigenkapital, kalkulatorisches Risiko
		Grundkosten		**Zusatzkosten**
		Kosten		

Abbildung 5-31:   Aufwand und Kosten (Schellenberg 2000: 264, verändert)

Das Eigenkapital wird hierbei nicht berücksichtigt, da die ‚Entlohnung' des Unternehmers bzw. des Eigenkapitals durch den Gewinn erfolgt.

Leistungen: Leistungen sind Werte der in Unternehmen und Betrieben entstandenen Güter und Dienstleistungen. Wesentliche Merkmale von Leistungen sind, dass:

– nur die dem eigentlichen Unternehmens- oder Betriebszweck dienenden Leistungen berücksichtigt werden

– betriebsfremde, periodenfremde und außerordentliche Erträge nicht leistungswirksam sind

– nur bewertete Leistungen erfasst werden.

Das zentrale Element für die Herleitung der Leistungen ist der Zweckertrag der Finanzbuchhaltung (Abbildung 5-32). Der Zweckertrag ergibt sich aus der betrieblichen Zielsetzung bzw. der betrieblichen Leistungserbringung. Das Vorgehen erfolgt analog zur Bemessung des Zweckaufwands bei den Kosten. Zu unterscheiden sind Grundleistungen und Zusatzleistungen. Maßgebend für die Herleitung der Grundleistung ist der Zweckertrag. Neutraler Ertrag ist nicht leistungswirksam. Die kalkulatorischen oder Zusatzleistungen entstehen zusätzlich zum ausgewiesenen Zweckertrag. Es handelt sich im Wesentlichen um selbsterzeugte, innerbetriebliche Leistungen. Zusatzleistungen haben keine Entsprechung in der Finanzbuchhaltung.

Ertrag				
neutraler Ertrag		**Zweckertrag**		
nicht betrieblicher Ertrag	außerordentlicher Ertrag	Ertrag = Leistung	Ertrag > Leistung	Ertrag < Leistung
z.B. Liegenschaftenertrag, Zinsertrag, Wertschriftenertrag	z.B. a.o. Gewinne aus Veräußerungen von Anlagevermögen	z.B. Umsatzerlöse	Auflösung stiller Reserven, Periodenabgrenzung	Bildung stiller Reserven, Periodenabgrenzung
		Leistung = Ertrag	Leistung < Ertrag	Leistung > Ertrag	z.B. innerbetriebliche Leistung
		Grundleistung			**Zusatzleistung**
		Leistung			

Abbildung 5-32:   Ertrag und Leistungen (Schellenberg 2000: 266)

5.7.5   Kostenartenrechnung

Ziel der Kostenartenrechnung ist die systematische und geordnete Erfassung aller anfallenden Kosten. Die Kostenartenrechnung schafft die Basis für die Zurechnung von Kosten auf Kostenstellen und Kostenträger. Sie erfolgt in vier Teilschritten:

– Kostenerfassung unter Elimination des neutralen Aufwands

– Kostenabgrenzung von Zweckaufwand (= Grundkosten) und kalkulatorischen bzw. Zusatzkosten

– Kostenzusammenfassung über gleiche Positionen

– Kostenzurechnung.

Bei der Erfassung der Daten für die Kostenartenrechnung ist eine Differenzierung nach direkten und indirekten Kosten notwendig:

– *Direkte Kosten* (Einzelkosten oder Kostenträger-Einzelkosten) lassen sich direkt einem einzelnen Kostenträger zuordnen. In der Waldwirtschaft sind dies z. B. Saatgut für den Pflanzgarten, Nummernschildchen für das Holzeinmessen oder Material für den Straßenunterhalt. In technischen Produktionsprozessen wie in der Holzindustrie lässt sich ein höherer Kostenanteil direkt den Kostenträgern zuordnen. Die entsprechenden Größen können in der Regel gemessen werden und sind erfassbar, z. B. die über ein Zählgerät messbare Energiemenge für den Einsatz eines bestimmten Aggregats.

– *Indirekte Kosten* (Gemeinkosten oder Kostenträger-Gemeinkosten) können nicht unmittelbar einem bestimmten Kostenträger zugeordnet werden. Sie werden z. B. von einer Gruppe verschiedener Produkte, von einer übergreifenden Kostenstelle, von einer Kostenstellengruppe, von bestimmten Betriebsteilen oder vom Betrieb insgesamt verursacht.

Eine Gliederung nach Kostenarten ergibt sich aus Abbildung 5-33. Sie können im Wesentlichen anhand der Finanzbuchhaltung erfasst werden. Da diese in der Regel dort jedoch nur global ausgewiesen werden, sind ergänzende Sonderrechnungen für einen genauen Kostennachweis notwendig. Dies erfordert ein auf die konkreten Verhältnisse abgestimmtes System von Belegen, welches die Kostenerfassung formalisiert und standardisiert. Typische Sonderrechnungen für die Erfassung wichtiger Kostenarten sind Lohnbuchhaltung, Anlagerechnung und Lagerbuchhaltung.

Arbeits- oder Personalkosten: Zu den Arbeits- oder Personalkosten zählen sämtliche *Löhne* (Arbeitsentgelt für Fach- und Hilfsarbeiter) und *Gehälter* (Arbeitsentgelt für Angestellte und Beamte) inklusive der *Sozialkosten des Arbeitgebers*. Arbeits- oder Personalkosten werden in der Lohnbuchhaltung erfasst. Die Arbeitsleistung des Inha-

Güter-/Dienstleistungsarten	Kostenarten
Arbeitskräfte	Arbeits- oder Personalkosten
Anlagegüter	Anlage- oder Abschreibungs-, Betriebsmittel- kosten
Material	Materialkosten
Fremd-, Unternehmerleistungen	Fremd-, Unternehmer-, Dienstleistungskosten
Kapital	Kapital- oder Zinskosten
Einrichtungen, Leistungen der Allgemeinheit	Steuern
Unternehmerisches Risiko	Wagnis-, Risikokosten

Abbildung 5-33:   Güter-/Dienstleistungsarten und Kostenarten

bers oder der Inhaber wird in der Finanzbuchhaltung über den Gewinn vergütet. In der Betriebsbuchhaltung wird diese Arbeitsleistung in Form eines kalkulatorischen Unternehmerlohns als Zusatzkosten erfasst. Sie geht somit als gewinnschmälerndes Element in die Betriebsbuchhaltung ein. Als Richtwert für die Bewertung des kalkulatorischen Unternehmerlohns gilt ein Betrag, welcher einer außenstehenden Führungskraft in derselben Branche bei vergleichbarer Funktion und Verantwortung und üblichem Aufwand vergütet würde.

Bei Zeit-, Stück- (= Akkord) oder Prämienlohn ist zu klären, ob es sich um direkte oder indirekte Kosten handelt:

–   *Stück- oder Akkordlöhne* sind durch ihre eindeutige Zurechenbarkeit auf einzelne Produkte gekennzeichnet (Stücklohn = Lohnsatz x produzierte Mengeneinheit). Stücklöhne gehören zu den direkten Kosten.

–   *Zeitlöhne* in Form des Monatslohns Festangestellter sowie *Gehälter* können in der Regel nicht einzelnen Produkten zugerechnet werden. Sie sind mehrheitlich indirekte Kosten. Eine Ausnahme besteht dort, wo nach Auftragspositionen gearbeitet wird. Hier können Stundenleistungen je Auftrag und damit produkt- oder leistungsbezogen als direkte Kosten ausgewiesen werden.

Anlage- oder Abschreibungskosten von Betriebsmitteln: Hierbei handelt es sich um Kosten, die durch die Abnahme des zukünftig erwarteten Nutzenzugangs ohne Gegenleistung von Dritten beim Einsatz von Maschinen und Anlagen sowie bei der Nutzung von Gebäuden und Grundstücken entstehen, verteilt über eine bestimmte Nutzungsdauer. Die schon getätigten Investitionsausgaben sind entsprechend dem Wertverzehr mittels Abschreibung auf die wirtschaftliche Nutzungsdauer des Anlageobjektes zu verteilen (Kapitel 5.5.2). In der Betriebsbuchhaltung ist daher der tatsächlich eingetretene Wertverzehr als kalkulatorische Abschreibung auszuweisen. Die Wahl des Abschreibungsverfahrens hängt von den Abschreibungsursachen und deren Einfluss auf den Wertverzehr des betreffenden Objekts ab. Zur formalen Ausgestaltung der einzelnen Abschreibungsverfahren siehe Kapitel 5.5.3.

Voraussetzung für die Ermittlung der kalkulatorischen Abschreibung ist die Erfassung aller abschreibungsrelevanten Anlageobjekte in einer Anlagebuchhaltung. Bei einer größeren Zahl von Objekten geschieht dies in einer Anlagerechnung als Hilfs- oder Sonderrechnung. Diese enthält für jedes abzuschreibende Objekt Angaben über:

–   Anschaffungspreis und -datum

–   geplante (geschätzte) Nutzungsdauer

–   Abschreibungsmodalitäten für Finanz- und Betriebsbuchhaltung

–   erwarteter Restwert

–   zu belastende Kostenstelle

–   wertsteigernde Maßnahmen wie Großreparaturen oder Generalüberholungen.

Materialkosten (Werkstoffkosten): Hierzu wird der gesamte produktionsbedingte Verbrauch an Materialien gerechnet. Unterschieden werden:

–   *Rohstoffe*: Sie bilden die Grundmaterialien für ein Produkt und gehen in das Produkt ein. So z. B. Kies aus betriebseigener Grube für den eigenen Waldstrassenbau, Rundholz im Holzkastenbau gegen innerbetriebliche Leistungsverrechnung oder Rohholz für den Einschnitt.

–   *Hilfsstoffe*: Sie gehen ebenfalls in das Produkt ein, bilden aber keinen wesentlichen Bestandteil desselben. So z. B. Zaunmaterial aus Holz, Einzelverbiss-Schutz, Holzschutzmittel, Leim für Holzbinder.

–   *Betriebsstoffe*: gehen nicht in ein Produkt ein, werden aber bei dessen Erzeugung verbraucht. So z. B. elektrische Energie, Benzin und Diesel, Schmier- und Kettenöle.

Fremdkosten, Unternehmerkosten, Dienstleistungskosten: Hier geht es um die Kosten für die Nutzung von Dienstleistungen anderer Unternehmungen und Betriebe. Die sachliche und zeitliche Abgrenzung und Erfassung solcher Kosten bereitet aufgrund eindeutiger Belege (Lieferscheine, Rechnungen, Ausführungsbestätigungen) normalerweise keine Probleme. Dienstleistungskosten sind in der Regel Kostenstellen-Einzelkosten wie beispielsweise eine Unternehmerleistung im Holzrücken oder für den Holztransport. Die Übernahme von Angaben aus der Finanzbuchhaltung in die Betriebsbuchhaltung wird einfacher, wenn die entsprechenden Belege Angaben über die jeweiligen Kostenträger und/oder die verbrauchende Kostenstelle enthalten.

Kapital- oder Zinskosten: Jede Nutzung von Kapital, welches in das betriebliche Vermögen investiert wird, führt zu Kosten. Der für die Überlassung des Kapitals verlangte Zins wird in Finanz- und Betriebsbuchhaltung unterschiedlich behandelt. Grundsätzlich werden in der Finanzbuchhaltung nur Zinsen auf Fremdkapital als Aufwand gebucht, nicht aber auf Eigenkapital. Für die Betriebsbuchhaltung ergibt sich die Schwierigkeit, dass zunächst das betriebliche (kalkulatorische) Kapital bestimmt werden muss. Anschließend sind die zu verrechnenden kalkulatorischen Zinsen für das Eigen- und das Fremdkapital zu erheben. Für die Bestimmung des betrieblichen Kapitals wird üblicherweise von der Aktivseite ausgegangen. In der Regel nicht dem betrieblichen Kapital angerechnet werden branchenfremde Beteiligungen, von der Unternehmung gewährte langfristige Darlehen und Hypotheken, Wohnhäuser für Mitarbeitende, Reservebauland (Anlagevermögen), Wertschriften oder auch Pflichtlager (Umlaufvermögen).

Steuern: Steuern widerspiegeln den Wertansatz für die von der Allgemeinheit bereitgestellten Infrastrukturen und Leistungen, ohne welche die unternehmerischen Sachziele kaum erreicht werden könnten. Für die Erfassung der entsprechenden Kosten kann auf die Finanzbuchhaltung zurückgegriffen werden. Steuern sind in der Regel Kostenträger-Gemeinkosten bzw. indirekte Kosten.

Wagnis-, Risikokosten: Risiko- oder Wagniskosten entstehen im Produktionsprozess als Verlust durch höhere Gewalt, durch Schwankungen der allgemeinen wirtschaftlichen Entwicklung oder durch menschliche Fehler. Es ist strittig, wie weit natürliche Ereignisse wie beispielsweise Waldbrand oder Sturmschäden als Risikokosten aufzuführen sind. Sie stehen zumindest nur bedingt in ursächlichem Zusammenhang mit der betrieblichen Güter- und Dienstleistungserstellung.

5.7.6 Kostenstellenrechnung

Kostenstellen: Eine Kostenstelle ist ein betrieblicher Teilbereich, der selbstständig abgerechnet wird. Kostenstellen in der Waldwirtschaft sind beispielsweise Straßenunterhalt, Bestandsbegründung, Wildschadenverhütung, Holzhauerei, Rücken und Holztransport. Die Kostenstelle ist in der Regel der kleinste Führungsbereich, für den eine Person verantwortlich ist. Mögliche Beispiele aus der schweizerischen Waldwirtschaft: Forstwart-Vorarbeiterin/Vorarbeiter für Jungwuchs- und Dickungspflege, Forstwart-Meisterin/Meister für die Lehrlingsausbildung und betriebsinterne Weiterbildung, Maschinenführerin und Maschinenführer für Wartung und Unterhalt von Rückemaschinen und Seilkran.

Die Bildung von branchenspezifischen Kostenstellen zielt auf eine möglichst umfassende Berücksichtigung unterschiedlicher Kostenstrukturen von produktiven Einheiten. Je feiner ein Unternehmen in Kostenstellen aufgegliedert ist, desto einfacher ist in der Regel eine differenzierte Erfassung der Kostenverursachung. Auf der anderen Seite steigen mit zunehmender Kostenstellenzahl der organisatorische und administrative Aufwand für Erfassung, Verrechnung und Kontrolle.

Kostenstellenrechnung: Die erfassten Kosten werden soweit möglich direkt auf die einzelnen kostenverursachenden Produkte und Leistungen – die Kostenträger – verteilt. Diese Möglichkeit besteht allerdings nur bei den Kostenträger-Einzelkosten, d. h. bei den direkten Kosten. Kosten, welche keinem Produkt direkt zurechenbar sind – Kostenträger-Gemeinkosten oder indirekte Kosten – sind Gegenstand der Kostenstellenrechnung. Die Kostenstellenrechnung ist ein wichtiges Instrument der Betriebsbuchhaltung, um aus der Kostenartenrechnung die Kostenträger-Gemeinkosten verursachergerecht auf die Kostenträger umzulagern. Sie hat große Bedeutung in Bezug auf die Motivation und Verantwortungsbereitschaft der Mitarbeiter eines Unternehmens.

Wichtige Aufgaben der Kostenstellenrechnung sind:

– *Kostenlokalisierung*: Ermittlung von Ort bzw. Quelle der Entstehung von Kostenträger-Gemeinkosten

– *Kostenkontrolle*: Innerbetriebliche Überwachung von Gemeinkosten sowie der Wirtschaftlichkeit in den Organisationseinheiten der Unternehmung

– *Kostenvermittlung*: Aufbereitung der Daten für eine möglichst differenzierte und verursachergerechte Zuteilung der Kostenträger-Gemeinkosten auf Produkte und Dienstleistungen

– *Festlegung der Verantwortlichkeit*: Abgrenzung betrieblicher Zuständigkeits- und Verantwortungsbereiche.

Gliederung von Kostenstellen: Um die Kostenstellenrechnung praktikabel durchzuführen, ist eine sinnvolle Gliederung der Kostenstellen notwendig. Ein erster Schritt hierzu ist die Unterscheidung von Hilfs- oder Vorkostenstellen und Haupt- oder Endkostenstellen:

– Hilfskostenstellen weisen Leistungen für andere Kostenstellen nach. Sie können nur indirekt den Kostenträgern zugewiesen werden

– Hauptkostenstellen sind solche, deren Kosten auf die Kostenträger verrechnet werden können.

Die Unterscheidung von Hilfs- und Hauptkostenstellen muss in der Regel unternehmensspezifisch, allenfalls branchenspezifisch vorgenommen werden. Unter Umständen ist es möglich, bestimmte Teilbereiche innerhalb einer Branche gleichartig zu behandeln. Es kann auch vorkommen, dass Hauptkostenstellen für andere Hauptkostenstellen Leistungen erbringen. Diese sind in der innerbetrieblichen Leistungsverrechnung zu berücksichtigen. Beispiele sind der Verkauf von Holz aus dem Holzproduktionsbereich an einen Nebenbetrieb, der Verkauf von Pflanzen aus dem Nebenbetrieb Pflanzgarten an die Bestandesbegründung, der Verkauf von Restholz aus der Zerspanerproduktion an die Holzenergieanlage zur Erzeugung von Prozess- oder Heizenergie.

Bei den Hauptkostenstellen werden die Kosten nach dem Verursacherprinzip direkt den funktionalen bzw. organisatorischen Arbeitsbereichen zugeordnet. In der Waldbewirtschaftung ist z. B. eine Zuordnung nach Produktionsbereichen, Arbeitsbereichen, Produktionsorten oder nach Verantwortungsbereichen und betrieblichen Einheiten zweckmäßig.

–   Nach Produktionsbereichen
    • Rohholzproduktion
    • Schutzwaldbewirtschaftung
    • Erholungswaldbewirtschaftung
    • Beratung und Betreuung von Waldeigentümern und -bewirtschaftern
    • Andere Dienstleistungen

–   Nach Arbeitsbereichen
    • Kulturen und Jungwuchspflege
    • Bestandespflege
    • Holzernte und Holzbringung
    • Erschließungen und Verbauungen
    • Forstschutz
    • Forstliche Infrastrukturleistungen
    • Betriebsleitung und Betriebsplanung

–   Nach Produktionsorten
    • Einzelnen Bestände oder räumliche Einheiten
    • Planungseinheiten wie Abteilungen und Unterabteilungen

–   Nach Verantwortungsbereichen und betrieblichen Einheiten:
    • Forstreviere
    • Arbeitsgruppen
    • Einzelne Waldeigentümer (bei gemeinsamer Betriebsleitung bzw. gemeinsamer Bewirtschaftung).

5.7.7   Kostenstellenplan und interne Leistungsverrechnung

Die Kostenstellenrechnung als Bindeglied zwischen Kostenarten- und Kostenträgerrechnung muss die Produktionsprozesse realitätsnah abbilden. Eine Voraussetzung hierfür sind branchenspezifische oder betriebsindividuelle Kostenstellenpläne. Diese sollten so aufgebaut sein, dass die Kostenstellen möglichst keine Leistungen an vorgeordnete Kostenstellen liefern und keine Leistungen von nachgeordneten Kostenstellen erhalten. Dies führt generell zu einer Abfolge linearer Kostenstellenbeziehungen:

– An den Anfang kommen Kostenstellen, welche keine oder möglichst wenige Leistungen von andern Kostenstellen empfangen. Es handelt sich hauptsächlich um Hilfskostenstellen, welche per Definition Leistungen für Hauptkostenstellen erbringen.

– Die primären Kosten dieser Kostenstellen werden verursachergerecht auf leistungsbeziehende Kostenstellen umgelegt (verteilt). Damit werden die Kostenstellen, welche so innerbetriebliche Leistungen empfangen (Hilfs- wie Hauptkostenstellen), mit Sekundärkosten belastet.

– An den Schluss kommen die Hauptkostenstellen, deren Kosten auf die Kostenträger verrechnet werden.

Aus linearen Kostenstellenbeziehungen ist das Treppenverfahren entwickelt worden. Es führt bei konsequenter Anwendung zur optimalen internen Leistungsverrechnung (im Gegensatz zum Anbau- oder Blockverfahren, welches keine Umlage von vorgelagerten auf nachgelagerte Hilfskostenstellen kennt).

Eine kosten- oder verursachergerechte Zuweisung indirekter Kosten verlangt insbesondere eine differenzierte Umlage von Hilfskostenstellen sowie eine möglichst genaue interne Leistungsverrechnung. In der Industrie werden die Beziehungen von den Kostenarten zu den Kostenstellen und zwischen den Kostenstellen mehrheitlich anhand von Auftragsnummern, Warenbezugsscheinen, Maschinenbetriebsstunden, effektiv verbrauchten Energiemengen und anderen objektiven Kriterien hergestellt. In der Waldwirtschaft ist dies schwieriger, da die Leistungserstellung dezentral erfolgt und derartige Messgrößen häufig nur in besonderen Fällen erhoben werden.

Anzustreben sind praktikable und dennoch möglichst verursachergerechte Lösungen:

– Vom Personal und für große Maschinen sind kostenstellengleiche Stundenrapporte zu führen, die als Schlüsselung der Umlage dienen. Werkzeuge und Kleinmaschinen werden meist als Kostenträger-Gemeinkosten behandelt und anteilsmäßig zu den geleisteten Personalstunden den Hauptkostenstellen verrechnet.

– Problematisch ist die Umlage bei der Verwaltung und Unternehmensführung, deren Kosten vielfach als Gemeinkosten der gesamten Unternehmung betrachtet werden. Oft wird eine Schlüsselung anhand der übrigen Personalstunden angewandt oder in bestimmten Betriebsbereichen wird eine eigene Verwaltungskostenstelle geführt.

Die interne Leistungsverrechnung sollte soweit möglich durch Warenlieferscheine und Warenbezugsscheine belegt sein. In den Betrieben und Unternehmungen der Waldwirtschaft bestehen häufig interne Bezüge zwischen:

– Rohholzproduktion und Holzlager (Cheminéeholzproduktion, Bank- und Tischgarnituren)

– Rohholzproduktion und Strassen-/Verbauungsneubau sowie -unterhalt (Holzkasten, Holzschwellen, Stützwerke aus Holz)

– Rohholzproduktion und Wildschadenverhütung (Zaunbau, Einzelschutz)

– Rohholzproduktion und/oder Holzschopf und Erholungseinrichtungen (Spielanlagen, Ruhebänke, Brennholzaufbereitung und -bereitstellung)

– Pflanzgarten und Bestandesbegründung (interner Pflanzenverkauf).

Abschreibungen auf den Anlagegütern werden direkt den verursachenden Kostenstellen belastet. Die Abschreibung von Grundlagen- und Betriebsplänen wird normalerweise der Kostenstelle Verwaltung oder Verwaltung im Holzproduktionsbereich verrechnet. Bei modernen forstbetrieblichen Planwerken, welche auch Bereiche außerhalb der Rohholzproduktion umfassen, sollte dies dahingehend korrigiert werden, dass auch Nebenbetriebe und Kostenstellen im Bereich der gemeinwirtschaftlichen Leistungen anteilsmäßig mitbelastet werden.

5.7.8   Betriebsabrechnungsbogen

Der Betriebsabrechnungsbogen BAB ist ein integrales System von Kostenarten-, Kostenstellen- und Kostenträgerrechnung. Er dient als Instrument der Gemeinkostenverteilung auf die Kostenstellen, der innerbetrieblichen Leistungsverrechnung zwischen den Kostenstellen und für die Überführung der Daten auf die Kostenträger (Abbildung 5-34). Die heute gebräuchlichen EDV-gestützten Hilfsmittel arbeiten nach dem gleichen Schema. Für eine vollständige Darstellung der Kostenträgerrechnung ist allerdings noch die Ergänzung durch die entsprechenden Erträge der jeweiligen Kostenträger erforderlich.

Betriebsabrechnungen sind periodisch an die Informationsbedürfnisse anzupassen. Die Entwicklung geht dahin, die Informationen über die Kostenträger konsequent zu verbessern. Eine zweckmäßige, den vielfältigen Zielen der multifunktionalen Waldwirtschaft gerecht werdende Gliederung, ist die Ausweisung der folgenden Kostenträger Gruppen:

– Produktion von Rohholz

– Erzeugung anderer Waldprodukte

– Schutzleistungen

– Erholungsleistungen

367

– Leistungen für Natur- und Landschaftsschutz

– Andere Dienstleistungen

– Investitionen

– (Reserve).

Mit einer solchen Gliederung wird sichergestellt, dass die unterschiedlichen Kombinationen der forstbetrieblichen Leistungserstellung – sowohl von privaten wie öffentlichen Forstbetrieben – transparent und nachvollziehbar in der Betriebsbuchhaltung abgebildet werden.

Die einzelnen Arbeitsschritte bei der Bearbeitung eines Betriebsabrechnungsbogens sind folgende: In einem ersten Schritt werden die direkten Kosten (Einzelkosten oder Kostenträger-Einzelkosten) auf die jeweiligen Kostenstellen resp. Kostenträger gebucht. Die indirekten Kosten (Gemeinkosten oder Kostenträger-Gemeinkosten) fallen in den Hilfskostenstellen als Personal-, Maschinen-, Verwaltungskosten u.a.m. an. Die auf den Hilfskostenstellen ausgewiesenen Gemeinkosten werden anhand von Personal- und Maschinenstundenrapporten, Prozentschlüsseln oder nach anderen Schlüsselungs-Kri-

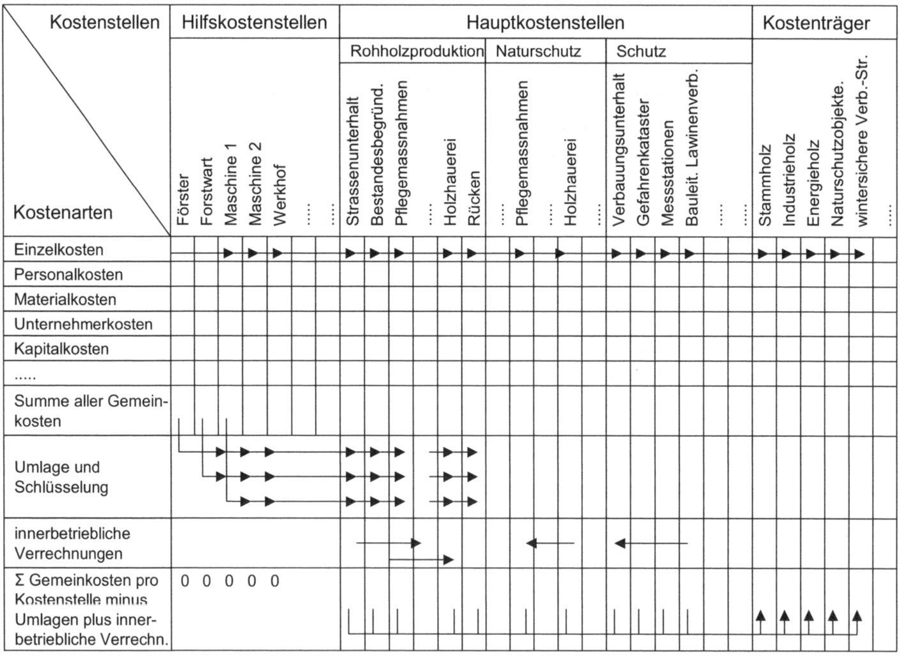

Abbildung 5-34:   Betriebsabrechnungsbogen

terien auf die Hauptkostenstellen verteilt. Dabei ist zu beachten, dass insbesondere Personalkosten auch auf andere Hilfskostenstellen umzulegen sind. Im vorliegenden Beispiel könnte der Forstwart an den beiden Maschinen Unterhaltsarbeiten vorgenommen haben. Dieser Aufwand wird im Stundenrapport unter der Rubrik Maschinen erfasst und dient hier zur verursachungsgerechten Umlage. Die Fahrzeuge selber können auch mit Kostenanteilen des Werkhofes für die Benützung der Einstellhalle belastet werden. Diese Kostenzuweisung erfolgt über eine Zurechnung beim Werkhof. Bei vollständiger Umlage bzw. Aufgliederung auf die Hauptkostenstellen resultiert auf den Hilfskostenstellen ein Saldo von Null. Das heißt, ihre Kosten sind vollumfänglich weiterverrechnet worden.

Damit sind die Gemeinkosten auf die Hauptkostenstellen übertragen. In einem weiteren Schritt sind die innerbetrieblichen Lieferungen und Leistungen zwischen den Hauptkostenstellen zu verrechnen. Danach sind die Hauptkostenstellen als Ort der Kostenentstehung mit ihren gesamten Kosten belastet. In einem letzten Arbeitsschritt sind die Kosten der Hauptkostenstellen auf die Kosten verursachenden Kostenträger zu übertragen.

5.8 Kostenträgerrechnung

5.8.1 Aufgaben und Methoden

Nach der Kostenarten- und der Kostenstellenrechnung werden im dritten und letzten Teilschritt in der Kostenträgerrechnung die anfallenden Kosten den Kosten verursachenden Produkten und Leistungen zugeordnet und mit den erzielten Erlösen verglichen. Dieser Vorgang ermöglicht, die Effizienz der betrieblichen Leistungserstellung im Einzelnen zu beurteilen. Die Kostenträgerrechnung erfüllt dabei folgende Aufgaben:

– Bewertung der Bestände an Halb- und Fertigprodukten (Ware in Arbeit, aufgerüstetes Rohholz im Bestand, geschätzt oder eingemessen und am Rohholzlager, Schnittwarenlager, Bestand an Nebenprodukten)

– Schaffung von Grundlagen für preispolitische Entscheidungen (Ermittlung von kurzfristigen Preisuntergrenzen)

– Überwachung innerbetrieblicher Produktionsprozesse und Beurteilung alternativer Arbeitsverfahren (z. B. Jungbestandspflege mittels positiver Auslese oder durch schematisches Vorgehen wie Gassen freischneiden, Rücken im Baumverfahren oder von aufgearbeiteten Sortimenten, Rundholzeinkauf ab Waldstrasse oder über Holzhöfe und Holzhandel)

– Anpassungen des Produktionsprogramms oder Unterstützung von Make or Buy Entscheidungen.

369

Zu unterscheiden sind die Methoden der Kostenträgerzeitrechnung sowie der Kostenträgerstückrechnung oder Kalkulation.

Kostenträgerzeitrechnung: Die Kostenträgerzeitrechnung ermittelt den sachzielbezogenen kurzfristigen Periodenerfolg. Sie unterscheidet sich von der Erfolgsrechnung der Finanzbuchhaltung durch folgende Merkmale:

- Sie wird für kürzere Zeiträume als ein Jahr erstellt, oft nur für einen oder mehrere Monate

- Sie ist bereinigt von nichtbetrieblichen, außerordentlichen und periodenfremden Aufwendungen und Erträgen

- Sie ermittelt in der Regel den Erfolg des Unternehmens als Ganzes

- Sie kann bei einer entsprechenden Untergliederung die Herkunft des sachzielbezogenen Erfolges aufdecken.

Kostenträgerzeitrechnungen in Form einer Vollkostenrechnung sind in der Waldwirtschaft nicht üblich. Es ist aber durchaus denkbar, dass sie für die Kontrolle einzelner, nicht geplanter Betriebsereignisse wie die Aufarbeitung von Sturmholz, welche innerhalb der gegebenen Abrechnungsperiode abgeschlossen wird, einsetzbar sind. Damit können außerordentliche Ereignisse von den geplanten Betriebsprozessen betriebsbuchhalterisch abgegrenzt werden.

Die zweite Methode der Kostenträgerrechnung, die Kostenträgerstückrechnung oder Kalkulation, ist von wesentlich höherer Bedeutung. Sie wird im folgenden Abschnitt ausführlicher behandelt.

5.8.2   Kostenträgerstückrechnung oder Kalkulation

Die Kostenträgerstückrechnung, auch Kalkulation genannt, hat die Aufgabe, diejenigen Kosten zu ermitteln, welche bei der Erstellung einer Einheit von Produkten oder Dienstleistungen anfallen. Als Basis für die Kostenträgerstückrechnung kennen Waldwirtschaft und Holzindustrie verschiedene Bezugsgrößen:

- Leistungs- oder Messeinheiten: m' (Laufmeter), m^2, m^3, m^3 i.R. (in Rinde), m^3 o.R. (ohne Rinde), sm^3 (Schnitzel-m^3), Ster, t_{atro} (Tonne absolut trocken), t_{lutro} (Tonne lufttrocken), Stückzahl

- Bestimmte Losgrößen oder Aufträge mit definierten qualitativen Anforderungen für die Herstellung spezifischer Produkte, z. B. Rammpfähle bestimmter Länge und definierter Fuß- und Zopfdurchmesser

370

– Technisch bestimmte Größen, z. B. Rohholzsortimente nach Baumarten, Stärke-
klassen, Qualitätsstandards und unterschiedlichen Verwendungszwecken.

Bestimmung von Kostenträgern: Die Wahl von Bezugsgrößen setzt voraus, dass pro
Kostenstelle ein ganz bestimmter Kostenträger bezeichnet werden kann:

– Anzahl gesetzter Pflanzen in der Kostenstelle Bestandesbegründung

– Anzahl gepflegter Hektaren Wald in der Kostenstelle Pflegemaßnahmen

– Anzahl aufgerüsteter m³ Rohholz in der Kostenstelle Holzhauerei

– Anzahl erzeugter m³ Schnittwaren nach vorgegebenen Längen, Stärken und Qualitäten.

Bei gewissen Arbeitsverfahren und Produktionsprozessen, insbesondere bei der Holzernte mit einer Vielzahl aufgerüsteter Sortimente, stellt sich die Frage, ob es sich um
denselben Kostenträger handelt oder ob die gesamte produzierte Holzmenge auf verschiedene Kostenträger aufzuteilen ist. So benötigt z. B. die Bereitstellung von Stammholz andere Arbeitsverfahren als die heute mehrheitlich vollmechanisierte und auf einer
eigenständigen Logistik basierende Erzeugung von Energieholz. Aus betriebswirtschaftlichen Überlegungen ist es daher notwendig, Holzsortimente, deren Aufarbeitung
mit unterschiedlichen Kosten belastet sind, als getrennte Kostenträger zu behandeln.

Kostenträger für gemeinwirtschaftliche Leistungen: Für die Beurteilung von Ausmaß
und Erfolg gemeinwirtschaftlicher Leistungen einer multifunktionalen Waldbewirtschaftung sind Kriterien im Bereich der Sicherung von Schutzwirkungen, zur Beurteilung sozio-ökonomischer Wirkungen bewirtschafteter Wälder sowie zur Erhaltung
der Biodiversität heranzuziehen. Quantitative Messgrößen sind hier u. a. Perimetergrö-
ßen für die Schutzwaldpflege sowie quantitative Angaben zur Charakterisierung der
Siedlungen, Verkehrsachsen und anderer zu schützender Objekte im Wirkungsbereich
von Schutzwäldern und von Verbauungen. Relevante Bezugsgrößen für eine Erfolgs-
beurteilung bei der Bewirtschaftung von Erholungswäldern sind z. B. die Frequenz der
Erholungssuchenden, die Anzahl der Nutzer von Erholungseinrichtungen und spezieller Infrastruktur, die Teilnehmer an Waldführungen oder auch der Beachtungsgrad in
Medienbeiträgen. In Bezug auf die Erhaltung der Biodiversität in Waldgebieten können
ebenfalls quantitative Größen herangezogen werden wie Veränderungen der Artenzahl,
Flächen geschützter Gebiete, Flächen mit speziellen Pflegemaßnahmen oder Umfang
von Sanierungsprojekten.

Kalkulationsverfahren: Aufgabe der Kalkulation oder Kostenträgerstückrechnung
ist die Ermittlung der Kosten, die bei der betrieblichen Leistungserstellung anfielen.
Es sind verschiedene Kalkulationsverfahren anwendbar, um die Gesamtkosten einer
Unternehmung auf einzelne Leistungseinheiten oder Kostenträger verursachergerecht

zuzurechnen. Sie lassen sich auf die beiden Grundformen der Divisionskalkulation und der Zuschlagskalkulation zurückführen (Abbildung 5-35). Bei beiden Grundformen sind eine Reihe von Varianten zu unterscheiden, auf die in den Abschnitten 5.8.4 bis 5.8.6 näher eingegangen wird.

5.8.3 Zeitlicher Bezug

Je nach Fragestellung und Zeitpunkt der Durchführung einer Kalkulation werden Vorkalkulation, Nachkalkulation und Zwischenkalkulation unterschieden.

Vorkalkulation: Bei der Vorkalkulation werden die voraussichtlichen Kosten der Leistungserstellung aufgrund von Plan- oder Schätzwerten ermittelt (ex ante Kalkulation). Sie baut auf prognostizierten Kosten- und Leistungswerten, den sogenannten Plan-Kosten auf. Sofern sich die Plan-Kosten auf eine angenommene oder vorgegebene Ist-Beschäftigung beziehen, wird von Soll-Kosten gesprochen.

Kosten, die nicht aus Vergangenheitswerten des Rechnungswesens abgeleitet werden, sondern aus der betrieblichen Planung hervorgehen, werden als Standard-Kosten bezeichnet. Grundlage für ihre Bemessung ist eine wirtschaftliche Durchführung der Produktion nach aktuell bestmöglichen Standards. Sie haben Vorgabecharakter und stellen ein Ziel dar, welches erreicht bzw. nach Möglichkeit unterschritten werden soll.

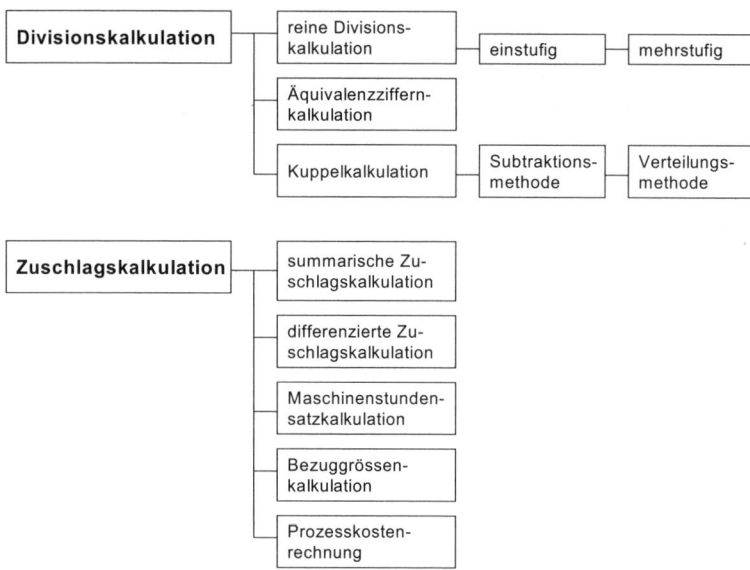

Abbildung 5-35: Überblick über die Kalkulationsverfahren

Nachkalkulation: Hier werden die tatsächlich angefallenen Kosten der Leistungserbringung anhand von Vergangenheitswerten (ex post Kalkulation) ermittelt. Es handelt sich somit um eine Ist-Kosten Rechnung. Die Resultate dienen der Bewertung des Bestandes an fertigen Erzeugnissen und der Erfassung des wirtschaftlichen Erfolgs pro Einzelleistung.

Sollen die Vorgänge der Leistungserstellung laufend, d. h. auch zwischen den Rechnungsabschlüssen kontrolliert werden, so können hierfür Normal-Kosten verwendet werden. Normal-Kosten sind Werte, die aufgrund von Erfahrungen aus früheren Ist-Kosten errechnet und aktualisiert werden. Sie stehen der Unternehmensführung dauernd zur Verfügung und werden als Referenzgrößen für die laufende Produktionssteuerung genutzt. Normal-Kosten dienen insbesondere der innerbetrieblichen Verrechnung. Da Normal-Kosten als durchschnittliche Kosten aus bisherigen Erfahrungen abgeleitet werden, ist ihre Aussagekraft bei der Kostenkontrolle allerdings begrenzt. Durchschnittskosten bilden keinen ausreichenden Maßstab für die Beurteilung der Wirtschaftlichkeit.

Zwischenkalkulation: Sie erfolgt in Form einer Nachkalkulation für bestimmte Teilprodukte oder Phasen im Prozess der Leistungserstellung. Ihre Anwendung eignet sich bei Kostenträgern mit periodenübergreifender Produktionsdauer und für eine Bewertung des Bestandes an unfertigen Produkten.

5.8.4 Divisionskalkulationen

Bei der Divisionskalkulation werden die Gesamtkosten des Betriebes ohne weitere Differenzierung zwischen Einzelkosten und Gemeinkosten durch die hergestellten oder verkauften Stückzahlen bzw. Leistungseinheiten dividiert. Bei diesem Kalkulationsverfahren ist die Durchführung einer Kostenstellenrechnung nicht unbedingt erforderlich. Sie wird aber in der Regel zur Kontrolle der Kostenstellen durchgeführt. Verfahren der Divisionskalkulation finden Anwendung in Unternehmungen mit einheitlicher Massenproduktion und bei Kostenstellen mit einheitlicher Leistungserstellung.

Ein- und mehrstufige Divisionskalkulation: Bei der einstufigen Divisionskalkulation bleiben Veränderungen der Lagerbestände unberücksichtigt. Bei den zwei- und mehrstufigen Divisionskalkulationen werden dagegen Lagerbestandsveränderungen berücksichtigt. Dazu werden die Herstellungskosten von den Vertriebs- und Verwaltungskosten getrennt, um die auf Lager gehenden Produkte nur mit Herstellungskosten zu belasten.

Kalkulation mit Äquivalenzziffern: Werden von einem Produkt mehrere Sorten hergestellt, die jeweils einen unterschiedlichen Einsatz von Arbeitszeit und Betriebsmitteln erfordern, so wird das Kostenverhältnis über Wertigkeitsziffern ausgedrückt. Dieses Rechenverfahren wird als Divisionskalkulation mit Äquivalenzziffern bezeichnet.

Kuppelkalkulation: Bei der Kuppelkalkulation wird die Kostenzurechnung nach dem Prinzip der so genannten Tragfähigkeit der erzeugten Produkte und Leistungen vorgenommen. Das Prinzip unterstellt, dass Produkte und Leistungen, welche am Markt höhere Erlöse erzielen, auch einen höheren Anteil an Produktionskosten tragen können als Produkte und Leistungen mit geringeren Erlösen. Das Verfahren hat seine Bedeutung im Zusammenhang mit der Kalkulation verbundener Produkte, d. h. beim Vorliegen einer Kuppelproduktion. Hierbei handelt es sich um Formen der Leistungserstellung, bei denen im gleichen Produktionsvorgang und aus demselben Ausgangsmaterial zwangsläufig mehrere verschiedene Erzeugnisse hergestellt werden (Schmidhauser 1994: 12 ff.). Kuppelproduktionen findet man bei der Gasherstellung aus Kohle, wobei gleichzeitig Teer, Ammoniak und Benzol anfallen, oder der Raffinerie von Erdöl mit den Produkten Schweröl, Heizöl, Benzin, Kerosen und weiteren Fraktionen des Ausgangsmaterials (Schierenbeck 2000 S. 676; Wöhe und Döring 2008: 973 f.). In Sägewerken fallen beim Stammholzeinschnitt zwangsläufig das Hauptprodukt sowie die Nebenprodukte Seitenbretter, Schwarten, Spreißel und Sägemehl an. Bei der Zerspanertechnik besteht das Nebenprodukt nur aus Holzspänen.

Da sich in der Regel nur die Gesamtkosten ermitteln lassen, ist eine Zurechnung der Kosten auf Teilprodukte nur indirekt möglich. Innerhalb der Kuppelkalkulation werden zwei Vorgehensweisen unterschieden:

– Werden ein Hauptprodukt und ein oder mehrere Nebenprodukte hergestellt, so gelangt die Subtraktionsmethode zur Anwendung.

– Lässt sich kein eindeutiges Hauptprodukt feststellen, so gelangt die Verteilungsmethode zur Anwendung.

Beispiel zur Subtraktions- und Verteilungsmethode: Zur Illustration der beiden Methoden der Kuppelkalkulation dient das nachstehende Zahlenbeispiel aus der Waldwirtschaft. Stammholz ist normalerweise eindeutiges Hauptprodukt; die anderen Sortimente stellen Nebenprodukte dar. Mengenmäßig haben sich durch einen Sturmschaden die Anteile von Haupt- und Nebenprodukten zugunsten der Nebenprodukte verlagert, so dass Haupt- und Nebenprodukte je die Hälfte der Nutzungsmenge umfassen. Die Nutzung des Schadholzes erfolgt mit einem integrierten Ernteverfahren, bei dem die ganzen Bäume an einen zentralen Arbeitsplatz gerückt werden. Über eine gesamte genutzte Schadholzmenge von 11.000 m^3 resultiert bei Gesamtkosten von 800.000 Fr. ein Gewinn von 50.000 Fr. resp. von 4,55 Fr./m^3. Die Ausgangswerte sind folgende:

	Menge m^3	Erlös Fr.	Erlös Fr./m^3
Stammholz	5.500	660.000	120,00
Industrieholz	3.000	90.000	30,00
Energieholz	2.500	100.000	40,00
Schadholznutzung	11.000	850.000	77,27

Bei der Subtraktionsmethode der Kuppelkalkulation werden die Erlöse der Nebenprodukte von den Gesamtkosten abgezogen, d. h. diese Erlöse werden als Kostenminderung des Hauptproduktes angesehen. Wird ein Nebenprodukt nicht verkauft oder erzielt es einen geringeren Erlös als das Hauptprodukt, so erhöhen sich die Restkosten des Hauptproduktes. Werden die Erlöse der Nebenprodukte realisiert, so errechnet sich mit der Subtraktionsmethode für Kuppelprodukte – wie in Abbildung 5-36 gezeigt – der lediglich auf das Hauptprodukt Stammholz bezogene Stückgewinn auf 9,09 Fr./m^3.

	Gesamtkosten der Holzproduktion	800.000 Fr.
-	Erlös der Nebenprodukte	190.000 Fr.
=	Restkosten des Stammholzes	610.000 Fr.
	Erlös des Stammholzes	660.000 Fr.
-	Restkosten des Stammholzes	610.000 Fr.
=	Gewinn auf dem Stammholz	50.000 Fr.
=	Gewinn pro m^3 Stammholz	9,09 Fr.

Abbildung 5-36:   Subtraktionsmethode

Bei einem Mengenverhältnis von je 5.500 m^3 Stammholz resp. Industrie- und Energieholz kann nicht mehr von einem eindeutigen Hauptprodukt gesprochen werden. Daher ist eine Überprüfung der Kostenverteilung auf die Produkte mit der Verteilungsmethode angezeigt (Abbildung 5-37).

Als Ergebnis des Rechenverfahrens resultiert für jedes Produkt ein gleiches Verhältnis von Stückgewinn zu Stückkosten. Dies besagt, dass die Gesamtkosten unter Anrechnung der Tragfähigkeit und der Mengenanteile den Produkten überwälzt sind. Das Rechenverfahren führt in diesem Beispiel dazu, dass das Stammholz einen höheren Anteil der Kosten zugeschlagen erhält und der errechnete Stückgewinn noch 7,06 Fr./m^3 beträgt.

Die Produktion von Stammholz ist zwingend. Wahlfreiheit besteht bei der Produktion von Industrie- und Energieholz. Die Tragfähigkeit des Energieholzes ist mit 2,35 Fr./m^3 etwas höher als die des Industrieholzes. Anhand dieses rechnerischen Hinweises sollte die Betriebleitung abklären, ob die Produktion von Industrieholz zugunsten der Energieholzproduktion einzuschränken, durch ein anderes Produktionsverfahren zu ersetzen oder ob sie gar aufzugeben ist. Da die Verteilungsmethode von der Ertragsseite her die Kostenrelationen stark vereinfachend angeht und sie die produktbezogenen Kosten nur näherungsweise auszuweisen vermag (Schierenbeck 2000: 677), ist ein solcher Entscheid durch zusätzliche Überprüfung mittels Sortimentskalkulationen zu stützen.

	Ein-heit	Stamm-holz	Industrie-holz	Energie-holz
Menge M	m^3	5.500	3.000	2.500
Erlös	$Fr./m^3$	120	30	40
Äquivalenzziffer Ä = Erlös ÷ 100 m^3/Fr.		1,2	0,3	0,4
Rechnungsleistung RL (= M ∗ Ä)	$m^{3(RL)}$	6.600	900	1.000
Summe RL	$m^{3(RL)}$	8.500		
Kosten K pro RL: Gesamtkosten	Fr.	800.000		
÷ Summe der RL	$m^{3(RL)}$	8.500		
= K	$Fr./m^3$	94,12		
Gesamtkosten GK je Produkt (= RL∗ K)	Fr.	621.176	84.706	94.118
Stückkosten = GK ÷ M	$Fr./m^3$	112,94	28,24	37,65
Stückgewinn	$Fr./m^3$	7,06	1,76	2,35
(Stückgewinn ÷ Stückkosten) ∗ 100 %	%	6,25	6,25	6,25

Abbildung 5-37:   Verteilungsmethode (Eigene Zusammenstellung)

Kuppelkalkulationen enthalten auch Elemente der im Folgenden dargestellten Zuschlagskalkulationen. Sie werden denn auch von verschiedenen Autoren zu den Methoden der Zuschlagskalkulationen gezählt (Wöhe und Döring 2008: 973 f.).

5.8.5   Zuschlagskalkulationen

Charakteristisch für Verfahren der Zuschlagskalkulation (Schellenberg 2000: 339 ff.) ist die Aufteilung der Gesamtkosten in Kostenträger-Einzelkosten und Kostenträger-Gemeinkosten. Die Einzelkosten wie Lohn-, Material- und andere Einzelkosten werden den Leistungen direkt, die Gemeinkosten über Zuschläge zugerechnet. Notwendig für die Anwendung dieser Verfahren ist – mit Ausnahme für die summarische Zuschlags-kalkulation – eine Kostenstellenrechnung, anhand der die notwendigen Kalkulations-ansätze zur Aufteilung der Gemeinkosten gebildet werden. Die Zuschlagskalkulation kommt nur dann zur Anwendung, wenn die Voraussetzung für die Durchführung einer Divisionskalkulation nicht gegeben ist.

Summarische Zuschlagskalkulation: Bei der summarischen Zuschlagskalkulation wer-den die gesamten Gemeinkosten des Unternehmens durch einen einzigen, summa-rischen Zuschlag verrechnet. Als Schlüsselungsgrundlage dienen Einzelmaterial- und

Einzellohnkosten oder die Summe aller Einzelkosten. Bei diesem Vorgehen ist eine Kostenstellenrechnung nur bedingt erforderlich.

Differenzierte Zuschlagskalkulation: Bei diesem Verfahren werden die Kostenträger-Gemeinkosten in Teilbeträge aufgeteilt und nach gesonderten Zuschlagssätzen den Kostenträgern zugerechnet. Teilbeträge sind u. a. die Gemeinkosten für Material, Fertigung, Verwaltung und Vertrieb. Das Verfahren ermöglicht eine weitgehend verursachergerechte Verrechnung der Gemeinkosten. Auf diesem Verfahren beruhen auch die innerbetrieblichen Verrechnungen und Schlüsselungen anhand von Arbeits- und Maschinenstundenrapporten sowie gutachtlichen Umlageschlüsseln in einem Betriebsabrechnungsbogen (Kapitel 5.7.8).

Maschinenstundensatzkalkulation: Diese Methode basiert auf einer detaillierten Gliederung von Produktionsbereichen und Produktionsprozessen bis auf Stufe Maschine und Arbeitsplätze. Die systematische, in der Regel automatisierte, elektronische Erfassung und Aufzeichnung von bezogenen und allenfalls mit ihren Preisen bewerteten Energie- und Materialmengen sowie von Einsatzzeiten je Aggregat und Arbeitsplatz ermöglichen, die Kostenträger-Gemeinkosten nach ihrer effektiven Beanspruchung auf die Kostenträger zu überwälzen.

Bezugsgrößenkalkulation: Dies ist eine Verallgemeinerung der Maschinenstundensatzkalkulation. Es werden für möglichst viele Gemeinkostenarten mengenmäßige Zuschlagsschlüssel verwendet. Im Prinzip entspricht dies einer Kostenstellenrechnung mit mengenmäßigen Bezügen. Das Verfahren enthält Ansätze, um die Selbstkosten gemeinwirtschaftlicher Leistungen in geeigneten Einheiten für betriebsinterne Zwecke, für die Information der Öffentlichkeit und für Abgeltungsfragen öffentlich geforderter Leistungen annäherungsweise zu ermitteln. Die Bezugsgrößenkalkulation kann sich daher für spezifische Kalkulationen in der Waldwirtschaft eignen. Im Bereich der Schutzwaldbewirtschaftung können dies sein: Kosten für einen bestimmten vor Lawinen geschützten Teil einer Siedlung, Kosten für eine bestimmte Länge einer vor Steinschlag geschützten Strasse oder Kosten für eine bestimmte Anzahl Anwohner, die vor den Auswirkungen eines potenziellen Murganges geschützt werden.

Prozesskostenrechnung: Bei der Prozesskostenrechnung handelt es sich um einen grundsätzlich anderen Ansatz der Gemeinkostenzuweisung als in den übrigen Verfahren der Zuschlagskalkulation. Die Prozesskostenrechnung zeigt auf, welches bei standardisierten Arbeitsabläufen die Haupteinflussfaktoren der Kostenentstehung in den Gemeinkostenbereichen sind. Diese Ursachen werden Kostentreiber genannt. Ziel ist es, die Kosten anhand eines einmaligen Prozessablaufes zu ermitteln und die Kostenträger verursachungsgerecht mit den Kosten der Prozessherstellung zu belasten (Schauer und Andessner 2003, Werder 2000). Das Verfahren führt auch dann zu guten Kalkulationsergebnissen, wenn in einem Betrieb nicht auf eine optimal ausgestaltete Betriebsbuchhaltung zurückgegriffen werden kann.

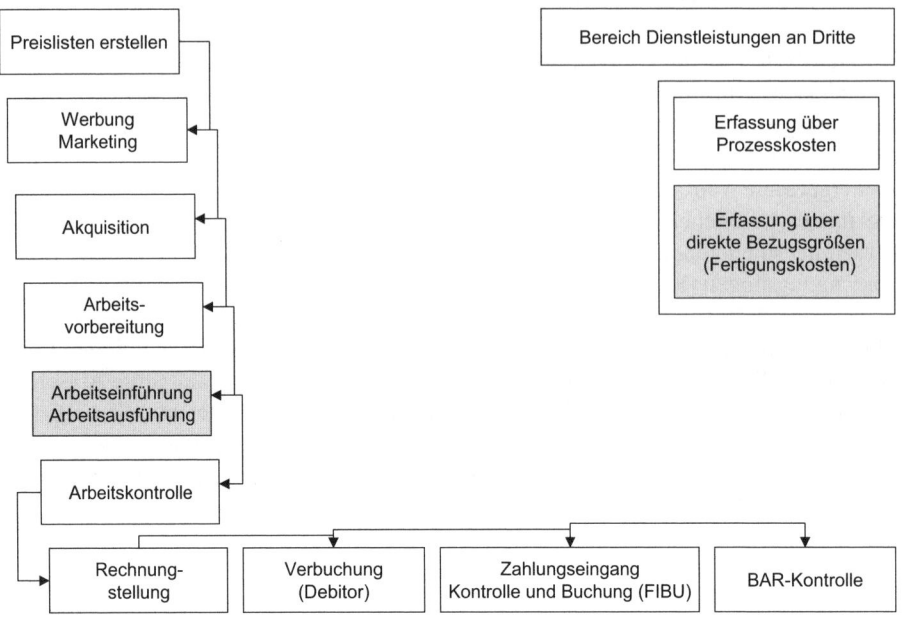

Abbildung 5-38:   Prozesskostenrechnung: Teilprozesse aus einer Tätigkeitsanalyse
(Werder 2000: 88)

In einer Tätigkeitsanalyse werden die verschiedenen Produktionsprozesse in detaillierte
Teilprozesse untergliedert, welche wiederkehrend sind und im Betrieb standardisiert
geleistet werden. Die Kosten solcher Teilprozesse werden optimiert und als zu erreichende resp. zu unterbietende Soll-Kosten vorgegeben. Die nicht standardisierten Teilprozesse, es handelt sich in der Regel um Fertigungskosten, sind separat zu erheben.
Abbildung 5-38 zeigt beispielhaft, wie über den Produktionsbereich Dienstleistungen
an Dritte die Tätigkeiten soweit aufgeteilt werden, bis standardisierte oder standardi-
sierbare Teilprozesse entstehen. Die Anzahl der mit ihren Preisen bewerteten Teilprozesse ergibt die jeweiligen Kostentreiber. Die Kosten der einzelnen Dienstleistung sind
den einzelnen Aufträgen entsprechend separat zu kalkulieren.

Die einmal erhobenen Kostentreiber stehen für Vorkalkulationen z.B. im Rahmen von
Offerten zur Verfügung. Es sind nur noch die wechselnden Fertigungskosten zu erheben.

5.8.6   Kalkulationsbeispiele

Praktische Anwendungsmöglichkeiten der Kalkulation zeigen die beiden folgenden Beispiele aus der Sägeindustrie. Die zahlenmäßigen Angaben korrespondieren mit dem Beispiel zur Deckungsbeitragsrechnung für die Schnittholzproduktion mit Profilspanertechnik in Kapitel 7.5.5.

Abbildung 5-39 zeigt eine Vorwärtskalkulation, d.h. es wird von einem bekannten bzw. vorgegebenen Preis für den Rohstoff ausgegangen. Es handelt sich hier um Rundholz

	Rundholzpreis o.R. ab Wald		80,00 €/m^3
-	Skonto	-2 %	1,60 €/m^3
=	Rundholzpreis o.R. netto		78,40 €/m^3
+	Beifuhr- und Nebenkosten		9,50 €/m^3
=	Materialkosten		87,90 €/m^3
+	Fertigungskosten		56,58 €/m^3
=	Herstellkosten		144,48 €/m^3
+	Verwaltungs- und Vertriebskosten		10,52 €/m^3
=	Selbstkosten		155,00 €/m^3
+	Gewinn und Risiko (in % der Selbstkosten)	3 %	4,65 €/m^3
=	Barverkaufspreis (= kalkulatorischer Nettoerlös für 1 m^3 Kuppelprodukt)		159,65 €/m^3
+	Skonto	2 %	3,20 €/m^3
=	Zielverkaufspreis (= kalkulatorischer Bruttoerlös für 1 m^3 Kuppelprodukt)		162,85 €/m^3
-	kostenmindernde Erlöse der Nebenerzeugnisse		40,10 €/m^3
=	Zielverkaufspreis (= kalkulatorischer Erlös für 0,45 m^3 Haupterzeugnis)		122,75 €/m^3
	bei einer Ausbeute von	45 %	
=	Zielverkaufspreis (= kalkulatorischer Erlös für 1 m^3 Haupterzeugnis ohne MwSt)		272.80 €/m^3

Abbildung 5-39:   Verkaufskalkulation eines Profilspanerwerkes (Eigene Zusammenstellung)

ohne Rinde (o.R.) ab Waldstrasse. Kalkuliert wird, welcher Verkaufspreis pro m³ Haupterzeugnis eines Profilspanerwerkes mindestens erzielt werden muss, damit gemessen an
den Selbstkosten ein Gewinn von 3 % realisiert wird. Die Beifuhr-, Neben-, Fertigungs-,
Verwaltungs- und Betriebskosten sind anhand der Ergebnisse der Betriebsbuchhaltung
kalkulierte Kosten. Die Darstellung ist die einer reinen Divisionskalkulation auf der Basis
von 1 m³ Rundholz. Bei diesem aus der betrieblichen Praxis stammenden Beispiel sind
aber die einzelnen Kostenelemente auch mit Methoden der Zuschlagskalkulation erhoben
worden. Zu beachten ist weiter, dass die Mehrwertsteuer (MwSt) kein Bestandteil der
Kalkulation ist. Sie ist dem Käufer jedoch in Rechnung zu stellen.

=	Erlös (= angestrebter Erlös für 1 m³ Haupterzeugnis ohne MwSt)		290.00 €/m³
	bei einer Ausbeute von	45 %	
=	Erlös (= angestrebter Erlös für 0,45 m³ Haupterzeugnis)		130,50 €/m³
+	kostenmindernde Erlöse der Nebenerzeugnisse		40,10 €/m³
=	Bruttoerlös (= angestrebter Bruttoerlös für 1 m³ Kuppelprodukt)		170,60 €/m³
-	Skonto	-2 %	3,40 €/m³
=	Nettoerlös (= angestrebter Nettoerlös für 1 m³ Kuppelprodukt)		167,20 €/m³
-	Gewinn und Risiko (in % des Nettoerlöses)	3 %	5,00 €/m³
=	Selbstkosten		162,20 €/m³
-	Verwaltungs- und Vertriebskosten		10,52 €/m³
=	Herstellkosten		151,68 €/m³
-	Fertigungskosten		56,58 €/m³
=	Materialkosten		95,10 €/m³
-	Beifuhr- und Nebenkosten		9,50 €/m³
=	Rundholzpreis o.R. netto		85,60 €/m³
+	Skonto	2 %	1,70 €/m³
	Rundholzpreis o.R. ab Wald		87,30 €/m³

Abbildung 5-40: Einkaufskalkulation eines Profilspanerwerkes (Eigene Zusammenstellung)

Abbildung 5-40 zeigt den umgekehrten Weg einer Rückwärtskalkulation, d.h. es wird vom möglichen bzw. angestrebten Erlös pro m³ Haupterzeugnis ausgegangen. Als Ergebnis wird der maximale Preis kalkuliert, zu welchem das Rundholz o.R. ab Waldstrasse eingekauft werden kann.

5.9 Rechnungsführung öffentlicher Waldeigentümer

5.9.1 Rechnungsführung öffentlicher Körperschaften

Wichtige Grundsätze der öffentlichen Haushaltsführung sind die Verpflichtung zum Gemeinwohl sowie das Gebot der Gesetzmäßigkeit, das verlangt, dass für alle Ausgaben und Einnahmen eine Rechtsgrundlage gegeben sein muss. Ein weiterer wichtiger Grundsatz ist der des Haushaltsgleichgewichtes mit der Konsequenz, dass Einnahmen und Ausgaben in einem Budget in Übereinstimmung zu stehen haben. Für die gesamte Haushaltsführung gilt ferner die Verpflichtung zur Sparsamkeit und zur Wirtschaftlichkeit. Weitere wichtige Grundsätze sind das Verbot einer Zweckbindung der Hauptsteuern, die Verursacherfinanzierung sowie die Koordination zwischen verschiedenen öffentlichen Haushalten, soweit deren Ausgaben- und Einnahmenstrukturen sachlich miteinander in Beziehung stehen. Grundlage für Planung und Vollzug von Maßnahmen der Finanzierung sind Haushaltsgesetze und ergänzende Rechtsvorschriften der betreffenden Körperschaft. Im staatlichen Bereich wird der Jahreshaushalt von der Regierung eingebracht und von den Parlamenten beraten und verabschiedet. Im kommunalen Bereich wird das Jahresbudget von der Exekutive vorbereitet und von den Gemeindeparlamenten oder in bestimmten Fällen auch von der Gemeindeversammlung genehmigt.

Die Haushaltsführung öffentlicher Körperschaften weist damit grundlegende Unterschiede gegenüber den Grundsätzen und Zielen einer privatwirtschaftlichen Unternehmensführung auf. Aus diesem Grund wurden in Bezug auf die Rechnungsführung im öffentlichen Bereich bestimmte formale wie sachliche Regelungen entwickelt, die sich von den Grundsätzen des Rechnungswesens im privaten Sektor wesentlich unterscheiden.

Öffentliche Körperschaften haben die gesetzlich geregelte Möglichkeit der Steuererhebung. Diese Einnahmen stehen zur Erfüllung öffentlicher Aufgaben zur Verfügung. Nach Haushaltsrecht ist es jedoch nicht möglich, für die erhobenen Steuern direkte Gegenleistungen zu erbringen. Ausgaben zur Erfüllung von Aufgaben öffentlicher Körperschaften werden zum größten Teil aus den allgemeinen Steuereinnahmen finanziert. Über Finanzierungsziele, Mittelbedarf und Maßnahmen entscheiden wiederum die staatlichen und kommunalen Parlamente sowie nachgeordnet die Exekutive und Verwaltung im Rahmen des jeweiligen Jahresbudget. Für die hieraus finanzierten Leistungen müssen von den Nutznießern keine direkten Entgelte erbracht werden.

Im Budget einer öffentlichen Körperschaft haben damit Ausgaben und Einnahmen meist keinen unmittelbaren sachlichen Zusammenhang. Ausnahmen bestehen nur bei zweckgebundenen Abgaben und Gebühren. In Bezug auf die Verwendung öffentlicher Einnahmen gilt dies z. B. für den Fall einer Sonderfinanzierung im Straßenbau durch zweckgebundene Treibstoffgebühren, wie sie derzeit in der Schweiz erhoben werden. In Bezug auf Entgelte von Nutznießern öffentlicher Leistungen ist z. B. auf die Erhebung von Gebühren bei bestimmten Verwaltungstätigkeiten oder auch von Abgaben für die Nutzung öffentlicher Infrastruktur zu verweisen.

Im öffentlichen Bereich wird im Allgemeinen zwischen laufenden Verwaltungstätigkeiten und Investitionstätigkeiten unterschieden. Entsprechend werden Verwaltungsrechnungen (laufende Rechnungen) und Investitionsrechnungen geführt. Der Erfolg der Verwaltungstätigkeit lässt sich nur selten durch Gegenüberstellungen von Ertrag und Aufwand messen. Eigentliche Kostenrechnungen sind vielfach nicht möglich. Ausnahmen bestehen dort, wo konkrete messbare Leistungen erbracht werden wie bei öffentlichen Verkehrsbetrieben. Aber auch diese sind aufgrund politischer Entscheidungen unter bestimmten Voraussetzungen verpflichtet, Transportleistungen auch dann zu erbringen, wenn sie nicht kostendeckend sein sollten.

Jede Verwaltungstätigkeit und damit jede Einnahme und Ausgabe bedarf einer rechtlichen Grundlage. Diese wird von einer politischen Instanz (Parlament, Regierung) geschaffen. Ein jährliches Budget verpflichtet die Verwaltung, ihre Tätigkeit nach dem Haushaltsplan auszurichten. Die verschiedenen Verwaltungsbereiche wickeln ihren Zahlungsverkehr meist über eine gemeinsame Kassenstelle ab. Ausführung und Anordnung von Ausgaben und Einnahmen werden nicht von denselben Verwaltungsstellen vorgenommen.

5.9.2   Rechnungswesen der Forstbetriebe

Das Rechnungswesen der Forstbetriebe öffentlicher Waldeigentümer ist in das System der öffentlichen Haushalte und der entsprechenden Haushaltsgrundsätze eingebunden. Das Verständnis der öffentlichen Rechnungslegung, ihre rasche, rationelle Auswertung und die Vergleichbarkeit unter den Gemeinwesen erfordern eine allgemein verbindliche Budgetsystematik mit einheitlichen Kontengruppen (WVS 2004, WVS 2007).

Im Folgenden wird am Beispiel des Rechnungsmodells der schweizerischen Kantone gezeigt, in welcher Weise die Rechnungslegung öffentlicher Körperschaften organisiert sein kann, und welche Handlungsmöglichkeiten für Forstbetriebe öffentlicher Waldeigentümer in einem solchen System bestehen. Das Beispiel zeigt, dass im öffentlichen Bereich inzwischen Rechnungssysteme entwickelt wurden, die sich an die Regeln der Finanzbuchhaltung anlehnen. Der generelle Kontenrahmen (Abbildung 5-41) enthält die Kontenklassen 1 bis 6 für die Bestandes- und Verwaltungsrechnung sowie die Kontenklasse 9 mit dem Abschluss der laufenden Rechnung, der Investitionsrechnung und der Bilanz (KFD 1981, Bd. 1: 71). In den möglichen Kontenklassen 7 und 8 können Betriebsbuchhaltungen oder Sonderrechnungen eingeführt werden. Die Kontenklassen sind in zweistellige Kontengruppen gegliedert, mit denen operative oder administrative Einheiten unterschieden werden.

Die Gliederung der Konten entspricht finanz- und volkswirtschaftlichen Gesichtspunkten. Je nach Leistungspalette lassen sich die Forstbetriebe in den Kontenrahmen der übergeordneten Gemeinwesen integrieren. Dies gelingt vor allem, wenn bei der Waldbewirtschaftung in erster Linie gemeinwirtschaftliche Leistungen in den Bereichen Erholung, Schutz, Naturschutz, Bildung u.a.m. erbracht werden. Es handelt sich um Leistungen, die sich in ihrer Art kaum von den Leistungen anderer Verwaltungseinheiten unterscheiden. Schwieriger ist es, wenn marktfähige Güter und Dienstleistungen erstellt werden. Hier geht es um Leistungen, die nicht primär auf öffentlicher Nachfrage beruhen, sondern im Wettbewerb mit anderen Produzenten – insbesondere in der Rohholzproduktion – zu erbringen sind. Das Rechnungswesen der öffentlichen Haushalte bietet hier in der Regel nur geringe Unterstützung. Um das Wirtschaftsgeschehen möglichst realitätsnah abzubilden, können die Forstbetriebe neben der Verwaltungsrechnung eine branchenorientierte, nach kaufmännischen Gesichtspunkten geführte Finanzbuchhaltung erstellen. Im dargestellten Modell eines Kontenrahmens ist dies in den Kontenklassen 7 oder 8 vorgesehen.

Die Rechnungsführung öffentlicher Waldbesitzer in Deutschland basiert nach wie vor überwiegend auf dem System der erweiterten Betriebskameralistik. Dieses über lange Zeit bewährte System erlaubt es grundsätzlich, alle relevanten Geschäftsvorfälle abzubilden und kaufmännisch motivierte Entscheidungen vorbereitend zu unterstützen. Im Prinzip können alle, auch die in diesem Buch aufgeführten Module und Instrumente moderner Unternehmensführung z.B. in den Bereichen Controlling, Personalmanagement, Marketing mit der Kameralistik kombiniert werden. Allerdings steht sie unter Umständen einer direkten Übernahme weit verbreiteter, EDV-basierter Systeme im Wege, die für erwerbswirtschaftliche Unternehmen der Wald- und Holzwirtschaft entwickelt wurden.

Im Zuge von Privatisierungsbestrebungen wird das kameralistische System zunehmend in Frage gestellt. Besonders der kommunale Waldbesitz nimmt eine Vorreiterrolle ein: Die Gründung kommunaler Eigenbetriebe sowie die Lösung operativer Verwaltungseinheiten vom jeweiligen Kommunalhaushalt macht die Integration des örtlichen Waldbesitzes in solche erwerbswirtschaftliche Konstruktionen interessant. In diesen Fällen ist der Wechsel des Buchhaltungssystems von der Kameralistik hin zur kaufmännischen Buchhaltung nicht nur sinnvoll, sondern häufig zwangsläufig gegeben. Auch die organisatorische Überführung staatlicher Forstverwaltungen in Forstbetriebe anderer Rechtsformen (z.B. Anstalten des öffentlichen Rechts oder in eine Aktiengesellschaft; Kapitel 2.2.6) wird u.a. mit den Vorteilen der kaufmännischen Buchführung begründet. Der wesentlichste Unterschied zwischen beiden Systemen ist die Organisation der internen Kontrolle. Während diese bei der Kameralistik auf einer personellen Trennung der Instanzen basiert, ist die Kontrolle in der doppelten Buchhaltung systemimmanent angelegt. Das System soll sich selbst kontrollieren. Eine Kontrolle, die auf der Trennung von persönlichen Zuständigkeiten basiert, ist hier in der Regel nicht zu integrieren.

Darüber hinaus scheint sich die Schnelligkeit und die hohe Kompatibilität des moderneren Rechnungswesens mit dem der meisten Zulieferer und Kunden auch im öffent-

Bestandesrechnung		Verwaltungsrechnung			
		Laufende Rechnung		Investitionsrechnung	
1 Aktiven	2 Passiven	3 Aufwand	4 Ertrag	5 Ausgaben	6 Einnahmen
Finanzvermögen	*Fremdkapital*	30 Personalaufwand	40 Steuern	50 Sachgüter	60 Abgang von Sachgütern
10 Flüssige Mittel	20 laufende Verpflichtungen	31 Sachaufwand	41 Regalien und Konzessionen	505 Waldungen	605 Waldungen
11 Guthaben	21 Kurzfristige Schulden	32 Passivzinsen	42 Vermögenserträge	52 Darlehen und Beteiligungen	61 Nutzungsabgaben und Vorteilsentgelte
12 Anlagen	22 Mittel- und langfristige Schulden	33 Abschreibungen	43 Entgelte	56 Eigene Beiträge	
13 Transitorische Aktiven		34 Anteile und Beiträge ohne Zweckbindung	44 Anteile und Beiträge ohne Zweckbindung	57 Durchlaufende Beiträge	62 Rückzahlung von Darlehen und Beteiligungen
Verwaltungsvermögen	23 Verpflichtungen für Sonderrechnungen	35 Entschädigung an Gemeinwesen	45 Rückerstattung von Gemeinwesen	58 Übrige zu aktivierende Ausgaben	63 Rückerstattungen für Sachgüter
14 Sachgüter	24 Rückstellungen	36 Eigene Beiträge	46 Beiträge für eigene Rechnung	59 Passivierungen	
145 Waldungen	25 Transitorische Passiven	37 Durchlaufende Beiträge	47 Durchlaufende Beiträge		66 Beiträge für eigene Rechnung
15 Darlehen u. Beteiligungen		38 Einlagen in Spez.finanzierungen	48 Entnahmen aus Spezial finanzierungen und Stiftungen		67 Durchlaufende Beiträge
16 Investitionsbeiträge	*Spezialfinanzierungen*	39 Interne Verrechnungen			68 Übernahme der Abschreibungen
17 Übrige aktivierte Ausgaben	28 Verpflichtungen für Spez.finanzierungen		49 Interne Verrechnungen		69 Aktivierungen
Spezialfinanzierungen	*Eigenkapital*				
18 Vorschüsse für Spezialfinanzierungen	29 Kapital				
Bilanzfehlbetrag					
19 Fehldeckung					
				Abschluss	
				9 Abschluss	
				90 Laufende Rechnung 91 Investitionsrechnung 92 Bilanz	

Abbildung 5-41:   Kontenrahmen der öffentlichen Haushalte (KFD 1981, Bd. 2: 35 f., vereinfacht)

lichen Bereich zu bewähren. Darauf deutet z. B. hin, dass mehr und mehr Kommunen insgesamt zum System der doppelten Buchhaltung wechseln. Im Grunde lässt sich diese Entwicklung als Wegfall eines Übersetzungsschrittes beschreiben. Wenn die Marktpartner entlang einer Wertschöpfungskette mit Buchhaltungssystemen arbeiten, die derselben Logik folgen, dann sprechen sie dieselbe Sprache. Dies ist für alle Optimierungsüberlegungen eine äußerst hilfreiche Voraussetzung. Das kameralistische Buchhaltungssystem von Forstbetrieben öffentlicher Waldeigentümer wird damit zunehmend zu einer ‚Insellösung'. Nicht etwa, weil es nicht zu denselben Lösungen führen würde wie andere Systeme, sondern weil es andere Voraussetzungen hat.

Die Softwarebranche hat sich auf diese Entwicklungen eingestellt. Sie bietet Module an, die den Stoffkreislauf mit dem Geldkreislauf verbinden und direkte Links zur Kosten- und Leistungsrechnung, zum unternehmerischen Personalmanagement sowie zur Rechnungsstellung und zum Online-Banking erlauben. Diese handelsüblichen Softwarepakete sind für den mittleren und großen Privatwald konzipiert worden. Sie werden zunehmend auch von Kommunen als Hilfsmittel für ihre Waldbewirtschaftung eingesetzt. Insgesamt nutzen diese Produkte das System der doppelten Buchführung.

5.10   Literatur

Betsch, O.; Groh, A.; Lohmann, L. (2000): Corporate Finance: Unternehmensbewertung, M & A und innovative Kapitalmarktfinanzierung. 2. überarb. und erw. Auflage. Vahlen, München. 423 S.

Coenenberg, A.G. (2000): Jahresabschluss und Jahresabschlussanalyse: Betriebswirtschaftliche, handelsrechtliche, steuerrechtliche und internationale Grundlagen – HGB, IAS, US-GAAP. 17., völlig neu bearb. und erw. Auflage. Moderne Industrie, Landsberg/Lech. 1228 S.

Deloitte; Hrsg. (2008): IFRS Handbuch – mit vollständigen IFRS Musterabschluss 2007 und den Non-IFRS Interpretationen. 2., aktualisierte Auflage. Orac, Wien. 544 S.

Helbling, C. (1997): Bilanz- und Erfolgsanalyse: Lehrbuch und Nachschlagewerk für die Praxis mit besonderer Berücksichtigung der Darstellung im Jahresabschluss- und Revisionsbericht. 10., nachgeführte Auflage. Haupt, Bern, Stuttgart, Wien. 559 S.

IASB, Eds. (2008): International Financial Reporting Standards, IFRS, 2008 including International Accounting Standards, IASS and Interpretations as at 1st January 2008, published bei the International Accounting Standards Board IASB; www. iasb.org

Jöbstl, H.A. (2000): Kosten- und Leistungsrechnung in Forstbetrieben. 3., erw. u. völlig neugestaltete Auflage. Österr. Agrarverl., Wien. 212 S.

Jöbstl, H.A. (2002): Einführung in das Rechnungswesen für Forst- und Holzwirtschaft. 11., aktual. und erw. Auflage. Österr. Agrarverl., Wien. 254 S.

Käfer, K. (1976): Die Bilanz als Zukunftsrechnung. Schulthess, Zürich. 47 S.

KFD (1981): Handbuch des Rechnungswesens der öffentlichen Haushalte. 2 Bände. Hrsg. Konferenz der Kantonalen Finanzdirektoren. Haupt, Bern. 159 S. und 336 S.

Lechner, K.; Egger, A.; Schauer, R. (2001): Einführung in die allgemeine Betriebswirtschaftslehre. 19. überarb. Auflage. Linde, Wien. 957 S.

Martinek, M.; Stoffels, M.; Wimmer-Leonhardt, S. (2008): Leasinghandbuch: Handbuch des Leasingsrechts. 2. Auflage. Beck, München. 1238 S.

Meyer, C. (1996): Betriebswirtschaftliches Rechnungswesen: Einführung in Wesen, Technik und Bedeutung des modernen Management-Accounting. 2. erg. Auflage. Schulthess, Zürich. 323 S.

Meyer, C. (2002): Betriebswirtschaftliches Rechnungswesen: Einführung in Wesen, Technik und Bedeutung des modernen Management-Accounting. Schulthess, Zürich. 273 S.

Oesten, G.; Roeder, A. (2001): Management von Forstbetrieben. Band 1 Grundlagen, Betriebspolitik. Kessel, Remagen-Oberwinter. 363 S.

Schauer, R.; Andessner, R.C. (2003): Rechnungswesen für Nonprofit-Organisationen: Ergebnisorientiertes Informations- und Steuerungsinstrument für das Management in Verbänden und anderen Nonprofit-Organisationen. 2., überarb. u. erw. Auflage. Haupt, Bern, Stuttgart, Wien. 299 S.

Schellenberg, A.C. (2000): Rechnungswesen: Grundlagen, Zusammenhänge, Interpretationen. 3. überarb. u. erw. Auflage. Versus, Zürich. 499 S.

Schierenbeck, H. (2000): Grundzüge der Betriebswirtschaftslehre. 15., überarb. u. erw. Auflage. Oldenbourg, München. 753 S.

Schmidhauser, A. (1994): Darstellung wichtiger Verfahren des betrieblichen Rechnungswesens und Hinweise zu ihrer Verwendung in der forstlichen Betriebsanalyse. Arbeitsbericht Allgemeine Reihe 94-05, Professur Forstpolitik und Forstökonomie, ETH, Zürich. 44 S.

Schneck, O. (2006): Lexikon der Betriebswirtschaft: 3500 Begriffe mit allen wichtigen Wirtschaftsgesetzen. Franz Vahlen, München. CD Rom Version 4.0 2006.

Thommen, J.-P. (2007): Betriebswirtschaftslehre. 7., überarb. Auflage. Versus Verlag, Zürich. 1309 S.

Thommen, J.-P.; Achleitner, A.-K. (2006): Allgemeine Betriebswirtschaftslehre: Umfassende Einführung aus managementorientierter Sicht 5., überarb. u. erw. Auflage. Gabler, Wiesbaden. 1103 S.

Werder, Ph. (2000): Prozesskostenrechnung und ihre Anwendung in der Forstwirtschaft. Diplomarbeit an der Professur Forstpolitik und Forstökonomie der ETH Zürich. 114 S.

Wöhe, G.; Döring, U. (2008): Einführung in die allgemeine Betriebswirtschaftslehre. 23., vollständ. neu bearb. Auflage. Vahlen, München. 1065 S.

WVS; Hrsg. (2004): ForstAdmin: Die Komplet-Lösung für den Forstbetrieb – Handbuch. Verband Waldwirtschaft Schweiz, Solothurn. 46 S.

WVS; Hrsg. (2007): ForstBAR: Betriebsabrechnung für Forstbetriebe – Handbuch. Verband Waldwirtschaft Schweiz, Solothurn. 54 S.

6. Kapitel

Finanzierung und Investitionen

6   Finanzierung und Investitionen

6.1   Finanzierung

6.1.1   Aufgaben und Bedeutung

Die Beschaffung von Personal, Maschinen, Energie und von Gütern zur betrieblichen Leistungserstellung bindet Zahlungsmittel, die erst nach einem bestimmten Zeitraum durch den Erlös für verwertete Leistungen wieder freigesetzt werden. Für den Zeitraum zwischen Zahlungsmittelabfluss für die Beschaffung und Zahlungsmittelzufluss aus verwerteten Leistungen besteht ein Kapitalbedarf. Die Höhe des Kapitalbedarfs wird bestimmt durch das Volumen der benötigten Finanzmittel einschließlich Kassenhaltung sowie durch die Geschwindigkeit des Kapitalumschlags, d. h. durch den durchschnittlichen Zeitraum zwischen Abfluss und Rückfluss von Zahlungsmitteln. Zusätzliche finanzielle Mittel sind notwendig, wenn die bestehende geschäftliche Basis erweitert werden soll. Hierfür sind Investitionen in neue Anlagegüter erforderlich. Aber auch zusätzlich benötigte Verbrauchsgüter, zusätzliche Arbeitskräfte und zusätzlich entstehende Debitorenbestände erhöhen den Bedarf an finanziellen Mitteln.

Mit Finanzierung bezeichnet man alle Maßnahmen, die dazu dienen, die für laufende und geplante unternehmerische Aktivitäten notwendigen finanziellen Mittel zu beschaffen und zum richtigen Zeitpunkt zur Verfügung zu stellen. Die Beurteilung der finanziellen Auswirkungen betrieblicher Aktivitäten eines Unternehmens ist zentraler Bestandteil aller Managementaufgaben. Im Mittelpunkt der Überlegungen zur Finanzierung eines Unternehmens stehen die folgenden Fragen:

–   Wie groß ist der Bedarf an finanziellen Mitteln und für welche unternehmerischen Zielsetzungen wird er benötigt (Mittelbedarf und Mittelverwendung)?

–   Aus welchen Quellen und zu welchen Konditionen kann der Bedarf an Investitionsmitteln gedeckt werden (Finanzierungsquellen und Art der Investitionsmittel)?

Das Vorhandensein finanzieller Mittel zur Beschaffung der für die Leistungserstellung notwendigen Güter und Arbeitskräfte ist eine Grundvoraussetzung für die Existenzfähigkeit von Betrieben und Unternehmungen. Diese müssen in der Lage sein, ihren Zahlungsverpflichtungen termingerecht nachzukommen. Die Notwendigkeit ausreichender finanzieller Mittel als Voraussetzung für betriebliche Aktivitäten kommt durch das Prinzip des finanziellen Gleichgewichts zum Ausdruck (Peters *et al.* 2005: 75 ff.; Abbildung 6-1).

Prozessart	Betriebliche Hauptfunktionen		
	Beschaffung	Leistungserstellung	Leistungsverwertung
Güterfluss	Zufluss von Gütern	Kombination von Gütern niedrigerer Ordnung zu Gütern höherer Ordnung →	Abfluss von Gütern →
Geldfluss	**Abfluss** von Zahlungsmitteln	**Kapitalbindung** ←	**Zufluss** von Zahlungsmitteln ←

Abbildung 6-1:   Gleichgewicht zwischen Güter- und Geldfluss (Peters *et al.* 2005: 76)

Die Fähigkeit, dem Prinzip des finanziellen Gleichgewichts gerecht zu werden, bezeichnet man als Liquidität. Sie ist gewährleistet, wenn die zur Verfügung stehenden Zahlungsmittel mindestens dem Zahlungsmittelbedarf entsprechen. Ausreichende Liquidität ist für Unternehmen sozusagen die Luft zum Atmen, ohne die eine betriebliche Leistungserstellung und eine weitere Entwicklung nicht möglich ist. Sofern eine Unternehmung ihren Zahlungsverpflichtungen nicht nachkommen kann, wird von Illiquidität gesprochen. Können keine zusätzlichen Zahlungsmittel beschafft werden, so führt dies zum Vergleich bzw. zum Konkurs. Die Sicherung der betrieblichen Liquidität ist eine der zentralen Aufgaben der Unternehmensfinanzierung.

6.1.2   Kapital- und Mittelflussrechnungen

Die zahlenmäßige Darstellung von Finanzierungsvorgängen in Unternehmen erfolgt mithilfe von Kapital- bzw. Mittelflussrechnungen. Hierbei handelt es sich um eine spezielle Form der Abschlussrechnung der Finanzbuchhaltung, die heute gleichwertig neben Bilanz und Erfolgsrechnung steht (Schellenberg 2000: 179 ff.). Während eine Bilanz die Kapitalstruktur eines Unternehmens zu einem Stichtag darstellt, zeigt die Kapitalflussrechnung eine Zusammenfassung der Kapitalflüsse (Cash Flows) während eines Geschäftsjahres (Kapitel 5.6.5). Sie gibt Auskunft über Herkunft und Verwendung des durch ein Unternehmen fließenden Geldes. Bezugsgrößen sind in der Regel Gruppen von Konten, die zu so genannten Fonds zusammengefasst werden. Dargestellt werden die Ursachen für feststellbare Fondsveränderungen im Geschäftsjahr. Die Auswahl der betrachteten Fonds und die Gliederung der Kapitalflussrechnung hängt von den jeweiligen Informationsbedürfnissen ab (Abbildung 6-2).

Fondsveränderungen

- Mittelherkunft
    - → aus Finanzierungsvorgängen
      betriebliche Tätigkeit
      Aufnahme von Bankdarlehen
      Aufnahme von Eigenkapital

    - → aus Desinvestitionstätigkeiten
      Verkauf von Vermögensgegenständen

- Mittelverwendung
    - → aus Investitionstätigkeiten
      Erwerb von Anlagevermögen
      Gewährung von Krediten

    - → aus Definanzierungsvorgängen
      Rückzahlung von Bankdarlehen
      Rückzahlung von Eigenkapital
      Auszahlung von Dividenden

Abbildung 6-2:   Mittelflussrechnung: Ursachen für Fondsveränderungen

Kapitalflussrechnungen geben Eigentümern und Investoren aufschlussreiche Einblicke in das unternehmerische Geschehen der vergangenen Geschäftsperiode und erlauben Schlussfolgerungen für die Zukunft, z. B.:

– Wie hoch war der Zufluss finanzieller Mittel auf der Basis der eigentlichen Geschäftstätigkeit? Welche Faktoren bestimmen die Höhe des Cash Flows?

– Woher stammen die Mittel, mit denen die betrieblichen Aktivitäten der vergangenen Periode finanziert wurden? Welche anderen Finanzquellen als die eigenen Mittel wurden in nennenswertem Umfang in Anspruch genommen?

– In welchem Umfang wurden Investitionen durchgeführt und woher stammen die Mittel für ihre Finanzierung?

– Wie wird sich die finanzielle Situation des Unternehmens im kommenden Jahr entwickeln? Lassen sich die geplanten Vorhaben problemlos finanzieren oder sind Engpässe vorhersehbar?

– Bestehen Möglichkeiten, um vorhersehbare finanzielle Engpässe zu umgehen? Welche finanziellen Reserven existieren, um auf unvorhergesehene Ereignisse zu reagieren?

6.1.3   Finanzierungsarten

Die Finanzierungsmöglichkeiten werden im Wesentlichen durch die Herkunft der Finanzmittel sowie durch Rechtsstellung der verfügbaren Zahlungsmittel bestimmt (Peters et al. 2005: 79 ff.). Unter dem Kriterium *Herkunft* der zu beschaffenden und bereit zu stellenden Finanzmittel sind Innen- und Außenfinanzierung zu unterscheiden. Von Innenfinanzierung wird gesprochen, wenn die Zahlungsmittel der Unternehmung aus der Verwertung der am Markt abgesetzten Produkte und Leistungen stammen. Zur Innenfinanzierung zählen auch finanzielle Mittel, die von öffentlichen Körperschaften als Anreiz oder Abgeltung für öffentlich nachgefragte Leistungen erbracht werden. Um Außenfinanzierung handelt es sich dagegen, wenn der Zufluss an Zahlungsmitteln entweder in Form zusätzlichen Eigenkapitals oder mit Fremdkapital (Kreditfinanzierung) von außen erfolgt (Kammerhofer et al. 2008).

Die *Rechtsstellung* differenziert nach dem Eigentum der Zahlungsmittel. Zu unterscheiden sind Eigen- und Fremdfinanzierung. Bei der Eigenfinanzierung handelt es sich um Finanzmittel des oder der Eigentümer der Unternehmen, deren Bereitstellung ohne Rückzahlungsanspruch erfolgt. Es handelt sich somit um Eigenkapital des Unternehmens, das am Betriebserfolg partizipiert und je nach Miteigentümeranteil zum Einsitz in der Unternehmensleitung berechtigt. Eigenkapital ist Haftungskapital gegenüber den Gläubigern des Betriebs. Bei Fremdfinanzierung werden die Zahlungsmittel dem Unternehmen von Dritten zur Verfügung gestellt. Die Bereitstellung der Mittel ist in der Regel befristet und erfolgt gegen ein vom Unternehmenserfolg unabhängiges Entgelt, d. h. gegen Zinsen. Es handelt sich um Fremdkapital, das zu keinem rechtlichen Anspruch auf Beteiligung an der Unternehmensleitung führt. Fremdkapital ist auch nicht Haftungskapital gegenüber anderen Gläubigern der Unternehmung.

Aus der Kombination von Herkunft der Finanzmittel, d. h. Innen- und Außenfinanzierung, sowie deren Rechtsstellung, d. h. Eigen- und Fremdfinanzierung, ergibt sich eine Finanzierungsmatrix mit vier Feldern, welche die wichtigsten Arten der Finanzierungsmöglichkeiten von Unternehmen und Betrieben charakterisieren (Abbildung 6-3).

Rechtsstellung	Finanzierungsquell	
	Innenfinanzierung	**Außenfinanzierung**
Eigenfinanzierung	- Rückflussfinanzierung - Überschussfinanzierung	- Beteiligungsfinanzierung
Fremdfinanzierung	- Finanzierung aus Rück- stellungsgegenwerten	- Kreditfinanzierung

Abbildung 6-3:   Finanzierungsmatrix (Peters *et al.* 2005: 76)

6.1.4   Innenfinanzierung

Die Beschaffung und Bereitstellung der notwendigen Finanzmittel erfolgt durch die Unternehmung selbst. Dies bedeutet, dass von außen keine zusätzlichen Mittel von den Eigentümern und keine Fremdmittel von Dritten der Unternehmung zugeführt werden. Eine Innenfinanzierung mit eigenen Mitteln erfolgt durch Erträge aus der Leistungsverwertung, über Abschreibungen oder auch durch Kapitalumschichtungen (Rückflussfinanzierung). Eine weitere Möglichkeit ergibt sich aus der Finanzierung über nicht ausgeschüttete Gewinne (Überschussfinanzierung). Für die Innenfinanzierung mit eigenen von Unternehmen und Betrieben erwirtschafteten Mitteln wird zusammenfassend auch der Begriff Selbstfinanzierung verwendet.

Rückflussfinanzierung aus der Leistungsverwertung: Die Beschaffung und Bereitstellung von Zahlungsmitteln erfolgt aus dem Erlös der am Markt verwerteten betrieblichen Leistungen oder durch Abgeltungen für gemeinwirtschaftliche Leistungen. Es handelt sich um die wichtigste Finanzierungsart in Unternehmen und Betrieben. Ein großer Teil der durch Rückflussfinanzierung generierten Zahlungsmittel wird wieder unternehmensintern verwendet, um die im Rahmen der Leistungserstellung verbrauchten Güter zu ersetzen. Darüber hinaus erwirtschaftete Beträge stehen für andere Formen der Mittelverwendung zur Verfügung.

Rückflussfinanzierung über Abschreibungen: Ein spezieller Aspekt der Rückflussfinanzierung ist die Bereitstellung von Zahlungsmitteln aus Gegenwerten für Abschreibungen. Bei langfristigen Produktionsgütern werden die im Rahmen der jährlichen Abschreibung zurückgestellten Finanzmittel erst nach mehreren Jahren auf den Zeitpunkt der Ersatzbeschaffung hin benötigt. Bis zu diesem Zeitpunkt können diese Zahlungsmittel für andere betriebliche Zwecke eingesetzt werden. Sie können entweder dem Betrieb entzogen oder für Kapazitätserweiterungen eingesetzt werden. Es ist jedoch sicherzustellen, dass am Ende der Abschreibungsperiode genug finanzielle Mittel für die dann notwendige Ersatzinvestition vorhanden sind.

Rückflussfinanzierung durch Kapitalumschichtung: In beschränktem Maß kann Anlagevermögen in Umlaufvermögen umgewandelt werden. Die hierbei frei werdenden Zahlungsmittel können zur Erhöhung der Liquidität oder auch zur Beschaffung anderer Investitionsgüter verwendet werden. Eine derartige Kapitalumschichtung wird auch als Verflüssigungsfinanzierung bezeichnet.

Rückflussfinanzierung aus nicht ausgeschütteten Gewinnen: Die Finanzierung aus nicht ausgeschütteten Gewinnen (Überschussfinanzierung) erfolgt ebenfalls aus dem Erlös der betrieblichen Leistungsverwertung auf Absatzmärkten oder durch Abgeltung für die Erbringung gemeinwirtschaftlicher Leistungen. Es handelt sich jedoch nur um den Teil der einem Unternehmen zufließenden Zahlungsmittel, die den Gegenwert der bei der Leistungserstellung benötigten Güter übersteigen und die nicht für eine Gewinnausschüttung verwendet werden. Die Überschussfinanzierung erfolgt somit auf der Grundlage von einbehaltenen Gewinnen, die der Unternehmung als Zahlungsmittel vom Eigentümer oder von den Eigentümern weiterhin zur Verfügung gestellt werden.

Bei der offenen Überschussfinanzierung werden die nicht ausgeschütteten Gewinne je nach Gesellschaftsform als gesetzliche, statutarische oder freiwillige Reserven auf besonderen Konten ausgewiesen. Bei der verdeckten Überschussfinanzierung wird von stillen Reserven gesprochen. Stille Reserven können ebenfalls durch unternehmensexterne Einflüsse entstehen, z. B. durch eine Wertsteigerung betrieblicher Grundstücke, welche in der Bilanz nicht ausgewiesen wird (Kapitel 5.5.6). Die Bildung stiller Reserven hat vor allem steuerliche Aspekte. Da die Reservebildung den ausgewiesenen Gewinn vermindert, sinkt die Steuerbelastung für ein Unternehmen. Reserven können dagegen aufgelöst werden, wenn die Steuerbelastung z. B. aufgrund schlechter wirtschaftlicher Ergebnisse niedrig ist. Ein Nachteil stiller Reserven ist, dass der in der Finanzbuchhaltung ausgewiesene Gewinn nur noch bedingt zur Beurteilung der tatsächlichen Gewinnkraft herangezogen werden kann.

Innenfinanzierung mit Fremdkapital: Auch hier erfolgt die Beschaffung und Bereitstellung von Finanzmitteln aus dem Verkauf von betrieblichen Leistungen auf Absatzmärkten. Es handelt sich jedoch um Mittel, auf die Dritte einen Rechtsanspruch haben. Über ihre Verwendung kann nur mit Zustimmung der Anspruchsberechtigten entschieden werden. Generell sind solche Mittel zweckgebundenes Fremdkapital, das bis zu seiner Verwendung im Betrieb verbleibt und auf besonderen Konten auszuweisen ist. Unter Finanzierungsgesichtspunkten sind vor allem langfristige Rückstellungen, z. B. für Pensionszahlungen von Bedeutung. Mit Zustimmung der Berechtigten können solche Mittel gegen Entgelt in bestimmten Fällen zur Finanzierung betrieblicher Vorhaben verwendet werden. Sie müssen jedoch für ihren eigentlichen Verwendungszweck termingerecht wieder zur Verfügung stehen.

6.1.5   Außenfinanzierung

Außenfinanzierung mit Eigenkapital: Die Außenfinanzierung mit Eigenkapital, auch Beteiligungsfinanzierung genannt, ist von Bedeutung bei der Gründung eines Unternehmens. Von den Eigentümern wird das notwendige Kapital zur Finanzierung des Anlage- und Umlaufvermögens von außen in das Unternehmen eingebracht. Die Beteiligungsfinanzierung umfasst ebenfalls alle Formen der Beschaffung und Bereitstellung zusätzlichen Eigenkapitals durch eine Erhöhung von Kapitaleinlagen der bereits vorhandenen Eigentümer sowie durch Beteiligung zusätzlicher Anteilseigner. Die Möglichkeiten der Beschaffung von Eigenkapital und die Struktur der Kapitaleinlagen werden durch die Rechtsform der Unternehmung bestimmt.

Die Bedeutung des Eigenkapitals ergibt sich im Wesentlichen aus den folgenden Punkten (Boemle und Stolz 2002: 39 f.):

- Basis zur Finanzierung des Unternehmensvermögens

- Träger des Unternehmerrisikos und der Sicherheit gegenüber den Gläubigern

- Gewinnbringende Vermögensanlage für die Kapitaleigner

- Grundlage der Beteiligungs- und Haftungsregeln sowie der Gewinnverteilung

- Maßstab für die Kreditfähigkeit der Unternehmung.

Bedeutung hat die Finanzierung mit Eigenkapital neben der Unternehmensgründung vor allem dann, wenn Unternehmen schnell wachsen und die notwendigen Investitionen und Verbrauchsgüter nicht auf dem Wege der Innenfinanzierung oder durch Kredite aufbringen können. Dann besteht die Möglichkeit, Personen oder Institutionen davon zu überzeugen, sich als Eigentümer an diesem Wachstum zu beteiligen und entsprechende finanzielle Mittel in das Unternehmen einzubringen. Für die erfolgreiche Anwendung dieses Finanzierungsinstruments sind der zweite und der dritte Punkt der vorhergehenden Aufzählung von zentraler Bedeutung. Die potenziellen Eigentümer von Unternehmen verlangen für das von ihnen einzuschießende Kapital eine dem unternehmerischen Risiko angemessene Rendite, die über den Zinssätzen für gesicherte Wertpapiere liegt. Sonst könnten die Investoren ihre finanziellen Mittel vernünftiger in solche Wertpapiere investieren.

Heute existiert ein internationaler Markt für Eigenkapital, an dem institutionelle und private Geldgeber nach lohnenden Investitionsmöglichkeiten suchen. Die Börsen stellen einen Teil dieses Kapitalmarkts dar, an dem die Anteile meist international operierender Konzerne und Unternehmen gehandelt werden. Zugang zu diesem Markt hat, wer den potenziellen Gebern von Eigenkapital dem jeweiligen Risiko entsprechende Renditen in Aussicht stellen kann. Die potenziellen Kapitalgeber wiederum verwenden verschiedene Verfahren der Unternehmensbewertung zur Abstützung ihrer Entscheidungen (Betsch *et al.* 2000: 186 ff.; Brealey *et al.* 2008). Dabei haben sich vor allem Verfahren durchgesetzt, welche die Beteiligung an Unternehmen wie eine Investitionsentscheidung bewerten (Kapitel 0).

Außenfinanzierung mit Fremdkapital: Die Außenfinanzierung mit Fremdkapital oder Kreditfinanzierung umfasst die zeitlich befristete Aufnahme von Zahlungsmitteln (Kredite) gegen Entgelt (Zinsen). Die Kreditgeber sind mit ihren Finanzmitteln nicht am Unternehmen beteiligt und tragen keine Haftung. Als Sonderfall ist das bedingte Fremdkapital zu betrachten, das sich als Eventualverpflichtung aus Bürgschaften oder Garantieleistungen ergibt. Generell ist zwischen kurz- und langfristigen Formen der Kreditfinanzierung zu unterscheiden. Zu den kurzfristigen Formen gehören Lieferantenkredite, Kundenanzahlungen und kurzfristige Bankkredite. Zu den langfristigen Formen gehören Hypothekardarlehen, Obligationenanleihen und langfristige Bankkredite.

Die Bedeutung des Fremdkapitals ergibt sich im Wesentlichen aus folgenden Punkten (Boemle und Stolz 2002: 41):

- Deckung des Bedarfs an Kapital, das die Eigenkapitalgeber nicht aufbringen können oder wollen.

- Erhöhung der Flexibilität durch Aufnahme oder Rückzahlung von Krediten entsprechend dem jeweiligen Kapitalbedarf und den wechselnden Kapitalmarktbedingungen.

Eine weitere Form der Außenfinanzierung mit Fremdkapital ist Leasing. Bei einem Leasinggeschäft überlässt der Eigentümer eines Wirtschaftsguts (Leasinggeber) dieses dem Nutzer (Leasingnehmer) zum wirtschaftlichen Gebrauch. Der Leasingnehmer zieht den Nutzen aus dem Wirtschaftsgut allein aus dem Gebrauchsrecht, nicht aus seinem Eigentumsrecht (Krather und Kreuzmair 2002; Spittler 2002). Ein Leasinggeschäft ist damit einem Mietgeschäft ähnlich. Tatsächlich sind die im allgemeinen Sprachgebrauch gezogenen Grenzen zwischen Miete und Finanzierung durch Leasing unscharf.

Unterschieden werden zwei Arten von Leasing:

- *Operating Lease*, d. h. die kurz- bis mittelfristige Überlassung eines Wirtschaftsguts. Der Leasingnehmer hat in der Regel die Möglichkeit, den Vertrag unter Einhaltung von Fristen zu kündigen. Die objektbezogenen Risiken liegen beim Leasinggeber.
- *Financial Lease*, d. h. die langfristige Überlassung eines Wirtschaftsguts. Der Leasingnehmer vereinbart in der Regel eine unkündbare Grundmietzeit, die einen großen Teil der wirtschaftlichen Nutzungsdauer des Wirtschaftsguts umfasst. Die objektbezogenen Risiken werden vertraglich dem Leasingnehmer zugeordnet.

Die Bandbreite leasingfähiger Wirtschaftsgüter reicht von Mobilien wie Fahrzeugen, EDV-Einrichtungen oder Maschinen bis hin zu Geschäftsgebäuden, Lagerhallen und kompletten Produktionsanlagen. Aus finanzieller Sicht besteht beim Financial Lease kein Unterschied zum Eigentum des geleasten Wirtschaftsguts. Leasingzahlungen werden daher in den IFRS- und US-GAAP-Vorschriften wie Anlagevermögen behandelt und in der Aktiv-Seite der Bilanz aufgeführt. Die Verbindlichkeiten aus Leasingverträgen werden wie Fremdkapital behandelt (Kapitel 5.6.2). Operating Leases werden dagegen als Aufwendungen in der Gewinn- und Verlustrechnung aufgeführt.

Ihre unternehmerische Bedeutung haben Leasing-Geschäfte aus folgenden Gründen (Brealy und Myers 2008):

- Es ergeben sich verringerte Transaktionskosten durch Prozess-Standardisierung beim Kauf und Verwertung von Wirtschaftsgütern beim Leasing-Geber.

- Geschäftsprozesse werden für den Leasing-Nehmer vereinfacht, wenn der Leasing-Geber zusätzlich zum Wirtschaftsgut auch dessen Wartung und Instandhaltung im Rahmen des Leasing-Vertrags anbietet.

- Optionen zur Kündigung eines Leasing-Vertrags können aus Sicht des Leasing-Nehmers die höheren Kosten des Leasings gegenüber der Anschaffung desselben Wirtschaftguts überwiegen.

- Finanzielle Vorteile können durch unterschiedliche steuerliche Auswirkungen z. B. der Abschreibungen auf Wirtschaftsgüter bei Leasing-Geber und Leasing-Nehmer entstehen.

Darüber hinaus wirken sich Leasing-Verträge nicht auf die Wettbewerbsfähigkeit von Unternehmen aus. Sie haben insbesondere keine weiteren positiven oder negativen Auswirkungen auf die Finanzkraft oder Liquidität von Unternehmen. Unter bestimmten gesetzlichen Rahmenbedingungen können Leasing-Geschäfte jedoch außerhalb der Unternehmensbilanz erfolgen. In diesem Falle kann Leasing auch zur Verschleierung wirtschaftlicher Tatsachen gegenüber Eigentümern oder Geschäftspartnern führen.

6.1.6   Finanzierung in öffentlich-rechtlichen Körperschaften

Die Finanzierungsmöglichkeiten von Unternehmen und Betrieben öffentlich-rechtlicher Körperschaften hängen davon ab, wie weit ein Trägergemeinwesen (Bund, Länder, Kantone, Kommunen) den individuellen unternehmerischen Handlungsspielraum absteckt. Im Rahmen von Privatisierungen, beispielsweise von nationalen Postdiensten, Verkehrsträgern oder im Bereich der Telekommunikation, können Betriebe in Beteiligungsgesellschaften oder private Unternehmen umgewandelt werden, die freien Zugang zu nationalen und internationalen Finanzmärkten haben. Die unternehmerische Selbstständigkeit ist aber in der Regel nicht so umfassend ausgestaltet, dass sich die Betriebe und Verwaltungen öffentlich-rechtlicher Körperschaften unabhängig vom Trägergemeinwesen finanzieren können. Dies trifft insbesondere auch auf Forstbetriebe zu, die Waldflächen im Eigentum solcher Körperschaften bewirtschaften.

Der meist eingeschlagene Weg führt über ein Budget, das für die Verantwortlichen quantitative und qualitative Zielvorgaben festlegt. Im Rahmen der vorgegebenen Inputs und erwarteten Outputs werden in Bezug auf die einzelnen Budgetposten verbindliche, d. h. einzuhaltende oder zu erreichende monetäre Vorgaben gemacht (Meyer 1996: 246). Durch den Akt der Budgetgenehmigung werden die notwendigen Finanzmittel für die zu erbringenden Leistungen bereitgestellt. Das bedeutet, dass Liquiditäts- und somit Finanzierungsfragen nicht auf der Ebene der betreffenden Betriebe oder Verwaltungseinheiten angesiedelt sind, sondern im Rahmen des übergeordneten Haushalts geregelt werden. Insbesondere die Aspekte der Außenfinanzierung, d. h. der Kredit- und Beteiligungsfinanzierung, fallen damit nicht in den Kompetenzbereich der einzelnen Wirtschaftseinheiten und Verwaltungen. Dagegen ist die Aufnahme von Krediten durch die öffentlich-rechtliche Körperschaft im Rahmen der gesetzlichen Bestimmungen durchaus möglich.

Differenziert zu betrachten ist der Bereich der Innenfinanzierung. Erträge aus der Leistungsverwertung öffentlicher Unternehmungen fließen in der Regel in die allgemeine Haushaltskasse ab. Gleiches gilt auch für die Rückflüsse aus Abschreibungen und Kapitalumschichtungen. Spezielle Bestimmungen kennt man jedoch bei außerordentlichen Erträgen, wie sie z. B. in der Waldwirtschaft bei Übernutzungen nach Kalamitätsfällen möglich sind. Die einer nachhaltigen Nutzung verpflichtete Waldwirtschaft hat das Instrument des Waldreservefonds zur Sicherung der Finanzierung erforderlicher Tätigkeiten im Verjüngung- und Waldpflegebetrieb entwickelt. Erträge aus verkauften Holzmengen, welche den jährlichen Hiebsatz, d. h. das langfristige nachhaltige Nutzungspotenzial, um ein festgelegtes Maß übersteigen, werden freiwillig durch Beschluss der öffentlichen Waldeigentümer oder auf Grund waldrechtlicher Bestimmungen dem Waldreservefonds überwiesen. Daraus können in Zeiten geringerer Nutzung und tieferer Gesamterträge Liquiditätsengpässe aus eigenen Mitteln überbrückt und Maßnahmen der Waldpflege finanziert werden.

Im New Public Management (Kapitel 4.6.8) sind ebenfalls gewisse Flexibilisierungen beim Finanzmanagement vorgesehen. Dies betrifft z. B. Übertragungsmöglichkeiten für nicht im Budgetzeitraum benötigte Mittel. Von besonderem Interesse ist hier die Verfügungsmöglichkeit über Mittel, die durch effiziente Handlungsweisen eingespart werden konnten. So wird, um das Kostenbewusstsein zu fördern, das New Public Managementkonzept häufig mit einem Anreizsystem gekoppelt. Gewinne oder positive Budgetabweichungen verbleiben ganz oder teilweise in den öffentlichen Wirtschafts- und Verwaltungseinheiten und stehen diesen im Rahmen der gesetzten Ziele zur weiteren Verfügung. Derartige Regelungen des New Public Managements tragen dazu bei, dass das weitgehend inputorientierte Finanzierungsverständnis durch eine realistische Einschätzung von Marktpotenzial und Vermarktungsmöglichkeiten abgelöst wird. So setzt sich in den Forstbetrieben öffentlicher Waldeigentümer die Einsicht durch, dass Planungsgrößen wie Durchschnittsvorräte, Zuwächse an Holzvolumen und davon abgeleitete Hiebsätze nicht allein die maßgeblichen Kriterien für die Bestimmung von Personalbedarf und Betriebsmitteln sind.

6.1.7 Finanzierung der Waldbewirtschaftung

Mit ihrem Leistungsangebot gewährleistet eine multifunktionale Waldwirtschaft die Deckung privater Konsumentennachfragen nach Holz und anderen Waldprodukten sowie die Sicherung öffentlicher Bedürfnisse und Dienstleistungen. Voraussetzung hierfür ist eine adäquate Finanzierungsgrundlage, zu der die Kunden der Waldwirtschaft, private Nutznießer und Interessenten wie auch öffentliche Körperschaften in unterschiedlichem Maß beitragen (Klemperer 2003). Erträge der Holzproduktion und anderer Produkte sowie vermarktbarer Dienstleistungen bilden mehrheitlich das Rückgrat einer solchen Finanzierung. Zu beachten ist allerdings, dass beachtliche regionale Unterschiede in Bezug auf die verschiedenen Gruppen von Waldeigentümern bestehen. So unterscheidet sich die Finanzierungsstruktur privater Waldeigentümer mit dem zentralen Ziel der Gewinnerreichung im Rahmen der nachhaltigen Holzproduktion ganz erheblich von der Finanzierung der Bewirtschaftung von öffentlichen Wäldern im Einzugsgebiet großer Städte oder von Schutzwäldern im Gebirge.

Von erheblichem Interesse für die Finanzierung der Waldwirtschaft werden zunehmend vertraglich geregelte Kostenbeiträge privater Nutzergruppen und Interessenorganisationen. Ebenso gewinnen öffentliche Finanzierungsbeiträge auf vertraglicher oder gesetzlicher Basis zur Abgeltung spezieller Leistungen, zur Sicherung der Schutz- und Erholungswirkungen oder für Maßnahmen im Bereich des Natur- und Landschaftsschutzes an Bedeutung. Finanzierungsbeiträge öffentlich-rechtlicher Körperschaften auf lokaler, regionaler oder nationaler Ebene ergeben sich aus den konkreten Interessen der Allgemeinheit an der Erhaltung und Pflege der Wälder als naturnahe Räume in einer vielfach genutzten und beanspruchten Landschaft. Im Rahmen internationaler Verpflichtungen werden ebenfalls zusätzliche Maßnahmen, z. B. derzeit vorwiegend im Bereich des Umweltschutzes, notwendig. Deren Finanzierung kann nicht aus den Erträgen der Holzproduktion erfolgen.

Insgesamt ergeben sich im Rahmen einer multifunktionalen Waldwirtschaft heute schon, und in Zukunft vermutlich noch vermehrt, unterschiedliche Kombinationen von Finanzierungen (Glück und Niesslein 1998, Schmithüsen 2004). Dies führt zu einer Überlagerung der verschiedenen Arten von betrieblichen Erträgen. Sie setzen sich zusammen aus dem Absatz von Gütern und Dienstleistungen auf Märkten, aus individuell ausgehandelten Kostenbeiträgen von Dritten, aus vertraglich oder gesetzlich geregelten Finanzierungsbeiträgen öffentlicher Körperschaften sowie gegebenenfalls aus einer Beteiligungsfinanzierung der Waldeigentümer.

Die möglichen Ertragskomponenten eines generellen Finanzierungsmodells für eine auf Dauer finanzierbare multifunktionale Waldnutzung sind in Abbildung 6-4 aufgeführt und strukturiert. Wesentlich ist hierbei, dass sich Waldeigentümer, Kunden, Nutzungsinteressenten und öffentliche Gemeinwesen als gleichberechtigte Partner gegenüberstehen (Schmithüsen und Schmidhauser 1998). Die effektiven Zahlungsströme von einzelnen Forstbetrieben oder von spezifischen Betriebsgruppen, wie den Forstbetrieben im Alpenraum, vermitteln einen Einblick in deren Leistungspalette und die entsprechenden Finanzierungsquellen (Schmidhauser und Schmithüsen 1999).

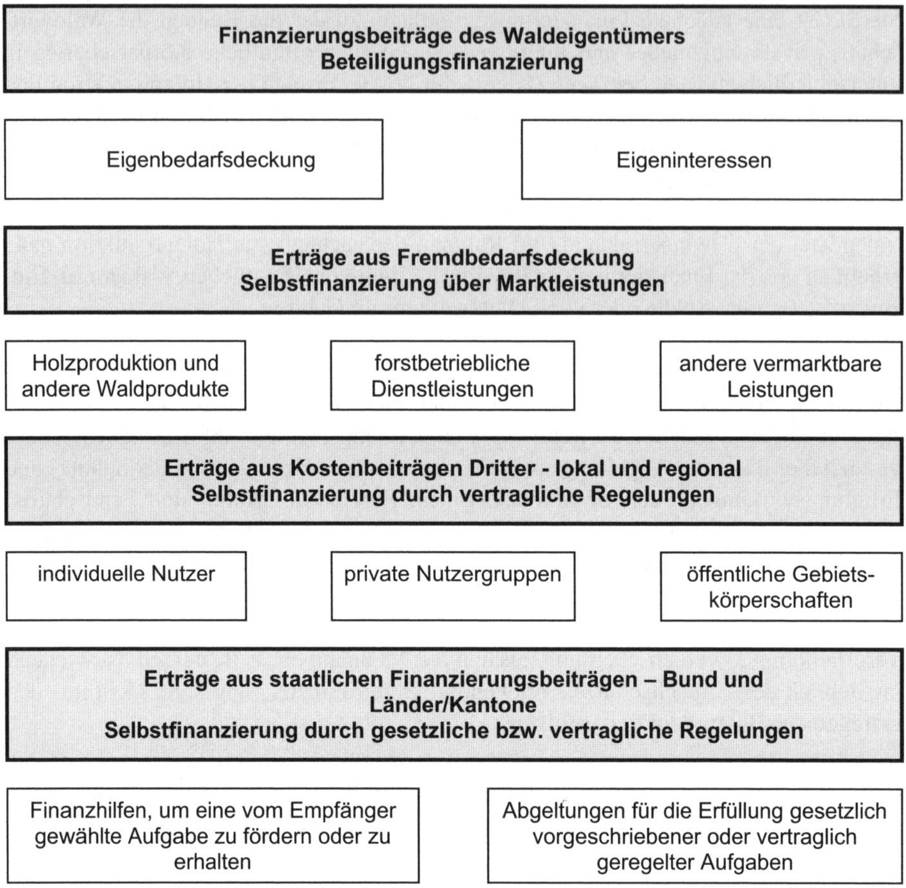

┌───┐
│   **Finanzierungsbeiträge des Waldeigentümers**   │
│   **Beteiligungsfinanzierung**   │
└───┘

┌──────────────────────────┐   ┌──────────────────────────┐
│   Eigenbedarfsdeckung   │   │   Eigeninteressen   │
└──────────────────────────┘   └──────────────────────────┘

┌───┐
│   **Erträge aus Fremdbedarfsdeckung**   │
│   **Selbstfinanzierung über Marktleistungen**   │
└───┘

┌────────────────────┐ ┌────────────────────┐ ┌────────────────────┐
│ Holzproduktion und │ │   forstbetriebliche │ │ andere vermarktbare │
│ andere Waldprodukte│ │   Dienstleistungen │ │   Leistungen   │
└────────────────────┘ └────────────────────┘ └────────────────────┘

┌───┐
│   **Erträge aus Kostenbeiträgen Dritter - lokal und regional**   │
│   **Selbstfinanzierung durch vertragliche Regelungen**   │
└───┘

┌────────────────────┐ ┌────────────────────┐ ┌────────────────────┐
│ individuelle Nutzer│ │ private Nutzergruppen│ │ öffentliche Gebiets-│
│   │ │   │ │   körperschaften   │
└────────────────────┘ └────────────────────┘ └────────────────────┘

┌───┐
│ **Erträge aus staatlichen Finanzierungsbeiträgen – Bund und**   │
│   **Länder/Kantone**   │
│ **Selbstfinanzierung durch gesetzliche bzw. vertragliche Regelungen** │
└───┘

┌───────────────────────────────┐ ┌───────────────────────────────┐
│ Finanzhilfen, um eine vom Empfänger│ │ Abgeltungen für die Erfüllung gesetzlich│
│ gewählte Aufgabe zu fördern oder zu│ │ vorgeschriebener oder vertraglich │
│   erhalten   │ │   geregelter Aufgaben   │
└───────────────────────────────┘ └───────────────────────────────┘

Abbildung 6-4:   Finanzierungsmodell   Multifunktionale   Waldbewirtschaftung
(Schmithüsen und Schmidhauser 1998: 103)

6.2   Investitionen

6.2.1   Aufgaben und Bedeutung

Der Begriff Investition bezieht sich auf die Umwandlung von Zahlungsmitteln in Güter, die zur betrieblichen Leistungserstellung und Leistungsverwertung benötigt werden. Die zu beschaffenden Güter sind Investitionsobjekte.

–   Im engeren Sinn wird unter Investition die Umwandlung verfügbarer Zahlungsmittel in materielle wie auch immaterielle Güter verstanden. Man spricht in diesem

Zusammenhang von Realinvestition. Werden die Zahlungsmittel nur zur Beschaffung von materiellen Gütern verwendet, so handelt es sich um Sachinvestitionen. Die Umwandlung freier Zahlungsmittel in Finanzanlagen, z. B. in Form von Beteiligungen an anderen Unternehmungen, wird als Finanzinvestition bezeichnet.

– Im weiteren Sinn bezieht sich der Investitionsbegriff auf alle Vermögenswerte eines Unternehmens, in welche investiert wird. Dies betrifft die verschiedenen Bestandteile des Umlauf- und Anlagevermögens, die Verfügbarkeit von Informationssystemen und betrieblichen Forschungs- und Entwicklungskapazitäten sowie die Rechte und Fähigkeiten der Mitarbeiter.

Generelle Merkmale einer Investition sind:

– die langfristige Bindung von Zahlungsmitteln in den Investitionsobjekten

– die Bindung hoher finanzieller Beträge durch die Investitionsentscheidung

– die Auswirkungen von Investitionsentscheidungen auf andere betriebliche Bereiche (Interdependenz)

– die Konsequenzen für die Leistungserstellung und Leistungsverwertung.

In Abhängigkeit vom Zeitpunkt der Investition werden verschiedene Investitionsarten unterschieden:

– Gründungs- oder Erstinvestition, bei der grundlegende Entscheidungen für die Entwicklung von Unternehmen getroffen werden

– Folgeinvestitionen im Rahmen der bestehenden Entwicklungsmöglichkeiten; im Einzelnen handelt es sich hierbei um Ersatz-, Rationalisierungs- und Erweiterungsinvestitionen.

Die Unterscheidung der verschiedenen Investitionsarten ist für die korrekte Nachführung der Anlagekartei, der Bestimmung der Abschreibungsmodalitäten und letztlich auch für die realitätsnahe Zuordnung der Investitionskosten auf die Kostenträger notwendig. Zu beachten ist jedoch, dass eine Investition mehrere Investitionsarten umfassen kann.

6.2.2   Bedeutung von Investitionsentscheidungen

Investitionsentscheidungen gehören zu den wichtigsten unternehmerischen Aufgaben. Die getätigten Investitionen beeinflussen die zukünftige Leistungsfähigkeit sowie die Kapazität und Produktivität von Betrieben in hohem Masse und meist über den Zeitraum mehrerer Jahre. Gleichzeitig binden sie Zahlungsmittel in erheblichem Umfang und beanspruchen einen bedeutenden Teil der finanziellen Leistungsfähigkeit von

Unternehmen. Aus diesem Grund sind Investitionsplanungen umfassend, fundiert und ganzheitlich zu beurteilten. Kern der Investitionsbeurteilung ist immer die Beurteilung der finanziellen Auswirkungen im Rahmen von Investitionsrechnungen.

Mit Investitionen werden die folgenden Ziele anvisiert (*Investitionsziele*):

– mithilfe der investierten Mittel den Gewinn resp. die Gewinnerwartungen zu halten oder zu steigern

– das mit Investitionen verbundene unternehmerische Risiko zu begrenzen

– die betriebliche Anpassungsfähigkeit und Flexibilität durch Investitionen zu sichern.

Problemlösungsprozess: Der generelle Problemlösungsprozess in Unternehmen (Kapitel 4.2.4) lässt sich auch auf Investitionen und Investitionsentscheide anwenden. Die wesentlichen Schritte im Ablauf sind hierbei (Thommen und Achleitner 2006: 43 ff., 873 ff.):

– Beurteilung der Ausgangslage
  • Überprüfen der unternehmerischen Zielsetzungen und Strategien
  • Feststellen von veränderten Kundenbedürfnissen
  • Ermittlung der verfügbaren Technologien

– Festlegung der Investitionsziele
  • Kapitalrentabilität, Risikobegrenzung, Flexibilität
  • Beurteilung technischer, wirtschaftlicher und sozialer Aspekte, z. B. in Bezug auf Arbeitssicherheit und Umweltschutzstandards

– Festlegung der Investitionsmaßnahmen
  • Ersatz- oder Erweiterungsinvestitionen
  • Rationalisierungsinvestitionen
  • Investitionen zur Anpassung an veränderte Marktverhältnisse
  • Investitionen zur Erhöhung der Arbeitssicherheit
  • Investitionen zur Verbesserung des Umweltschutzes

– Festlegung der Investitionsmittel
  • Ermittlung der erforderlichen Investitionsmittel
  • Beschaffung der notwendigen Finanzmittel
  • Aufstellung eines Investitionsbudgets

– Durchführung und Ergebniskontrolle
  • Wahl der Finanzierungsform, Mitarbeiterschulung, Marketingmaßnahmen für neue Produkte
  • Ergebniskontrolle über Wirkung und Wirtschaftlichkeit der durchgeführten Investition.

In allen Phasen des Problemlösungsprozesses sind die Steuerungsfunktionen Planung, Entscheidung, Anordnung und Kontrolle, allerdings in unterschiedlichem Umfang und mit unterschiedlichem Gewicht, notwendig. Das Rechnungswesen ist eine wichtige Grundlage für die Festlegung von Investitionsmaßnahmen und die Ermittlung der benötigten Investitionsmittel. Spezielle Instrumente hierfür sind die verschiedenen Methoden der Investitionsrechnung.

6.2.3   Abgrenzung des Investitionsprojektes

Ein sorgfältiges Durchdenken der Voraussetzung für Investitionen und der Konsequenzen, die sich für das betriebliche Geschehen ergeben, ist ebenso wichtig wie die korrekte Anwendung bestimmter Rechenverfahren. Im Folgenden werden eine Reihe wichtiger Aspekte bei der Investitionsbeurteilung kurz dargestellt (Seiler 2003: 453 ff.).

Definition des Projektumfangs: Die Investitionsbeurteilungen gehen häufig von der Annahme aus, dass die zu analysierenden Projekte vollständig unabhängig betrachtet werden können. In vielen Fällen handelt es sich jedoch um mehrere mit einander verbundene Investitionen, die als ein zusammenhängendes Investitionsprojekt zu beurteilen sind. Dies ist vor allem dann der Fall, wenn Investitionen zwingend zu weiteren Folgeinvestitionen führen. Eine sorgfältige Abgrenzung des Projektumfangs ist auch mit Blick auf die hieraus resultierenden Einwirkungen auf andere betriebliche Gegebenheiten geboten. Diese müssen in die Investitionsbeurteilung einbezogen werden.

Wahl der Basisalternative: Hierbei geht es um die Ausgangslage bzw. die Situation, mit der zu prüfende Investitionen verglichen werden sollen. Als Basisvariante wird häufig die Nullvariante, also die betriebliche Situation ohne Investition gewählt. Zu berücksichtigen ist allerdings, dass auch die Nullvariante zeitlichen Veränderungen unterworfen ist:

— So kann auch die Ist-Situation weitere Investitionen erfordern, da z. B. schon eingesetzte Maschinen ersetzt oder bestehende Anlagen verändert werden müssen.

— Die Basisalternative lässt sich unter Umständen durch organisatorische Maßnahmen wie etwa durch Prozessveränderungen verbessern, ohne dass zusätzliche Investitionen notwendig sind. In diesem Fall ist bei der Investitionsbeurteilung die Situation nach den durchgeführten Verbesserungen zu wählen. Der Erfolg solcher Verbesserungen würde sonst dem neuen Investitionsprojekt zugerechnet werden.

Abgrenzung relevanter Kosten: Investitionsüberlegungen sind immer in die Zukunft gerichtet. Maßgebend für die Investitionsbeurteilung sind daher nur diejenigen Einnahmen und Ausgaben, die eine direkte Folge der neu geplanten Investition sind. Einnahmen und Ausgaben, die sich aufgrund von Entscheidungen der Vergangenheit ergeben, sind daher nicht zu berücksichtigen. Dies gilt auch für Einnahmen und Ausgaben, die zwar in einem sachlichen Zusammenhang mit der Investition stehen, die aber bereits in der Vergangenheit getätigt wurden. Sie werden als schon getätigte Kosten oder als so genannte Sunk Costs betrachtet. Dies ist z. B. im Fall einer schon früher durchgeführten Erschließung von Bauland der Fall.

Buchwerte sind meist keine geeigneten Bewertungsgrößen im Rahmen von Investitionsrechnungen. Sie geben nur die aktuellen Werte von Anlagen und Maschinen wieder, weil die inzwischen aufgelaufenen Abschreibungen bei der Bilanzierung berücksichtigt werden. So können die Buchwerte von Maschinen und Anlagen ganz erheblich von den realen, für Investitionsüberlegungen relevanten Werten abweichen. Ihre Verwendung würde zu Fehlschlüssen in der Investitionsbeurteilung führen. Auch die Verwendung früherer Anschaffungswerte führt leicht zu Fehlschlüssen, da sie i. d. R. nicht den aktuellen Anschaffungspreisen entsprechen. Vorhandene Fixkostenanteile, etwa im Zusammenhang mit schon vorhandenen nutzbaren Gebäuden und Anlagen, sind einem neuen Investitionsprojekt nicht zuzurechnen. Anteilige Kosten für Betriebsleitung, Buchhaltung etc. dürfen nur soweit berücksichtigt werden, als es sich tatsächlich um zusätzliche Ausgaben handelt, die mit der Investition verbunden sind.

Auswahl der Annahmen: Die Aussagekraft einer Beurteilung von Investitionsprojekten ist aufs Engste mit der Qualität der getroffenen Annahmen verknüpft. Vielfach werden bei Investitionsrechnungen zu optimistische Annahmen getroffen, weil z. B. die Verantwortlichen sehr stark an der Durchführung der Investition interessiert und bei der Beurteilung involviert sind. Kritische Punkte sind hierbei insbesondere:

-   Die Dynamik der Veränderungen des unternehmerischen Umfelds wird nicht angemessen berücksichtigt. Diese können sowohl die Rentabilität der geplanten Investition wie auch die Einschätzung der Basisvariante entscheidend beeinflussen.

-   Die verwendeten Prognosen beruhen oft nur auf einer einfachen Trendextrapolation der Gegebenheiten in der Vergangenheit. Da Investitionen oft über mehrere Jahre wirken, greifen solche Prognoseverfahren leicht zu kurz.

-   Die Nutzungsdauer von Investitionen wird zu kurz bemessen. Dadurch wird der Restwert eine Investition falsch beurteilt. Dies kann vor allem bei niedrigen Diskontierungssätzen zu bedeutenden Fehleinschätzungen führen.

-   Die Auswirkungen des Investitionszeitpunkts werden nicht genügend berücksichtigt. Dies kann die Ursache von Fehlern bei den prognostizierten Geldrückflüssen sein, z. B. wenn der Absatz bestimmter Produkte und Dienstleistungen markanten saisonalen Schwankungen unterliegt.

408

6.2.4 Netto-Umlaufvermögen, Abschreibungen und Risikobeurteilung

Veränderung des Netto-Umlaufvermögens: Unter Netto-Umlaufvermögen (NUV) wird die Differenz aus Umlaufvermögen und kurzfristigen Verbindlichkeiten verstanden. Die zu berücksichtigenden Bilanzpositionen beziehen sich auf die das operative Geschehen ausweisenden Aktiven und Passiven. Hierzu gehören u. a. Veränderungen der Produktionskapazität durch Investition oder Desinvestition, die ihrerseits zu Veränderungen in verschiedenen Lagern führen. Umsatzveränderungen können mit höheren Debitorenbeständen verbunden sein.

Zusätzliche Geldbeträge, die zur Finanzierung von notwendigen Veränderungen des NUV benötigt werden, sind in der Investitionsrechnung zu berücksichtigen. Hierfür gibt es die folgenden zwei Möglichkeiten, wobei wichtig ist, dass ein Unternehmen alle Investitionsprojekte gleich behandelt. Es ist entweder immer die eine oder die andere Variante bei der Beurteilung zu wählen:

- Berücksichtigt wird das notwendige Kapital für zusätzliches Netto-Umlaufvermögen. Das NUV wird damit gleich behandelt wie zusätzliches Kapital für eine Produktionsanlage.

- Man geht davon aus, dass das zusätzliche NUV mit kurzfristigem Fremdkapital finanziert wird. In der Investitionsrechnung sind dann die zu zahlenden Zinsen zu berücksichtigen. Dies ist der einzige Fall, in dem Zinskosten in das Kalkül der Investitionsrechnung eingehen.

Abschreibungen: Da bei Investitionsrechnungen Geldflüsse berücksichtigt werden, spielen Abschreibungen bei der Investitionsbeurteilung keine Rolle. Der Wertverlust von Maschinen und Anlagen wird bei Investitionsrechnungen dadurch berücksichtigt, dass am Ende der Nutzungsdauer der Restwert als Einnahme verbucht wird. Die für die Investition notwendigen Ausgaben werden damit bereits zum jeweiligen Fälligkeitszeitpunkt vollständig zugerechnet. Die Berücksichtigung von Abschreibungen würde dazu führen, dass der Wertverlust von Maschinen und Anlagen doppelt in die Beurteilung eingeht.

Risikobeurteilung: Mit Investitionsentscheidungen ist stets ein bestimmtes Risiko verbunden, da zukünftige Entwicklungen nicht mit einer abschließenden Gewissheit beurteilt werden können. Das finanzielle Risiko eines Projektes wird in der Investitionsrechnung mit dem Diskontierungszinssatz berücksichtigt. Dessen Höhe wird durch das mit der Investition verbundene Risiko bestimmt. Die methodisch einwandfreie Herleitung des Diskontierungszinssatzes ist mit erheblichem Aufwand verbunden. Unternehmen legen daher in der Regel einen Standard-Diskontierungssatz fest, der für alle Investitionsrechnungen angewendet wird. Er entspricht oft den gewichteten Kapitalkosten eines Unternehmens, die in direktem Zusammenhang mit dem Risiko eines Unternehmens stehen. Annahmen über die zukünftige Entwicklung von Umsätzen, Einnahmen oder Ausgaben sollten keine weiteren Sicherheitsreserven enthalten, sondern so realistisch wie möglich eingeschätzt werden. Ansonsten würde die Rentabilität einer Investition systematisch unterschätzt.

6.2.5 Strategische Investitionsbeurteilung und Investitionskontrolle

Strategische Beurteilung der Investition: Es reicht nicht aus, Investitionen nur unter dem Gesichtspunkt der finanziellen Rentabilität zu bewerten. Zur Investitionsbeurteilung gehört vor allem auch die Berücksichtigung strategischer Faktoren:

– Investitionen müssen strategiekonform sein, d. h. sie müssen mit den Unternehmenszielen und den zukünftigen Entwicklungsmöglichkeiten im gegebenen Umfeld in Einklang stehen. Ist dies nicht der Fall, ist zu prüfen, ob die gewählte Strategie sinnvoll angepasst werden kann oder ob ein Investitionsprojekt nicht modifiziert oder fallengelassen werden sollte.

– Der strategische Nutzen einer Investition ist zu berücksichtigen. Eine Investition kann kurzfristig unrentabel sein, jedoch dem Unternehmen wertvolle Optionen für die Zukunft eröffnen. Der Wert solcher Optionen ist bei der Beurteilung als Optionswert zu berücksichtigen. Aussichtsreiche Investitionen sind daher auf die Ausnutzung von Optionen gerichtet und nicht nur auf das Vermeiden von Risiken oder auf die Beseitigung betrieblicher Engpässe.

– Qualitative Faktoren spielen bei der Investitionsbeurteilung unter Umständen eine bedeutende Rolle. Oft sind es qualitativ anzusprechende Faktoren, z. B. Arbeitsplatzsicherheit, Qualitätsstandards, Vermeidung von Umwelt- und Sicherheitsrisiken oder auch eine Verbesserung des Image, die den Ausschlag für eine bestimmte Investitionsvariante geben. Qualitative Faktoren lassen sich z. B. mithilfe der Nutzwertanalyse oder mit beschreibenden Verfahren in die Investitionsbeurteilung einbeziehen.

Investitionskontrolle: Die Kontrolle von Investitionsprojekten ist mit einem erheblichen Aufwand verbunden. Die notwendigen Kontrollrechnungen sind i. d. R. nicht in der Betriebsbuchhaltung integriert und können nicht routinemäßig durchgeführt werden. Kontrollrechnungen werden daher sinnvollerweise nur für besonders wichtige Investitionen vorgesehen. Entscheidungskriterien für Art und Umfang der Kontrollmaßnahmen sind z. B. die strategische Bedeutung, d. h. Komplexität und Tragweite der Investition sowie die eingegangenen oder zu erwartenden Risiken. Gezielte und differenzierte Investitionskontrollen, die sich auf die strategisch wichtigen Punkte konzentrieren, bringen für die Geschäftsleitung und das Management ausgesprochen wertvolle Ergebnisse und Erkenntnisse:

– Eine regelmäßige Kontrolle des Zielerreichungsgrads von Investitionsprojekten führt zu Verbesserungen in den einzelnen Umsetzungsphasen.

– Frühzeitige Korrekturmaßnahmen können vorgenommen werden, sofern die prognostizierten Ergebnisse z.B. aufgrund eines deutlich veränderten Umfelds nicht realisierbar erscheinen.

– Fehler in der Investitionsbeurteilung werden identifiziert und der daraus resultierende Erfahrungszuwachs kann bei der Beurteilung zukünftiger Investitionsaktivitäten genutzt werden.

6.2.6   Investitionsrechnungen

Investitionsrechnungen sind systematische, formal und methodisch gesicherte Verfahren zur quantitativen und rechnerischen Beurteilung von Investitionen. Ziel ist die Ermittlung der wirtschaftlichen Vorteile eines Investitionsobjektes im Vergleich mit der sogenannten Nullvariante, d.h. der Nichtrealisierung des Investitionsobjektes. Zu prüfen sind ebenfalls alternative Investitionsvarianten, die größere wirtschaftliche Vorteile als das anstehende Projekt versprechen. Beurteilungskriterien von Investitionsrechnungen sind ausschließlich wirtschaftliche Größen, die sich in Geldbeträgen messen lassen, wie Kosten, Gewinne, Rentabilität oder Kapitalwerte. Wirkungen einer Investition, die sich einer Bewertung in Geldeinheiten entziehen, sind imponderabel. Dies bedeutet, dass solche Wirkungen nicht quantifizierbar bzw. monetarisierbar sind, und dass sie damit nicht Gegenstand von Investitionsrechnungen sein können (Lechner *et al.* 2006; Thommen 2007; Thommen und Achleitner 2006: 189 ff., 613 ff.; Thommen und Achleitner 2007: 135 ff.).

Investitionsrechnungen sind Bewertungsverfahren, die auf der Gegenüberstellung von Kosten und ökonomischem Nutzen basieren. Sie sind ausschließlich einzelwirtschaftlich orientiert und dienen als Grundlage für unternehmerische Entscheide, die eine sachgerechte, den wirtschaftlichen Gegebenheiten entsprechende Beurteilung von Investitionsvorhaben ermöglicht. Investitionsrechnungen werden vor allem in privaten Unternehmen und Betrieben, aber auch von Wirtschaftseinheiten öffentlicher Körperschaften verwendet.

Von Investitionsrechnungen zu unterscheiden sind Verfahren der Kosten-Nutzen-Analyse. Auch hier geht es um die Beurteilung von Kosten und Nutzen, wobei auch qualitativ zu erfassende Sachverhalte einschließlich der Wirkung positiver und negativer externer Effekte in die Bewertung mit einbezogen werden. Dieser mehr volkswirtschaftliche Ansatz macht die Kosten-Nutzen-Analyse häufig zu einem Instrument für die Entscheidungsfindung der öffentlichen Hand.

In der betriebswirtschaftlichen Theorie und der unternehmerischen Praxis wurden verschiedene Verfahren von Investitionsrechnungen entwickelt, die sich wie folgt gliedern lassen (Abbildung 6-5):

– Statische Verfahren der Investitionsrechnung

– Dynamische Verfahren der Investitionsrechnung

– Modellansätze des Operations Research.

Die Kenntnis statischer und dynamischer Grundformen der Investitionsrechnung ist eine Voraussetzung für eine fundierte betriebswirtschaftliche Beurteilung von Investitionsprojekten. Sie werden in den folgenden Abschnitten näher behandelt. Statische Verfahren der Investitionsrechnung werden vor allem dann angewandt, wenn eine erste und wenig aufwändige quantitative Potential-Beurteilung von Investitionen erfolgen soll

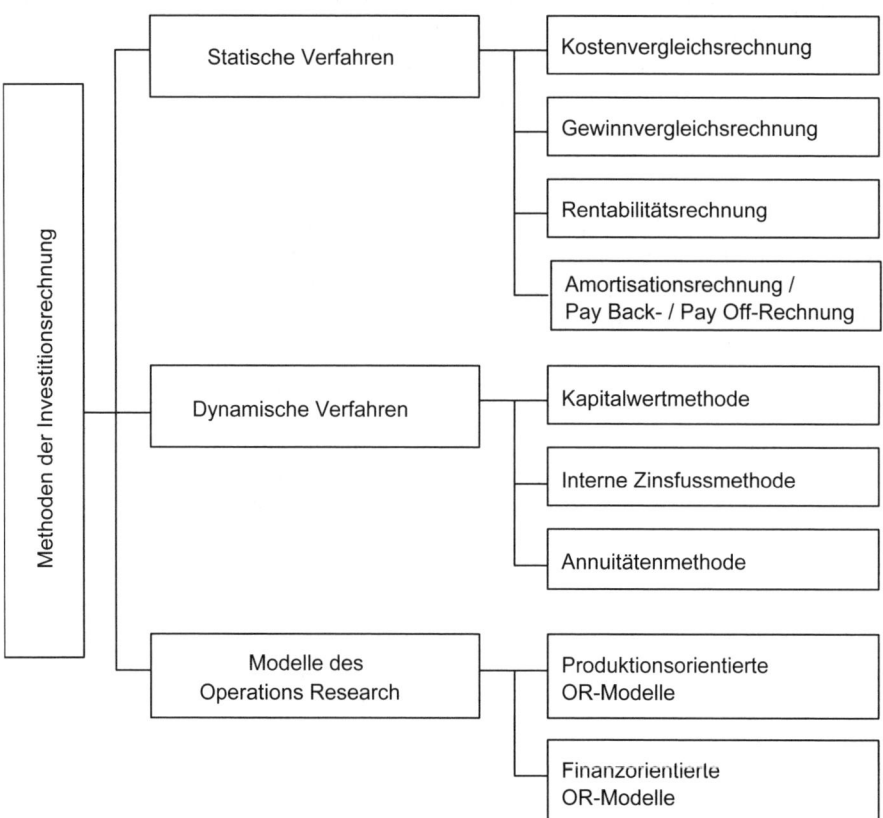

Abbildung 6-5:   Übersicht über Verfahren der Investitionsrechnung

oder ein sehr kurzer Zeithorizont gegeben ist. Endgültige Entscheidungen zur Umsetzung komplexer Investitionen erfolgen immer auf der Basis dynamischer Verfahren der Investitionsrechnung. Die Kapitalwertmethode und die interne Zinsfussmethode sind dabei etablierte Standards.

Verfahren des Operations Research modellieren komplexe gegenseitige Abhängigkeiten zwischen Unternehmensbereichen wie Produktion, Absatz, Finanzierung und Investition (Daenzer und Huber 1999: 512 ff.). Eine Anwendung solcher Methoden erfolgt vor allem in großen integrierten Unternehmen, die über ein entsprechendes Know-how und über spezialisierte Fachkräfte verfügen. In kleinen und mittleren Betrieben und Unternehmen der Wald- und Holzwirtschaft ist allerdings eine praktikable Anwendungen solcher Methoden mit erheblichem Aufwand verbunden.

Abschließend ist noch einmal hervorzuheben, dass das eigentliche Problem der Investitionsbeurteilung nicht die konkrete Anwendung der Verfahrens- und Rechenschritte, sondern die Beschaffung und Aufbereitung der relevanten Informationsgrundlagen ist:

– Es handelt sich i. d. R. um Einzelprojekte, deren Daten meist nicht von den betrieblichen Buchhaltungssystemen in der gewünschten Form bereitgestellt werden. Zusätzliche Abgrenzungen, Interpolationen und Annahmen sind notwendig.

– Investitionsentscheidungen wirken in die Zukunft. Investitionsrechnungen basieren deshalb auf Annahmen über zukünftige Entwicklungen, z. B. hinsichtlich von Umsätzen, Kosten oder Gewinnen. Sie müssen mithilfe zusätzlicher Informationen aus dem Umfeld der Unternehmen abgestützt werden.

6.3   Statische Verfahren der Investitionsrechnung

6.3.1   Aufgaben und Bedeutung

Statische Verfahren berücksichtigen keine zeitlichen Unterschiede im Anfall von Kosten und Nutzen einer Investition. Sie verwenden als Kalkulationsgrundlage i. d. R. Durchschnittswerte der ersten künftigen Nutzungsperiode, die dann auf die weiteren folgenden Perioden übertragen werden. Die benötigten Informationen ergeben sich entweder direkt aus dem betrieblichen Rechnungswesen oder sie werden anhand anderer verfügbarer Daten, beispielsweise in Fachpublikationen oder Herstellerunterlagen beschafft. Wegen ihrer Einfachheit und Übersichtlichkeit werden statische Rechenverfahren in der Praxis häufig angewendet. Ihr Einsatz ist sinnvoll und zweckmäßig, wenn:

– keine zu großen Unterschiede in Bezug auf die Zahlungsströme der zu beurteilenden Investitionsobjekte bestehen

- die Nutzungsdauer der Investitionsobjekte sich auf einen mittelfristigen Zeitraum beschränkt

- und die zu beurteilenden Investitionsobjekte einen relativ geringen Anteil am gesamten betrieblichen Investitionsvolumen haben.

Den Vorteilen statischer Rechenverfahren stehen jedoch auch gewichtige Nachteile gegenüber:

- Die Vernachlässigung der Zeit, d. h. der unterschiedlichen Perioden zwischen Ein- und Auszahlungen, hat einen maßgeblichen Einfluss auf die Beurteilung von Liquidität und Rentabilität.

- Die Verwendung von Durchschnittswerten bildet die betriebliche Wirklichkeit nur sehr bedingt ab.

- Veränderungen in der Kostenstruktur bleiben unberücksichtigt. Dies betrifft z. B. die Substitution manueller Arbeit durch den Einsatz von Maschinen resp. die Umschichtung von Lohnkosten in Anlage- oder Maschinenkosten.

- Die Zurechnung von Cash flows auf einzelne Investitionsobjekte ist oft problematisch.

- Beziehungen zu schon bestehenden oder weiteren noch erfolgenden Investitionsvorhaben können nicht hergestellt werden.

6.3.2   Kostenvergleichsrechnung

In der Kostenvergleichsrechnung werden die Kosten von zwei oder mehreren Investitionsobjekten miteinander verglichen. Maßgebend für die Beurteilung einer Investition ist damit allein die Kostengröße. Unberücksichtigt in der Beurteilung der Varianten bleiben dagegen die Erlöse. Zu wählen ist die Investitionsvariante, bei der die gesamten Kosten am kleinsten sind.

Der Nutzenvergleich der zu beurteilenden Investitionsvorhaben kann rechnerisch auf den Kosten pro Rechnungsperiode oder den Kosten pro Leistungseinheit beruhen. Die Leistungseinheit als Vergleichsgröße ist dann vorteilhaft, wenn die zu untersuchenden Alternativen unterschiedliche Kapazitäten aufweisen und sich in der jährlichen Produktionsmenge unterscheiden. Verglichen werden nur diejenigen Kosten, welche durch das jeweilige Investitionsobjekt unmittelbar verursacht werden. Kosten, welche für alle Varianten gleich sind, bleiben außer Betracht. In die Kostenvergleichsrechnung gehen somit die folgenden Kosten ein:

- Variable Betriebskosten K_b wie Lohn-, Material-, Instandhaltungs-, Energie- und Werkzeugkosten

- Fixe Kapitalkosten, die sich unterteilen in
  - Kosten für Abschreibungen K_a pro Zeitperiode
  - Kosten für Zinsen K_z auf dem durchschnittlich gebundenen Kapital.

Unter der Annahme einer jährlich gleich bleibenden Nutzung und somit einer linearen Abschreibung werden die gesamten Kosten $K = K_b + K_a + K_z$ wie nachstehend berechnet:

I = Investitionsbetrag (Kapitaleinsatz) L = Liquidationserlös am Ende der Nutzungs- dauer T = Nutzungsdauer der Investition in Jahren p = Zinssatz in Prozenten	$$K_a = \frac{(I-L)}{T}$$ $$K_z = \left[L + \frac{(I-L)}{2}\right] * \frac{p}{100}$$ $$= \left[\frac{(2L+I-L)}{2}\right] * \frac{p}{100} = \frac{(I+L)}{2} * \frac{p}{100}$$

Um die Kosten pro Leistungseinheit k bei einer hergestellten Menge x zu erhalten, ist K durch x zu dividieren.

Die variablen Betriebskosten K_b gehen aus dem Rechnungswesen hervor.

6.3.3   Ersatzinvestition für einen Forsttransporter

Eine Forstunternehmung muss ihren Forsttransporter ersetzen. Bei den zu prüfenden Beschaffungsalternativen handelt es sich um Spezialfahrzeuge mit Chassis aus Serienproduktion und Aufbauten für den Einsatz im Wald inklusive Doppeltrommelwinde mit Funkfernsteuerung. Nach einer Vorprüfung möglicher Fabrikate sind noch zwei Alternativen für die Ersatzinvestition zu bewerten. Die Grunddaten, ebenso die Angaben zu den Energie- und übrigen Betriebskosten wurden von den Herstellern geliefert. Der Reparaturfaktor, d.h. die kumulierten Aufwendungen für Reparaturen während der Nutzungsdauer im Verhältnis zu den Anschaffungskosten gehen aus betriebswirtschaftlichen Untersuchungen hervor. Für die Material- und Unterhaltskosten liegen Erfahrungswerte des eigenen Betriebes vor (Abbildung 6-6).

Für die Entscheidungsträger ist von Interesse, bei welcher Produktionsmenge oder bei wie vielen Leistungseinheiten die beiden Alternativen die gleiche Kostenhöhe aufweisen. Diese als kritische Menge $x_{kritisch}$ bezeichnete Produktionsmenge kann mithilfe der Break-Even-Analyse als Schnittpunkt der beiden Gesamtkostengeraden K_1 und K_2 resp. von $K_{a1} + K_{z1} + k_{b1} * x_{kritisch} = K_{a2} + K_{z2} + k_{b2} * x_{kritisch}$ ermittelt werden. Die Auflösung der

A. Kosten pro Zeitperiode [in €]	Forsttransporter 1		Forsttransporter 2	
1. Ausgangsdaten:				
Anschaffungskosten	74'200		93'500	
Nutzungsdauer in Stunden (= 7 Jahre)	7000		8400	
Liquitationserlös	6'500		6'500	
Kapazität in Stunden je Periode	1'000		1'200	
Auslastung in Stunden je Periode	1'000		1'000	
Reparaturfaktor	1.1		0.6	
2. Kapitalkosten:				
Abschreibungen (K_a)	9'671		12'429	
Zinsen (8 %, K_z)	3'228	12'899	4'000	16'429
3. Betriebskosten (K_b):				
Lohnkosten	-		-	
Materialkosten	1'666		1'014	
Unterhaltskosten	9'500		7'000	
Energiekosten	775		900	
übrige Betriebskosten	260	12'201	260	9'174
4. Gesamtkosten (K) pro Jahr:		**25'100**		25'603

B. Kosten pro Leistungseinheit [€ je Stunde]	Forsttransporter 1		Forsttransporter 2	
1. Ausgangsdaten wie unter A.:				
Auslastung in Stunden je Periode	1'000		1'000	
Kapazität in Stunden je Periode		1'000		1'200
2. Kapitalkosten je Stunde ($k_a + k_z$):	12.90	12.90	16.43	13.69
3. Betriebskosten je Stunde (k_b):	12.20	12.20	9.17	7.65
4. Gesamtkosten je Stunde (k):	25.10	25.10	25.60	21.34

Lohnkosten des Fahrers = Auslastung * Kostensatz [in € je Std.]; für beide Varianten identisch
Material und Unterhaltskosten = (Investitonsbetrag * Reparaturfaktor) / Nutzungsdauer
übrige Betriebskosten = Steuern, Haftpflichtversicherung

Abbildung 6-6:   Kostenvergleichsrechnung Beschaffung Forsttransporter (Eigene Zusammenstellung nach Wald und Holz 2001: 50, auf € umgerechnet)

Gleichung nach $x_{kritisch}$ ergibt für den vorliegenden Fall einen Schnittpunkt bei 1.187,31 Std. (Abbildung 6-7). Das heißt, die kritische Menge liegt bei einer Periodenauslastung von circa 1.200 Stunden.

Der Forsttransporter 1 ist vorteilhafter, solange die effektive Auslastung kleiner ist als $x_{kritisch}$. Sobald die kritische Menge überschritten wird, erweist sich der Forsttransporter 2 als vorteilhafter. Je höher oder je tiefer die geschätzte Auslastung über bzw. unter der kritischen Menge liegt, desto kleiner ist das Risiko eines Fehlentscheides.

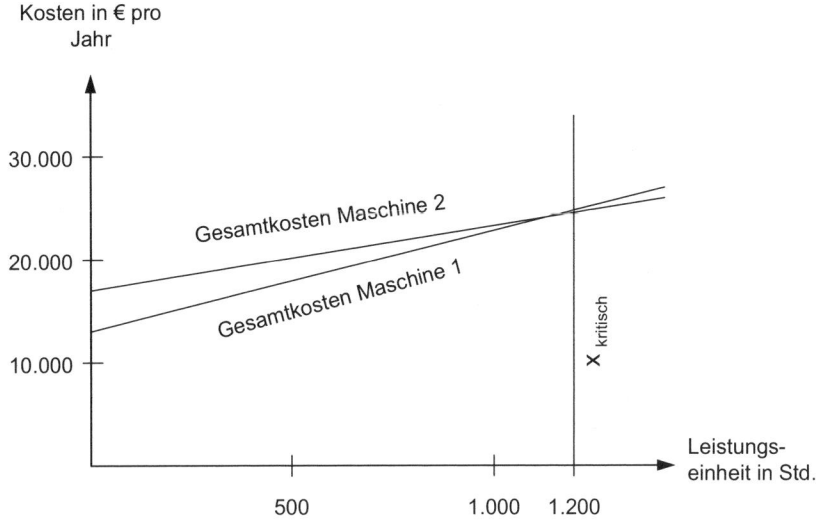

Abbildung 6-7:   Break-Even-Analyse der Kostenvergleichsrechnung

Die Kostenvergleichsrechnung ist in Fällen geeignet, in denen einzelne oder ähnliche Aggregate zu beurteilen sind, ohne dass durch die entsprechende Investition Arbeitsverfahren oder Produktionsprozesse entscheidend verändert werden. In einem Sägewerk könnte analog zum dargestellten Beispiel die Ersatzinvestition für einen Gabelstapler im Schnittholzlager mithilfe der Kostenvergleichsrechnung beurteilt werden. Eine solche Ersatzinvestition hat keinen Einfluss auf die vorgelagerten Einschnittprozesse.

6.3.4   Gewinnvergleichsrechnung

Die Gewinnvergleichsrechnung berücksichtigt unter der Annahme gleicher Kosten Unterschiede bei den zu erwartenden Erlösen. Aus mehreren Investitionsmöglichkeiten wird jene Variante gewählt, die den größten Gewinnbeitrag verspricht. Das Vorgehen bei dieser Art von Vergleichsrechnung ist ähnlich wie bei der Kostenvergleichsrechnung. Der erwartete Gewinn kann ebenfalls pro Periode oder pro Leistungseinheit (z. B. Std. oder m^3) ermittelt werden.

Die Gewinnvergleichsrechnung ist bei der Beurteilung von einfachen Ersatzinvestitionen, insbesondere aber für Erweiterungsinvestitionen nützlich. In der Waldwirtschaft können mit Erweiterungsinvestitionen alternative Leistungsprogramme, Produktionsverfahren oder die Produktionstiefe so beeinflusst werden, dass sich auch die Erlöse verändern. Im Bereich der Rohholzproduktion betrifft dies u. a.

417

- das Leistungsprogramm bei der Sortimentsbildung (Mittel- oder Langholz anstelle von Abschnitten/Trämeln)

- das Produktionsverfahren (unterbrochene oder geschlossene Arbeitskette)

- die Produktionstiefe (Aufarbeitungsgrad marktfähiger Produkte)

- oder auch Kombinationen der verschiedenen Elemente.

6.3.5 Rentabilitätsrechnung

Mit der Rentabilitätsrechnung wird das Verhältnis zwischen dem aus der Investition erzielbaren Gewinn und dem notwendigen Kapitaleinsatz beurteilt. Bei linearer Abschreibung entspricht der durchschnittliche jährliche Kapitaleinsatz der Hälfte aus Investitionssumme plus Liquidationserlös.

$$Rentabilität = \frac{Gewinn\ pro\ Periode}{durchschnittlich\ eingesetzes\ Kapital} * 100$$

$$= \frac{Gewinn}{\left(\frac{Investition\ +\ Liquidation}{2}\right)} * 100$$

Als Vergleichsgröße für Investitionen im Bereich der Rohholzproduktion wird üblicherweise der erntekostenfreie Erlös benutzt. Werden zur Veranschaulichung wiederum die beiden Forsttransporter (Abbildung 6-6) herangezogen, so wird daraus ersichtlich: Bei beiden Investitionsvarianten ist der erntekostenfreie Erlös gleich zu veranschlagen, da mit beiden Maschinen dieselben Produkte erzeugt werden. Der Forsttransporter 1 erzielt wegen des kleineren durchschnittlich eingesetzten Kapitalbetrages eine höhere Rentabilität.

Handelt es sich bei der Investition um eine Rationalisierungsinvestition, so kann die Rentabilitätsrechnung insofern modifiziert werden, als an Stelle des Gewinns die erwartete Kostenersparnis pro Periode tritt.

$$Rentabilität = \frac{Kostenersparnis\ pro\ Periode}{durchschnittlich\ eingesetzes\ Kapital} * 100$$

$$= \frac{Kostenersparnis}{\left(\frac{Investition\ +\ Liquidation}{2}\right)} * 100$$

Die Kostenersparnis kann, um beim bisherigen Beispiel zu bleiben, mithilfe einer detaillierten Kalkulation über die Kostenstellen Holzhauerei und Rücken ermittelt werden. Gegebenenfalls sind weitere Kostenstellen, für die das zu beschaffende Fahrzeug eingesetzt wird, zu berücksichtigen.

Um genauere Informationen aus einer Rentabilitätsrechnung zu erhalten, wird die Rentabilität durch Einbezug des Umsatzes in die Umsatzgewinnrate U und in den Kapitalumschlag K zerlegt. Damit erhält man die Gesamtrentabilität oder den Return on Investment ROI = U * K. Rechnerisch ändert sich am Endergebnis nichts, die einzelnen Faktoren erlauben jedoch detaillierte und aussagekräftige Informationen über das Zustandekommen der Rentabilität (Kapitel 5.6.5).

Bei der Anwendung der Rentabilitätsrechnung in der Waldwirtschaft ist generell zu beachten, dass in vielen Fällen mit einer bestimmten Investitionsmaßnahme nicht nur ein einziges Produkt oder mehrere klar definierte Produkte erzeugt werden. Eine Investition kann häufig eine Reihe unterschiedlicher Güter und Dienstleistungen bzw. deren Nutzen beeinflussen. So kann z. B. der Bau einer Waldstrasse zu einer Erhöhung der Produktionsmenge, zu Effektivitätssteigerungen in der Holzernte, aber auch zu zusätzlichen Angeboten im Bereich der Erholungsnutzung führen.

6.3.6 Amortisationsrechnung oder Pay Back-Rechnung

Die Amortisations- oder Pay Back- bzw. Pay Off-Rechnung ermittelt die Zeitdauer, die bis zur Rückzahlung des Investitionsbetrages durch die erwarteten Einnahmen notwendig ist. Diese Pay Back Time muss für eine zu wählende Investitionsalternative auf jeden Fall kleiner sein als die Nutzungsdauer. Das Risiko einer Investition wird um so geringer eingestuft, je rascher der Investitionsbetrag zurückfließt. Umgekehrt sind bei langfristig wirksamen Investitionen höhere Anforderungen an deren Rentabilität zu stellen. In der Literatur gehen die Meinungen auseinander, ob nur die effektiv anfallenden Ausgaben und Einnahmen zu berücksichtigen sind oder ob auch Abschreibungen und Zinsen in die Rechnung mit einbezogen werden sollen. Meyer (1996: 277) berücksichtigt nur die effektiven Geldströme, womit die Amortisationsrechnung unabhängig von der Abschreibungsmethode ist. Demgegenüber übernehmen z. B. Thommen und Achleitner (2006: 622 ff.) die Größen der Kosten- und Gewinnvergleichsrechnungen, was dazu führt, dass Abschreibungen und Zinsen im Rechenverfahren enthalten sind.

Unter dem Aspekt der Sicherstellung der Wiederbeschaffungsmöglichkeiten einer Investition ist aus betrieblicher Sicht der Einbezug von Abschreibungen und Zinsen in einer Amortisationsrechnung vorzuziehen (Kapitel 5.5.2 ff.).

Ausgehend von einer Kosten- bzw. Gewinnvergleichsrechnung werden die Geldströme, d. h. die Einnahmenüberschüsse, berechnet:

– Erweiterungsinvestitionen: Gewinn pro Periode + Abschreibungen und Zinsen

– Rationalisierungsinvestitionen: Kostenersparnis pro Periode + Abschreibungen und Zinsen.

Die Wiedergewinnungszeit z, auch Rückflussfrist oder Amortisationszeit genannt, kann auf zwei Arten berechnet werden:

– Kumulationsrechnung: Die Einnahmenüberschüsse jeder Periode werden so lange addiert, bis die Summe der kumulierten Werte dem ursprünglichen Investitionsbetrag entspricht. Dieses Vorgehen ist geeignet, wenn
  • der Gewinn pro Periode nicht konstant ist
  • die Abschreibung nicht linear vorgenommen wird.

– Durchschnittsmethode: Ist der Gewinn konstant und die Abschreibung linear, empfiehlt sich die Durchschnittsmethode. Hier wird der Investitionsbetrag durch die regelmäßig anfallenden und gleichbleibenden Rückflüsse dividiert. Die Formeln für die Wiedergewinnungszeit oder Rückflussfrist z lauten:

$$z = \frac{\text{Kapitaleinsatz}}{\text{Gewinn + Abschreibung}} \quad \text{oder} \quad z = \frac{\text{Kapitaleinsatz}}{\text{Kostenersparnis + Abschreibung}}$$

Insgesamt ist die Pay Back-Rechnung gegenüber den bisher genannten Verfahren vorteilhaft, weil:

– das Verfahren auf liquiditätsorientierten Überlegungen beruht

– das Risiko längerer Wiedergewinnungszeiten berücksichtigt wird.

Die Rückflussfrist an sich lässt keine Folgerungen über die Rentabilität einer Investition zu. Auch wird die Amortisationsdauer von Investitionsvarianten mit unterschiedlicher Nutzungsdauer durch den Einbezug von Abschreibungen wesentlich beeinflusst. In der Praxis wird die Amortisationsrechnung häufig lediglich zur groben Abschätzung des Risikos von Investitionen verwendet, nicht jedoch für eine umfassende Investitionsbeurteilung. Hierfür sind dynamische Methoden der Investitionsrechnung, die im Folgenden dargestellt werden, erheblich zweckmäßiger.

6.4 Grundlagen der dynamischen Investitionsrechnung

6.4.1 Aufgaben und Bedeutung

Mit dynamischen Verfahren der Investitionsrechnung werden modellhaft die zu unterschiedlichen Zeiten anfallenden Zahlungsströme über die gesamte Nutzungsdauer eines Investitionsobjektes erfasst. An Stelle von Kosten- und Nutzengrößen treten Ausgaben- und Einnahmenströme. Damit entfällt die Notwendigkeit, bestimmte buchhalterische Abgrenzungen wie Abschreibungen vorzunehmen. Bei der Beurteilung von Investitionen, die Mittel über längere Zeiträume als ein Jahr binden, ist die Anwendung von dynamischen Verfahren der Investitionsrechnung von Vorteil. Die Vernachlässigung des Zeitwertes von Geld kann andernfalls zu massiven Fehleinschätzungen bei der Beurteilung führen.

Die Vergleichbarkeit der zeitlich unterschiedlich anfallenden Einnahmen- und Ausgabenströme wird dadurch erreicht, dass diese auf einen bestimmten Zeitpunkt auf- oder abgezinst werden. Dadurch ergibt sich ein höherer Realitätsbezug bei der Beurteilung von Investitionsmaßnahmen. Für die Verfahren bedeutet dies, dass

— sämtliche Daten über die gesamte Nutzungsdauer zu erfassen sind

— zeitliche Unterschiede beim Anfall der relevanten Zahlungsgrößen mithilfe der Zinseszinsrechnung zu berücksichtigen sind.

Allerdings lassen sich mit den dynamischen Verfahren der Investitionsrechnung nicht alle bisher angeführten Nachteile beheben. Dies sind hauptsächlich:

— *Unsicherheit von Information*: Die zukünftigen Daten können oft nur geschätzt werden. Das Risiko einer Fehleinschätzung kann verringert werden durch
  • Wahl eines größeren Kalkulationszinssatzes
  • Verkleinern der Einnahmenströme und Vergrößern der Ausgabenströme
  • Verkürzung der Nutzungsdauer

— *Unsicherheit über die Zurechnung*: Es bestehen oft erhebliche Unsicherheiten über die sachgerechte Zurechnung von Einnahmen und Ausgaben zu einzelnen Investitionsobjekten.

— *Unsicherheit über Reinvestitionsmöglichkeiten:* Es wird unterstellt, dass sämtliche Einnahmenüberschüsse zum vorgegebenen Kalkulationszinssatz (bei der Kapitalwertmethode) oder zum internen Zinssatz reinvestiert werden. Diese Annahme muss im konkreten Fall überprüft werden.

Eine Abschätzung der Auswirkungen von möglichen Unsicherheiten bei der Investitionsbeurteilung kann durch eine Sensitivitätsanalyse erfolgen. Sie zeigt die Empfindlichkeit der Resultate auf Änderungen der Eingabedaten wie Absatzmenge, Investitionssumme, Kalkulationszinssatz oder Nutzungsdauer.

6.4.2   Diskontierung

Die Diskontierung oder Abzinsung berechnet einen heutigen Wert Z_0 (Barwert oder Jetztwert) aus dem Betrag eines künftigen Endwertes Z_t, der Zeitperiode t und dem Zinssatz p. Der für die Berechnung benötigte Abzinsungsfaktor v lautet:

$v = \dfrac{1}{(1+i)^t}$	$i = \dfrac{p}{100}$ (= Diskontierungszinssatz in %) t = Jahr, in dem die Zahlung anfällt (t = 1, 2, 3, ..., n)

Daraus ergibt sich:

$$Z_0 = Z_t v_t = Z_t \frac{1}{(1+i)^t}$$

Der Diskontierungsfaktor kann Abzinsungstabellen entnommen werden (Tabelle 6-1), die üblicherweise auf drei Stellen gerundet sind. Dies kann zu geringfügigen Abweichungen gegenüber den Ergebnissen von Rechnern führen.

Beispiel zur Diskontierung: Welches ist bei einem Zinssatz von 8 % der Barwert Z_0 der zukünftigen Zahlung Z_t von 100.000 Fr., die in 10 Jahren fällig wird? An Stelle von Zahlungen können analog auch künftig erwartete Einnahmen berechnet werden.

Z_t = 100.000 Fr. p = 8 % i = 0,08 t = 10 Jahre	$Z = Z_t \dfrac{1}{(1+i)^t} = 100.000 \ \text{Fr.} * \dfrac{1}{(1+0,08)^{10}} = 100.000 \ \text{Fr.} * \dfrac{1}{2,159}$ $= 100.000 \ \text{Fr.} * 0,63 = 46.319,35 \ \text{Fr.}$

Abbildung 6-8 zeigt die Diskontierung beim gewählten Zinssatz von 8 % und zwei alternativen Zinssätzen von 6 % resp. 10 %.

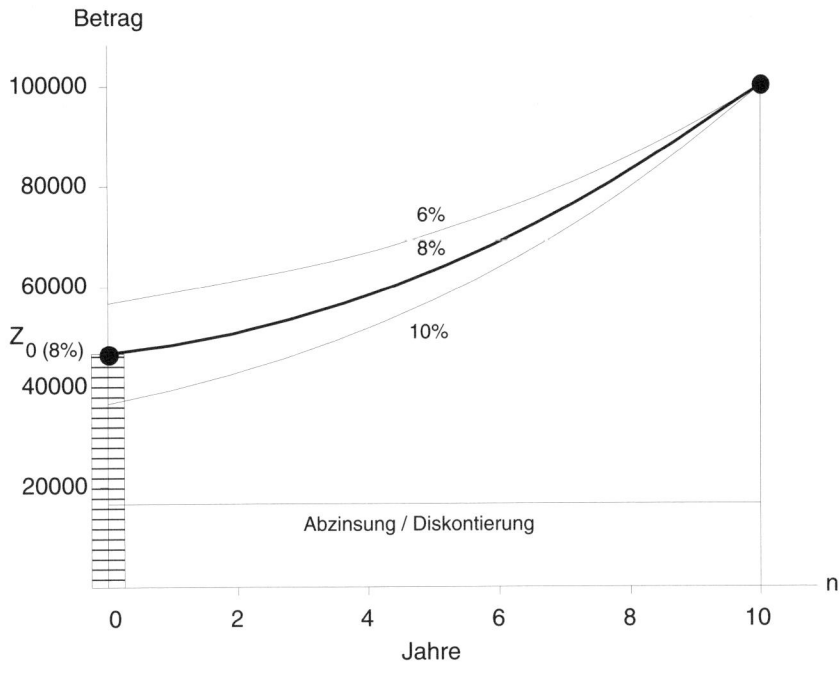

Beträge für Z_0:   p =   6 %   55.893 Fr.
               p =   8 %   46.319 Fr.
               p = 10 %   38.554 Fr.

Abbildung 6-8:   Diskontierung/Abzinsung

6.4.3   Prolongierung

Die Prolongierung oder Aufzinsung berechnet den Endwert K_t (Kapital zum Zeitpunkt t) eines Betrages K_0 (Kapital zum Jetztwert; Barwert), der während einer bestimmten Zeit t zinstragend (p; Zinssatz) angelegt wird. Die Prolongierungsformel lautet:

$$K_t = K_0 (1+i)^t \qquad i = \frac{p}{100} \ (= \text{Zinssatz in \%})$$
$$t = \text{Anzahl der Perioden (Jahre)}$$

Beispiel zur Prolongierung: Zu welchem Endwert wächst ein Kapital von 10.000 Fr. bei einem Zinssatz von 8 % innerhalb 10 Jahren an?

$K_0 = 10.000$ Fr. $t = 10$ $p = 8\%$ $i = 0,08$	$K_{10} = K_0(1 + 0,08)^{10}$ $= 10.000$ Fr. $* (1,08)^{10} = 10.000$ Fr. $* 2,159 = 21.589,25$ Fr.

Abbildung 6-9 veranschaulicht die Prolongierung beim gewählten Zinssatz von 8 % und zwei alternativen Zinssätzen von 6 % und 10 %.

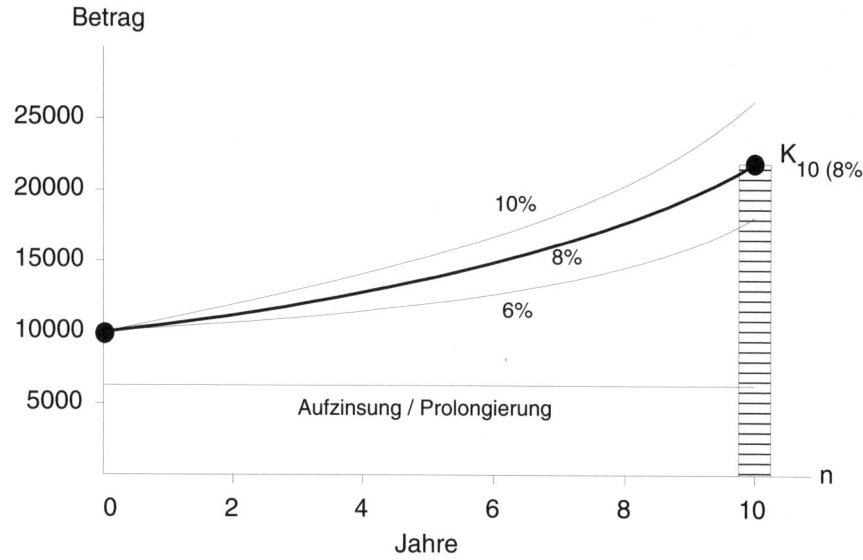

Beträge für K_{10}:	$p =$	6 %	17.908	Fr.
	$p =$	8 %	21.589	Fr.
	$p =$	10 %	25.937	Fr.

Abbildung 6-9:   Prolongierung/Aufzinsung

6.4.4   Beurteilung einer Wertastung

Ein Waldeigentümer steht vor der Entscheidung, ob er ein Fichten-Stangenholz wertasten soll. Die Astung soll bis zu einer Höhe von 5,2 m mithilfe einer Sterzik-Aufastsäge erfolgen. Er rechnet mit 10 Arbeitsstunden für 100 Bäume bei einem Kostensatz von 25 €/Std.

Er kalkuliert, dass in 100 Jahren je Baum ein 5 m langes Furnierstück mit einem durchschnittlichen Mittendurchmesser von 60 cm geerntet werden kann (= Stückinhalt: 1,41 m³). Die mutmaßliche Erlösdifferenz von Fichten-Furnierholz zu normal klassiertem Holz veranschlagt er auf 200 €/m³. In Anlehnung an die langfristigen Renditen von Staatsanleihen wählt er einen Kalkulationszinssatz von 4%.

Gegeben sind: I_0: 250 €   (I_0 = 10 Arbeitsstunden à 25 €/Std.)
       n: 100 Jahre
       p: 4 %
       L_n: 28.200 €   (L_n = 100 Bäume * 1,41 m³ * 200 €/m³)

Grundsätzlich müssen Investitionsaufwand und Liquidationserlös (L_n) zum gleichen Zeitpunkt verglichen werden. Entweder wird der Liquidationserlös diskontiert oder der Investitionsaufwand prolongiert. Gesucht sind entweder der Barwert Z_0 oder der Kapitalwert K_{100}.

Diskontierung	Prolongierung
$Z_0 = Z_t v_t = Z_t \dfrac{1}{(1+i)^t}$ $Z_0 = Z_{100} \dfrac{1}{(1,04)^{100}} = 28.200 * \dfrac{1}{50,50}$ $= 558,36$	$K_n = K_0 (1+i)^n$ $K_{100} = K\ (1+0,04)^{100} = 250\,(1,04)^{100}$ $= 12.626,24$
Der diskontierte Erlös ist mit 558 € höher als die Investition von 250 €.	Der prolongierte Aufwand ist mit 12.626 € tiefer als die Erlöserwartung von 28.200 €.

Die Rechnung wird auf der Basis von 100 Bäumen durchgeführt. Sie kann aber auch für Teilmengen oder ein Mehrfaches erfolgen. In diesem Fall ändern sich die Resultate gleichsinnig im selben Verhältnis.

Mit der geforderten Mindestverzinsung in Form des Kalkulationszinssatzes von 4% wird ein Überschuss erwirtschaftet. Die Wertastung erscheint bei beiden Berechnungsarten wirtschaftlich sinnvoll. Dennoch ist es angezeigt, die Investition anhand einer Sensitivitätsanalyse mit veränderten Kalkulationszinssätzen, Nutzungsdauer und Erlösdifferenz zu überprüfen. Schon ein Kalkulationszinssatz von 5% ergibt für den Aufwand einen Kapitalwert K_{100} von 32.875 €, welcher die Erlöserwartung übertrifft.

6.4.5 Annuität

Von Annuität spricht man bei der Berechnung eines Barwertes Z_0, aus dem während einer bestimmten Anzahl Jahre n eine jährlich konstante, nachschüssige, d. h. Ende des Jahres fällige Zahlung Z (auch Rentenbarwert oder Kapitalwert), unter Berücksichtigung des Zinssatzes p zu leisten ist. Klassisches Beispiel hierzu ist die Ermittlung des notwendigen Kapitals zur Sicherung einer gleichbleibenden jährlichen Rente. Z_0 erhält man durch Addition der diskontierten Jahreszahlungen:

$$i = \frac{p}{100} \qquad Z_0 = \frac{Z}{(1+i)^1} + \frac{Z}{(1+i)^2} + \frac{Z}{(1+i)^3} + \dots + \frac{Z}{(1+i)^n}$$

$$= Zv_1 + Zv_2 + Zv_3 + \dots + Zv_n, \text{ da } v = \frac{1}{(1+i)^n}$$

Da in der Gleichung der Quotient von zwei aufeinanderfolgenden Gliedern konstant ist, handelt es sich um eine geometrische Reihe. Der für die Berechnung des Barwertes Z_0 notwendige Abzinsungssummenfaktor $a_{n\urcorner}$ entspricht der Summenformel einer geometrischen Reihe. Z_0 ist das Produkt aus Abzinsungssummenfaktor $a_{n\urcorner}$ und der jährlich konstanten, nachschüssigen Zahlung Z:

$$a_{n\urcorner} = \sum_{t=1}^{n} v_t = \frac{(1+i)^n - 1}{i(1+i)^n} \qquad Z_0 = a_{n\urcorner} Z = Z \left[\frac{(1+i)^n - 1}{i(1+i)^n} \right]$$

Der Abzinsungssummenfaktor $a_{n\urcorner}$ wird auch als Kapitalisierungs- oder Barwertfaktor bezeichnet. Er kann der Tabelle 6-2 entnommen werden.

Beispiel zur Annuität: Während 10 Jahren sind an den Jahresenden Zahlungen im Umfang von 10.000 € zu leisten. Welchem Barwert Z_0 entspricht dies bei einem Zinssatz von 8 %? Oder die Frage anders gestellt: Welcher Barwert Z_0 muss zum Jahresbeginn bei 8 % Zinsen angelegt werden, damit über 10 Jahre hinweg an den Jahresenden eine Zahlung von 10.000 € erfolgen kann?

Z = 10.000 € jährlich anfallende, nachschüssige Zahlung	$Z_0 = a_{n\urcorner} Z = Z \left[\frac{(1+i)^n - 1}{i(1+i)^n} \right]$
p = 8 %	
i = 0,08	$= 10.000 * \frac{(1+0,08)^{10} - 1}{0,08(1+0,08)^{10}} = 10.000 * \frac{2,159 - 1}{0,08 * 2,159}$
n = 10 Jahre	$= 10.000 * \frac{1,159}{0,173} = 10.000 * 6,710 = 67.100,81$

Abbildung 6-10 hält das Ergebnis fest: Die Zeitachse zeigt die 10 jährlich konstanten, nachschüssigen Zahlungen Z. Diese werden auf den Barwert Z_0 diskontiert und aufsummiert. Je länger eine Zahlung Z zinstragend angelegt ist, desto kleiner ist ihr diskontierter Barwert. Er entspricht den jeweiligen Differenzen von Z_0 im Auszahlungsjahr gegenüber dem Vorjahr.

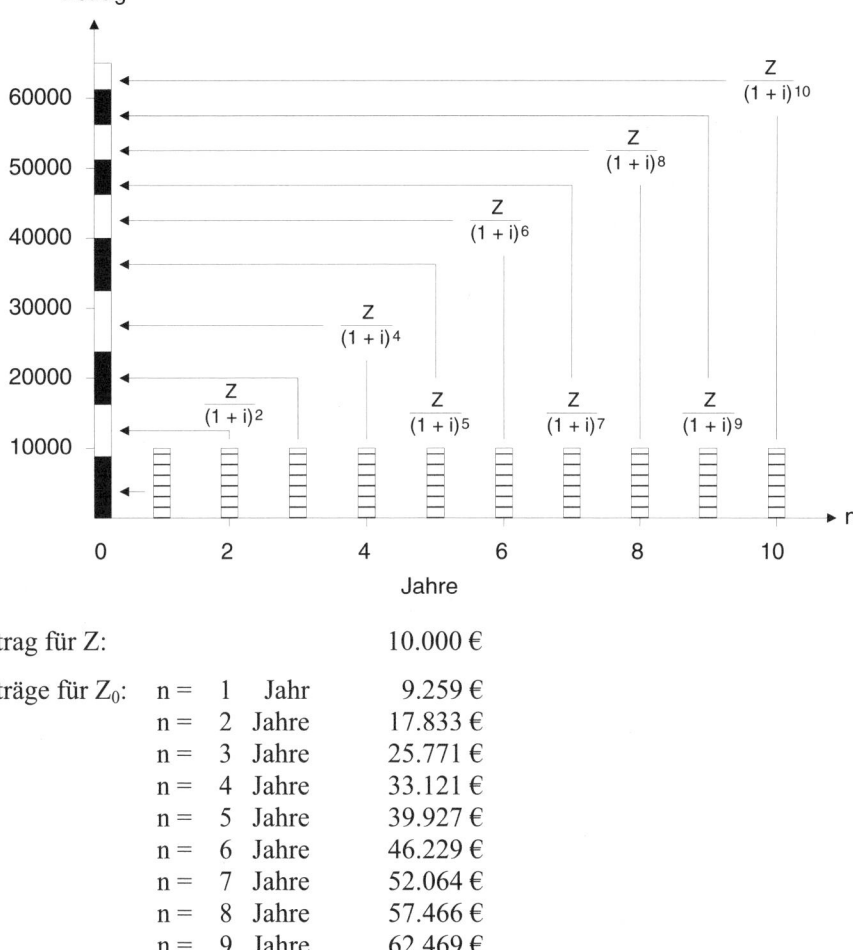

Betrag für Z: 10.000 €

Beträge für Z_0:			
n =	1	Jahr	9.259 €
n =	2	Jahre	17.833 €
n =	3	Jahre	25.771 €
n =	4	Jahre	33.121 €
n =	5	Jahre	39.927 €
n =	6	Jahre	46.229 €
n =	7	Jahre	52.064 €
n =	8	Jahre	57.466 €
n =	9	Jahre	62.469 €
n =	10	Jahre	67.101 €

Abbildung 6-10:   Annuität für eine 10-jährige Rente bei 8 % Zinssatz

Abzinsungsfaktor $v = \dfrac{1}{(1+i)^t} = (1+i)^{-t}$

Tabelle 6-1: Abzinsungsfaktor v

Jahre	Zinssatz																			
	1	2	3	4	5	6	7	8	9	10	12	14	16	18	20	22	24	26	28	30
1	0.990	0.980	0.971	0.962	0.952	0.943	0.935	0.926	0.917	0.909	0.893	0.877	0.862	0.847	0.833	0.820	0.806	0.794	0.781	0.769
2	0.980	0.961	0.943	0.925	0.907	0.890	0.873	0.857	0.842	0.826	0.797	0.769	0.743	0.718	0.694	0.672	0.650	0.630	0.610	0.592
3	0.971	0.942	0.915	0.889	0.864	0.840	0.816	0.794	0.772	0.751	0.712	0.675	0.641	0.609	0.579	0.551	0.524	0.500	0.477	0.455
4	0.961	0.924	0.888	0.855	0.823	0.792	0.763	0.735	0.708	0.683	0.636	0.592	0.552	0.516	0.482	0.451	0.423	0.397	0.373	0.350
5	0.951	0.906	0.863	0.822	0.784	0.747	0.713	0.681	0.650	0.621	0.567	0.519	0.476	0.437	0.402	0.370	0.341	0.315	0.291	0.269
6	0.942	0.888	0.837	0.790	0.746	0.705	0.666	0.630	0.596	0.564	0.507	0.456	0.410	0.370	0.335	0.303	0.275	0.250	0.227	0.207
7	0.933	0.871	0.813	0.760	0.711	0.665	0.623	0.583	0.547	0.513	0.455	0.400	0.354	0.314	0.279	0.249	0.222	0.198	0.178	0.159
8	0.923	0.853	0.789	0.731	0.677	0.627	0.582	0.540	0.502	0.467	0.404	0.351	0.305	0.266	0.233	0.204	0.179	0.157	0.139	0.123
9	0.914	0.837	0.766	0.703	0.645	0.592	0.544	0.500	0.460	0.424	0.361	0.308	0.263	0.225	0.194	0.167	0.144	0.125	0.108	0.094
10	0.905	0.820	0.744	0.676	0.614	0.558	0.508	0.463	0.422	0.386	0.322	0.270	0.227	0.191	0.162	0.137	0.116	0.099	0.085	0.073
11	0.896	0.804	0.722	0.650	0.585	0.527	0.475	0.429	0.388	0.350	0.287	0.237	0.195	0.162	0.135	0.112	0.094	0.079	0.066	0.056
12	0.887	0.788	0.701	0.625	0.557	0.497	0.444	0.397	0.356	0.319	0.257	0.208	0.168	0.137	0.112	0.092	0.076	0.062	0.052	0.043
13	0.879	0.773	0.681	0.601	0.530	0.469	0.415	0.368	0.326	0.290	0.229	0.182	0.145	0.116	0.093	0.075	0.061	0.050	0.040	0.033
14	0.870	0.758	0.661	0.577	0.505	0.442	0.388	0.340	0.299	0.263	0.205	0.160	0.125	0.099	0.078	0.062	0.049	0.039	0.032	0.025
15	0.861	0.743	0.642	0.555	0.481	0.417	0.362	0.315	0.275	0.239	0.183	0.140	0.108	0.084	0.065	0.051	0.040	0.031	0.025	0.020

Abzinsungsfaktor $a_{\overline{n}} = \sum\limits_{t=1}^{n} v_t = \sum\limits_{t=1}^{n} \dfrac{1}{(1+i)^t} = \dfrac{(1+i)^n - 1}{i\,(1+i)^n}$

Tabelle 6-2: Abzinsungsfaktor $a_{\overline{n}}$

Jahre	Zinssatz																			
	1	2	3	4	5	6	7	8	9	10	12	14	16	18	20	22	24	26	28	30
1	0.990	0.980	0.971	0.962	0.952	0.943	0.935	0.926	0.917	0.909	0.893	0.877	0.862	0.847	0.833	0.820	0.806	0.794	0.781	0.769
2	1.970	1.942	1.913	1.886	1.859	1.833	1.808	1.783	1.759	1.736	1.690	1.647	1.605	1.566	1.528	1.492	1.457	1.424	1.392	1.361
3	2.941	2.884	2.829	2.775	2.723	2.673	2.624	2.577	2.531	2.487	2.402	2.322	2.246	2.174	2.106	2.042	1.981	1.923	1.868	1.816
4	3.902	3.808	3.717	3.630	3.546	3.465	3.387	3.312	3.240	3.170	3.037	2.914	2.798	2.690	2.589	2.494	2.404	2.320	2.241	2.166
5	4.853	4.713	4.580	4.452	4.329	4.212	4.100	3.993	3.890	3.791	3.605	3.433	3.274	3.127	2.991	2.864	2.745	2.635	2.532	2.436
6	5.795	5.601	5.417	5.242	5.076	4.917	4.767	4.623	4.486	4.355	4.111	3.889	3.685	3.498	3.326	3.167	3.020	2.885	2.759	2.643
7	6.728	6.472	6.230	6.002	5.786	5.582	5.389	5.206	5.033	4.868	4.564	4.288	4.039	3.812	3.605	3.416	3.242	3.083	2.937	2.802
8	7.652	7.325	7.020	6.733	6.463	6.210	5.971	5.747	5.535	5.335	4.968	4.639	4.344	4.078	3.837	3.619	3.421	3.241	3.076	2.925
9	8.566	8.162	7.786	7.435	7.108	6.802	6.515	6.247	5.995	5.759	5.328	4.946	4.607	4.303	4.031	3.786	3.566	3.366	3.184	3.019
10	9.471	8.983	8.530	8.111	7.722	7.360	7.024	6.710	6.418	6.145	5.650	5.216	4.833	4.494	4.192	3.923	3.682	3.465	3.269	3.092
11	10.368	9.787	9.253	8.760	8.306	7.887	7.499	7.139	6.805	6.495	5.938	5.453	5.029	4.656	4.327	4.035	3.776	3.543	3.335	3.147
12	11.255	10.575	9.954	9.385	8.863	8.384	7.943	7.536	7.161	6.814	6.194	5.660	5.197	4.793	4.439	4.127	3.851	3.606	3.387	3.190
13	12.134	11.348	10.635	9.986	9.394	8.853	8.358	7.904	7.487	7.103	6.424	5.842	5.342	4.910	4.533	4.203	3.912	3.656	3.427	3.223
14	13.004	12.106	11.296	10.563	9.899	9.295	8.745	8.244	7.786	7.367	6.628	6.002	5.468	5.008	4.611	4.265	3.962	3.695	3.459	3.249
15	13.865	12.849	11.938	11.118	10.380	9.712	9.108	8.559	8.061	7.606	6.811	6.142	5.575	5.092	4.675	4.315	4.001	3.726	3.483	3.268

6.5 Dynamische Verfahren der Investitionsrechnung

6.5.1 Kapitalwertmethode

Bei der Kapitalwertmethode werden sämtliche Einnahmen und Ausgaben einer Investition zu einem Zinssatz p auf einen bestimmten Zeitpunkt diskontiert. Der Kapitalwert K_0 entspricht der Differenz aus den aufsummierten diskontierten Einnahmen und Ausgaben. Eine Investition ist immer dann von Vorteil, wenn K_0 positiv ist. Er zeigt an, dass über die geforderte Mindestverzinsung in Form des Zinsfußes p ein Überschuss erwirtschaftet wird.

Die Kapitalwertmethode ist auch Basis für die Methode des internen Zinsfusses und der Annuitätenmethode. Dieser Umstand, wohl auch gestützt durch die leicht verständliche Diskontierung, macht die Kapitalwertmethode zu einem häufig angewendeten Verfahren der dynamischen Investitionsrechnung.

Bei einem Vergleich zwischen mehreren Investitionsprojekten mithilfe der Kapitalwertmethode ist aus wirtschaftlicher Sicht demjenigen der Vorrang zu geben, das den größten positiven Kapitalwert K_0 aufweist. Die direkte Vergleichbarkeit zweier Projekte ist aber nur bei gleichem Kapitaleinsatz möglich, da ein bestimmter Kapitalwert mit einem hohen wie auch mit einem niedrigen Kapitaleinsatz erreicht werden kann.

Zur Berechnung des Kapitalwerts K_0 werden folgende Größen benötigt:

t   Zeitindex für die laufenden Jahre, wobei t = 1, 2, 3,..., n

n   Nutzungsdauer der Investition in Jahren

i   Kalkulationszinssatz p/100

I_0 Anschaffungsausgaben für das Investitionsobjekt: Kaufpreis, Installation,...

a_t Laufende Ausgaben für das Jahr t, z. B. Ersatzteile, Betriebsstoffe, Reparaturen

e_t Laufende Einnahmen für das Jahr t. Diese enthalten in erster Linie die Erlöse aus dem Verkauf der erstellten Leistungen

g_t $e_t - a_t$: Differenz der laufenden Einnahmen und Ausgaben je Zeitperiode t

L_n Liquidationserlös am Ende der Nutzungsdauer.

Der Kapitalwert K_0 ergibt sich aus der Differenz aller diskontierten Einnahmen E_0 und Ausgaben A_0:

$$K_0 = E_0 - A_0$$

$$E_0 = \frac{e_1}{(1+i)^1} + \frac{e_2}{(1+i)^2} + \ldots + \frac{e_t}{(1+i)^t} + \frac{L_n}{(1+i)^n} = \sum_{t=1}^{n} \frac{e_t}{(1+i)^t} + \frac{L_n}{(1+i)^n}$$

$$A_0 = \frac{a_1}{(1+i)^1} + \frac{a_2}{(1+i)^2} + \ldots + \frac{a_t}{(1+i)^t} + I_0 = \sum_{t=1}^{n} \frac{a_t}{(1+i)^t} + I_0$$

$$K_0 = \frac{e_1 - a_1}{(1+i)^1} + \frac{e_2 - a_2}{(1+i)^2} + \ldots + \frac{e_t - a_t}{(1+i)^t} + \frac{L_n}{(1+i)^n} - I_0 = \sum_{t=1}^{n} \frac{e_t - a_t}{(1+i)^t} + \frac{L_n}{(1+i)^n} - I_0, \text{b}$$

$$K_0 = \frac{g_1}{(1+i)^1} + \frac{g_2}{(1+i)^2} + \ldots + \frac{g_t}{(1+i)^t} + \frac{L_n}{(1+i)^n} - I_0 = \sum_{t=1}^{n} \frac{g_t}{(1+i)^t} + \frac{L_n}{(1+i)^n} - I_0$$

Fallen die Einnahmenüberschüsse g_t über die gesamte Nutzungsdauer konstant an, so kann der Kapitalwert K_0 mithilfe der Rentenbarwertrechnung ermittelt werden:

$$K_0 = a_{n\rceil} g - I_0 + \frac{L_n}{(1+i)^n}, \text{ wobei } a_{n\rceil} = \sum_{t=1}^{n} v_t = \frac{(1+i)^n - 1}{i(1+i)^n}$$

Die Höhe des Kapitalwertes K_0 wird durch die Höhe und zeitliche Verteilung der jährlichen Ausgaben und Einnahmen sowie durch den Kalkulationszinssatz p bestimmt. Es bestehen drei Möglichkeiten, diesen zu bestimmen:

- die Investition muss mindestens die Rendite erzielen, welche für das eingesetzte Kapital bezahlt wird

- der Zinssatz richtet sich nach alternativen Anlagemöglichkeiten

- es wird eine Zielrendite vorgegeben, die erreicht werden muss.

Abbildung 6-11 veranschaulicht diesen Rechenvorgang. Auf der Abszisse oder Zeitachse sind die bekannten (z.B. Erstinvestition im Jahre Null) resp. der Rechnung zugrunde liegenden angenommenen Ausgaben und Einnahmen pro Jahr abgebildet. Um den Kapitalwert K_0 zu ermitteln, werden sämtliche Ausgaben und Einnahmen auf den Jetztwert im Jahre Null diskontiert. Die einzelnen diskontierten Ausgaben und Einnahmen sind auf der Ordinate aufsummiert. Ist die Summe der diskontierten Einnahmen größer als die Summe der diskontierten Ausgaben, ist der Kapitalwert K_0 positiv. Die Investition ist in diesem Fall betriebswirtschaftlich gesehen sinnvoll.

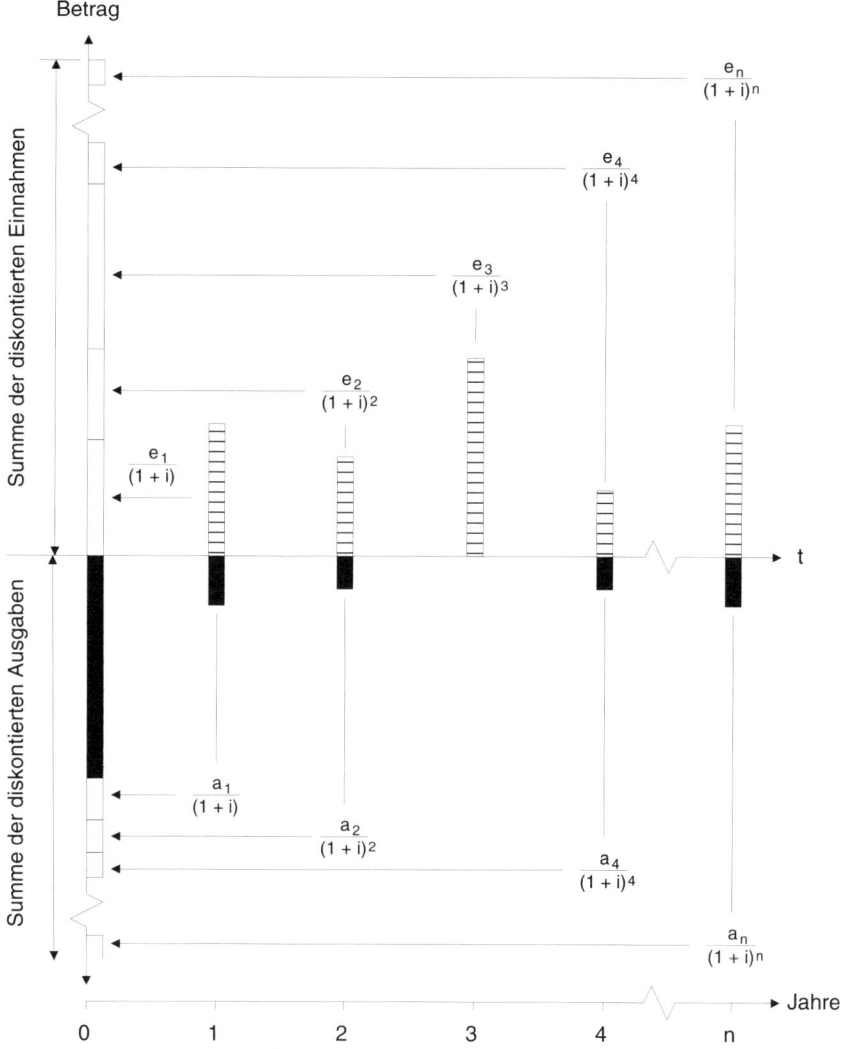

Die Darstellung basiert auf den Annahmen, dass

1. die Investition als einmalige Anschaffungsausgabe zum Zeitpunkt t_0 erfolgt, und

2. die späteren Ausgaben nicht mehr Investitionscharakter haben, sondern laufende Ausgaben sind.

Abbildung 6-11:   Kapitalwertmethode

431

6.5.2   Beurteilung alternativer Waldnutzungen

Fall A: Eine Gemeinde im Voralpengebiet hat die Absicht, ihre bisher unerschlossenen Waldungen mit einer Basisstrasse von 6 km Länge zu erschließen. Die Feinerschließung soll mit einem Kurzstreckenseilkran erfolgen. Dieser ist aber nicht Gegenstand des vorliegenden Investitionsprojektes „Waldstrasse". Das Straßenbauprojekt sieht Investitionsausgaben von 3 Mio. Fr. bei einer Nutzungsdauer von 40 Jahren vor. Für die jährlichen Unterhaltsarbeiten sind 20.000 Fr. veranschlagt. Der kalkulatorische Zinssatz wird mit 5 % angenommen. Das Nutzungsvolumen beträgt 1.500 m³. Die Vorkalkulation der Holzernte ergibt einen erntekostenfreien Erlös von 50 Fr./m³. Ist die Investition wirtschaftlich?

Gegeben sind: I_0:   3.000.000 Fr. a_t: 20.000 Fr.

        n: 40 Jahre e_t: 75.000 Fr.

        p: 5 % L_n: 0 Fr.

Der Lösungsweg führt über die Kapitalwertmethode mit $K_0 = E_0 - A_0$. Da die Einnahmenüberschüsse gleichmäßig über die Nutzungsdauer verteilt sind, kann die vereinfachte Formel der Rentenbarwertrechnung angewandt werden: $e_t - a_t = g_t$ ergibt 55.000 Fr. jährlich.

$$K_0 = a_{\overline{n}\rceil}\, g - I_0 + \frac{L_n}{(1+i)^n}, \text{ wobei } a_{\overline{n}\rceil} = \sum_{t=1}^{n} v_t = \frac{(1+i)^n - 1}{i(1+i)^n}$$

$$= \frac{(1+i)^n - 1}{i(1+i)^n}\, g - I_0 + \frac{L_n}{(1+i)^n} = \frac{(1,05)^{40} - 1}{0,05\,(1,05)^{40}} * 55.000 - 3.000.000 + 0 \text{ (Null)}$$

$$= \frac{7,040 - 1}{0,352} * 55.000 - 3.000.000 = 17,159 * 55.000 - 3.000.000$$

$$= -2.056.250 \text{ Fr.}$$

Der Kapitalwert K_0 ist negativ. Unter den gegebenen Rahmenbedingungen ist von einer Investition abzuraten.

Fall B: Öffentliche Gebietskörperschaften würden im entsprechenden Gebiet aus Gründen des Hochwasserschutzes an die Investitionskosten Finanzhilfen im Umfang von insgesamt 90 % leisten. Welcher Kapitalwert K_0 ergibt sich unter diesen Umständen für die Gemeinde?

Gegenüber Fall A ändert sich für die Gemeinde die Höhe der Investitionsausgaben mit $I_0 = 300.000$ Fr.

$$K_0 = \frac{7{,}040 - 1}{0{,}352} * 55.000 - 300.000 = 17{,}159 * 55.000 - 300.000$$
$$= 643.750 \ \text{Fr.}$$

Geht lediglich der Restbetrag, den die Gemeinde als Waldeigentümerin zu tragen hat, in die Investitionsrechnung ein, so ergibt sich ein positiver Kapitalwert K_0. Somit ist die Investition nach Abzug der staatlichen Finanzhilfe für die Gemeinde wirtschaftlich.

Fall C: Eine national tätige Naturschutzorganisation will im gleichen Gebiet auf vertraglicher Basis und für vorerst 40 Jahre ein Naturwaldreservat errichten. Sie bietet der Gemeinde dafür jährliche Ersatzleistungen von 30.000 Fr. an. Die Gemeinde stellt sich auf den Standpunkt, dass sie nur dann auf das Straßenprojekt verzichtet, wenn der staatliche Natur- und Landschaftsschutz einen zusätzlichen Beitrag von jährlich 10.000 Fr. leistet. Wie ist aus betriebswirtschaftlicher Sicht die Position der Gemeinde im Vergleich zur Variante B zu beurteilen?

Gegeben sind:
I_0: 0 Fr. n: 40 Jahre
a_t: 0 Fr. p: 5 %
L_n: 0 Fr.
$e_{t\,(\text{Naturschutzorganisation})}$: 30.000 Fr.
$e_{t(\text{Naturschutzorg. + Amtsstelle})}$: 40.000 Fr.

Gesucht sind die beiden alternativen Kapitalwerte K_0 für die jährlichen Ersatzleistungen von 30.000 Fr. resp. 40.000 Fr. Für die Zahlung der Naturschutzorganisation ergibt sich ein Kapitalwert K_0 von:

$$K_0 = a_{n\neg} \ g_{(\text{Naturschutzorganisation})} - I_0 + \frac{L_n}{(1+i)^n} = \frac{(1+i)^n - 1}{i(1+i)^n} \ g_{(\text{Naturschutzorganisation})} - 0 \ (\text{Null}) + 0 \ (\text{Null})$$
$$= \frac{(1{,}05)^{40} - 1}{0{,}05 \ (1{,}05)^{40}} * 30.000 = \frac{7{,}040 - 1}{0{,}352} * 30.000 = 17{,}159 * 30.000$$
$$= 514.773 \ \text{Fr.}$$

Mit einer Beteiligung der Amtsstelle erhöht sich die Ersatzleistung auf 40.000 Fr. und der Kapitalwert K_0 auf:

$$K_0 = a_{n\neg} \ g_{(\text{Naturschutzorganisation} + \text{Amtsstelle})} = 17{,}159 * 40.000 = 686.363 \ \text{Fr.}$$

Vergleich der Kapitalwerte K0:

- Fall B: Waldstraße (aus Fall B):   643.750 Fr.

- Fall C, Variante 1: Waldreservat mit jährlicher Zahlung von 30.000 Fr.
  durch Naturschutzorganisation: 514.773 Fr.

- Fall C, Variante 2: Waldreservat mit jährlicher Zahlung von 40.000 Fr.
  durch Naturschutzorganisation (30.000) und Amtsstelle (10.000):   686.363 Fr.

Das Angebot der Naturschutzorganisation (Fall C, Variante 1), anstelle des Straßenbaus ein Waldreservat zu errichten und dafür Ersatzleistungen von 30.000 Fr. zu entrichten, ist für die Gemeinde aus finanzieller Sicht weniger wirtschaftlich als die Erschließung. Beteiligt sich auch der staatliche Natur- und Landschaftsschutz an der Ausgleichszahlung für die Errichtung des Waldreservats, so ist aus betriebswirtschaftlicher Sicht der Fall C, Variante 2 vorzuziehen. Sie führt zum größten Kapitalwert K_0.

6.5.3   Beurteilung eines kombinierten Holzernteverfahrens

Die Gemeindeversammlung favorisiert weiterhin den Bau der Waldstrasse mit Finanzhilfen der öffentlichen Hand (Fall B vorhergehender Abschnitt) und verlangt vom Gemeinderat weitere Abklärungen. Insbesondere will sie wissen, welchen Umfang die Gesamtinvestitionen aus Waldstraße und Kurzstreckenseilkran annehmen.

Die Anschaffung eines Kurzstreckenseilkrans (Kran, Winde, Seilanlagen, Spannvorrichtungen, Hilfsmaterialien) wird mit 200.000 Fr., die Wiederbeschaffungskosten nach einer 20-jährigen Nutzungsdauer mit 300.000 Fr. angenommen. Es müssen also während der mit 40 Jahren geschätzten Nutzungsdauer der Waldstraße zwei Kurzstreckenseilkrane beschafft werden. Der vermutliche Liquidationserlös am Ende der Nutzungsdauer wird auf jeweils 10 % des Beschaffungspreises geschätzt.

Bei der Variante ‚Waldstraße' handelt es sich um jährlich gleichmäßig anfallende Einnahmenüberschüsse. Sie ist dem Gesamtsystem aus Waldstraße und Seilkran gegenüber zu stellen. Die Erstinvestition zum Zeitpunkt t_0 wird als Investitionsbeschaffungsausgabe behandelt, die weiteren Zahlungsströme für die Seilkrananlagen sind als laufende Ausgaben und Einnahmen zu betrachten. Diese gehen als zu diskontierende Ausgaben in den Jahren 0 (Null) und 21, die Liquidationserlöse in den Jahren 20 resp. 40 in die Rechnung ein.

Gegeben sind:

$I_{0(Strasse)}$:	300.000	Fr.	n:	40	Jahre
$I_{0(Seilkran)}$:	200.000	Fr.	p:	5	%
$I_{21(Seilkran)}$:	300.000	Fr.	$a_{t(Straße)}$:	20.000	Fr.
$L_{20(Seilkran)}$:	20.000	Fr.	$e_{t(Straße)}$:	75.000	Fr.
$L_{40(Seilkran)}$:	30.000	Fr.			

434

$$K_0 = \frac{e_1 - a_1}{(1+i)^1} + \frac{e_2 - a_2}{(1+i)^2} + \ldots + \frac{e_t - a_t}{(1+i)^t} + \frac{L_n}{(1+i)^n} - I_0$$

$$= \frac{e_1 - a_1}{(1+i)^1} + \ldots + \frac{e_{40} - a_{40}}{(1+i)^{40}} + \frac{L_{20\,(Seilkran)}}{(1+i)^{20}} + \frac{L_{40\,(Seilkran)}}{(1+i)^{40}} - I_{0\,(Strasse)} - I_{0\,(Seilkran)} - \frac{I_{21\,(Seilkran)}}{(1+i)^{21}}$$

$$= \frac{75.000_1 - 20.000_1}{1,05^1} + \ldots + \frac{75.000_{40} - 20.000_{40}}{1,05^{40}} + \frac{20.000_{L20}}{1,05^{20}} + \frac{20.000_{L40}}{1,.05^{40}} - 30.0000_{I0\,(Strasse)}$$

$$- 200.000_{I0\,(Seilkran)} - \frac{300.000_{I21\,(Seilkran)}}{1,05^{21}}$$

Die jährlich gleichbleibenden Aufwände und Erträge können wiederum mithilfe der Rentenbarwertrechnung ermittelt werden. Speziell zu berechnen sind somit nur die Ersatzinvestition und die Liquidationserlöse.

$$K_0 = a_{n\neg}\ g - I_0 + \frac{L_n}{(1+i)^n}, \text{ wobei } a_{n\neg} = \sum_{t=1}^{n} v_t = \frac{(1+i)^n - 1}{i(1+i)^n}$$

$$= \frac{(1+i)^n - 1}{i(1+i)^n} g - I_{0\,(Strasse)} - I_{0\,(Seilkran)} - \frac{I_{21\,(Seilkran)}}{(1+i)^{21}} + \frac{L_{20\,(Seilkran)}}{(1+i)^{20}} + \frac{L_{40\,(Seilkran)}}{(1+i)^{40}}$$

$$= \frac{(1,05)^{40} - 1}{0,05\,(1,05)^{40}} * 55.000 - 300.000_{(Strasse)} - 200.000_{(Seilkran)} - \frac{300.000_{(Seilkran)}}{1,05^{21}}$$

$$+ \frac{20.000}{1,05^{20}} + \frac{30.000}{1,05^{40}}$$

$$= \frac{7,040 - 1}{0,352} * 55.000 - 300.000 - 200.000 - \frac{300.000}{2,786} + \frac{20.000}{2,653} + \frac{20.000}{7,040}$$

$$= 17,159 * 55.000 - 300.000 - 200.000 - 107.681 + 7.539 + 2.841$$

$$= 346.444 \text{ Fr.}$$

Für die Investition in das gesamte Erschließungssystem, bestehend aus Basisstrasse und zwei Kurzstreckenseilkrananlagen, ergibt sich ebenfalls ein positiver Kapitalwert K_0 von 346.444 Fr.

Das Resultat der Investitionsrechnung ist wiederum mit den Ergebnissen aus den Fällen A, B und C im vorangehenden Abschnitt zu vergleichen:

– *Vergleich mit Fall A (keine Finanzhilfen):* Der negative Betrag wäre mit den Seilkrananlagen in absoluten Beträgen noch größer. Von einer Investition muss unter den gegebenen Rahmenbedingungen abgesehen werden.

– *Vergleich mit Fall B (mit Finanzhilfen):* Hier zeigt sich, wie wichtig die Abgrenzung des Projektumfanges ist (Kapitel 6.2.3). Mit einer Basisstrasse wird nur die Geländekammer erschlossen, nicht aber deren Waldungen. Dies ist ab Basisstrasse erst mit den flächig wirksamen Seilkrananlagen möglich. Die Konzentration auf die Basiserschließung und dem hohen resultierenden Kapitalwert K_0 führt zu einer Überbewertung in der Beurteilung der Investition bzw. zu einer Unterbewertung der Folgeausgaben.

– *Vergleich mit Fall C:* Da die Naturschutzleistungen auf der Variante B basieren, sind die ausgewiesenen Kapitalwerte ebenfalls überhöht. Das bedeutet, dass die privaten Naturschutzorganisationen und der staatliche Naturschutz einen im Vergleich zu den Nutzungsmöglichkeiten zu hohen Preis für die Ausscheidung eines Waldreservates bezahlen würden. Die Höhe der Kompensationszahlungen müsste sich an der realistischen Gesamtinvestition aus Basisstraße und Seilkrananlagen sowie an den daraus erwarteten Einnahmen orientieren.

6.5.4 Methode des internen Zinsfusses

Die Methode des internen Zinsfußes (Zinssatzes) leitet sich aus der Kapitalwertmethode ab. Der interne Zinsfuß ergibt sich bei einem Kapitalwert Null ($K_0 = 0$). Er zeigt an, zu welchem Prozentsatz p das gebundene Kapital einer Investition verzinst wird. $K_0 = 0$ bedeutet, dass bei einem bestimmten Zinsfuss $i = p/100$ das eingesetzte Kapital I_0, die Zinsen für dieses Kapital I_0 sowie ein allfälliger Liquidationserlös L_n zurückfließen. So betrachtet, hat die Methode des internen Zinsfußes den Charakter einer dynamischen Rentabilitätsrechnung. Vorteilhaft ist eine Investition immer dann, wenn der interne Zinssatz über dem geforderten Mindestzinssatz liegt. Werden mehrere Alternativen verglichen, so ist diejenige, welche den höchsten internen Zinsfuß aufweist, zu wählen.

Ausgehend von der Kapitalwertmethode ergibt sich unter der Bedingung von $K_0 = 0$ folgende Gleichung:

$$K_0 = \sum_{t=1}^{n} \frac{e_t - a_t}{(1+i)^t} + \frac{L_n}{(1+i)^n} - I_0 \; ; K_0 = 0$$

$$I_0 = \frac{e_1 - a_1}{(1+i)^1} + \frac{e_2 - a_2}{(1+i)^2} + \ldots + \frac{e_t - a_t}{(1+i)^t} + \frac{L_n}{(1+i)^n} = \sum_{t=1}^{n} \frac{e_t - a_t}{(1+i)^t} + \frac{L_n}{(1+i)^n}$$

Zur Ermittlung des internen Zinsfußes ist die Gleichung nach i aufzulösen. Es resultiert ein Polynom n-ten Grades in $(1 + i)$, welches für $n \geq 3$, d.h. für eine Nutzungsdauer einer Investition von mehr als 2 Jahren, grafisch gelöst werden kann. Dazu werden zwei Kalkulationszinssätze gewählt, bei denen die beiden Kapitalwerte möglichst nahe bei Null liegen, der eine aber positiv, der andere negativ ist. Der Schnittpunkt der Geraden aus der Verbindung der beiden Ergebnisse mit der Abszissenachse in einem Zinssatz-Kapitalwert-Diagramm ergibt den gesuchten internen Zinsfuß. Aus dem Beispiel in Abbildung 6-12 kann ein interner Zinsfuss von 4,7 % herausgelesen werden.

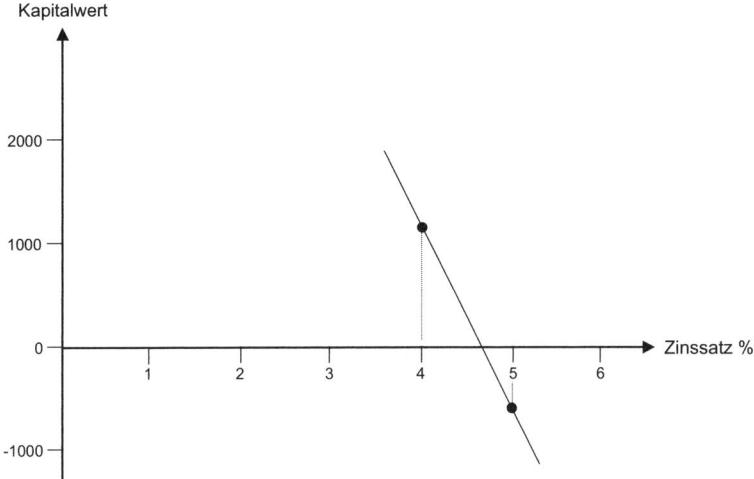

Abbildung 6-12:   Grafische Ermittlung des internen Zinsfußes

Mit der Methode des internen Zinsfußes wird ein unmittelbares Rentabilitätskriterium verwendet. Damit eignet sich die Methode für die Bildung einer Rangfolge verschiedener Investitionsalternativen. Bei der Beurteilung interner Zinsfüße ist aber zu beachten, dass unterschiedliche Zinssätze die Zahlungsströme auch unterschiedlich bewerten. Hohe Zinssätze gewichten zukünftige Rückflüsse weniger als niedrige Zinssätze. Diesen Effekt der Diskontierung veranschaulicht Abbildung 6-8 eindrücklich.

Die Methode begünstigt daher Projekte, die zu Beginn der Nutzungsdauer hohe Einnahmen erwarten lassen. Damit wird das Zukunftsrisiko besonders ausgeprägt berücksichtigt. Demgegenüber verdeckt die Methode, dass Investitionsvorhaben mit einem hohen Mittelbedarf trotz kleinerem internen Zinsfuß infolge ihres Volumens einen höheren Beitrag an Produktionsprozesse leisten können als kleinere Investitionen mit größerem internem Zinsfuß.

6.5.5   Annuitätenmethode

Die Annuitätenmethode stellt eine weitere Modifikation der Kapitalwertmethode dar. Sie wandelt den Kapitalwert resp. die Kapitalwerte, welche vorgängig mit der Kapitalwertmethode ermittelt worden sind, in gleich große jährliche Einnahmenüberschüsse

(= Annuitäten) um. Die Annuität A ergibt sich aus der Multiplikation des Kapitalwertes K_0 mit dem so genannten Wiedergewinnungsfaktor. Der Wiedergewinnungsfaktor ist der Kehrwert des Rentenbarwertfaktors $a_{n\urcorner}$ (Tabelle 6-2).

$$A = \frac{1}{a_{n\urcorner}} K_0$$

Investitionsobjekte, die bei der Überprüfung mit der Kapitalwertmethode mit einem positiven Kapitalwert K_0 abschließen, sollten weiter abgesichert werden, z. B. mit der Annuitätenmethode. Bei einem solchen Vorgehen müssen Annuitäten immer positiv sein.

6.6   Literatur

Betsch, O.; Groh, A.; Lohmann, L. (2000): Corporate Finance: Unternehmensbewertung, M & A und innovative Kapitalmarktfinanzierung. 2. überarb. und erw. Auflage. Vahlen, München. 423 S.

Boemle M.; Stolz, C. (2002): Unternehmensfinanzierung: Instrumente, Märkte, Formen, Anlässe. 13., neu bearbeit. Auflage. SKV, Zürich. 744 S.

Brealey, R.A.; Myers, St. C.; Allen F. (2008): Principles of Corporate Finance. 9. ed. internat. student ed. McGraw-Hill Verlag, Boston. 976 S.

Daenzer, W.F.; Huber, F. (1999): Systems Engineering: Methodik und Praxis. 10. Auflage. Verlag Industrielle Organisation, Zürich. 618 S.

Glück, P.; Niesslein, E., Hrsg. (1998): Wer zahlt für die gesellschaftlichen Leistungen des Waldes? Schriftenreihe des Instituts für Sozioökonomie der Forst- und Holzwirtschaft, Nr. 30. Universität für Bodenkultur (BOKU), Wien. 104 S.

Kammerhofer, K.J.; Fuchs, B.; Platter, R. (2008): Eigenkapitalfinanzierung aus Sicht einer Bank. In: Endfellner, C.; Puchinger, M.: Eigenkapitalfinanzierung. dbv, TU Graz. 246 S.

Klemperer, D.W. (2003): Forest Resource Economics and Finance. Tech Bookstore. McGraw-Hill, New York. 551 pp.

Krather, J.; Kreuzmair, B. (2002): Leasing in Theorie und Praxis. 2. überarbeitete Auflage. Gabler, Wiesbaden. 259 S.

Lechner, K.; Egger, A.; Schauer, R. (2006): Einführung in die allgemeine Betriebswirtschaftslehre. 23., überarb. Auflage. Linde, Wien. 989 S.

Meyer, C. (1996): Betriebswirtschaftliches Rechnungswesen: Einführung in Wesen, Technik und Bedeutung des modernen Management-Accounting. 2. erg. Auflage. Schulthess, Zürich. 323 S.

Meyer, C. (2002): Betriebswirtschaftliches Rechnungswesen: Einführung in Wesen, Technik und Bedeutung des modernen Management-Accounting. Schulthess, Zürich. 273 S.

Peters, S.; fortgef. von: Bruehl, R.; Stelling, J.N. (2005): Betriebswirtschaftslehre: Einführung. Oldenbourgs Lehr- und Handbücher der Wirtschafts- und Sozialwissenschaften. 12. durchges. Auflage. Oldenbourg, München, Wien. 263 S.

Schellenberg, A.C. (2000): Rechnungswesen: Grundlagen, Zusammenhänge, Interpretationen. 3. überarb. u. erw. Auflage. Versus, Zürich. 499 S.

Schmidhauser, A.; Schmithüsen, F. (1999): Entwicklung der Finanzierung einer multifunktionalen Waldbewirtschaftung in den Forstbetrieben öffentlicher Waldeigentümer im Schweizerischen Alpenraum. Schweiz. Z. Forstwes., Nr. 150. S. 416-428.

Schmithüsen, F. (2004): Role of Land Owners in New Forest Legislation. In: Legal Aspects of European Sustainable Development. Proceedings of the 5th International Symposium Zidlochovice, Czech Republic, 46-56. Forestry and Game Management Research Institute Jiloviste – Strnady.

Schmithüsen, F.; Schmidhauser, A. (1998): Verbreiterung der Ertragsbasis als Voraussetzung für die Finanzierung einer multifunktionalen Leistungserstellung der Forstbetriebe öffentlicher Waldeigentümer in der Schweiz. Centralblatt ges. Forstw., Nr. 115. S. 99-122.

Seiler, A. (2003): Financial Management: BWL in der Praxis. Band 2. 3., überarb. Auflage. Orell Füssli, Zürich. 528 S.

Spittler, H.-J. (2002): Leasing für die Praxis. 6. vollständig überarbeitete Auflage. Fachverlag Deutscher Wirtschaftsdienst, Köln. 352 S.

Thommen, J.-P. (2008): Lexikon der Betriebswirtschaft: Managementkompetenz von A bis Z. 4., überarb. u. erw. Auflage. Versus, Zürich. 700 S.

Thommen, J.-P.; Achleitner, A.-K. (2006): Allgemeine Betriebswirtschaftslehre: Umfassende Einführung aus managementorientierter Sicht. 5., überarb. u. erw. Auflage. Gabler, Wiesbaden. 1103 S.

Thommen, J.-P.; Achleitner A.-K. (2007): Allgemeine Betriebswirtschaftslehre: Arbeitsbuch – Repetitionsfragen, Aufgaben, Lösungen. 5. vollst. überarb. Auflage. Gabler, Wiesbaden. 576 S.

Wald und Holz (2001): Maschinenkosten 2001. In: Wald und Holz, Waldwirtschaft Verband Schweiz, Solothurn. 62 S.

7. Kapitel

Logistik und Produktionsabläufe

7 Logistik und Produktionsabläufe

7.1 Aufgaben und Bedeutung

7.1.1 Logistiksysteme

Unter Logistik ist eine ganzheitliche Betrachtung und Handlungsweise zu verstehen, welche eine Optimierung der Material- und Erzeugnisflüsse und der damit zusammenhängenden Informationsströme in Unternehmen und in ganzen Wertschöpfungsketten zum Ziel hat (Günther und Tempelmeier 2007: 9). Gemeinsam ist den mit dem Begriff Logistik assoziierten Bedeutungsinhalten, dass die unterschiedlichen Systeme der Wertschöpfung als Fließsysteme betrachtet werden. Kennzeichnend für die Gestaltung von Logistiksystemen ist das Ineinandergreifen von Fließ- und Speicherprozessen. Dies lässt sich grafisch als Netzwerk von Lagern, die auch als Speicher bezeichnet werden, darstellen. Die Netzwerke sind unter Umständen verhältnismäßig einfach, zum Teil aber auch hoch komplex (Göpfert 2005; Pfohl 2004; Schönsleben 2007; Weber und Kummer 1998).

Über die Verbindungen zwischen den Speichern des Netzwerkes erfolgt der Transport bestimmter Objekte, d.h. von Gütern oder von Informationen. Häufig handelt es sich um kombinierte Transportleistungen von Gütern und Informationen. Sowohl die Speicher als auch die Verbindungen zwischen ihnen haben eine begrenzte Kapazität. Es lassen sich nicht beliebig viele Objekte an jedem Lagerplatz ablegen oder zwischen den einzelnen Speichern bewegen. Die Dimensionierung der Speicher- und Transportkapazitäten ist nicht in beliebigem Umfang möglich. Sie wird durch die Notwendigkeit, die Kosten so gering wie möglich zu halten, sowie durch technische Restriktionen und Umweltfaktoren begrenzt. Abbildung 7-1 zeigt die Zusammenhänge in einem einfachen logistischen System. Die Belastung einzelner Teile, aber auch eines gesamten logistischen Netzwerkes, ist im Zeitablauf häufig nicht konstant, da der Bedarf an Logistikkapazitäten innerhalb einer Periode erheblich schwanken kann. Sie ist z.B. von der gerade zu bewältigenden Auftragsmenge oder der Dauer einzelner Produktionsabläufe abhängig (Durchlaufzeit). Auch die im System zur Verfügung stehende Kapazität kann im Zeitverlauf ganz erheblich variieren. Sie wird z.B. durch Veränderungen bei der Zahl der Mitarbeiter oder durch Maschinenausfälle beeinflusst. Abbildung 7-2 zeigt den Zusammenhang von Bedarfs- und Kapazitätsentwicklung in einem Logistiksystem.

Die Bedeutung der Optimierung von Güter- und Informationsflüssen und der Gestaltung effizienter Netzwerke hat zur raschen und dynamischen Entwicklung der Disziplin Logistik innerhalb der Betriebswirtschaftslehre geführt. Infolge der zunehmenden funktionalen Spezialisierung lag das Augenmerk zunächst auf der Optimierung von

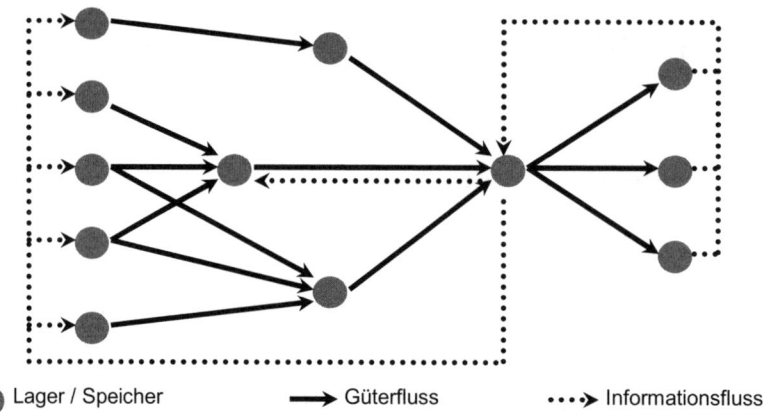

Lager / Speicher   ⟶ Güterfluss   ⋯⋯> Informationsfluss

Abbildung 7-1:   Modell eines einfachen logistischen Systems

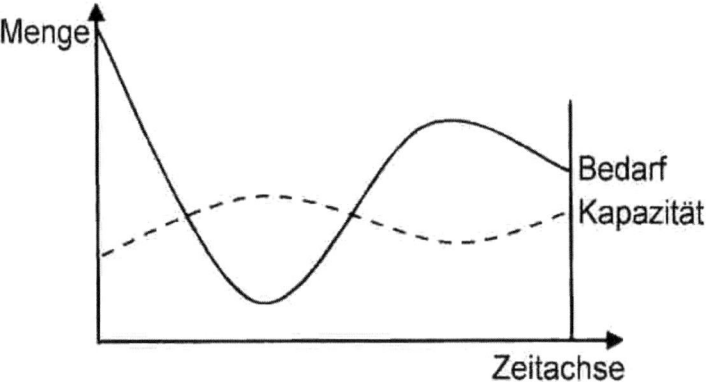

Abbildung 7-2:   Schwankungen von Kapazitäten und Bedarf im Zeitablauf (Schönsleben 2007: 30)

Teilbereichen logistischer Netzwerke, insbesondere in den Bereichen Materialwirtschaft, Produktionsplanung und Produktionssteuerung (PPS). Im Zentrum logistischer Überlegungen steht die Koordination ganzer Wertschöpfungsketten, in denen die Lieferanten und Kunden einbezogen sind. Die Logistik ist ein Führungskonzept für Unternehmen, das auf die strikte Durchsetzung des Flussprinzips und auf eine Abwendung vom Denken in Teilbereichen gerichtet ist. Einführung und Umsetzung dieser Grundsätze bedingten Anpassungen im Führungsstil, die Existenz adäquater Werte und Zielgrößen, die Fähigkeit, innovative Informations- und Anreizsysteme zu schaffen, sowie eine Organisation, die dem Flussprinzip gerecht wird.

7.1.2 Bedeutung des Logistikmanagements

Zentrale Aufgabe des Logistikmanagements ist die Koordination der einzelnen Teile logistischer Netzwerke. Hierbei sind die benötigten Objekte in den geforderten Mengen und in der richtigen Zusammensetzung zur richtigen Zeit am richtigen Ort bereitzustellen. Zentrale logistische Fragestellungen ergeben sich aus den folgenden zwei Sachverhalten (Weber und Kummer 1998: 170 ff.):

– der Forderung durch Optimierung logistischer Netzwerke das Erfolgspotenzial des Unternehmens zu nutzen und die Wertschöpfung zu erhöhen

– der Notwendigkeit die mit Logistik verbundenen Kosten zu reduzieren.

Das Gewicht beider Faktoren kann je nach Branche oder auch bei verschiedenen Unternehmen derselben Branche unterschiedlich sein (Gudehus 2005: 130 ff.).

Die Bedeutung logistischer Aufgaben im Management hat in den zurückliegenden Jahrzehnten infolge des Übergangs von Verkäufermärkten zu Käufermärkten und der damit verbundenen Intensivierung des unternehmerischen Wettbewerbs stetig zugenommen (Kapitel 3.1.4). Die Entwicklung führt zu einer Zunahme von Produktvarianten, zur Befriedigung der immer stärker differenzierten Kundenbedürfnisse und zu einer größeren Komplexität logistischer Systeme. Die qualitativen Unterschiede zwischen vielen Produkten des täglichen Bedarfs (commodities) werden immer geringer. Für die wettbewerbsfähigen Unternehmen besteht ein wachsender Druck, sich über Serviceleistungen zu differenzieren, um Marktvorteile zu erlangen. Serviceleistungen bedeuten vor allem, dass die Distribution möglichst genau auf die Bedürfnisse der Kunden hinsichtlich Lieferzeit, Liefertermin und Lieferort abgestimmt wird. Ein wichtiges Erfolgspotenzial liegt daher in der Ausrichtung logistischer Systeme auf die Bedürfnisse der Kunden, die immer kürzere Lieferfristen von ihren Lieferanten erwarten.

Gleichzeitig hat die organisatorische Gliederung von Wertschöpfungsketten moderner Volkswirtschaften zugenommen. Die durch Spezialisierung erzielbaren Produktivitätsgewinne führen dazu, dass sich viele Unternehmen auf immer weniger Stufen der Wertschöpfung konzentrieren. Hierbei entstehen neue Schnittstellen in der Produktion von Gütern, die wiederum einen größeren Koordinationsbedarf zwischen den einzelnen Systemelementen erfordern. Dies ist insbesondere dann der Fall, wenn die einzelnen produzierenden Einheiten räumlich voneinander getrennt sind. Besonders deutlich ist dieses Phänomen in der Automobilindustrie ausgeprägt. Dort werden einzelne Module des Endprodukts von verschiedenen Zulieferern an verschiedenen Orten entwickelt und gefertigt. Sie werden anschließend zum Hersteller transportiert, dort zum Endprodukt zusammengebaut und anschließend wieder auf großen, zum Teil weltweiten Absatzmärkten an Endkunden ausgeliefert. Insgesamt führen die Veränderungen der Produktionsbedingungen und Marktstrukturen zu einer sich ständig erhöhenden Komplexität logistischer Systeme.

Eine Untersuchung von 1.000 europäischen Unternehmen (Pfohl 2004: 51) ergab, dass allein die Kosten der Distributionslogistik im Durchschnitt 4 % bis 13 % der Umsätze ausmachen. Darüber hinaus entstehen Logistikkosten durch Lagerhaltung, interne Transporte, Maßnahmen der Beschaffung sowie durch Bereitstellungsaktivitäten. Unter den Bedingungen eines intensiven Wettbewerbs hat das Kostenmanagement eine entscheidende Bedeutung. Niedrige Kosten ergeben entweder höhere Margen oder versetzen ein Unternehmen in die Lage, seine Produkte zu tieferen Preisen als die Konkurrenz anzubieten.

Die Kosten der Lagerhaltung spielen eine wichtige Rolle. Sie entstehen durch Investitionskosten für den Aufbau von Lagerkapazitäten und laufende Betriebskosten der Lager selbst. Ebenso belastet der Lageraufbau die Liquidität von Unternehmen. Die Ausgaben für die Produktion wurden bereits getätigt, die Einnahmen können jedoch erst mit Auslieferung an die Kunden gebucht werden. Dies ist z. B. der Fall bei Sägewerken, die mit langen Durchlaufzeiten zwischen Einschnitt und Verkauf sowie mit hoher Vorratshaltung u. a. wegen saisonaler Belieferung mit Rundholz oder langer Schnittholzlagerung bei Lufttrocknung arbeiten. Ähnliches gilt für Furnierwerke, die ihren Rohstoffbedarf (Laubholz) nur im Winter und Frühjahr, während und nach der Einschlagsperiode, decken können. Bei ihnen führt der Einkaufswert des Rohstoffs wie der erzeugten Furniere zu einer besonders hohen Kapitalbindung durch Lagerhaltung. Die mit der Lagerung verbundenen Risiken führen zu weiterem Aufwand in Form von Risikokosten. Risiken bestehen u. a., weil sich Kundenbedürfnisse rasch verändern können und gelagerte Produkte, die nicht mehr den Bedürfnissen entsprechen, entwertet werden. Auch wird die Qualität der Produkte bei zu langer Lagerhaltung nachteilig beeinflusst, was zu Ertragseinbußen führt.

Unter dem Gesichtspunkt möglichst niedriger Kosten der Logistik kommt der Auslastung der betrieblichen Kapazitäten eine entscheidende Bedeutung zu. Allerdings können Kundenorientierung und hohe Kapazitätsauslastung konkurrierende unternehmerische Ziele sein. Generell hat sich der strategische Fokus seit den 1970er Jahren von einer möglichst hohen Auslastung der Kapazitäten in Richtung kurzer Lieferfristen für die Kunden verschoben. Bei der Suche nach Lösungen sind die Orientierung an Güter- und Informationsflüssen sowie die Betrachtung ganzer Logistiksysteme von entscheidender Bedeutung. Weil die Kosten in den einzelnen Betriebsbereichen von unterschiedlichen Faktoren abhängen, führen isolierte Versuche der Optimierung, wie z. B. lediglich die Kosten im Einkauf, in der Produktion oder im Vertrieb zu senken, fast zwangsläufig zu Verlusten oder höheren Kosten an den Schnittstellen der Netzwerke.

7.1.3 Just in Time-Produktion

Optimierung logistischer Systeme bedeutet, die benötigten Güter und Informationen zur richtigen Zeit am richtigen Ort bereitzustellen. Gleichzeitig müssen die Kosten, die durch Lagerhaltung und Bearbeitungszeiten verursacht werden, so gering wie möglich sein. Die Kosten der Logistik können gesenkt werden, indem bei niedrigen Durchlaufzeiten und Lagerbeständen eine hohe betriebliche Flexibilität erreicht wird. Unter der Bezeichnung Just in Time (JIT)-Produktion hat ein solches Logistikkonzept weite Verbreitung und einen hohen Bekanntheitsgrad erlangt (Ehrmann 2005: 302 ff., 455 f.; Schönsleben 2007: 330 f.). Das Hauptziel des JIT-Konzeptes besteht darin, nicht wertschöpfende Tätigkeiten auf ein Minimum zu reduzieren. Im Einzelnen bedeutet eine Just in Time-Produktion:

– Verringerung der Lagerbestände innerhalb der gesamten logistischen Kette

– enge Koordination von Lieferanten und weiterverarbeitenden Unternehmen mit dem Ziel einer für beide Seiten gewinnbringenden Partnerschaft

– Ablösung des Hol-Prinzips durch das Bring-Prinzip in der Kette der Wertschöpfung

– Minimierung von Rüst-, Arbeits- und Wartezeiten

– Verkleinerung der Losgrößen bis hin zur Losgröße '1'.

Lager werden vermindert bzw. eliminiert, indem die zur Weiterverarbeitung benötigten Materialien immer dann angeliefert werden, wenn ein konkreter Bedarf besteht. Dies ist nur möglich, wenn der Lieferant den Bedarfszeitpunkt des Weiterverarbeiters kennt. Eine wesentliche Voraussetzung für JIT-Produktion sind daher durchgängige und transparente Informationen über das logistische Flusssystem von Rohstoffen, Zwischenprodukten und Endprodukten innerhalb der Wertschöpfungskette. Ohne diese Informationen und ohne genügende Sicherheit bei der Planung der ineinandergreifenden Teilprozesse lässt sich JIT nicht verwirklichen. Der Verzicht auf Lagerbestände erfordert konkrete Absprachen und u. U. vertragliche Regelungen (Rahmenverträge), die sicherstellen, dass die Anlieferung benötigter Güter zuverlässig zum richtigen Zeitpunkt erfolgt.

Die Einführung von JIT-Produktion bringt deutliche Veränderungen und Prozesse der Umstrukturierung im Fertigungsablauf von Betrieben. So werden z. B. durch Reduktion bzw. Verzicht auf Lagerbestände bei der Einführung dieses Logistikkonzeptes regelmäßig Schwachstellen und unnötige Kosten in der Wertschöpfungskette identifiziert, die zu beseitigen sind. Durch Verkleinerung der Losgrößen werden allerdings die Vorteile von Größeneffekten in der Produktion reduziert. Ein zentrales Element von JIT ist ferner die Verringerung von Rüst-, Arbeits- und Wartezeiten. Dies ist durch Maßnahmen im Bereich der Planung, der Produktgestaltung, des Leistungsprogramms sowie der Fertigungsorganisation zu erreichen (Schönsleben 2007: 145 ff.). Die gewonnene Flexibilität in der Produktion und die reduzierten Durchlaufzeiten können dabei die verlorenen Größeneffekte aufwiegen bzw. übertreffen.

7.1.4 Supply Chain Management

Die Optimierung von Schnittstellen sowohl innerhalb von Unternehmen wie zwischen verschiedenen Unternehmen bietet oft beachtliche Potenziale zur Prozessoptimierung in der logistischen Kette der Wertschöpfung (Hartmann 2002; Thaler 2007). Dies gilt umso mehr, je stärker die Wertschöpfung insgesamt durch Bildung von Profit-Centern oder durch Outsourcing fragmentiert wird (Schönsleben 2007: 95 ff.). Strategien zur Optimierung umfassender Wertschöpfungsketten durch eine intensive überbetriebliche Zusammenarbeit werden unter dem Begriff Supply Chain Management (SCM) zusammengefasst. Ihr Ziel ist in vielen Fällen die Gestaltung einer unternehmensübergreifenden Wertschöpfungskette. Supply Chain Management bietet eine Reihe weiterer Vorteile, die überbetriebliche Zusammenarbeit effizienter zu gestalten. Folgende Aspekte sind hier zu beachten:

– *Qualität*: Die Sicherstellung der Qualität des Endprodukts liegt nicht allein in der Verantwortung des letzten Gliedes der Wertschöpfungskette. Vielmehr fühlen sich alle Beteiligten für die Produktqualität verantwortlich. Sie sind in die Entwicklung von Qualitätsstandards einbezogen.

– *Kosten*: Die Zahl der Lieferanten kann u. U. reduziert werden. Dadurch werden insgesamt größere Geschäftsvolumina erreicht. Die intensive und langfristige Zusammenarbeit mit den Lieferanten ermöglicht geringere Einkaufspreise und Lagerbestände.

– *Logistik*: Die Logistiksysteme der verschiedenen beteiligten Unternehmen werden besser integriert. Planungs- und Steuerungssysteme werden aufeinander abgestimmt und verbunden. Operative Abläufe und ihre Dokumentation können innerhalb der Supply Chain einheitlich gestaltet werden.

– *Innovation*: Produkt- und Prozessinnovationen sowie Veränderungen der Organisation können von allen beteiligten Unternehmen in der Supply Chain angestoßen werden. Bei der Implementierung von Innovationen sind alle Glieder der Wertschöpfungskette beteiligt.

Die Auswahl der Partner für den Aufbau einer Supply Chain ist ein strategischer Entscheid. Er erfolgt vor allem unter Beachtung ihres Beitrags zu kurzen Durchlaufzeiten und niedrigen Gesamtkosten. Eine Reduktion der Lieferanten- bzw. Kundenzahl durch SCM führt allerdings auch zu steigenden Abhängigkeiten zwischen den beteiligten Unternehmen. Zudem eröffnet SCM den Logistikpartnern vermehrt Einblicke in die internen Verhältnisse der beteiligten Unternehmen. Diese müssen ihre Nutzen- und Preisvorstellungen bezüglich bestimmter Güter, aber auch Kapazitäts-, Personal- und Finanzdaten offen legen (Schneck 2006). Ein möglicher Missbrauch solcher Informationen stellt ein erhebliches Risiko im Supply Chain Management dar. Voraussetzung für erfolgreiche Zusammenarbeit ist daher der Aufbau einer langfristig tragfähigen Vertrauensbasis zwischen den beteiligten Unternehmen.

Besteht die Notwendigkeit einer kurzfristigen, aber dennoch intensiven Zusammenarbeit, können virtuelle Organisationen gebildet werden (Schönsleben 2007: 95 ff., 111). Dies ist z. B. der Fall, wenn von Kunden individuelle Bedürfnisse formuliert werden, die ein einzelnes Unternehmen mit seinen verfügbaren Ressourcen nicht befriedigen kann und wenn aufgrund der Einmaligkeit der Nachfrage der Aufbau einer realen Organisation nicht lohnend erscheint. Das Wort virtuell bedeutet in diesem Zusammenhang, dass eine ad hoc geschaffene Projektorganisation als Firma gegenüber dem Kunden auftritt, die juristisch als solche nicht besteht. Die Stärke virtueller Organisationen besteht in ihrer großen Flexibilität und im Umstand, dass sie schnell gebildet, aber auch wieder aufgelöst werden können. Die Voraussetzungen für diese Art der flexiblen Zusammenarbeit zwischen den Partnern wie Kommunikation, Informationsaustausch und Vertrauen müssen jedoch bereits im Vorfeld gegeben sein.

Sowohl Just in Time-Produktion wie Supply Chain Management basieren auf den Möglichkeiten moderner Informations- und Kommunikationstechnologie. Mithilfe entsprechender Software lassen sich die entscheidenden Daten der Wertschöpfungskette verknüpfen. Die Vernetzung der EDV-Systeme ermöglicht den zeitnahen Zugriff auf die für Produktionsplanung und Steuerung (PPS) relevanten Informationen. Heute verfügbare Software-Pakete bieten in verschiedenen Modulen die notwendigen Funktionalitäten an (Schönsleben 2007: 444 ff.).

7.1.5   Logistik der stofflichen und energetischen Holznutzung

Die Wertschöpfung der Wald- und Holzwirtschaft erfolgt in der Regel nicht in Form gerichteter, eindimensionaler Prozesse, an welchen ausschließlich „kettentreue Akteure" mitwirken, sondern im Rahmen von Netzwerken mit sich gegenseitig bedingenden intensiven Abhängigkeiten. Diese entstehen zum Teil ad hoc für einen konkreten Auftrag z. B. im Falle von Konsortien für Großaufträge der Bauwirtschaft oder sie sind strukturell und technologisch bedingt wie im Fall der Schnittholz- und Holzplattenherstellung und ihrer Weiterverarbeitung in der Möbelfertigung. In beiden Fällen sprechen sowohl operative Gründe (Holzwirtschaft in Verbindung mit Architekt und Statiker machen ein gemeinsames Angebot) wie strategische Ziele und technologische Gegebenheiten (gemeinsames Angebot von Produkten und Service Leistungen, Innovation durch Kombination technologischer Verfahren) für die Zusammenarbeit mehrerer Akteure bzw. Branchen. Diese kann horizontal erfolgen, indem mehrere Unternehmen auf derselben Wertschöpfungsstufe kooperieren (z. B. gemeinsames Abbundzentrum mehrerer Zimmererbetriebe), oder sie erfolgt vertikal z. B. zur Erhöhung der Sortimentstiefe und des Angebotsumfanges (Holzernte- und Transportunternehmen kooperieren mit Holzhandel und Papierindustrie).

Die Kombination horizontaler und vertikaler Abhängigkeiten, die Querverbindungen verschiedener Wertschöpfungsprozesse und die Dynamik einzelner Akteure und Branchen lassen mehrdimensionale Wertschöpfungsnetze entstehen (Kapitel 2.1.4). Hinzu kommt die bei der Erzeugung von Rohholz und seiner Weiterverarbeitung typische Koppelproduktion, d. h. der zum Teil zwangsweise Anfall verschiedener Produkte bei der Verfolgung nur eines bestimmten Produktionszieles. Die Koppelproduktion kann über bestimmte Wertschöpfungsschritte parallel verlaufen und bei späteren Stufen unter Umständen zu gegenseitigen Behinderungen führen. So korrespondiert die Produktion von sägefähigem Rundholz durchaus mit dem Wertschöpfungsziel „energetische Nutzung von Waldbiomasse". Im Falle sich verändernder Preisrelationen zugunsten von Energieholz kann sie diesem Ziel jedoch auch zuwiderlaufen, da diese zu einer Verschiebung in der Aushaltung alternativer Holzsortimente führen.

Die Lösung komplexer logistischer Probleme ist sowohl aus der Sicht einzelner Unternehmen und Branchen wie auch mit Blick auf die Optimierung der Nutzung knapper werdender nutzbarer Holzressourcen gesamthaft im Rahmen alternativer Produktionsmöglichkeiten und Chancen auf den Endabsatzmärkten zu beurteilen. Abbildung 7-3 entwickelt das in Kapitel 2.1.3 dargestellte Grundmodell der Wertschöpfungskette der Wald- und Holzwirtschaft weiter. Die Abbildung zeigt zusätzlich Stoff- und Energieflüsse auf, die zwischen der Verwendung von Holz als Material bzw. verarbeitetem Produkt und der energetischen Verwertung als Bioenergie bestehen. Die Bestandesaufnahme von Mantau und Sörgel (2006) zur Holzrohstoffbilanz Deutschlands 2004 ergibt eindrücklich, dass der Anteil der energetischen Nutzung bedeutend ist. Bezogen auf Aufkommen und Verwendung von Holzrohstoffen mit einem Gesamtvolumen von 91,4 Millionen Festmeter liegt der Anteil der energetischen Verwendung des Holzaufkommens bei knapp 27 %. Eine mit einer ähnlichen Methodik erarbeitete Studie für 29 EU/EFTA Länder weist für das Jahr 2005 einen Anteil der energetischen Verwertung am Gesamtaufkommen von Holz (ca. 800 Millionen Festmeter) von 41 % aus (Mantau *et al.* 2008).

Die energetische Komponente der Wertschöpfung bezieht sich auf die Nutzung von Waldholz (Brennholz, Hackschnitzel, Pellets und Rinde), auf die Verwertung von Energieholz (Restholz) der industriellen und gewerblichen Holzbe- und Verarbeitung, auf die Verwertung anderer Restprodukte z. B. in der Papierindustrie. Sie umfasst ebenfalls nicht mehr verwendbares Altholz und holzfaserhaltige Endprodukte (Recycling), die zur Energieerzeugung genutzt werden können. Die Querverbindungen im Fall der derzeit üblichen physischen Trennung der beiden Wertschöpfungsketten „Sägeholz" und „Bioenergie" machen z. B. deutlich, dass eine logistische Optimierung der Wertschöpfung komplexer ist als dies eine nur auf die stoffliche Dimension beschränkte Analyse zeigen würde. Bei der Beurteilung von Wertschöpfungsschritten sind nicht nur technologische und kommerzielle Wertsteigerungen eines Rohstoffes oder einer Halbware (z. B. Trocknen, Hobeln, Keilverzinken) von Bedeutung, sondern wie im Falle des Recyclings oder der Verwertung von Altholz und Altpapier auch die damit verbundenen Beiträge zur Energieerzeugung.

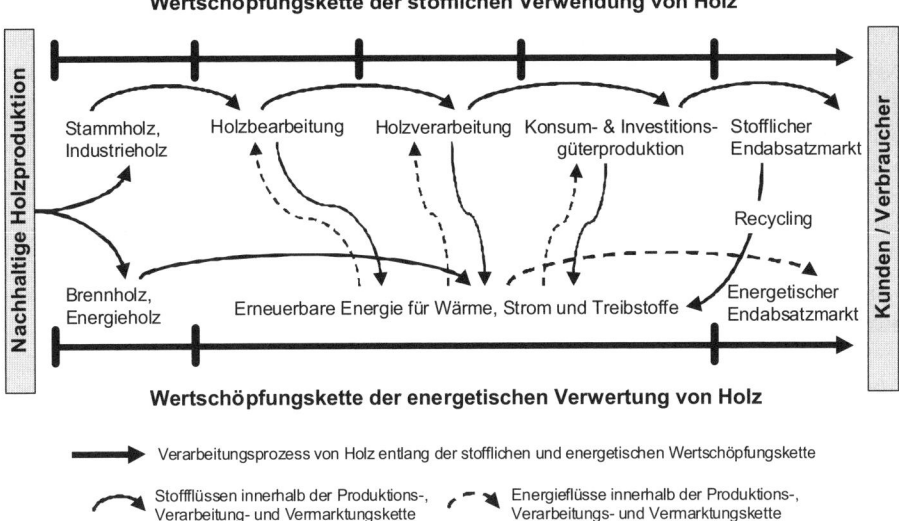

Abbildung 7-3:   Logistik der stofflichen Verwendung und energetischen Verwertung von Holz (Eigene Darstellung)

Grundsätzlich gibt es sowohl für die betriebswirtschaftliche Optimierung von konkreten Wertschöpfungsprozessen wie auch für volks- oder regionalwirtschaftliche Ansätze der Optimierung von komplexen Wertschöpfungsnetzen folgende vier Ansatzpunkte:

- Der Informationsfluss zwischen den beteiligten Akteuren

- Der Material und Güterfluss innerhalb der Kette oder des Netzes

- Der (gegenläufige) Finanzstrom bzw. die Mechanismen anderer Prozesse der Vorteilsverteilung

- Die Motivation einzelner Akteure, sich in der Kette oder dem Netz zu beteiligen.

Dies macht deutlich, dass es fast immer

- um eine möglichst rasche und exakte Analyse technischer Voraussetzungen und Parameter geht (z.B. Liegen digitale Karten vor? Verfügen alle Beteiligten über E-Mail? Arbeiten sie mit kompatibler Software?)

- um juristische Rahmenbedingungen (z.B. Welches Maß gilt als das Verkaufsmaß? Können Abschläge verrechnet werden?)

- und schließlich darum geht herauszufinden, welchen individuellen Vorteil sich die einzelnen Akteure von ihrer Mitwirkung in einer Kette versprechen.

Während den ersten beiden Aspekten in der Forschung seit Mitte der 1990er Jahre viel Aufmerksam gewidmet wird und durchaus praxistaugliche Lösungen erzielt werden, bietet die Motivationsforschung bislang nur wenige Erkenntnisse, die sich direkt für die Optimierung von Wertschöpfungsketten und -netzen umsetzen lassen. Falsch wäre jedoch die Annahme, dass alle Akteure sich an einem solchen Prozess oder an seiner Verbesserung in der Hoffung beteiligen, am Ende ebenfalls proportional zum eigenen Beitrag am Erfolg der Zusammenarbeit (z. B. an der Reduktion der Gesamtprozesskosten) beteiligt zu werden. Vielmehr ist davon auszugehen, dass sich materielle Erfolge in einer Wertschöpfungskette vorwiegend für den Akteur an ihrem Ende über die Erlösseite auswirken. Für alle anderen Beteiligten muss sich der Erfolg über die Kostenreduktion realisieren lassen.

Aber auch nur mittelbar wirksame Erfolgsparameter können eine motivierende Wirkung haben. Hierzu gehören z. B.:

• Sicherung der Auslastung kapitalintensiver eigener Maschinen

• Gewinn neuer Marktanteile oder Marktregionen

• Strategische Bindung an einen oder mehrere Kettenpartner mit Blick auf Folgeaufträge

• Erwarteter Prestigegewinn

• Werbewirksamkeit und öffentliche Wahrnehmung der eigenen Beteiligung.

Solche Faktoren, in Kombination mit Preissignalen, beeinflussen die Dauer der Mitwirkung einzelner Akteure in der Kette oder dem Netz („Kettentreue") und wirken sich damit unmittelbar auf deren Stabilität aus.

7.1.6 Integration der stofflichen Wertschöpfungskette Holz

Die Vielfalt der stofflichen Komponente der Wertschöpfung mit den verschieden Branchen der gewerblichen und industriellen Produktion ist ausführlich in Kapitel 1.3 dargestellt. Festzustellen ist, dass die Integration der stofflichen Wertschöpfungskette Holz im Sinne der vorgestellten Logistikkonzepte im mitteleuropäischen Raum im Vergleich mit skandinavischen oder nordamerikanischen Verhältnissen bislang weniger weit entwickelt ist. Dies betrifft insbesondere die Schnittstelle zwischen Waldeigentümern und Holzverarbeitern. Deren Beziehungen entsprechen häufig noch dem traditionellen Verhältnis von Kunden und Lieferanten. Die dispositive Produktionsplanung und Steuerung der Waldwirtschaft erfolgt in solchen Fällen ohne Einbeziehung der nachfolgenden Stufen der Wertschöpfungskette. Rohholz wird vielfach nach dem Push-Prinzip d. h. angebotsorientiert auf den Markt gebracht. Aber auch dort, wo die Produktion stärker auf Kundenbedürfnisse ausgerichtet ist, kann nicht immer von einer effizienten

Integration verschiedener Wertschöpfungsstufen gesprochen werden. Demgegenüber ist ein güterflussorientiertes Management der Wertschöpfungskette Holz in international operierenden und vertikal integrierten Unternehmen weiter fortgeschritten. So sind z. B. Konzepte der kundenorientierten Aushaltung von Einzelbäumen mit Einsatz komplexer, mit EDV ausgestatteter Maschinen im Bereich der Holzernte (Harvester), kombiniert mit Just in Time Anlieferung, Standard geworden. Dabei wird moderne Steuerungs- und Regeltechnologie zur automatisierten Aushaltung von Nutzholzsortimenten genutzt.

Voraussetzung für eine Integration der verschiedenen stofflichen Wertschöpfungsstufen ist die Verfügbarkeit von entscheidungsrelevanten Informationen für die Logistikpartner, insbesondere über die nachgefragten Sortimente und die zur Verfügung stehenden kurz- und mittelfristigen Nutzungspotenziale. Dies verlangt zunächst eine robuste Prognose des Rohstoffbedarfs der wichtigsten Holzabnehmer, d. h. der Sägeindustrie, der Span- und Faserplattenwerke sowie der Papier- und Zelluloseproduzenten. Deren Bedarf ist wiederum abhängig von nachgelagerten Wertschöpfungsstufen. Ein zentrales Problem der dispositiven Logistik ist dann der Abgleich des Bedarfs mit dem verfügbaren Rohstoffangebot, damit konkrete Holzernteaufträge erfolgen können. Notwendig ist ein zeitnaher Informationsrücklauf über ausgeführte Aufträge, der eine Aktualisierung sowohl der Rohstoffbestände als auch der Nachfrage ermöglicht.

Ein weiterer zentraler Aspekt in der Optimierung der Nahtstelle zwischen Wald- und Holzwirtschaft ist der zeitnahe Transport der produzierten Holzsortimente zu den Holzverarbeitern (Kapitel 2.1.4, Abb. 2-8). Auch hier bestehen innovative Konzepte, die moderne Entwicklungen der Informations- und Kommunikationstechnologie nutzen. Insgesamt liegen in einer effizienten Gestaltung der Wertschöpfungskette Holz sehr beachtenswerte Potenziale. Dies betrifft insbesondere die Verkürzung des Zeitraums zwischen der Planung, Nutzung im Wald und Auslieferung an den Kunden. So hat sich z. B. bei einer konkreten Studie gezeigt, dass nur ca. 15 % der Durchlaufzeit vom Fällen und Transport von Rohholz bis zum Verkauf von Schreinerware auf die eigentliche Prozesszeit entfallen (Heinimann 1999: 26).

Die Realisierung eines flussorientierten Managements in der stark diversifizierten mitteleuropäischen Wald- und Holzwirtschaft ist mit erheblichen Schwierigkeiten verbunden. Hierbei spielen auf Seiten der Waldwirtschaft die bestehenden Eigentumsverhältnisse mit teilweise sehr kleinem oder mittlerem Waldbesitz eine große Rolle. Ein weiterer Grund ist der Investitionsbedarf für leistungsfähige Informations- und Kommunikationstechnologie, der nur bei einem entsprechend großen Geschäftsvolumen zu bewältigen ist. Eine rasche Umsetzung logistischer Konzepte für die Wertschöpfungskette Holz als Ganzes erscheint daher vor allem bei mittleren und großen Waldeigentümern und Holzverarbeitern realistisch. Eine vertikale Integration der Holzindustrie ist für die Umsetzung günstig, jedoch keine zwingende Voraussetzung.

Deutlich schwieriger ist die Integration der Wertschöpfungskette zwischen kleinen Waldeigentümern und den immer größer werdenden produzierenden Einheiten der Holzindustrie. Eine konzentrierte Nachfrage großer Mengen an Rundholz, der ein zersplittertes und dezentrales Angebot gegenübersteht, führt zu erheblichen Problemen im Management der Schnittstelle zwischen Waldwirtschaft und Holzindustrie. Hier liegt die zentrale Herausforderung darin, integrierende Logistiknetzwerke überbetrieblich bzw. eigentumsübergreifend zu organisieren (Holz Zentralblatt 2001). Voraussetzung ist die Bereitschaft zur vertrauensvollen und partnerschaftlichen Zusammenarbeit aller an der Holzkette Beteiligten. Innovative Entwicklungen gehen u. a. in Richtung der Schaffung elektronischer Plattformen. Diese übernehmen die Funktion einer Börse für Rohstoffe, welche dezentrale Angebote bündelt, über Preis- und Lieferbedingungen informiert bzw. den Anbietern und Nachfragern ermöglicht, diese auszuhandeln. Ziel solcher Maßnahmen ist auf jeden Fall, die hohen Transaktionskosten an den Schnittstellen zwischen Holzernte, Rundholztransport und Holzverarbeitern substantiell zu verringern.

7.1.7 Logistik der Rundholzbeschaffung

Die Lösung logistischer Aufgaben bei der Rundholzbeschaffung setzt eine vertiefte Analyse der konkreten Entwicklungsmöglichkeiten einzelner Unternehmen und der forst- und holzwirtschaftlichen Branche insgesamt voraus. Ein Nadelholz-Sägewerk mit einem jährlichen Einschnitt von 1 Million m³ Rundholz hat andere logistische Aufgaben zu bewältigen als ein Laubholz-Sägewerk mit einem Einschnitt von 20.000 m³ Rundholz pro Jahr. Entsprechend werden sich auch Erfolgspotenziale und Kosten optimierter logistischer Systeme unterscheiden.

Das im Folgenden dargestellte Vorgehen bei der Optimierung der Wertschöpfung zeigt, welche innovativen logistischen Maßnahmen in einem konkreten Fall gemeinsam von der Wald- und Holzwirtschaft getroffen werden können (Kaiser 2002; Schulz und Kaiser 2002). Es führt zu der inzwischen gesicherten Erkenntnis, dass das schwierigste Problem nicht die Mobilisierung der Holzmengen sondern die Lieferbereitschaft der Waldbesitzer, also ein Kommunikationsproblem, ist. Bei dem Pilotprojekt handelt es sich um ein typisches Beispiel im mittleren und kleinen Privatwald, bei dem viele Anbieter mit verhältnismäßig kleinen Angebotsmengen an einen Kunden liefern, der große Mengen Rundholz für die Verarbeitung benötigt. Ein Ziel ist in solchen Fällen vor allem, die Wertschöpfung der Produktionskette zu erhöhen, indem unnötige Kosten bei Aufarbeitung, Sortierung, Verkauf und Transport zum Werk vermieden werden. Dies erfordert die Einführung neuer Verfahren, sowohl im Bereich der Holzernte durch Rationalisierung, wie im Bereich der Informationsflüsse und der organisatorischen Zusammenarbeit.

Kunde ist ein Unternehmen mit einem automatisierten Lagerhaltungsmanagement, das große Mengen moderner Holzplatten herstellt (Spanplatten, Medium Density Fibre

Board MDF, und Oriented Structural Board OSB). Die vom Computersystem organisierte und gesteuerte Lagerhaltung der erforderlichen Rohstoffe und Fertigwaren erfasst automatisch jeden Zugang und Abgang. Der Zugang wird über Werkseingangsvermessungen erfasst. Ein ankommender Lastwagen durchfährt eine entsprechende Schleuse, in der – je nach Frachtart – das Gesamtgewicht oder die Ladungsmenge in das System übernommen werden. Beim Verlassen des Werks wird das Leergewicht des Fahrzeugs ermittelt und die Differenz automatisch gebucht. Aus dem permanenten Abgleichen zwischen Lagerbestand im Rohstoff- und Materiallager, der Produktionsgeschwindigkeit und dem Warenstand im Fertigwarenlager ermittelt das System optimale Bestellmengen und Bestellzeitpunkte.

Bestellungen gehen online und teilautomatisiert an eine von mehreren Waldbesitzern gemeinsam betriebene Internetplattform. Eine Holzaufkommensdatenbank für diese Besitzer und für eine bestimmte Region ist hinterlegt. Die Datenbank vergleicht eingehende Bestellungen der Holzkunden mit anstehenden bzw. möglichen Nutzungen und nimmt den Auftrag an oder lehnt ihn ab. Im Falle der Annahme werden die erforderlichen Hiebe so geplant, dass der Einsatz der Erntetechnik und die Abfuhr zeitoptimal und mit möglichst wenig Transportbrüchen und Lagerprozessen durchgeführt werden können. Basis der Planung sind Kartenwerke auf der Grundlage Geographischer Informationssysteme (GIS). Die exakten Hiebsorte können so auch jederzeit räumlich visualisiert werden.

Die Fahrer der Holzerntemaschinen und die der Holztransporter brauchen keine detaillierte Ortskenntnis mehr, sondern werden über GPS (Global Positioning System, Geographisches Positionsbestimmungssystem) an ihre Einsatzorte gelenkt. Die Anfahrten werden so organisiert, dass keine Fahrzeugbegegnungen auf engen Waldstraßen oder langwierige Wendemanöver erforderlich sind. Der eingesetzte Harvester ermittelt automatisch die exakten Längen und Durchmessermasse des aufgearbeiteten Holzes. Die GIS-GPS-Anlage ermöglicht die Zuordnung jedes einzelnen verarbeiteten Stammabschnitts zur Waldparzelle bzw. zum Waldeigentümer. In schwierigen Fällen bestätigt oder korrigiert der Fahrer die Eingabe. Auch eventuell erforderliche Qualitätsangaben oder notwendige Gesundschnitte veranlasst der Fahrer. Die Daten aus der Messvorrichtung des Harvesterkopfes sind inzwischen so genau, dass sie als Entlohnungs- und Verrechnungsgrundlage für die Teilprozesse der Holzernte und des Transports bis zum Werk benutzt werden können.

Die Waldbesitzer erhalten entsprechend der ihrer Parzelle zugeordneten Holzmenge und -qualität vom Kunden das Entgelt überwiesen. Die Berechnung basiert ebenfalls auf den Informationen des Harvesters. Zur raschen Abwicklung und möglichst zeitgleichen Annäherung zwischen Güterstrom und entgegenlaufendem Geldstrom wird eine weitere Datenbank benötigt, die über alle erforderlichen Parameter wie Name des Waldbesitzers, Bankverbindung und Parzellennummer verfügt. Ebenso wird die Flächengröße zur Durchführung automatischer Plausibilitätstests festgestellt. Im Falle wenig homogener Waldbestände ermittelt der Harvester zusätzlich Menge und Qualität der zwangsläufig anfallenden Rundhölzer und Restholzsortimente. Diese werden automatisch an entsprechende Kundenkreise übermittelt und an zentralen, verkehrtechnisch gut angebundenen Lagerplätzen zwischengelagert.

In einer Testphase in einem Forstbezirk wurden die Techniken unter schwierigen Bedingungen erprobt (Schulz und Kaiser 2002). Es handelte sich um eine sehr kleinflächige Waldbesitzstruktur. Rund zwei Drittel der Waldbesitzer waren vor dem Einsatz faktisch unbekannt, und ein erheblicher Teil der Fläche umfasst nur bedingt für Maschinen befahrbare Lagen. Durch den Einsatz eines professionell geplanten und realisierten Kommunikationskonzepts gelang es, ca. 90 % der Waldbesitzer mit 95 % der in Frage kommenden Waldfläche zu erreichen. Davon haben sich auf der Basis der Erlösprognosen rund zwei Drittel für eine Teilnahme am Projekt entschieden. Fast 8.000 m³ Rundholz wurden genutzt und exakt verbucht. Fuhrunternehmer aus Norddeutschland und Harvesterfahrer aus Finnland konnten sich mithilfe von GPS in denen ihnen vorher nicht bekannten Wäldern zurechtfinden und das Holz jeweils korrekt den Waldbesitzern zuordnen.

Vom Hieb bis zur Verarbeitung vergingen im Durchschnitt 1,6 Tage, bis zur Vergütung an den Waldbesitzer weniger als acht Tage. Es ist so gelungen, die Holzkette zeitlich von bisher ca. 21 Tagen auf ein Drittel zu kürzen. Sicherheitshalber wurde der ausscheidende Bestand vorher elektronisch gekluppt, um diese Daten mit den Angaben des Harvesters und der späteren Werksvermessung vergleichen zu können. Dabei wurde deutlich, dass die Abweichungen so gering sind, dass das Maß der Holzerntemaschine für Zwecke der Entlohnung und für die Abwicklung des Holzverkaufs vollkommen ausreichend ist. In einem weiteren Schritt wird eine datenbankgestützte Prognose des Holzaufkommens entwickelt, die via Internet von den beteiligten Waldbesitzern online bedient werden kann. Mit dieser Komponente wird das Element Preisgestaltung als dynamischer Faktor in das Gesamtsystem von Angebot und Nachfrage einbezogen. Ausgangspunkt der Logistikkette wird damit eine interaktive Internet-Holzbörse.

Das Pilotprojekt kann sowohl durch die Nachfrager, d.h. die Kunden der Holzwirtschaft, wie durch die Anbieter, d.h. die Waldbesitzer, initiiert und gesteuert werden. Das Verfahren hat ein erhebliches Potenzial, die laufenden Marktbeziehungen effizienter zu gestalten und eine höhere Wertschöpfung bei der Aufarbeitung und Verwertung von Rundholz zu erreichen. Im Falle großer Schadenereignisse, wie bspw. bei Sturmkatastrophen, haben eingespielte und effiziente Logistiksysteme dieser Art für den Rundholzabsatz große Bedeutung.

460

7.2 Charakterisierung logistischer Systeme

7.2.1 Systematisierung von Problemstellungen

Eine Systematisierung logistischer Problemstellungen verfolgt den Zweck, den Überblick über das ganze Themenfeld zu erleichtern. Entsprechend der Komplexität des Gegenstands gibt es hierfür verschiedene Möglichkeiten. Die einzelnen Ansätze stehen nicht zueinander in Konkurrenz, sondern müssen adäquat auf die jeweiligen Fragestellungen angewendet werden.

Systematisierung nach Branchen: Solche Ansätze versuchen, logistische Fragestellungen entsprechend der Branchengliederungen zu entwickeln (Schönsleben 2007: 205 ff.). Aus einer Aufgliederung, z. B. anhand des Branchenverzeichnisses statistischer Ämter, resultieren an die Gegebenheiten von Branchen angepasste Modelle und Instrumente der Planung und Steuerung. Dies ist insofern sinnvoll, als die Branchengliederung auf der Abgrenzung unterschiedlicher Geschäftsobjekte mit jeweils typischen Merkmalen beruht. Es ist offensichtlich, dass Chemieindustrie und Maschinenbau unterschiedliche logistische Herausforderungen zu bewältigen haben. Allerdings sind die Unterschiede zwischen Unternehmen derselben Branche immer noch so groß, dass eine solche Systematisierung nur zu sehr allgemeinen Modellen führt.

Systematisierung entlang der Wertschöpfungskette: Vielfach werden logistische Fragestellungen nach den Phasen der Wertschöpfung systematisiert (z. B. Pfohl 2004: 179 ff.). Maßgebend ist hier der Gedanke, dass sich Aufgaben der Logistik je nach Prozess der Leistungserstellung unterscheiden. Die Systematisierung basiert auf Unternehmensmodellen, die sich an die Kette der Wertschöpfung anlehnen (Porter 2002: 66; Kapitel 2.1.2) Die Logistik kann beispielsweise untergliedert werden in:

- Beschaffungslogistik
- Produktionslogistik
- Distributionslogistik
- Servicelogistik
- Entsorgungslogistik.

Der Ansatz ermöglicht, alle unternehmerischen Aufgaben in einem Netzwerk zu betrachten. Man kann von einer Forschungs- und Entwicklungslogistik sprechen, bei der die Bedeutung für einzelne Phasen der betrieblichen Leistungserstellung im Gesamtzusammenhang der Wertschöpfung zu beurteilen ist.

Systematisierung nach Logistikaufgaben: Im Rahmen unternehmerischer Planung und Steuerung müssen bestimmte Aufgaben unabhängig von den Gegebenheiten der Branche oder Wertschöpfungsphase erfüllt werden. Logistische Problemstellungen lassen sich daher nach Aufgaben systematisieren (Gudehus 2005: 49 ff., 317 ff., 355 ff., 293 f., 306 ff., 555 f.; Schönsleben 2007: 153 ff.):

– Bedarfsprognose

– Auftragsdisposition

– Produktionsplanung

– Bestandsdisposition

– Nachschubdisposition.

Gemeinsamer Bezugspunkt ist die Flussorientierung als Prinzip unternehmerischer Leistungen.

7.2.2 Systemcharakterisierung

Logistische Systeme, ob intern oder übergreifend, können sehr unterschiedlich ausgestaltet sein. Ihre Charakteristika werden im Wesentlichen von geschäftlichen Rahmenbedingungen und von bisherigen unternehmerischen Entscheidungen bestimmt. Voraussetzung eines effektiven Logistikmanagements ist die Analyse bestehender Systeme und die Entwicklung von Gestaltungsalternativen, z. B. mithilfe eines morphologischen Rasters (Abbildung 7-4). Der Raster berücksichtigt Merkmale unterschiedlicher Ausprägungen, die für die Planung und Systemsteuerung relevant sind. Bezugspunkte sind die Kategorien Kunde, Produkt, Produktionsprozess und Produktionskapazität.

Der Analyserahmen ermöglicht eine qualitative Analyse logistischer Systeme. Die Einordnung der Ausprägung einzelner Merkmale ist in den meisten Fällen direkt möglich. Zum Teil werden auch gutachtliche Einschätzungen benötigt. Die Ergebnisse der Analyse lassen sich in folgender Weise verwenden:

– Der Vergleich von Ergebnissen bei unterschiedlichen Produkten oder Produktgruppen eines Unternehmensnetzwerks zeigt die potenziellen Stärken und Schwächen der benutzten Logistik. Produkte mit ähnlichen Logistikmerkmalen sind einfacher zu handhaben als solche mit sehr unterschiedlichen Charakteristiken.

– Die Charakterisierung erlaubt ein Urteil über anwendbare Konzepte und Methoden der Planung und Steuerung. Die Ausprägungen einzelner Merkmale werden als Variable für die Gestaltung logistischer Systeme herangezogen. Sie bestimmen vielfach die Kenngrößen des Netzwerks. Der Analyseraster erleichtert aussagefähige Vergleiche zwischen verschiedenen Unternehmen und Branchen.

Merkmal	Ausprägung				
Bezug:	Kunde				
Auslösungs-grund / Auftragsart	Nachfrage / Kunden-auftrag			Prognose / Vorhersage-auftrag	Verbrauch / Lagernachfüll-auftrag
Frequenz der Verbraucher-nachfrage	einmalig		blockweise (sporadisch)	regulär	gleichmäßig (kontinuierlich)
Art der Langfristigkeit	keine	Rahmenauf-träge Kapazität			Rahmenauf-träge Güter
Flexibilität des Lieferanten	keine Flexibilität (fester Liefertermin)		wenig flexibel		flexibel
Herkunfts-nachweis	nicht möglich		Charge		Position in Charge
Bezug:	Produkt				
Tiefe der Produkt-struktur	viele Strukturstufen		einige Strukturstufen		1-stufige Produktion
Ausrichtung der Produkt-struktur	konvergierend		Kombination obere/untere Produktions-stufe		divergierend
Produkt-konzept	nach (ändernder) Kundenspezifi-kation	Produktfamilie mit Varianten-reichtum	Produktfamilie	Einzelpro-dukte mit Varianten	Einzel- bzw. Standard-produkte
Bezug:	Produktionsprozesse				
Physische Organisation der Produktions-struktur	Baustellen-produktion	Insel- oder Gruppen-produktion	Werkstatt-produktion	Straßen-produktion	Fliess-produktion
Produktions-konzept (Bevorratungs-ebene)	"Engineer-to-order" (keine Bevorratung)	"Make-to-order" (Entwicklung, Rohmaterial)	"Assemble-to-order" (Kauf- / Eigenteile)	"Assemble-to-order" (Baugruppen)	"Make-to-stock" (Endprodukte)
Anzahl Produktions-stufen im Unternehmen	viele Stufen (z.B. System-lieferanten)	wenige Stufen (z.B. Zuliefer-betriebe)		1-stufige Produktion (z.B. Montage)	Handel
Wiederhol-frequenz des Auftrages	Einmal-(produktion / -beschaffung)		(Produktion / Beschaffung) mit seltener Wiederholung		(Produktion / Beschaffung) mit häufiger Wiederholung
Auftrags- / Losgröße	Einzel-produktion / -beschaffung	Kleinserien		Serien	Masse
Produktions-zyklen	ohne Zyklen				mit Zyklen
Bezug:	Produktionskapazitäten				
Qualitative Flexibilität der Kapazitäten	für verschiedene Prozesse einsetzbar		für spezifische Prozesse einsetzbar		für einen Prozess einsetzbar
Quantitative Flexibilität der Kapazitäten	in der Zeitachse flexibel		in der Zeitachse wenig flexibel		in der Zeitachse nicht flexibel

Abbildung 7-4:   Merkmale logistischer Systeme und ihre potenziellen Ausprägungen (Schönsleben 2007: 198 ff., 366 ff.)

463

In den folgenden Abschnitten werden signifikante Merkmale dargestellt, welche zur Charakterisierung unterschiedlicher Logistiksysteme benutzt werden können.

7.2.3   Kundenbezogene Merkmale

Betriebliche Prozesse der Leistungserstellung werden aus unterschiedlichen Gründen wie Kundenaufträgen und den Gegebenheiten der Produktion ausgelöst (Schönsleben 2007: 16 ff., 243 ff.):

–   Es liegt ein Kundenauftrag vor, wobei es sich um Einzelaufträge oder um Rahmenaufträge handeln kann.

–   Die Produktion basiert auf der Einschätzung des Bedarfs für zukünftig angebotene Produkte und erfolgt damit ohne speziellen Kundenauftrag. Dies ist z. B. notwendig, wenn die geforderten Lieferfristen kürzer sind als die Produktionszeit. Der Produzent trägt in diesem Fall das Risiko einer Fehleinschätzung der prognostizierten Nachfrage.

–   Ein Produktionsauftrag wird ausgelöst, wenn am Lager befindliche Produkte von Kunden nachgefragt wurden. Der Auftrag führt in diesem Fall zu einem Auffüllen des Lagers.

–   Die Auslösung von Produktionsaufträgen kann bei der Beschaffung von Rohmaterialien bzw. bei der Herstellung von Halbfabrikaten und Endprodukten in unterschiedlicher Form erfolgen.

Frequenz der Verbrauchernachfrage: Die Frequenz der Verbrauchernachfrage wird in Bezug zu einer festgelegten Betrachtungsperiode bestimmt. Sie hat Einfluss auf die Anforderungen, die an die Flexibilität von Kapazitäten der Produktion und Lagerhaltung zu stellen sind. Die Bandbreite reicht von einer einmaligen bis zu einer kontinuierlichen Nachfrage. Eine regelmäßige Nachfrage liegt vor, wenn für die Kundenfrequenz bestimmte zeitliche Abhängigkeiten ermittelt werden können. Andernfalls handelt es sich um eine Frequenz, die durch eine sporadische Nachfrage ausgelöst wird.

Langfristaufträge: Langfristige Aufträge sind eine spezielle Form der Frequenz der Nachfrage und haben große Bedeutung für die Gestaltung von Produktkonzepten. Solche Aufträge über Güter und Dienstleistungen geben in einem Logistiknetzwerk den Lieferanten und Kunden eine erhöhte Planungssicherheit. Voraussetzung sind regelmäßige Absatzmöglichkeiten bzw. gesicherte Prognosen, wie dies bei einer gleichmäßigen Kundennachfrage der Fall ist. Eine spezielle Form sind Rahmenaufträge, die ermöglichen, fixe Produktionskapazitäten für die Partner des Logistiknetzwerks zu reservieren. Dies führt zu einer Verkürzung von Lieferzeiten und zu niederen Lagerkapazitäten, da die Produktion innerhalb der vereinbarten Lieferfristen organisiert werden kann. Die

Produktionsplanung ist von großer Bedeutung, um die innerbetrieblichen Ressourcen flexibel zu disponieren. Sie hat einen großen Einfluss auf die Höhe der Lagerbestände, auf das unternehmerische Risiko und somit insgesamt auf die Kosten.

Herkunftsnachweise: Der Nachweis der Herkunft ist aus Gründen der Qualitätssicherung und als Marketingargument von zunehmender Bedeutung. Er ist Voraussetzung für die Zertifizierung von Produkten und Produktionsverfahren (Kapitel 3.2.9). Herkunftsnachweise sind heute in vielen Unternehmen ein wichtiger Faktor, der in der Planung und betrieblichen Steuerung zu berücksichtigen ist. Eine Charge ist in diesem Zusammenhang eine Anzahl Güter, welche zusammen produziert oder beschafft wurden und im Rahmen eines Herkunftsnachweises gemeinsam ausgewiesen werden. Die Position bezieht sich auf einzelne Einheiten, die in einer Charge nachgewiesen werden können.

7.2.4   Produktbezogene Merkmale

Komplexität der Produktstruktur: Eine komplexe oder tiefe Produktstruktur liegt vor, wenn die Endprodukte aus einer Vielzahl von Einzelteilen (Bauteilen) bestehen (Schönsleben 2007: 25 f., 414 ff., 882). Die Fertigung solcher Produkte führt zu komplexen logistischen Anforderungen, welche im Rahmen einer umfassenden Unternehmensplanung und betrieblichen Steuerung zu bewältigen sind. In vielen Fällen muss heute die Tiefe der Produktstruktur in einem übergreifenden Netzwerk analysiert werden, an dem eine Reihe von Unternehmen beteiligt sind.

Ausrichtung der Produktstruktur: Konvergierende Produktstrukturen liegen vor, wenn Endprodukte aus Einzelteilen zusammengesetzt werden, wie dies z. B. für den Maschinen- oder Apparatebau charakteristisch ist. Divergierende Produktstrukturen entstehen bei der Verarbeitung von Rohstoffen, aus denen mehrere unterschiedliche Produkte gefertigt werden (Kuppelproduktion). Derartige Strukturen sind typisch im Zusammenhang mit kontinuierlicher Fließproduktion im Bereich der Prozessindustrie, wie z. B. in der Öl- und Chemiebranche. Divergierende Produktstrukturen finden sich häufig im Bereich der Wald- und Holzwirtschaft. Dies betrifft beispielsweise die Verarbeitung von Rundholz in der Sägeindustrie. Hier werden aus den Stammholzsortimenten ebenfalls unterschiedliche End- und Nebenprodukte erzeugt. Zusätzlich erfolgt eine Verwertung der anfallenden Mengen an Restholz, die an weitere Kunden geliefert werden. Ähnlich divergierende Strukturen der Produktion finden sich in vielen Bereichen der Holzwirtschaft, z. B. in der Möbelindustrie, beim Innenausbau oder bei der Fertigung von Gebäuden aus Holz und Holzwerkstoffen.

Produktstrukturen sind auch auf den einzelnen Fertigungsstufen eines logistischen Systems unterschiedlich. Auf der Stufe der Halbfabrikate können z. B. divergierende Produktstrukturen vorherrschen, während bei den Endfabrikaten die Strukturen der Fertigung konvergieren. Auch hier finden sich in der Holzwirtschaft typische Beispiele, wie z. B. bei der industriellen Möbelfertigung aus Massivholz und Holzwerkstoffen.

Strategische Produktkonzepte: Das Produktkonzept bestimmt nach welcher Strategie Produkte den Kunden angeboten werden. Hierbei geht es insbesondere um die Frage, ob und wie Kundenwünsche in die Produktgestaltung einbezogen werden. Es geht auch um die Entwicklung von Varianten, mit denen unterschiedliche Kundenbedürfnisse erfüllt werden können. Insgesamt sind Planung und Steuerung logistischer Netzwerke um so komplizierter, je variabler das Produktkonzept ist und je dynamischer sich die Kundenwünsche entwickeln.

7.2.5   Merkmale der Produktionsprozesse

Die Anforderungen an logistische Systeme und die Möglichkeiten ihrer Ausgestaltung werden durch die technisch-ökonomischen Merkmale der Leistungserstellung und durch die Organisationstypen der Produktion maßgeblich beeinflusst (Schönsleben 2007: 414 ff.; Kapitel 2.2.3).

Einfluss der Bevorratungsebene: Hier geht es um jene Stufe der Wertschöpfung, auf der Produkte entsprechend der Nachfrage von Kunden erzeugt werden. Die Ebene der Vorratshaltung ergibt sich aus dem Vergleich der Durchlaufzeit der Produkte mit der vom Kunden zugestandenen Lieferfrist. Für ein Unternehmen ist es günstig, einen möglichst großen Teil der eigenen Wertschöpfung oberhalb der Bevorratungsebene durchzuführen, da hier die Produktion entsprechend der laufenden Nachfrage durchgeführt werden kann. Unterhalb der Bevorratungsebene muss das Produktionsprogramm anhand von Bedarfsvorhersagen geplant und durchgeführt werden. Dies ist mit einer erhöhten Lagerhaltung und größeren Risiken verbunden.

Anzahl Fertigungsstufen im Unternehmen: Dieses Merkmal ist im Zusammenhang mit der Tiefe der Produktstruktur eines ganzen Logistiknetzwerks zu sehen. Es charakterisiert die Komplexität der innerbetrieblichen Logistik im Vergleich mit der Logistik einer Wertschöpfungskette. Ein einzelnes Unternehmen kann zwar durch Auslagerung von Prozessschritten die Komplexität des eigenen Netzwerkes reduzieren. Dabei wird jedoch die logistische Komplexität der gesamten Wertschöpfungskette nicht einfacher. Es ergeben sich zusätzliche Schnittstellen und neue Probleme der Optimierung. Im Interesse einer effizienten Gestaltung der gesamten Wertschöpfung bis zum Endkunden müssen leistungsfähige übergreifende Logistiklösungen entwickelt werden. Alle beteiligten Unternehmen haben einen Beitrag zur Beherrschung der Gesamtlogistik zu leisten. Die Verringerung der Zahl der Fertigungsstufen in einem Unternehmen hat andererseits den Vorteil, dass mehr Personen unmittelbar an der Planung und Steuerung der Logistik beteiligt sind. Die Mitarbeiter können bei einer weniger komplexen innerbetrieblichen Produktionsstruktur das Ineinandergreifen der verschiedenen Teilprozesse besser überblicken und auf Planung und Steuerung des gesamten Netzwerkes vermehrt Einfluss nehmen.

Wiederholungsfrequenzen des Auftrags: Dieses Merkmal sagt aus, wie oft in einer Periode ein Auftrag für das gleiche Produkt erteilt wird. Ein Auftrag ist in diesem Zusammenhang die Auslösung eines Fertigungsprozesses innerhalb des Logistiksystems. Die Auftragserteilung erfolgt in den meisten Fällen als Ergebnis einer aktuellen Kundennachfrage.

Auftragsumfang und Losgröße: Der Umfang des Auftrags kann durch quantitative Merkmale oder durch seinen Wert angegeben werden. Die Losgröße bezeichnet die Bestellmenge eines Produkts. Grundsätzlich ist zwischen Einzelbestellung, Kleinserien sowie Serien- und Massenbestellungen zu unterscheiden. Es besteht allerdings keine eindeutige Abgrenzung, da sich Wiederholungsfrequenzen von Bestellungen und Losgröße vielfach ergänzen. Es ist durchaus denkbar, dass eine Serie nur einmal produziert wird. Andererseits werden Einzelstücke (nicht Unikate) unter Umständen in zeitlicher Folge mehrfach produziert.

Produktionszyklen: Produktionszyklen entstehen, wenn Arbeitsgänge mehrfach am selben Objekt durchgeführt werden, um das gewünschte Endprodukt zu erzielen. Beispiele finden sich in der Präzisionsindustrie, wo einzelne Arbeitsgänge so lange wiederholt werden müssen, bis die geforderte Qualität erreicht ist.

Flexibilität in Bezug auf die Nutzung von Kapazitäten: Zur Produktionskapazität von Unternehmen zählen Qualifikation und Arbeitsleistung der Mitarbeiter wie vorhandene Maschinen und technologisches Wissen. In qualitativer Hinsicht ist die Flexibilität unter dem Gesichtspunkt zu beurteilen, ob vorhandene Kapazitäten für verschiedene oder nur für ganz bestimmte Prozesse einsetzbar sind. Die quantitative Flexibilität bezieht sich vor allem auf zeitliche Aspekte. Durch entsprechende Arbeitszeitmodelle, z. B. durch eine Kombination von Überstunden mit anschließendem Freizeitausgleich, ist bei den Mitarbeitern in gewissen Grenzen eine zeitliche Flexibilität möglich. Flexibilität bei Anlagen und Maschinen ist bei Vollauslastung nur durch Überkapazitäten zu erreichen. Qualitative und quantitative Flexibilität von Produktionskapazitäten beeinflussen sich gegenseitig. Je vielseitiger die betriebliche Kapazität genutzt werden kann, desto leichter ist es auch, auf zeitliche Schwankungen zu reagieren.

7.2.6 Beziehungen zwischen den Merkmalen

Eine Reihe von Merkmalen zur Kennzeichnung von Logistiksystemen stehen untereinander in Beziehung (Schönsleben 2007: 151 ff.). Die Ausprägungen eines Merkmals beeinflussen die Bedeutung anderer Merkmale. Wichtige Beziehungen bestehen zwischen:

– Ausrichtung der Produktstruktur

– Organisation der Produktionsinfrastruktur

– Auftrags-/Losgröße.

Konvergierende Produktstrukturen treten tendenziell zusammen mit einer Produktionsorganisation auf, die auf die Fertigung von Einzelstücken oder von Spezialserien ausgerichtet ist. Divergierende Produktstrukturen finden sich dagegen im Bereich der Massen- bzw. Serienproduktion oder bei der Fließproduktion. Zusammenhänge bestehen zwischen den Merkmalen Produktkonzept, Produktionskonzept und Wiederholfrequenz des Auftrages. Ein Produktkonzept entsprechend der Spezifikation von Kunden bedeutet meist, dass Teile des Produkts noch entwickelt werden müssen (engineer to order). Typisch für solche Aufträge ist die Einmalproduktion.

Bevorratungsebene und Produktionskonzept stehen in enger Beziehung. Verschiedene Ausprägungen der Produktion sind hierbei denkbar. Beim ‚make to stock‘ liegt die Wertschöpfung unterhalb der Bevorratungsebene, d. h. die gesamte Produktion erfolgt auf der Basis eines vorhergesagten Bedarfs. Typisch ist dies bei Produkten, die für den täglichen Bedarf erzeugt werden. Hier können die Kunden keine Lieferfristen akzeptieren. Das andere Extrem ist ‚engineering to order‘, wobei die Produktion einschließlich der Produktentwicklung erst aufgrund einer konkreten Nachfrage erfolgt. Produktionskonzept, Frequenz der Verbrauchernachfrage sowie Art und Losgröße der erzeugten Produkte sind somit korreliert. Produkte mit gleichmäßiger oder periodischer Nachfrage, die für den täglichen Bedarf benötigt werden, können unterhalb der Bevorratungsebene ‚to stock‘ produziert werden. Dagegen werden Produkte mit einmaliger Nachfrage oder in Einzelfertigung, insbesondere kapitalintensive Investitionsgüter, häufig ‚to order‘ hergestellt.

7.2.7   Logistikmerkmale der Wald- und Holzwirtschaft

In der Holzwirtschaft herrschen divergierende Produktstrukturen vor. Die Produktion lässt sich als Linien- oder Fließproduktion charakterisieren. Die Auftrags- und Losgrößen haben eine weite Bandbreite von der Einzelproduktion bis hin zur Massenfertigung. Die Produktstrukturen der Waldwirtschaft sind ebenfalls häufig divergierend. Das Phänomen der Kuppelproduktion bestimmt zum Teil die Holznutzung und auch andere Leistungsbereiche der multifunktionalen Waldwirtschaft. Die Produktionsinfrastruktur im Wald ist als Baustellenproduktion organisiert, d. h. die Produktionsmittel müssen jeweils an die Produktionsstandorte transportiert werden. Auftrags- bzw. Losgröße beim Absatz von Rundholz sind vom jeweiligen Produkt abhängig. Bei vielen Standardprodukten, z. B. bei Fichtenstammholz, Energieholz oder Industrieholz, können große Mengen produziert und vermarktet werden. Hochwertige Holzsortimente mit Furnierqualität lassen sich dagegen eher als Einzelprodukte charakterisieren.

Ähnliches gilt für die Pflege von Schutz- oder Erholungswäldern, deren Maßnahmen spezifisch auf konkrete Standorte und Waldbestände ausgerichtet werden und die als Leistungen im Sinne der Einzelproduktion zu definieren sind. Weitere Beispiele für die Einmalproduktion in Forstbetrieben bestehen im Zusammenhang mit der Erbringung von Leistungen im Bereich des Natur- und Landschaftsschutzes. Dies trifft z. B. zu, wenn Konzepte zum Schutz und Pflege bestimmter Gebiete erst vom Management entwickelt und dann anschließend umgesetzt werden. Standardprodukte und Produkte mit wenigen Varianten werden dagegen oft auf der Basis von Bedarfsvorhersagen auf Lager produziert (make to stock). Für diese Produkte ist eine häufige Wiederholungsfrequenz der Aufträge typisch. Standardsortimente wie Industrie- oder Brennholz entsprechen in der Forstwirtschaft dieser Charakteristik.

Insgesamt zeigt sich, dass das vorgestellte morphologische Raster für die Kennzeichnung logistischer Systeme in der Wald- und Holzwirtschaft genutzt werden kann. Bereits eine grobe Charakterisierung der Waldbewirtschaftung zeigt allerdings, dass die Vielfalt an Produkten sowie die Kombination von Gütererzeugung und Erbringung von Dienstleistungen zu einer großen Bandbreite unterschiedlicher logistischer Merkmale führen. Es kann daher auch nicht davon ausgegangen werden, dass ein einziges Konzept den sehr verschiedenen Anforderungen forstbetrieblicher logistischer Systeme gerecht wird.

7.3 Management von Logistiksystemen

7.3.1 Managementreferenzmodell

Die Bedeutung logistischer Systeme für den Unternehmenserfolg erfordert, dass diese bewusst anhand ihrer charakteristischen Merkmale geplant und gesteuert werden. Aufgabe des Logistikmanagements ist, innerbetriebliche wie überbetriebliche Netzwerke als Ganzes, aber auch einzelne Teilprozesse effizient zu gestalten und auf übergeordnete unternehmerische Ziele hin auszurichten. Im Folgenden wird ein strukturiertes Referenzmodell für das Management logistischer Systeme vorgestellt (Schönsleben 2007: 128 ff.; Abbildung 7-5). Hierbei handelt es sich nicht um ein spezielles Branchenmodell, sondern um eine generelle Darstellung der wesentlichen Teilprozesse und Aufgaben, die im Logistikmanagement zu berücksichtigen sind. Als Referenz kann das Modell für die z. T. sehr unterschiedlichen Verhältnisse in der Wald- und Holzwirtschaft angepasst und konkretisiert werden.

Aufgebaut ist das Modell nach den zu berücksichtigenden Zeithorizonten, der Art der Planungs- und Steuerungsprozesse sowie den im Netzwerk zu erfüllenden Aufgaben. Wichtig ist der Hinweis auf das Informationsmanagement, d. h. den Aufbau in sich vernetzter Datenbanken, welche die notwendigen Informationen allen Beteiligten zur

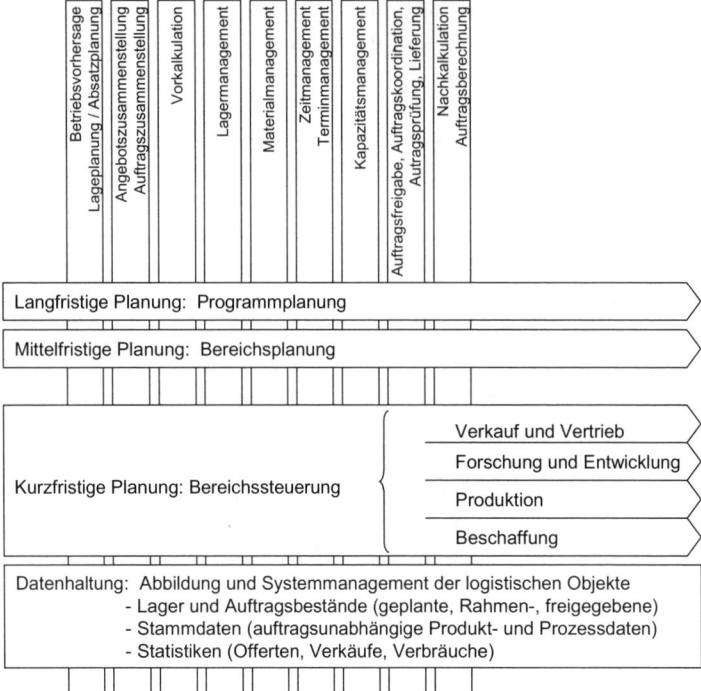

Abbildung 7-5:   Das Referenzmodell für Geschäftsprozesse und Aufgaben der Planung und Steuerung (Schönsleben 2007: 479)

Verfügung stellen. Die Aufgaben logistischer Planung und Steuerung werden als Teilprozesse dargestellt. Zu ihrer Bewältigung wurden verschiedene Vorgehensweisen und Instrumente entwickelt, die z.T. komplexe mathematische und statistische Methoden verwenden. Deren Eignung ist im konkreten Fall nach Art und Umfang des Logistikmanagements zu beurteilen. Je nach Art des Unternehmens und Zeithorizont haben die einzelnen Aufgaben unterschiedliches Gewicht. Zudem kann die Reihenfolge, in der die Aufgaben zu erledigen sind, variieren.

7.3.2   Planung und Steuerung

Der Stellenwert der Planungsprozesse hängt von der generellen Bedeutung der Logistik in einem Unternehmen, von seiner Führungskonzeption, von der Unternehmensgröße und der Charakteristik seiner geschäftlichen Aktivitäten ab (Schönsleben 2008: 47, 215, 226 ff.). In Unternehmen, die primär nach Fließprinzipien geführt werden, hat die logistische Planung einen größeren Stellenwert als in Unternehmen mit weitgehend

470

funktionaler Organisation. In großen Unternehmensorganisationen ist der Planungsaufwand größer als in kleinen und mittleren Einheiten. Die Gliederung nach langfristiger Programmplanung, mittelfristiger Bereichsplanung und kurzfristiger Bereichssteuerung bringt zum Ausdruck, dass Planungs- und Steuerungsaufgaben in Abhängigkeit vom Zeithorizont eine unterschiedliche Gewichtung erhalten. Auch der Detaillierungsgrad und die organisatorische Reichweite ist in den drei Prozessen unterschiedlich.

In der *langfristigen Programmplanung* wird die gesamte Nachfrage nach Produkten abgeschätzt, die von außen an ein Unternehmen oder an ein logistisches Netzwerk herangetragen wird. Daraus können die für die Erfüllung des Bedarfs notwendigen Ressourcen abgeleitet werden. Ziel der langfristigen Planung ist, die wesentlichen Eckpfeiler für die Logistik festzulegen.

Bei der *mittelfristigen Bereichsplanung* wird die Nachfrage nach einzelnen Produkten in eine operative Perspektive gesetzt (Abbildung 7-6). Dies ist v. a. von Bedeutung, wenn das Unternehmen flexibel auf zeitliche Nachfrageschwankungen reagieren muss. In einer Abschätzung sind Bedarf und Verfügbarkeit miteinander zu vergleichen. Mit dem Begriff Bereichsplanung wird angedeutet, dass dieser Planungsschritt nicht für alle Unternehmensbereiche in gleicher Weise und mit gleicher Intensität vorgenommen wird.

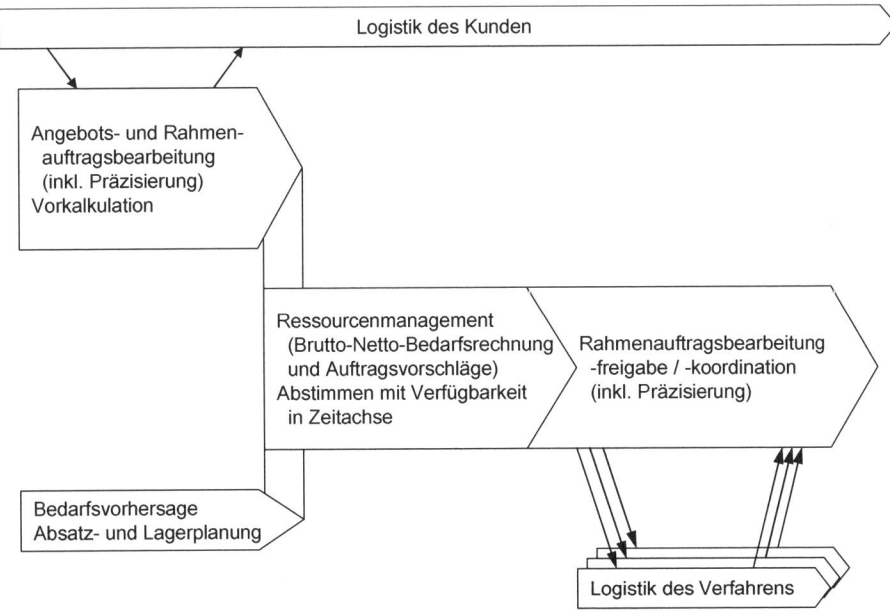

Abbildung 7-6:   Planung und Steuerung mittelfristig: Bereichsplanung (Schönsleben 2007: 228, 369 ff., verändert)

In der *kurzfristigen Bereichssteuerung* erfolgt die Abwicklung konkreter Arbeitsaufträge. Sie umfasst den Zeitraum, in dem die einzelnen Prozesse der Produktion physisch ablaufen. Mit diesem Teil des Logistikmanagements werden Informationen erhoben und in Datensystemen gespeichert, welche eine Überprüfung der betrieblichen Abläufe und der Ergebnisse des Unternehmens ermöglichen. Vielfach sind die ausgewerteten Informationen wiederum die Basis für eine Aktualisierung der kurz- und mittelfristigen Planungen.

Insgesamt sind die logistische Planung und Steuerung Teil des gesamten Managements von Unternehmen, d.h. sie können nicht isoliert für bestimmte Teilbereiche allein durchgeführt werden. Entscheidend sind Rückkopplungsprozesse, die sie mit anderen Bereichen, z.B. mit der Finanz-, Investitions- und Personalplanung, verknüpfen.

7.3.3 Bearbeitung von Aufträgen

Bedarfsvorhersage: Informationen über den zukünftigen Bedarf der Kunden nach Produkten sind eine wesentliche Grundlage für die Planung des Produktionsprogramms (Schönsleben 2007: 10, 228, 245, 480). Ziel der Bedarfsvorhersage ist sowohl auf strategischer wie operativer Ebene, eine genaue Vorstellung über die aktuelle und potenzielle Nachfrage zu gewinnen und gleichzeitig den Aufwand für entsprechende Prognosen so gering wie möglich zu halten. Die Ergebnisse der Prognosen sind eine wichtige Grundlage für das Management betrieblicher Kapazitäten, insbesondere für die Lager- und Absatzplanung. Die Verfahren zur Einschätzung des Bedarfs sind z.T. verhältnismäßig einfach, z.T. allerdings auch aufwändig. Für eine Auswertung können sowohl Daten aus abgeschlossenen Vorgängen wie laufende und zukunftsbezogene Informationen, z.B. aus Bestellungen oder Offerten, genutzt werden. Entscheidend für die Aussagekraft der Ergebnisse ist vor allem die Qualität der zur Verfügung stehenden Informationen.

Ein allerdings mit Umsicht zu verwendendes Prognoseverfahren ist die Trendextrapolation. Bei gleichmäßiger Nachfrage lässt sich der zukünftige Bedarf z.B. mithilfe gleitender Mittelwerte abschätzen. Sofern zwischen Produktnachfrage und anderen messbaren Variablen direkte Zusammenhänge bestehen, lassen sich Regressionsmodelle zur Abschätzung des zukünftigen Bedarfs verwenden. Weitere Möglichkeiten sind empirische Befragungen laufender und potenzieller Kunden, Testkäufe und die Auswertung von Expertenmeinungen, z.B. nach der Delphi-Methode (Kapitel 3.2.4).

Angebots- und Auftragszusammenstellung: Hier geht es darum, die verschiedenen Angebote bzw. Aufträge nach Art und Menge der Objekte und der zeitlichen Verteilung des Bedarfs zu erfassen. Bei lang- und mittelfristigen Planungen liegen jedoch in den meisten Fällen noch keine definitiven Informationen über Mengen und Termine vor. So ist bei der Planung des Einsatzes von Ressourcen zu berücksichtigen, dass nur ein Teil aller Angebote Erfolg haben wird. Ebenso sind Rahmenaufträge häufig hinsichtlich der genauen Mengen und Termine nicht spezifiziert. Wesentlich ist hier, die Unsicherheiten der Abstimmung von Bedarf und Kapazität bei der Logistikplanung zu berücksichtigen, damit etwaige Engpässe frühzeitig erkannt werden.

Vorkalkulation: Vorkalkulationen werden auf strategischer Ebene für die Gesamtunternehmung, auf operativer Ebene für einzelne Aufträge durchgeführt. Zu kalkulieren sind die voraussichtlichen Kosten bzw. Deckungsbeiträge, die mit der Erstellung einer Leistung verbunden sind. Die Ergebnisse der Kalkulation bilden Entscheidungsgrundlagen für die Annahme von Aufträgen, für Zielvorgaben bei der Produktion und für das Controlling. Bei Standardprodukten ist die Vorkalkulation verhältnismäßig einfach, weil das betriebliche Informationssystem geeignete Daten zur Verfügung stellt. Bei Produkten, die nur einmalig erstellt werden oder bei Aufträgen, die nicht adäquat im Informationssystem abgebildet sind, ist die Kalkulation schwieriger. Das Problem besteht in der Praxis meist darin, die wirklich wichtigen Informationen fristgerecht und in der benötigten Aufbereitung zu beschaffen.

Auftragsfreigabe: Der Anstoß zur Umsetzung der Logistikplanung erfolgt durch die Auftragsfreigabe. Damit beginnt der eigentliche Produktionsprozess. Sofern Aufträge nicht nur sequentiell, sondern auch parallel bearbeitet werden, sind die Teilprozesse im logistischen Netzwerk zu koordinieren. Ebenso sind die notwendigen Qualitätskontrollen in die Produktionslogistik effizient zu integrieren.

Nachkalkulation und Auftragsberechnung: Die Kalkulation im Anschluss an die Bearbeitung von Aufträgen erfolgt sinnvoller Weise nach derselben Gliederung wie bei der Vorkalkulation. Dies ermöglicht Schlussfolgerungen, inwieweit die im Rahmen der Vorkalkulation aufgestellten Zielvorgaben eingehalten wurden. Mit einer Abweichungsanalyse lässt sich ermitteln, wo, wie weit und warum die Vorgaben übertroffen oder unterboten wurden. Je zeitnaher zur Auftragsabwicklung die Nachkalkulation erfolgt, desto rascher kann die Logistiksteuerung reagieren.

7.3.4   Lager- und Materialmanagement

Lagermanagement: Lager dienen dem zeitlichen Ausgleich von Angebot und Nachfrage nach Objekten in einem logistischen System. Im Sinne der Flussorientierung ist es zwar grundsätzlich Ziel der Logistik, keine oder nur eine geringe Lagerhaltung zuzulassen. Dies ist jedoch nicht in allen Produktionsprozessen, bei jeder Art von Produkt und in Bezug auf die Prozesskette insgesamt erreichbar. Neben dem zeitlichen Ausgleich von Angebot und Nachfrage nach Objekten gibt es weitere Gründe für die Lagerhaltung (Weber und Kummer 1998: 53):

473

- Risiken wie unvorhersehbare Lieferausfälle können reduziert werden (Sicherungsfunktion)

- Preisschwankungen können ausgeglichen oder genutzt werden (Spekulationsfunktion)

- Preisvorteile bei der Bereitstellung größerer Mengen können bei der Beschaffung genutzt werden (Kostensenkungsfunktion)

- Sortiervorgänge von Materialien bzw. Materialflüssen sind aus technischen Gründen in der Produktion notwendig (Sortierfunktion).

Im Einzelfall sind Nutzen und Kosten abzuwägen, wenn über die Art und Höhe der Lagerhaltung entschieden wird. Der Nutzen besteht in der Vermeidung von Fehlmengen, wenn die benötigten Objekte nicht in geeigneter Qualität und Menge, am richtigen Ort und zum richtigen Zeitpunkt zur Verfügung stehen. Fehlmengen führen zu Produktionsausfällen, geringerer Kapazitätsauslastung, Umsatzverlusten wegen reduzierter Liefermenge, schlechtem Lieferservice und geringeren Marktchancen und damit insgesamt einer Verringerung von Erlös und Betriebsergebnis, z. B. im Fall von Konventionalstrafen. Kosten entstehen durch den Lageraufbau, durch Schwund und Wertverminderung der gelagerten Objekte und durch Investitionen zur Bereitstellung von Lagerkapazität. Weiter ergeben sich häufig sehr beachtliche laufende Kosten der Manipulation bei der Ein-, Um- und Auslagerung, der Verwaltung und der Disposition.

Für die Lagerbewirtschaftung und ihre Optimierung existieren eine Reihe von Modellen und Methoden (Weber und Kummer 1998: 57 ff.; Schönsleben 2007: 237 ff., 531 ff.). Mithilfe stochastischer Modelle können Unsicherheiten über den zeitlichen Verlauf des Angebots und der Nachfrage von Objekten einbezogen werden. Neben der optimalen Höhe der Lagerbestände geht es auch um Verfahren zur Wiederbeschaffung von Lagerbeständen im Zeitverlauf.

Materialmanagement: Aufgabe des Materialmanagements ist die Koordination der für die betriebliche Leistungserstellung notwendigen Materialflüsse (Günther und Tempelmeier 2007: 178 ff.). Wichtige Aufgaben in diesem Zusammenhang sind:

- die Bestimmung des zeitlichen und mengenmäßigen Bedarfs der Rohstoffe und Zwischenprodukte, die zur Erstellung des Endprodukts notwendig sind

- die Bestimmung der optimalen Losgröße.

Beide Aufgaben stehen in engem Zusammenhang mit dem Lagermanagement. Wichtige Ziel- und Kontrollgrößen sind Durchlaufzeit, Beschaffungsfrist und Beschaffungszeit. Die Bedarfskoordination hängt wesentlich von der Produktstruktur und vom Produktionskonzept ab. Vor allem die Unsicherheit über die Kundennachfrage führt zur Einrichtung von Sicherheitslagern in der Produktion unterhalb der Bevorratungsebene.

Grundsätzlich ist es sinnvoll, die für die Leistungserstellung benötigten Rohstoffe und Zwischenprodukte unmittelbar vor dem Zeitpunkt des Einsatzes bzw. der Verwendung zu beschaffen oder zu produzieren. Dieses Vorgehen entspricht dem Flussprinzip, bei dem Zwischenlager zu vermeiden sind. Bestimmte Materialien oder Zwischenprodukte werden mehrfach, aber zu verschiedenen Zeitpunkten für die Leistungserstellung benötigt. Die Zusammenfassung dieser Bedarfsmengen zu einem größeren Los ist zweckmäßig, weil aufgrund von Skaleneffekten die Kosten je produzierte Mengeneinheit abnehmen.

7.3.5 Zeit- und Kapazitätsmanagement

Zeit- und Terminmanagement: Kurze Lieferfristen und die Einhaltung von Lieferterminen sind wichtige Voraussetzungen für die Servicequalität. Die Verkürzung von Lieferfristen stärkt die betriebliche Wettbewerbsposition entscheidend. Die Bestimmung von Fristen und Terminen ist eine wichtige Aufgabe der mittelfristigen und kurzfristigen Logistikplanung und -steuerung (Schönsleben 2007: 236, 626 ff.). Entscheidende Zielgröße ist wie beim Materialmanagement die Durchlaufzeit. Sie setzt sich zusammen aus dem Zeitbedarf der einzelnen Arbeitsgänge, den Wartezeiten zwischen Arbeitsgängen und den administrativen Zeiten. In einer typischen Werkstattproduktion machen die Wartezeiten beispielsweise mehr als 80 % der Durchlaufzeiten aus. Die Verkürzung dieses Anteils ist eine wichtige Aufgabe des Zeitmanagements.

Bei der Terminierung der aufeinander folgenden Phasen der Leistungserstellung nach den Vorgaben der Auftraggeber wird über die Machbarkeit sowie über Auslastung und Reservierung von Kapazitäten entschieden. Terminmanagement ist Sache der an der Vergabe und der Ausführung von Aufträgen beteiligten Personen. Die Termine können ausgehend vom Startpunkt der Produktion, d. h. durch Vorwärtsterminierung oder ausgehend vom Liefertermin bestimmt werden. Für die Koordination von Teilprozessen in komplexen Produktionsabläufen wird z. B. die Netzplantechnik verwendet (Schönsleben 2007: 657 ff.).

Kapazitätsmanagement: Die betriebliche Kapazität muss ausreichen, um die Nachfrage nach Produkten in der von den Kunden erwarteten Zeit (Liefertermin) und Mengen (Nachfrage) zu befriedigen. Damit die durch die Bereitstellung von betrieblichen Kapazitäten verursachten Kosten im Verhältnis zum Umsatz niedrig bleiben, sind diese möglichst weitgehend auszulasten. Eine zeitlich schwankende Nachfrage nach Gütern führt dazu, dass bei gegebenen Kapazitäten entweder nicht die gesamte Kundennachfrage befriedigt wird oder dass die Kapazitäten nicht voll ausgelastet sind. Im Mittelpunkt des Kapazitätsmanagements stehen daher: Planung des Kapazitätsbedarfs und Anpassung der betrieblichen Kapazitäten an laufende Veränderungen in der Produktion und Kundennachfrage (Schönsleben 2007: 191, 236, 271 ff.). Werden Produkte mit gegenläufigen Nachfragezyklen produziert, können vorhandene Kapazitäten zur Produktion mehrerer Produkte alternativ eingesetzt werden.

7.4   Bestimmung betrieblicher Kapazitäten

Unternehmungen stehen immer wieder vor der Frage, ob sie eine nachgefragte oder interne Leistung selber erbringen oder diese durch Dritte erstellen lassen. Die Formel ‚make or buy‘ ist nicht nur ein geflügeltes Schlagwort, sondern Ausdruck für eine zentrale Fragestellung, die bei unternehmerischen Entscheiden immer wieder konkret zu beantworten ist. ‚make or buy-Entscheidungen‘ sind ein wichtiger Gesichtspunkt bei der Gewinnung betrieblicher Flexibilität. Wie weit externe Leistungen in einem ökonomisch sinnvollen Rahmen von einem Unternehmen in Anspruch genommen werden, ist abhängig von technischen und personellen Kapazitäten. Ein Entscheid für den Bezug externer Leistungen, d. h. diese von Dritten einzukaufen, ist dann zu treffen, wenn die betrieblichen Kosten der eigenen Leistungserstellung im Vergleich mit den Preisen des Zukaufs höher sind und nicht durch Rationalisierung auf das gleiche oder ein noch niedrigeres Niveau reduziert werden können. Eminent wichtig ist hierbei die Feststellung der Anteile an fixen Gemeinkosten der eigenen Leistungserstellung, die durch eine Fremdvergabe nicht abgebaut werden. Im konkreten Fall sind unternehmerische Entscheide durch entsprechende Kalkulationen herzuleiten und zu begründen. Im Folgenden werden die Grundlagen für Kapazitätsüberlegungen aufgezeigt.

7.4.1   Kosteneinflussfaktoren

Für die Verantwortlichen von Kostenstellen ist maßgeblich zu wissen, wie die Kosten entstehen, welche Faktoren sie beeinflussen und vor allem, ob Einfluss auf die Entstehung der Kosten genommen werden kann. Thommen und Achleitner (2006: 456 ff.) unterscheiden zwischen Kosteneinflussfaktoren, die durch das Entscheidungsfeld bedingt sind, und Faktoren, die von den Entscheidungsträgern beeinflusst werden können. Zu den Faktoren des Entscheidungsfeldes, die von der Unternehmung in der Regel nicht beeinflussbar sind, zählen Marktpreise für Löhne und Zinssätze, Kaufpreise für Maschinen, Werkzeuge und Materialien sowie technische Eigenschaften von Maschinen und Anlagen.

Dagegen können die Einflussfaktoren des Produktionsumfangs als Variable durch die Unternehmen gestaltet werden. Es handelt sich mehrheitlich um kurz- und mittelfristig wirksame Entscheidungen in Bezug auf:

– Beschäftigung:	Produktionsmenge
	Produktionsaufteilung
	Verarbeitungstiefe
	Beschäftigungszeit
	Programmzusammensetzung
	Betriebsgröße (langfristig)
– Auftragsgrößen:	Zahl der Umrüstungen
	Reihenfolge der Umrüstungen
– zeitliche Ablaufplanung:	Zuweisung von Aufträgen an Maschinen
	Reihenfolge der Aufträge
	Wartezeiten
– zeitliche Produktionsverteilung:	Lagermengen an Fertigerzeugnissen
	Lagermengen an Halberzeugnissen

Um Verantwortlichkeiten bezüglich Preis-, Verbrauchs- und Beschäftigungsabweichungen rechnerisch zu ermitteln, genügen die Kalkulationsverfahren des Rechnungswesens in der Regel nicht (Kapitel 5.8.2). Adäquate Verfahren dafür sind etwa die flexible Standardkostenrechnung als System der Vollkostenrechnung oder die Grenzplankostenrechnung als System der Teilkostenrechnung. Diese Instrumente werden bei Schierenbeck (2000), Schellenberg (2000) und bei Schmidhauser (1994) dargestellt.

Beschäftigungsschwankungen haben große Auswirkungen auf Art und Höhe der Kosten. In engem Zusammenhang damit steht die Kapazität von Produktionsverfahren, Maschinen- oder Anlagesystemen. Als Kapazität wird deren Leistungsvermögen in quantitativer und qualitativer Hinsicht bezeichnet.

Bezüglich der quantitativen Kapazität sind zu unterscheiden:

– die technisch-wirtschaftliche Maximalkapazität, die aus technischen Gründen nicht überschritten werden soll bzw. kann

– die technisch-wirtschaftliche Minimalkapazität, die nicht unterschritten werden soll oder darf, wenn das Produktionsverfahren an eine Minimalkapazität gebunden ist

– die wirtschaftliche oder optimale Kapazität, die in der Regel zwischen Maximal- und Minimalkapazität liegt. Der bewertete Faktorverbrauch für eine bestimmte Leistungsmenge pro Zeiteinheit ist hier am kleinsten.

Das Verhältnis zwischen vorhandener Kapazität und effektiver Ausnutzung wird als Beschäftigung, Beschäftigungsgrad oder Ausnutzungsgrad der Kapazität bezeichnet. Die Beschäftigung wird in der Regel wie folgt gemessen:

$$\frac{\text{Ist} - \text{Produktion}}{\text{Kann} - \text{Produktion}} * 100$$

Unter der Kann-Produktion wird die Nutzung verstanden, die unter Berücksichtigung aller Faktoren über längere Zeit aufrechterhalten werden kann.

7.4.2   Kostendimensionen

Die Summe des bewerteten Faktorverbrauchs für die Erstellung einer Leistungsmenge x während einer bestimmten Periode entspricht den Gesamtkosten K. Unter Beachtung variabler und fixer Kosten ergeben sich die

–   gesamten variablen Kosten: K_{var} = Faktoreinsatzmenge * Faktorpreise = r * p

–   gesamten fixen Kosten: K_{fix}

–   Gesamtkosten: $K = K_{var} + K_{fix}$

Weiter muss definiert werden, ob es sich bei den Gesamtkosten um die Kosten einer ganzen Unternehmung, einer bestimmten Kostenart, einer Kostenstelle oder einer einzelnen Produktart handelt.

Beziehen sich die Gesamtkosten K auf eine Einheit der erstellten Leistung x, so ergeben sich die Stückkosten k. Analog den Gesamtkosten lassen sie sich unterteilen in

–   durchschnittliche variable Kosten: $k_{var} = \dfrac{K_{var}}{x}$

–   durchschnittliche fixe Kosten: $k_{fix} = \dfrac{K_{fix}}{x}$

–   durchschnittliche Kosten (= Stückkosten): $k = \dfrac{K}{x}$

oder bei konstanten durchschnittlichen variablen Stückkosten k_{var}

–   Gesamtkosten: $K = K_{fix} + k_{var} * x$

Die durch die Produktion einer zusätzlichen Einheit entstehenden Kosten werden als Grenzkosten K' bezeichnet. Die Erhöhung der Produktionsmenge um Δx verursacht eine Kostenerhöhung um ΔK. Um K' zu ermitteln, sind die entsprechenden Kostendifferenzen durch die Mengendifferenzen zu dividieren. Bei einem proportionalen

Kostenverlauf sind die Grenzkosten K' identisch mit den durchschnittlichen variablen Kosten k_{var}.

Grenzkosten: $\quad K' = \dfrac{\Delta K}{\Delta x}$

7.4.3   Einfache Kostenfunktion bei linearem Kostenverlauf

Bei jeder Produktion entstehen Fixkosten K_{fix} in einer bestimmten Höhe (Abbildung 7-7). Für jede produzierte Einheit fallen zusätzlich variable Kosten K_{var} an. Damit ergeben sich die Gesamtkosten K. Kennt eine Unternehmung ihre Kostenfunktion, so ist zu entscheiden, welche Menge sie produzieren muss, um ihre formalen Ziele wie Gewinn oder Rentabilität aus dem eingesetzten Kapital zu erreichen. Dazu benötigt sie auch Kenntnis über die Erlöse als Produkt aus der abgesetzten Menge x und dem Stückpreis p. Der Schnittpunkt von Erlösgeraden und Gesamtkostengeraden ergibt die Gewinnschwelle (Kapitel 7.5.3).

Bei den Stückkosten nehmen die durchschnittlichen fixen Kosten k_{fix} mit zunehmender Produktionsmenge ab; sie nähern sich asymptotisch dem Wert Null (Abbildung 7-8). Das bedeutet, dass die gesamten Fixkosten auf immer mehr Produkte

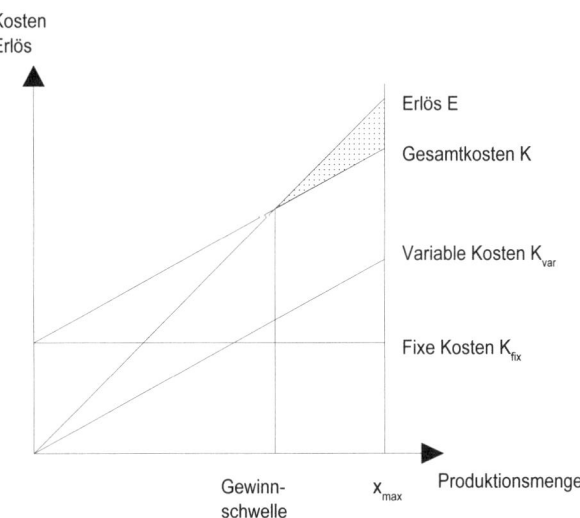

Abbildung 7-7:   Gewinnschwelle bei linearem Kosten- und Erlösverlauf: Gesamtkostenbetrachtung

479

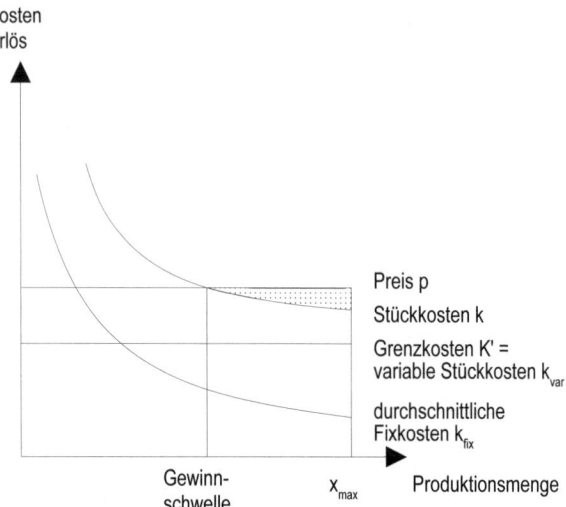

Abbildung 7-8:   Gewinnschwelle bei linearem Kosten- und Erlösverlauf: Stück-
                   kostenbetrachtung

verteilt werden. Die durchschnittlichen variablen Stückkosten k_{var} sind bei linearem Kostenverlauf für jede Produktionsmenge gleich. Sie entsprechen den Grenzkosten K'. Die gesamten Stückkosten k nehmen mit zunehmender Produktionsmenge ab und sie nähern sich asymptotisch den durchschnittlichen variablen Stückkosten k_{var} bzw. den Grenzkosten K'.

Je weiter die Produktion über der Gewinnschwelle liegt, desto größer ist der erzielte absolute Gewinn. Der gewinnmaximale Punkt ergibt sich in diesem Fall an der Kapazitätsgrenze x_{max} der Unternehmung, des Unternehmungsbereiches oder des Produktionsverfahrens.

7.4.4   Produktionsfunktion vom Typ A

Der Output der Leistungserstellung ergibt sich als Resultat der Kombination von verschiedenen Produktionsfaktoren, die als Input in das produktive System eingehen. Aufgabe der Produktionstheorie ist es, die funktionalen Beziehungen zwischen dem mengenmäßigen Input an Produktionsfaktoren und dem jeweiligen Output auf Gesetzmäßigkeiten zu untersuchen und modellartig darzustellen.

Die Produktionsfunktion vom Typ A beruht auf dem Gesetz vom abnehmenden Ertragszuwachs. Maßgebend ist die Erkenntnis des aus der Landwirtschaft stammenden

480

Ertragsgesetzes, wonach wachsende Faktoreinsätze zunächst steigende, nach einem Optimum aber nur mehr abnehmende Ertragszunahmen bewirken (Abbildung 7-9). Mit der Produktionsfunktion vom Typ A werden Zusammenhänge substitutionaler Produktionsfaktoren beschrieben. Der Ausdruck substitutional bedeutet hier, dass die Produktionsfaktoren bei der Erbringung eines bestimmten Outputs untereinander ausgetauscht werden können und somit in keinem festen Verhältnis zueinander stehen. Menschliche Arbeitskraft, welche durch Energie und Maschinen ersetzt werden kann, ist z. B. ein substitutionaler Produktionsfaktor.

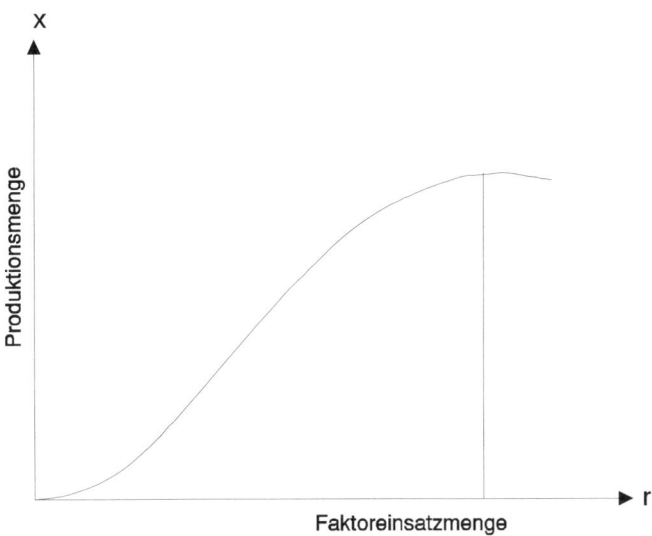

Abbildung 7-9:   Ertragskurve der Produktionsfunktion vom Typ A

Die funktionalen Beziehungen zwischen dem Input an Produktionsfaktoren (Faktoreinsatzmengen r_1, r_2, ..., r_n) und dem Output (Produktionsmenge x) lässt sich wie folgt darstellen:

(1) $x = f (r_1, r_2, ..., r_n)$

Werden die verschiedenen Faktoreinsatzmengen r_1, r_2, ..., r_n mit ihren als konstant angenommenen Faktorpreisen p_1, p_2, ..., p_n bewertet, so resultiert eine Funktion, welche die Produktionsmenge in Abhängigkeit von den Kosten beschreibt. Moog (1991: 200) bezeichnet sie als monetäre Produktionsfunktion.

(2) $x = f (r_1 p_1, r_2 p_2, ..., r_n p_n)$

Diese Produktionsfunktion beruht auf folgenden Annahmen (Thommen und Achleitner 2006: 391 ff.):

1. Ein konstanter und ein variabler Produktionsfaktor werden so kombiniert, dass die Produktionsmenge allein durch steigende Mengeneinheiten des variablen Faktors erhöht werden kann.

2. Der variable Produktionsfaktor ist völlig homogen, d. h. alle Einheiten sind von völlig gleicher Qualität und gegenseitig austauschbar.

3. Der variable Produktionsfaktor ist beliebig teilbar.

4. Die Produktionstechnik ist unveränderlich.

5. Es wird nur eine Produktart erzeugt.

Vereinfachend wird von zwei Faktoreinsatzmengen r_1 und r_2 ausgegangen. Damit lautet die Produktionsfunktion:

(3) $x = f(r_1, r_2)$

Die Produktionsfunktion mit zwei Faktoreinsatzmengen r_1 und r_2 kann in einem dreidimensionalen Koordinatensystem dargestellt werden (Abbildung 7-10). Die beiden Produktionsfaktoren r_1 und r_2 sind in den Mengen 0A bzw. 0B vorhanden. Der Ertrag aus dem Zusammenwirken der Produktionsfaktoren, die Produktionsmenge x, wird auf der dritten Achse aufgetragen.

Jeder Punkt auf der Grundfläche 0ACB stellt eine sinnvolle Kombination von Produktionsfaktoren dar, mit welcher eine bestimmte Produktionsmenge x erzeugt wird. Allerdings darf es nicht zu einer völligen Substitution von r_1 durch r_2 kommen. Dies würde dem Übergang zu einem anderen Produktionsverfahren entsprechen. Die resultierenden Produktionsmengen über der Fläche 0ACB ergeben eine sich wölbende Ertragsfläche, das so genannte Ertragsgebirge.

Unter den möglichen Kombinationen ergeben mehrere die gleiche Produktionsmenge. Verbindet man solche Kombinationen, so ergibt sich als Linie die Indifferenzkurve (Oberkante der vertikalen Schnittfläche in Abbildung 7-10). Ihre Bezeichnung besagt, dass sich alle durch diese Linie verbundenen Kombinationen hinsichtlich der Produktionsmenge indifferent verhalten.

Ein senkrechter Schnitt durch das Ertragsgebirge im Punkt B parallel zur r_1-Achse ergibt eine Schnittkurve, die alle Produktionsmengen für steigenden Faktoreinsatz von r_1 bei konstantem $r_2 = 0B$ zeigt.

(4) $x = f(r_1, \bar{r_2})$ mit $\bar{r_2}$ = konstant

482

Diese Schnittkurve ist nichts anderes als die Ertragskurve bzw. die Produktionsmenge der Produktionsfunktion vom Typ A in Abbildung 7-9.

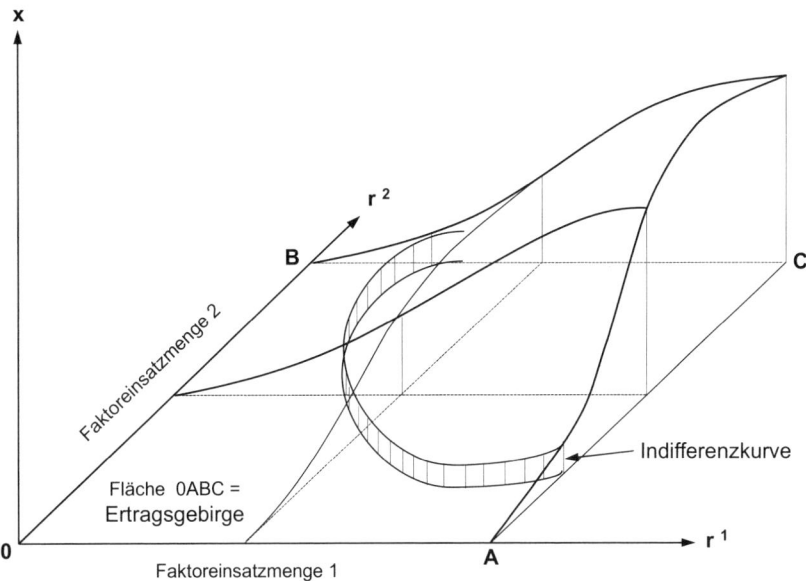

Abbildung 7-10:   Ertragsgebirge und Indifferenzkurve der Produktionsfunktion vom Typ A

7.4.5   Kostenfunktion vom Typ A

Für die Unternehmungen sind in erster Linie die Kosten der Leistungserstellung und nicht so sehr die Produktionsmengen maßgeblich. Notwendig ist daher, von der mengenorientierten Sichtweise in eine kostenorientierte zu wechseln. Hierzu wird zur Produktionsfunktion mit zwei Faktoreinsatzmengen in Gleichung (3) die Umkehrfunktion gebildet. Dabei handelt es sich um die Gesamtkostenfunktion $K = f(x)$, welche die Kosten in Abhängigkeit von der Produktionsmenge beschreibt. In der grafischen Darstellung werden die Ertragskurve an der Winkelhalbierenden gespiegelt und die Achsen ausgetauscht. Es resultiert die Kostenfunktion vom Typ A (Abbildung 7-11).

(5) $r_1 = f^{-1}(x)$

Um aus der Kostenfunktion die Kostenkurven zu erhalten, sind in der Formel $K = K_{var} + K_{fix}$ für die variablen Kosten K_{var} die Faktoreinsatzmengen r * Faktorpreise p einzusetzen.

(6) $K_{var} = r_1 * p_1$; mit r_1 aus Gleichung (5) $K_{var} = p_1 f^{-1}(x)$

Die variablen Kosten K_{var} nehmen wie beim linearen Kostenverlauf mit zunehmender Produktionsmenge zu. Bei der Produktions- resp. Kostenfunktion vom Typ A sind jedoch die Zuwächse nicht gleichmäßig (konstant), sondern zunächst abnehmend, dann zunehmend. In einem weiteren Schritt sind die fixen Kosten zu den variablen Kosten zu addieren, um die Gesamtkostenkurve zu erhalten.

(7) $K = p_1 f^{-1}(x) + K_{fix}$

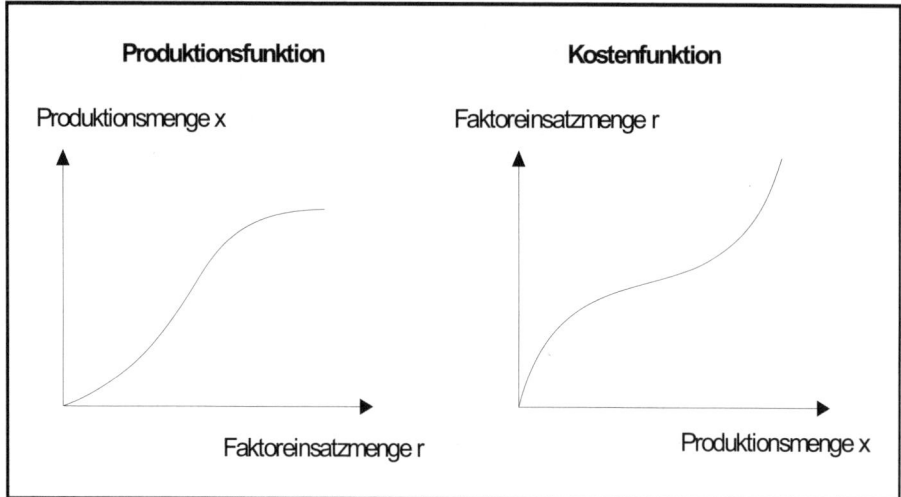

Abbildung 7-11:   Produktions- und Kostenfunktion vom Typ A

Unter der Annahme konstanter Erlöse ergibt die Überlagerung der Kostenkurven mit der Erlösgeraden im Gegensatz zum proportionalen Kostenverlauf nicht einfach eine Gewinnschwelle, ab welcher Gewinne erzielt werden (Kostendeckungspunkt, kritischer Punkt, Break-Even-Point). Es resultiert vielmehr eine Gewinnzone, welche durch die Gewinnschwelle und die Gewinngrenze markiert ist (Abbildung 7-12).

In der Stückkostenbetrachtung lassen sich verschiedene Kostenkurven herleiten, die als Entscheidungsgrundlage für die Unternehmung von Bedeutung sind:

–   Der Verlauf der durchschnittlichen Fixkosten k_{fix} ist gleich wie beim proportionalen Kostenverlauf. Sie nehmen mit zunehmender Produktionsmenge ab.

– Die erste Ableitung der Gesamtkostenkurve K ergibt die Grenzkostenkurve K'. Sie schneidet die Kurven der Stückkosten k und der variablen Stückkosten k_{var} in deren Minimum.

– Die durchschnittlichen variablen Kosten k_{var} sind nicht mehr gleich den Grenzkosten K'. Sie sind zunächst höher als diese, dann tiefer.

– Die durchschnittlichen Stückkosten k nehmen mit zunehmender Produktion zunächst ab, dann wieder zu.

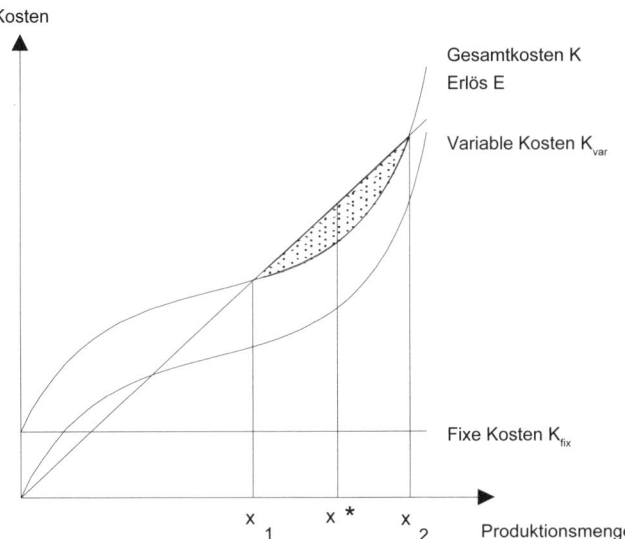

Abbildung 7-12:   Kosten- und Erlöskurven der Kostenfunktion vom Typ A: Gesamt-kostenbetrachtung

Unter Beachtung eines konstanten Stückpreises p, der gleich dem Grenzerlös und dem Durchschnittspreis ist, lassen sich die kritischen Kostenpunkte P_1 bis P_7 ermitteln (Abbildung 7-13).

– P_1 Betriebsminimum und P_2 Betriebsmaximum geben die Grenzen an, die nicht unter- bzw. überschritten werden sollten. Sonst sind die fixen Kosten nicht und die variablen Kosten nur teilweise gedeckt. Wird langfristig P_1 nicht erreicht, droht die Aufgabe der Unternehmenstätigkeit.

– P_3 Gewinnschwelle und P_4 Gewinngrenze markieren den Eintritt in bzw. den Austritt aus der Gewinnzone.

485

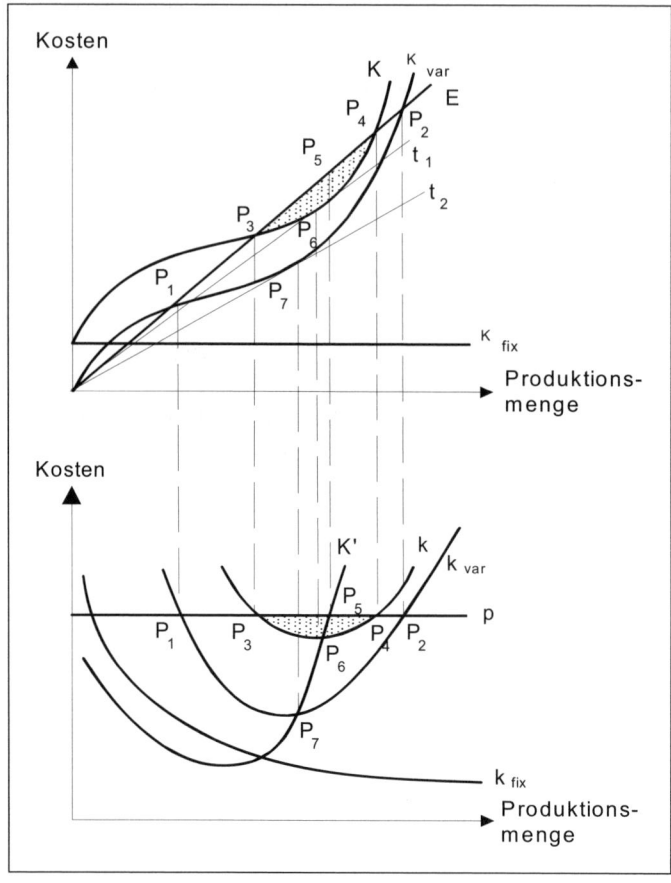

K_{var}	= variable Kosten	k_{var}	= variable Stückkosten
K_{fix}	= fixe Kosten	k_{fix}	= durchschnittliche Fixkosten
K	= Gesamtkosten	k	= Stückkosten
E	= Erlös	K'	= Grenzkosten
t_1	= Tangente an K	p	= Preis (konstanter Stückpreis = Stückerlös)
t_2	= Tangente an K_{var}		

Abbildung 7-13:   Kosten- und Erlöskurven der Kostenfunktion vom Typ A: Gesamt-
kosten- und Stückkostenbetrachtung

– P_5 Gewinnmaximum: In diesem Punkt wird der maximale Gesamtgewinn erwirtschaftet. Bei einer Anhebung der Produktionsmenge ab P_5 übersteigen die Grenzkosten K' den konstanten Stückpreis p.

– P_6 Optimaler Kostenpunkt: Bei dieser Produktionsmenge wird mit den geringsten Stückkosten k und somit am wirtschaftlichsten produziert.

– P_7 Preisuntergrenze: Sie ist von Bedeutung, wenn nicht wie bisher die Menge, sondern der Preis variiert wird. P_7 stellt jene Grenze dar, auf die kurzfristig der Stückpreis maximal gesenkt werden darf. Hier sind nur noch die variablen, nicht aber die fixen Kosten gedeckt. Fällt der Preis darunter, sind auch die variablen Kosten nicht mehr voll gedeckt.

Ausgangslage für die Darstellung der Kostenkurven der Produktionsfunktion vom Typ A ist eine Beschränkung auf zwei Faktoreinsatzmengen r_1 und r_2. Diese hier notwendige Vereinfachung darf nicht darüber hinwegtäuschen, dass reale Produktionsprozesse komplexer sind.

7.4.6 Forstbetriebliche Kapazität und Flexibilität

Die Verpflichtung zur Nachhaltigkeit findet ihren Ausdruck im Hiebsatz als Obergrenze des Produktionsvolumens von Rohholz. Innerhalb einer bestimmten Periode darf der Hiebsatz nicht überschritten werden; es handelt sich um eine rechtlich-naturale Kapazitätsgrenze. Unter dem Gesichtspunkt des Produktionsvolumens werden Forstbetriebe vielfach mit einer technischen Kapazität ausgestattet, die in etwa ihrer rechtlich-naturalen Kapazität entspricht. Dadurch sind sie in der Lage, mit betriebseigenen Mitarbeitern und Maschinen eine dem Hiebsatz entsprechende Nutzungsmenge einzuschlagen. Gleichzeitig zwingt sie aber die vorhandene technische Kapazität auch, jedes Jahr eine ungefähr dem Hiebsatz entsprechende Nutzungsmenge zu produzieren.

Entspricht die technische in etwa der rechtlich-naturalen Kapazität, so besteht die Gefahr, dass sich die Forstbetriebe verhältnismäßig unflexibel und preisunelastisch auf dem Holzmarkt verhalten (Moog 1988; Steinmeyer 1992). Aus kostentheoretischer Sicht orientieren sie sich primär an Produktionsmengen und erst in zweiter Linie an den Kosten der Leistungserstellung. Mögliche Ansätze zur Erreichung einer Kapazität, welche eine größere Marktorientierung und flexiblere Leistungserstellung erlaubt, gehen aus den kritischen Punkten der Kostenfunktion vom Typ A hervor (Abbildung 7-13):

1. Der Erhöhung der Produktionsmenge mit gleichbleibenden betrieblichen Strukturen sind Grenzen gesetzt. Die Entwicklung des ökonomischen Erfolgs geht nicht parallel einher mit einer Ausweitung der Produktion.

2. Es besteht ein erheblicher Spielraum für die Anpassung der Produktionsmenge zwischen den beiden Kostenpunkten P_1 und P_2. Innerhalb dieses Spielraumes können Forstbetriebe auf Marktschwankungen reagieren. Voraussetzung ist, dass die Einhaltung quantitativer Vorgaben, wie z. B. beim Hiebsatz, nicht zwingend jähr-

lich erfolgen muss, sondern im Rahmen einer mittel- bis langfristigen Periode ausgeglichen werden kann.

3. Die Gewinnzone zwischen P_3 und P_4 kann durch langfristig wirksame Senkungen der fixen Kosten ausgedehnt werden. Die Einflussmöglichkeiten auf die variablen Kosten und die Erlöse sind dagegen eher beschränkt, da diese zu einem großen Teil durch externe Entwicklungen des Entscheidungsfeldes bestimmt werden (Kapitel 7.4.1).

4. Forstbetriebe mit Produktionsmengen $< P_3$ können durch Strukturanpassungen, wie durch die Bildung von Betriebsgemeinschaften oder durch Betriebszusammenlegungen, in den Gewinnbereich bei höheren Produktionsmengen gelangen.

Anhand des Verlaufs der fixen und variablen Kosten eines Betriebes können die Konsequenzen eines entsprechenden unternehmerischen Verhaltens aufgezeigt werden (Abbildung 7-14). Ein Forstbetrieb reduziert seine technische und damit verbunden auch personelle Kapazität deutlich unter den Bereich der rechtlich-naturalen Kapazitätsgrenze. Es entsteht ein verkleinerter Betrieb, der im Vergleich zu seiner ursprünglichen Betriebsausstattung erheblich geringere Fixkosten aufweist. Die variablen Kosten richten sich nach der verringerten technischen Kapazität. Mit eigenem Personal und Betriebsmitteln kann die technische Kapazitätsgrenze nicht überschritten werden. Um die Stufe der rechtlich-naturalen Kapazität zu erreichen, sind zusätzliche betriebsexterne Leistungen durch Unternehmungen oder andere Forstbetriebe notwendig. Es entsteht ein kombinierter Betrieb (Moog 1991: 249) aus eigenen und aus zugekauften Pro-

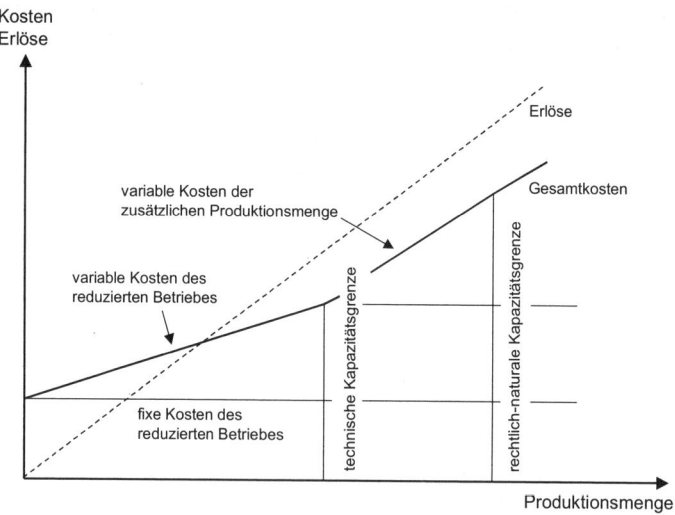

Abbildung 7-14:   Kostenverlauf in einem kombinierten Betrieb (Moog 1991: 249, verändert)

duktionseinheiten. Die extern bezogenen Leistungen verursachen für den reduzierten Forstbetrieb nur noch zusätzliche variable Kosten.

Die betriebliche Ausstattung muss so gewählt werden, dass der Schnittpunkt der resultierenden Gesamtkostengeraden mit der Erlösgeraden bei einer Produktionsmenge liegt, die geringer ist als die Produktionsmenge, die bei der technischen Kapazitätsgrenze realisiert werden könnte. Andernfalls wird kein Gewinn erzielt, und die gewählte Strategie des kombinierten Betriebes scheitert aus ökonomischen Gründen.

Die hier anhand des Hiebsatzes als Obergrenze des Produktionsvolumens von Rohholz gemachten Überlegungen können analog auf andere betriebliche Tätigkeiten und Bereiche angewendet werden. Je nach Zielsetzung eines Forstbetriebes ergeben sich damit maßgebliche Einflussgrößen zur Bestimmung einer minimalen oder optimalen Arbeitskapazität. Neben der Holzernte sind dies z. B. der Pflegebetrieb oder der Bereich Schutz vor den Auswirkungen von Naturereignissen.

7.4.7 Produktionsfunktion vom Typ B

Im Zentrum der industriellen Produktion befinden sich Aggregate wie Gattersägen oder Profilspaner mit technischen Eigenschaften. Die in die Prozesse der Leistungserstellung eingehenden Produktionsfaktoren stehen hier in einem festen Verhältnis zueinander. Sie können nicht wie bei der Produktionsfunktion vom Typ A gegenseitig ausgetauscht werden. So kann z. B. der zur Herstellung von 1 m^3 Schnittwaren notwendige Rundholzeinsatz weder durch Arbeit noch Energie substituiert werden. Das angewandte Produktionsverfahren und die davon abhängige Ausbeute legen innerhalb bestimmter Dimensionen die benötigte Rundholzmenge fest. Es handelt sich beim zu verarbeitenden Rundholz demnach um einen limitationalen Produktionsfaktor, der in einem festen Faktoreinsatzverhältnis zur Ausbringungsmenge steht.

Die Erfassung der industriellen Produktion mit limitationalen Produktionsfaktoren geschieht mit der Produktionsfunktion vom Typ B. Für limitationale Produktionsprozesse gibt es keine Unterscheidungen zwischen mehreren Faktoreinsatzkombinationen – das würde einer Faktorsubstitution entsprechen –, sondern nur zwischen mehreren Produktionsprozessen, wie z. B. durch den Wechsel von einer Gattersäge auf einen Profilspaner.

Eine limitationale Faktorkombination bedeutet, dass eine angestrebte Aggregatleistung nur beim gleichzeitigen Einsatz mehrerer Faktoren und bei bestimmten Faktoreinsatzmengen, z. B. an Rohstoffen, Energie und Schmiermitteln, erbracht werden kann. Die Produktionsmenge kann durch die Variation nur eines Teils der Faktoren nicht gesteigert werden. Eine Erhöhung der Produktionsmenge würde bedingen, dass das gesamte System aus Menschen, Maschinen und Material mit einem höheren Leistungsgrad arbeitet. Es sind nicht nur der Roh- oder Werkstoffeinsatz zu steigern, sondern auch Energiemenge und Schmiermittel. Es steigen aber auch die Werkzeug- und Maschinenabnutzung sowie die Beanspruchung der menschlichen Arbeitskraft.

Die Produktionsfunktion vom Typ B unterscheidet zwischen Betriebsmitteln, wie Werkzeugen und Maschinen, und den übrigen Produktionsfaktoren, wie Energie oder Rohstoffen. Die Betriebsmittel werden als Gebrauchsfaktoren bezeichnet, die übrigen Produktionsfaktoren als Verbrauchsfaktoren. Die Betriebsmittel oder Gebrauchsfaktoren stehen in keinem unmittelbaren Zusammenhang mit dem Input an Verbrauchsfaktoren und dem Output an Produkten. Hingegen hängen Input wie Output von den technischen Eigenschaften der Betriebsmittel und von der Intensität ihrer Nutzung ab. Es bestehen somit nur mittelbare Beziehungen zwischen Input und Output. Diese lassen sich mithilfe von sogenannten Verbrauchsfunktionen darstellen (Wöhe und Döring 2008: 321 ff.).

Die Verbrauchsfunktion stellt den Einsatz der mittelbar eingehenden Verbrauchsfaktoren in Abhängigkeit von Kenngrößen des Aggregates dar. Verkürzt dargestellt sind diese Kenngrößen (Ellinger und Haupt 1996: 121):

– durch das technische Design bestimmte Parameter des Betriebsmittels, die als konstant angesehen werden, wie z. B. der maximale Durchlass einer Säge

– der Leistungsgrad (Intensität) des Aggregates, der im laufenden Betrieb verändert werden kann.

Der Leistungsgrad d entspricht dem Quotienten aus Arbeit, das sind die technischen Bearbeitungseinheiten b, und der Zeit t.

$$d = \frac{b}{t}$$

Die Arbeit b im Zähler des Quotienten ist das Produkt aus Kraft und Weg. Bei vielen Produktionsprozessen kann die Kraft als konstant angesehen werden, so dass der Weg als Maßeinheit für die Arbeit dienen kann. So ist z. B. im Sägevorgang die Kraft für die Schnitttiefe und andere während eines Arbeitsvorganges konstant gehaltene Größen gegeben. Die Arbeit hängt dann direkt proportional mit dem Weg zusammen, z. B. Anzahl Gatterbewegungen, Anzahl Umdrehungen bei der Kreissäge. Somit ändert die Leistung d proportional mit dem Weg pro Zeit und die Geschwindigkeit ist Maß für den Leistungsgrad. Reale Entsprechungen findet diese Geschwindigkeit in Begriffen wie Schnittgeschwindigkeit, Durchlaufzeit u. a. m.

Der Leistungsgrad ist also die unabhängige Variable der Verbrauchsfunktion. Deren abhängige Variable ist der Faktorverbrauch r_j je geleisteter technischer Bearbeitungseinheit b wie bspw. der Energiemengenkonsum je m^3 Schnittholz. Der Quotient aus r_j und b ist der Leistungskoeffizient p_j.

$$\rho_j = \frac{r_j}{b}$$

Bei konstanten technischen Eigenschaften ergibt sich die Verbrauchsfunktion aus:

$$\rho_j = \rho_j(d) \text{ resp. } \frac{r_j}{b} = \frac{r_j}{b}\left(\frac{b}{t}\right)$$

Abbildung 7-15 zeigt einen typischen U-förmigen Verlauf der Verbrauchsfunktion. Beim optimalen Leistungsgrad – hier bei $d^{(2)}$ – ist der Faktorverbrauch r_j minimal. Wird ausgehend von $d^{(2)}$ der Leistungsgrad verändert, d. h. vermindert oder erhöht, so erhöht sich zwingend der Faktorverbrauch.

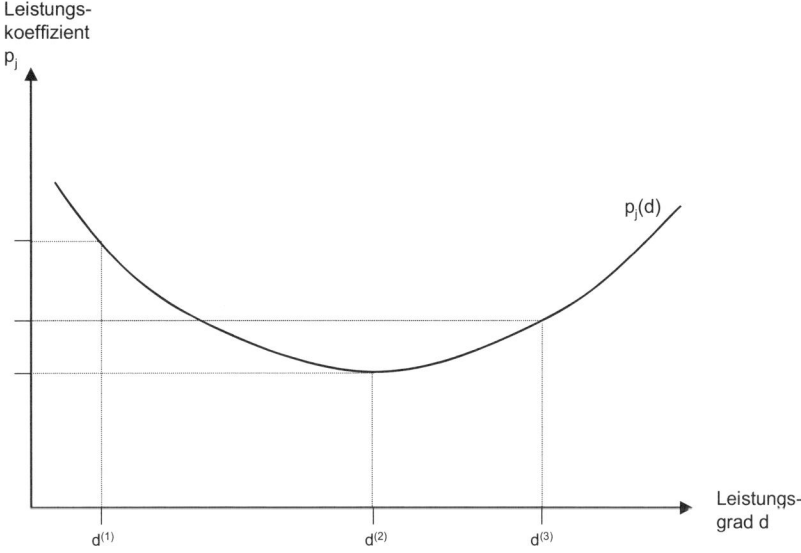

$p_j(d)$ = Leistungskoeffizient bei gegebenen Leistungsgrad d
$d^{(2)}$ = optimaler Leistungsgrad
$d^{(1)}$ = verminderter Leistungsgrad
$d^{(3)}$ = erhöhter Leistungsgrad

Abbildung 7-15:   U-förmige Verbrauchsfunktion

7.4.8   Kostenfunktion vom Typ B

Um von der Verbrauchs- resp. Produktionsfunktion zur Gesamtkostenfunktion zu gelangen, sind die für eine bestimmte Produktionsmenge anfallenden Faktorverbrauchsmengen mit ihren Faktorpreisen p_j – die als konstant angenommen werden – zu bewerten und zu addieren. Je nach Verlauf der zugrunde liegenden Verbrauchsfunktionen können die Gesamtkostenfunktionen lineare, progressive, degressive, S-förmige oder andere Verläufe aufweisen.

Im Gegensatz zur Kostenfunktion vom Typ A gibt es bei der Produktions- und Kostenfunktion vom Typ B keinen generellen Verlauf der Gesamtkostenfunktion, sondern einen aus der betriebsindividuellen Produktionstechnik abgeleiteten Verlauf (Wöhe und Döring 2008: 321 ff.). Die Gesamtkostenfunktion lautet:

$$K(d) = \sum_{j=1}^{n} p_j(d) * p_j$$

In Abbildung 7-16 ist der Sachverhalt für drei Verbrauchsfaktoren (z. B. Stromverbrauch, Schmiermittelverbrauch, Werkzeugabnutzung) dargestellt, die jeweils mit ihren konstanten Faktorpreisen bewertet und zur Gesamtkostenfunktion summiert sind. Jede der drei Verbrauchsfunktionen hat ein eigenes Minimum (d_1 = Leistungsoptimum des Stromverbrauchs, d_2 = minimaler Verbrauch an Schmiermitteln, d_3 = Minimum der Werkzeugabnutzung). Das Minimum der Gesamtkosten resp. der optimale Leistungsgrad $d^{(opt)}$ der aufsummierten mengenspezifischen Gesamtkostenfunktion muss im vorliegenden Fall zwischen d_1 und d_2 liegen, denn außerhalb der beiden Einzelminima steigen alle drei bewerteten Verbrauchsfunktionen an.

Als generelle Aussage kann Abbildung 7-16 entnommen werden, dass Betriebe bei gegebener Ausstattung normalerweise innerhalb eines relativ kleinen Output-Bereichs arbeiten. Abweichungen von $d^{(opt)}$ wirken sich annähernd proportional auf die Gesamtkosten aus (Wöhe und Döring 2008: 324).

Die Produktions- und Kostenfunktion vom Typ B ermöglicht durch die Aufteilung von Produktionsbetrieben in Teilbereiche ein relativ genaues Abbild der industriellen Produktion. Die Erweiterung ist jedoch nicht vollständig. So gelingt es etwa nicht, die in der industriellen Realität durchaus vorkommenden substitutionalen Effekte zu erfassen. Eine Synthese von substitutionalen und limitationalen Produktionsfunktionen kann als Produktionsfunktion vom Typ C dargestellt werden. Darauf aufbauend sind weitere Produktionsfunktionen entwickelt worden (Ellinger und Haupt 1996: 191 ff.).

Der vermehrte Technologieeinsatz in der Waldwirtschaft, insbesondere durch die Zunahme der vollmechanisierten Holzernte, gibt Hinweise auf veränderte oder sich

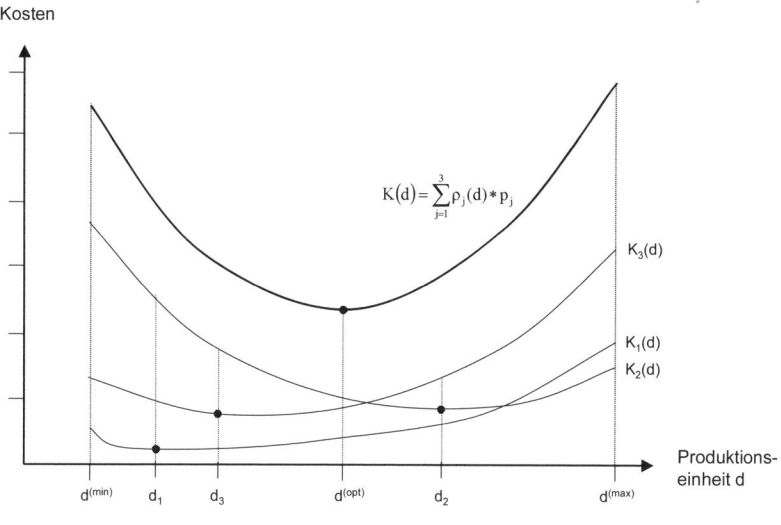

Kosten

$$K(d) = \sum_{j=1}^{3} \rho_j(d) * p_j$$

$K_3(d)$

$K_1(d)$
$K_2(d)$

Produktions-
einheit d

$d^{(min)}$ d_1 d_3 $d^{(opt)}$ d_2 $d^{(max)}$

$d^{(opt)}$	= optimaler Leistungsgrad	d_3 =	Minimum der Werkzeugabnuzung
$d^{(min)}$	= minimaler Leistungsgrad		
$d^{(max)}$	= maximaler Leistungsgrad	$K_1(d)$ =	Kostenkurve des Stromverbrauches
d_1	= Leistungsoptimum des Stromverbrauches	$K_2(d)$ =	Kostenkurve des Schmiermittelverbrauches
d_2	= minimaler Verbauch an Schmiermittel	$K_3(d)$ =	Kostenkurve der Werkzeugabnutzung

Abbildung 7-16:   Bewertete Verbrauchsfunktionen von drei Verbrauchsfaktoren und mengenspezifische Kostenfunktion

verändernde forstbetriebliche Produktionsprozesse, die den Gesetzmäßigkeiten der Produktions- und Kostenfunktion vom Typ B unterliegen.

7.4.9   Industrielle Kapazität und Flexibilität

Soll in einem Betrieb die Ausbringungsmenge verändert werden, so werden sich zwangsläufig auch die Gesamtkosten ändern. Wie bei der Produktions- und Kostenfunktion vom Typ B gezeigt worden ist, sind die Gesamtkosten nicht unmittelbar von der Ausbringungsmenge abhängig, sondern von den zugrunde liegenden Verbrauchsfunktionen. Das bedeutet, dass die Ausbringungsmenge von den Faktoreinsatzmengen abhängt. Diese wiederum verändern sich in Abhängigkeit von der Anzahl der eingesetzten Aggregate

493

sowie von deren Intensität und Einsatzzeit. Damit ergeben sich grundsätzlich vier Möglichkeiten, die Ausbringungsmenge zu verändern resp. die Produktion an veränderte Beschäftigungslagen anzupassen (Wöhe und Döring 2008: 323 ff., 1002):

1. Anpassung der Anzahl Aggregate (quantitative Anpassung)

2. Anpassung der Intensität der Nutzung (intensitätsmäßige Anpassung)

3. Anpassung der Einsatzzeit der Aggregate (zeitliche Anpassung)

4. Kombination der drei genannten Anpassungsformen (kombinierte Anpassung).

Quantitative Anpassung: Hier wird die Anzahl der eingesetzten Aggregate verändert. Intensität und Einsatzdauer der einzelnen Aggregate werden beibehalten. Stehen bei gleicher Leistung Aggregate unterschiedlicher Gesamtkosten zur Wahl, so werden die Aggregate mit den geringsten Produktionskosten ausgewählt. Geht die Beschäftigung zurück und muss die Ausbringungsmenge verringert werden, so werden die am unwirtschaftlichsten produzierenden Aggregate abgeschaltet. Wird die Beschäftigung wieder ausgedehnt, so wird das jeweils kostengünstigste der zwischenzeitlich nicht genutzten Aggregate wieder in Betrieb genommen.

Intensitätsmäßige Anpassung: Bei der intensitätsmäßigen Anpassung bleiben die Anzahl der eingesetzten Aggregate und deren Einsatzzeit unverändert. Die Veränderung der Ausbringungsmenge wird über eine Anpassung der Intensität, also der Leistungsabgabe pro Zeiteinheit, vorgenommen. Gesucht wird die optimale Anpassung an eine neue Ausbringungsmenge über die Veränderung der Intensität der Aggregate mit den tiefsten Durchschnittskosten pro Ausbringungseinheit.

Die aggregatspezifischen Durchschnittskosten pro Ausbringungseinheit werden analog dem Vorgehen in Abbildung 7-15 ermittelt. Das Minimum der Gesamtkostenkurve ergibt auf der Ordinate die minimalen Durchschnittskosten pro Ausbringungseinheit des betreffenden Aggregats (= minimale Durchschnittskosten bei $d^{(opt)}$). Da bei unveränderten Bedingungen die Ausbringungsmenge linear von der Intensität abhängt, kann auf der Abszisse statt der Intensität die Ausbringungsmenge abgetragen werden.

Arbeitet das Aggregat mit dem optimalen Leistungsgrad, so steigen die Durchschnittskosten pro Ausbringungseinheit bei einer Änderung der Intensität auf jeden Fall an. Verglichen mit anderen Anpassungsformen ist hier mit einer stärkeren Kostenzunahme zu rechnen. In der Industrie kommt daher diese Option nur dann zur Anwendung, wenn aus technischen Gründen keine andere Form der Anpassung möglich ist.

Zeitliche Anpassung: Die zeitliche Anpassung ist eine übliche Form zur Änderung der Ausbringungsmenge. Der Bestand an Betriebsmitteln und deren Intensität bleiben unverändert. Hingegen wird die Einsatzzeit der Gebrauchsfaktoren variiert. Bleiben die Kosten der Faktoreinsatzmengen je Zeiteinheit unverändert, so ergibt sich ein linearer

Verlauf der Gesamtkosten. Die Gesamtkosten sind proportional abhängig von der Einsatzzeit und von der Ausbringungsmenge.

Verändern sich hingegen die Preise einzelner Produktionsfaktoren wegen der zeitlichen Anpassung, so kann die Gesamtkostenfunktion ab der Änderung einen anderen Verlauf nehmen. Das Beispiel in Abbildung 7-17 zeigt die Änderung der Lohnkosten durch die Zahlung von Überstundenzuschlägen bei der Erhöhung der Arbeitszeit über die Normalarbeitszeit hinaus. Die Mehrkosten infolge der Überstundenzuschläge sind schraffiert.

Kombinierte Anpassung: Hier erfolgt eine Anpassung an eine veränderte Beschäftigungslage beziehungsweise an eine veränderte Ausbringungsmenge. Gewählt wird diejenige Anpassungsform, bei der die geringsten Durchschnittskosten pro Ausbringungseinheit für die jeweils neue Beschäftigungsmenge resultieren.

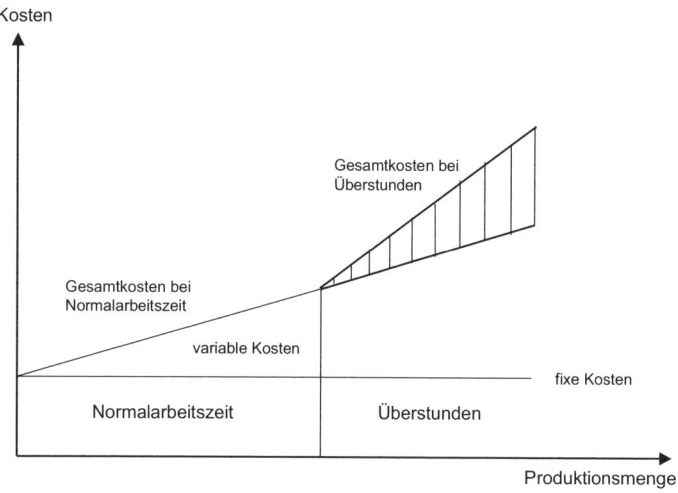

Abbildung 7-17:   Kostenverlauf bei zeitlicher Anpassung (Wöhe und Döring 2008: 325)

7.5   Analyse von Produktionsprogrammen

7.5.1   Teilkostenrechnungen

Die Ausführungen zur Betriebsbuchhaltung basieren auf der Voraussetzung, dass immer die vollen Kosten auf die Kostenträger verrechnet werden (Kapitel 5.8). Es handelt sich somit um eine Vollkostenrechnung. Sie geht vom Grundsatz aus, dass jedes Produkt seinen ‚gerechten' Anteil an allen Kosten überwälzt bekommen soll. Dementsprechend hat es auch einen Teil der Kosten zu tragen, die unabhängig vom konkreten Produktionsvolumen anfallen. Beispiele solcher produktionsunabhängiger Kosten sind Abschreibungen, Zinskosten, Überwachungs- oder Verwaltungskosten. Vollkostenrechnungen weisen bestimmte Nachteile auf: Sie sind aufwändig in der Ausführung. Teilweise ist es auch sachlich schwierig, das Verursacherprinzip konsequent anzuwenden. Oft müssen Umlage und Schlüsselung von Kostenträger-Gemeinkosten gutachtlich oder aufgrund von Annahmen festgelegt werden.

Bei Teilkostenrechnungen werden diese Nachteile gemildert, indem nur ein bestimmter Teil der Gesamtkosten auf die Kostenträger verrechnet wird. Dem Management steht damit ein Instrument des betrieblichen Rechnungswesens zur Verfügung, mit dem rasch die Auswirkungen von kurzfristigen Preisschwankungen ermittelt werden können. Weiter geben Teilkostenrechnungen Hinweise für kurzfristig tragbare Preisuntergrenzen und mögliche Änderungen im Produktionsprogramm und Produktionsvolumen.

Teilkostenrechnungen haben folgende Gemeinsamkeiten (Schellenberg 2000: 365):

–   In der Kostenartenrechnung muss eine Aufteilung nach beschäftigungsvariablen und fixen Kosten vorgenommen werden.

–   Es wird auf die Verrechnung von Fixkosten auf die einzelnen Kostenträger verzichtet.

–   Die Kostenträgerstückrechnung zeigt nur die zurechenbaren, variablen Stückkosten oder Stückeinzelkosten, nicht aber die Vollkosten pro Stück.

–   Unter Einbezug der Erlöse wird die Teilkostenrechnung zur Deckungsbeitragsrechnung. Aus der Summe der einzelnen Deckungsbeiträge ist der fixe Kostenanteil, welcher nicht auf die Kostenträger verrechnet wird, zu decken.

Zentrales Problem der Teilkostenrechnung ist die Kostenspaltung in variable und fixe Kosten:

–   *Variable Kosten*: Sie stehen für den bewerteten Verzehr von Werkstoffen oder Dienstleistungen. Hierzu gehören Roh-, Hilfs- und Betriebsstoffe sowie direkt zurechenbare Personalkosten, welche durch die Erstellung einer Produktionseinheit verursacht werden. Die variablen Kosten reagieren auf Änderungen im Beschäftigungsgrad.

–   *Fixe Kosten*: Sie reagieren nicht auf Änderungen des Beschäftigungsgrades; sie bleiben konstant. Fixe Kosten können auch nur der Aufrechterhaltung einer Unternehmung dienen, wie z. B. Abschreibungen, Mieten, Fremdkapitalzinsen und indirekt zurechenbare Personalkosten.

Kosten sind immer nur bezüglich eines definierten Zeitraumes fix. In der Teilkostenrechnung muss deshalb der Betrachtungszeitraum so kurz gewählt werden, dass in dieser Zeitspanne keine organisatorischen Anpassungen an Produktionsverfahren und Produktionsmengen vorgenommen werden. Als obere Grenze für den Zeithorizont nennt Schellenberg (2000: 366) ein Jahr. Dies lässt sich auch dadurch begründen, dass ein Unternehmen, will es überleben, die vollen Kosten und nicht nur die variablen Kosten durch die Erlöse decken muss.

7.5.2   Deckungsbeitragsrechnung

Kapazitätsfragen in einem erweiterten Sinne stellen sich immer wieder in den laufenden Produktionsprozessen. Die theoriegeleitete Bestimmung betrieblicher Kapazitäten ist daher eine wichtige Voraussetzung für strategische Entscheide mit langfristiger Wirkung. Sie führt etwa in Form von Investitionen zur Beschaffung geeigneter Betriebsmittel und zur Wahl effizienter Produktionsziele.

Kosten- und Preisänderungen, kurzfristige Nachfrageschwankungen oder andere Änderungen der Rahmenbedingungen erfordern Anpassungen von geplanten Produktionsprogrammen, eingesetzten Arbeitsverfahren und vorgesehenen Produktionsmengen. Da sich solche Rahmenbedingungen rasch ändern können, benötigt das Management geeignete Instrumente, mit denen schnell eine neue Ausgangslage dargestellt und analysiert werden kann. Aufzuzeigen sind die Anpassungsmöglichkeiten resp. die Grenzen betrieblicher Anpassungen sowie deren jeweilige Auswirkung.

Dazu stehen Systeme der Teilkostenrechnung, insbesondere in Form der Deckungsbeitragsrechnung, zur Verfügung. Die Differenz zwischen Stückerlös und variablen Stückkosten heißt Deckungsbeitrag, kurz: DB = Stückerlös – variable Stückkosten. Die Ermittlung der Differenz zwischen Stückerlös und variablen Stückkosten wird als Deckungsbeitragsrechnung (DBR) bezeichnet. Im englischen Sprachbereich wird der Begriff Direct Costing verwendet.

Die zentrale Frage der Deckungsbeitragsrechnung ist, welchen Beitrag ein Produkt oder eine Dienstleistung zur Deckung der fixen Kosten leistet. Solange der Absatzpreis (Erlös) über den variablen Kosten liegt, wird zumindest ein Teil der fixen Kosten gedeckt. Grundlegend ist hierbei die Erkenntnis, dass auch eine Verlustproduktion, welche aus betrieblichen Gründen nicht reduziert oder eingestellt werden kann, so lange einen Beitrag zur Deckung der fixen Kosten liefert, wie eine positive Differenz zwischen Erlös und variablen Kosten besteht. Ein Stückgewinn ist im Rahmen der Deckungsbeitragsrechnung nicht ableitbar, da der Anteil der fixen Kosten nicht berücksichtigt wird.

7.5.3   Einstufige Deckungsbeitragsrechnung

Der Betriebsgewinn ergibt sich in der kurzfristigen Erfolgsrechnung bzw. Kostenträgerzeitrechnung aus der Summe der Deckungsbeiträge abzüglich der fixen Kosten des

Unternehmens (Abbildung 7-18). Dieses Verfahren der Kostenermittlung wird einstufige Deckungsbeitragsrechnung oder Grundform der DBR genannt. Mit ihrer Hilfe lassen sich einfache jedoch nicht minder wirkungsvolle Aussagen im Sinne einer betrieblichen Lagebeurteilung vornehmen.

Die grafische Darstellung der einstufigen DBR besticht durch die Reduktion von Produktionsprozessen auf die drei Größen fixe Kosten, variable Kosten und Erlöse (Abbildung 7-19). Der Schnittpunkt der Gesamtkostengeraden mit der Erlösgeraden ergibt den Kostendeckungspunkt (auch ‚toter Punkt', ‚break even point'). Er gibt jenes Absatzvolumen an, bei dem die Summe der erzielten Deckungsbeiträge gleich dem Fixkostenblock ist. Die Fläche rechts des Kostendeckungspunktes und zwischen der Gesamtkosten- und der Erlösgeraden entspricht der Gewinnzone.

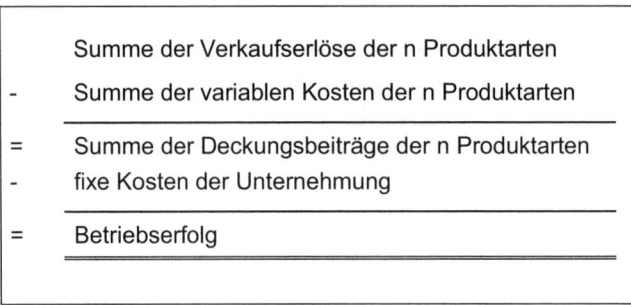

Abbildung 7-18:   Schema der einstufigen Deckungsbeitragsrechnung

Ein gewisser Nachteil bei der einstufigen Ermittlung von Deckungsbeiträgen ist allerdings die undifferenzierte Behandlung der Fixkosten. Dieser Umstand wiegt umso stärker, je höher der Fixkostenanteil an den Gesamtkosten eines Unternehmens ist.

7.5.4   Anwendung in der Rohholzproduktion

Die einstufige Deckungsbeitragsrechnung eignet sich für Aussagen über gesamte Unternehmensbereiche, z. B. im Bereich der Produktion von Rohholz (Schmidhauser 1994: 22 ff.). In das Grundschema werden die abgesetzte Holzmenge und der erzielte Erlös eingetragen, ebenso der Fixkostenblock und die Gerade der variablen Kosten. Da die Erlöse, zumindest kurzfristig, durch den Betrieb kaum entscheidend beeinflussbar sind, wird die Erlösgerade als gegeben vorausgesetzt. Ausgehend von Abbildung 7-19 werden im Folgenden 5 mögliche Fälle diskutiert.

Fall 1 (d = f): Erlös-Gerade und Gesamtkosten-Gerade schneiden sich im Kostendeckungspunkt. Die Rohholzproduktion deckt die gesamten Kosten (d = f). Die Eigen-

498

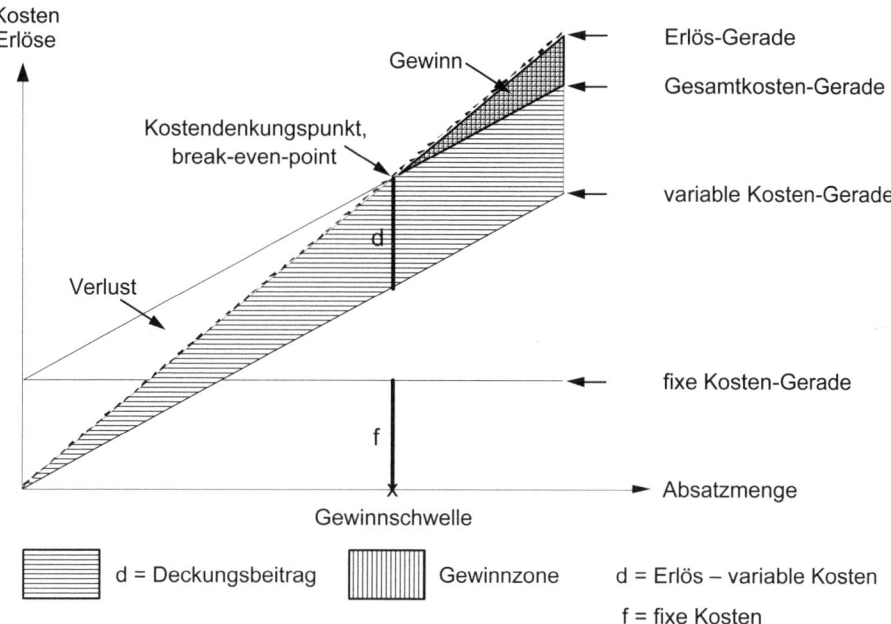

Abbildung 7-19:   Kosten- und Erlösentwicklung in Abhängigkeit von der Absatzmenge

wirtschaftlichkeit ist gegeben. Es können aber keine Mittel für Investitionen, Nebenbetriebe oder gemeinwirtschaftliche Leistungen bereitgestellt werden.

Fall 2 (d > f): Es wird ein einzelkostenfreier Erlös realisiert (erntekostenfreier Erlös),
d.h. die Gesamtkosten der Rohholzproduktion sind abgedeckt. Die so erwirtschafteten Mittel stehen der Unternehmung zur Deckung der Kosten in anderen Bereichen
(Nebenbetriebe, Investitionen, gemeinwirtschaftliche Leistungen) zur Verfügung. Handelt es sich bei der angegebenen Absatzmenge nicht um die nachhaltige Nutzungsmenge, sondern um eine überhöhte, beispielsweise aufgrund von Zwangsnutzungen, so
muss der erntekostenfreie Erlös in Relation zum Wertverzehr von Waldkapital beurteilt
werden.

Fall 3 (0 < d < f): Es resultiert ein verminderter Deckungsbeitrag bzw. ein perioden-
bezogener Verlust im Betrag von f – d. Die Absatzpreise liegen aber noch über den
variablen Kosten. Damit wird trotz einer Verlustproduktion ein Beitrag zur Deckung
der fixen Kosten geleistet.

Fall 4 (d = 0): Die Erlös-Gerade verläuft parallel zur Gesamtkosten-Geraden. Der
Deckungsbeitrag aus Erlöse minus die variablen Kosten ist Null (d = 0). Vom Erlös

werden nur noch die variablen Kosten abgedeckt, es wird aber kein Beitrag mehr geleistet zur Deckung der fixen Kosten, und zwar unabhängig von der produzierten bzw. abgesetzten Menge.

Fall 5 (d < 0): Die Erlös-Gerade weist eine geringere Steigung auf als die Gesamtkosten-Gerade; sie schneiden sich nie. Die Absatzpreise vermögen selbst die variablen Kosten nicht mehr auszugleichen. Der Deckungsbeitrag an die fixen Kosten ist negativ (d < 0). Eine veränderte Absatzmenge wirkt sich gleichsinnig auf die absolute Höhe des negativen Deckungsbeitrages aus.

7.5.5   Anwendung in der Schnittholzproduktion

Zur Darstellung der einstufigen Deckungsbeitragsrechnung in der Holzindustrie dient die nachfolgende Kalkulation eines Profilspanerwerkes (Abbildung 7-20). Die betriebsspezifischen Anpassungen betreffen vor allem den Erlös des Haupterzeugnisses, die aggregatabhängigen Einschnittleistungen sowie die variablen und fixen Betriebskosten.

Wie aus dem Beispiel hervorgeht, arbeitet das Profilspanerwerk mit einem Deckungsbeitrag > 1. Im vorhergehenden Beispiel aus der Rohholzproduktion entspricht dies dem beschriebenen Fall 2 mit d > f.

Der Kostendeckungspunkt wird bei einer Tagesleistung von 455 m³/Tag erreicht. Bei dieser bzw. einer größeren Einschnittmenge sind die gesamten Kosten gedeckt (Fall 1: d = f). Eine tägliche Einschnittmenge unterhalb des Kostendeckungspunktes führt zu einem periodenbezogenen Verlust im Umfang von f – d (Fall 3: 0 < d < f). Die Absatzpreise liegen immer noch über den variablen Kosten, so dass auch bei einer Verlustproduktion ein Beitrag zur Deckung der fixen Kosten geleistet wird. Die Produktion unter diesen Voraussetzungen kann kurzfristig zur Aufrechterhaltung der Unternehmenstätigkeit sinnvoll sein. Damit das Unternehmen langfristig überleben kann, muss es jedoch im Bereich der einzelkostenfreien Erlöse, d. h. über dem Kostendeckungspunkt, produzieren.

Das Kalkulationsschema zeigt den geringen Spielraum des Managements hinsichtlich der Produktionsmenge, innerhalb derer kostendeckend gewirtschaftet werden kann. Im Beispiel ist die Untergrenze durch den Kostendeckungspunkt bei 455 m³ Tagesleistung gegeben. Die Obergrenze – gleichbleibende Rahmenbedingungen vorausgesetzt – wird durch die maximale Einschnittleistung von 480 m³/Tag festgelegt.

Vergleichbare einstufige Deckungsbeitragsrechnungen können auch auf andere Sägetechniken oder auf die Erzeugung anderer Produkte angewandt werden. Kalkulationen dieser Art sind ebenfalls von Interesse in anderen Bereichen der Holzwirtschaft wie z. B. in Zimmereibetrieben, Schreinereien, im Fertighausbau oder in der Möbelproduktion.

500

	Erzeugnis, Abmessungen, Qualität (gerundete Werte)					
1	Haupterzeugnis	Anteil	45	%		
		Erlös	245	€/m³	110	€/m³
2	Nebenerzeugnis/N	Anteil	20	%		
		Erlös	170	€/m³	34	€/m³
3	Nebenerzeugnis/K	Anteil	2	%		
		Erlös	100	€/m³	2	€/m³
4	Industrie-Restholz/H	Anteil	16	%		
		Erlös	13	€/m³	2	€/m³
5	Industrie-Restholz/S	Anteil	17	%		
		Erlös	12	€/m³	2	€/m³
6	Erlös gesamt				150	€/m³
	Erlös netto		-2	%	147	€/m³
7	Rundholz	Ankauf			80	€/m³
		Rindenabschlag	0	€/m³	80	€/m³
		Skonto	-2	%	78	€/m³
8	Beifuhr und Nebenkosten				10	€/m³
9	Materialkosten (7+8)				88	€/m³
10	Materialspanne (6–9)				59	€/m³
11	Einschnittleistung		60	m³/h		
	Arbeitszeit pro Tag		8	h/Tag	480	m³/Tag
12	Rohertrag (10*11)		28.320	€/Tag		
13	Betriebskosten variabel		9.600	€/Tag	20	€/m³
14	Deckungsbeitrag (12–13)		18.720	€/Tag	39	€/m³
15	Betriebskosten fix		17.760	€/Tag	37	€/m³
16	Selbstkosten (9+13+15)				145	€/m³
17	Über- bzw. Unterdeckung (14–15)		960	€/Tag	2	€/m³
18	Mindestleistung ([15/14]*11) (Break-Even-Point)		57	m³/h	455	m³/Tag

Abbildung 7-20:   Einstufige Deckungsbeitragsrechnung: Produktion von Schnittholz mit Profilspanertechnik (Eigene Zusammenstellung)

7.5.6   Mehrstufige Deckungsbeitragsrechnung

In der mehrstufigen Deckungsbeitragsrechnung wird der Fixkostenblock aufgeteilt. Die verschiedenen Teile der Fixkosten werden nicht einzelnen Kostenträgern, sondern der Gesamtstückzahl einer Produktart, einer Kostenstelle oder eines Betriebsbereiches zugeordnet. Dabei ergibt sich die in Abbildung 7-21 dargestellte Gliederung. Die mehrstufige Deckungsbeitragsrechnung kann grundsätzlich auf alle mehrstufigen Produktionsprozesse, Kuppelproduktionen sowie auf Betriebe mit Mehrprodukteprogrammen angewandt werden. Dies gilt insbesondere auch für die Waldwirtschaft (Speidel 1984: 107 ff.). Entscheidend ist, dass das betriebliche Rechnungswesen hinreichend genaue

Angaben liefert zur Aufteilung der Fixkosten auf die einzelnen Produkte, auf die Kostenstellen sowie auf die Betriebsbereiche.

```
    Umsatzerlöse eines Erzeugnisses
  - variable Selbstkosten dieses Erzeugnisses
  = Erzeugnisdeckungsbeitrag
  - Erzeugnisfixkosten
  = Deckungsbeitrag I

    Summe aller Deckungsbeiträge I einer Erzeugnisgruppe
  - Erzeugnisgruppenfixkosten
  = Deckungsbeitrag II

    Summe aller Deckungsbeiträge II einer Kostenstelle
  - Kostenstellenfixkosten
  = Deckungsbeitrag III

    Summer aller Deckungsbeiträge III eines Bereiches
  - Bereichsfixkosten
  = Deckungsbeitrag IV

    Summe aller Deckungsbeiträge IV eines Unternehmens
  - Unternehmensfixkosten
  = Nettoerfolg
```

Abbildung 7-21:   Schema der mehrstufigen Deckungsbeitragsrechnung

7.5.7   Arbeitsverfahren in der Holzproduktion

Das folgende Beispiel in Anlehnung an Hegetschweiler (1988: 303) beginnt auf der Stufe der Erzeugnisgruppe Rohholz. Dies bedeutet, dass in dieser allgemeinen Form der Darstellung die einzelnen Rohholzsortimente nicht auseinandergehalten werden. Betrachtet wird vielmehr die gesamte Verkaufsmenge im Holzproduktionsbetrieb (Abbildung 7-22). Erst der Deckungsbeitrag IV ist für die Finanzierung von Investitionen, für Rückstellungen oder Gewinnausschüttung verfügbar.

Mit der stufenweisen Deckungsbeitragsrechnung – insbesondere augenfällig in der grafischen Darstellung – können Betriebsausstattung, Arbeitsverfahren oder Kapazitäten überprüft werden. Für die Betriebe der Waldwirtschaft ist dies insofern von Bedeutung, als gewählte Arbeitsverfahren im Holzproduktionsbereich sowohl die fixen wie die variablen Kosten beeinflussen. Die Darstellung erfolgt zweckmäßigerweise in einem

	Umsatzerlöse aus dem Holzverkauf
-	variable Kosten der Holzernte
=	**Deckungsbeitrag I**
-	fixe Kosten der Holzernte (der 2. Produktionsstufe)
=	**Deckungsbeitrag II** (der reinen Holzernte = 2. Produktionsstufe)
-	fixe Kosten der 1. Produktionsstufe
=	**Deckungsbeitrag III** (des Holzproduktionsbereiches)
-	fixe Kosten aus anderen Betriebsbereichen (Nebenbetriebe, gemeinwirt. Leistungen)
=	**Deckungsbeitrag IV**
-	fixe Kosten des gesamten Forstbetriebes
=	**Nettoerfolg**

Abbildung 7-22:   Mehrstufige Deckungsbeitragsrechnung: Produktion von Rohholz (Hegetschweiler 1988: 303, erweitert)

Diagramm, welches die Erlöse und Kosten pro Arbeitseinheit oder Produktionsmenge aufzeigt (Abbildung 7-23). Es lassen sich darstellen:

– Deckungsbeitrag der reinen Holzernte, d. h. der zweiten Produktionsstufe (DB II)

– Deckungsbeitrag des Holzproduktionsbereiches HPB (DB III)

– Deckungsbeitrag an den Gesamtbetrieb (DB IV)

Insgesamt ergeben sich damit die einzelnen Deckungsbeiträge aus der Produktion von Rohholz in Abhängigkeit von der Absatzmenge.

Für den Kostenvergleich unterschiedlicher Arbeitsverfahren, wie z. B. Stamm- oder Sortimentsverfahren, Bodenseilzug oder Seilkraneinsatz, Rücken mit Seilkran oder Holzbringung mit einem Hubschrauber, sind verfahrensspezifische Gesamtkostenkurven zu ermitteln und im Diagramm einzutragen (Hegetschweiler 1988: 365 ff.). Diese Informationen lassen Kostenvergleiche zu, welche zu beachtenswerten Schlussfolgerungen über mögliche Verfahrensalternativen führen. Vor allem im Rahmen der Schutzwaldbewirtschaftung, bei der die Wahl geeigneter Arbeitsverfahren nach primär waldbaulichen Gesichtspunkten zu treffen ist, ergeben sich zudem wichtige Argumente für Beiträge der öffentlichen Hand, sofern der Einsatz kostenintensiver technischer Mittel aus Gründen der Bestandessicherheit bzw. des Natur- und Landschaftsschutzes sowie der Unfallverhütung unabdingbar ist.

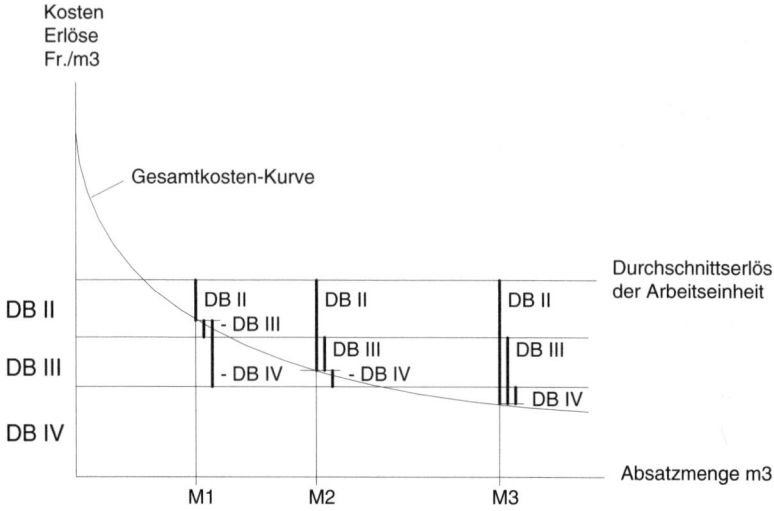

DB II   = Deckungsbeitrag II (der reinen Holzernte = 2. Produktionsstufe)
DB III = Deckungsbeitrag III (des Holzproduktionsbetreiches)
DB IV   = Deckungsbeitrag IV
M1,2,3 = Absatzmenge

Abbildung 7-23:   Deckungsbeiträge II – IV bei verschiedenen Absatzmengen von Rohholz (in Anlehnung an Hegetschweiler 1988: 304)

7.5.8   Waldwirtschaftliche Produktionsprogramme

Eine mehrstufige Deckungsbeitragsrechnung bietet wichtige Erkenntnisse und Rechengrundlagen zur Überprüfung der wirtschaftlichen Auswirkungen bestimmter Zielsetzungen in der Waldbewirtschaftung. Ebenso lassen sich wichtige Schlussfolgerungen für eine effiziente Steuerung waldwirtschaftlicher Produktionsprogramme ziehen.

Abbildung 7-24 zeigt in Anlehnung an das Gruppenmittel von Alpen-Forstbetrieben in der Schweiz (BFS/BUWAL 2000: 86 ff.) eine mehrstufige Deckungsbeitragsrechnung eines Forstbetriebes über die Bereiche Holzproduktion, Nebenbetriebe und Schutzwaldbewirtschaftung. Hierbei sind folgende Punkte besonders zu beachten:

–   In der Holzproduktion sind die Sortimentsgruppen Stamm-, Industrie- und Energieholz dargestellt, nicht aber die einzelnen Sortimente. Der Nachweis der Kosten für diese Produktion erfolgt in den Kostenstellen Holzhauerei und Rücken. Die übrigen Kosten des Betriebsbereiches Holzproduktion für Lagerung und Administration erscheinen hier als Bereichsfixkosten.

monetäre Angaben in Franken	Holzproduktion			Nebenbetriebe		Schutzwald	
	Stamm-holz	Industrie-holz	Energie-holz	Pflanz-garten	Garten-möbel	Stabili-täts-pflege	Schutz-vorrich-tungen
	7.000 m³	1.000 m³	2.000 m³	5.000 Stk	Diverse	75 ha	Diverse
Umsatzerlöse	560.000	15.000	50.000	15.000	4.000	90.000	270.000
- variable Kosten der Erzeugnisse	21.000	4.000	10.000	6.000	3.500	60.000	130.000
= Erzeugnisdeckungsbeitrag	539.000	11.000	40.000	9.000	500	30.000	140.000
- Erzeugnisfixkosten	---	---	---	---	---	---	---
= Deckungsbeitrag I	539.000	11.000	40.000	9.000	500	30.000	140.000
Σ aller DB I	539.000	11.000	40.000	---	---	---	---
- Erzeugnisgruppenfixkosten	140.000	20.000	10.000	5.000	1.500	10.000	90.000
= Deckungsbeitrag II	399.000	-9.000	30.000	4.000	-1.000	20.000	50.000
Σ aller DB II einer Kostenstelle	420.000	⌐	⌐	4.000	-1.000	20.000	50.000
- Kostenstellenfixkosten	100.000			1.000	2.000	5.000	15.000
= Deckungsbeitrag III	320.000			3.000	-3.000	15.000	35.000
Σ aller DB III eines Betriebsbereichs	320.000			0	⌐	50.000	⌐
- Bereichsfixkosten	80.000			3.000		45.000	
= Deckungsbeitrag IV	240.000			-3.000		5.000	
Σ aller DB IV eines Unternehmens	242.000			⌐		⌐	
- Unternehmensfixkosten	219.000						
= Nettoerfolg	23.000						

Abbildung 7-24:   Deckungsbeiträge eines Waldbewirtschaftungsprogramms in einem Alpen-Forstbetrieb (Eigene Zusammenstellung)

– Der Bereich Nebenbetriebe umfasst die Kostenstellen Pflanzgarten und Herstellung von Gartenmöbeln aus Holz. Es erfolgt keine Unterscheidung in verschiedene Produkte wie z.B. 1-jährige Sämlinge, Forstpflanzen bis 50 cm Höhe resp. von 50 cm – 120 cm Höhe oder z.B. Tische, Stühle, Bänke und Spielgeräte. Die Fixkosten werden auf den Stufen Produktgruppen (Erzeugnisfixkosten) und Kostenstellen ausgewiesen.

– Zum Bereich Schutzwald gehören Stabilitätspflege und Unterhalt von Schutzvorrichtungen des Abschnitts einer Transitstrecke der Eisenbahn. Die Umsatzerlöse setzen sich zusammen aus Abgeltungen der Bahn für Arbeitsleistungen und aus Erlösen des Verkaufs marktfähiger Holzsortimente, die bei der Stabilitätspflege anfallen und kostendeckend geerntet werden können. Die Fixkosten sind hier analog zu den Nebenbetrieben differenziert.

Die Ergebnisse der mehrstufigen Deckungsbeitragsrechnung führen zu verschiedenen für das Management wichtigen Schlussfolgerungen:

– Industrieholzproduktion: Der Deckungsbeitrag II des Industrieholzes ist negativ. Das Produktionsprogramm ist dahingehend zu prüfen, ob die Produktion von Industrieholz nicht zugunsten von Energieholz eingestellt werden soll und/oder eine höhere Ausbeute an Stammholz möglich ist. Die Industrieholzproduktion kann wieder aufgenommen werden, sobald wie in der Energieholzproduktion rationelle Arbeitsverfahren zur Verfügung stehen und/oder die Erlöse auf ein kostendeckendes Niveau ansteigen.

– Produktion von Gartenmöbeln: Der Deckungsbeitrag der Kostenstelle ist negativ. Hier schlagen insbesondere die Erzeugnisgruppen und die Kostenstellenfixkosten zu Buche, z. B. für Abschreibungen spezieller Maschinen. Nebst der Überprüfung der Kosten ist auch die Erlössituation zu analysieren. Da die Erlöse über den variablen Kosten liegen, wird trotz der Verlustproduktion ein Beitrag zur Deckung der fixen Kosten geleistet. Langfristig muss aber der Deckungsbeitrag insgesamt positiv ausfallen.

– Stabilitätspflege: Ein kritischer Punkt sind die Umsatzerlöse für marktfähige Holzsortimente. Die Abgeltungen für die Leistungserstellung im Zusammenhang mit der Schutzfunktion des Waldgebietes müssen mittelfristig auf eine Höhe angehoben werden, mit der unabhängig von einem etwaigen Holzerlös sämtliche Kosten der Kostenstelle gedeckt sind. Diese umfassen die Arbeitsleistungen, die Erzeugnisgruppenfixkosten, z. B. für die Abschreibung einer Seilkrananlage, und die Kostenstellenfixkosten, etwa der Verwaltungsaufwand für die Kostenstelle.

Ziel der Überprüfung des Produktionsprogramms mithilfe der mehrstufigen Deckungsbeitragsrechnung ist, die forstbetrieblichen Maßnahmen so zu steuern, dass die Leistungserstellung in jedem Betriebsbereich über der kritischen Grenze der Kostendeckung erfolgt.

7.5.9 Produktionsabläufe in der Holzindustrie

Das nachfolgende Beispiel einer mehrstufigen Deckungsbeitragsrechnung in der Holzindustrie geht von den Daten in Abbildung 7-20 aus. Die dort enthaltenen Größen von Tagesleistungen sind hier auf ein Jahr hochgerechnet. Ausgehend von der vollen Auslastung der betrieblichen Kapazität bei einer Einschnittleistung von 480 m³/Tag und einer Produktionszeit von 240 Arbeitstagen ergibt sich ein Produktionsvolumen von total 115.200 m³. Durch die Übernahme der gerundeten Werte entsteht allerdings eine Erlösdifferenz von rund -40.000 € oder von -0,2 % gegenüber einem Rechengang ohne Rundungen.

Grundlage der Deckungsbeitragsrechnung sind hier drei Erzeugnisgruppen innerhalb der Kostenstelle Sägereibetrieb: das Haupterzeugnis, die Nebenerzeugnisse und die Industrie-Resthölzer. Die beiden letzteren Erzeugnisgruppen unterteilen sich weiter in je zwei Einzelerzeugnisse bzw. handelbare Produkte. Zum Haupterzeugnis gehören mehrere Schnittwaren-Sortimente, die hier aber nicht auseinander gehalten sind.

In Abbildung 7-25 ist der Betriebsbereich Sägereibetrieb dargestellt. Er umfasst hier nur die gleichnamige Kostenstelle. In der Zeile Σ aller DB III eines Betriebsbereichs wird darauf hingewiesen, dass – sofern im betrieblichen Geschehen unterteilt und rechnerisch erfasst – die Deckungsbeiträge weiterer Kostenstellen innerhalb des Betriebsbereichs zusammengeführt werden können. So könnten z. B. die auf den Einschnitt folgenden Transportanlagen insgesamt als Kostenstelle oder je Erzeugnisgruppe als Kostenstellen differenziert werden.

In der Regel gehören zu einem Unternehmen der Holzindustrie weitere Betriebsbereiche wie ein Fuhrpark für die Zufuhr des Rohholzes und den Wegtransport der Erzeugnisse oder Holzenergieanlagen für die Erzeugung von Prozessenergie oder von Fernwärme. Die mehrstufige Deckungsbeitragsrechnung über solche Betriebsbereiche ist analog der hier dargestellten aufgebaut. Die Zusammenführung mehrerer Deckungsbeitragsrechnungen über verschiedene Betriebsbereiche erfolgt auf der Zeile Σ aller DB IV eines Unternehmens.

Erzeugnisfixkosten fallen lediglich für die Schnittwaren als Haupterzeugnis an. Sie umfassen sämtliche Kosten für die technische Trocknung. Fixkosten für Erzeugnis-

monetäre Angaben in €	Haupterzeugnis 51.840 m³	Nebenerzeugnis/N 23.040 m³	Nebenerzeugnis/K 2.304 m³	Industrie-Restholz/H 18.432 m³	Industrie-Restholz/S 19.584 m³
Umsatzerlöse	12.700.800	3.916.800	230.400	239.616	235.008
- variable Kosten der Erzeugnisse	1.555.200	460.800	46.080	147.456	94.464
= Erzeugnisdeckungsbeitrag	11.145.600	3.456.000	184.320	92.160	140.544
- Erzeugnisfixkosten [1]	2.599.200	---	---	---	---
= Deckungsbeitrag I	10.886.400	3.456.000	184.320	92.160	140.544
Σ aller DB I	10.886.400	3.640.320	↵	232.704	↵
- Erzeugnisgruppenfixkosten [2]	777.600	380.160		304.128	
= Deckungsbeitrag II	10.108.800	3.260.160		-71.424	
Σ aller DB II einer Kostenstelle	13.297.536	↵		↵	
- Kostenstellenfixkosten [3]	1.152.000				
= Deckungsbeitrag III	12.145.536				
Σ aller DB III eines Betriebsbereichs	12.145.536	← DB III weiterer Kostenstellen des Betriebsbereichs			
- Bereichsfixkosten [4]	10.518.592				
- Deckungsbeitrag IV	1.626.944				
Σ aller DB IV eines Unternehmens	......	← DB IV weiterer Betriebsbereiche			
- Unternehmensfixkosten	......				
= Nettoerfolg	......				

Legende: 1) Trocknungskammer für das Haupterzeugnis
2) Lageranlagen für die Erzeugnisgruppen
3) Schärferei und Maschinenwerkstatt für den Sägereibetrieb
4) Holzeinkauf und Rohholzlager

Abbildung 7-25:   Deckungsbeiträge in einem Unternehmen der Holzindustrie (Eigene Zusammenstellung)

gruppen liegen hingegen bei allen drei Produktgruppen vor. Es handelt sich um spezifische Fixkosten für Lageranlagen der jeweiligen Produkte, welche die Kosten für Boden, Hallen, Transportanlagen, Lagervorrichtungen wie Hochregale oder Schüttgutsilos u.a.m. beinhalten. Zu den Kostenstellenfixkosten zählen die Kosten für die Schärferei und weitere Werkstatteinrichtungen der Kostenstelle Sägereibetrieb.

Die Unternehmensfixkosten bleiben im Beispiel außer Betracht, da weitere Betriebsbereiche aus Platzgründen nicht dargestellt sind. Deren Deckungsbeiträge IV fließen deshalb nicht in das Rechnungsschema ein. Bei einer entsprechenden Deckungsbeitragsrechnung für ein Unternehmen insgesamt ist dies allerdings ein notwendiger und unverzichtbarer Berechnungsschritt, um den Nettoerfolg der gesamten Leistungserstellung zu ermitteln.

Das Management erhält aus der mehrstufigen Deckungsbeitragsrechnung für die Überprüfung der Produktionsabläufe wichtige Hinweise. Es wird unterstellt, dass die variablen Kosten der Erzeugnisse die kostengünstigsten verfügbaren Arbeitsverfahren wiedergeben, welche laufend dem Stand der Technik angepasst werden:

– Erzeugnis- und Erzeugnisgruppenfixkosten: Wichtige Hinweise ergeben sich z.B. in Bezug auf die Anpassung von Abschreibungszeiträumen technischer Anlagen, die Be-/Entlastung der Produktionskosten von Erzeugnissen, steuerliche Auswirkungen oder auch optimale Zeitpunkte für Ersatzinvestitionen in kostengünstigere Verfahren.

– Erzeugnisgruppenfixkosten: Bei den Industrie-Resthölzern übersteigen die Fixkosten der Lagerhaltung (z.B. Schüttgutsilos) den Deckungsbeitrag I. Eine solche Kostensituation erfordert sofortige Maßnahmen, z.B. durch Aufgeben oder Abbau von Lagerkapazitäten. Dies kann bedeuten, dass ein kontinuierlicher Abtransport anzustreben ist und der freiwerdende Raum einer anderen Nutzung innerhalb der Unternehmung oder einer Nutzung durch Dritte zugeführt wird.

– Die Kostenstellenfixkosten sind darauf zu überprüfen, ob innerbetriebliche Kostensenkungspotenziale bestehen. Zu prüfen ist auch, ob bei gleichbleibender Qualität und Sicherheit für die Produktionsprozesse diese Arbeiten kostengünstiger durch externe Dienstleister erbracht werden können.

– Die Bereichsfixkosten umfassen im konkreten Beispiel den Holzeinkauf und das Rohholzlager. Die Kosten des Holzeinkaufs werden als für das Unternehmen vorgegeben angenommen. Beeinflussbar sind die Kosten für das Rohholzlager. Je besser es gelingt, die Beschaffung des Rohstoffes mit den Lieferanten in einer übergreifenden Produktionskette zu organisieren, desto geringere Kosten entstehen für den benötigten Boden, für Lageranlagen und Materialtransporte. Parallel dazu wird auch der Kapitalumlauf beschleunigt.

Umfang und Inhalt der in Abbildung 7-25 aufgeführten Berechnung sind exemplarisch. Andere mehrstufige Berechnungen von Deckungsbeiträgen müssen anhand der effektiven Betriebsverhältnisse und Informationsbedürfnisse des Managements aufgebaut werden. Durch die freie Definition, Wahl und Zusammensetzung von Produkten, Erzeugnisgruppen, Kostenstellen und Betriebsbereichen ist es durchaus möglich, mehrstufige Deckungsbeitragsrechnungen in hohem Maße den jeweiligen betrieblichen und/oder unternehmerischen Erfordernissen und Fragestellungen anzupassen. Voraussetzung für eine aussagekräftige und zuverlässige Deckungsbeitragsrechnung dieser Art ist, dass die benötigten Informationen über die Fixkostenanteile mit hinreichender Genauigkeit ermittelt werden.

7.6   Literatur

BFS/BUWAL (2000): Wald und Holz Jahrbuch 2000: Statistik der Schweiz. Hrsg. Bundesamt für Statistik (BFS) und Bundesamt für Umwelt, Wald und Landschaft (BUWAL), Neuchâtel. 169 S.

Ehrmann, H. (2005): Logistik. Kompendium der praktischen Betriebswirtschaft. 5., überarb. u. aktual. Auflage. Kiehl, Ludwigshafen (Rhein). 615 S.

Ellinger, Th.; Haupt, R. (1996): Produktions- und Kostentheorie. 3. überarb. Auflage. Schäffer-Poeschel, Stuttgart. 391 S.

Göpfert, I. (2005): Logistik: Führungskonzeption – Gegenstand, Aufgaben und Instrumente des Logistikmanagements und -controllings. 2., aktualisierte und erw. Auflage. Vahlen, München. 420 S.

Gudehus, T. (2005): Logistik: Grundlagen, Strategien, Anwendungen. 3., neu bearb. Auflage. Springer, Berlin, Heidelberg. 1144 S.

Günther, H.-O.; Tempelmeier, H. (2005): Produktion und Logistik. 7. überarb. Auflage. Springer, Berlin. 374 S.

Hartmann, H. (2002): Materialwirtschaft: Organisation, Planung, Durchführung, Kontrolle. 8. Auflage. Deutscher Betriebswirte-Verlag, Gernsbach. 740 S.

Hegetschweiler, T. (1988): Grundlagen der Kosten- und Investitionsbeurteilung bei der mittelfristigen Nutzungsplanung des Forstbetriebes. Eidg. Anst. Forstl. Versuchswes. Mitt. Bd. 64, Heft 2. Flück-Wirth, Teufen. 265 S.

Heinimann, H.-R. (1999): Logistik der Holzproduktion: Stand und Entwicklungsperspektiven. Forstw. Cbl., 118. S. 24-38.

Holz-Zentralblatt (2001): Chance in der Kooperation – Hochsauerlandkreis organisiert einen Sägewerksverbund. Holz-Zentralblatt 127 Jg., 78: S. 1011.

Kaiser, B. (2002): Kooperation statt Wettbewerb bis in den Ruin. Holz-Zentralblatt 126 Jg, 47/48: 654, 656.

Mantau, U.; unter Mitarbeit von Sörgel, C. (2006): Holzrohstoffbilanz Deutschland: Bestandesaufnahme 2004. Methodikbericht. Universität Hamburg. 64 S.

Mantau, U.; Steirer, F.; Hetsch, S.; Prins, Ch. (2008): Wood Resources Availability and Demands: Part 1 National and Regional Wood Resource Balances 2005; Part 2 Future Wood Flows in the Forest and Energy Sector. Background Paper to the UNECE/FAO Workshop on Wood Balance, Geneva 2008. 55 and 22 pp.

Moog, M. (1991): Überlegungen zu Produktionsfunktion und Kostenfunktion von Forstbetrieben. Ein Beitrag zur Intensitäts-Diskussion. Forstarchiv, 62, S. 200-204 und S. 247-251.

Pfohl, H.-Chr. (2004): Logistiksysteme: betriebswirtschaftliche Grundlagen. 7., korr. und aktual. Auflage. Springer, Berlin u. a. 444 S.

Porter, M.E. (2002): Wettbewerbsvorteile: Spitzenleistungen erreichen und behalten (Competitive Adventage). 6 Auflage. Campus, Frankfurt, u. a. 688 S.

Schellenberg, A.C. (2000): Rechnungswesen: Grundlagen, Zusammenhänge, Interpretationen. 3. überarb. u. erw. Auflage. Versus, Zürich. 499 S.

Schierenbeck, H. (2000): Grundzüge der Betriebswirtschaftslehre. 15., überarb. u. erw. Auflage. Oldenbourg, München, u. a. 753 S.

Schmidhauser, A. (1994): Darstellung wichtiger Verfahren des betrieblichen Rechnungswesens und Hinweise zu ihrer Verwendung in der forstlichen Betriebsanalyse. Arbeitsbericht Allgemeine Reihe 94-05, Professur Forstpolitik und Forstökonomie, ETH, Zürich. 44 S.

Schneck, O., (2006): Lexikon der Betriebswirtschaft: 3500 Begriffe mit allen wichtigen Wirtschaftsgesetzen. Franz Vahlen, München. CD Rom Version 4.0.

Schönsleben, P. (2007): Integrales Logistikmanagement: Operations- und Supply-chain-Management in umfassenden Wertschöpfungsnetzwerken. 7. überarb. und erw. Auflage. Springer, Berlin, Heidelberg, New York. 1035 S.

Schulz J-D; Kaiser B. (2002): Informationsoptimierte Rohstoffmobilisierung zwischen Forst- und Holzwirtschaft. Zwischenbericht, BMZ-Projekt 1702600.

Speidel, G. (1984): Forstliche Betriebswirtschaftslehre. 2. völlig neubearb. Auflage. Paul Parey, Hamburg. 226 S.

Thaler, K. (2007): Supply Chain Management – Prozessoptimierung in der logistischen Kette. 7., aktual. u. erw. Auflage. EINS Verlag, Troisdorf. 304 S.

Thommen, J.-P.; Achleitner, A.-K. (2006): Allgemeine Betriebswirtschaftslehre: Umfassende Einführung aus managementorientierter Sicht. 5., überarb. u. erw. Auflage. Gabler, Wiesbaden. 1103 S.

Weber, J.; Kummer, S. (1998): Logistikmanagement. 2., aktualisierte und erw. Auflage. Schäffer-Poeschel, Stuttgart. 392 S.

Wöhe, G.; Döring, U. (2008): Einführung in die allgemeine Betriebswirtschaftslehre. 23., vollständ. neu bearb. Auflage. Vahlen, München. 1065 S.

8. Kapitel

Strategische Planung und Controlling

8 Strategische Planung und Controlling

8.1 Strategische Planungsprozesse

8.1.1 Aufgaben und Bedeutung

Die Entstehung der strategischen Unternehmensplanung geht in die 60er und 70er Jahre des 20. Jahrhunderts zurück (Lombriser und Abplanalp 2005: 25 ff.). Nach einer Periode langen Wachstums im Anschluss an den Zweiten Weltkrieg sahen sich viele Unternehmen mit zunehmenden Diskontinuitäten in ihrem Umfeld konfrontiert. Stagnierende Märkte, eine immer schnellere Technologieentwicklung und neue Konkurrenzsituationen ließen sich mit den Instrumenten der bis dahin üblichen Langfristplanung und Budgetierung nicht mehr bewältigen. Diese gingen von einer weitgehend kontinuierlichen Entwicklung aus, wobei die Ergebnisse der Vergangenheit im Wesentlichen in die Zukunft extrapoliert wurden.

Die strategische Planung hat die Aufgabe, in dem von zunehmender Dynamik geprägten Umfeld den langfristigen Erfolg von Unternehmen mit geeigneten Methoden sicherzustellen. Unter strategischer Planung werden in erster Linie Prozesse der Informationsverarbeitung verstanden, bei denen die Anforderungen der Unternehmensumwelt mit den Potenzialen von Unternehmen abgestimmt werden (Bea und Haas 2005: 49). Der Planungsprozess lässt sich in fünf Phasen gliedern (Abbildung 8-1).

Das Charakteristikum jeder Planung ist, dass sie ein Prozess der geistigen Auseinandersetzung mit den zukünftigen Gegebenheiten unternehmerischen Handelns ist. Weder die

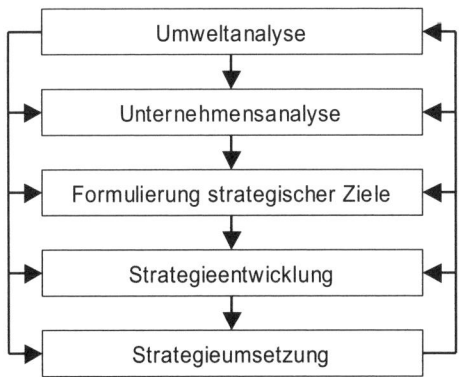

Abbildung 8-1:   Phasen der strategischen Planung

Unterstützungspotenziale von Planungsinstrumenten oder von strategischen Konzepten und Planungsprozessen noch die Formulierung ausgefeilter und detaillierter Pläne können die notwendige geistige Arbeit ersetzen. Diese ist in erster Linie ausschlaggebend für die Qualität der Planung (Gälweiler und Schwaninger 2005). Strategische Planung und Strategieentwicklung erfordern Einfühlungsvermögen in das Denken der Anderen und in die sich verändernden Rahmenbedingungen, welche die Möglichkeiten unternehmerischen Handelns bestimmen.

Bei der Darstellung des Planungsprozesses als Kaskade von aufeinander folgenden Schritten ist zu beachten, dass in der praktischen Anwendung häufig mehrere iterative Schleifen der Strategieentwicklung durchlaufen werden. So kann bei der Zielformulierung deutlich werden, dass Dynamik und Veränderungen der Unternehmensumwelt nicht ausreichend berücksichtigt wurden. In einem solchen Fall ist es notwendig, noch einmal auf die Phase der Umweltanalyse zurückzukommen. Oft wird auch erst während der Strategieentwicklung erkannt, dass bestimmte Ziele nicht oder nur in modifizierter Form erreichbar sind. Dies führt zu einer Wiederaufnahme und Neubeurteilung des Zielbildungsprozesses.

8.1.2 Ausgestaltung und Organisation

Die Verantwortung für strategische Planungsprozesse liegt bei der gesamten Unternehmensleitung. Das Management und weitere Mitarbeiter des Unternehmens sind für den eigentlichen Planungsprozess zuständig oder zumindest maßgeblich daran beteiligt (Kreikebaum 1997: 191 ff.). Vor allem in großen Unternehmen werden Unternehmungsleitung und Führungskräfte von Spezialisten in Planungsabteilungen oder durch externe Berater unterstützt. Diese befassen sich mit analytischen Arbeiten und der Aufbereitung der notwendigen Informationen. Die Festlegung von strategischen Zielen und die Entscheidung über Strategien bleiben dagegen die Aufgabe der Unternehmensführung und der Betriebsleitung.

Ausgestaltung und Ablauf der strategischen Planung können im Rahmen von Planungssystemen (Bea und Haas 2005: 59 ff.) organisiert werden. Der Aufbau solcher Systeme ist allerdings keine zwingende Voraussetzung für die Durchführung strategischer Planungen (Kreikebaum 1997: 231 ff.). Auslöser für den Aufbau von Planungssystemen ist die Notwendigkeit, die Qualität der Planungsprozesse durch ein systematisches und bewusstes Vorgehen zu verbessern. Planungssysteme erleichtern die Koordination verschiedener komplexer und häufig wiederkehrender Planungsaktivitäten. Sie machen Vorgaben in Bezug auf:

– die planenden Stellen (Planungsträger),

– den Ablauf der Planung (Planungsprozess),

– die anzuwendenden Instrumente (Planungstechniken),

– die in die Planung einbezogenen Unternehmensbereiche (Planungsbereiche),

– die benötigten und zu analysierenden Informationen insbesondere quantitativer Art (Planungsrechnung).

Viele der heute verfügbaren Hilfsmittel für strategische Planungen wurden für multinationale Konzerne mit verschiedenen Geschäftsbereichen entwickelt. Ihre direkte Übertragung auf kleine und mittlere Unternehmen ist nicht immer einfach. Die Bedeutung der Planungsinstrumente zeigt sich letztlich immer in ihrer Anwendung und konkreten Ausgestaltung in der betrieblichen Praxis. Hinter den verschiedenen Instrumenten stehen jedoch strategische Denkansätze, die eine generelle Relevanz haben. Die meisten der dargestellten Instrumente sind in ihren Prinzipien einfach zu erfassen und können der jeweiligen betrieblichen Anforderung flexibel angepasst werden. Dies ist notwendig, da es sich nicht um ‚Kochrezepte' zur Lösung bestimmter Fragestellungen handelt. Die schematische und unreflektierte Anwendung strategischer Planungsinstrumente ist auf keinen Fall empfehlenswert.

In der Regel dominieren im strategischen Planungsprozess die Analysen konkreter Sachverhalte und vorhersehbarer Entwicklungen. Auf ihnen baut die Strategiewahl in erster Linie auf. Entscheidend für die Unternehmensentwicklung und die zukünftige Position im Wettbewerb sind auch andere Faktoren wie Bedürfnisse, Motivation und Qualifikation der Mitarbeiter und die gelebte Unternehmenskultur. Eine verantwortliche Wahrnehmung der Führungsaufgaben des Managements verlangt, dass die Mitarbeiter an strategischen Planungen und deren dann folgende Umsetzung angemessen beteiligt werden. Hierzu gehört eine intensive Kommunikation im Unternehmen zum Stand der ablaufenden strategischen Planungs- und Umsetzungsprozesse.

Grundlage für eine effektive und effiziente Planung in der Wald- und Holzwirtschaft sind die Kenntnis der Anwendungsmöglichkeiten moderner Planungsmethoden und die Beurteilung globaler wie lokaler sektorspezifischer Gegebenheiten (Niskanen, Ed., 2006, Niskanen *et al.* 2007, IIASA 2007). Es können EDV-gestützte Instrumente genutzt werden, die Analyse, Planung und Strategieentwicklung miteinander verbinden. Sie ermöglichen die Ausarbeitung von Szenarien und Folgenabschätzungen, welche die Visualisierung der Konsequenzen strategischer Entscheidungen erleichtern. In Forstbetrieben sind Forsteinrichtung und Einsatz Geographischer Informationssysteme (GIS) zentrale Elemente der strategischen Planung (Sekot 1991).

8.2 Umweltanalyse

8.2.1 Aufgaben und Bedeutung

Die Ausrichtung von Betrieben auf ihre Umwelt als wichtiger Richtpunkt unternehmerischen Handelns ist ein charakteristisches Merkmal strategischer Planung. Dies ist der Grund dafür, dass moderne strategische Planungsprozesse mit der Umweltanalyse beginnen („outside-in-approach'). Dagegen werden frühere Planungsverfahren, bei denen die betriebliche Produktion und die inneren Faktoren der Unternehmung weitgehend im Zentrum der Analyse standen („inside-out-approach'), den heutigen Anforderungen nicht mehr gerecht (Bea und Haas 2005: 85). Die Umwelt von Betrieben lässt sich in eine aufgabenspezifische und in eine globale Unternehmensumwelt gliedern (Abbildung 8-2).

Die Analyse der Unternehmensumwelt zielt auf zwei zentrale Ergebnisse. Erstens müssen die relevanten Trends identifiziert und die sich daraus ergebenden Chancen und Gefahren ermittelt werden. Zweitens sind die entscheidenden Faktoren für den unternehmerischen Erfolg mit aller Deutlichkeit zu erfassen. Der unternehmerische Erfolg wird zwar stets von vielen verschiedenen Faktoren beeinflusst. Entscheidend wirken aber in der Regel nur einige wenige Größen, die als strategische Erfolgsfaktoren bezeichnet werden (Aeberhard 1996: 163 ff.). Umwelttrends und strategische Erfolgsfaktoren setzen den Rahmen für die Entwicklung unternehmerischer Strategien.

Die Unternehmensumwelt wird durch technologische, ökonomische, soziale, rechtliche und kulturelle Faktoren bestimmt, die sich auf die Branchen, Märkte und das eigene

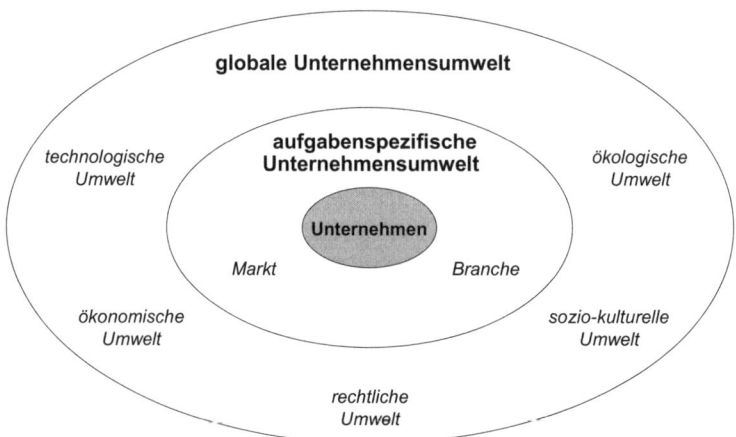

Abbildung 8-2:   Einbettung von Unternehmen in ihre Umwelt (Bea und Haas 2005: 88)

520

Unternehmen auswirken (Kreikebaum 1997: 41 ff.). Ebenso gehören das natürliche Potenzial an nutzbaren Ressourcen, ökologische Faktoren und Umwelteinwirkungen zum globalen Umfeld der Unternehmen. Die aufgabenspezifische Umwelt umfasst insbesondere die Branchen und Märkte, in denen Unternehmen agieren. Die Aufgabe der strategischen Planung besteht darin, die verschiedenen Aktivitäten mit den konkreten Gegebenheiten des Umfelds abzustimmen und dadurch den unternehmerischen Erfolg sicherzustellen (Kapitel 4.1.2).

Über die betriebliche Umwelt existieren in der Regel große Mengen an Informationen. Die Beschaffung und Auswahl geeigneter und aussagekräftiger Daten stellt jedoch bei der Ausarbeitung von Umweltanalysen ein erhebliches Problem dar. Auf die tatsächlich benötigten Informationen über das unternehmerische Umfeld besteht vielfach kein direkter Zugriff. Soweit Informationen verfügbar sind, liegen sie nicht in geeigneter Gliederung vor oder sind widersprüchlich. Die Validität des verfügbaren Datenmaterials ist in vielen Fällen nur schwer abzuschätzen. Die Analyse der Unternehmensumwelt muss daher häufig auf unvollständigen und zum Teil unsicheren Daten und Informationen aufbauen.

8.2.2 Globale Unternehmensumwelt

Ziel der Analyse der globalen Umwelt von Unternehmen und Betrieben ist, grundlegende Veränderungen in der bisherigen Entwicklung (Diskontinuitäten) und insbesondere neue Trends frühzeitig zu erkennen. Solche Veränderungen kündigen sich unter Umständen nur durch schwache und weitgehend unbestimmte Signale an. Je früher solche Signale wahrgenommen werden, desto unsicherer und unbestimmter sind allerdings auch die nutzbaren Informationen. Andererseits verfügen Unternehmen, die solche Signale wahrnehmen und interpretieren können, über wichtige Wettbewerbsvorteile. Sie haben die Möglichkeit, sich früher als ihre Konkurrenten in ihrer strategischen Ausrichtung auf Umbrüche in der Entwicklung und auf neue Trends einzustellen. Die Analyse der globalen Unternehmensumwelt hat demnach vor allem auch den Charakter der strategischen Früherkennung.

Mit der Analyse der globalen Unternehmensumwelt sollen die für Betriebe relevanten generellen Entwicklungstrends aufgezeigt und für einen Zeitraum von drei bis zehn Jahren abgeschätzt werden (Lombriser und Abplanalp 2005: 48, 93 ff., 123 f.). Wichtige Teilbereiche der Analyse sind:

– *Technologische Umwelt*: Der technologische Wandel ist von einer ständigen Dynamik geprägt. Technologische Innovationen erfolgen in immer schnelleren Zyklen. Technologische Neuerungen sind häufig die Ursache für grundlegende Veränderungen der Wettbewerbssituation (Kapitel 2.3.4).

– *Ökonomische Umwelt*: Die Analyse globaler und regionaler Wirtschaftstrends oder auch einzelner Wirtschaftssektoren lässt diejenigen ökonomischen Einflussfaktoren erkennen, die sich auf die Entwicklung der eigenen Branche und der relevanten Märkte besonders auswirken. Wichtige Faktoren sind z. B. gesamtwirtschaftliche Entwicklungen, Veränderungen der Handelsbeziehungen und des internationalen Warenaustausches, Wachstumsraten der industriellen Produktion und neue Trends der Konsumentennachfrage.

– *Rechtliche Umwelt*: Im Zentrum der Analyse stehen hier die Rahmenbedingungen unternehmerischen Handelns. Von erheblichem Interesse sind auch die Auswirkungen einzelner Politikbereiche wie Handels-, Steuer- und Technologiepolitik, Umweltpolitik sowie Sozialpolitik, soweit sie für die zukünftige Entwicklung des Unternehmens besonderes Gewicht haben.

– *Soziale und kulturelle Umwelt*: Die Analyse der sozialen und kulturellen Umwelt befasst sich mit grundlegenden Veränderungen von Bedürfnissen und Werthaltungen der Bevölkerung. Zunehmend sind unterschiedliche, kulturbedingte Verhaltensweisen, Einstellungen und Ansprüche der Bürger bzw. der Konsumenten von Interesse. Im Zeichen weltweiter oder zumindest großräumiger regionaler Austauschbeziehungen gewinnen kulturspezifische Informationen an Bedeutung.

– *Ökologische Umwelt*: Ökologische Umweltbeziehungen und die Konsequenzen für unternehmerische Handlungsspielräume sind zentrale Elemente moderner Umweltanalysen. Hierbei geht es sowohl um den Beitrag unternehmerischer Aktivitäten zu einer nachhaltigen Entwicklung, z. B. um den Beitrag einer effizienten Produktionstechnologie, wie um die Tragweite von Belastungen der Umwelt, z. B. um die CO_2-Problematik, die mit Produktion und Konsum verbunden sind (Eyerer und Reinhardt 2000; Karjalainen *et al.* 2001). Die nachhaltige Nutzung natürlicher Ressourcen und die Verringerung von Umweltbelastungen erhöhen die Wettbewerbsfähigkeit von Unternehmen, weil Umweltressourcen zunehmend knapp werden und ihre Nutzung mit steigenden Kosten verbunden ist.

Analysen zukünftiger globaler Umweltentwicklungen verursachen einen hohen Aufwand bei der Beschaffung von Daten und ihrer Interpretation. Es ist daher unumgänglich, sich auf die Bereiche und Faktoren zu konzentrieren, die einen signifikanten Einfluss auf bestehende oder künftige Tätigkeitsfelder des Unternehmens haben (Aeberhard 1996: 118). Für deren Auswahl kann z. B. auf eine Beurteilung der bei der Formulierung der Unternehmenspolitik zu berücksichtigenden, maßgeblichen Stakeholder zurückgegriffen werden (Kapitel 4.3.1). Hier konzentriert sich die Analyse auf die Gruppen und Akteure, die von den Aktivitäten des Unternehmens direkt betroffen sind oder zukünftig erreicht werden und die deshalb ein Interesse an seinen Entscheidungen und Strategien haben (Bea und Haas 2005: 86). Ausgehend von einem solchen Raster der Analyse können weitere relevante Auswahlkriterien für die Beschaffung und Interpretation wichtiger Daten und Sachverhalte bestimmt werden.

Entsprechend den jeweiligen wirtschaftlichen Gegebenheiten, den Zielsetzungen der Eigentümer und den antizipierten weiteren Entwicklungen ist das Gewicht der zu beachtenden relevanten Umweltsegmente bei einzelnen Unternehmen und nach Branchen verschieden. Ein waldwirtschaftlicher Betrieb im Eigentum einer Kommune wird politischen Prozessen und auf sie einwirkenden Faktoren ein erhebliches Gewicht beimessen. Für einen erwerbswirtschaftlich geführten Forstbetrieb in Privatbesitz sind die Erwartungen der Öffentlichkeit und die politische Sphäre ebenfalls von Bedeutung, haben aber u. U. ein weniger großes Gewicht. Das Umfeld eines weltweit verflochtenen Holzwerkstoffunternehmens ist ein anderes als das einer für den lokalen Markt produzierenden Bauschreinerei. Während für ein international tätiges Unternehmen z. B. die Entwicklung der Wechselkurse oder die Änderung zollrechtlicher Bestimmungen von Bedeutung für die Strategieentwicklung sind, kann für einen Gewerbebetrieb die Ausweisung neuer Baugebiete in seiner unmittelbaren Umgebung ein wichtiger Faktor in seinen strategischen Überlegungen sein.

8.2.3 Marktanalyse

Die zu analysierenden Märkte lassen sich in Absatz- und in Beschaffungsmärkte gliedern. Da unternehmerische Strategien heute primär auf vorhandene und zukünftige Absatzmärkte ausgerichtet sind, stehen diese häufig im Mittelpunkt der Analysen. Die verfügbaren Instrumente sind aber auch für Analysen von Beschaffungsmärkten verwendbar (Bea und Haas 2005: 88). Erster Schritt der Analyse ist die Marktabgrenzung. Sie bestimmt Richtung und Intensität der nachfolgenden Datenerhebung und -auswertung. Grundsätzlich geht sie von den Kundenbedürfnissen aus, für die vom eigenen wie von anderen Unternehmen Güter, Dienstleistungen und integrierte ‚Problemlösungen‘ angeboten werden. Die identifizierten Zielmärkte können nach quantitativen und qualitativen Kriterien beschrieben werden (Abbildung 8-3). Quantitative Kriterien sind insbesondere Marktvolumen, Marktwachstum, Marktanteile und die Stabilität des Bedarfs. Qualitative Marktdaten sind z. B. Kundenstruktur, Bedürfnisstruktur, Kaufmotive und die Marktmacht der Kunden (Thommen und Achleitner 2006: 149 ff., 306, 923 f.).

Ein wichtiges Element der strategischen Analyse ist die Beurteilung der Marktattraktivität. Sie erfasst, inwieweit die einzelnen Aktivitäten auf den verschiedenen Märkten zum Gesamterfolg des Unternehmens beitragen. Sie wird i. d. R. mit Rentabilitäts-Kennzahlen beschrieben. Vor allem wachsende Märkte werden als attraktiv eingestuft. Unternehmen können mit der Expansion der Märkte mitwachsen und ihre Umsätze ohne einen intensiven Wettbewerb mit ihren Konkurrenten steigern. In wachsenden Märkten werden zudem häufig größere Gewinnspannen erzielt, da eine hohe Nachfrage nach Gütern u. U. auch höhere Preise zulässt. Maßgebend für strategische Entscheidungen sind jedoch auch weitere Parameter, etwa die verfügbaren betrieblichen Ressourcen, die vorhandenen Kompetenzen und Qualifikationen, die zum Eintritt in neue Märkte notwendig sind, sowie die Abstimmung des gesamten Marktportfolios des Unternehmens.

Quantitative Marktdaten	Marktvolumen Marktlebenszyklus-Phase Marktsättigung Marktwachstum Marktanteile Stabilität des Bedarfes
Qualitative Marktdaten	Kundenstruktur Bedürfnisstruktur Kaufmotive Kaufprozesse/Informationsverhalten Marktmacht des Kunden

Abbildung 8-3:   Checkliste zur Analyse des Absatzmarktes (Thommen und Achleitner 2006: 925, verändert)

8.2.4 Strukturanalyse von Branchen

Das Konzept der strukturellen Branchenanalyse von Porter (2002, 2005) führt die Rentabilität und damit die Attraktivität von Branchen auf fünf Faktoren zurück, die als ‚driving forces‘ den Wettbewerb bestimmen:

– Rivalität unter den bestehenden Unternehmen

– Bedrohung durch neue Konkurrenten

– Bedrohung durch Ersatzprodukte

– Verhandlungsstärke der Lieferanten

– Verhandlungsstärke der Abnehmer.

Das Konzept bietet einen umfassenden Rahmen zur Untersuchung von Branchen, wobei die Art und Bedeutung der Wettbewerbsfaktoren durch eine Reihe von Merkmalen beschrieben werden können (Abbildung 8-4). Die Anwendung des Konzepts ist jedoch nicht einfach und mit einem hohen Aufwand verbunden (Aeberhard 1996: 130 ff.). Viele qualitative Merkmale müssen in der Regel erst konkret erfasst werden. Die Analyse der Branchenstruktur wird daher nur angewendet, wenn grundlegende Informationen über die Wettbewerbssituation für strategische Planungen zu erarbeiten sind. Eine Branchenanalyse für die Sägeindustrie zeigt z. B., dass für neu auftretende Konkurrenten erhebliche Barrieren des Markteintritts bestehen (Weber 2001: 183 ff.). So sind häufig umfangreiche Investitionen notwendig, um eine wettbewerbsfähige Größe zu erreichen.

524

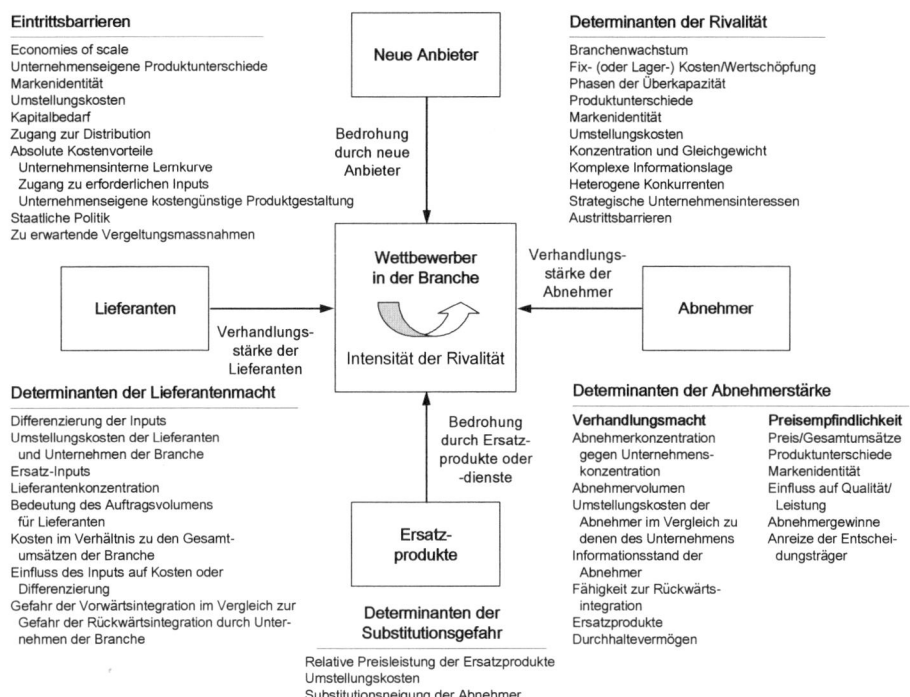

Eintrittsbarrieren

Economies of scale
Unternehmenseigene Produktunterschiede
Markenidentität
Umstellungskosten
Kapitalbedarf
Zugang zur Distribution
Absolute Kostenvorteile
  Unternehmensinterne Lernkurve
  Zugang zu erforderlichen Inputs
  Unternehmenseigene kostengünstige Produktgestaltung
Staatliche Politik
Zu erwartende Vergeltungsmassnahmen

Neue Anbieter

Bedrohung
durch neue
Anbieter

Determinanten der Rivalität

Branchenwachstum
Fix- (oder Lager-) Kosten/Wertschöpfung
Phasen der Überkapazität
Produktunterschiede
Markenidentität
Umstellungskosten
Konzentration und Gleichgewicht
Komplexe Informationslage
Heterogene Konkurrenten
Strategische Unternehmensinteressen
Austrittsbarrieren

Lieferanten

Verhandlungs-
stärke der
Lieferanten

**Wettbewerber
in der Branche**

Intensität der Rivalität

Verhandlungs-
stärke der
Abnehmer

Abnehmer

Determinanten der Lieferantenmacht

Differenzierung der Inputs
Umstellungskosten der Lieferanten
  und Unternehmen der Branche
Ersatz-Inputs
Lieferantenkonzentration
Bedeutung des Auftragsvolumens
  für Lieferanten
Kosten im Verhältnis zu den Gesamt-
  umsätzen der Branche
Einfluss des Inputs auf Kosten oder
  Differenzierung
Gefahr der Vorwärtsintegration im Vergleich zur
  Gefahr der Rückwärtsintegration durch Unter-
  nehmen der Branche

Bedrohung
durch Ersatz-
produkte oder
-dienste

**Ersatz-
produkte**

**Determinanten der
Substitutionsgefahr**

Relative Preisleistung der Ersatzprodukte
Umstellungskosten
Substitutionsneigung der Abnehmer

Determinanten der Abnehmerstärke

Verhandlungsmacht	**Preisempfindlichkeit**
Abnehmerkonzentration gegen Unternehmens- konzentration	Preis/Gesamtumsätze Produktunterschiede Markenidentität
Abnehmervolumen	Einfluss auf Qualität/
Umstellungskosten der Abnehmer im Vergleich zu denen des Unternehmens	Leistung Abnehmergewinne Anreize der Entschei- dungsträger
Informationsstand der Abnehmer	
Fähigkeit zur Rückwärts- integration	
Ersatzprodukte	
Durchhaltevermögen	

Abbildung 8-4:   Elemente der Branchenstruktur (Porter 2002: 32)

Da ein hoher Anteil der Herstellungskosten auf die Rohstoffbeschaffung entfällt, reagiert die Sägeindustrie sensibel auf entsprechende Preisschwankungen. Das Preisgefüge
am Rundholzmarkt hat damit einen großen Einfluss auf die Wettbewerbsfähigkeit von
Sägewerken. Gleichzeitig wird durch den hohen Anteil der Transportkosten von Rundholz der Zugang zu überregionalen und internationalen Ressourcen erschwert.

Die Analyse einer Branche kann durch weitere interne Strukturanalysen ergänzt werden (Aeberhard 1996: 135 ff.). So lassen sich vergleichbare Unternehmen zu strategischen Gruppen zusammenfassen. Die bestehenden Wettbewerbskräfte sind dann für
die einzelnen Gruppen zu analysieren. Vergleiche zeigen, ob die Wettbewerbskräfte für
die gebildeten Gruppen unterschiedlich ausgeprägt sind und welche Reaktionsmöglich-
keiten in den Gruppen bestehen. Von besonderem Interesse ist das hieraus abzuleitende
Gewinnpotenzial im Gruppenvergleich. Derartige interne Strukturvergleiche vertiefen
die Erkenntnisse von Branchenanalysen und geben Hinweise auf das Erfolgspotenzial
verschiedener strategischer Grundausrichtungen. Sie sind verhältnismäßig aufwändig
und werden durchgeführt, um einen Überblick über das Leistungsvermögen in stark
zersplitterten Branchen zu gewinnen.

8.3 Unternehmensanalyse

8.3.1 Aufgaben und Bedeutung

Während die Gegebenheiten der Umwelt den Rahmen für eine strategische Orientierung von Unternehmen setzen, basieren die Optionen unternehmerischen Handelns auf den betrieblichen Potenzialen. Deren systematische Durchleuchtung ist Gegenstand der Unternehmensanalyse. Im Rahmen der strategischen Planung kommen hierfür sämtliche Aspekte des Managements und der Leistungserstellung in Betracht (Kapitel 4.2.2). Zu analysieren sind insbesondere (Thommen und Achleitner 2006: 926 ff.):

– die Kundenstruktur

– das Produktprogramm

– die Produktionsprozesse

– die Qualifikation und Fähigkeiten der Mitarbeiter

– die Qualität des Managements und die Art der Unternehmenskultur

– die Unternehmensentwicklung und die Unternehmenspolitik

– die Wertvorstellungen.

Im Gegensatz zur Umweltanalyse stehen für die Unternehmensanalyse zumindest bei großen Unternehmen relativ sichere und oft auch umfangreiche Informationen zur Verfügung. Hier besteht das Problem in erster Linie darin, aus der Fülle der verfügbaren Daten und Erfahrungen die für die strategische Planung relevanten auszuwählen. Die verfügbaren Daten sind auch nicht immer entsprechend den strategischen Fragestellungen vorstrukturiert. Bei kleinen und mittleren Unternehmen müssen die notwendigen Daten häufig erst mit erheblichem Aufwand beschafft werden. Bei der Interpretation betrieblicher Daten ist auch zu beachten, dass diese die Vergangenheit widerspiegeln und nicht automatisch für die Zukunft gelten.

Erkenntnisse und Datenmaterial der Unternehmensanalyse werden zu einem Katalog der betrieblichen Stärken und Schwächen verdichtet. Strategisches Ziel ist, die festgestellten Stärken für die Erreichung unternehmerischer Ziele und den wirtschaftlichen Erfolg zu nutzen. Bestehende, strategisch bedeutsame Schwächen sollen kompensiert oder eliminiert werden.

8.3.2 Strategische Geschäftsfelder

Mit der Bildung strategischer Geschäftsfelder (SGF) oder strategischer Geschäftseinheiten (SGE) werden bei der Unternehmensanalyse betriebliche Planungseinheiten abgegrenzt, auf die sich konkrete Strategien beziehen. Dabei wird der Gesamtbetrieb in Aktionsbereiche unterteilt (Bea und Haas 2005: 135 ff.). Wichtig ist hierbei, dass diese möglichst eindeutig voneinander abgegrenzt werden können. Für die Bildung von Aktionsfeldern kommen verschiedenen Kriterien in Betracht:

– *Produkte bzw. Produktgruppen*: Die strategischen Geschäftsfelder werden auf Produkte und Produktgruppen ausgerichtet.

– *Kundenbedürfnisse*: Nicht das Produkt, sondern die Kundenbedürfnisse sind das wesentliche Abgrenzungskriterium für die Geschäftsfelder. Maßgebend ist die Überlegung, dass moderne Unternehmen primär Problemlösungen für Kundenbedürfnisse anbieten. Diese Sicht entspricht einer grundsätzlichen Orientierung an den Märkten und am Marketing.

– *Kunden*: Die Abgrenzung der strategischen Geschäftsfelder nach der Kundenstruktur führt zur Bildung von Marktsegmenten.

– *Technologie*: Die Bildung der Geschäftsfelder orientiert sich an bestimmten Technologien, die vom Unternehmen für ihre wertschöpfenden Aktivitäten eingesetzt werden.

– *Regionen*: Die strategischen Geschäftsfelder werden nach geografischen Bereichen mit spezifischen unternehmerischen Voraussetzungen und Rahmenbedingungen gebildet.

Die Wahl der Kriterien für die Abgrenzung hängt von der Beurteilung der wesentlichen strategischen Faktoren für den Unternehmenserfolg, aber auch von der bisherigen Unternehmensentwicklung und der bestehenden Unternehmenskultur ab. Zu beachten ist, dass sich die Bildung der Geschäftsfelder in hohem Maße auf die Struktur von Unternehmen und Betrieben auswirkt. Vielfach werden Organisationen in Übereinstimmung mit diesen aufgebaut. Strategische Geschäftsfelder sind i. d. R. die relevanten Einheiten, die mit der Portfolio-Technik analysiert werden (Kapitel 8.4.5).

8.3.3 Analyse der Wertschöpfungskette

Unternehmen befassen sich mit einer Vielzahl unterschiedlicher Tätigkeiten der Wertschöpfung, bei denen Produkte gestaltet, produziert und vermarktet werden. Diese primären Aktivitäten werden durch unterstützende Aktivitäten wie Führung, Planung, Beschaffung oder Entwicklung ermöglicht. Die primären und unterstützenden Aktivitäten bilden insgesamt in unterschiedlichen Kombinationen eine Wertschöpfungskette (Kapitel 2.1.2). Die Analyse und das Verständnis der spezifischen Wertschöpfungsketten in den Betrieben sind die Voraussetzung dafür, dass unternehmerische Aktivitäten auf die Erfordernisse der Umwelt erfolgreich abgestimmt werden. Erster Schritt der Analyse ist die Definition der wichtigen Wertketten. Ausgehend vom generellen

Gliederungsschema Porters (2002, 2005) können die betrieblichen Tätigkeiten den verschiedenen Kategorien zugeordnet werden.

Anschließend werden weitere Einzelanalysen durchgeführt (Lombriser und Abplanalp 2005: 150 ff.; Aeberhard 1996: 180 ff.). Beispiele für solche Untersuchungen sind:

- *Kosten der Aktivitäten*: Wie und in welchem Ausmaß beeinflussen die Kosten der verschiedenen Aktivitäten direkt die Gewinnspanne?

- *Wertschöpfung einzelner Aktivitäten*: Welche Aktivitäten führen zu einer Wertschöpfung und wie hoch ist diese?

- *Vergleich mit Konkurrenten*: Welche Unterschiede bestehen im Vergleich mit den Wertketten der Konkurrenten?

- *Differenzierungspotenzial*: Mit welchen Aktivitäten kann sich das Unternehmen von Konkurrenten abheben und Vorteile im Wettbewerb erlangen?

- *Kundenorientierung*: Sind die Aktivitäten auf die Kunden ausgerichtet?

- *Synergien*: Welche Synergien bestehen zwischen einzelnen Aktivitäten, um die Wertschöpfung insgesamt zu erhöhen?

- *Verknüpfungen*: Wie sind die Aktivitäten mit den Wertketten der Lieferanten und Kunden verknüpft?

Insgesamt stellt die Analyse von Wertschöpfungsketten ein Raster dar, das von den spezifischen Gegebenheiten einer Branche unabhängig ist. Das Raster ermöglicht eine vollständige und konsistente Analyse von Unternehmen nach strategischen Gesichtspunkten. Die Analyse führt vor allem dann zu einem konkreten Nutzen, wenn sie mit wertschöpfenden Tätigkeiten der Lieferanten und Nachfrager verknüpft wird. Sie eignet sich auch zur Analyse der Verknüpfungen zwischen strategischen Geschäftsfeldern. Bei Projekten zur Kostensenkung und Rationalisierung ist die Analyse der Wertschöpfung ebenso von Bedeutung wie bei der Ermittlung der optimalen Wertschöpfungstiefe eines Unternehmens. Ein Vergleich mit den Konkurrenten bringt wesentliche Erkenntnisse über die Wettbewerbsposition des eigenen Unternehmens.

In der Anwendung handelt es sich um ein anspruchsvolles Verfahren. Schwierigkeiten bei der Ausarbeitung ergeben sich durch den hohen zeitlichen und methodischen Aufwand, den eine umfassende Analyse der Wertschöpfungskette erfordert. Zudem entsprechen die Tätigkeiten in einem Unternehmen häufig nicht der bestehenden Gliederung des betrieblichen Informationssystems. Eine Quantifizierung der Glieder der Wertschöpfungskette erfordert umfangreiche Abgrenzungen und neue Zuordnungen des verfügbaren Datenmaterials.

8.3.4 Analyse der Wertschöpfung

Die Wertschöpfung eines Unternehmens ist das Resultat vieler verschiedener Tätigkeiten, die jeweils mit unterschiedlich hohen Kosten verbunden sind. In einer Analyse der Wertschöpfung wird untersucht, welche Kosten die verschiedenen Aktivitäten verursachen, die zur Wertschöpfung beitragen. Das besondere Augenmerk gilt den Gemeinkosten, die sich vielfach unbemerkt entwickeln (Kapitel 5.7.5). Dagegen sind die direkten Kosten mit der betrieblichen Produktion unmittelbar verbunden.

Die Analyse des Einflusses der Gemeinkosten kann durch eine Gemeinkosten-Wertanalyse (GWA) erfolgen (Seiler 2003: 76 f.). Zunächst werden die Tätigkeiten ermittelt, die Gemeinkosten verursachen (Abbildung 8-5). Anschließend werden die Kosten dieser Tätigkeiten erhoben. Ein wichtiger Indikator hierfür ist die Arbeitszeit, die für die einzelnen Tätigkeiten benötigt wird. Diese kann z. B. mit Arbeitsberichten erfasst oder durch eine Multimomentaufnahme ermittelt werden (Daenzer und Huber 2002: 507). Der schwierigste Teil der Analyse ist in den meisten Fällen die Beurteilung der Werte, die durch die einzelnen Tätigkeiten entstehen. Hierbei muss abgeschätzt werden, welchen Nutzen die Tätigkeiten im Vergleich zu ihren Kosten stiften. Die Erkenntnisse aus einer GWA führen dazu, dass Tätigkeiten mit geringem Nutzen reduziert und soweit wie möglich eliminiert werden.

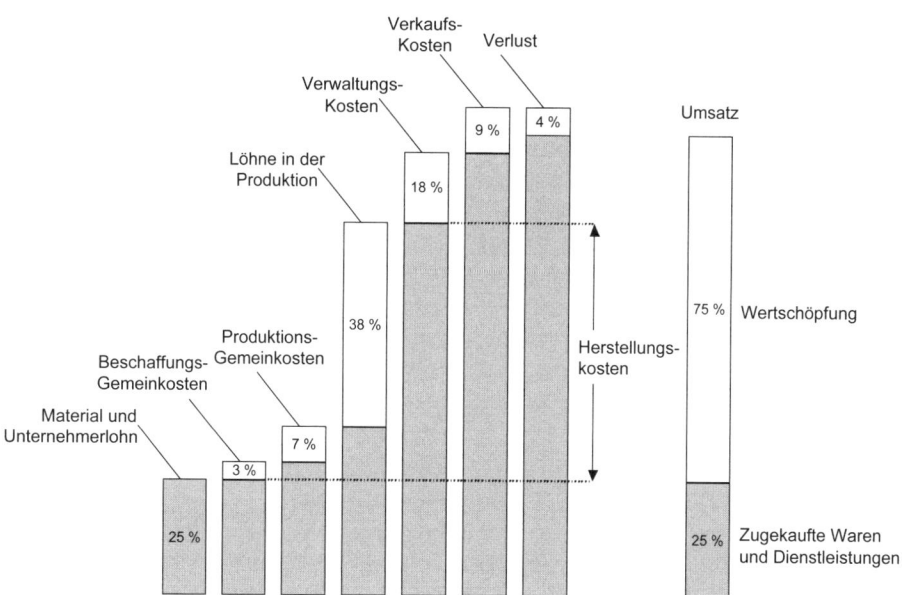

Abbildung 8-5: Beispiel einer Wertschöpfungsanalyse (Seiler 2003: 75, verändert)

8.3.5   GAP-Analyse

Die GAP-Analyse (wörtlich: Lücken-Analyse) ist ein klassisches Instrument der strategischen Planung. Sie vergleicht die betriebliche Entwicklung ohne strategische Veränderungen mit den gesetzten strategischen Zielen. Als Resultat des Vergleichs erhält man die Größe der Lücke (engl.: gap), die durch strategische und operative Maßnahmen geschlossen werden muss (Thommen und Achleitner 2006: 945 f.). Maßstab für die Beurteilung der jeweiligen Lücke können Umsatz, Gewinn, Cash Flow, Deckungsbeiträge oder allgemein die Unternehmensleistung sein (Kreikebaum 1997: 135 f.).

Die operative Lücke bezeichnet den Unterschied zwischen der projektierten unbeeinflussten Entwicklung (Status-quo-Projektion) und dem Potenzial an Verbesserungen auf der operativen Ebene, die ohne zusätzliche strategische Maßnahmen erreicht werden können (Abbildung 8-6). Operative Verbesserungsmöglichkeiten liegen z.B. im Kostenmanagement oder in der konsequenten Motivation von Mitarbeitern.

Strategische Lücken entstehen durch eine Differenz zwischen dem Niveau der realisierbaren operativen Verbesserungen und der in der strategischen Planung fixierten Zielprojektion für die Unternehmensentwicklung. Die Größe der Lücken gibt Hinweise auf den Veränderungsbedarf im Rahmen einer strategischen Neuausrichtung. Insgesamt ist die GAP-Analyse ein Instrument der Unternehmensanalyse, das vor allem für die Umsetzung strategischer Planungen von Bedeutung ist. Direkte Ansatzpunkte für strategische Veränderungen der Ziele liefert sie dagegen nur beschränkt. Hier sind die bereits dargestellten Analyseinstrumente von größerer Bedeutung.

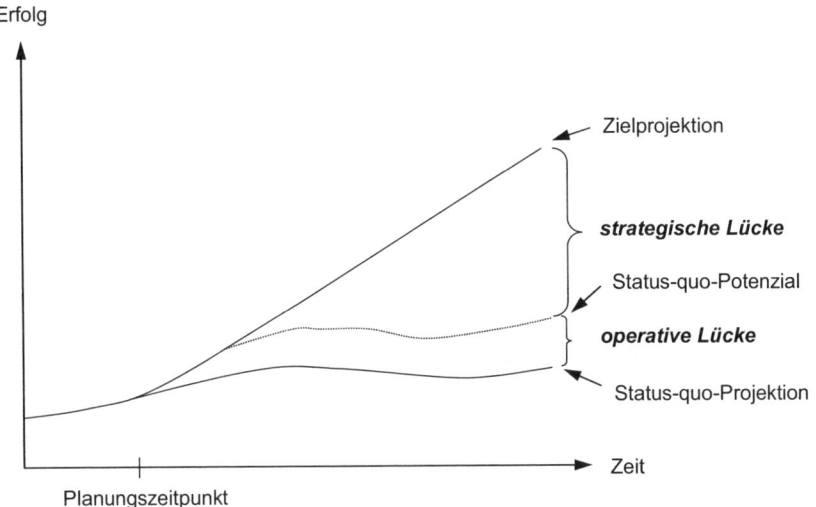

Abbildung 8-6:   Strategische und operative Lücke (Bea und Haas 2005: 162)

8.3.6   Strategische Erfolgspositionen

Strategische Erfolgspositionen (SEP) sind Fähigkeiten und Potenziale, die es Unternehmen ermöglichen, im Vergleich zur Konkurrenz längerfristig überdurchschnittliche Ergebnisse zu erzielen. Solche Erfolgspositionen sind in der strategischen Analyse zu identifizieren. Gleichzeitig ist der Erhalt bestehender und der Aufbau neuer Erfolgspositionen Ziel der strategischen Planung.

Das Konzept der strategischen Erfolgspositionen unterscheidet sich im Ansatz nicht grundsätzlich von den von Gälweiler und Schwaninger (2005) dargestellten ‚Strategischen Erfolgspotentialen‘ oder den ‚Wettbewerbsvorteilen‘ von Porter (2002). Zentral ist, dass solche Erfolgspositionen in allen Unternehmensbereichen bestehen können. Langfristiger und überdurchschnittlicher Erfolg basiert auf wettbewerbsfähigen Produkten, auf attraktiven Märkten, auf besserem Zugang zu Ressourcen, auf leistungsfähigen und innovativen Mitarbeitern oder auf einer kompetenten Beherrschung betrieblicher Prozesse in den verschiedenen Funktionsbereichen. Die Identifikation von Erfolgspositionen erfordert daher eine sorgfältige Analyse aller Unternehmensbereiche.

Der Aufbau und der Erhalt strategischer Erfolgspositionen verlangen einen konzentrierten Einsatz betrieblicher Ressourcen. Ein Unternehmen kann nicht beliebig viele Erfolgspositionen aufbauen, da seine Ressourcen begrenzt sind. Außerdem bestehen häufig zwischen verschiedenen Erfolgspositionen des Unternehmens konkurrierende Beziehungen. Starke Erfolgspositionen können nur aufgebaut werden, wenn alle betrieblichen Bereiche durch intensive Zusammenarbeit dazu beitragen. Ihr Aufbau ist immer eine mittel- bis langfristige Aufgabe. Die Definition strategischer Erfolgspositionen ist eine weitreichende Entscheidung der Unternehmensführung im Rahmen der strategischen Planung.

8.3.7   Kernkompetenzen

In einem Umfeld mit schnell wechselnden Produkten und sich rasch ändernden Märkten basiert langfristiger Erfolg auf Kernkompetenzen (Eschenbach *et al.* 2003: 124 ff.). Hierbei handelt es sich um Wissen und Fähigkeiten, die es einem Unternehmen ermöglichen, auf verschiedenen Märkten mit unterschiedlichen Produkten erfolgreich aktiv zu sein. Kernkompetenzen sind damit die Grundlage erfolgreicher unternehmerischer Tätigkeit. Die Verbindung zu den Geschäftsfeldern wird hergestellt durch Kernprodukte, d. h. durch wesentliche Bestandteile der Endprodukte, die einen hohen Beitrag zu deren Wert leisten (Abbildung 8-7).

Kernkompetenzen bringen einem Unternehmen langfristig Vorteile, weil sie Optionen für Aktivitäten in bisher nicht erschlossenen Geschäftsfeldern darstellen (Lombriser und Abplanalp 2005: 167 ff., 295). Die Unternehmen müssen sich jedoch ihrer Kernkom-

petenzen bewusst sein und sie im Rahmen der Unternehmensanalyse eindeutig identifizieren. Nur dann sind sie in der Lage, den Wettbewerb um Kompetenzen aktiv zu
gestalten und strategisch zu planen. Die Identifikation erfolgt zweckmäßiger Weise in
einem Team, das sich aus Mitarbeitern aller Unternehmensbereiche zusammensetzt. Um
‚Betriebsblindheit' zu vermeiden, ist es zweckmäßig, externe Fachleute zuzuziehen.

Das Konzept der Kernkompetenzen wurde in Unternehmen entwickelt, die auf weltweiten, dynamischen, stark von Technologien getriebenen Märkten operieren. Es ist ein
Ansatz für strategische Überlegungen, der bisher noch wenig operationalisiert ist und
für den kaum Instrumente existieren. Wieweit ein solches Planungsverfahren auf kleine
und mittlere Betriebe anwendbar ist, bleibt offen. Die zentrale Rolle von Wissen und
Fähigkeiten, die Voraussetzung für eigenständige und wettbewerbsfähige Kompetenzen
eines Unternehmens sind, stellt auf jeden Fall einen wichtigen Aspekt der strategischen
Planung dar. Die Identifizierung von Kernkompetenzen lenkt den Blick auf die innerbetrieblichen Voraussetzungen des unternehmerischen Erfolgs.

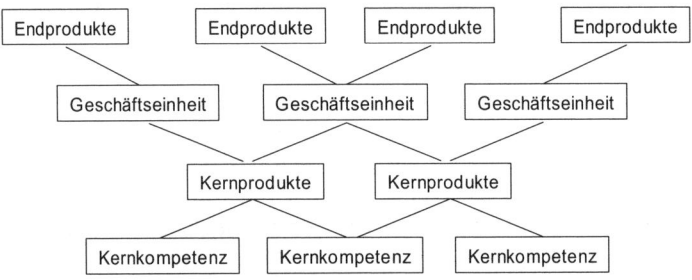

Abbildung 8-7:   Kompetenzen als Basis der Wettbewerbsfähigkeit (Eschenbach *et al.* 2003: 125)

8.4   Beurteilung strategischer Optionen

8.4.1   Aufgaben und Bedeutung

Nach der Analyse der Umwelt und des Unternehmens geht es darum, eine geeignete
Strategie zu formulieren, die den längerfristigen Erfolg von Unternehmen sichert. In der
Regel müssen hierbei verschiedene Alternativen gegeneinander abgewogen werden. Es
ist daher notwendig, mehrere Varianten zu erarbeiten, da die zuerst entwickelte Strategie nicht zwangsläufig die beste ist. Der Vergleich verschiedener strategischer Optionen
dient der Absicherung des Planungsergebnisses. Die Varianten sollten sich allerdings
nicht nur in Details unterscheiden, sondern grundsätzlich unterschiedliche Ansätze
darstellen (Daenzer und Huber 2002: 161 ff.). Im Mittelpunkt dieses Arbeitsschritts

stehen Überlegungen, wie zukünftige Geschäftsmodelle von Unternehmen ausgestaltet werden können. Ein Geschäftsmodell gibt eine Vorstellung von der Kombination wertschöpfender und unterstützender Aktivitäten, die letztlich die spezifischen unternehmerischen Wertschöpfungsketten ausmachen. Es werden Antworten auf die Frage gesucht, welche Aktivitäten durchgeführt und auf welche in Zukunft verzichtet werden soll. In vielen Branchen bestehen etablierte und weit verbreitete Geschäftsmodelle, die im Zuge der Branchenentwicklung entstanden sind. Die in den folgenden Abschnitten dargestellten Modelle und Instrumente unterstützen die Auswahl und Bewertung möglicher strategischer Optionen und Geschäftsmodelle.

Die erfolgreiche Innovation einzelner Unternehmen führt unter Umständen zu neuen Geschäftsmodellen und damit zu einem deutlichen Wettbewerbsvorteil gegenüber den Konkurrenten. Ein Beispiel hierfür ist ein PC-Hersteller, der im Gegensatz zu seinen Konkurrenten seine Produkte nicht über ein Netz von Zwischenhändlern, sondern über das Internet direkt an die Endverbraucher vertreibt (direkter Vertrieb). Voraussetzung hierfür ist nicht nur das Beherrschen der für diesen Vertriebskanal notwendigen Technologie. Distributionslogistik, Abrechnung, Kunden- und Reparaturservice müssen ohne die Unterstützung eines Händlernetzes zur Zufriedenheit der Kunden funktionieren. Das Unternehmen realisiert aufgrund der niedrigeren Kosten seines Geschäftsmodells eine höhere Wertschöpfung als seine Konkurrenten. Die bestehenden Kostenvorteile können eingesetzt werden, um mit günstigen Angeboten in kurzer Zeit einen erheblichen Marktanteil zu gewinnen.

Strategische Überlegungen in der Wald- und Holzwirtschaft beziehen sich ebenfalls auf Geschäftsmodelle, die den unternehmerischen Erfolg in der Zukunft sichern sollen. Ausgangspunkt der Überlegungen sind die kritischen Faktoren des jeweiligen Erfolgs. Diese müssen durch die erarbeiteten strategischen Optionen beeinflusst werden. Ist z. B. die Beherrschung der Kosten zentraler Erfolgsfaktor, müssen die strategischen Optionen dieses ermöglichen. Alternativen bestehen u. a. in der Auswahl effizienter Produktionstechniken, in strategischen Partnerschaften bei der Beschaffung oder im Outsourcing ganzer Teile der Wertschöpfungskette (Scholtissek 2004; Schewe 2007). Optionen bestehen auch hinsichtlich der Bearbeitung verschiedener Märkte und Kundensegmente. Ausschlaggebend für den Erfolg eines Geschäftsmodells ist seine Eignung für die spezifischen unternehmerischen Gegebenheiten und seine Umsetzbarkeit mit den verfügbaren Ressourcen.

8.4.2   Erfahrungskurve

Das Konzept der Erfahrungs- oder Lernkurve wurde von der *Boston Consulting Group* auf der Basis empirischer Untersuchungen in den Jahren 1960 bis 1970 formuliert (Lombriser und Abplanalp 185 ff., 251). Es besagt, dass die Stückkosten eines Produkts mit zunehmender Produktionsmenge zurückgehen. Eine Verdopplung der kumulierten

Produktionsmenge führt zu einer Reduktion der Stückkosten um 20 – 30 %. Der empirische Befund lässt sich auf verschiedene Ursachen zurückführen (Bea und Haas 2005: 127 ff.; Abbildung 8-8):

– Die durch zeitliche und mengenmäßige Wiederholung von Abläufen entstehenden Lerneffekte führen zu einer Senkung der benötigten Einzelzeiten, zu einer Erhöhung der Qualität und damit zu geringeren Kosten aufgrund höherer Erfahrung. Auf diesem Zusammenhang basiert der Name des Konzepts.

– Mit der Vergrößerung der Produktionsmenge gehen Verbesserungen der benötigten Anlagen einher, die wiederum zu höherer Produktivität und zu geringeren Stückkosten führen.

– Große Produktionsmengen bieten mehr Spielraum für die Standardisierung von Produkten und die Spezialisierung von Arbeitskräften.

– Mit zunehmender Erfahrung steigt die Effizienz bei der Herstellung in den Betrieben. Bei den Kunden nehmen der Bekanntheitsgrad und das Verständnis für die Produkteigenschaften zu. Es ergeben sich neue Möglichkeiten für Produktmodifikationen, mit denen z. B. Produktionskosten reduziert werden können.

– Mit der Erhöhung der Produktionsmenge lassen sich die Effekte der Kostendegression (economies of scale) nutzen. Sie führen zu einer Verringerung der Stückfixkosten und zu mehr Möglichkeiten, kostengünstige Produktionsverfahren zu nutzen.

Die Erfahrungskurve wird vielfach als grundlegendes Argument für Konzentrations- und Rationalisierungsbemühungen angeführt. Das Konzept weist aber lediglich auf ein nutzbares Potenzial hin. Die bloße Erhöhung des Produktionsvolumens führt nicht automatisch zu einer Reduktion der Stückkosten. Es müssen vielmehr geeignete Maßnahmen getroffen werden, für die das Konzept der Erfahrungskurve allein keine konkreten Anhaltspunkte bietet. Offensichtlich ist, dass ein konsequentes Kostenma-

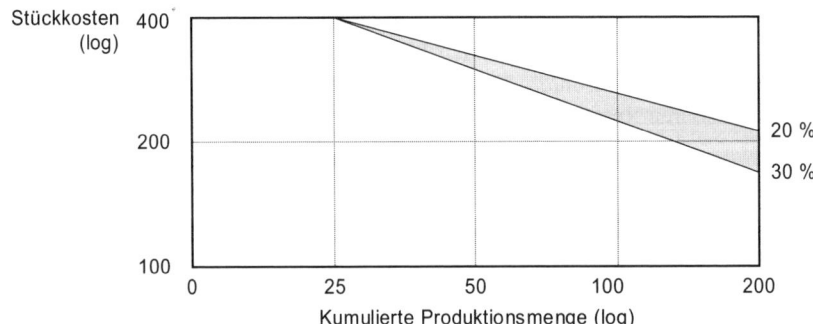

Abbildung 8-8:   Erfahrungskurve (Bea und Haas 2005: 128)

nagement von zentraler Bedeutung ist. Vor allem in gesättigten Märkten mit relativ homogenen Produkten spielen Kostenvorteile eine wichtige Rolle im Wettbewerb. Die Erfahrungskurve gibt damit Hinweise, dass hohe Marktanteile zu entsprechenden Vorteilen im Wettbewerb führen können.

8.4.3 PIMS-Programm

PIMS steht für ‚Profit Impact of Market Strategies' (Auswirkungen von Marktstrategien auf die Rentabilität von Unternehmen). Es handelt sich um die empirische Auswertung einer Datenbank von Unternehmen. Diese umfasst die Geschäftsergebnisse von über 3.000 strategischen Geschäftseinheiten aus mehr als 450 Unternehmen verschiedener Branchen und Regionen (Seiler 2000: 301 ff.). Auf der Basis statistischer Analysen wurde untersucht, welche Faktoren die betriebliche Rentabilität (ROI) (Kapitel 5.6.5 ff.) und den Cash Flow (CF) beeinflussen. Mit 37 z. T. voneinander abhängigen Faktoren konnten 80 % der Rentabilitätsunterschiede zwischen Firmen statistisch erklärt werden (Bea und Haas 2005: 117 ff.). 60 bis 70 % der Unterschiede lassen sich auf nur acht Einflussfaktoren zurückführen:

- *Investitionsintensität*: Eine hohe Investitionsintensität hat einen negativen Einfluss auf den ROI. Sie führt zu hohen Fixkosten und verlangt hohe Kapazitätsauslastungen. Der Austritt aus Geschäften wird erschwert.

- *Produktivität*: Eine hohe Produktivität führt zu einem hohen ROI. Sie ist bei einer hohen Investitionstätigkeit unerlässlich.

- *Relativer Marktanteil*: Ein hoher Marktanteil wirkt sich positiv auf die Rentabilität aus. Gründe sind die Effekte der Erfahrungskurve und eine höhere Marktmacht.

- *Marktwachstumsrate*: Hohe Wachstumsraten der Märkte wirken sich im Allgemeinen positiv auf den ROI aus. Die Ausweitung der Geschäfte verlangt jedoch umfangreiche finanzielle Mittel für die notwendigen zusätzlichen Investitionen.

- *Relative Qualität*: Hohe Qualität wirkt positiv auf den ROI. Wenn aufgrund der Kostenstruktur kein Preiswettbewerb möglich ist, können mithilfe qualitativ hochstehender Produkte Marktanteile gehalten oder hinzu gewonnen werden. Allerdings beurteilen die Kunden und nicht die Produzenten, was als qualitativ hochwertig anzusehen ist.

- *Innovation*: Eine hohe Innovationsrate setzt eine gewisse Umsatzhöhe voraus. Unternehmen mit kleinem Umsatz können die entsprechenden Ausgaben in der Forschung und Entwicklung i. d. R. nur schwer finanzieren.

- *Vertikale Integration*: Die Wirkung der vertikalen Integration hängt von der Marktsituation ab. In reifen, stabilen Märkten ist sie vorteilhaft, jedoch nicht in instabilen

Märkten. Auch bei niedrigem Marktanteil ist vertikale Integration positiv für den ROI.

– *Kundenprofil*: Eine kleine Kundenzahl ist bei vergleichbarem Umsatz günstig, weil weniger Marketingaktivitäten notwendig sind.

Bei der Interpretation der PIMS-Datenbank ist zu beachten, dass lediglich Korrelationen und keine Kausalzusammenhänge dargestellt werden. So handelt es sich bei den Ergebnissen auch nicht um gesetzmäßige Erfolgsfaktoren. Probleme ergeben sich in Bezug auf die Transparenz der verwendeten Daten und die zu ihrer Auswertung benutzten Methoden. Festzustellen ist weiter, dass sich immer auch erfolgreiche Unternehmen finden lassen, deren Strategie nicht die Erkenntnisse der PIMS-Daten widerspiegelt. Die PIMS-Daten ersetzen also nicht das eigene kritische Denken und vor allem die sachgerechte Beurteilung des konkreten Einzelfalls. Sie können jedoch die Analyse bestehender und die Entwicklung neuer Strategien in beachtlichem Maße unterstützen.

8.4.4 Lebenszykluskonzepte

Lebenszykluskonzepte lassen sich für die Beurteilung von Märkten (Kapitel 3.1.6), von Produkten, von Branchen oder auch von bestimmten Technologien anwenden (Lombriser und Abplanalp 2005: 189 ff.). Am bekanntesten sind Konzepte zur Ausarbeitung von Lebenszyklen von Märkten und von Produkten. Lebenszyklen werden im Allgemeinen in vier Phasen gegliedert:

– Einführung

– Wachstum

– Reife

– Rückgang.

Je nach Verlauf der vier Phasen des Lebenszyklus bestimmter Märkte, Produkte oder Technologien können unterschiedliche Schlussfolgerungen für die weitere Entwicklung von Unternehmen gezogen werden. Lebenszyklen spielen daher bei der Entwicklung und Bewertung von Strategien eine wichtige Rolle. Die Normstrategien des Marktwachstum/Marktanteil-Portfolios der Boston Consulting Group basieren auf dem Konzept des Marktlebenszyklus (Thommen 2007: 1142, 1157). Aber auch bei der Analyse von Technologien wird das Lebenszykluskonzept zur Beurteilung strategischer Entscheidungen verwendet. Die Aussagekraft darf jedoch nicht überbewertet werden. Die Phasenabgrenzung ist oft nicht eindeutig, und es ist schwierig, den Ablauf der einzelnen Phasen mit entsprechenden Daten abzustützen bzw. die weitere Entwicklung zu prognostizieren.

Lebenszyklen von bestimmten Produkten lassen sich z. B. für die Entwicklung der Nachfrage nach Schnittholzsortimenten beschreiben. Besonders augenfällig wird dies bei der Blochware, die noch bis vor wenigen Jahren ein hochwertiges Produkt der Sägewirtschaft war. Inzwischen wird die Blochware nur noch von wenigen Kunden gezielt nachgefragt. Sie hat ihren Lebenszykluszenit (Reifephase) überschritten. Der Rückgang setzte für einige Hersteller offenbar mit einer gewissen Überraschung ein. Hier zeigt die Entwicklung, dass die vier Phasen des Produktlebenszyklus keinesfalls gleich lang sein müssen und dass nach einer langen stabilen Reifephase mitunter ein rascher Rückgang folgen kann. Im Unterschied hierzu befinden sich die OSB-Platten (Oriented Strand Board) derzeit in einer Phase der positiven Nachfrageentwicklung (Kapitel 1.3.5). Dieses Beispiel zeigt, dass eine eindeutige Terminierung und Abgrenzung der Phasen untereinander nicht immer möglich sind. Im konkreten Fall ist es schwierig zu beurteilen, ob die Reifephase schon erreicht oder die Wachstumsphase noch nicht abgeschlossen ist.

Ein wichtiger Gesichtspunkt für die Analyse von Produktlebenszyklen ist die zeitliche Versetzung des Verlaufs von Gewinn- und Umsatzentwicklung. Das sensiblere Indiz ist dabei zweifellos die Gewinnentwicklung. Sie steigt später an als der Umsatz, kulminiert fast gleichzeitig und fällt früher wieder ab.

8.4.5 Portfolioanalysen

Die Portfoliotechnik hat ihren Ursprung im Wertpapiermanagement. Ihre Aufgabe besteht darin, Ertragschancen und Risiken von Geldanlagen aufeinander abzustimmen und zu optimieren. Der zentrale Ansatz dieses Verfahrens kann auch auf andere Aktivitäten von Unternehmen übertragen werden. Die Portfoliotechnik wird damit zu einem Instrument der strategischen Planung schlechthin (Bea und Haas 2005: 131 ff.). Grundgedanke beim Aufbau eines Portfolios ist die Gegenüberstellung von unbeeinflussbaren Umweltfaktoren mit den vom Unternehmen beeinflussbaren Größen. Zwischen beiden Sachverhalten besteht ein Zusammenhang, der in Bezug auf die strategisch wichtigen Sachverhalte zu analysieren ist. Das Prinzip der Portfoliotechnik wird beispielhaft anhand des Marktattraktivitäts-Wettbewerbsstärken-Portfolios erläutert, wie sie von der Beratungsfirma *McKinsey & Company* entwickelt wurde. Dieser Portfolio-Typ wurde z. B. von der Österreichischen Bundesforste AG zur Beurteilung ihrer strategischen Geschäftsfelder verwendet (Österreichische Bundesforste 1997: 55).

In einem ersten Schritt werden wichtige strategische Geschäftsfelder hinsichtlich Marktattraktivität und relativer Wettbewerbsstärke beurteilt. In diese Beurteilung fließen verschiedene, in den jeweiligen Märkten relevante Parameter ein. Als Ergebnis der Analyse können die Geschäftsfelder in eine 9-Felder-Matrix eingeordnet werden, die das Ist-Portfolio bildet (Seiler 2000: 270 ff.; Abbildung 8-9). Die Darstellung der

Geschäftsfelder ermöglicht eine visuelle Beurteilung des gesamten Portfolios betrieblicher Aktivitäten hinsichtlich Ertragskraft und Risiko. Die Größe der angegebenen Kreise bezieht sich auf zentrale strategische Sachverhalte, z. B. den in den Geschäftsfeldern erzielten Umsatz. Die Positionierung der Geschäftsfelder in den Zonen A, B oder C erlaubt die Ableitung strategischer Stossrichtungen:

- Zone A repräsentiert Geschäftsfelder, für die in der Zukunft wenig Erfolgsaussichten bestehen. Diese Bereiche sollten langfristig aufgegeben werden. Die dort generierten Mittel sind zu maximieren; sie dienen der Finanzierung anderer Aktivitäten.

- Zone B zeigt Geschäftsfelder, deren Marktposition ausgebaut werden soll. Dies bedeutet, dass Investitionen getätigt werden müssen. Der Finanzbedarf für diesen Bereich ist hoch.

- Für Geschäftsfelder in der Zone C müssen selektive Strategien erarbeitet werden. Generell sollen die Geschäftsfelder Mittel freisetzen, mit denen Aktivitäten in Zone B finanziert werden können. Zu überlegen ist, welche Geschäftsfelder gestärkt und welche mittelfristig aufgegeben werden sollen.

Die Überlegungen zu den Geschäftsfeldern in der Zone C leiten zur Entwicklung des Soll-Portfolio über. Grundlage hierfür ist die Prognose der Marktattraktivität. Zu entscheiden ist, welche relative Wettbewerbsposition für die einzelnen Geschäftsfelder angestrebt wird. Die so identifizierten Geschäftsfelder werden dann im Soll-Portfolio entsprechend positioniert. Die Entwicklung strategischer Maßnahmen zielt auf die Veränderung des Ist-Portfolios in Richtung des Soll-Portfolios. Ein wesentlicher Teil der Analyse konzentriert sich dabei auf die Frage, ob mit den bestehenden Aktivitäten genug Cash Flow erwirtschaftet werden kann, um die notwendigen Investitionen für die Neupositionierung der Aktivitäten des Unternehmens zu finanzieren.

Portfolios lassen sich in vielen Varianten aufstellen, wobei die Anzahl der Felder variabel ist. Vielfach werden Portfolios verwendet, die aus nur vier Feldern bestehen. Auf den Achsen werden die relevanten und besonders wichtigen strategischen Sachverhalte dargestellt. Zu beachten ist, dass eine Anwendung der Portfoliotechnik in ihrer Aussage begrenzt ist, da die Darstellung strategischer Sachverhalte in der Regel auf zwei Dimensionen reduziert wird (Bea und Haas 2005: 156 ff.). Portfolioanalysen simplifizieren deshalb das komplexe Netz der Faktoren des unternehmerischen Erfolgs. Von Bedeutung sind besonders Abhängigkeiten und Synergien zwischen verschiedenen Geschäftsfeldern. So können Aktivitäten der Zone A attraktiv sein, weil sie eine wichtige Voraussetzung für Geschäftsfelder in der Zone C darstellen. Deshalb können die für die verschiedenen Zonen beschriebenen Standard- oder Normstrategien verschiedener Portfolios nicht als zwingende unternehmerische Alternativen interpretiert werden (Kreikebaum 1997: 83).

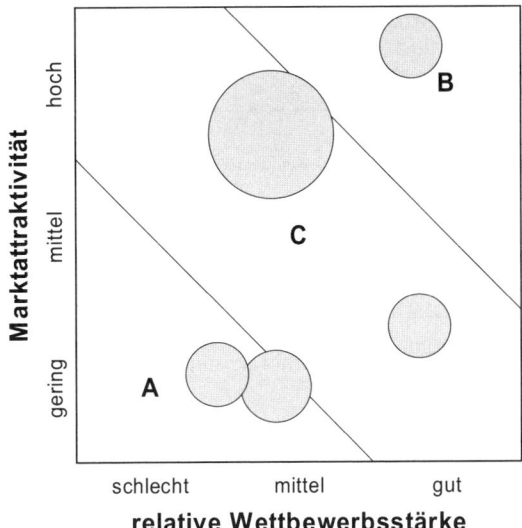

Abbildung 8-9:   Marktattraktivitäts-Wettbewerbsstärken-Portfolio (Seiler 2000:
                  283, verändert)

Die Stärke der Portfolio-Technik liegt in ihren vielfältigen Anwendungsmöglichkeiten.
Sie bietet ein Analyseraster, das erlaubt, wirtschaftliche Zusammenhänge zu systemati-
sieren, Probleme offen zu legen und strategisches Denken generell zu entwickeln. Das
Analyseraster kann dann auf eine konkrete Problemstellung angepasst und für konkrete
Schlussfolgerungen diskutiert werden.

8.4.6   SWOT-Analyse

Die SWOT-Analyse ist eine flexible Methode, mit der die Ergebnisse der Umweltanalyse mit den Ergebnissen der Unternehmensanalyse in Verbindung gebracht werden
können (Lombriser und Abplanalp 2005: 197 ff.). Benannt ist sie nach den Anfangs-
buchstaben der Begriffe **S**trengths (Stärken), **W**eaknesses (Schwächen), **O**pportunities
(Chancen) und **T**hreats (Gefahren). Maßgebend ist die Überlegung, dass erfolgreiche
Unternehmen in der Lage sind, ihre eigenen Stärken sowie die Chancen des Umfelds
zu nutzen, aber auch die eigenen betrieblichen Schwächen sowie Gefahren aus dem
Umfeld zu erkennen und hierauf zu reagieren.

Die betrieblichen Stärken und Schwächen werden den Chancen und Gefahren der
Umwelt in einer Matrix gegenübergestellt (Abbildung 8-10). Anschließend wird die
Matrix systematisch nach strategisch sinnvollen Kombinationen zwischen Umwelt-

Umweltfaktoren Unter- nehmensfaktoren	Opportunities (Chancen)	Threats (Gefahren)
Strengths (Stärken)	SO-Kombinationen	ST-Kombinationen
Weaknesses (Schwächen)	WO-Kombinationen	WT-Kombinationen

Abbildung 8-10:   SWOT-Matrix (Lombriser und Abplanalp 2005: 198, vereinfacht)

faktoren und Unternehmensfaktoren untersucht. Dabei stellt man sich jeweils die Frage, welche Stärken bzw. Schwächen eine Beziehung zu bestimmten Chancen bzw. Gefahren haben. Die sich ergebenden Kombinationen werden in die entsprechenden Felder eingetragen. Im Ergebnis erhält man eine Darstellung der bestehenden strategischen Situation.

Bei der Entwicklung von Strategien sind für die vier Felder der Matrix unterschiedliche Überlegungen anzustellen:

– *Stärken/Chancen (SO):* Mit bestehenden Stärken können Chancen des Umfelds genutzt werden. Ergibt die SWOT-Analyse einen deutlichen Schwerpunkt in diesem Feld, besteht eine sehr gute strategische Ausgangsposition.

– *Stärken/Gefahren (ST):* Auf bestehende Gefahren kann aus einer Position der Stärke heraus reagiert werden. Es stellt sich zudem die Frage, ob die Gefahren nicht umgangen werden können.

– *Schwächen/Chancen (WO):* Um bestehende Chancen zu nutzen, müssen die bestehenden Schwächen zu Stärken umgewandelt werden. Dies erfordert i. d. R. den konzentrierten Einsatz betrieblicher Ressourcen.

– *Schwächen/Gefahren (WT):* Unternehmen mit vielen Kombinationen in diesem Feld sind in einer kritischen Situation. Sie sehen sich Gefahren gegenüber, auf die sie nicht aus einer starken Position heraus reagieren können. Unternehmerisches Handeln ist dann mit einem hohen Risiko behaftet. Man wird bei der Entwicklung neuer Strategien versuchen, diese Positionen zu reduzieren oder zu eliminieren.

Die SWOT-Analyse erhält ihre Bedeutung durch die konsequente Verbindung von Umwelt- und Unternehmensfaktoren. Ähnlich wie bei der Portfolio-Technik ist bei der Entwicklung von Strategien auf Zusammenhänge zwischen Stärken und Schwächen des Unternehmens bzw. Chancen und Gefahren des Umfeldes zu achten.

8.4.7 Risikobeurteilung

Strategien sind auf die Beurteilung und Gestaltung zukünftiger Entwicklungen ausgerichtet und daher immer auch mit Unsicherheit und Risiko behaftet. Überlegungen
zur Einschätzung des Risikos spielen z. B. bei der SWOT-Analyse eine Rolle, werden
bei anderen Planungstechniken aber eher implizit berücksichtigt (Kreikebaum 1997:
130 ff.). Verschiedene Verfahren dienen dazu, Risiken und Unsicherheit abzuschätzen
und sie zu einem Entscheidungstatbestand bei strategischen Planungen zu machen
(Culp 2001: 209 ff.). Der Schwerpunkt ihrer Anwendung liegt bisher überwiegend im
Bereich der Investitionsentscheidungen. Sie gewinnen jedoch zunehmend auch in anderen Bereichen an Bedeutung.

Sensitivitätsanalysen: Ziel solcher Analysen ist es, die kritischen Faktoren der Zielerreichung zu ermitteln (Daenzer und Huber 2002: 215 f.). Man untersucht, wie sensibel
die Ergebnisse einer Strategie auf Veränderungen der Planungsannahmen reagieren.
Dies kann in zwei Varianten erfolgen. Im ersten Verfahren wird für das angestrebte
Ergebnis ein kritischer Wert bestimmt, der im Rahmen der Unternehmensziele gerade
noch akzeptiert werden kann. Dann wird ermittelt, bei welchen qualitativen und quantitativen Veränderungen der Planungsparameter dieser Wert unterschritten wird. Beim
zweiten Verfahren werden die Planungsparameter um festgelegte Stufen verändert und
die Auswirkung auf das Planungsergebnis analysiert. Planungsparameter, die als kritisch für den Erfolg gelten, müssen im Planungsablauf besonders sorgfältig beurteilt
und bei der Implementierung kontinuierlich beobachtet werden.

Risikoanalysen: Bei Risikoanalysen wird die gegebene Entscheidungssituation in einem
mathematischen Modell abgebildet. Dieses gibt die Zusammenhänge zwischen Pla-
nungsparametern und den Ergebnissen der gewählten Strategie wieder. Anschließend
werden die möglichen Ausprägungen der Planungsparameter als Wahrscheinlichkeits-
verteilungen in das Modell integriert, damit die Risiken einer Strategie berechnet werden können. Da die Abschätzung von Wahrscheinlichkeiten oft auf Annahmen beruht
und i. d. R. keine ‚Gewissheit über die Ungewissheit‘ besteht, bedürfen die Ergebnisse
solcher Berechnungen einer sorgfältigen Interpretation. Sie gelten auf jeden Fall nur
unter den getroffenen Grundannahmen. Zudem basiert die Abschätzung der Risiken auf
Wahrscheinlichkeiten und nicht auf den eigentlichen Ursachen der Unsicherheit.

Entscheidungsbaumanalysen: Analysen dieser Art beziehen in die Beurteilung der
Unsicherheit Handlungsoptionen ein, die auch nach Abschluss der Planung zu einem
späteren Zeitpunkt noch wahrgenommen werden können. Hierfür wird das strategische
Problem in Einzelentscheidungen und Einzelereignisse gegliedert, die aufeinander aufbauen und sukzessiv durchlaufen werden. Die einander folgenden Entscheidungen und
Ereignissituationen werden als Knoten dargestellt und mit Kanten zu ‚Entscheidungs-
bäumen‘ verbunden (Daenzer und Huber 2002: 466 ff.). Der Vorteil solcher Analysen
besteht darin, dass bei der Wahl einer Strategie nicht nur das angestrebte Ergebnis,

sondern auch Handlungsoptionen auf dem Weg der Zielerreichung definiert werden. Die Entscheidungssituationen können einzeln hinsichtlich Risiko und möglichen Alternativen untersucht werden. Auf diese Weise ist eine differenzierte Analyse strategischer Problemstellungen möglich. Ein wichtiges Entscheidungskriterium für Forstbetriebe wie für holzwirtschaftliche Unternehmen ist die Flexibilität im produktionswirtschaftlichen Bereich.

8.4.8   Optimierung der forstbetrieblichen Wertschöpfung

Bei der Überlegung, was genau das Optimum eines Handelns bzw. seines Ergebnisses ist, ist grundsätzlich von zwei verschiedenen Ansätzen auszugehen (Kaiser 2008; Kapitel 2.1.6). In den Naturwissenschaften gibt es das nachweisbare Optimum eines Zustandes. Dort ist der optimale Zustand insofern objektiv, messbar und weitgehend frei von emotionalen Wertungen (operatives Optimum). Im gesellschaftswissenschaftlichen Kontext dagegen ist ein optimaler Zustand allenfalls die Summe vieler subjektiver Wertungen zu diesem Zustand (strategisches Optimum). Da die forstbetriebliche Leistungserstellung von erheblichen Teilen der Gesellschaft wahrgenommen wird, kann man ausschließen, dass die Handlungsergebnisse unzweifelhaft, unangreifbar oder „objektiv betrachtet" optimal sein können. Das gilt zumindest für die strategische, die politische und öffentliche Dimension des Betriebes. Denn optimal kann etwas immer nur im Bezug auf eine Vorgabe oder Erwartung sein. Bei dieser Bezugsgröße geht es um eine gesellschaftliche Dimension des Optimums d.h. um die Erfüllung von wie auch immer messbaren und artikulierten gesellschaftlichen Erwartungen an den Betrieb.

Auf der operativen Ebene dagegen lässt sich ein Optimum der eher naturwissenschaftlichen Prägung durchaus definieren, denn hier ist die Bezugsebene für die Feststellung des Optimums das Zielsystems des jeweiligen Betriebs (Kapitel 2.1.5, 4.3.8). Voraussetzung ist allerdings, dass die Ziele schriftlich fixiert, kommuniziert und operational definiert sind. Im Sinne dieser messbaren Dimension des Optimums ist ein Forstbetrieb also dann optimiert, wenn er die ihm gegebenen Ziele erreicht hat und erwarten lässt, dass er dieses Niveau auf absehbare Zeit halten kann. Die nicht oder kaum zu beeinflussenden (z.B. naturalen) Voraussetzungen sollten dabei außer Acht gelassen werden, weil diese eben nicht zur Handlungsebene zählen und es nicht um ein zufälliges, sondern um ein angestrebtes, geplantes, in einen Zielsystem festgelegtes Optimum gehen sollte. Das Zielsystem wiederum wird im Rahmen gesetzlicher Vorgaben vom Waldbesitzer entwickelt und den Handelnden vorgegeben.

Im Falle privater Forstbetriebe verböte sich eine (öffentliche) Diskussion darüber, ob sie optimiert sind oder nicht, wenn Waldwirtschaft im Verborgenen stattfinden würde. Sie entbehrte auch so lange jeder Grundlage, wie das Zielsystem nicht öffentlich gemacht wird. Die Aktivitäten der Forstbetriebe sind Außenstehenden weitgehend zugänglich und oft neigt der Betrachter dazu, seine Unkenntnis des konkreten betrieblichen Zielsystems durch die eigene Erwartung zu ersetzen. Diese Erwartung muss im Unterschied zum definierten Zielsystem weder fachlich fundiert, noch begründet sein oder gar kommuniziert werden. Noch komplexer verhält sich das Problem im öffentlichen Wald: Die öffentliche Meinung darüber, ob der Forstbetrieb eines öffentlichen Waldeigentümers als optimal bezeichnet werden kann, ist wegen ihres quantitativen und politischen Gewicht durchaus relevant und kann sich bis in betriebliche Entscheidungen hinein auswirken. Insofern sind diese Forstbetriebe aufgrund ihrer Öffentlichkeit und ihrer teilweise erzwungenen Transparenz („gläserne Produktion") zu einem besonderen Spagat gezwungen. Sie müssen anstreben, von verschiedensten Interessensgruppen (Stakeholder) positiv wahrgenommen zu werden. Das werden sie nur dann, wenn sie die Ziele des Waldbesitzers erfüllen und sich gleichzeitig der Erwartungen der sie umgebenden Öffentlichkeit bewusst sind. Zwar ist eine solche Anforderung im eigentlichen Wortsinne „zwiespältig", sie ist aber nicht unerreichbar.

Ein so verstandenes umfassendes (oder zwiespältiges) Optimum basiert auf einer ganzen Reihe bestimmender Parameter: Bei einigen handelt es sich um klassische betriebswirtschaftliche Kennzahlen wie Umsatz, Umsatzentwicklung, Umsatzrendite, Gewinn oder Verlust, Gesamt- und Eigenkapitalrentabilität, Produktivitäten und deren Entwicklung, die Vorratshaltung und ihre Dynamik, die Liquidität und die Unternehmensstabilität. Andere Kennzahlen beziehen sich z. B. auf Personalfluktuation, Ausfallzeiten bei Mensch und Maschine, Arbeitszufriedenheit und Motivation der Mitarbeiter. Generell werden derartige betriebliche Kennzahlen nach bestimmten Regeln ermittelt und sind Grundlagen vieler unternehmerischer Entscheidungen. Sie stammen aus der Geschäftsbuchführung, der Gewinn- und Verlustrechnung sowie aus der Kosten- und Leistungsrechnung bzw. BAR. Daraus ist zu schließen, dass wirtschaftlicher Erfolg eine zwingende Voraussetzung für einen optimierten Forstbetrieb ist. Je nach Zielsetzung muss das nicht ein anzustrebender maximaler finanzieller Gewinn sein, sondern die definierten Ziele müssen auf wirtschaftlichem Wege erreicht werden. Das bedeutet, dass alle dafür durchgeführten Maßnahmen und getroffenen Entscheidungen zweckmäßig (also den Zielen dienend) sein müssen und nach dem ökonomischen Prinzip zu realisieren sind.

Die zweite Gruppe von Parametern, die einen optimierten Forstbetrieb kennzeichnen, ist hinsichtlich ihrer Wirkungsintensität, bezüglich ihres Zustandekommens und ihrer Herkunft deutlich unbestimmter und durchaus einer gewissen Beeinflussung zugänglich. Sie ist zusammenfassend mit dem Begriff „Wahrnehmung durch Dritte" zu charakterisieren und umfasst Zulieferer, Kunden, Partner, Auftragnehmer und Auftraggeber, Banken, Behörden, Mitarbeiter und – im Falle der Wälder – besonders auch die Öffentlichkeit. Diese ist teilweise organisiert (z. B. in Verbänden) teilweise diffus. Abhängig vom jeweiligen Thema (z. B. Naturschutz, Jagd, etc.) artikuliert ein bestimmter Teil der Öffentlichkeit seine Wahrnehmung, ein anderer Teil nicht. Die Wahrnehmungen dieses Teils der forstbetrieblichen Leistungserstellung sind z. B. durch eine professionell gemachte Öffentlichkeitsarbeit beeinflussbar.

Da sich die Zielvorgaben des Waldbesitzers von Betrieb zu Betrieb zum Teil erheblich unterscheiden (Kapitel 2.1.5) und weil die Erwartungen der Öffentlichkeit an verschiedene Betriebe je nach Besitzart, der Region oder dem historischen Hintergrund unterschiedlich und im Laufe der Zeit veränderlich sind, kann es nicht den einen einzigen optimalen Forstbetrieb als Bezugsmaßstab (Benchmarking) geben. Die Waldbewirtschaftung unserer Wälder zeichnet sich durch ein ausgewogenes bzw. abgestimmtes Nebeneinander von monetären und nicht-monetären Zielen aus und diese sind in einem Zielsystem definiert. Die Gesellschaft erwartet einen vielfältigen Wald, der neben der Nutzfunktion auch die Schutz- und die Erholungsfunktion erfüllt, der landschaftsprägend in unserer Kulturlandschaft ist und der eine Vielfalt naturnaher Gebiete sowie Lebens- und Bewegungsraum bietet.

8.5   Auswahl von Strategien

8.5.1   Aufgaben und Bedeutung

Die Auswahl von Strategien bestimmt in hohem Maße die mittel- bis langfristige Entwicklung von Unternehmen. Durch strategische Entscheidungen wird auch über die Zuteilung knapper betrieblicher Ressourcen zur Durchführung zukünftiger Aktivitäten bestimmt. Diese Ressourcen stehen dann für andere Aktivitäten nicht mehr zur Verfügung. Die Auswahl einer Strategie bedeutet immer auch die bewusste Entscheidung gegen mögliche andere Handlungsoptionen.

Bei der Entwicklung von Strategien zur langfristigen Sicherung des Erfolgs sehen sich Führungskräfte häufig einer Vielzahl von Möglichkeiten gegenüber, aus denen sie eine Auswahl zu treffen haben. Die Vielfalt unterschiedlicher Optionen lässt sich durch Verwendung von Normstrategien oder strategischen Grundausrichtungen eingrenzen. Sie beziehen sich auf bestimmte Umwelt- und Wettbewerbsfaktoren und fassen auf einer generellen Ebene die strategischen Optionen zusammen. Zusätzlich können Konzepte entwickelt werden, welche die strategische Grundrichtung näher charakterisieren. Sie werden auch als Sekundärstrategien bezeichnet.

So ist es z. B. von elementarer Bedeutung für ein mittelständisches Unternehmen der Sägewirtschaft, ob es seine Strategie zukünftig an Konkurrenten aus der Baustoffindustrie ausrichtet oder an Konkurrenten mit ähnlichen Merkmalen wie die des eigenen Unternehmens. Deutlich wird dies bei der Entwicklung eines Marketingkonzepts, das unmittelbar von der gewählten Strategie abhängt. Zur Abgrenzung gegenüber der Baustoffindustrie und gegenüber anderen Baustoffen ist das Engagement eines einzelnen Unternehmens in Marketingkampagnen für den Baustoff Holz durchaus sinnvoll und wichtig. Zur strategischen Positionierung gegenüber vergleichbaren Mitbewerbern derselben Branche muss dagegen ein Unternehmer nach Möglichkeiten suchen, sich in seinem Marketingkonzept von den Mitkonkurrenten zu unterscheiden. Während es im ersten Fall darum geht, durch Kooperationen mit anderen holzwirtschaftlichen Betrieben eine strategische Größe zu erreichen, dürfte es im zweiten Falle von Vorteil sein, sich durch eine möglichst hohe Flexibilität und Kundennähe des eigenen Unternehmens auszuzeichnen.

8.5.2 Wachstumsstrategien

Auf das Wachstum von Unternehmen sind die an Produkten und Märkten orientierten Basisstrategien ausgerichtet (Bea und Haas 2005: 163 ff.). Sie formulieren generelle Stoßrichtungen auf der Ebene von Gesamtunternehmen. Je nachdem, ob Produkte bzw. Märkte für ein Unternehmen besonders wichtig sind, können verschiedene Ausrichtungen unterschieden werden (Abbildung 8-11).

Die Strategie der *Marktdurchdringung* zielt darauf ab, mit schon vorhandenen Produkten in bestehenden Märkten Wachstum zu erzielen. Eine solche Strategie ist in wachsenden Märkten verhältnismäßig einfach zu realisieren, weil die Expansion der Nachfrage konkrete Chancen für das Wachstum von Unternehmen bietet. In gesättigten Märkten ist diese Strategie jedoch nur mit einem erheblichen Einsatz von Ressourcen und auf Kosten von Konkurrenten möglich.

Ziel einer Strategie der *Marktentwicklung* ist es, mit bestehenden Produkten in bisher nicht bearbeitete Märkte vorzudringen und neue Kunden für die erzeugten Produkte zu gewinnen. Dies kann z. B. durch Ausdehnung der Aktivitäten in andere Regionen oder durch eine intensive Marktbearbeitung für neue Kundensegmente geschehen. Die Anstrengungen, die Holzverwendung für tragende Elemente im Hochbau zu erhöhen, ist z. B. als Strategie der Marktentwicklung zu sehen.

Bei einer Strategie der *Produktentwicklung* werden neue Produkte für schon bestehende Märkte entwickelt und eingeführt. Dies erfordert besondere Anstrengungen sowohl im Bereich der Produktentwicklung wie bei der Wahl geeigneter Marketingstrategien. Solche Strategien sind in der Waldwirtschaft z. B. im Bereich der Dienstleistungen relevant, weil hier Produkte vielfach erst im Entstehen sind. In der Holzproduktion bietet sich im Bereich der kundenspezifischen Sortierung nach wie vor ein erhebliches Entwicklungspotenzial. Die Entwicklung zahlreicher neuer Holzwerkstoffe zeigt die Bedeutung von Strategien der Produktentwicklung in der Holzwirtschaft. Sie demonstriert, dass ein als weitgehend statisch bezeichneter Markt durchaus für Innovationen – vor allem in der Produktentwicklung – offen ist.

Die *Diversifikationsstrategie* richtet sich auf den Aufbau neuer Geschäftsfelder von Unternehmen, bei der mit neuen Produkten weitere Märkte erschlossen werden. Die Diversifikation kann horizontal, d. h. auf der gleichen Stufe der Wertschöpfung, oder vertikal, d. h.

Markt \ Produkt	gegenwärtig	neu
gegenwärtig	Marktdurchdringung (market penetration)	Produktentwicklung (product development)
neu	Marktentwicklung (market development)	Diversifikation (diversification)

Abbildung 8-11:   Produkt/Markt Kombinationen (Bea und Haas 2005: 163)

auf vor- oder nachgelagerten Stufen der Wertschöpfung, erfolgen. Die Diversifikation kann aber auch als Konglomerat, also ohne Beziehung zu bisherigen Aktivitäten durchgeführt werden. Die Diversifikation reduziert im Allgemeinen das unternehmerische Risiko im Sinne eines gezielten Portfolio-Managements. Beispiele für die Diversifikation in der Wald- und Holzwirtschaft sind der Aufbau neuer Dienstleistungsbereiche oder die Kooperation mit Unternehmen anderer Branchen. Das Führen mehrerer unterschiedlicher Geschäftsbereiche ist jedoch schwierig, wenn sich die benötigten Fachkompetenzen und Ressourcen stark unterscheiden. Viele Unternehmen verfolgen heute deshalb Strategien, die wieder vermehrt auf schon vorhandene Kernkompetenzen setzen.

8.5.3   Wettbewerbsstrategien

Jede auf Wettbewerb ausgerichtete Strategie stellt letztlich eine einmalige Konstruktion dar. Generell können jedoch drei zentrale Stossrichtungen unterschieden werden (Porter 2005). Dies sind Strategien der Kostenführerschaft, der Differenzierung und der Konzentration auf Schwerpunkte (Abbildung 8-12). Sie ergeben sich aus den fünf Wettbewerbskräften, die für eine Branche von Bedeutung sind (Kapitel 2.3.2).

Die Strategie der *Kostenführerschaft* basiert im Wesentlichen auf dem Konzept der Erfahrungskurve. Alle unternehmerischen Aktivitäten sind darauf ausgerichtet, gegenüber der Konkurrenz einen Kostenvorsprung zu erreichen. Unternehmen mit einem hohen Marktanteil haben dafür gute Voraussetzungen. Sie können die Erfahrungskurve am besten nutzen und Größeneffekte in der Produktion oder gegenüber Lieferanten ausspielen. Aber auch die Produktgestaltung oder die Ausgestaltung der Produktionsprozesse bieten Ansätze, um einen Kostenvorsprung zu erreichen. Das Verfolgen dieser Strategie ist vor allem dann zweckmäßig, wenn standardisierte Produkte mit geringen Differenzierungsmöglichkeiten erzeugt werden. Ein typisches Beispiel hierfür ist die Papierindustrie, in der diese Strategie zur Konzentration und zur Ausbildung großer Unternehmensgruppen mit hohen Produktionskapazitäten führt (Kapitel 1.3.7).

Im Rahmen einer *Differenzierungsstrategie* versuchen die Unternehmen, ihre Wettbewerbsposition dadurch zu verbessern, dass sie innerhalb der Branche unverkennbare oder einzigartige Produkte anbieten. Ansätze zur Differenzierung gibt es in allen Unternehmensbereichen, z. B. beim Produktnutzen, beim Design, in der Werbung oder bei der Distribution. Spezielle Produkteigenschaften oder unverkennbares Design, die nur schwer von den Konkurrenten in gleichwertiger Weise angeboten werden, sichern hier eine starke Position im Wettbewerb. Wie die Strategie der Kostenführerschaft ist auch die Differenzierungsstrategie auf den Wettbewerb innerhalb der gesamten Branche ausgerichtet.

Durch *Konzentration auf Schwerpunkte* können Betriebe sich ebenfalls Wettbewerbsvorteile verschaffen. Sie nutzen dann Nischen innerhalb einer bestimmten Abnehmergruppe, bei einem speziellen Produkt oder in einer abgegrenzten Region. Die Wirksamkeit der Strategie beruht auf der Annahme, dass ein Unternehmen ein eng abgegrenztes Aktionsfeld besser bearbeiten kann als Konkurrenten mit wenig spezifischen Produkten. Es kann damit in dem gewählten Segment eine bessere Differenzierung oder einen Kostenvorsprung erreichen. Regionale Nischen bestehen z. B. im Bereich von Erholungsleistungen in stadtnahen Gebieten. Sie bieten die Möglichkeit, spezifische Produkte unter speziellen Rahmenbedingungen zu entwickeln und zu vermarkten. Andere Nischen finden sich z. B. in der Sägeindustrie. So sind kleinere Sägewerke in der Lage, auf individuelle Wünsche bestimmter Kundensegmente bezüglich Dimensionen und Sortierung einzugehen. Große Betriebe nutzen dagegen auf dem Weg der Produktstandardisierung Größenvorteile in der Produktion.

Die drei Strategietypen stellen Möglichkeiten dar, in einer Branche erfolgreich zu operieren. Entscheidend für den Erfolg ist, die einmal gewählte Strategie konsequent zu verfolgen. Schwierigkeiten ergeben sich dagegen für Unternehmen, die keine klaren Strategien verfolgen. Dies betrifft vornehmlich Unternehmen mittlerer Größe, die keine Kostenführerschaft erreichen, sich nicht konsequent differenzieren und sich nicht auf Schwerpunkte konzentrieren.

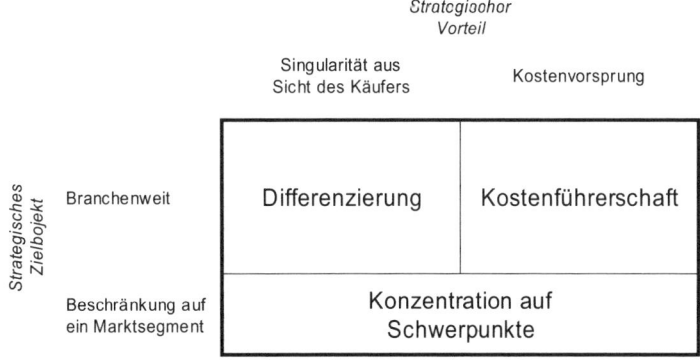

Abbildung 8-12:   Drei Wettbewerbsstrategien (Porter 2005: 75)

547

8.5.4   Sekundärstrategien

Wachstums- und Wettbewerbsstrategien (Basisstrategien) werden durch Sekundärstrategien unterstützt. Diese ermöglichen die Realisierung einer übergeordneten Strategie und werden durch Kriterien charakterisiert, die sich auf wichtige Merkmale der Basisstrategien beziehen. Sekundärstrategien lassen sich wie folgt gliedern (Thommen und Achleitner 2006: 960).

Wachstumsstrategien: Je nach Geschäftslage, Unternehmenspolitik und Märkten kann es für ein Unternehmen zweckmäßig sein, seine Größenstruktur innerhalb folgender Alternativen zu verändern:

–   Expansionsstrategien: Das Unternehmen soll wachsen.

–   Konsolidierungsstrategien: Die aktuelle Größe des Unternehmens soll gesichert werden.

–   Schrumpfungsstrategien: Das Unternehmen soll aus strategischen Gründen verkleinert werden.

Kooperationsstrategien: In engem Zusammenhang mit Wachstumsstrategien sind unternehmerische Entscheidungen zu sehen, welche die Zusammenarbeit mit Marktpartnern beeinflussen. Die nachfolgend genannten Alternativen führen zur Zusammenarbeit, haben allerdings auch unterschiedliche Konsequenzen für die rechtliche und wirtschaftliche Stellung eines Unternehmens:

–   Strategien der Unabhängigkeit: Das Unternehmen bleibt wie bisher unabhängig.

–   Zusammenarbeit: Kooperieren bedeutet eine enge Zusammenarbeit mit einem oder mehreren Marktpartnern in einem oder mehreren konkreten Bereichen unternehmerischen Handelns. Die Partner bleiben i. d. R. rechtlich selbstständig.

–   Beteiligungsstrategien: Insbesondere zwischen Kapitalgesellschaften sind einseitige oder gegenseitige Beteiligungen anzutreffen. Diese erlauben die Einflussnahme in Geschäftsfeldern, welche vom jeweiligen Unternehmen nicht selbst bearbeitet wird.

–   Akquisitionsstrategien: Abhängig von der Höhe der Beteiligung durch Dritte, die üblicherweise durch den Kauf von Eigenkapitalanteilen geschieht, bleibt ein Unternehmen selbstständig oder fusioniert mit dem Kapitalgeber (Erwerber des Eigenkapitals) zu einem strukturell neuen Unternehmen.

Verhalten gegenüber Konkurrenten: Werden Mitbewerber nicht in erster Linie als potenzielle Partner, sondern als Konkurrenten gesehen, muss der strategische Umgang mit ihnen festgelegt werden:

– Bei Offensivstrategien sollen andere Unternehmen durch gezielte Maßnahmen in ihrem Handeln und Erfolg konkurrenziert werden. Häufig geschieht dies auf der Ebene der Preispolitik und kann bei entsprechenden Gegenmaßnahmen bis zu Preiskämpfen führen. Jedoch können auch weniger aggressive Vorgehensweisen zur Offensivstrategie gehören.

– Defensivstrategien sind charakteristisch für Gegenreaktionen von Unternehmen. Sie versuchen, sich gegen solche Mitbewerber zu behaupten oder zu verteidigen, die Offensivstrategien verfolgen.

Breite des Aktionsfeldes: Auch unabhängig von anderen Marktpartnern und Mitbewerbern kann ein Unternehmen sein Geschäftsfeld strategisch begrenzen oder ausweiten:

– Konzentrationsstrategien: Zunehmend von Bedeutung ist in vielen Branchen die Konzentration auf die Kernkompetenz. Deren Vorteil ist eine größere Spezialisierung der Akteure, die bessere Marktkenntnis sowie die vereinfachte Standardisierung im Bereich der Massensortimente mit Kostenvorteilen in der Lagerhaltung und bei der Fixkostendeckung.

– Breitenstrategien: Im Unterschied dazu beruhen Breitenstrategien auf der Absicht, auf einer breiteren Basis das Geschäftsrisiko abzusichern und die Entwicklungspotenziale auszuweiten. Die Strategie von Mischkonzernen ist ein Beispiel für dieses Vorgehen.

– Strategien der Vorwärts- und Rückwärtsintegration: Ziel ist hier, entweder die Absatzmöglichkeiten oder die Zulieferbasis vermehrt in die Geschäftstätigkeit des Unternehmens einzubeziehen.

Nutzung von Synergiepotenzialen: Darunter sind die Sekundärstrategien zu verstehen, die Synergien gezielt anstreben. Synergien sind immer dann zu erreichen, wenn die isolierte Betrachtung eines Ziels, einer Sache, eines Produkts oder z. B. eines Marktsegments aufgegeben wird. Sie können sich demzufolge an durchaus verschiedenen Parametern orientieren. Man unterscheidet:

– am Werkstoff orientierte Strategien, bei denen das Ausgangsmaterial in verschiedener Weise zur bestmöglichen Wertschöpfung genutzt wird;

– an der Technologie orientierte Strategien, die auf eine innovative Fertigungstechnologie zur Herstellung mehrerer Produkte setzen;

– an den Abnehmern orientierte Strategien, mit dem Ziel, einen bestimmten Kundenkreis für den Absatz verschiedener Produkte zu gewinnen.

8.5.5   Businessplan

Fragen der Strategieumsetzung werden in der betriebswirtschaftlichen Literatur deutlich weniger intensiv behandelt als jene der Strategieentwicklung. Tatsache ist jedoch, dass der Erfolg einer jeden Strategie mit der Umsetzung steht und fällt (Bea und Haas 2005: 188). Daher muss die strategische Planung ausreichende Aussagen über die Umsetzung enthalten. Die Bewältigung der folgenden drei Aufgaben steht im Vordergrund:

–   Die Implementierung der Strategie muss in Einzelmaßnahmen untergliedert werden (sachliche Aufgabe).

–   Der Ablauf der Strategieumsetzung muss strukturiert werden (organisatorische Aufgabe).

–   Es müssen geeignete Voraussetzungen unter den Mitarbeitern geschaffen werden, welche diese zu einer qualifizierten und effizienten Umsetzung der Strategie befähigen (personale Aufgabe).

Art und Umfang der Unternehmensstrategie und ihrer Umsetzung sind in einem Businessplan eingehend darzustellen (Benzel und Wolz 2000; Ludolph und Lichtenberg 2002; Stutely 2007; McKinsey & Company 2007). Ziel eines Businessplanes ist es, eine überzeugende Grundlage für die Finanzierung einer neuen und innovativen Geschäftsidee oder für die Erweiterung einer bisherigen Unternehmenstätigkeit zu bieten. Hierbei ist davon auszugehen, dass Außenstehende gewöhnlich keine fundierte Sachkenntnis vom Gegenstand des zu lancierenden Projektes haben. Ein guter Businessplan muss das Neue und Erfolgversprechende der Geschäftsidee in einer Weise darstellen, die für Außenstehende, insbesondere für potentielle Financiers, verständlich, einleuchtend und überzeugend ist. Noch besser ist der Businessplan, wenn er den Leser von der Geschäftsidee begeistert. Gleichzeitig ist zu bedenken, dass potentielle Financiers, vor allem Vertreter von Banken, die häufig über Annahme oder Ablehnung zu entscheiden haben, sehr viel von konkreten Wirtschafts-, Unternehmens- und Finanzierungsdaten verstehen. Ein guter Businessplan muss ein solides und ausreichendes Zahlengerüst präsentieren, das es erlaubt, die Ertragsmechanik der Geschäftsidee kritisch zu überprüfen und die unternehmerischen Chancen und Risiken im Einzelnen zu beurteilen.

Der Businessplan soll so strukturiert und abgefasst werden, dass aus den präsentierten Informationen eindeutige Folgerungen zur Machbarkeit eines Geschäftsvorhabens gezogen werden können. Im Mittelpunkt steht die zu beantwortende Frage: Auf welchen Märkten kann das Unternehmen bzw. der Betrieb welche Produkte und welche Dienstleistungen absetzen und dabei welchen Umsatz und wie viel Gewinn erwirtschaften? Wesentliche Inhalte von Businessplänen sind:

–   Darstellung der Produkte und Dienstleistungen, der Zielkunden bzw. Zielmärkte und der geplanten Umsatzentwicklung (Kunden- und Produktorientierung)

- Kapazitätsplanung und Kapazitätsauslastung bei Produktion und Dienstleistungserstellung

- Bilanz und Erfolgsrechnung für die ersten 5 Jahre; Liquiditätsplanung für jeweils ein Geschäftsjahr; Cash Flow Rechung; Investitionsrechnung bei größeren Investitionsvorhaben; Zeitpunkt ab dem das Unternehmen, der Betrieb oder das Projekt selbsttragend ist (Eigenwirtschaftlichkeit)

- Sensitivitätsanalysen für den Normal-Fall, den Best-Fall und für den ungünstigsten Fall

- Personalplanung und gegebenenfalls Sozialplan; erforderliche Aus- und Weiterbildung für Führungskräfte und Mitarbeiter

- Statuten bzw. Verträge der gewählten Zusammenarbeitsform; verwendete Datengrundlagen für Marktanalysen; Finanzierung, Liquiditätsplanung und Investitionsrechnung; wichtige Kennzahlen des bestehenden Unternehmens.

Ein überzeugender Businessplan ist immer dann unumgänglich, wenn für die Umsetzung der unternehmerischen Ideen Fremd- oder zusätzliches Eigenkapital benötigt wird. Keine Bank und kein privater Investor wird finanzielle Mittel in Unternehmen investieren, deren inhaltliche und wirtschaftliche Konzeption nicht ausgereift und überzeugend ist. Die Auseinandersetzung mit den für einen Businessplan geforderten Inhalten ist gleichzeitig eine wertvolle Hilfe bei der Erarbeitung effektiver Geschäftsmodelle und Maßnahmen. Das systematische und weitgehend standardisierte Vorgehen bei der Ausarbeitung von Businessplänen hilft, die Geschäftsidee von außen d. h. durch Dritte unter verschiedenen Gesichtspunkten auf ihre Tragfähigkeit und Realisierbarkeit hin zu überprüfen. Die vorgegebene logische Struktur und die Forderung nach einer eingehenden qualitativen und quantitativen Darstellung zwingen zu einer Überprüfung der eigenen Vorstellungen und deckt nicht behandelte Punkte und logische Inkonsistenzen auf (Abbildung 8-13).

1.	Zusammenfassung	Vorhaben, Umsatz- und Gewinnaussichten, Finanzbedarf mit Fristen, Risiken (max. eine A4-Seite)
2.	Ansprechpartner	Namen, Aufgabengebiet, fachlicher Hintergrund, Adresse, Telefon, Fax, E-Mail-Adresse
3.	Geschäftsidee	Ziel, Ausgangslage, Ertragsmechanik
4.	Produkte, Dienstleistungen	Kundenbedürfnis, Kundennutzen, Produkt und Dienstleistung, Lebenszyklus
5.	Markt, Kunden, Konkurrenz, Wettbewerb, Gesellschaft	Marktübersicht, Marktkapazitäten, Marktbeurteilung, Markttrends, Marktsegmentierung, Kundenstruktur, Konkurrenz, eigene Marktstellung

6. Marketing	Marketingstrategie, Marktsegmentierung, Preispolitik, Umsatzziele, Werbung, PR, Verkauf und Vertrieb
7. Eigentümer, Führungs-kräfte, Mitarbeitende	Eckdaten, Lebensläufe, Berufs- und Führungserfah-rungen, Aus- und Weiterbildungsmassnahmen der Führungskräfte und Mitarbeitenden
8. Unternehmung	Geschäftsmodell, bisherige Entwicklung, Werte und Normen des Betriebs bzw. Unternehmung
9. Produktion, Partner-schaften, Absatzmittler	Produktion (technische Produktionsmittel, Kapazi-täten, Engpässe), Partnerschaften, Absatzmittler
10. Risiken, Szenarien, Sensitivitäten	Risikoanalyse, Risikomanagement, Szenarien & Sensitivitäten
11. Umsatzprognosen	Wann, wo, mit welchen Produkten und Dienstleis-tungen kann mit welchen Kunden wie viel Umsatz realisiert werden?
12. Finanzplanung	Bilanz- und Erfolgsrechnungen für die nächsten Jahre, Cash Flow, Liquiditätsplan (pro Monat für das folgende Jahr) Liquiditätsbedarf, Gewinnschwelle, Kapitalstruktur, Kapitalbedarf, Finanzierungs-Quellen, Risiken und Absicherungen
13. Terminplanung, Pro-jektziele, Umsetzung	Meilensteine, Umsetzungsplanung
14. Kontrollrechte	Kontrollrechte von Eigentümer, Financiers, Förde-rungsstellen (Geldgebende Behörden)
Anhänge	Verträge und Statuten, Grund- und Ausgangsdaten sowie Quellen der Angaben, Angaben zu Schät-zungen und Annahmen für die einzelnen Kapitel
Grundsätze	*Logisch nachvollziehbare Zusammenhänge, begrün-dete Zahlen oder Schätzungen, nachgewiesen Quel-len, keine Gedankensprünge; realistische Annahmen; dokumentierte Sachverhalte.*

Abbildung 8-13:   Gliederungsschema eines Businessplans (Eigene Zusammenstel-lung)

Der Businessplan ist die Basis für konkrete Maßnahmen, indem er messbare Zwischen-ziele für die Umsetzung setzt. Aussagen sind insbesondere zu den folgenden Punkten notwendig:

– *Ziele und erwartete Ergebnisse*: Die gesetzten Ziele und die erwarteten Ergebnisse sind schriftlich zu fixieren, damit ein objektiver Maßstab für das laufende Monito-ring und das Controlling vorhanden ist.

- *Information*: Die Fixierung der Maßnahmen ermöglicht eine wirksame Information der Mitarbeiter und eine zielgerichtete Kommunikation im Umfeld des Unternehmens und in der Öffentlichkeit (Kapitel 4.3.4).

- *Kundenorientierung und Umsatzentwicklung*: Produkte und Dienstleistungen, Zielkunden und Zielmärkte sowie Umsatzentwicklung sind darzustellen.

- *Kapazitätsplanung:* Die Kapazitätsauslastung der betrieblichen Einrichtungen bzw. der beabsichtigten Investitionen bei der Erstellung von Produktion bzw. Dienstleistungen ist zu analysieren.

- *Ressourcen für die Umsetzung*: Im Mittelpunkt stehen die notwendigen finanziellen Mittel der Umsetzung von Strategien (Gründungsinvestitionen, laufendes Budget und Projektfinanzierung). Die Ressourcenverwendung in Bezug auf Personal-, Technologie- und Informationsmanagement ist auszuweisen.

- *Zeitplan*: Die Einzelmaßnahmen der Strategie müssen zeitlich geordnet und koordiniert werden. In einem Zeitplan ist festzuhalten, welche Maßnahme bis zu welchem Zeitpunkt durchzuführen ist und zu welchem Ergebnis sie führen soll.

- *Meilensteine*: Zur Gliederung von Zeitplänen werden so genannte Meilensteine verwendet. Sie bezeichnen kritische Zeitpunkte im Prozess der Umsetzung, an denen bestimmte Ergebnisse vorliegen müssen und der bisherige Verlauf evaluiert werden kann. Hier ist auch über Korrekturen im weiteren Vorgehen zu entscheiden.

- *Kommunikation*: Die Kommunikation zwischen Führungskräften und Mitarbeitern ist von zentraler Bedeutung für den Erfolg von Umsetzungsprozessen. Kommunikative Ziele und Maßnahmen sind ein wichtiger Bestandteil in einem Businessplan.

- *Prämien- und Anreizsysteme*: Sie bilden eine wirkungsvolle Unterstützung für die Umsetzung strategischer Planungen. Zu identifizieren und angemessen zu entlohnen sind die Verhaltensweisen, Qualifikationen und Arbeitsleistungen, welche die Strategieumsetzung im vorgesehenen Zeitablauf gewährleisten (Kapitel 4.4.5).

Für die Umsetzungsphase sind Vorgehensweisen bzw. Teilkonzepte zu entwickeln, in welchen die Grundsätze festgehalten und operationalisierbar gemacht werden. Dies betrifft insbesondere:

- Leistungswirtschaftliche Konzepte mit Angaben zu Marktzielen, Produktionsmitteln und Absatzverfahren

- Finanzwirtschaftliches Konzepte mit Angaben zu Umsatz, Gewinn, Kapitalvolumen, Kapitalstruktur

- Soziale Konzepte mit Angaben zur Lohn- und Prämienpolitik, zur Arbeitsgestaltung sowie zur Personalentwicklung und Fort- und Weiterbildung.

Bei der Ausarbeitung und Umsetzung von Businessplänen sind Mitsprache und Beteiligung der Mitarbeiter in den betroffenen Unternehmensbereichen unabdingbar. Die Mitarbeiter verfügen über das notwendige Sachwissen und von ihnen hängt die effiziente Planung und Realisierung der Maßnahmen entscheidend ab. Insbesondere bei strategischen Neuausrichtungen, die zu erheblichen Veränderungen des Status quo führen, ist mit Informationsdefiziten und Widerständen zu rechnen. Mangelnde Bereitschaft zur Strategieumsetzung und Ängste vor den sich ergebenden Konsequenzen infolge nicht ausreichender Informationen und Beteiligungsmöglichkeiten sind ein wesentlicher Faktor, der zum Scheitern an sich guter Strategien führen kann.

8.6   Controlling

8.6.1   Aufgaben und Bedeutung

Der Begriff Controlling leitet sich vom englischen Verb ‚to control‘ im Sinne von steuern bzw. überwachen ab. In der englischen Umgangssprache finden sich verschiedene ähnlich gebrauchte Ausdrücke, die von ‚to check‘ über ‚to operate‘ bis ‚to manage‘ reichen. Controlling steht in engem Zusammenhang mit der generellen Managementfunktion, die auch eine ständige Überwachung und Rückkoppelung zur Umsetzung unternehmerischer Aktivitäten beinhaltet. Es handelt sich jedoch längst nicht um den einzigen Bedeutungsinhalt des Controllings. Eine Übersetzung mit ‚kontrollieren‘ würde zu einer viel zu engen Interpretation und zu einem Missverständnis des modernen Controllings führen. Umfassendes Ziel des betrieblichen Controllings ist vielmehr, die Rationalität unternehmerischer Handlungen sicher zu stellen (Czenskowsky *et al.* 2004; Deyle 1997; Jöbstl 2004; Weber und Schäffer 2006: 39, 42 f.).

Zu beachten ist allerdings, dass effizientes Management von den verantwortlichen Führungspersonen eine Kombination von Intuition und rationalen Überlegungen verlangt (Kapitel 4.1.3). Einzelne Dimensionen des Managements sind dabei stärker als andere durch Rationalität geprägt. So sind zum Beispiel die Bereiche des operativen Managements und der Disposition weitgehend von rationalen Überlegungen geprägt. Dagegen erfordern weitreichende strategische Entscheidungen und normative Aspekte der Unternehmenspolitik sowohl rationales Kalkül wie auch ein beachtliches Maß an Intuition.

Rationales Management, verstanden als systematisches Gestalten, Lenken und Entwickeln von soziotechnischen Systemen, setzt auf drei Ebenen an (Weber und Schäffer 2000: 191):

– Grundvoraussetzung für rationales Handeln ist ausreichendes Wissen über Fakten und Methoden. Ein wichtiger Teil der Controllingaufgaben bezieht sich deshalb auf die Versorgung von Führungspersonen mit Information und geeigneten Methoden.

– Die Rationalität von Führung wird verstärkt, wenn unternehmerische Ziele systematisch erarbeitet werden. Dies ist die Voraussetzung für durchdachte Planungen, welche die verfügbaren Informationen nutzen. Sie ermöglichen eine umfassende Steuerung und Überprüfung betrieblicher Prozesse durch Instrumente des Controllings und notwendige Anpassungen an Veränderungen im Umfeld der Unternehmen. Controlling hat daher einen starken Bezug zum Problemlösungsprozess des Managements.

– In einem dynamischen Umfeld ist es notwendig, Planung, Informationsaustausch und Monitoring, aber auch die Entwicklung eines betrieblichen Anreizsystems aufeinander abzustimmen. Die Koordination der verschiedenen Unternehmensbereiche führt zu einer erhöhten Rationalität des Managements. Sie ist eine wichtige Aufgabe des Controllings.

Ähnlich wie das Marketing hat heute das betriebliche Controlling als generelles Managementkonzept weitreichende Beziehungen zu allen Aktivitäten eines Unternehmens. Marketing und Controlling bilden gleichermaßen eine ‚Klammer' um die grundlegenden Dimensionen unternehmerischen Handelns. Während sich das Marketing vorwiegend auf die Unternehmensumwelt, insbesondere auf die Kunden, bezieht, ist das Controlling im Wesentlichen auf die in den Unternehmen ablaufenden Prozesse ausgerichtet. Das Ausmaß an Controllingaktivitäten in einzelnen Unternehmen hängt daher vom unternehmerischen Kontext ab. Letztlich basiert die Einführung betrieblicher Controllinginstrumente immer auf dem Bedürfnis der Führungsverantwortlichen, Managementtätigkeiten stärker als bisher rational zu gestalten.

8.6.2 Wahrnehmung von Controlling-Aufgaben

Mit dem Begriff Controlling werden vielfach auch die Personen, Stellen oder organisatorischen Einheiten bezeichnet, welche entsprechende Aufgaben wahrnehmen. Controlling erfolgt dabei im Zusammenspiel zwischen Controller und Manager, wobei unternehmerische Entscheidungen und ihre Durchsetzung dem betrieblichen Management zugeordnet sind. Die Absicherung der Rationalität von Entscheidungen verlangt nach einem Gegenpart, der vom Controller geleistet wird. Er bietet den Führungsverantwortlichen die Chance zur Reflexion und kann sie in Bezug auf ihr Verhalten und ihr Handeln herausfordern.

Welches die einem Controller zugeordneten Aufgaben im Einzelnen sind, entscheidet sich nach den Bedürfnissen des jeweiligen Unternehmens. Sie reichen von der Überprüfung der Buchhaltung bis hin zu höchst anspruchsvollen und herausfordernden Tätigkeiten des Managements. Häufig ergeben sich Aufgabenzuordnung sowie Ausstattung betrieblicher Controllingstellen mit Personal aus der Notwendigkeit, bestimmte Defizite in der Unternehmensführung gezielt zu beseitigen. Handelt es sich hierbei um Schwächen im

Informationsmanagement, so hat das Controlling primär die Aufgabe, die Wissensbasis der Mitarbeiter zu verbessern. Liegen Defizite im Bereich der rationalen Entscheidungsfindung vor, so unterstützt der Controller die Unternehmensführung, damit diese ihre Entscheidungen konsistenter auf die vorgegebenen Unternehmensziele ausrichtet.

Entsprechend den unterschiedlichen Situationen und Aufgaben lassen sich drei Typen von Controlling bzw. von Controllern unterscheiden (Weber und Schäffer 2006: 10 ff., 36 ff.):

- Der vergangenheits- und buchhalterisch orientierte Controller, der insbesondere den Finanzbereich von Unternehmen bearbeitet. Oft sind diese Personen Leiter des betrieblichen Rechnungswesens.

- Der zukunfts- und aktionsorientierte Controller, der in einem weiteren Umfeld als dem traditionellen betrieblichen Rechnungswesen die Argumentationen und Entscheidungen von Führungsverantwortlichen unterstützt und überprüft.

- Der management- und systemorientierte Controller, der aktiv an den Problemlösungsprozessen des Managements beteiligt ist.

Die Bandbreite möglicher Aufgaben und die in der unternehmerischen Praxis unübersehbare Vielfalt von Lösungen sind die Ursache dafür, dass der Bereich des Controllings wie auch die Einsatzmöglichkeiten von Controllern vielfach als unscharf empfunden werden. Hierzu hat auch die Wissenschaft beigetragen, da in den Fachpublikationen häufig ganz unterschiedliche Aspekte des Controllings in den Vordergrund gestellt werden (Weber und Schäffer 2000: 188). Die Vielfalt unternehmerischer Situationen führt dazu, dass es in der Praxis unterschiedliche Abgrenzungen und Vorstellungen über die Einsatzmöglichkeiten des Controllings gibt. Entscheidend ist, dass nur bei einer klaren Vorstellung von den zu erfüllenden Aufgaben angemessene Controllinglösungen für den jeweiligen betrieblichen Kontext entwickelt werden können.

8.6.3   Entwicklung des Controllings

Die Ursprünge des Controllings liegen in der staatlichen Verwaltung und sind institutioneller Natur (Weber und Schäffer 2006: 2 ff.). Unter der Stellenbezeichnung ‚Countroller‘ wurden am englischen Königshof Aufzeichnungen über Einnahmen und Ausgaben gemacht. In den USA existierte ab 1778 ein ‚Comptroller‘, der das Gleichgewicht zwischen Staatsbudget und Staatsausgaben zu überwachen hatte. In vergleichbarer Funktion stehen heutige staatliche Institutionen wie der Bundesrechnungshof in Deutschland. Diese Wurzeln des Controllings weisen auf zwei Kernbereiche hin, die bis heute erhalten geblieben sind: das Rechnungswesen und die Kontrollfunktion.

Die ersten Controllerstellen in der privaten Wirtschaft wurden in den USA während der 80er Jahre des 19. Jahrhunderts geschaffen. Eine deutliche Zunahme solcher Positionen erfolgte nach dem Ersten Weltkrieg. Der Grund hierfür war ein wachsender Bedarf an Kommunikation und Koordination in den Unternehmen sowie eine verringerte unternehmerische Flexibilität infolge höherer Fixkosten der zunehmend teurer werdenden Produktionsanlagen. Es wurden neue Führungsinstrumente entwickelt, für die aufgrund der volkswirtschaftlichen Turbulenzen erheblicher Anwendungsbedarf bestand. Damit vergrößerte sich auch das Aufgabenfeld der Controller. Zusätzlich zur Überprüfung der Transaktionen in der Vergangenheit wurden sie in die Unternehmensplanung einbezogen. Parallel entwickelte sich das Rechnungswesen von der Buchhaltung zu einem generellen Instrument des Managements. Die Controller übernahmen vielfach die Aufgabe, die Unternehmensplanung konzeptionell zu gestalten und die benötigten Teilplanungen auszuarbeiten. Hierbei lag es nahe, diese durch hierfür abgestimmte Instrumente der Überwachung und Kontrolle zu ergänzen.

Der im Bereich des Controllings bestehende Sachverstand hinsichtlich betrieblicher Fakten und analytischer Methoden konnte dann wiederum bei betrieblichen Bewertungs- und Beratungsfragen genutzt werden. Dadurch ergab sich noch einmal eine Erweiterung des Aufgabenfelds. Controller gewannen in der Funktion von Experten einen erheblichen Einfluss auf Entscheidungen im Management und rückten in die engere Führungsriege von Unternehmen auf. In unterschiedlichem Maß wurden sie in die Verantwortung der Unternehmensführung mit einbezogen. Die rasch wachsende Bedeutung des Controllings in der zweiten Hälfte des zwanzigsten Jahrhunderts erfolgte im Wesentlichen in den USA. Dagegen finden sich in Deutschland oder Frankreich Controllerstellen in nennenswerter Zahl erst ab den 1970er Jahren (Weber und Schäffer 2006: 14 ff.). Insgesamt zeigt die Entwicklung, dass Controlling heute eine höchst anspruchsvolle Aufgabe darstellt. Sie erstreckt sich je nach betrieblichem Kontext mit unterschiedlicher Intensität auf alle Bereiche und Dimensionen des Managements. Die Ausübung einer solchen Tätigkeit setzt hohe analytische Fähigkeiten und umfangreiches Methodenwissen voraus. In der Rolle als Berater sind vor allem auch kommunikative Fähigkeiten notwendig.

8.6.4 Organisation des Controllings

Die Aufgaben des Controllings können im Wesentlichen intern durch Mitarbeiter des Unternehmens oder extern durch spezialisierte Experten wahrgenommen werden (Abbildung 8-14). In der Praxis sind Kombinationen interner und externer Controllingverfahren üblich. Allen Organisationsformen ist gemeinsam, dass der Erfolg des Controllings maßgeblich von der Kompetenz und der Sensibilität der damit befassten Mitarbeiter oder der externen Experten abhängt.

Von Bedeutung ist, ob das Controlling in erster Linie auf dem Rechnungswesen aufbaut und sich bei seinen Feststellungen primär auf Erkenntnisse stützt, die sich quasi

,von selbst' und ,automatisch' aus diesem Informationssystem ergeben. Im Sog dieser Controllingauffassung haben sich standardisierte Softwarepakete am Markt etabliert, die eine Vielzahl von Analysen auf Anfrage anbieten. Mehrere große Waldbesitzer, insbesondere Staatsforstverwaltungen, haben einen ähnlichen Weg eingeschlagen. Dort wurden Softwareprogramme für ein hausinternes Controlling entwickelt, das ein systematisches Monitoring auf allen Ebenen der Verwaltung zulässt. Die Vorteile dieser Variante liegen auf der Hand. Das Verfahren ist

– wenig personalintensiv

– kontrolliert sich im Grunde selbst (durch interne Plausibilitätstests)

– verhindert Überinterpretationen

– kann auch von externen Beratern, die über kein Insiderwissen verfügen, eingesetzt werden.

Der Nachteil eines weitgehend auf internen Zahlen und Nachweisen beruhenden Controllingsystems ist allerdings, dass keine zusätzlichen externen Kenntnisse und neuen Ideen gewonnen und für die zukünftige Unternehmensführung genutzt werden können. Die Aufbereitung und Analyse der Daten beschränkt sich im Wesentlichen auf schon abgelaufene Vorgänge und betriebsinterne Sachverhalte. Hier haben gut ausgebildete, mit entsprechender Erfahrung und einer gewissen Kreativität ausgestattete Mitarbeiter oder auch externe Berater deutliche Vorteile. Sie können die Daten des Rechnungswesens – auf die auch ein stärker auf Personen gestütztes Controllingsystem nicht verzichten kann – unter wechselnden Prämissen interpretieren und Szenarien für zukünftige Abläufe entwickeln. Sie sind im Rahmen ihrer Aufgabe auch in der Lage, außerhalb des Unternehmens zu recherchieren, um zusätzliche Erkenntnisse und Vergleichsmaßstäbe zu gewinnen. Ein auf Personen gestütztes Controlling erfordert gut ausgebildete und mit ausreichenden Kompetenzen zur Beschaffung von Informationen ausgestattete Fachleute. Die Rolle des Controllers ist in derartigen personengestützten Modellen sehr sensibel. Durch seine Zuständigkeit für verschiedene Unternehmensbereiche

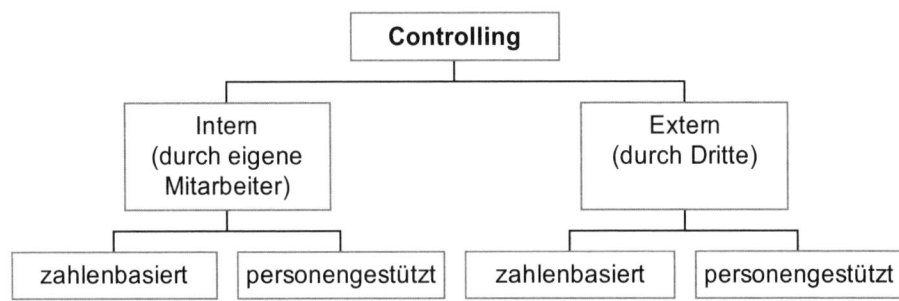

Abbildung 8-14:   Organisations-Varianten des Controllings

oder für mehrere Betriebe verfügt er über Vergleichsmöglichkeiten, die der einzelne Unternehmer oder Betriebsleiter nicht hat. Der Controller ist ihnen in dieser Beziehung überlegen. Dagegen ist er hinsichtlich seiner örtlichen Kenntnisse und des für unternehmerisches Handeln wichtigen Hintergrundwissens über den konkreten Betrieb auf die Erfahrungen und Beurteilungen der Unternehmensleitung angewiesen.

In kleinen und mittelständischen Unternehmen wird häufig eine Mischform zwischen dem personen- und dem rechnungsgestützten Controlling praktiziert: Man beauftragt externe Berater mit Beratungs- und Überwachungsaufgaben, die diese auf der Basis intern ermittelter Rechnungsgrundlagen wahrnehmen. Voraussetzung hierfür ist ein ausreichendes Vertrauen zu den beauftragten Personen und Unternehmen. Die Grenzen einer solchen ,Outsourcing-Variante' sind denen einer externen Bilanzanalyse ähnlich:

–   Nicht zahlenverwertbares Wissen bleibt u. U. unberücksichtigt. Dies gilt z. B. für soziale Aspekte der Unternehmensführung.

–   Entwicklungstendenzen, die sich (noch) nicht in den Zahlen ausdrücken lassen, sind von einem externen Berater nur schwer zu erkennen.

Controlling als wichtiger Teil der Unternehmensführung kann eine Bestätigung und Motivation für die Mitarbeiter sein, indem ein positives Feedback über ihre Tätigkeit vermittelt wird. Es hat auch die zentrale Aufgabe der Überwachung und des Setzens von Leitplanken sowie einer Leistungsüberprüfung. Um die Vermittlung kritischer Ergebnisse und Sachverhalte an die Geschäftsführung und an die Mitarbeiter in geeigneter Form zu gewährleisten, wird das interne Controlling zweckmäßigerweise der Geschäftsführung als beratende Stabsstelle zugeordnet.

8.7   Controllinginstrumente

8.7.1   Aufgaben und Bedeutung

Controllinginstrumente sind auf eine breite Erfassung und Verwertung von Informationen ausgerichtet und tangieren in der Regel verschiedene Unternehmensbereiche. Sie lassen sich auch für andere unternehmerische Fragestellungen einsetzen, bei denen die Informationsgewinnung im Vordergrund steht. Dementsprechend ist z. B. die Abgrenzung zu den Instrumenten der strategischen Planung nicht scharf, da auch dort die Nutzung von Informationen im Zentrum steht.

Eine wichtige Rolle haben Kennzahlen, die wesentliche Aussagen über den untersuchten Betrieb bzw. Unternehmung in komprimierter Form darstellen (Weber und Schäffer 2006: 167 f., 192 f.). Vor allem für den finanzwirtschaftlichen Bereich von Unternehmen existieren zahlreiche Kennzahlen, die unterschiedliche Aspekte der Analyse von Bilanz und Erfolgsrechnung darstellen (Kapitel 5.6). Gleiches gilt im operativen Bereich für betriebliche Prozesse, z. B. in Bezug auf die Lagerhaltung oder die Produktivität. Auch für die Beurteilung organisatorischer Abläufe und anderer strategisch relevanter Faktoren wie Mitarbeitermotivation und Unternehmenskultur können Parameter entwickelt werden, die sich in Kennzahlen abbilden lassen (Kapitel 8.7.4). Eine umfangreiche Beschreibung möglicher betrieblicher Kennzahlen gibt z. B. Tschandl (1999: 39 ff.). Für Bereiche, die nicht durch Kennzahlen erfasst werden, lassen sich mithilfe von Checklisten qualitative Informationen erheben und vergleichen.

Eine kritische Beurteilung der Aussagekraft von Kennzahlen ist jedoch erforderlich. So führt die Beurteilung von Betrieben mithilfe einzelner Kennzahlen fast immer zu falschen oder zumindest ungenauen Schlussfolgerungen. Erst durch die Zusammenführung vieler Einzelinformationen und deren kritische Durchleuchtung erhält man ein ausgewogenes Bild über die Leistungsfähigkeit von Betrieben und Unternehmen.

8.7.2   Abweichungsanalysen

Soll-Ist-Vergleiche und die Ermittlung der Ursachen für erkennbare Abweichungen sind ein wesentlicher Bestandteil des betrieblichen Controllings. Aufgrund der gegebenen Unsicherheiten in Planungsprozessen sind Abweichungen von Plänen eher die Regel als die Ausnahme. Veränderungen beim Umsatz, bei den Einkaufskonditionen oder im Stab der Mitarbeiter haben zum Teil unmittelbare und nicht immer vorhersehbare Auswirkungen auf Höhe und Struktur der Kosten sowie auf die Erträge und das Gesamtergebnis. Das Management muss wissen, ob und in welchem Ausmaß die tatsächlich erzielten Ergebnisse von den geplanten Budgets einzelner Geschäftsbereiche bzw. des Gesamtunternehmens abweichen. Ebenso wichtig ist, die Ursachen für Abweichungen und den Spielraum für Korrekturen im Rahmen des Managementzyklus von Planung und Kontrolle zu kennen. Da Pläne und ihre Erreichung oft auch Maßstab für die Beurteilung von Mitarbeitern sind, ist im Rahmen von Abweichungsanalysen zu klären, wie stark die Leistung der Mitarbeiter das jeweilige betriebliche Ergebnis unmittelbar beeinflusst hat.

Die einfache Gegenüberstellung von Soll und Ist im Rahmen der Abweichungsanalyse greift für ein effektives Controlling zu kurz. Kern der Analyse ist vielmehr die Suche nach Ursachen für die festgestellten Abweichungen. Diese können sehr vielfältig sein und müssen nicht in den Bereichen liegen, in denen sie auf den ersten Blick vermutet werden. Erst eine fundierte Ursachenanalyse ermöglicht sinnvolle Schlussfolgerungen für zukünftiges unternehmerisches Handeln (Reichmann 2006: 363 ff.).

Die Vielschichtigkeit von Abweichungsanalysen wird im Folgenden am Beispiel von Gewinnabweichungen erläutert (Seiler 2005: 379 ff.). Hierbei spielen vor allem quantitative Aspekte eine Rolle, wobei die Ursachen für Gewinnabweichungen meistens in

mehreren Bereichen des Unternehmens liegen. Wesentliche Parameter sind die Kostenstruktur und Veränderungen bei den Kostenstellen, die mit der Produktion von Gütern
verbunden sind. Mögliche Ursachen für Gewinnabweichungen in Betrieben und Unternehmen zeigt Abbildung 8-15. Eine intensive Kenntnis des betrieblichen Rechnungswesens und der Zusammenhänge zwischen Finanz- und Betriebsbuchhaltung (Kapitel
5.2.1, 5.7.1) ist für die Durchführung derartiger Analysen unbedingt erforderlich.

Abweichungen des Gewinns zwischen Soll und Ist lassen sich entweder auf die
Umsatzentwicklung oder auf Veränderungen bei der Kostenstruktur zurückführen. Die
Differenz im Umsatz bzw. im Deckungsbeitrag kann entweder durch andere als die
prognostizierten Preise (Preisabweichung) oder durch veränderte Produktionsmengen
(Mengenabweichung) begründet sein. Bei der Berechnung der Preis- und Mengenab-
weichung muss gewährleistet sein, dass sie in der Summe der Umsatzabweichung ent-
sprechen. Dies wird erreicht, indem für die Quantifizierung der Mengenabweichung die
Planpreise und für Preisabweichung die Ist-Mengen zugrunde gelegt werden.

Basiert der Umsatz auf mehreren Produkten, ist es zweckmäßig, diese in der Abweichungsanalyse getrennt zu behandeln. Dabei ergibt sich die Abweichung insgesamt als
der Effekt, der durch einen veränderten Produkte-Mix im Vergleich mit der Planung
entsteht. Die Abweichung der Gesamtmengen ist hingegen auf Veränderungen bei allen
Produkten zurückzuführen. Voraussetzung für eine solche Unterscheidung ist, dass sich
die Mengen der verkauften Produkte sinnvoll addieren lassen. Die Ursachen für Umsatzabweichungen sind oft im Verkaufsbereich zu suchen. Ursachen im Produktionsbereich
können dann vorliegen, wenn die Umsatzabweichungen durch eine veränderte Qualität der Produkte oder z.B. den Ausfall von Produktionsanlagen verursacht wurden.

Abbildung 8-15: Mögliche Ursachen für Gewinnabweichungen (Seiler 2005: 380)

Hinweise für den Einfluss von Verkauf und Marketing auf den Gewinn gibt die Untersuchung der Auswirkungen von Mengenabweichungen auf den Deckungsbeitrag. Bei einer Veränderung von Verkaufsmengen verändern sich auch die variablen Kosten. Der Gewinn vergrößert sich um die Differenz zwischen Mehrumsatz und variablen Kosten.

Abweichungen auf der Kostenseite erfordern ebenfalls eine eingehende Analyse. Preise und Mengen der benötigten Produktionsfaktoren (Material, Arbeit, Energie) wirken sich direkt auf die Einzelkosten aus und bestimmen das Ergebnis der Einzelkostenabweichung. Mengenabweichungen werden dabei maßgeblich von den am Produktionsprozess beteiligten Mitarbeitern beeinflusst. Sie sind ein Maßstab für das Erreichen von Effizienzzielen in der Produktion. Die Ursachen für Preisabweichungen können vielfältig sein. Den größten Einfluss auf ihre Höhe hat i. d. R. die Einkaufsabteilung von Unternehmen. Analysen der Einzelkostenabweichung basieren immer auf tatsächlich erreichten Produktionsmengen und nicht auf Planzahlen. Nur so lassen sich Aussagen über die Veränderungen der Einzelkosten je produzierte Einheit treffen.

Die Analyse der Gemeinkostenabweichung hat in der Abweichungsanalyse einen großen Stellenwert. Gemeinkosten beeinflussen in hohem Maße das Kostenniveau einer Kostenstelle. Oft entwickeln sich Gemeinkosten weitgehend unbemerkt, da sie nicht direkt mit der Produktionsmenge zusammenhängen. Notwendig ist, bei der Analyse zwischen beeinflussbaren und nicht beeinflussbaren Kosten zu unterscheiden. Die Gemeinkosten enthalten immer mehr oder weniger große Anteile an Fixkosten, die von

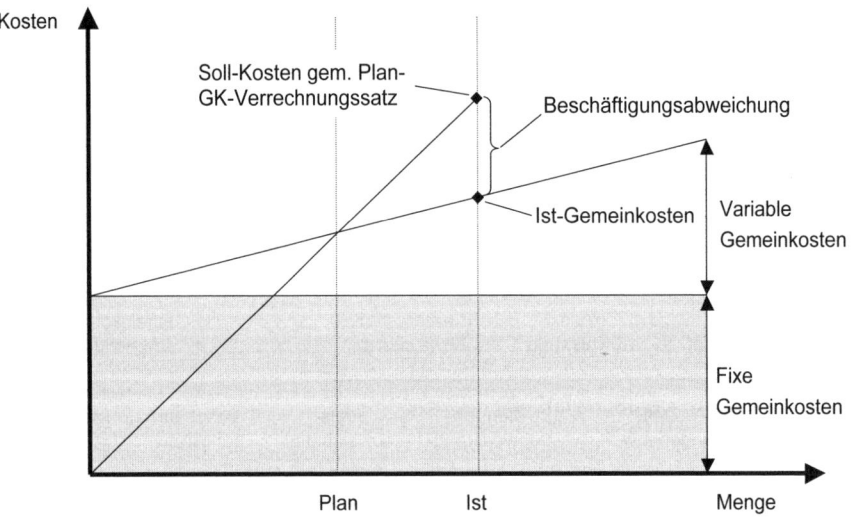

Abbildung 8-16:   Beschäftigungsabweichung in der Abweichungsanalyse der Gemeinkosten (Reichmann 2006: 366, verändert)

der Produktionsmenge unabhängig sind. Eine von der Planung abweichende Auslastung der Produktionsanlagen führt dazu, dass die Fixkosten pro produzierte Einheit von den Planungsgrößen abweichen. Diese Abweichung wird als Beschäftigungsabweichung bezeichnet und kann von dem Leiter einer Kostenstelle nicht beeinflusst werden (Abbildung 8-16). Nur die verbleibenden variablen Gemeinkosten können zur Beurteilung von Kostenstellen herangezogen werden. Bei der Beurteilung ist zu beachten, dass in einer langfristigen Betrachtung nur wenige Kosten als fix anzusehen sind (Kapitel 7.4.1, 7.5.1).

8.7.3   Betriebsanalysen

Den meisten Unternehmen ist gesetzlich lediglich das Führen einer Finanzbuchhaltung vorgeschrieben, die in erster Linie der Information von Steuerbehörden sowie im Fall von Kapitalgesellschaften der Eigentümer dient (Tschandl 1999: 12). In vielen Unternehmen wird die Finanzbuchhaltung durch eine Betriebsbuchhaltung ergänzt, die vor allem innerbetriebliche Sachverhalte für die Unternehmensführung dokumentiert. Damit stehen weitere umfangreiche Informationen zur Verfügung, die Teilbereiche des betrieblichen Geschehens abbilden. Häufig reichen diese allerdings für eine zielgerichtete Steuerung von Unternehmen und Betrieben nicht aus. Die Vielfalt möglicher Fragestellungen eines umfassenden Managements erfordert deutlich mehr Informationen. Vor allem in kleinen und mittleren Betrieben werden Informationen zu Mitarbeitern, Produktionsprozessen und vor allem zu Absatzmärkten und Kunden nicht regelmäßig und systematisch erhoben. Große Unternehmen haben zwar ihre innerbetrieblichen Informationssysteme um entsprechende Module in standardisierter Form erweitert, aber auch hier sind nicht immer alle notwendigen Daten und Informationen in nutzbarer Form vorhanden.

Aufgabe einer Betriebsanalysen ist es, ausreichende und gut strukturierte Entscheidungsunterlagen zu erarbeiten. Der Anlass für die Durchführung solcher Analysen kann sehr unterschiedlich sein, z. B.:

–   Unternehmensbewertungen im Zusammenhang mit Käufen oder Verkäufen von Betrieben oder Betriebsteilen sowie Fusionen sind häufig Anlass, eine Betriebsanalyse durchzuführen (Helbling 1995; Koller *et al.* 2005). Bilanz und Erfolgsrechnungen geben zwar wichtige Anhaltspunkte, jedoch werden in der Regel zusätzliche Bewertungsverfahren angewendet, um die Buchwerte der verschiedenen Positionen kritisch überprüfen zu können.

–   Die Beurteilung von Synergiepotenzialen bei der geplanten Zusammenarbeit zwischen verschiedenen Unternehmen basiert in der Regel auf einer speziellen Analyse. Die routinemäßig verfügbaren betrieblichen Informationssysteme stellen die benötigten Informationen häufig nicht direkt, rechtzeitig und in geeigneter Form zur Verfügung.

- In kritischen Unternehmenssituationen werden Betriebsanalysen durchgeführt, um bisher nicht identifizierte Potenziale und vor allem auch Risiken aufzudecken.

- Die strategische Neuausrichtung in einem veränderten Umfeld verlangt in der Regel eine detaillierte Betriebsanalyse.

Für das Vorgehen bei einer Betriebsanalyse existiert kein generell gültiges Schema. Sowohl die konkreten Merkmale der untersuchten Betriebe als auch die unterschiedlichen Anlässe und Zielsetzungen von Betriebsanalysen verlangen einen jeweils angepassten Analyseablauf. Hilfreich sind jedoch Checklisten, die relevante Aspekte von Betriebsanalysen strukturieren und auf wichtige Punkte hinweisen. Sie sind eine wertvolle Stütze für diejenigen, welche solche Analysen durchführen, sofern eine kritische Überarbeitung und Anpassung an die konkreten Verhältnisse vorgenommen wird. Checklisten dieser Art liegen z. B. für die Bewertung von Unternehmen vor (Helbling 1995), für die Beurteilung technischer und funktioneller Zusammenhänge oder für die Betriebsführung generell (Tschandl 1999).

Elemente einer Betriebsanalyse, die eine zielgerichtete Führung von Unternehmen und ihre Weiterentwicklung in der Wald- und Holzwirtschaft unterstützen, sind insbesondere:

- Finanzen/Controlling

- Personal/Sozialwesen

- Absatz/Marketing/Werbung

- Einkauf/Material/Lager

- Forschung/Entwicklung

- Produktion/Wertschöpfung

- Management/Unternehmensführung.

Schon bisher werden Betriebsanalysen z. B. durch Versuchsanstalten oder im Auftrag von Verbänden durchgeführt. Derartige Analysen bzw. Leistungsnachweise liefern z. T. umfangreiche Datenmengen für interne Leistungsvergleiche und Veränderungen in einzelnen betrieblichen Bereichen. Häufig beschränken sich die Unterlagen auf Kennzahlenvergleiche von Kosten und Produktivität bestimmter Maßnahmen wie Holzernte, Bestandesbegründung, Kultursicherung, Unterhaltung von Waldwegen und Ähnliches. Insbesondere öffentliche Forstbetriebe sehen sich zunehmend in der Pflicht einer vergleichenden Rechenschaftslegung gegenüber ihrer vorgesetzten Behörde und gegenüber der Öffentlichkeit. Die bisher verfügbaren Unterlagen haben in der Praxis jedoch bisher selten die Reichweite einer systematischen Betriebsanalyse. Hier stellen sich neue Anforderungen und auch neue Einsatzmöglichkeiten.

8.7.4 Zeitreihen und Betriebsvergleiche

Die Ergebnisse einer Betriebsanalyse sind eine Momentaufnahme der betrieblichen Situation. Für eine Einordnung ihrer Ergebnisse sind Zeitreihen und Betriebsvergleiche eine wichtige Ergänzung und Interpretationshilfe. Solche Vergleiche basieren im Wesentlichen auf Kennzahlen, die für die untersuchten Unternehmen und Betriebe aussagekräftig sind. Auch Entwicklungen, die sich auf qualitative Elemente stützen, können Gegenstand von Vergleichen sein. Voraussetzung ist, dass ausreichende Daten und Sachverhalte ermittelt werden können und dass die Vergleichbarkeit kritisch überprüft wird. Dies gilt insbesondere bei der Verwendung von Kennzahlen, deren Berechnungsgrößen bekannt sein müssen. Vergleiche, die auf der Verwendung von Kennzahlen basieren, erfordern große Sorgfalt und Erfahrung und sind vorsichtig zu ziehen.

Zeitvergleiche: Bei Zeitvergleichen werden gleiche betriebliche Sachverhalte aus verschiedenen Zeiträumen oder zu bestimmten Zeitpunkten gegenübergestellt. Hieraus können dann Durchschnittswerte, Trendwerte oder Grenzwerte abgeleitet werden (Tschandl 1999: 13). Eine typische Anwendung erfolgt z. B. in Betrieben mit saisonalem Geschäftsverlauf bei der Ermittlung der Liquidität. Analysen von Zeitreihen geben auch Hinweise, ob bestimmte Zielsetzungen, etwa im Kostenbereich, in der Zukunft erreicht werden können. Die Entwicklung der Produktivität oder der für die Leistungserstellung aufgewendeten Arbeitszeit lassen sich ebenfalls als Zeitreihen darstellen. Wichtig ist in jedem Fall, dass Daten, die zu verschiedenen Zeitpunkten erhoben werden, wirklich untereinander vergleichbar sind. Sondereinflüsse sind bei Zeitvergleichen zu eliminieren (Schierenbeck 2000: 630).

Betriebsvergleiche: Betriebsvergleiche ermöglichen eine Einordnung der eigenen Leistungsfähigkeit im Vergleich mit anderen Betrieben der Branche. Sie lassen sich nach Zahl und Art der Vergleichsbetriebe, dem Ausmaß der Verdichtung der Vergleichsdaten sowie der Verfügbarkeit von Zusatzinformationen klassifizieren. Sorgfältig durchgeführte Vergleiche zwischen einzelnen Betrieben oder Gruppen von Betrieben haben einen hohen Erkenntniswert hinsichtlich unternehmerischer Möglichkeiten und wettbewerbsfähiger Strategieentwicklung. Vergleiche zwischen einzelnen Betrieben liefern vor allem in qualitativer Hinsicht sowie in Detailfragen aussagekräftige Ergebnisse. Die Auswahl der Vergleichsbetriebe ist die wichtigste Steuergröße, welche über die Aussagekraft und die Qualität der Ergebnisse entscheidet. Indikatoren für geeignete Betriebe lassen sich über eine Beurteilung kritischer Strukturmerkmale der zu vergleichenden Betriebe gewinnen (Kapitel 2.2.3 ff.). Vielversprechend ist ein Vergleich mit starken Wettbewerbern. Er gibt Informationen über mögliche branchentypische Leistungsstandards (‚best practices') und über Fortschritte bei der unternehmerischen Innovation. Allerdings ist es nicht immer einfach, detaillierte Informationen über führende Konkurrenten zu erhalten.

Bei Betriebsvergleichen (Benchmarking) innerhalb einer Branche werden vor allem verdichtete Daten aus amtlichen Statistiken benutzt. Hierbei handelt es sich um Durchschnittswerte für große Gruppen von Betrieben oder der Branche insgesamt. Diese eignen sich für eine generelle Einordnung und Beurteilung der Stärken und Schwächen des eigenen Betriebs. Eine Ausrichtung der eigenen unternehmerischen Zielsetzungen an Durchschnittswerten der Branche ist dagegen nicht sinnvoll. Die verfügbaren Kennzahlen geben kaum Hinweise auf die zu nutzenden Potenziale, sondern sind statistische Mittelwerte der bisherigen Entwicklung eines mehr oder weniger scharf abgegrenzten Bereichs der Wirtschaft (Weber und Schäffer 2006: 62, 337 f.). Neben den amtlichen Statistiken stehen für Betriebsvergleiche Datensammlungen, z. B. von Verbänden der holzbe- und -verarbeitenden Industrien, der Zentralen Markt- und Preisberichtsstelle (ZMP), der Landesforstverwaltungen sowie der Testbetriebsnetze Forstlicher Versuchs- und Forschungsanstalten zur Verfügung (Brandl *et al.* 1999).

Schwierigkeiten bei Vergleichen von Testbetrieben ergeben sich dann, wenn die Strukturmerkmale der Untersuchungseinheiten nicht ausreichend homogen sind (Sekot 1998; Sekot und Rothleitner 1999; Jöbstl 2000). In der Waldwirtschaft ist dies u. a. der Fall, wenn Betriebe, deren Schwerpunkt im Bereich der Holzproduktion liegt, mit Forstbetrieben verglichen werden, deren Zielsetzung weitgehend auf die Bewirtschaftung von Schutzwäldern und Erholungswäldern ausgerichtet ist. Schwierigkeiten ergeben sich auch bei international ausgerichteten Vergleichen, weil die Bezugsgrößen oft unterschiedlich ermittelt und von nicht ausreichend beschriebenen Faktoren beeinflusst werden. Ein direkter Vergleich von Kennzahlen ist dadurch oft nicht genügend aussagekräftig. Auch die Zuordnung von Betrieben zu einer bestimmten Branche oder Untersuchungseinheit kann bei Betriebsvergleichen schwierig sein. Dies ist z. B. bei holzwirtschaftlichen Unternehmen der Fall, die über mehrere Produktionsstufen vertikal integriert sind (Kapitel 2.2.9). Schließlich stellt die Veränderung der Bezugsgrundlagen ein Problem für die Erarbeitung von Betriebsvergleichen dar. Wenn sich z. B. die Flächen von Forstbetrieben durch Eigentumsübertragungen oder im öffentlichen Bereich durch Verwaltungsreformen verändern, sind Anpassungen und Umrechnungen erforderlich, damit die Zeitreihen ihre Aussagekraft behalten.

Voraussetzung für die Durchführung von nützlichen Betriebsvergleichen in der Wirtschaft sind die Bereitschaft der Unternehmen zur Mitwirkung und die notwendige Offenheit bei der Datenerhebung. So hängt die Aussagekraft von Betriebsvergleichen in der Holzwirtschaft davon ab, ob ausreichend viele Unternehmen der Branche bereit sind, Kenngrößen nach einer klar vereinbarten Anweisung zu erheben und für Zwecke eines Betriebsvergleiches gemeinsam auswerten zu lassen. Obwohl die Daten i. d. R. anonym erhoben werden, ist es Branchenkennern mitunter durchaus möglich, gewisse Kennzahlen einem bestimmten Unternehmen zuzuordnen. Vor dem Hintergrund rascher Kapazitätskonzentrationen in der Holzwirtschaft wird zudem deutlich, dass Betriebsvergleiche, die zu wirklich neuen Erkenntnissen führen, zunehmend im internationalen Rahmen durchgeführt werden müssen. In diesem Zusammenhang stellt sich die Frage nach der sinnvollsten Form der Durchführung. Häufig übernehmen Verbände, gelegentlich auch Beratungsgesellschaften und wissenschaftliche Institute solche Aufgaben.

Notwendig ist in jedem Falle, dass es den Verantwortlichen gelingt, das Vertrauen der einzubeziehenden Unternehmen zu gewinnen.

8.7.5 Benchmarking

Unter Benchmarking ist die Verwendung von Referenzwerten zu verstehen, an denen die Leistungen von Unternehmen und Betrieben gemessen werden. Die Methode wurde Ende der 1970er Jahre von der Firma Xerox entwickelt und mit großem Erfolg eingesetzt. In Europa verbreitete sie sich in den 1980er und 1990er Jahren und fand in der Wissenschaft größere Beachtung (Sabisch und Tintelnot 1997: 11 ff.). Mittlerweile existiert eine beachtliche spezielle Literatur über die Verwendungsmöglichkeiten dieses Verfahrens (z. B.: Lamla 1995; Meyer 1996; Töpfer 1997). Benchmarking ist nicht nur in der Privatwirtschaft von erheblicher Bedeutung, sondern zunehmend auch bei Leistungsverbesserungen im staatlichen und kommunalen Bereich nach den Grundsätzen des New Public Management (Kapitel 4.6.8).

Während die übliche Betriebsanalyse auf den Vergleich von Kennzahlen einer Branche ausgerichtet ist, wird beim Benchmarking die Erhebung auch auf qualitative Aspekte ausgeweitet. Das Verfahren zielt darauf ab, im Verbund mit anderen Managementmethoden Wettbewerbsvorteile zu identifizieren sowie realisierbare Verbesserungsmöglichkeiten und Kosteneinsparungen aufzuzeigen. Zentrale Elemente des Verfahrens sind der Sachverhalt, dessen Effizienz beurteilt werden soll (Benchmarking-Objekt), der Bezugspunkt, der als Maßstab für einen Vergleich dient (Referenzobjekt), die anzuwendenden Kriterien für den Vergleich bzw. für die Bewertung sowie die speziellen Bewertungsmethoden (Abbildung 8-17).

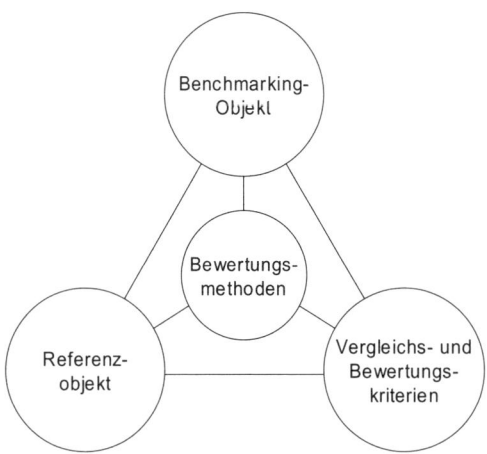

Abbildung 8-17:   Basiselemente des Benchmarking (Sabisch und Tintelnot 1997: 21)

567

Objekte des Benchmarking können sowohl Produkte als auch Prozesse sein, etwa in der Logistik, der Produktion, der Entwicklung oder in der Verwaltung. In der Regel werden jedoch nur bestimmte Teilbereiche in Betrieben oder besonders wichtige Güter und Dienstleistungen (Produkte) in die Analyse einbezogen. Geeignete Partner bzw. Referenzobjekte für das Benchmarking müssen u. U. in aufwändigen Suchprozessen identifiziert werden. Ein wesentlicher Vorteil gegenüber traditionellen Betriebsvergleichen ist, dass Analysen auf Referenzobjekte anderer Branchen ausgedehnt werden können. So sind Problemstellungen, die sich auf Prozessabläufe beziehen, nicht notwendigerweise auf die eigene Branche beschränkt. Die fehlende Konkurrenzbeziehung zwischen Unternehmen verschiedener Branchen erleichtert die Gewinnung von aussagekräftigen Informationen und Daten.

Gegenstand von Benchmarking Untersuchungen sind verschiedene Handlungsebenen, Objekte und Zielsetzungen in der Wirtschaft und in der öffentlichen Verwaltung (Abbildung 8-18). Dies sind einmal interne Analysen in Geschäftsbereichen und Betrieben, bei denen Leistungsverbesserungen im Vordergrund stehen (internes Benchmarking). Es können zum anderen branchenspezifische und branchenübergreifende Untersuchungen sein, bei denen es um die Beurteilung von Wettbewerbspositionen oder um die Entwicklung von Standards für ‚Bestlösungen‘ geht (externes Benchmarking).

In methodischer Hinsicht sind qualitative und quantitative Bewertungsverfahren zu unterscheiden (Abbildung 8-19). Es handelt sich hierbei um Verfahren, die auch bei

Referenzklasse	Referenzobjekt	Ziele	Bemerkungen
Internes Benchmarking	Filialen, Geschäftsbereiche des eigenen Unternehmens	Leistungsverbesserungen im Unternehmen	- günstige Bedingungen des Vergleichs - begrenztes Verbesserungspotenzial
Externes Benchmarking			
Branchenbezogenes Benchmarking	Wettbewerber, andere Unternehmen der Branche	Erringung von Wettbewerbsvorteilen, Führerschaft in der Branche	- enge Verbindung zur Wettbewerbsanalyse - ständige Analyse der Branchenentwicklung
Branchenübergreifendes Benchmarking	Unternehmen mit Bestlösungen für eine bestimmte Funktionserfüllung	Erringung von Wettbewerbsvorteilen, Erzielen von Bestlösungen	- Ermittlung von Analogien, spezifische Anpassungen für Unternehmen - umfangreiches Verbesserungspotenzial

Abbildung 8-18:   Referenzklassen des Benchmarking (Sabisch und Tintelnot 1997: 25)

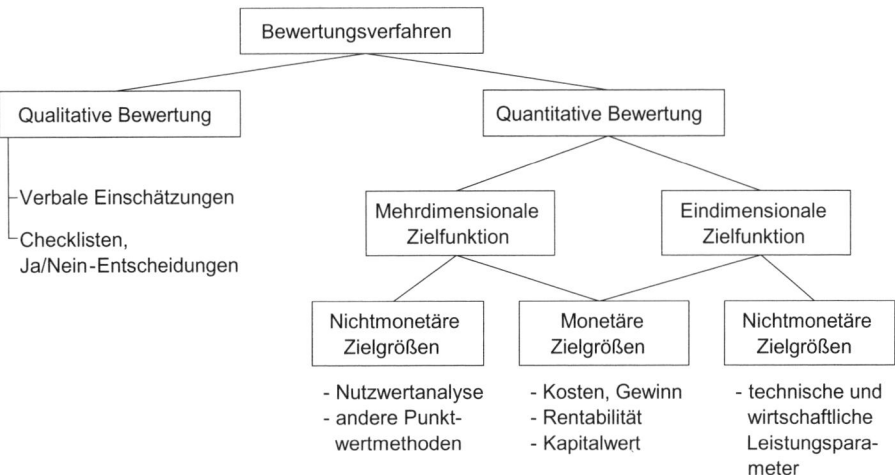

Abbildung 8-19:   Qualitative und quantitative Bewertungsverfahren

anderen Bewertungen angewendet werden. Bei qualitativen Beurteilungen sind dies z. B. persönliche Einschätzungen oder Ja/Nein-Entscheidungen, die durch Befragungen und Interviews erhoben werden. Für quantitative Beurteilungen eignen sich u. a. die Nutzwertanalyse, bestimmte Verfahren der Investitionsrechnung oder auch eine Beurteilung nach vorgegebenen technischen und wirtschaftlichen Leistungsparametern. Entscheidend ist, dass die Wahl einer bestimmten Bewertungsmethode mit Blick auf das konkrete Objekt und die Zielsetzung des Benchmarking erfolgt.

8.7.6   Balanced Scorecard

Die Balanced Scorecard (BSC) ist ein Instrument, das die konsequente strategische Ausrichtung unternehmerischer Aktivitäten ermöglicht (Kaplan und Norton 2005; Weber und Schäffer 2000). Seit der erstmaligen Veröffentlichung des Konzepts im Jahr 1992 hat es als Managementinstrument zunehmend Beachtung gefunden. Seine Zuordnung in der betriebswirtschaftlichen Literatur ist unterschiedlich und erfolgt vor allem im Zusammenhang mit dem betrieblichen Controlling oder mit Kennzahlensystemen. Hervorgehoben wird die Eignung der BSC als Instrument der Umsetzung von Strategien (Bea und Haas 2005). Es unterstützt eine Integration von strategischer Planung und operativem Management. Entsprechend der Aussage ‚If you can't measure it, you can't manage it' spielen Kennzahlen eine tragende Rolle. Die BSC lenkt damit den Blick auf kritische Managementprozesse und unterstützt die Lösung der sich ergebenden Probleme durch:

- Klärung und Operationalisierung von Vision und Strategie

- Verknüpfung von strategischen Zielen und Maßnahmen

- vermehrte Kommunikation zwischen verschiedenen Handlungsebenen

- Planung, Festlegung von Zielen und Abstimmung strategischer Initiativen

- Verbesserung des strategischen Feed-Backs und Förderung von Lernprozessen.

Die BSC verbindet vier strategisch wichtige Managementperspektiven (Abbildung 8-20). Für jede von ihnen werden Ziele, Kennzahlen, Vorgaben und Maßnahmen festgehalten, die aus der Unternehmensstrategie abgeleitet werden (Kaplan und Norton 2005: 24 ff.).

- *Finanzielle Perspektive*: Die Bedeutung finanzieller Kennzahlen für das Management von Unternehmen wird im Rahmen der BSC hervorgehoben. Sie werden als kritische Zusammenfassung der Leistungen von Management und Geschäftsleitung betrachtet.

- *Kundenperspektive*: Hier stehen strategisch wichtige Marktsegmente und Teilmärkte im Vordergrund (Kapitel 3.3.3). Von Bedeutung sind bereichsübergreifende wie bereichsbezogene Kennzahlen, z.B. in Bezug auf Kundenzufriedenheit, Kundentreue, Kundenbindung oder Gewinnanteile der einzelnen Marktbereiche.

- *Interne Geschäftsprozesse*: Hier werden kritische Geschäftsprozesse für Unternehmen dargestellt. Es sind dies bereits laufende, aber auch neu eingeleitete Prozesse, die für

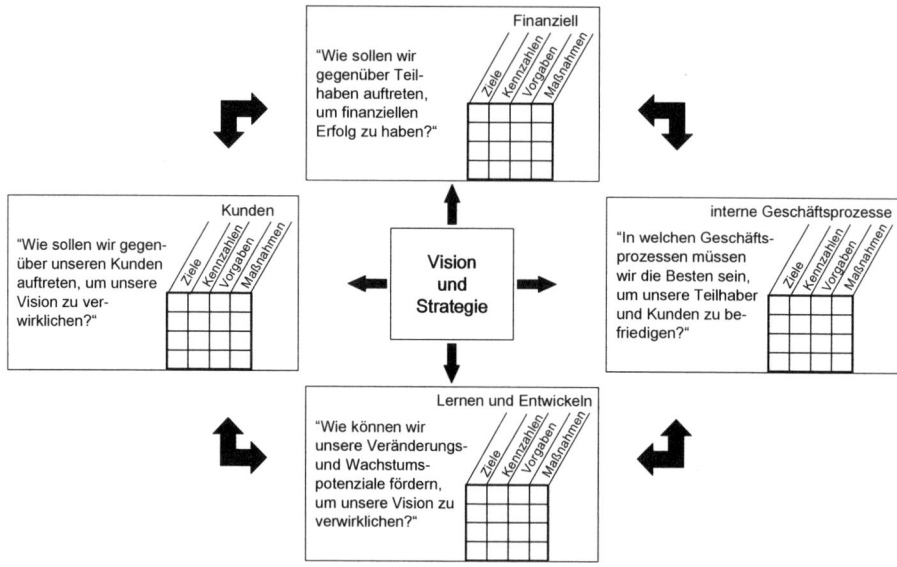

Abbildung 8-20:   Balanced Scorecard (Kaplan und Norton 2005: 9)

den unternehmerischen Erfolg von besonderer Bedeutung sind. Es kann sich um eher kurzfristige Produktionsprozesse wie um längerfristige Innovationsprozesse handeln.

– *Lern- und Entwicklungsperspektiven*: Sie berücksichtigen die Tatsache, dass Veränderungen im Umfeld auch veränderte Qualifikationen und Fähigkeiten der Mitarbeiter verlangen. Lern- und Entwicklungsperspektiven sichern Potenziale für den langfristigen unternehmerischen Erfolg.

Zwischen diesen Größen d. h. zwischen Kundenperspektiven, internen Geschäftsprozessen, Lern- und Entwicklungsperspektiven sowie den finanziellen Kennzahlen bestehen wichtige kausale Zusammenhänge (Abbildung 8-21). Dabei werden die Perspektiven und Analysen der BSC eindeutig auf die finanzielle Dimension ausgerichtet. Dies bedeutet, dass beim Aufbau einer BSC relevante Leistungstreiber identifiziert werden müssen. Es handelt sich um operative Kennzahlen, welche die strategischen Erfolgsfaktoren entscheidend beeinflussen. Die Identifikation von Leistungstreibern und ihre Integration in die BSC stellen sicher, dass Verbesserungen im operativen Bereich auf die strategisch relevanten Faktoren einwirken. Auf der operativen Managementebene

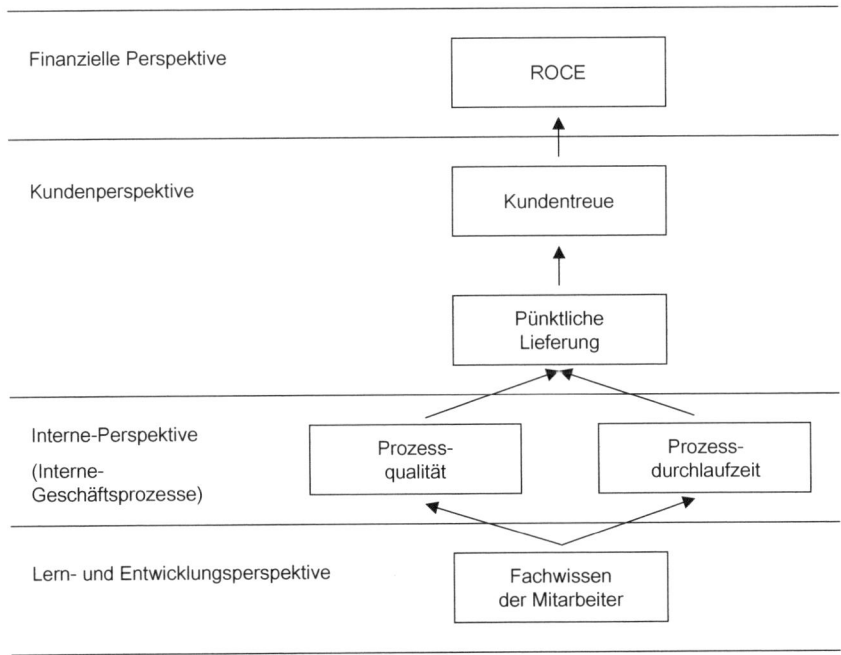

ROCE: Return on Capital Employed (Rendite für investiertes Kapital)

Abbildung 8-21:   Ursache-Wirkungskette in der BSC (Kaplan und Norton 2005: 29)

geben sie nützliche Hinweise für effektives und effizientes unternehmerisches Handeln. Eine Unternehmensstrategie wird so zu einem Bündel von Hypothesen über Ursache und Wirkung der verschiedenen abgebildeten Sachverhalte. Die Hypothesen werden in der Balanced Scorecard mit Kennzahlen dargestellt und so dem strategischen Controlling zugänglich gemacht.

Der Vorteil der BSC gegenüber traditionellen, allein auf finanziellen Kennzahlen basierenden Controlling- und Managementsystemen ist evident (Bea und Haas 2005; Lombriser und Abplanalp 1997: 38 ff.; Kaplan und Norton 2005: 355 ff.):

–   Finanzielle Kennzahlen dokumentieren die Resultate operativen unternehmerischen Handelns. Sie sind vergangenheitsorientiert und stehen erst mit einer gewissen Zeitverzögerung zur Verfügung.

–   Veränderungen strategisch relevanter interner und externer Sachverhalte wirken sich ebenfalls erst mit zeitlicher Verzögerung auf die finanziellen Kennzahlen von Unternehmen aus.

–   Durch das systematische Überprüfen derjenigen Faktoren, welche die finanziellen Ergebnisse von Unternehmen bestimmen, werden kritische Entwicklungen früher erkannt. Dies ermöglicht eine schnellere Reaktion auf strategisch relevante Veränderungen. Besonders in einem dynamischen Umfeld ist der Zeitfaktor eine wichtige Determinante unternehmerischer Wettbewerbsfähigkeit.

Die Ausarbeitung einer BSC steht in engem Zusammenhang mit strategischen Planungsprozessen. Die dabei notwendige Kommunikation zwischen den verschiedenen Planungsträgern fördert das gemeinsame Verständnis für die eingeschlagene Unternehmensstrategie. Der Diskussionsprozess über relevante Faktoren, Leistungstreiber und Kennzahlen führt zu einer Angleichung der unterschiedlichen Interpretationen von Strategien, wie sie bei spezialisierten Führungsteams häufig zu finden sind. In ihrem grundlegenden Konzept überwindet die BSC damit den Nachteil anderer strategischer Planungsinstrumente, welche die Zusammenhänge zwischen verschiedenen Faktoren nicht ausreichend berücksichtigen. Die Schwierigkeiten beim ‚Übersetzen' von Strategien in Kennzahlen und bei der Ermittlung der verschiedenen Zusammenhänge zwischen Ursachen und Wirkungen sind allerdings nicht zu unterschätzen.

Die laufende Überprüfung wichtiger Faktoren und ihre Darstellung in Kennzahlen machen die BSC zu einem Dokument mit hohem Informationsgehalt. Die strukturierte Darstellung ist geeignet, den Mitarbeitern einen Überblick über die aktuelle Situation von Unternehmen zu vermitteln. Sie werden hierdurch über die betriebliche Strategie mit ihren für den Erfolg kritischen Faktoren sowie über den aktuellen Stand der Strategieumsetzung laufend orientiert. Neben der Nutzung der BSC in Unternehmen und Betrieben hat sich z. B. in den USA gezeigt, dass dieses Instrument auch von Non-Profit-Organisationen angewendet werden kann (Kaplan und Norton 2005: 144 ff.).

Im Unterschied zur Wirtschaft stehen hier nicht so sehr finanzwirtschaftliche Aspekte, sondern primär Leistungserwartungen der Mitglieder bzw. bestimmter Adressaten im Zentrum des Interesses. Die Zusammenhänge zwischen den kritischen Faktoren der vier Perspektiven einer BSC werden dahingehend analysiert, ob die Leistungsziele und Aktivitäten der Organisation den Interessen der Mitglieder bzw. Kunden in ausreichendem Umfang gerecht werden.

8.8 Literatur

Aeberhard, K. (1996): Strategische Analyse: Empfehlungen zum Vorgehen und zu sinnvollen Methodenkombinationen. Lang, Bern u. a. 351 S.

Bea, F.X.; Haas, J. (2005): Strategisches Management. 4., neu bearbeitete Auflage. Lucius & Lucius, Stuttgart. XXIII, 591 S.

Benzel, W.; Wolz, E. (2000): Businessplan für Existenzgründungen: Geschäftspläne erstellen und erfolgreich umsetzen. Fit for Business, Regensburg. 112 S.

Brandl, H.; Hercher W.; Löbell E.; Nain W.; Olischläger, T.; Wicht-Lückge, G. (1999): 20 Jahre Testbetriebsnetz Kleinprivatwald in Baden-Württemberg: Betriebswirtschaftliche Ergebnisse 1979-1998. Freiburger Forstliche Forschung, Heft 14. Forstliche Versuchs- und Forschungsanstalt Baden-Württemberg, Freiburg. 122 S.

Culp, C. (2001): The Risc Management Process. Wiley & Sons, New York. 606 S.

Czenskowsky, T.; Schünemann, G.; Zdrowomyslaw, N. (2004): Grundzüge des Controlling: Lehrbuch der Controlling-Konzepte und -Instrumente. Deutscher Betriebswirte-Verlag dbv, Gernsbach. 257 S.

Daenzer, W.F.; Huber, F. (2002): Systems Engineering: Methodik und Praxis. 11. durchges. Auflage. Verlag Industrielle Organisation, Zürich. 618 S.

Deyhle, A. (1997): Management- und Controlling-Brevier. 7. Auflage. Verlag für Controllingwissen, Wörtsee-Etterschlag. 172 S.

Eschenbach, R.; Eschenbach, S.; Kunesch, H. (2003): Strategische Konzepte: Management-Ansätze von Ansoff bis Ulrich. 4. überarb. u. erw. Auflage. Schäffer-Poeschel, Stuttgart. 303 S.

Eyerer, P.; Reinhardt, H.-W. (2000): Ökologische Bilanzierung von Baustoffen und Gebäuden. Bau-Praxis Birkhäuser, Basel. 233 S.

Gälweiler, A.; zsgest., bearb. und erg. von Schwaninger, M. (2005): Strategische Unternehmensführung. 3. Auflage. Campus, Frankfurt, u. a. 341 S.

Helbling, C. (1995): Unternehmensbewertung und Steuern: Unternehmensbewertung in Theorie und Praxis, insbes. die Berücksichtigung der Steuern aufgrund der Verhältnisse in der Schweiz und in Deutschland. 8., nachgeführte Auflage. IDW, Düsseldorf. 818 S.

IIASA (2007): Study of the Effects of Globalization on the Economic Viability of EU Forestry. Final Report December 2007. Intern. Institut for Applied Systems Analysis, Laxenburg/Austria. 185 pp. and 111 pp. Annex

Jöbstl, H.A. (2000): Kosten- und Leistungsrechnung in Forstbetrieben. 3., erw. u. völlig neugestaltete Auflage. Österr. Agrarverl., Wien. 212 S.

Jöbstl, H.A. (2004): Controlling: Grundlagen und Konzepte für die Forstverwaltung. Beitrag zur Studie „Grünes Informationssystem". 2., überarb. u. erw. Auflage. Univ. für Bodenkultur BOKU, Wien. 108 S.

Kaiser, B., (2008): Der optimale Forstbetrieb – ein Essay. Pro Wald, 8 (2008): 4-7.

Kaplan, S.; Norton, P. (2001): The Strategy Focused Organisation. Harvard Business School Press, Boston. 400 S.

Kaplan, S.; Norton, P. (2005): Balanced Scorecard. Schäffer-Poeschel, Stuttgart. 309 S.

Karjalainen, T.; Zimmer, B.; Berg, St.; Welling, J.; Schwaiger, H.; Cortijo, F.; Cortijo, P. (2001): Energy, Carbon and Other Material Flows in the Life Cycle Assessment of Forestry and Forest Products. Discussion Paper 10, 2001; European Forest Institute (EFI), ed., Joensuu. 68 pp.

Koller, T.; Goedhart, M.; Wessels, D. (2005): Valuation: Measuring and Managing the Value of Companies. 4th Edition. McKinsey & Company 739 pp.

Kreikebaum, H. (1997): Strategische Unternehmensplanung. 6. Auflage. Kohlhammer, Stuttgart. 290 S.

Lamla, J. (1995): Prozessbenchmarking: Dargestellt an Unternehmen der Antriebstechnik. Vahlen; München. 206 S.

Lombriser, R.; Abplanalp, P.A. (2005): Strategisches Management. 4. Auflage. Versus, Zürich. 551 S.

Ludolph, F.; Lichtenberg, S. (2002): Der Businessplan: Professioneller Aufbau und überzeugende Präsentation. 2. Auflage. Econ, München. 202 S.

McKinsey & Company (2007): Planen, gründen, wachsen – Mit dem professionellen Businessplan zum Erfolg. 4., aktuell. Auflage. Redline Wirtschaft bei Überreuter, Wien, Zürich, Heidelberg. 260 S.

Meyer, J. Hrsg. (1996): Benchmarking: Spitzenleistungen durch Lernen von den Besten. Schäffer-Poeschel, Stuttgart. 188 S.

Niskanen, A., Ed. (2006): Issues Affecting Enterprise Development in the Forest Sector in Europe. Research Notes 169, Faculty of Forestry, University of Joensuu, Finland. 406 pp.

Niskanen, A.; Slee, B.; Ollonqvist, P.; Pettenella, D.; Bouriaud, L.; Rametsteiner, E. (2007): Entrepreneurship in the Forest Sector in Europe. Silva Carelica 52, Faculty of Forestry, University of Joensuu, Finland. 127 pp.

Österreichische Bundesforste, Hrsg. (1997): Unternehmenskonzept 97. Herausgeber Österreichische Bundesforste ÖBf AG, Wien. 84 S.

Porter, M.E. (2002): Wettbewerbsvorteile: Spitzenleistungen erreichen und behalten (Competitive Adventage). 6. Auflage. Campus, Frankfurt, u. a. 688 S.

Porter, M.E. (2005): Wettbewerbsstrategie: Methoden zur Analyse von Branchen und Konkurrenten (Compentitive strategy). 10. durchges. und erw. Auflage. Campus, Frankfurt, New York. 489 S.

Reichmann, Th.; mit Beitr. von Richter, H.J. und Palloks-Kahlen, M. (2006): Controlling mit Kennzahlen und Management-Tools. 7., überarb. und erw. Auflage. Vahlen, München. 949 S.

Sabisch, H.; Tintelnot, C. (1997): Integriertes Benchmarking für Produkte und Produktentwicklungsprozesse. Springer, Berlin, u. a. 305 S.

Schewe, G. (2007): Business Process Outsourcing. Springer Verlag, Berlin. 176 S.

Schierenbeck, H. (2000): Grundzüge der Betriebswirtschaftslehre. 15., überarb. u. erw. Auflage. Oldenbourg, München, u. a. 753 S.

Scholtissek, S. (2004): New Outsourcing. Econ Verlag, Berlin. 223 S.

Seiler, A. (2000): Planning: BWL in der Praxis. Band 3. Orell Füssli, Zürich. 476 S.

Seiler, A. (2003): Financial Management: BWL in der Praxis. Band 2. 3., überarb. Auflage. Orell Füssli, Zürich. 528 S.

Seiler, A. (2005): Accounting: BWL in der Praxis. Band 1. 4. Auflage. Orell Füssli, Zürich. 432 S.

Sekot, W. (1991): Stand und Entwicklungsmöglichkeiten der Forsteinrichtung als Führungsinstrument im Forstbetrieb. Band 12. Schriftenreihe des Instituts für forstliche Betriebswirtschaft und Forstwirtschaftspolitik, Universität für Bodenkultur (BOKU), Wien. 545 S.

Sekot, W. (1998): Der zwischenbetriebliche Vergleich als Instrument der forstlichen Betriebsanalyse. In: Sekot, W.; Sagl, W.; Hrsg. (1998): Beiträge zur Forstökonomik. Band 31. Schriftenreihe des Instituts für Sozioökonomik der Forst- und Holzwirtschaft, Universität für Bodenkultur (BOKU), Wien. S. 221-242.

Sekot, W.; Rothleitner, G. (1999): Betriebsabrechnung für forstliche Testbetriebe. Band 36. Schriftenreihe des Instituts für Sozioökonomie der Forst- und Holzwirtschaft, Universität für Bodenkultur (BOKU), Wien. 130 S.

Stutley, R. (2007): Der professionelle Businessplan: Ein Praxisleitfaden für Manager und Unternehmensgründer. 2. aktual. Auflage. Financial Times Managementpraxis/Pearson Studium, München, Boston. 377 S.

Thommen, J.-P. (2007): Betriebswirtschaftslehre. 7., überarb. Auflage. Versus Verlag, Zürich. 1309 S.

Thommen, J.-P.; Achleitner A.-K. (2006): Allgemeine Betriebswirtschaftslehre: Umfassende Einführung aus managementorientierter Sicht. 5., überarb. u. erw. Auflage. Gabler, Wiesbaden. 1103 S.

Töpfer, A. Hrsg. (1997): Benchmarking: Der Weg zum Best Practice. Springer, Berlin, u.a. 245 S.

Tschandl, G. (1999): Betriebsanalysen. Ueberreuter, Wien, u.a. 405 S.

Weber, H. (2001): Strategische Geschäftsfeldplanung in Unternehmen der Sägeindustrie. Kovac, Hamburg. 328 S.

Weber, J.; Schäffer, U. (2000): Balanced Scorecard und Controlling. 3., überarb. Auflage. Gabler, Wiesbaden. 355 S.

Weber, J.; Schäffer, U. (2006): Einführung in das Controlling. 11., vollst. überarb. Auflage. Schäffer-Poeschel, Stuttgart. 488 S.

Gesamtliteraturverzeichnis

Aeberhard, K. (1996): Strategische Analyse: Empfehlungen zum Vorgehen und zu sinnvollen Methodenkombinationen. Lang, Bern u. a. 351 S.

Albach, H.; Hrsg. (1990): Innovationsmanagement: Theorie und Praxis im Kulturvergleich. Gabler, Wiesbaden. 238 S.

Alchian, A.A.; Demsetz H. (1973): The Property Rights Paradigm. Journal of Economics History, Vol. 33 (1973), S. 16-27.

Altmann, J. (2003): Volkswirtschaftslehre: Einführende Theorie mit praktischen Bezügen. 6., neubearb. Auflage. UTB für Wissenschaft, Lucius & Lucius, Stuttgart. 425 S.

Barnes, B.V.; Zak, D.R.; Denton, S.R.; Spurr, S.H. (1998): Forest Ecology. Wiley, New York. 571 pp.

Bea, F.X.; Haas, J. (2005): Strategisches Management. 4., neu bearbeitete Auflage. Lucius & Lucius, Stuttgart. XXIII, 591 S.

Begemann, H.F. (1994): Das große Lexikon der Nutzhölzer. Deutscher Betriebswirte-Verlag (dbv), Gernsbach. 12 Bände.

Behrens, C.-U. (2004): Makroökonomie Wirtschaftspolitik: Managementwissen für Studium und Praxis. R. Oldenbourg, München, Wien. 463 S.

Benzel, W.; Wolz, E. (2000): Businessplan für Existenzgründungen: Geschäftspläne erstellen und erfolgreich umsetzen. Fit for Business, Regensburg. 112 S.

Bergen, V.; Löwenstein, W.; Olschewski, R. (2002): Forstökonomie. Volkswirtschaftliche Grundlagen. Franz Vahlen, München. 469 S.

Bergen, V.; Löwenstein, W.; Pfister, G. (1995): Studien zur monetären Bewertung von externen Effekten der Forst- und Holzwirtschaft. 2. Auflage. Sauerländer, Frankfurt a.M. 185 S.

Berndt, R.; Hrsg.(2000): Innovatives Management: Herausforderungen an das Management. Band 7. Springer, Berlin. 363 S.

Berthel, J.; Becker F.G. (2007): Personal-Management: Grundzüge für Konzeptionen betrieblicher Personalarbeit. 8. überarb. u. erweit. Auflage. Schäffer-Poeschel, Stuttgart. 626 S.

Betsch, O.; Groh, A.; Lohmann, L. (2000): Corporate Finance: Unternehmensbewertung, M & A und innovative Kapitalmarktfinanzierung. 2. überarb. und erw. Auflage. Vahlen, München. 423 S.

577

Birkigt, K.; Stadler, M.M.; Funk, H.J. (1998): Corporate Idendity – Grundlagen, Funktionen, Fallbeispiele. 9. Aufl., Landsberg am Lech.

Blankart, C.B. (2008): Öffentliche Finanzen in der Demokratie. Eine Einführung in die Finanzwissenschaft 7., vollst. überarb. Auflage. Vahlen, München. 750 S.

Bleicher, K. (2004): Das Konzept Integriertes Management: Vision, Missionen, Programme. St. Galler Management-Konzept. Band 1, 7., überarb. und erw. Auflage. Campus, Frankfurt, u. a. 710 S.

Bodig, J.; Jayne, A. (1993): Mechanics of Wood and Wood Composites. Krieger, Florida. 712 pp.

Boemle M.; Stolz, C. (2002): Unternehmensfinanzierung: Instrumente, Märkte, Formen, Anlässe. 13., neu bearbeit. Auflage. SKV, Zürich. 744 S.

Bouriaud, L.; Schmithüsen, F. (2005): Allocation of Property Rights on Forests through Ownership Reform and Forest Policies in Central and Eastern European Countries. Schweiz. Z. Forstwes. 156 (2005) 8: 297-305.

Borowski, S. (1996): Marketing-Strategien von Forstbetrieben. Schriften aus dem Institut für Forstökonomie der Universität Freiburg, Nr. 7, Freiburg im Brsg. 167 S. und Anhang.

Brandl, H.; Hercher W.; Löbell E.; Nain W.; Olischläger, T.; Wicht-Lückge, G. (1999): 20 Jahre Testbetriebsnetz Kleinprivatwald in Baden-Württemberg: Betriebswirtschaftliche Ergebnisse 1979-1998. Freiburger Forstliche Forschung, Heft 14. Forstliche Versuchs- und Forschungsanstalt Baden-Württemberg, Freiburg. 122 S.

Brealey, R.A.; Myers, St. C.; Allen F. (2008): Principles of Corporate Finance. 9. ed. internat. student ed. McGraw-Hill Verlag, Boston. 976 S.

Brounstein, M.; Christiansen, R.; Becker, A. (2007): Coaching für Dummies: Mitarbeiter motivieren und fördern – zuhören und konstruktives Feedback geben. 2., überarb. Auflage. Wiley VCH. 331 S.

Buchanan, J.M. (1975): The Limits of Liberty: Between Anarchy and Leviathan. Chicago, University of Chicago Press. 164 p.

Buchanan, J.M.; Tollison, R.; Tullock, G. (1980): Toward a Theory of the Rent-Seeking Society, College Station (Texas A&M University Press).

Bühner, R. (2004): Betriebswirtschaftliche Organisationslehre. 10. Auflage. Oldenbourg, München, Wien. 469 S.

Bullinger, H.-J. (1994): Ergonomie: Produkt- und Arbeitsplatzgestaltung. Teubner, Stuttgart. 417 S.

Burrows, J.; Sanness, B. (1999): A Summary of „The Competitive Climate for Wood Products and Paper Packaging: The Factors Causing Substitution with Emphasis on Environmental Promotions". Geneva Timber and Forest Discussion Papers ECE/TIM/DP/16. United Nations, New York and Geneva. 28 pp.

Burschel, P.; Huss, J. (2003): Grundriss des Waldbaus – Ein Leitfaden für Studium und Praxis. 3. unveränderte Auflage, Ulmer, Stuttgart. 487 S.

BUWAL (1998): Überprüfung der Marktfähigkeit von forstbetrieblichen Leistungen: Praxishilfe. Bundesamt für Umwelt, Wald und Landschaft (BUWAL), Bern. 122 S.

BUWAL (1999): Gesellschaftliche Ansprüche an den Schweizer Wald: Ergebnisse einer repräsentativen Meinungsumfrage des Projektes Wald-Monitoring. Schriftenreihe Umwelt, Band 309. Bundesamt für Umwelt, Wald und Landschaft (BUWAL), Bern. 151 S.

Cannon, J.P.; Perreault D.P.; McCarthy, E.J. (2008) Basic Marketing: a Global-Management Approach. 16th Ed., McGraw-Hill Int., Boston. 790 pp.

CE (1994): L'Europe et la forêt. Tomes 1 et 2. Office des publications officielles des Communautés européennes, Communautés européennes – Parlement européen, Luxembourg. 1528 p.

Coase, R.H. (1937): The Nature of the Firm. Economica N. S., Vol. 4 (1937), S. 386-405.

Coase, R.H. (1960): The Problem of Social Cost. Journal of Law and Economics, Vol. 3 (1960), S. 1-44.

Coenenberg, A.G. (2000): Jahresabschluss und Jahresabschlussanalyse: Betriebswirtschaftliche, handelsrechtliche, steuerrechtliche und internationale Grundlagen – HGB, IAS, US-GAAP. 17., völlig neu bearb. und erw. Auflage. Moderne Industrie, Landsberg/Lech. 1228 S.

Coleman Brantschen, E. (1997): Kriterien und Indikatoren für eine nachhaltige Bewirtschaftung des Schweizer Waldes. Bundesamt für Umwelt, Wald und Landschaft (BUWAL), Bern. 80 S.

Collins, J. (2006): Der Weg zu den Besten: Die sieben Management-Prinzipien für den dauerhaften Unternehmenserfolg. 6. Auflage. Dtv, München. 359 S.

Culp, C. (2001): The Risc Management Process. Wiley & Sons, New York. 606 S.

Czenskowsky, T.; Schünemann, G.; Zdrowomyslaw, N. (2004): Grundzüge des Controlling: Lehrbuch der Controlling-Konzepte und -Instrumente. Deutscher Betriebswirte-Verlag dbv, Gernsbach. 257 S.

Daenzer, W.F.; Huber, F. (2002): Systems Engineering: Methodik und Praxis. 11. durchges. Auflage. Verlag Industrielle Organisation, Zürich. 618 S.

Däuble, W. (2004): Arbeitsrecht. 5. Auflage. Bund-Verlag, Frankfurt. 392 S.

Deegen, P. (1997): Forstökonomie kennenlernen: Eine Einführung in die Ressourcen-ökonomie für das Ökosystem Wald. Taupitz, Bogenschützen-Verlag, Dresden. 165 S.

Deegen, P. (2001): Aufforstung und Holzeinschlag als Investitionsprobleme in einer statischen Welt. Institut für Forstökonomie und Forsteinrichtung, Technische Universität Dresden, Dresden. 181 S.

Deloitte; Hrsg. (2008): IFRS Handbuch – mit vollständigen IFRS Musterabschluss 2007 und den Non-IFRS Interpretationen. 2., aktualisierte Auflage. Orac, Wien. 544 S.

Demsetz, H. (1964): The Exchange and Enforcement of Property Rights. Journal of Law and Economics, Vol. 7 (1964), S. 11-26.

Dengler, A.; Röhrig, E.; Bartsch, N. (1992): Waldbau auf ökologischer Grundlage: Der Wald als Vegetationsform und seine Bedeutung für den Menschen. 1. Band. 6., völlig neu bearb. Auflage. Paul Parey, Hamburg und Berlin. 350 S.

Dengler, A.; Röhrig, E.; Gussone, H.A. (1990): Waldbau auf ökologischer Grundlage: Baumartenwahl, Bestandesbegründung und Bestandespflege. 2. Band. 6., völlig neu bearb. Auflage. Paul Parey, Hamburg und Berlin. 314 S.

Deppe, H.J.; Ernst, K. (2002): Taschenbuch der Spanplattentechnik. DRW Verlag, Stuttgart. 480 S.

Deyhle, A. (1997): Management- und Controlling-Brevier. 7. Auflage. Verlag für Controllingwissen, Wörtsee-Etterschlag. 172 S.

Drucker, P.F.; Haas-Edersheim, E. (2007): Alles über Management. Redline Wirtschaftsverlag, Heidelberg. 320 S.

Dunky, M.; Niemz, P. (2002): Holzwerkstoffe und Leime: Technologie und Einflussfaktoren. Springer, Berlin. 954 S.

Eder, A.H. (2000): Holzströme in der österreichischen Volkswirtschaft. Untersuchung der Verflechtung der österreichischen Forst- und Holzwirtschaft an Hand von Input-Output-Tabellen. Schriftenreihe des Instituts für Sozioökonomik der Forst- und Holzwirtschaft, Band 41. Universität für Bodenkultur (BOKU), Wien. 86 S.

Ehrmann, H. (2005): Logistik. Kompendium der praktischen Betriebswirtschaft. 5., überarb. u. aktual. Auflage. Kiehl, Ludwigshafen (Rhein). 615 S.

Ellenberg, H. (1996): Vegetation Mitteleuropas mit den Alpen. 5. Auflage. Ulmer, Stuttgart. 1096 S.

Ellinger, Th.; Haupt, R. (1996): Produktions- und Kostentheorie. 3. überarb. Auflage. Schäffer-Poeschel, Stuttgart. 391 S.

Endres, A.; Querner, I. (2000): Die Ökonomie natürlicher Ressourcen. W. Kohlhammer. Stuttgart, Berlin, Köln. 227 S.

Eschenbach, R.; Eschenbach, S.; Kunesch, H. (2003): Strategische Konzepte: Management-Ansätze von Ansoff bis Ulrich. 4. überarb. u. erw. Auflage. Schäffer-Poeschel, Stuttgart. 303 S.

European Commission (2000): Competitiveness of the European Union Woodworking Industries – Summary Report. Office for Official Publications of the European Communities, Luxembourg. 72 pp.

European Commission (2007): Eurostat Pocketbooks 2007: Forestry Statistics. Brussels. 97 pp.

EWD (2000): Sägetechnik. Unterlagen der Firma Esterer WD (CD-Rom), Rottenburg.

Eyerer, P.; Reinhardt, H.-W. (2000): Ökologische Bilanzierung von Baustoffen und Gebäuden. Bau-Praxis Birkhäuser, Basel. 233 S.

FAO (2006): Global Forest Resources Assessment 2005 – Progress towards Sustainable Forest Management. FAO Forestry Paper 147. Food and Agriculture Organization of the United Nations, Rome. 320 pp.

FAO (2007a): State of the World's Forests 2007. Food and Agriculture Organization of the United Nations, Rome. 153 pp.

FAO (2007b): Yearbook Forest Products Statistics 2001 – 2005. Food and Agriculture Organization of the United Nations, Rome. 243 pp.

FAOSTAT 2007: Forest Products Database, FAO Food and Agriculture Organization of the United Nations, Rome.

Fayol, H. (1916): Administration industrielle et générale. Paris

Frehner, M.; Wasser, B.; Schwitter, R. (2005): Nachhaltigkeit und Erfolgskontrolle im Schutzwald (NaiS) – Wegleitung für Pflegemassnahmen in Wäldern mit Schutzfunktion. Bundesamt für Umwelt (BAFU), Bern. 564 S.

French, W.L.; Bell, C.H. (1994): Organisationsentwicklung: Sozialwissenschaftliche Strategien zur Organisationsveränderung. 4. Auflage. Haupt, Bern. 256 S.

Frey, R.L. (1997): Wirtschaft, Staat und Wohlfahrt: Eine Einführung in die Nationalökonomie. 10 Auflage. Helbing und Lichtenhahn, Basel. 269 S.

Fronius, K. (1989): Arbeiten und Anlagen im Sägewerk. Band 2. Spaner, Kreissägen, Bandsägen. DRW Verlag, Stuttgart. 300 S.

Galbraith J. R. (1973): Organization Design. Reading, Mass.

Gälweiler, A.; zsgest., bearb. und erg. von Schwaninger, M. (2005): Strategische Unternehmensführung. 3. Auflage. Campus, Frankfurt, u. a. 341 S.

Glück, P.; Niesslein, E.; Hrsg. (1998): Wer zahlt für die gesellschaftlichen Leistungen des Waldes? Schriftenreihe des Instituts für Sozioökonomie der Forst- und Holzwirtschaft, Nr. 30. Universität für Bodenkultur (BOKU), Wien. 104 S.

Göpfert, I. (2005): Logistik: Führungskonzeption – Gegenstand, Aufgaben und Instrumente des Logistikmanagements und -controllings. 2., aktualisierte und erw. Auflage. Vahlen, München. 420 S.

Göttsching, L.; Hrsg. (2000): Papier-Lexikon. Deutscher Betriebswirte-Verlag, Gernsbach. 1 CD-Rom.

Gudehus, T. (2005): Logistik: Grundlagen, Strategien, Anwendungen. 3., neu bearb. Auflage. Springer, Berlin, Heidelberg. 1144 S.

Günther, H.-O.; Tempelmeier, H. (2005): Produktion und Logistik. 6. verb. Auflage. Springer, Berlin. 374 S.

Hablützel; P.; Haldemann, T.; Schedler, K.; Schwaar, K. (1995): Umbruch in Politik und Verwaltung: Ansichten und Erfahrungen zum New Public Management in der Schweiz. Haupt, Bern. 518 S.

Hafen, U.; Künzler, C.; Fischer D. (2000): Erfolgreich restrukturieren in KMU: Werkzeuge und Beispiele für nachhaltige Veränderungen. 2. Auflage. vdf, Zürich. 206 S.

Hardes, H.-D.; Uhly, A. (2007): Grundzüge der Volkswirtschaftslehre. 9. überarb. Auflage. Oldenbourg, München. 578 S.

Hartmann, H. (2002): Materialwirtschaft: Organisation, Planung, Durchführung, Kontrolle. 8. Auflage. Deutscher Betriebswirte-Verlag, Gernsbach. 740 S.

Hasel, K.; Schwartz, E.; (2006): Forstgeschichte: Ein Grundriss für Studium und Praxis. 3., erw. und verb. Auflage. Hamburg, Berlin, Parey. 258 S.

Hausmann, T.; Schafir, S.; Genevicius, R. (2006): Projektmanagement – Wege zum erfolgreichen Projekt. Deutscher Betriebswirte-Verlag, Gernsbach. 191 S.

Hegetschweiler, T. (1988): Grundlagen der Kosten- und Investitionsbeurteilung bei der mittelfristigen Nutzungsplanung des Forstbetriebes. Eidg. Anst. Forstl. Versuchswes. Mitt. Bd. 64, Heft 2. Flück-Wirth, Teufen. 265 S.

Heinimann, H.-R. (1999): Logistik der Holzproduktion: Stand und Entwicklungsperspektiven. Forstw. Cbl., 118. S. 24-38.

Helbling, C. (1995): Unternehmensbewertung und Steuern: Unternehmensbewertung in Theorie und Praxis, insbes. die Berücksichtigung der Steuern aufgrund der Verhältnisse in der Schweiz und in Deutschland. 8., nachgeführte Auflage. IDW, Düsseldorf. 818 S.

Helbling, C. (1997): Bilanz- und Erfolgsanalyse: Lehrbuch und Nachschlagewerk für die Praxis mit besonderer Berücksichtigung der Darstellung im Jahresabschluss- und Revisionsbericht. 10., nachgeführte Auflage. Haupt, Bern, Stuttgart, Wien. 559 S.

Hentze, J.; Kammel, A. (2001): Personalwirtschaftslehre 1: Grundlagen, Personalbedarfsermittlung, -beschaffung, -entwicklung und -einsatz. 7., überarb. Auflage. UTB für Wissenschaft. Haupt, Bern. 649 S.

Hilke, W. (1989): Dienstleistungs-Marketing. In: Jacob, H., Hrsg.: Schriften zur Unternehmensführung, Band 35. Gabler, Wiesbaden. S. 5-44.

Hill, W.; Fehlbaum, R.; Ulrich, P. (1994): Organisationslehre: Ziele, Instrumente und Bedingungen der Organisation sozialer Systeme. 2. Band. 5. überarb. Auflage. UTB für Wissenschaft. Haupt, Bern. 366 S.

Hill, W.; Fehlbaum, R.; Ulrich, P. (1998): Organisationslehre: Theoretische Ansätze und praktische Methoden der Organisation sozialer Systeme. 2. Band. 5., verb. Auflage. UTB für Wissenschaft. Haupt, Bern. 643 S.

Hinterhuber, H.H.; Krauthammer, E. (2000): Innovatives Unternehmertum: Die richtigen Prioritäten setzen. In: Berndt, R., Hrsg.: Innovatives Management: Herausforderungen an das Management. Band 7. Springer, Berlin. 363 S.

Holz-Zentralblatt (2001): Chance in der Kooperation – Hochsauerlandkreis organisiert einen Sägewerksverbund. Holz-Zentralblatt 127 Jg., 78: S. 1011.

IASB, Eds. (2008): International Financial Reporting Standards, IFRS, 2008 including International Accounting Standards, IASS and Interpretations as at 1st January 2008, published bei the International Accounting Standards Board IASB; www.iasb.org

IIASA (2007): Study of the Effects of Globalization on the Economic Viability of EU Forestry. Final Report December 2007. Intern. Institut for Applied Systems Analysis, Laxenburg/Austria. 185 pp. and 111 pp. Annex

ISO (1992): ISO-9000: International Standards for Quality Management. 2nd Edition. International Organization for Standardization. Geneva. 239 pp.

Jöbstl, H.A. (1994): Forstliche Absatz- und Marktlehre: Eine Einführung. Studientext Teil I und II. Schriften aus dem Institut für Forstliche Betriebswirtschaft und Forstwirtschaftspolitik, Universität für Bodenkultur (BOKU), Wien. 186 und 77 S.

Jöbstl, H.A. (2000): Kosten- und Leistungsrechnung in Forstbetrieben. 3., erw. u. völlig neugestaltete Auflage. Österr. Agrarverl., Wien. 212 S.

Jöbstl, H.A. (2002): Einführung in das Rechnungswesen für Forst- und Holzwirtschaft. 11., aktual. und erw. Auflage. Österr. Agrarverl., Wien. 254 S.

Jöbstl, H.A. (2004): Controlling: Grundlagen und Konzepte für die Forstverwaltung. Beitrag zur Studie „Grünes Informationssystem". 2., überarb. u. erw. Auflage. Univ. für Bodenkultur BOKU, Wien. 108 S.

Juslin, H.; Hansen, E.; Heikki J. (2003): Strategic Marketing in the Global Forest Industries. Authors Academic Press, www.AuthorsAP.com. 610 pp.

Käfer, K. (1976): Die Bilanz als Zukunftsrechnung. Schulthess, Zürich. 47 S.

Kaiser, B. (2002): Kooperation statt Wettbewerb bis in den Ruin. Holz-Zentralblatt 126 Jg, 47/48: 654, 656.

Kaiser, B. (2008): Der optimale Forstbetrieb – ein Essay. Pro Wald, 8 (2008): 4-7.

Kammerhofer A.W. (2006): Wertetypen, Motivationsstrukturen und Zielgruppen in Verbindung mit der Property-Rights-Theorie. Schw. Z. Forstwes. (2006). 157. Jg., 3-4/06. S. 82-83.

Kammerhofer, K.J.; Fuchs, B.; Platter, R.: (2008): Eigenkapitalfinanzierung aus Sicht einer Bank. In: Endfellner, C.; Puchinger, M.: Eigenkapitalfinanzierung. bdv, TU Graz. 246 S.

Kant, S.; Berry, R.A.; Ed. (2005a): Economics, Sustainability and Natural Resources: Economics of Sustainable Forest Management. Springer, Dordrecht Netherlands. 272 pp.

Kant, S.; Berry, R.A.; Ed. (2005b): Institutions, Sustainability and Natural Resources: Institutions for Sustainable Forest Management. Springer, Dordrecht Netherlands. 361 pp.

Kant, S.; Tzschupke, W.; Peyron, J.-L.; Jöbstl, H.A. (2008): Management Economics and Accounting in an Evolving Paradigm of Forest Management. Schriftenreihe der Hochschule für Forstwirtschaft Rottenburg, Deutschland. Band Nr. 22. 376 pp.

Kaplan, S.; Norton, P. (2001): The Strategy Focused Organisation. Harvard Business School Press, Boston. 400 S.

Kaplan, S.; Norton, P. (2005): Balanced Scorecard. Schäffer-Poeschel, Stuttgart. 309 S.

Karjalainen, T.; Zimmer, B.; Berg, St.; Welling, J.; Schwaiger, H.; Cortijo, F.; Cortijo, P. (2001): Energy, Carbon and Other Material Flows in the Life Cycle Assessment of Forestry and Forest Products. Discussion Paper 10, 2001; European Forest Institute (EFI), Joensuu. 68 pp.

KFD (1981): Handbuch des Rechnungswesens der öffentlichen Haushalte. 2 Bände. Hrsg. Konferenz der Kantonalen Finanzdirektoren. Haupt, Bern. 159 S. und 336 S.

584

Kimmins, J.P., ed. (2004): Forest Ecology: A Foundation for Sustainable Forest Management and Environmental Ethics in Forestry. 3rd Ed., Benjamin/Cummings, San Francisco. 720 pp.

Kissling-Näf, I.; Zimmermann, W. (1996). New Public Management: Ein brauchbares Konzept für die Modernisierung von Forstverwaltungen? Schweiz. Zeitschrift für Forstw., 147 (1996) 11: 839-857.

Klemperer, D.W. (2003): Forest Resource Economics and Finance. Tech Bookstore. McGraw-Hill, New York. 551 pp.

Kohm, K.A.; Franklin, J.F., Eds. (1997): Creating a Forestry for the 21st Century: The Science of Ecosystem Management. Island Press, Washington, D.C. 475 pp.

Koller, T.; Goedhart, M.; Wessels, D. (2005): Valuation: Measuring and Managing the Value of Companies. 4th Edition. McKinsey & Company 739 pp.

Kolb, J. (2008): Holzbau mit System: Tragkonstruktion und Schichtaufbau der Bauteile. 2., aktual. Auflage. Birkhäuser Verlag, Basel, Boston, Berlin. 319 S.

Konold, W.; Hrsg.(1996): Naturlandschaft – Kulturlandschaft: Die Veränderung der Landschaften nach der Nutzbarmachung durch den Menschen. Ecomed, Landsberg. 322 S.

Kotler, P.; Andreasen, A.R. (2008): Strategic marketing for nonprofit organizations. 7th Ed. Upper Saddle River, New Jersey, Pearson/Prentice Hall. 504 pp.

Kotler, P.; Keller, K.L.; Bliemel, F. (2007): Marketing-Management: Strategien für wertschaffendes Handeln. 12., aktualisierte Auflage. Pearson, München u.a. 1261 S.

Krabbe, E.; Czeranowsky, G. (2003): Leitfaden zum Grundstudium der Betriebswirtschaftslehre. 7., überarb. und erw. Auflage. Deutscher Betriebswirte-Verlag, Gernsbach. 561 S.

Krather, J.; Kreuzmair, B. (2002): Leasing in Theorie und Praxis. 2. überarbeitete Auflage. Gabler, Wiesbaden. 259 S.

Kreikebaum, H. (1997): Strategische Unternehmensplanung. 6. Auflage. Kohlhammer, Stuttgart. 290 S.

Krott, M. (2001): Strategien der staatlichen Forstverwaltungen im europäischen Vergleich 1991-2000. In: Krott, M., Ed.: Strategies of the State Forest Service: A comparative view on European Countries 1991-2000. Proceedings No 40, European Forest Institute (EFI), Joensuu. 225 pp.

Kühn, R.; Pfäffli, P. (2007): Marketing: Analyse und Strategie. 12., überarb. und aktual. Neuauflage. Werd, Zürich. 146 S.

585

Küster, H-J. (1999): Geschichte der Landschaft in Mitteleuropa: Von der Eiszeit bis zur Gegenwart. Sonderausgabe. Beck, München. 423 S.

Küster, H. (2003): Geschichte des Waldes: Von der Urzeit bis zur Gegenwart. Sonderausgabe. Beck, München. 266 S.

Lamla, J. (1995): Prozessbenchmarking: Dargestellt an Unternehmen der Antriebstechnik. Vahlen; München. 206 S.

Lang, G. (1994): Quartäre Vegetationsgeschichte Europas. Fischer, Jena. 462 S.

Langner, L. (1998): Non-Wood Goods and Services of the Forest. Geneva Timber and Forest Study Papers ECE/TIM/SP/15. United Nations, New York and Geneva. 42 pp.

Laub, U.D.; Schneider, D., Hrsg., (1991): Innovation und Unternehmertum: Perspektiven, Erfahrungen, Ergebnisse. Gabler, Wiesbaden. 367 S.

Lechner, K.; Egger, A.; Schauer, R. (2006): Einführung in die allgemeine Betriebswirtschaftslehre. 23., überarb. Auflage. Linde, Wien. 989 S.

Leder M. (1990): Innovationsmanagement – Ein Überblick. S. 1-54. In: Albach, H.; Hrsg.: Innovationsmanagement: Theorie und Praxis im Kulturvergleich. Gabler, Wiesbaden. 237 S.

Lehky, M. (2008): Die 10 größten Führungsfehler – und wie Sie sie vermeiden. Campus, Frankfurt, u. a. 246 S.

Lohmann, U.; Ermschel, D.; Annies, Th. (2007): Holz Handbuch. 6., völlig überarb. und erw. Auflage. DRW Verlag, Leinfelden-Echterdingen. 352 S.

Lombriser, R.; Abplanalp, P.A. (2005): Strategisches Management. 4. Auflage. Versus, Zürich. 551 S.

Luczak, H.; Volpert, W.; Hrsg.(1997): Handbuch Arbeitswissenschaft. Schäffer-Poeschel, Stuttgart. 1088 S.

Ludolph, F.; Lichtenberg, S. (2002): Der Businessplan: Professioneller Aufbau und überzeugende Präsentation. 2. Auflage. Econ, München. 202 S.

Lumma, K. (2006): Die Team Fibel : ... oder das Einmaleins der Team- & Gruppenqualifizierung im sozialen und betrieblichen Bereich. 3. Auflage. Windmühle, Hamburg. 217 S.

Mantau, U. (1994): Produktstrategien für kollektive Umweltgüter: Marktfähigkeit der Infrastrukturleistungen des Waldes. Zeitschrift für Umweltpolitik und Umweltrecht, 17/3. S. 305-322.

Mantau, U. (2003): Standorterfassung in der Holzindustrie. Vorgehensweise und Methode der umfassenden Studie der Universität Hamburg zu regionalen Produktionskapazitäten. Holz-Zentralblatt, 2003, 129(97), S. 1406-1407.

Mantau, U.; Merlo, M.; Sekot, W.; Welcker, B. (2001): Recreational and Environmental Markets for Forest Enterprises. CABI Publishing, CAB International, Wallingford Oxon. 544 pp.

Mantau, U.; Weimar, H. (2003): Struktur der Sägeindustrie in Deutschland. Teil 3 der Studie der Universität Hamburg über die „Standorte der Holzwirtschaft". Holz-Zentralblatt, 2003, 129(32), S. 488, 490.

Mantau, U.; Weimer, H.; Laber, J. (2003a): Aufkommen und Vertrieb von Sägenebenprodukten. Teil 5 der umfassenden Studie der Universität Hamburg zu regionalen Produktionskapazitäten und Rohstoffeinsatz. Holz-Zentralblatt, 2003, 129(97), S. 1405-1406.

Mantau, U.; Wierling, R.; Weimar, H. (2003b): Holzschliff- und Zellstoffindustrie in Deutschland. Teil 2 zu der umfassenden Studie der Universität Hamburg „Standorte der Holzwirtschaft". Holz-Zentralblatt, 2003, 129(29), S. 449-450.

Mantau, U.; unter Mitarbeit von Sörgel, C. (2006): Holzrohstoffbilanz Deutschland: Bestandesaufnahme 2004. Methodikbericht. Universität Hamburg. 64 S.

Mantau, U.; Wong, J. L. G.; Curl, S. (2007): Towards a Taxonomy of Forest Goods and Services. Small-scale Forestry (2007) 6: 391-409.

Mantau, U.; Steirer, F.; Hetsch, S.; Prins, Ch. (2008): Wood Resources Availability and Demands: Part 1 National and Regional Wood Resource Balances 2005; Part 2 Future Wood Flows in the Forest and Energy Sector. Background Paper to the UNECE/FAO Workshop on Wood Balance, Geneva 2008. 55 and 22 pp.

Mantel, K. (1990): Wald und Forst in der Geschichte: Ein Lehr- und Handbuch. Mit einem Vorwort von Helmut Brandl. Nach dem Tode des Verfassers für den Druck bearbeitet von Dorothea Hauff. Alfeld-Hannover, Schaper. 518 S.

Martinek, M.; Stoffels, M.; Wimmer-Leonhardt, S. (2008): Leasinghandbuch: Handbuch des Leasingrechts. 2. Auflage. Beck, München. 1238 S.

Mayo, E. (1933): The Human Problem of an Industrialized Civilization. New York.

McCarthy, J.E. (1981): Basic Marketing: A marketing strategy planning approach. Kohlhammer, Stuttgart. 282 S.

McKinsey & Company (2007): Planen, gründen, wachsen – Mit dem professionellen Businessplan zum Erfolg. 4., aktuell. Auflage. Redline Wirtschaft bei Ueberreuter, Wien, Zürich, Heidelberg. 260 S.

MCPFE (2007): State of Europe's Forests 2007: The MCPFE Report on Sustainable Forest Management in Europe. Jointly prepared by the Liaison Unit of the Ministerial Conference on the Protection of Forest in Europe (MCPFE), UNECE and FAO, Warsaw. 247 pp.

Meffert, H.; Burmann, Ch.; Kirchgeorg M. (2008): Marketing.: Grundlagen marktorientierter Unternehmensführung; Konzepte, Instrumente, Praxisbeispiele. 10.,
vollst. überarb. und erw. Auflage. Gabler, Wiesbaden. 915 S.

Meffert, H.; Bruhn, M. (2006): Dienstleistungsmarketing: Grundlagen, Konzepte, Methoden – mit Fallstudien. 5., überarb. und erw. Auflage. Gabler, Wiesbaden. 980 S.

Mellinghoff, St. (2000): Prozessorientierung als Ansatzpunkt für das Management
forstlicher Dienstleistungs-Betriebe. Centralbl. f.d.ges. Forstw., 117. Jahrgang,
Heft 3/4. S. 207-234.

Meloney, T. (1993): Modern Particle Board and Dry Process Fiberboard Manufacturing. Miller Freemann, San Francisco. 688 p.

Mertens, B. (2000): Absatzwege und Vertragskonzepte für forstliche Umwelt- und
Erholungsprodukte. Schlussfolgerungen aus 98 Fallstudien vor dem Hinter-
grund des Transaktionskostenansatzes. Sozialwissenschaftliche Schriften zur
Forst- und Holzwirtschaft. Band 1. Peter Lang, Frankfurt a.M. 364 S.

Meyer, C. (1996): Betriebswirtschaftliches Rechnungswesen: Einführung in Wesen,
Technik und Bedeutung des modernen Management-Accounting. 2. erg. Auflage. Schulthess, Zürich. 323 S.

Meyer, C. (2002): Betriebswirtschaftliches Rechnungswesen: Einführung in Wesen,
Technik und Bedeutung des modernen Management-Accounting. Schulthess,
Zürich. 273 S.

Meyer, J.; Hrsg.(1996): Benchmarking: Spitzenleistungen durch Lernen von den Besten. Schäffer-Poeschel, Stuttgart. 188 S.

Moog, M. (1991): Überlegungen zu Produktionsfunktion und Kostenfunktion von
Forstbetrieben. Ein Beitrag zur Intensitäts-Diskussion. Forstarchiv, 62, S. 200-
204 und S. 247-251.

Mrosek, T.; Kies, U.; Schulte, A, (2005): Clusterstudie Forst und Holz Deutschland.
AFZ – Der Wald 22/2005, S. 1-8.

Neher, Ph.A. (1999): Natural Resource Economics: Conservation and Exploitation.
Cambridge University Press, Cambridge. 360 pp.

Newman, E.I. (2000): Applied Ecology and Environmental Management. 2. ed. Blackwell, Oxford. 396 S.

Niederhoff, H.-U. (2005): Mitbestimmung im europäischen Vergleich. IW-Trends, Vierteljahresschrift zur empirischen Wirtschaftsforschung aus dem Institut der deutschen
Wirtschaft Köln. 32. Jg., Heft 2/2005. Deutscher Instituts-Verlag, Köln. 16 S.

Niemz, P. (1993): Physik des Holzes und der Holzwerkstoffe. DRW-Verlag, Stuttgart.
243 S.

Niemz, P. (2008): Physik des Holzes; Werkstoffe aus Holz. In: Wagenführ, A.; Scholz, F., Hrsg.: Taschenbuch der Holztechnik. Fachbuchverlag Leipzig im Carl Hanser Verlag, München. S. 75-259.

Niskanen, A., Ed. (2006): Issues Affecting Enterprise Development in the Forest Sector in Europe. Research Notes 169, Faculty of Forestry, University of Joensuu, Finland. 406 pp.

Niskanen, A.; Slee, B.; Ollonqvist, P.; Pettenella, D.; Bouriaud, L.; Rametsteiner, E. (2007): Entrepreneurship in the Forest Sector in Europe. Silva Carelica 52, Faculty of Forestry, University of Joensuu, Finland. 127 pp.

Österreichische Bundesforste, Hrsg. (1997): Unternehmenskonzept 97. Herausgeber Österreichische Bundesforste ÖBf AG, Wien. 84 S.

Oesten, G.; Roeder, A. (2001): Management von Forstbetrieben. Band 1 Grundlagen, Betriebspolitik. Kessel, Remagen-Oberwinter. 363 S.

Ollmann, H. (2001): Struktur des Weltholzhandels 1996: Handelsströme. Arbeitsbericht des Instituts für Ökonomie 2001/2; Bundesforschungsanstalt für Forst- und Holzwirtschaft, Hamburg. 10 S.

Ollmann, H. (2003): Struktur des Weltholzhandels: Handelsströme. Arbeitsbericht des Instituts für Ökonomie. Bundesforschungsanstalt für Forst- und Holzwirtschaft, Hamburg. 10 S.

Olson M. (1968): Die Logik des kollektiven Handelns. Kollektivgüter und die Theorie der Gruppen. Tübingen

Ott, E.; Frehner, M.; Frey, H.U.; Lüscher, P. (1997): Gebirgsnadelwälder: Ein praxisorientierter Leitfaden für eine standortgerechte Waldbehandlung. Haupt, Bern. 287 S.

Otto, H.-J. (1994): Waldökologie. Ulmer, Stuttgart. 391 S.

Paulitsch, M. (1998): Moderne Holzwerkstoffe. Springer, Berlin. 173 S.

Peck, T. (2001): The International Timber Trade. Woodhead Publishing Ltd., Cambridge, England. 325 pp.

Pelkonen, P.; Hakkila, P.; Karjalainen, T.; Schlamadinger, B. (2001): Woody Biomass as an Energy Source – Challenges in Europe. Proceedings No. 39, European Forest Institute (EFI), Joensuu. 171 pp.

Peter, M.; Iten, R.; Hofer, P. (2001): Oekonomische Branchenstudie der Wald- und Holzwirtschaft. Umwelt-Materialien Nr. 138; Bundesamt für Umwelt, Wald und Landschaft (BUWAL), Bern. 109 S.

Peters, S.; fortgef. von: Bruehl, R.; Stelling, J.N. (2005): Betriebswirtschaftslehre: Einführung. Oldenbourgs Lehr- und Handbücher der Wirtschafts- und Sozialwissenschaften. 12. durchges. Auflage. Oldenbourg, München, Wien. 263 S.

589

Pfohl, H.-Chr. (2004): Logistiksysteme: betriebswirtschaftliche Grundlagen. 7., korr. und aktual. Auflage. Springer, Berlin u. a. 444 S.

Picot, A.; Dietl, H.; Franck, E. (2005): Organisation: Eine ökonomische Perspektive. 4. Auflage, Schäffer-Poeschel, Stuttgart. 430 S.

Pickenpack, L. (2004): Innovation in der Forstwirtschaft: Eine Untersuchung der größeren privaten Forstbetriebe in Deutschland. Dissertation am Institut für Forstpolitik der Universität Freiburg. Freiburger Schriften zur Forst- und Umweltpolitik. Verlag Dr. Kessel, Remagen-Oberwinter. 239 S.

Porter, M.E. (1992): Strategic Choices and Competition: Technical Analysis of Sectors and Competition in Industry. Economia, Paris.

Porter, M.E. (2002): Wettbewerbsvorteile: Spitzenleistungen erreichen und behalten (Competitive Advantage). 6. Auflage. Campus, Frankfurt, u. a. 688 S.

Porter, M.E. (2005): Wettbewerbsstrategie: Methoden zur Analyse von Branchen und Konkurrenten (Competitive Strategy). Campus, Frankfurt, New York. 489 S.

Pott, R. (1993): Farbatlas Waldlandschaften: Ausgewählte Waldtypen und Waldgesellschaften unter dem Einfluss des Menschen. Stuttgart, Ulmer. 224 S.

Purtschert, R. (2001): Marketing für Verbände und weitere Nonprofit-Organisationen. Haupt, Bern. 576 S.

Raffée, H.; Fritz, W.; Wiedmann, K.-P. (1994): Marketing für öffentliche Betriebe. Kohlhammer Edition Marketing. Kohlhammer, Stuttgart, u. a. 282 S.

Rametsteiner, E. (2000): Die Österreicher und ihr Wald: Das Bild der Österreicher von Wald, nachhaltiger Waldbewirtschaftung und Zertifizierung im internationalen Vergleich. 2., erweiterte und überarbeitete Auflage. Schriftenreihe des Instituts für Sozioökonomik der Forst- und Holzwirtschaft, Nr. 34. Universität für Bodenkultur (BOKU), Wien. 155 S. und Anhang.

Rametsteiner E.; Kubeczko K. (2003): Innovation und Unternehmertum in der österreichischen Forstwirtschaft. Schriftenreihe des Institutes für Sozioökonomik der Forst- und Holzwirtschaft. Band 48. Universität für Bodenkultur (BOKU), Wien.

Reichmann, Th.; mit Beitr. von Richter, H.J. und Palloks-Kahlen, M. (2006): Controlling mit Kennzahlen und Management-Tools. 7., überarb. und erw. Auflage. Vahlen, München. 949 S.

Roethlisberger, F.; Dickson, W. (1939): Management and the Worker. Cambridge Mass.

Rogers, E.M. (1995): Diffusion of Innovation. Fourth edition. The Free Press, New York. 519 pp.

Rück, H.R.G. (2007): Dienstleistungen: Ein Definitionsansatz auf Grundlage des „Make or buy"-Prinzips. In: Kleinaltenkamp, M., Hrsg.: Dienstleistungsmarketing. Deutscher Universitäts-Verlag, Wiesbaden. S. 1-32.

Sabisch, H.; Tintelnot, C. (1997): Integriertes Benchmarking für Produkte und Produktentwicklungsprozesse. Springer, Berlin, u. a. 305 S.

Schauer, R.; Andessner, R.C. (2003): Rechnungswesen für Nonprofit-Organisationen.: Ergebnisorientiertes Informations- und Steuerungsinstrument für das Management in Verbänden und anderen Nonprofit-Organisationen. 2., überarb. u. erw. Auflage. Haupt, Bern, Stuttgart, Wien. 299 S.

Schedler, K. (1996): Ansätze einer wirkungsorientierten Verwaltungsführung: von der Idee des New Public Managements (NPM) zum konkreten Gestaltungsmodell: Fallbeispiel Schweiz. 2. Auflage. Haupt, Bern, Stuttgart, Wien. 295 S.

Schedler, K.; Proeller I. (2006): New Public Management. 3., vollst. überarb. Auflage. Haupt, Bern, Stuttgart, Wien. 331 S.

Schellenberg, A.C. (2000): Rechnungswesen: Grundlagen, Zusammenhänge, Interpretationen. 3. überarb. u. erw. Auflage. Versus, Zürich. 499 S.

Schewe, G. (2007): Business Process Outsourcing. Springer Verlag, Berlin. 176 S.

Schierenbeck, H. (2000): Grundzüge der Betriebswirtschaftslehre. 15. überarb. u. erw. Auflage. Oldenbourg, München, Wien. 753 S.

Schmidhauser, A. (1994): Darstellung wichtiger Verfahren des betrieblichen Rechnungswesens und Hinweise zu ihrer Verwendung in der forstlichen Betriebsanalyse. Arbeitsbericht Allgemeine Reihe 94-05, Professur Forstpolitik und Forstökonomie, ETH, Zürich. 44 S.

Schmidhauser, A. (1997): Die Beeinflussung der schweizerischen Forstpolitik durch private Naturschutzorganisationen. Mitt. Eidg. Forsch.anst. Wald Schnee, Landsch. 72, 3. S. 245-495.

Schmithüsen, F. (1997): Wald und Waldbewirtschaftung in einem sich verändernden gesellschaftlichen Umfeld: Forstwirtschaft im Konfliktfeld Ökologie – Ökonomie. Verlag Dr. F. Pfeil, München. S. 17-27.

Schmithüsen, F. (2004): Role of Land Owners in New Forest Legislation. In: Legal Aspects of European Sustainable Development. Proceedings of the 5th International Symposium Zidlochovice, Czech Republic, 46-56. Forestry and Game Management Research Institute Jiloviste – Strnady.

Schmithüsen, F., (2008): European Forests – Heritage of the Past and Options for the Future. In: V. Alaric Sample and Steven Anderson, Eds., 2007: Common Goals for Sustainable Forest Management – Divergence and Reconvergence of American and European Forestry, pp. 216-248. Durham 27701, North Carolina, Forest History Society.

Schmithüsen, F.; Hirsch, F. (2008): Private Forest Ownership in Europe. Geneva Timber and Forest Discussion Papers ECE/TIM/DP/49, United Nations, Geneva.

Schmithüsen, F.; Schmidhauser, A. (1998): Verbreiterung der Ertragsbasis als Voraussetzung für die Finanzierung einer multifunktionalen Leistungserstellung der Forstbetriebe öffentlicher Waldeigentümer in der Schweiz. Centralblatt ges. Forstw., Nr. 115. S. 99-122.

Schmithüsen, F.; Wild-Eck, St.; Zimmermann, W. (2000): Einstellungen und Zukunftsperspektiven der Bevölkerung des Berggebietes zum Wald und zur Forstwirtschaft. Beiheft 89, Schweiz. Zeitschrift für Forstwesen, Zürich. 197 S.

Schneck, O. (2006): Lexikon der Betriebswirtschaft: 3500 Begriffe mit allen wichtigen Wirtschaftsgesetzen. Franz Vahlen, München. CD Rom Version 4.0.

Schneck, O.; Hrsg. (2007): Lexikon der Betriebswirtschaft: über 3500 grundlegende und aktuelle Begriffe für Studium und Beruf. 7., völlig überarb. u. erw. Auflage., Beck, dtv-Taschenbuch, München. 1041 S.

Scholz, Ch. (2000): Personalmanagement: Informationsorientierte und verhaltenstheoretische Grundlagen. 5. neubearb. und erw. Auflage. Vahlen, München. 1063 S.

Scholtissek, S. (2004): New Outsourcing. Econ Verlag, Berlin. 223 S.

Schönsleben, P. (2007): Integrales Logistikmanagement: Operations und Supply Chain Management in umfassenden Wertschöpfungsnetzwerken. 5. bearb. und erw. Auflage. Springer, Berlin, Heidelberg, New York. 1035 S.

Schulz J-D; Kaiser B. (2002): Informationsoptimierte Rohstoffmobilisierung zwischen Forst- und Holzwirtschaft. Zwischenbericht, BMZ-Projekt 1702600.

Schwarzbauer, P. (2005): Die österreichischen Holzmärkte: Größenordungen, Strukturen, Veränderungen. Institut für Marketing und Innovation am Department für Wirtschafts- und Sozialwissenschaften an der Universität für Bodenkultur (BOKU), Wien. 91 S.

Scott, R. W. (1981): Organizations: Rational, Natural, and Open Systems. Englewood Cliffs, N.Y.

Seeland, K. (1993): Der Wald als Kulturphänomen: Von der Mythologie zum Wirtschaftsobjekt. Geographica Helvetica 2. S. 61-66.

Seiler, A. (2000): Planning: BWL in der Praxis. Band 3. Orell Füssli, Zürich. 476 S.

Seiler, A. (2003): Financial Management: BWL in der Praxis. Band 2. 3., überarb. Auflage. Orell Füssli, Zürich. 528 S.

592

Seiler, A. (2004): Marketing: BWL in der Praxis. Band 4. 7. Auflage. Orell Füssli, Zürich. 636 S.

Seiler, A. (2005): Accounting: BWL in der Praxis. Band 1. 4. Auflage. Orell Füssli, Zürich. 432 S.

Sekot, W. (1991): Stand und Entwicklungsmöglichkeiten der Forsteinrichtung als Führungsinstrument im Forstbetrieb. Band 12. Schriftenreihe des Instituts für forstliche Betriebswirtschaft und Forstwirtschaftspolitik, Universität für Bodenkultur (BOKU), Wien. 545 S.

Sekot, W. (1998): Der zwischenbetriebliche Vergleich als Instrument der forstlichen Betriebsanalyse. In: Sekot, W.; Sagl, W.: Beiträge zur Forstökonomik. Band 31. Schriftenreihe des Instituts für Sozioökonomik der Forst- und Holzwirtschaft, Universität für Bodenkultur (BOKU), Wien. S. 221-242.

Sekot, W. (2000): Grundriss einer (wohlfahrts-)ökonomischen Gesamtbetrachtung der Waldschäden vor dem Hintergrund aktueller Entwicklungen in der Volkswirtschaftlichen Gesamtrechnung. Centr.bl. ges. Forstwes., 117, 1: 27-66.

Sekot, W.; Rothleitner, G. (1999): Betriebsabrechnung für forstliche Testbetriebe. Band 36. Schriftenreihe des Instituts für Sozioökonomie der Forst- und Holzwirtschaft, Universität für Bodenkultur (BOKU), Wien. 130 S.

Sell, J. (1997): Eigenschaften und Kenngrößen von Holzarten. 4., überarb. u. erw. Auflage. Baufachverlag und Lignum, Zürich. 87 S.

Simma, B. (2000): Strategische Optionen. Unterlagen zum Innovationsmanagement II. ETH Zürich, BWI, Pfäffikon.

Söderlund, M.; Pottinger, A.; Eds. (2001): Policy, Practice and Progress Towards Sustainable Management. Commonwealthe Forestry Association, Oxford, U.K. 310 pp.

Soiné, H.G. (1995): Holzwerkstoffe   Herstellung und Verarbeitung: Platten, Beschichtungsstoffe, Formteile, Türen, Möbel. DRW, Leinfelden-Echterdingen. 368 S.

Spahn, H.-P. (1999): Makroökonomie: Theoretische Grundlagen und stabilitätspolitische Strategien. 2. überarb. u. erw. Auflage. Springer, Berlin, u. a. 349 S.

Speidel, G. (1984): Forstliche Betriebswirtschaftslehre. 2., völlig neuüberarb. Auflage. Paul Parey, Hamburg, Berlin. 226 S.

Spittler, H.-J. (2002): Leasing für die Praxis. 6. vollständig überarbeitete Auflage. Fachverlag Deutscher Wirtschaftsdienst, Köln. 352 S.

Steinmann, H.; Schreyögg, G. (2005): Management: Grundlagen der Unternehmensführung; Konzepte – Funktionen – Fallstudien. Gabler, Wiesbaden. XIX, 952 S.

Stutley, R. (2007): Der professionelle Businessplan: Ein Praxisleitfaden für Manager und Unternehmensgründer. 2. aktual. Auflage. Financial Times Managementpraxis/Pearson Studium, München, Boston. 377 S.

Taylor, F. W. (1911): The Principles of Scientific Management. New York.

Thaler, K. (2007): Supply Chain Management – Prozessoptimierung in der logistischen Kette. 7., aktual. u. erw. Auflage. EINS Verlag, Troisdorf. 304 S.

Thommen, J.-P. (2007): Betriebswirtschaftslehre. 7., überarb. Auflage. Versus Verlag, Zürich. 1309 S.

Thommen, J.-P. (2008): Lexikon der Betriebswirtschaft: Managementkompetenz von A bis Z. 4., überarb. u. erw. Auflage. Versus, Zürich. 700 S.

Thommen, J.-P.; Achleitner, A.-K. (2006): Allgemeine Betriebswirtschaftslehre: Umfassende Einführung aus managementorientierter Sicht. 5., überarb. u. erw. Auflage. Gabler, Wiesbaden. 1103 S.

Thommen, J.-P.; Achleitner, A.-K. (2007): Allgemeine Betriebswirtschaftslehre: Arbeitsbuch – Repetitionsfragen, Aufgaben, Lösungen. 5. vollst. überarb. Auflage. Gabler, Wiesbaden. 576 S.

Töpfer, A.; Hrsg. (1997): Benchmarking: Der Weg zum Best Practice. Springer, Berlin, u. a. 245 S.

Tschandl, G. (1999): Betriebsanalysen. Ueberreuter, Wien, u. a. 405 S.

Ulich, E. (2005): Arbeitspsychologie. 6., überarb. u. erw. Auflage. Schäffer-Poeschel, Stuttgart und vdf, Zürich. 840 S.

Ulrich, H. (2001): Systemorientiertes Management: Das Werk von Hans Ulrich. Herausgegeben von der Stiftung zur Förderung der systemorientierten Managementlehre, St. Gallen, Schweiz. Haupt, Bern, u. a. 599 S.

Ulrich, P.; Fluri, E. (1995): Management: Eine konzentrierte Einführung. 7. verb. Auflage. Haupt, Bern, u. a. 318 S.

UNECE/FAO (1996a): Price Trends for Forest Products, 1964-1991. Timber and Forest Discussion Papers, Nr. 9. United Nations, New York and Geneva.

UNECE/FAO (1996b): European Timber Trends and Prospects (ETTS V). United Nations, New York and Geneva.

UNECE/FAO (2000): Forest Resources of Europe, CIS, North America, Japan and New Zealand – Main Report. United Nations, New York and Geneva. 445 pp.

UNECE/FAO (2005): European Forest Sector Outlook Study 1960-2000-2020, Main Report. United Nations; Geneva. 234 pp.

UNECE/FAO 2006/2007: Database for Private Forest Ownership in Europe.

UNECE/FAO (2007): Forest Products Annual Market Review. Geneva Timber and Forest Study Paper 22, United Nations, New York and Geneva. 150 pp.

UNECE/FAO Timber Database 2007.

Varian, H.R. (2007): Grundzüge der Mikroökonomik: Studienausgabe. 7., überarb. u. verbes. Auflage. Oldenbourg, München, Wien. 892 S.

Wagenführ, R. (1999): Anatomie des Holzes: Strukturanalyse, Identifizierung, Nomenklatur, Mikrotechnologie. DRW, Leinfelden-Echterdingen. 188 S.

Wagenführ, A.; Scholz, F.; Hrsg. (2008): Taschenbuch der Holztechnik. Fachbuchverlag Leipzig im Carl Hanser Verlag, München. 568 S.

Wagner, St. (1996): Naturschutzrechtliche Anforderungen an die Forstwirtschaft. Riwa Verlag, Augsburg. 363 S.

Wald und Holz (2001): Maschinenkosten 2001. Wald und Holz, Waldwirtschaft Verband Schweiz, Solothurn. 62 S.

Walker, J.C.F.; Butterfield, B.B.; Langrish T.A.G.; Harris, J.M.; Uprichard, J.M. (1993): Primary Wood Processing. Chapman and Hall, London, New York. 595 S.

Weber, H. (2001): Strategische Geschäftsfeldplanung in Unternehmen der Sägeindustrie. Kovac, Hamburg. 328 S.

Weber, J.; Schäffer, U. (2000): Balanced Scorecard und Controlling. 3., überarb. Auflage. Gabler, Wiesbaden. 355 S.

Weber, J.; Schäffer, U. (2006): Einführung in das Controlling. 11., völlst. überarb. Auflage. Schäffer-Poeschel, Stuttgart. 488 S.

Weber, J.; Kummer, S. (1998): Logistikmanagement. 2., aktualisierte und erw. Auflage. Schäffer-Poeschel, Stuttgart. 392 S.

Welcker, B. (2001): Marketing für Umwelt- und Erholungsprodukte der Forstwirtschaft. Qualitative Analyse und theoriegeleitete Konzeption auf Grundlage von 98 europäischen Fallstudien. Sozialwissenschaftliche Schriften zur Forst- und Holzwirtschaft. Band 2. Peter Lang, Frankfurt. 431 S.

Werder, Ph. (2000): Prozesskostenrechnung und ihre Anwendung in der Forstwirtschaft. Diplomarbeit an der Professur Forstpolitik und Forstökonomie der ETH Zürich. 114 S.

Whitmore, J. (2006): Coaching für die Praxis: Wesentliches für jede Führungskraft. 1. Auflage der neu überarb. und erw. 3. Ausgabe. Allesimfluss, Staufen. 192 S.

Wild-Eck, St. (2002): Statt Wald – Lebensqualität in der Stadt – Die Bedeutung naturräumlicher Elemente am Beispiel der Stadt Zürich. Seismo-Verlag, Zürich. 454 S.

Wilhelm, Ch. (1997): Wirtschaftlichkeit im Lawinenschutz: Methodik und Erhebungen zur Beurteilung von Schutzmassnahmen mittels quantitativer Risikoanalyse und ökonomischer Bewertung. Mitteilungen Nr. 54, Eidgenössisches Institut für Schnee- und Lawinenforschung, Davos. 309 S.

Wöhe, G.; Döring, U. (2008): Einführung in die allgemeine Betriebswirtschaftslehre. 23., vollständ. neu bearb. Auflage. Vahlen, München. 1065 S.

Woll, A.; Hrsg. (2008): Wirtschaftlexikon. 10., vollst. neubearb. Auflage. Oldenbourg, München, Wien. 863 S.

World Bank (1997): Russia – Forest Policy During Transition. Washington D.C. 279 pp.

WVS; Hrsg. (2004): ForstAdmin: Die Komplet-Lösung für den Forstbetrieb – Handbuch. Verband Waldwirtschaft Schweiz (WVS), Solothurn. 46 S.

WVS; Hrsg. (2007): ForstBAR: Betriebsabrechnung für Forstbetriebe – Handbuch. Verband Waldwirtschaft Schweiz (WVS), Solothurn. 54 S.

Züst, R. (2004): Einstieg ins Systems Engineering: Optimale, nachhaltige Lösungen entwickeln und umsetzen. 3., überarb. Auflage. Verlag Industrielle Organisation, Zürich. 160 S.

Stichwortverzeichnis

Dr. Drs. h.c. Franz Schmithüsen ist Professor Emeritus an der Eidgenössischen Technischen Hochschule (ETH) in Zürich. Sein Arbeitsgebiet umfasst Forstpolitik, Forstrecht und Umweltgesetzgebung, forstliche Betriebswirtschaft sowie Ressourcenökonomie der Wald- und Holzwirtschaft. Er ist nach seiner Emeritierung weiterhin in Lehre und Forschung tätig, in internationalen Masterprogrammen und Forschungsnetzen engagiert und arbeitet als Berater für die Welternährungsorganisation FAO, die Europäische Union sowie für multilaterale und bilaterale Organisationen der wirtschaftlichen und wissenschaftlichen Zusammenarbeit.

Dr. Bastian Kaiser ist Professor für Angewandte Betriebwirtschaft an der Hochschule für Forstwirtschaft Rottenburg. Zuvor arbeitete er mehrere Jahre als Berater in verschiedenen Projekten im nördlichen Lateinamerika. Sein besonderes Engagement gilt der Vermittlung unternehmerischen Gedankenguts und der stärkeren Integration von Wald- und Holzwirtschaft. Seit 2001 ist er Rektor der Hochschule, die ihren Fokus aus einem tradierten Berufsbild in ein breiteres Berufsfeld der modernen Forstwirtschaft entwickelt hat. Dazu gehören auch die energetische und die stoffliche Nutzung der (Wald-) Biomasse.

Dr. Albin Schmidhauser arbeitete vor dem Studium der Forstwissenschaften mehrere Jahre in der forstlichen Praxis. Nach dem Studienabschluss war er als wissenschaftlicher Mitarbeiter und Oberassistent an der Professur Forstpolitik und Forstökonomie der ETH Zürich verantwortlich für den Fachbereich Forstliche Betriebswirtschaft. Ab 1999 war er als Kreisförster und ab 2003 als Kantonsförster in der Forstverwaltung des Kantons Luzern tätig. Seit 2007 ist er stellvertretender Leiter der Dienststelle Landwirtschaft und Wald in Luzern.

Dipl.-Forstw., Dipl.-Bwi. NDS ETH Stephan Mellinghoff ist Mitarbeiter in der Konzernstrategie der Schott AG in Mainz, und betreut dort vor allem den Bereich Solar in Fragen der strategischen Entwicklung. Nach dem Studium der Forstwissenschaft in Freiburg war er mehrere Jahre Assistent und wissenschaftlicher Mitarbeiter an der Professur Forstpolitik und Forstökonomie der ETH Zürich und studierte dort Betriebswissenschaften. Anschließend arbeitete er mehrere Jahre als Strategie-Berater bei Accenture und war international für Konzerne in den Sektoren Energie, Stahl, Chemie, Papier und Forstwirtschaft tätig.

Alfred W. Kammerhofer, Dipl.-Ing. BOKU Wien, Dipl.-Betriebs-wirt ETH Zürich ist stellvertretender Sektionschef für Wald- und Holzwirtschaft im Eidgenössischen Bundesamt für Umwelt in Bern. Er ist Mitglied in Stiftungsräten und Dozent an der Schweiz. Hochschule für Landwirtschaft. Nach seiner fünfjährige Ausbildung zum Förster in Bruck/Mur diplomierte er an der Univ. für Bodenkultur Wien in Forstwirtschaft. Anschließend arbeitete er bei einem international führenden Beratungs- und Wirtschaftsprüfungsunternehmen (PwC). 2002 wechselte er als Assistent und wissenschaftlicher Mitarbeiter an die Professur Forstpolitik und -ökonomie der ETH Zürich und absolvierte dort parallel den Masterstudiengang Management, Technologie und Ökonomie (MAS MTEC).

Casimir Katz (Hrsg.)

Wörterbuch Holz
Deutsch - Englisch
Englisch - Deutsch

304 Seiten, 2006
ISBN 978-3-88640-116-1

Das Nachschlagewerk für englisch-deutsche Übersetzungen von Fachbegriffen aus dem Bereich Holz.

Das bewährte Konzept des eingeführten Wörterbuchs wurde beibehalten, allerdings erfuhr der Wortstamm eine völlige Überarbeitung und umfangreiche Erweiterung. Darin abgehandelt werden nun die Themenkomplexe

- Holzarten
- Maße und Gewichte bzw. Normen
- Holzanatomie (dazu gehören die Begriffe über Schädlinge und Krankheiten)
- Holzhandel
- Holzernte
- Holzverarbeitung (Rund- und Schnittholz)
- Holzwerkstoffe

Die Begriffe wurden an den aktuellen Anforderungen des Praktikers ausgerichtet und konzentrieren sich auf die Bedürfnisse des Holzfachmanns. Mit seinem handlichen Format kann das Nachschlagewerk überall mit genommen werden und wird sich als ständiger Begleiter zur Übersetzung von deutschen und englischen Fachbegriffen bewähren.

Deutscher Betriebswirte-Verlag GmbH
Bleichstraße 20-22 · 76593 Gernsbach
Tel. 07224/9397-151 · Fax 07224/9397-905